Helmut Koch

Zahlentheorie

Algebraische Zahlen und Funktionen

vieweg studium
Aufbaukurs Mathematik

Herausgegeben von Martin Aigner, Gerd Fischer,
Michael Grüter, Manfred Knebusch, Rudolf Scharlau, Gisbert Wüstholz

Martin Aigner
Diskrete Mathematik

Albrecht Beutelspacher und Ute Rosenbaum
Projektive Geometrie

Manfredo P. do Carmo
Differentialgeometrie von Kurven und Flächen

Gerd Fischer
Ebene algebraische Kurven

Wolfgang Fischer und Ingo Lieb
Funktionentheorie

Wolfgang Fischer und Ingo Lieb
Ausgewählte Kapitel aus der Funktionentheorie

Otto Forster
Analysis 3

Manfred Knebusch und Claus Scheiderer
Einführung in die reelle Algebra

Horst Knörrer
Geometrie

Helmut Koch
Zahlentheorie

Ulrich Krengel
Einführung in die Wahrscheinlichkeitstheorie und Statistik

Ernst Kunz
Algebra

Ernst Kunz
Einführung in die algebraische Geometrie

Reinhold Meise und Dietmar Vogt
Einführung in die Funktionalanalysis

Erich Ossa
Topologie

Alexander Prestel
Einführung in die mathematische Logik und Modelltheorie

Jochen Werner
Numerische Mathematik 1 und 2

Jürgen Wolfart
Einführung in die Zahlentheorie und Algebra

Helmut Koch

Zahlentheorie

Algebraische Zahlen und Funktionen

Prof. Dr. Helmut Koch
Humboldt-Universität zu Berlin
Institut für Mathematik
Lehrstuhl Zahlentheorie
Jägerstr. 10–11
10117 Berlin

http://www.vieweg.de

Gedruckt auf säurefreiem Papier

ISBN 978-3-528-07272-8   ISBN 978-3-322-80312-2 (eBook)
DOI 10.1007/978-3-322-80312-2

Vorwort

Das vorliegende Buch möchte den Leser in die algebraische Zahlentheorie einführen. Bei seiner Abfassung habe ich mich von einer Reihe von Gesichtspunkten leiten lassen.

1. Es ist meine feste Überzeugung, daß man ein Gebiet der Mathematik, das sich wie die Zahlentheorie über einen längeren Zeitraum entwickelt hat, nur dann richtig erlernen und verstehen kann, wenn man diese Entwicklung in abgekürzter Form durchläuft, ähnlich wie ein Organismus bei seiner Entstehung die biologische Evolution, die zu ihm hingeführt hat, verkürzt in seiner embryonalen Entwicklung durchläuft.

Hieraus ergab sich das Konzept, den Leser von Kapitel zu Kapitel dieses Buches an der historischen Entwicklung der Zahlentheorie teilnehmen zu lassen. Dies gilt für die ersten sieben Kapitel, während die letzten drei Kapitel Anwendungs- bzw. Übersichtscharakter haben.

2. Es war eine Erkenntnis von Dedekind und Kronecker in den achtziger Jahren des vorigen Jahrhunderts, daß man Prinzipien, die für die Theorie der algebraischen Zahlen entwickelt worden waren, auch auf die Theorie der algebraischen Funktionen anwenden kann. Dabei hat bei Dedekind der Wunsch im Vordergrund gestanden, eine exakte Begründung der Riemannschen Funktionentheorie zu geben. Er betrachtete zusammen mit H. Weber [DeWe1882] den Fall, daß die Funktionen Argumente und Werte haben, die komplexe Zahlen sind. Später wurde klar [No1927], daß sich die Theorie von Dedekind und Weber für algebraische Funktionen über beliebigen Konstantenkörpern entwickeln läßt. Die vollkommenste Analogie zu den algebraischen Zahlen tritt dann auf, wenn der Konstantenkörper endlich ist. In der Tat befinden wir uns in diesem Fall auf einem ureigensten Gebiet der Zahlentheorie, der Theorie der Kongruenzen.

So werden in diesem Buch algebraische Zahlen und Funktionen (einer Unbestimmten) gleichberechtigt behandelt.

3. Dieses Buch ist nur eine Einführung insofern, als ein Hauptgebiet der algebraischen Zahlentheorie, die Klassenkörpertheorie, nur im Rahmen eines Ausblickes im zehnten und letzten Kapitel behandelt wird. Unterhalb dieser Schwelle soll der Leser jedoch zum Einstieg in ein Forschungsthema befähigt werden. Es wird daher das hierfür notwendige Handwerkszeug bereit gestellt, insbesondere wird die Differenten- und Diskriminantentheorie und die Theorie der höheren Verzweigungsgruppen ausführlich behandelt.

Entsprechend diesen drei Gesichtspunkten ist das Buch wie folgt aufgebaut: Das erste Kapitel bringt einige Proben aus der elementaren Zahlentheorie und umfaßt die Zeit vor der Entstehung der Theorie der algebraischen Zahlkörper. Es gibt zwei Ausnahmen: Im Abschnitt 1.5 wird die *Public Key Cryptology* behandelt als Beispiel für die Anwendung von Zahlentheorie aus dem vorigen Jahrhundert in der heutigen Kommunikationstechnik, und im Abschnitt 1.8 wird der Primzahlsatz bewiesen mit Mitteln, die dem Geiste der Mathematik von Cauchy, Riemann und Tschebyschew entsprechen, aber in der vorliegenden Kürze durch Vereinfachungen aus jüngster Zeit ermöglicht wurden. Ich danke F. Hirzebruch und D. Zagier für die Vermittlung dieser Vereinfachungen durch ein Manuskript des letzteren ([Za1997]).

Das zweite Kapitel beschäftigt sich mit dem Teil der algebraischen Zahlentheorie, der für beliebige Ordnungen in algebraischen Zahlkörpern gültig ist. Dies entspricht einerseits dem Stand der Wissenschaft vor Dedekind und insbesondere hat hier der Dirichletsche Einheitensatz seinen Platz. Andererseits ist unsere Darstellung nicht streng historisch, sondern wird schon von den Gedankengängen Dedekinds durchdrungen. Weiter gehört hier die Minkowskische Geometrie der Zahlen hin, die dem Kapitel seinen Namen gibt. Zahlentheorie hat ihren Ausgangspunkt in der Beschäftigung mit ganzen rationalen Zahlen. Wir beginnen daher das zweite Kapitel mit Ausführungen über vollständige Formen, die den Übergang von Fragen über rationale Zahlen zu Fragen über algebraische Zahlen vermitteln.

Mit dem dritten Kapitel sind wir dann bei der eigentlichen Dedekindschen Idealtheorie, die wir so allgemein entwickeln, daß algebraische Zahl- und Funktionenkörper einheitlich behandelt werden können.

Die ringtheoretische Methode von Kapitel 3 wird durch die bewertungstheoretische Methode von Kapitel 4 ergänzt.

Mit dem so gewonnenen Rüstzeug stellen wir in Kapitel 5 die Theorie der algebraischen Funktionen einer Unbestimmten dar, wobei wir uns im wesentlichen auf H. Hasses Zahlentheorie [Ha1949] stützen.

In Kapitel 6 betrachten wir die Zerlegungsgruppen und Verzweigungsgruppen normaler Erweiterungen und kommen so erst hier zu der Vollendung der Dedekindschen und Hilbertschen Theorie der algebraischen Zahlkörper. Diese erlaubt dann auch, das wichtige Beispiel der Kreisteilungskörper in adäquater Weise zu behandeln. Der Satz von Kronecker-Weber wird in Form von Übungsaufgaben präsentiert. Mit der oberen Numerierung der Verzweigungsgruppen von Hasse und Herbrand haben wir die Mathematik der dreißiger Jahre erreicht.

Das Kapitel 7 ist im wesentlichen dem Beweis der Funktionalgleichung für die Heckeschen L-Reihen nach der Dissertation von Tate [Ta1950] gewidmet. Dieses Ergebnis allein würde kaum ein Kapitel dieses Umfangs rechtfertigen, da verhältnismäßig wenig Folgerungen daraus gezogen werden. Wenn ich mich trotzdem entschlossen habe, dies ausführlich darzustellen, so weil einerseit hierbei gegenüber den vorhergehenden Kapiteln völlig neue Beweismethoden herangezogen werden, wie die Analysis auf lokalkompakten abelschen Gruppen einschließlich der Pontrjaginschen Dualitätstheorie, und andererseits die Methode der Tateschen Dissertation Verallgemeinerungen erlaubt, die für die Verbindung von Zahlentheorie und Darstellungstheorie reduktiver Gruppen (Langlands-Vermutungen) von fundamentaler Bedeutung sind.

Kapitel 7 beginnt mit einer sorgfältigen Darstellung des Zusammenhangs von Ideleklassen- und Strahlklassengruppen sowie von Hecke- und Größencharakteren. Die Grundeigenschaften von Idelen und Adelen werden für Zahl- und Funktionenkörper bewiesen. Beim Beweis der Funktionalgleichung beschränken wir uns jedoch auf Zahlkörper.

Kapitel 8 enthält Anwendungen der analytischen Methoden von Kapitel 7 auf die Verteilung der Primideale in algebraischen Zahlkörpern. Im Abschnitt über die Verallgemeinerte Riemannsche Vermutung werden auch die Kongruenz-Zetafunktionen von Artin und F.K. Schmidt betrachtet. Ich danke S. Böcherer und R. Schulze-Pillot für die Vermittlung einer Seminarausarbeitung von P.K. Draxl zum Satz von Hecke über die Verteilung der Primideale in Kegeln, die eine wesentliche Abrundung von Kapitel 8 ermöglichte.

Kapitel 9 ist den quadratischen Zahlkörpern gewidmet, für die vieles expliziter dargestellt werden kann als im allgemeinen Fall. Das gilt insbesondere für die Klassenzahlberechnung und die Bestimmung der Grundeinheit. Hier wird auch die Brücke zwischen der Gaußschen Theorie der quadratischen Formen und der Ordnungen in quadratischen Zahlkörpern gebaut.

Kapitel 10 gibt schließlich einen Ausblick auf die Klassenkörpertheorie.

Bei der Abfassung des Buches schwebte mir ein Leser vor, der gute Kenntnisse in linearer Algebra besitzt. Diese müssen ergänzt werden durch Kenntnisse in der Körper- und insbesondere Galoistheorie im Umfang der „Algebra" von E. Kunz, die in der Reihe Aufbaukurs Mathematik des Verlages Vieweg erschienen ist. In gewisser Weise baut das vorliegende Buch direkt auf der Kunzschen Algebra auf, die an vielen Stellen zitiert wird. Wenn am Anfang dieses Buches von der „abgekürzten Entwicklung" die Rede war, so ergibt sich die Abkürzung insbesondere durch die zur Verfügung stehende moderne Algebra, die manch schwerfälligen Beweis der älteren Meister vereinfacht.

Als Vorlagen bei der Abfassung dieses Buches haben mir aus der langen Reihe der Lehrbücher zur algebraischen Zahlentheorie vor allem die Bücher von H. Hasse [Ha1949] und von Borewicz-Shafarevich [BoSh1966] gedient. Die Konzeption einer gleichzeitigen Behandlung von Zahl- und Funktionenkörpern findet sich außer in dem eben genannten Buch von Hasse auch in den Büchern von Eichler [Ei1963], Artin [Ar1967] und Weil [We1967]. Aus unterschiedlichen Gründen erscheinen mir diese Bücher für den Anfänger wenig geeignet zu sein.

Meine Kollegen S. Böge, G. Frei, W. Hoffmann, S. Kukkuk, W. Narkiewicz und F. Nicolae haben vorläufige Fassungen einzelner Kapitel dieses Buches gelesen und sehr wertvolle Verbesserungen und Fehlerberichtigungen angeregt. Ihnen gilt mein herzlicher Dank ebenso wie C. Hadan, B. Wüst und noch einmal S. Kukkuk und F. Nicolae für die Erarbeitung des TEX-Files.

Einige der größten Mathematiker der Vergangenheit, ich nenne nur D. Hilbert und H. Weyl, haben in der algebraischen Zahlentheorie eine der hervorragensten Schöpfungen der Mathematik gesehen, die Aufgabe dieses Buches wäre erfüllt, wenn es von dieser Begeisterung etwas auf die Leser übertragen könnte.

Berlin, im März 1997   H. Koch

Inhaltsverzeichnis

Bezeichnungsprinzipien

Die Bourbakischen Standardbezeichnungen werden benutzt: $\mathbb{N}$, $\mathbb{Z}$, $\mathbb{Q}$, $\mathbb{R}$, $\mathbb{C}$. Die Elemente von $\mathbb{Z}$ werden im allgemeinen mit kleinen lateinischen Buchstaben bezeichnet wie auch die Elemente des Ringes Γ, der als Verallgemeinerung von $\mathbb{Z}$ und $P_0[x]$ (Polynomring über dem Körper P_0) auftritt.

Körper werden mit großem lateinischen Buchstaben bezeichnet: K, L, M, N, P. Dagegen ist O, R für Ringe vorbehalten. Die Elemente von Körpern, die als Erweiterungen von $Q(\Gamma)$ auftreten, werden mit kleinen griechischen Buchstaben bezeichnet, die Elemente von $P = Q(\Gamma)$ mit lateinischen: r.

$$\mathbf{E} = \begin{pmatrix} 1 & & 0 \\ & \ddots & \\ 0 & & 1 \end{pmatrix}$$

bezeichnet die Einheitsmatrix. Matrizen werden mit großen lateinischen halbfetten Buchstaben $\mathbf{A}$, $\mathbf{B}$, $\mathbf{C}$, ... bezeichnet.

$A \subset B$ für Mengen A, B bedeutet, daß A echt in B enthalten ist. Die gewöhnliche Enthaltenseinsbeziehung wird mit $\subseteq$ bezeichnet. $|A|$ bezeichnet die Anzahl der Elemente der Menge A.

Moduln in K werden in Kapitel 2 im allgemeinen mit kleinen deutschen Buchstaben $\mathfrak{a}, \mathfrak{b}, \mathfrak{c}, \mathfrak{d}, \ldots$ bezeichnet, Ideale und Divisoren in Kapitel 3 dagegen mit großen deutschen Buchstaben.

Isomorphismen von Körpern werden mit kleinen lateinischen Buchstaben geschrieben.

Symbolverzeichnis

$\mathcal{A}_K$	Adelering von K
$\mathrm{Char}(K)$	Charakteristik des Körpers K
$\mathrm{Cl}(K)$	Idealklassengruppe von K
$\deg$	Grad eines Polynoms
$\Delta(\mathfrak{A})$	Diskriminante des Moduls $\mathfrak{A}$
$d_K = \Delta(O_K)$	Diskriminante des algebraischen Zahlkörpers K
$\mathfrak{d}_{K/F}$	Diskriminante (als Ideal)
$\mathfrak{D}_{K/F}$	Differente
GL	allgemeine lineare Gruppe
g.g.T.	größter gemeinsamer Teiler
h_K	Klassenzahl des Zahlkörpers K
Ker	Kern einer Abbildung
k.g.V.	kleinstes gemeinsames Vielfaches
I_O	Gruppe der gebrochenen Ideale von O
I_K	Gruppe der gebrochenen Ideale von O_K
$\mathcal{I}_K$	Idelering von K
Im	Bild einer Abbildung oder Imaginärteil
$\mathbf{1}$	siehe Abschnitt 2.9
$L(s, \chi)$	Dirichletsche oder Heckesche L-Reihe

$\Lambda^{\times}$	Gruppe der invertierbaren Elemente des Ringes Λ
N	(Absolut-) Norm
$N_{K/F}$	Relativnorm
$\mathbb{P}$	projektiver Raum
Pic	Picardgruppe
$Q(O)$	Quotientenkörper des Ringes O
Re	Realteil einer komplexen Zahl
rk	Rang eines Moduls
R_K	Regulator des Zahlkörpers K
S^1	Gruppe der komplexen Zahlen mit Absolutbetrag 1
Spec	Spektrum eines Ringes
Tr	Spur
U^n	Einseinheitengruppe n-ter Stufe
$V(K)$	Menge der Stellen von K
$V_f(K)$	Menge der endlichen Stellen von K
$V_\infty(K)$	Menge der unendlichen Stellen von K
$\zeta(s)$	Riemannsche ζ-Funktion
$\zeta_K(s)$	Dedekindsche ζ-Funktion

1 Einleitung

Die Beschäftigung mit Zahlen geht zurück auf graue Urzeiten. Zahlen sind zunächst natürliche Zahlen, d.h. die Elemente der Reihe

$$1, 2, 3, \ldots.$$

Von Kronecker stammt der Ausspruch: *Gott schuf die natürlichen Zahlen. Alles andere ist Menschenwerk.*

Zahlentheorie in den frühen Hochkulturen und in der Antike ist heutzutage größtenteils Bestandteil der Algebra geworden und soll daher hier nicht abgehandelt werden. Hierzu rechnen wir auch den Satz von der eindeutigen Primzahlzerlegung der natürlichen Zahlen (siehe z.B. [Ku], 4.II), den wir im folgenden kommentarlos benutzen.

Ebenso verwenden wir Kongruenzen zwischen ganzen Zahlen: $a \equiv b \pmod{c}$ bedeutet, daß $a - b$ durch c teilbar ist. ([Ku], 6.II).

1.1 Pythagoräische Zahlentripel

Ein *Pythagoräisches Zahlentripel* ist ein Tripel x, y, z natürlicher Zahlen, die der Gleichung

$$x^2 + y^2 = z^2 \tag{1.1.1}$$

genügen. Das kleinste Beispiel hierfür ist das Tripel 3,4,5. Der Name leitet sich her vom *Pythagoräischen Lehrsatz*, wonach die Seitenlängen eines rechtwinkligen Dreiecks die Gleichung (1.1.1) erfüllen. Hiervon gilt auch die Umkehrung: Ein Dreieck dessen Seitenlängen der Gleichung (1.1.1) genügen, ist rechtwinklig. Dieser Satz dient von alters her der Herstellung von rechten Winkeln im Bauwesen und wird auch heute noch von Handwerkern zu diesem Zweck benutzt.

Vielleicht das älteste bekannte Vorkommen von Pythagoräischen Zahlentripeln in der Literatur ist eine Babylonische Keilschrift, die auf die Zeit zwischen 1900 - 1600 v. Chr. datiert wurde (siehe [We1983], S.8) und 15 solcher Tripel enthält.

Es ist nicht schwer, sich einen Überblick über alle Pythagoräischen Zahlentripel zu verschaffen. Wir tun dies in einer Weise, die den Zusammenhang mit der Arithmetischen Geometrie (der modernsten Form der algebraischen Zahlentheorie) deutlich macht.

Zunächst bemerken wir, daß es keine Lösung von (1.1.1) mit ungeradem x und y gibt. Seien nämlich x und y ungerade ganze Zahlen. Dann gilt $x^2 \equiv 1 \pmod 8$, $y^2 \equiv 1 \pmod 8$ und daher $x^2 + y^2 = z^2 \equiv 2 \pmod 8$. Es gibt aber keine ganze Zahl z mit $z^2 \equiv 2 \pmod 8$. Da mit x, y, z auch y, x, z ein Pythagoräisches Zahlentripel ist, können wir o.B.d.A. voraussetzen, daß x gerade ist. Wir stellen (1.1.1) um und dividieren durch x. Dann sehen wir, daß (1.1.1) gleichbedeutend mit

$$\zeta^2 - \eta^2 = 1 \qquad (1.1.2)$$

ist, wobei $\zeta := z/x$ und $\eta := y/x$ positive rationale Zahlen sind. Wegen $\zeta^2 - \eta^2 = (\zeta + \eta)(\zeta - \eta)$ setzen wir

$$\tau := \zeta + \eta, \quad \frac{1}{\tau} = \zeta - \eta$$

und erhalten alle Lösungen von (1.1.2) in eindeutiger Weise in der Form

$$\zeta = \frac{1}{2}\left(\tau + \frac{1}{\tau}\right), \quad \eta = \frac{1}{2}\left(\tau - \frac{1}{\tau}\right), \qquad (1.1.3)$$

wobei τ eine beliebige rationale Zahl mit $\tau > 1$ ist. (1.1.3) ist eine „birationale" Abbildung der affinen Geraden auf die durch (1.1.2) gegebene Hyperbel. Dem Punkt 0 der Geraden entspricht kein Punkt der Hyperbel.

Um von (1.1.3) zu den Pythagoräischen Zahlentripeln zurückzufinden, bemerken wir zunächst, daß für jede natürliche Zahl d mit x, y, z auch dx, dy, dz eine Lösung von (1.1.1) ist. Es genügt daher, *primitive Lösungen* von (1.1.1) zu betrachten, d.h. Tripel von Zahlen x, y, z, deren größter gemeinsamer Teiler gleich 1 ist. Wir setzen $\tau := u/v$, wobei u und v positive teilerfremde ganze Zahlen sind. Dann wird

$$\zeta = \frac{u^2 + v^2}{2uv}, \quad \eta = \frac{u^2 - v^2}{2uv}.$$

Wenn u und v ungerade sind, erhalten wir die primitiven Zahlentripel

$$x = uv, \, y = \frac{u^2 - v^2}{2}, \, z = \frac{u^2 + v^2}{2}.$$

Diese kommen für uns jedoch nicht in Frage, weil in diesem Fall x ungerade ist. Sei also u oder v gerade und $u > v$ wegen $\tau > 1$. Dann erhält man die primitiven Zahlentripel

$$x = 2uv, \, y = u^2 - v^2, \, z = u^2 + v^2.$$

Damit ist der folgende Satz bewiesen.

Satz 1.1.1 *Sei x, y, z eine Lösung der Gleichung*

$$x^2 + y^2 = z^2$$

in teilerfremden natürlichen Zahlen. Dann ist x oder y gerade. Setzen wir x als gerade voraus, so hat x, y, z die Form

$$x = 2uv, \, y = u^2 - v^2, \, z = u^2 + v^2,$$

wobei u und v teilerfremde natürliche Zahlen mit $u > v$ und $u + v$ ungerade sind. Jedes derartige Paar gehört zu genau einem primitiven Pythagoräischen Zahlentripel x, y, z. □

1.2 Die Pellsche Gleichung

Im Jahre 1773 publizierte Lessing ein Epigramm in griechischer Sprache, das er in der berühmten Bibliothek der Braunschweiger Herzöge in Wolfenbüttel entdeckt hatte. Das Epigramm enthält ein mathematisches Problem in poetischer Form, das Archimedes an die Mathematiker in Alexandria schickte.

Einige Mathmatikhistoriker haben bezweifelt, daß das Epigramm tatsächlich auf Archimedes zurückgeht. A. Weil , der in [We1983], Chap. I, §IX, die Aufgabe beschreibt, meint dagegen, daß alles dafür und nichts dagegen spricht, daß dies der Fall ist.

Die von Archimedes gestellte Aufgabe führt auf eine *Pellsche Gleichung* , d.h. eine Gleichung der Form

$$x^2 - Dy^2 = 1 \tag{1.2.1}$$

mit $D \in \mathbb{N}$, mit gewissen Nebenbedingungen. Die kleinste Lösung ist von der Größenordnung 10^{103275}. Sollte Archimedes eine allgemeine Methode zur Lösung von (1.2.1) in ganzen Zahlen x, y gekannt haben, wofür es keinerlei Hinweise gibt, so wäre dies das tiefliegendste Ergebnis der antiken Zahlentheorie.

Fermat stellte, wie zu seiner Zeit üblich, verschiedenen interessierten Zeitgenossen die Aufgabe, die Gleichung (1.2.1) zu lösen, wobei er unterstellte, daß er selbst in der Lage wäre, das Problem zu lösen. In einem Brief an Frenicle im Jahre 1657 schlägt er als Beispiele die Zahlen $D = 61$ und $D = 109$ vor, um *„die Lösung nicht zu mühsam werden zu lassen”*. Tatsächlich sind die kleinsten Lösungen in diesem Fall $x = 1766319049$, $y = 226153980$ und $x = 158070671986249$, $y = 15140424455100$. Fermat hat seine Lösungsmethode nicht publiziert. Die heute übliche Lösung mit Hilfe des Kettenbruchalgorithmus findet sich in vollständig befriedigender Form bei Lagrange. Wir stellen sie in den Abschnitten 9.3 bis 9.5 dar.

1.3 Die Fermatsche Vermutung

A. Weil spricht in seinem Buch [We1983], S.1, davon, daß die „moderne Zahlentheorie" zweimal geboren wurde. Einmal zwischen 1621 und 1636, als Fermat ein Exemplar der Zahlentheorie von Diophant mit lateinischer Übersetzung und mit Kommentaren von Bachet erwarb, die 1621 von Bachet publiziert worden war.

Bei der Zahlentheorie des griechischen Mathematikers Diophant, dessen Lebenszeit man im dritten Jahrhundert n. Chr. vermutet, handelt es sich um das umfangreichste antike Werk zur Zahlentheorie. Gegenstand der Betrachtungen ist hauptsächlich die Lösung von Polynomgleichungen in ganzen und rationalen Zahlen.

Von den zahlreichen Beobachtungen über Zahlen, die Fermat in der Folgezeit machte, ist die berühmteste diejenige, die er an den Rand seines Exemplars des „Diophant" schrieb mit dem Zusatz, daß der Platz nicht ausreiche, um den Satz zu beweisen. Sie besagt in heutiger Schreibweise, daß es keine Lösung der Gleichung

$$x^n + y^n = z^n \qquad (1.3.1)$$

in natürlichen Zahlen x, y, z gibt, wenn der Exponent n größer oder gleich 3 ist. Dieser Satz, der erst 1994 von A. Wiles [Wi1995] und R. Taylor [TaWi1995] bewiesen wurde unter Zuhilfenahme eines wesentlichen Teils der im Verlauf des 19. und 20. Jahrhunderts entwickelten Mathematik, heißt die *Fermatsche Vermutung*. Beginnend mit Euler, der sie für $n = 3$ bewies, hat diese Vermutung als Herausforderung für viele Mathematiker gewirkt. Wir werden im Verlauf dieses Buches darauf zurückkommen.

Seien k, l, m natürliche Zahlen, die Vielfache von n sind. Dann folgt aus der Unlösbarkeit der Gleichung

$$x^k + y^l = z^m$$

in natürlichen Zahlen die Unlösbarkeit von (1.3.1). Insbesondere genügt es zum Beweis der Fermatschen Vermutung zu zeigen, daß (1.3.1) keine Lösung hat, wenn $n = 4$ oder eine ungerade Primzahl ist.

Fermat selbst hat, wie man heute annimmt, seinen „Satz" nur für $n = 4$ bewiesen (siehe hierfür die sorgfältige Analyse in [We1983], S. 75-77). Genauer bewies er den folgenden

Satz 1.3.1 *Die Gleichung*

$$x^4 + y^4 = z^2 \qquad (1.3.2)$$

ist unlösbar in natürlichen Zahlen x, y, z.

B e w e i s: Sei x, y, z eine solche Lösung. Dann haben x^2, y^2 und z nach Satz 1.1.1 o.B.d.A. die Form

$$x^2 = 2uvd, \quad y^2 = (u^2 - v^2)d, \quad z = (u^2 + v^2)d,$$

wobei u und v teilerfremde Zahlen mit $u > v$ und $u + v$ ungerade sind. Da $2uv$ und $u^2 - v^2$ teilerfremd sind, kann ein Primteiler p von d nicht in beiden Zahlen enthalten sein. p muß also in gerader Potenz in d aufgehen. Es folgt, daß es auch x, y mit (1.3.2) und $d = 1$ gibt. Wir haben also eine Gleichung

$$v^2 + y^2 = u^2 \qquad (1.3.3)$$

mit teilerfremden Zahlen u, y, v. Da y ungerade ist, muß v gerade sein. Wieder nach Satz 1.1.1 gibt es daher teilerfremde Zahlen s und t mit $s > t$, $s + t$ ungerade und

$$v = 2st, \; y = s^2 - t^2, \; u = s^2 + t^2.$$

Es folgt

$$x^2 = 2uv = 4st(s^2 + t^2). \qquad (1.3.4)$$

Da $2st$ und $s^2 + t^2$ teilerfremd sind, so schließt man aus (1.3.4), daß s, t und $s^2 + t^2$ Quadrate natürlicher Zahlen f, g und h sind:

$$s = f^2, \, t = g^2, \, s^2 + t^2 = h^2.$$

Wir gelangen also zu einer Gleichung

$$f^4 + g^4 = h^2$$

mit

$$0 < h < h^2 = u < z.$$

Wir haben also eine Lösung von (1.3.2) gefunden, die kleiner ist als die Ausgangslösung. Führt man diese Methode fort, kommt man zu Lösungen von (1.3.2) mit beliebig kleinem z. Aus diesem Widerspruch folgt die Unlösbarkeit von (1.3.2).
$\square$

Die eben dargestellte Beweismethode heißt nach Fermat *descent infini*, d.h. unendlicher Abstieg.

Die zweite Geburt der modernen Zahlentheorie vollzog sich nach Weil zwischen dem ersten Dezember 1729, als Euler in St. Petersburg einen Brief von seinem Freund Goldbach in Moskau erhielt, in dem er ihn nach seiner Meinung über Fermats Behauptung fragte, wonach jede Zahl von der Form $2^{2^n} + 1$ eine Primzahl sei, und dem vierten Juni 1730, als Euler zurückschrieb, daß er gerade Fermat gelesen habe und durch eine Reihe seiner zahlentheoretischen Behauptungen beeindruckt sei. Einige dieser Behauptungen wurden von Euler bewiesen und einige widerlegt.

Wir machen zunächst eine Anmerkung über Primzahlen der Form $2^m + 1$, die aufgrund der oben zitierten Behauptung von Fermat *Fermatsche Primzahlen* heißen. Solche Primzahlen spielen bei der Kreisteilung mit Zirkel und Lineal (siehe z.B. [Ku], Satz 13.8) eine Rolle.

Satz 1.3.2 *Sei $2^m + 1$ eine Primzahl. Dann ist m eine Potenz von 2.*

B e w e i s: Für eine ungerade natürliche Zahl h und eine ganze Zahl a gilt

$$a^h + 1 = (a + 1)(a^{h-1} - a^{h-2} + - \cdots + 1).$$

Daraus folgt die Behauptung. $\square$

$2^{2^n} + 1$ ist eine Primzahl für $n = 0, 1, 2, 3$ und 4. Euler entdeckte, daß $2^{32} + 1$ den Primfaktor 641 enthält. Er zeigte zunächst folgenden

Satz 1.3.3 *Sei p ein Primteiler von $2^{2^n} + 1$. Dann ist 2^{n+1} ein Teiler von $p - 1$.*

B e w e i s: Wir benutzen den *kleinen Fermatschen Satz* (1.4.3) in der folgenden gruppentheoretischen Fassung: Sei a eine zu p prime ganze Zahl. Dann ist die Ordnung der Klasse $\bar{a}$ in der multiplikativen Gruppe $(\mathbb{Z}/p\mathbb{Z})^\times$ ein Teiler der Ordnung $p - 1$ dieser Gruppe.

Die Ordnung von $\bar{2}$ ist 2^{n+1}, denn wegen

$$2^{2^n} \equiv -1 \, (\mathrm{mod}\, p) \tag{1.3.5}$$

gilt $2^{2^{n+1}} \equiv 1 \, (\mathrm{mod}\, p)$, d.h. die Ordnung von $\bar{2}$ ist ein Teiler von 2^{n+1}, und wegen (1.3.5) ist die Ordnung von $\bar{2}$ gleich 2^{n+1}. $\square$

Sei jetzt p ein Primteiler von $2^{32}+1$. Dann hat p nach Satz 1.3.3 die Form $p = 64m + 1$. Für $m \equiv 2 \,(\mathrm{mod}\,3)$ ist $64m + 1$ durch 3 teilbar und für $m \equiv 1 \,(\mathrm{mod}\,5)$ durch 5 teilbar. Die in Frage kommenden Primzahlen sind also

$$p = 193, 257, 449, 577, 641, \ldots,$$

und 641 ist ein Teiler von $2^{32}+1$.

Weitere Fermatsche Primzahlen sind nicht bekannt (siehe hierzu [Ri1995], S. 83-90).

Euler gab den ersten Beweis für die Fermatsche Vermutung für $n = 3$. Dieser Beweis enthielt jedoch eine Lücke und bleibt auch nach Schließung dieser Lücke recht kompliziert. Ein weiterer Beweis stammt von Gauß . Dieser Beweis ist von besonderem Interesse, da er von gewöhnlichen ganzen Zahlen zu den *Eisensteinschen Zahlen* $a + \zeta b$ mit $a, b \in \mathbb{Z}$, $\zeta = (-1 + \sqrt{-3})/2$ übergeht und die Fermatsche Vermutung sogar für solche Zahlen zeigt. Es mag sein, daß dieser Erfolg Gauß zu einer abfälligen Äußerung über die Fermatsche Vermutung veranlaßte, die in einem Brief vom 21.3.1816 an Olbers (Gauß Werke XI, 75-76, Teubner 1917) über eine Preisfrage der Pariser Akademie enthalten ist.

Wir begnügen uns hier mit einem einfachen Teilergebnis.

Satz 1.3.4 *Es gibt keine natürlichen Zahlen x, y, z, die prim zu 3 sind und der Kongruenz*

$$x^3 + y^3 \equiv z^3 \,(\mathrm{mod}\,9)$$

genügen.

B e w e i s: Seien x, y, z solche Zahlen. Aus

$$x^3 + y^3 \equiv z^3 \,(\mathrm{mod}\,3)$$

folgt $x + y \equiv z \,(\mathrm{mod}\,3)$, also hat z die Form

$$z = x + y + 3n$$

mit $n \in \mathbb{Z}$. Hieraus folgt

$$x^3 + y^3 \equiv (x + y + 3n)^3 \equiv x^3 + y^3 + 3x^2 y + 3xy^2 \,(\mathrm{mod}\,9).$$

Daher gilt

$$3xy(x + y) \equiv 0 \,(\mathrm{mod}\,9)$$

und damit

$$xyz \equiv 0 \,(\mathrm{mod}\,3).$$

$\square$

Die Teilaussage, daß (1.3.1) keine Lösung in natürlichen Zahlen x, y, z hat, die prim zu n (bzw. nicht alle prim zu n) sind, wird als erster Fall (bzw. zweiter Fall) der Fermatschen Vermutung bezeichnet.

Dirichlet [Di1828] konnte als zwanzigjähriger Student in Paris mit einer Ergänzung durch den 74 Jahre alten Legendre die Fermatsche Vermutung für $n = 5$ und Lamé [La1839] für $n = 7$ beweisen. Ein entscheidender Fortschritt gelang Kummer mit seiner Theorie der *idealen Zahlen* für Ringe, die aus $\mathbb{Z}$ durch Adjunktion einer primitiven p-ten Einheitswurzel entstehen ([Ku1850]. Kummer gelangte zu überaus tiefen Ergebnissen, die teilweise erst seit den 60er Jahren unseres Jahrhunderts in ihrer Tragweite verstanden wurden und ins Zentrum der algebraischen Zahlentheorie führen. Andererseits betreffen sie nach unserem heutigen Verständnis einen sehr speziellen Fall der allgemeinen Theorie der algebraischen Zahlkörper, die vor allem von Dedekind entwickelt wurde. Wir gehen auf die Dedekindsche Theorie im dritten Kapitel ein und kommen auf die Kummerschen Ergebnisse erst in Kapitel 6 zu sprechen.

1.4 Kongruenzen

Für einen beliebigen Ring Λ und ein beliebiges Ideal $\mathfrak{A}$ von Λ definiert man die *Kongruenz* mod $\mathfrak{A}$ von a und b aus Λ durch

$$a \equiv b \,(\mathrm{mod}\,\mathfrak{A})$$

genau dann, wenn $a - b \in \mathfrak{A}$. Dies ist eine Äquivalenzrelation, die mit Addition und Multiplikation in Λ verträglich ist. Das Rechnen mit Kongruenzen mod $\mathfrak{A}$ ist gleichbedeutend mit dem Rechnen im Faktorring $\Lambda/\mathfrak{A}$ ([Ku], 6.II).

Für einen Hauptidealring Λ schreibt man statt

$$a \equiv b \,(\mathrm{mod}\,m\Lambda)$$

einfacher

$$a \equiv b \,(\mathrm{mod}\,m).$$

Im folgenden beschränken wir uns auf den Ring $\mathbb{Z}$ der ganzen Zahlen.

Der Begriff der Kongruenz wurde von Gauß in [Ga1801] eingeführt. Dort finden sich auch die einfachsten Gesetzmäßigkeiten über Kongruenzen, die zum Teil schon auf Euler zurückgehen. Ein wichtiges Ergebnis von [Ga1801] ist der Beweis des Reziprozitätsgesetzes für quadratische Reste. Wir bringen im übernächsten Abschnitt einen Beweis, der sich auf Gaußsche Summen über endlichen Körpern stützt und in ähnlicher Form bei Gauß vorkommt. In diesem Abschnitt beschäftigen wir uns allgemeiner mit der Struktur des Restklassenringes $\mathbb{Z}/n\mathbb{Z}$ für eine natürliche Zahl n mit der Primzahlzerlegung

$$n = p_1^{m_1} \cdots p_s^{m_s}.$$

Nach dem chinesischen Restklassensatz (Satz A.2.2) gilt die folgende Zerlegung von $\mathbb{Z}/n\mathbb{Z}$ in eine direkte Summe von Ringen:

$$\mathbb{Z}/n\mathbb{Z} \cong \mathbb{Z}/p_1^{m_1}\mathbb{Z} \oplus \cdots \oplus \mathbb{Z}/p_s^{m_s}\mathbb{Z}. \tag{1.4.1}$$

Wir interessieren uns für die Einheitengruppe $(\mathbb{Z}/n\mathbb{Z})^\times$ von $\mathbb{Z}/n\mathbb{Z}$.

Satz 1.4.1 *Eine Klasse $\bar{a}$ aus $\mathbb{Z}/n\mathbb{Z}$ gehört genau dann zu $(\mathbb{Z}/n\mathbb{Z})^{\times}$, wenn a prim zu n ist.*

B e w e i s: Sei a prim zu n. Dann gibt es $x, y \in \mathbb{Z}$ mit

$$1 = ax + ny.$$

Daher ist $\bar{1} = \bar{a}\bar{x}$, d.h. $\bar{a}$ gehört zu $(\mathbb{Z}/n\mathbb{Z})^{\times}$.

Sei andererseits $\bar{a} \in (\mathbb{Z}/n\mathbb{Z})^{\times}$. Dann gibt es eine Klasse $\bar{b} \in (\mathbb{Z}/n\mathbb{Z})^{\times}$ mit

$$\bar{1} = \bar{a}\bar{b}.$$

Es folgt, daß 1 im Ideal liegt, das von a und n erzeugt wird, d.h. a und n sind teilerfremd. $\qquad\qquad\square$

Die Klassen in $(\mathbb{Z}/n\mathbb{Z})^{\times}$ werden als *prime Restklassen* bezeichnet.

Sei $\varphi(n)$ die Anzahl der Klassen in $(\mathbb{Z}/n\mathbb{Z})^{\times}$. Da in einer endlichen Gruppe G der Ordnung h

$$x^h = 1$$

für alle $x \in G$ gilt, hat man

$$a^{\varphi(n)} \equiv 1 \,(\mathrm{mod}\,n) \tag{1.4.2}$$

für alle zu n teilerfremden a aus $\mathbb{Z}$. Dies ist Eulers Verallgemeinerung des *kleinen Fermatschen Satzes*

$$a^p \equiv a \,(\mathrm{mod}\,p) \tag{1.4.3}$$

für alle a und eine Primzahl p. Nach (1.4.2) gilt (1.4.3) zunächst für a, die nicht durch p teilbar sind. Für Vielfache von p ist aber (1.4.3) trivial.

Nach (1.4.1) ist

$$(\mathbb{Z}/n\mathbb{Z})^{\times} \cong (\mathbb{Z}/p_1^{m_1}\mathbb{Z})^{\times} \oplus \cdots \oplus (\mathbb{Z}/p_s^{m_s}\mathbb{Z})^{\times}.$$

Daher gilt

$$\varphi(n) = \varphi(p_1^{m_1}) \cdots \varphi(p_s^{m_s}).$$

Weiter ist eine Restklasse $\bar{a} \in \mathbb{Z}/p^m\mathbb{Z}$ eindeutig gegeben durch einen Repräsentanten a mit $0 \le a < p^m$. Die Klasse $\bar{a}$ ist aus $(\mathbb{Z}/p^m\mathbb{Z})^{\times}$, wenn a nicht durch p teilbar ist. Die Anzahl von solchen Zahlen a ist gleich $p^m - p^{m-1}$. Daher gilt

$$\varphi(p^m) = p^{m-1}(p - 1)$$

und

$$\varphi(n) = n \cdot \left(1 - \frac{1}{p_1}\right) \cdots \left(1 - \frac{1}{p_s}\right). \tag{1.4.4}$$

Wir wollen jetzt die Struktur von $(\mathbb{Z}/p^m\mathbb{Z})^{\times}$ untersuchen.

Für $m = 1$ ist $\mathbb{Z}/p\mathbb{Z}$ ein Körper. Daher ist $(\mathbb{Z}/p\mathbb{Z})^{\times}$ eine zyklische Gruppe der Ordnung $p - 1$ ([Ku], Satz 13.2).

Eine ganze Zahl g mit der Eigenschaft, daß $\bar{g}$ eine Erzeugende von $(\mathbb{Z}/p\mathbb{Z})^{\times}$ ist, heißt *Primitivwurzel mod p*.

Als Beispiel betrachten wir $p = 17$. Als Primitivwurzel kann man $g = 3$ wählen. In der Tat ist $3^8 \equiv -1 \,(\mathrm{mod}\,17)$.

Um eine Gleichung

$$x^n \equiv a \,(\mathrm{mod}\,p)$$

mit n prim zu $p-1$ und a prim zu p zu lösen, bestimmt man ein n' mit

$$nn' \equiv 1 \,(\mathrm{mod}\,p-1).$$

Dann gilt

$$x \equiv a^{n'} \,(\mathrm{mod}\,p)$$

Wir betrachten jetzt Kongruenzen modulo Primzahlpotenzen. Es gilt der folgende

Satz 1.4.2 *Sei p eine von 2 verschiedene Primzahl. Dann ist $(\mathbb{Z}/p^m\mathbb{Z})^{\times}$ eine zyklische Gruppe der Ordnung $(p-1)p^{m-1}$. Die Klasse von $1+p$ hat in $(\mathbb{Z}/p^m\mathbb{Z})^{\times}$ die Ordnung p^{m-1}. Es gibt eine Primitivwurzel mod p, deren Klasse in $(\mathbb{Z}/p^m\mathbb{Z})^{\times}$ die Ordnung $p-1$ hat.*

B e w e i s : Durch vollständige Induktion über $i = 0, 1, \ldots$ beweist man

$$(1+p)^{p^i} \equiv 1 + p^{i+1} \,(\mathrm{mod}\,p^{i+2}). \tag{1.4.5}$$

Hiernach ist

$$(1+p)^{p^{m-2}} \equiv 1 + p^{m-1} \,(\mathrm{mod}\,p^m)$$

und

$$(1+p)^{p^{m-1}} \equiv 1 \,(\mathrm{mod}\,p^m).$$

Daher hat die Klasse von $1+p$ die Ordnung p^{m-1}. Es folgt, daß die Gruppe $(\mathbb{Z}/p^m\mathbb{Z})^{\times}$ zyklisch ist.

Sei g eine Primitivwurzel mod p. Dann ist $g' := g^{p^{m-1}}$ ebenfalls eine Primitivwurzel, denn es gilt

$$g^{p^{m-1}} \equiv g \,(\mathrm{mod}\,p).$$

Weiter ist

$$g'^{p-1} = g^{(p-1)p^{m-1}} \equiv 1 \,(\mathrm{mod}\,p^m).$$

$\square$

Die Kongruenz (1.4.5) gilt nicht für $p = 2$, z. B. ist $3^2 \equiv 1 \,(\mathrm{mod}\,8)$. Statt (1.4.5) hat man aber

$$(1+4)^{2^i} \equiv 1 + 2^{i+2} \,(\mathrm{mod}\,2^{i+3})$$

Hieraus erhält man den folgenden

Satz 1.4.3 *Die Gruppe $(\mathbb{Z}/2^m\mathbb{Z})^{\times}$ ist für $m \geq 3$ direktes Produkt der Untergruppen, die von der Klasse von -1 und 5 erzeugt werden. Insbesondere ist die Ordnung der Klasse von 5 in $(\mathbb{Z}/2^m\mathbb{Z})^{\times}$ gleich 2^{m-2}.* $\square$

1.5 Public Key Cryptology

Als Anwendung betrachten wir die „Public Key Cryptology" . Sie beruht auf der
dem jeweiligen Stand der Rechentechnik entsprechenden Unmöglichkeit, genügend
große Zahlen in annehmbarer Zeit in das Produkt von Primfaktoren zu zerlegen.

Sei M eine Menge von Personen, welche Nachrichten austauschen wollen, wobei
eine Nachricht immer nur vom Adressaten zu entschlüsseln sein soll.

Dazu wählt jeder Teilnehmer $a \in M$ eine Zahl n_a, welche das Produkt zweier
Primzahlen p_a und q_a ist. Die Zahl n_a ist jedermann über ein Adressenverzeichnis
zugänglich. Dagegen ist die Zerlegung $n_a = p_a q_a$ nur dem Teilnehmer a bekannt.
Die Adresse von a enthält außer n_a eine Zahl t_a, die prim zu $\varphi(n_a)$ gewählt wird.

Die zu übermittelnde Nachricht wird nach einem ebenfalls öffentlichem Code in
eine oder mehrere natürliche Zahlen, die kleiner als n_a sind, verschlüsselt.

Der Teilnehmer b, der die als Zahl h verschlüsselte Nachricht an a übermitteln
will, sendet diesem die Zahl $g \equiv h^{t_a} \pmod{n_a}$.

Nur a kennt die Zahl u_a mit

$$t_a u_a \equiv 1 \pmod{\varphi(n_a)},$$

denn zu ihrer Berechnung muß man die Zerlegung $n_a = p_a \cdot q_a$ kennen.

a berechnet nun h durch

$$g^{u_a} \equiv h^{t_a u_a} \equiv h \pmod{n_a}.$$

Die letzte Kongruenz gilt aufgrund des folgenden Lemmas.

Lemma 1.5.1 *Sei $n = pq$ mit verschiedenen Primzahlen p und q. Weiter sei m
eine ganze Zahl mit*

$$m \equiv 1 \pmod{\varphi(n)}.$$

Dann gilt

$$h^m \equiv h \pmod{n}$$

für jede ganze Zahl h.

B e w e i s: Wenn h prim zu n ist, gilt die Behauptung wegen (1.4.2). Wenn h durch
n teilbar ist, ist die Behauptung trivial. Sei daher h durch p, aber nicht durch q
teilbar. Dann gilt

$$h^{q-1} \equiv 1 \pmod{q}$$

und daher

$$h^{m-1} \equiv 1 \pmod{q}.$$

Durch Multiplikation dieser Kongruenz mit h erhält man

$$h^m \equiv h \pmod{qh}$$

und damit

$$h^m \equiv h \pmod{n}.$$

Der Fall, daß h durch q, aber nicht durch p teilbar ist, läßt sich in gleicher Weise
behandeln.   □

1.6 Quadratische Reste

In diesem Abschnitt bezeichnet p eine ungerade Primzahl.

Die Lösung einer Kongruenz

$$x^2 + a_1 x + a_2 \equiv 0 \,(\mathrm{mod}\,p)$$

ist gleichbedeutend mit der Lösung der Gleichung

$$\bar{x}^2 + \bar{a}_1 \bar{x} + \bar{a}_2 = \bar{0} \tag{1.6.1}$$

im Körper $\mathbb{Z}/p\mathbb{Z}$. (1.6.1) hat genau dann zwei Lösungen, wenn die Diskriminante $\bar{a}_1^2 - 4\bar{a}_2$ ein von 0 verschiedenes Quadrat ist. Es genügt daher, die Frage zu untersuchen, wann die Kongruenz

$$x^2 \equiv a \,(\mathrm{mod}\,p) \tag{1.6.2}$$

für gegebenes $a \in \mathbb{Z}$ lösbar ist.

Wenn (1.6.2) lösbar ist, nennt man a einen *quadratischen Rest mod p*. Andernfalls heißt a *quadratischer Nichtrest mod p*.

Mit dieser Frage hat sich Euler beschäftigt. Er kam zu der Vermutung, daß für zwei verschiedene ungerade Primzahlen p und q die folgende, als *quadratisches Reziprozitätsgesetz* bezeichnete Beziehung gilt:

Wenn eine der beiden Zahlen $p-1$ und $q-1$ durch 4 teilbar ist, so ist q genau dann quadratischer Rest mod p, *wenn p quadratischer Rest* mod q *ist.*

Wenn beide Zahlen $p-1$ und $q-1$ nicht durch 4 teilbar sind, so ist q genau dann quadratischer Rest mod p, *wenn p quadratischer Nichtrest* mod q *ist.*

Diese Vermutung wurde zuerst von Gauß in seinen *Disquisitiones Arithmeticae* [Ga1801], Abschnitt 4, bewiesen. Er hat das quadratische Reziprozitätsgesetz als *„Theorema fundamentale"* der Theorie der quadratischen Reste bezeichnet. Der wesentliche Punkt dabei ist, daß Kongruenzen modulo verschiedener Primzahlen verglichen werden. Ein tieferes Verständnis des Gesetzes ergibt sich aus dem Studium der Kreisteilungskörper (6.4). Seine Verallgemeinerung zunächst auf höhere Potenzreste und später auf Gesetzmäßigkeiten in algebraischen Zahlkörpern bildete und bildet eine fundamentale Aufgabe der algebraischen Zahlentheorie.

In diesem Abschnitt bringen wir zunächst einige einfache Ergebnisse über quadratische Reste, die sich leicht daraus ergeben, daß die Gruppe $(\mathbb{Z}/p\mathbb{Z})^\times$ zyklisch ist (1.4). Es folgt der Beweis des quadratischen Reziprozitätsgesetzes und seiner Ergänzungssätze.

Für ganze Zahlen a, die zu p teilerfremd sind, betrachten wir $b := a^{(p-1)/2}$. Wegen $b^2 \equiv a^{p-1} \equiv 1 \,(\mathrm{mod}\,p)$ gilt $b \equiv \pm 1 \,(\mathrm{mod}\,p)$, denn die Gleichung $\bar{b}^2 = 1$ hat in dem Körper $\mathbb{Z}/p\mathbb{Z}$ genau die beiden Lösungen $+\bar{1}$ und $-\bar{1}$. Da p ungerade ist, sind diese beiden Lösungen voneinander verschieden, und da $(\mathbb{Z}/p\mathbb{Z})^\times$ zyklisch ist, gibt es Zahlen a mit $a^{(p-1)/2} \equiv -1 \,(\mathrm{mod}\,p)$.

Wir haben also eine Abbildung χ konstruiert, die $a \not\equiv 0 \,(\mathrm{mod}\,p)$ eine der Zahlen $+1$ oder -1 zuordnet. Um die Abhängigkeit von p deutlich zu machen, setzt man nach Legendre

$$\left(\frac{a}{p}\right) := \chi(a).$$

$\left(\dfrac{a}{p}\right)$ wird als *Legendre-Symbol* bezeichnet. Es gilt also

$$\left(\frac{a}{p}\right) = \begin{cases} 1 & \text{wenn } a^{(p-1)/2} \equiv 1 \,(\mathrm{mod}\,p) \\ -1 & \text{wenn } a^{(p-1)/2} \equiv -1 \,(\mathrm{mod}\,p). \end{cases}$$

Satz 1.6.1 *Sei a eine zu p teilerfremde Zahl. Es gilt* $\left(\frac{a}{p}\right) = 1$ *genau dann, wenn a quadratischer Rest* mod p *ist.*

B e w e i s: Sei a quadratischer Rest mod p. Dann gibt es ein $x \in \mathbb{Z}$ mit

$$a \equiv x^2 \,(\mathrm{mod}\,p).$$

Es folgt

$$a^{(p-1)/2} \equiv x^{2(p-1)/2} \equiv 1 \,(\mathrm{mod}\,p),$$

d.h. $\left(\dfrac{a}{p}\right) = 1$.

Sei andererseits $\left(\dfrac{a}{p}\right) = 1$, sei g eine Primitivwurzel mod p und

$$a \equiv g^{\nu} \,(\mathrm{mod}\,p).$$

Dann gilt

$$a^{(p-1)/2} \equiv g^{\nu(p-1)/2} \equiv 1 \,(\mathrm{mod}\,p).$$

Es folgt

$$p - 1 \mid \nu(p-1)/2$$

und daher $2|\nu$, d.h. a ist quadratischer Rest mod p. $\qquad\square$

Satz 1.6.2 *Seien a und b zu p teilerfremde Zahlen. Dann gilt*

$$\left(\frac{ab}{p}\right) = \left(\frac{a}{p}\right)\left(\frac{b}{p}\right).$$

B e w e i s: Nach Definition ist

$$\left(\frac{ab}{p}\right) \equiv (ab)^{(p-1)/2} \equiv a^{(p-1)/2}b^{(p-1)/2} \equiv \left(\frac{a}{p}\right)\left(\frac{b}{p}\right) \,(\mathrm{mod}\,p). \qquad (1.6.3)$$

Da $\left(\dfrac{ab}{p}\right)$, $\left(\dfrac{a}{p}\right)$, $\left(\dfrac{b}{p}\right)$ nur die Werte $+1$ und -1 annehmen, folgt aus der Kongruenz (1.6.3) die Gleichheit. $\qquad\square$

Nach Satz 1.6.1 und Satz 1.6.2 definiert das Legendre-Symbol einen Homomorphismus von $(\mathbb{Z}/p\mathbb{Z})^{\times}$ auf $\mathbb{Z}^{\times} = \{\pm 1\}$, dessen Kern aus den quadratischen Resten besteht. Inbesondere bilden die quadratischen Reste nach den Homomorphiesatz eine Untergruppe von $(\mathbb{Z}/p\mathbb{Z})^{\times}$ vom Index 2.

Wir kommen jetzt zum quadratischen Reziprozitätsgesetz, merken aber zunächst den *ersten Ergänzungssatz* an.

Satz 1.6.3

$$\left(\frac{-1}{p}\right) = (-1)^{(p-1)/2}.$$

B e w e i s: Nach der Definition des Legendre-Symbols ist

$$\left(\frac{-1}{p}\right) \equiv (-1)^{(p-1)/2} \,(\bmod\, p).$$

Da aber auf beiden Seiten dieser Kongruenz $+1$ oder -1 steht, gilt die Gleichheit.
$\square$

Mit Hilfe des Legendre-Symbols können wir das quadratische Reziprozitätsgesetz wie folgt formulieren.

Satz 1.6.4 *Seien p und q ungerade und voneinander verschiedene Primzahlen. Dann gilt*

$$\left(\frac{p}{q}\right)\left(\frac{q}{p}\right) = (-1)^{(p-1)(q-1)/4}.$$

B e w e i s: Sei K ein Körper mit von p verschiedener Charakteristik, der die p-ten Einheitswurzeln enthält ([Ku], §13). Weiter sei ζ ein primitive p-te Einheitswurzel in K. Wir definieren in K die *Gaußsche Summe*

$$\tau_p := \sum_{a=1}^{p-1} \left(\frac{a}{p}\right) \zeta^a. \tag{1.6.4}$$

Lemma 1.6.5

$$\tau_p^2 = (-1)^{(p-1)/2} p.$$

B e w e i s:

$$\tau_p^2 = \left(\sum_{a=1}^{p-1}\left(\frac{a}{p}\right)\zeta^a\right)\left(\sum_{b=1}^{p-1}\left(\frac{b}{p}\right)\zeta^b\right) = \sum_{a,b=1}^{p-1}\left(\frac{ab}{p}\right)\zeta^{a+b}.$$

Da es bei der Summe (1.6.4) nur auf Restklassen der Zahlen $a\,(\bmod\,p)$ ankommt, können wir eine Umsummierung vornehmen, indem wir für festes a über alle c mit $b \equiv ac\,(\bmod\,p)$ summieren. Dann erhalten wir

$$\tau_p^2 = \sum_{a=1}^{p-1}\sum_{c=1}^{p-1}\left(\frac{a^2 c}{p}\right)\zeta^{a+ac} = \sum_{c=1}^{p-1}\left(\sum_{a=1}^{p-1}\zeta^{a(1+c)}\right)\left(\frac{c}{p}\right).$$

Wir haben

$$\sum_{a=1}^{p-1}\zeta^{a(c+1)} = \begin{cases} -1 & \text{für } 1+c \not\equiv 0 \,(\bmod\,p) \\ p-1 & \text{für } 1+c \equiv 0 \,(\bmod\,p), \end{cases}$$

denn für $1 + c \not\equiv 0 \,(\mathrm{mod}\, p)$ durchlaufen

$$1, \zeta^{1+c}, \ldots, \zeta^{(p-1)(1+c)}$$

alle Nullstellen des Polynoms $X^p - 1$, deren Summe also gleich 0 ist. Für $1 + c \equiv 0 \,(\mathrm{mod}\, p)$ ist die Behauptung offensichtlich.

Jetzt vereinfacht sich unser Ausdruck für τ_p^2 zu

$$\tau_p^2 \;=\; -\sum_{c=1}^{p-2} \left(\frac{c}{p}\right) + (p-1)\left(\frac{-1}{p}\right)$$

$$\;=\; -\sum_{c=1}^{p-1} \left(\frac{c}{p}\right) + p\left(\frac{-1}{p}\right).$$

Da es ebenso viele quadratische Reste wie Nichtreste gibt, ist

$$\sum_{c=1}^{p-1} \left(\frac{c}{p}\right) = 0.$$

Nach Satz 1.6.3 gilt daher

$$\tau_p^2 = (-1)^{(p-1)/2} p.$$

$\square$

Jetzt spezialisieren wir uns auf einen Körper K der Charakterisitk q, der die p-ten Einheitswurzeln enthält. Wir können z. B. für K den Zerfällungskörper des Polynoms $X^p - 1$ über $\mathbb{F}_q$ nehmen ([Ku], Satz 7.25).

Wir berechnen τ_p^q auf zweierlei Weise: Nach Lemma 1.6.5 gilt

$$\tau_p^q = \left(\tau_p^2\right)^{(q-1)/2} \tau_p = (-1)^{(p-1)(q-1)/4} p^{(q-1)/2} \tau_p. \tag{1.6.5}$$

Nach der Definition von τ_p gilt

$$\tau_p^q = \sum_{a=1}^{p-1} \left(\frac{a}{p}\right) \zeta^{aq}.$$

Wir setzen $c \equiv aq \,(\mathrm{mod}\, p)$ und summieren über c. Dann wird

$$\tau_p^q = \sum_{a=1}^{p-1} \left(\frac{aq^2}{p}\right) \zeta^{aq} = \sum_{c=1}^{p-1} \left(\frac{cq}{p}\right) \zeta^c = \left(\frac{q}{p}\right) \tau_p. \tag{1.6.6}$$

Durch Vergleich von (1.6.5) und (1.6.6) erhält man

$$(-1)^{(p-1)(q-1)/4} p^{(q-1)/2} = \left(\frac{q}{p}\right). \tag{1.6.7}$$

Diese Gleichheit gilt im Körper $\mathbb{F}_q$.

Nach Definition des Legendre-Symbols gilt in $\mathbb{F}_q$

$$p^{(q-1)/2} = \left(\frac{p}{q}\right).$$
(1.6.8)

Wir schreiben jetzt (1.6.7) und (1.6.8) als Kongruenz mod q:

$$(-1)^{(p-1)(q-1)/4} \left(\frac{p}{q}\right) \equiv \left(\frac{q}{p}\right) \pmod{q}.$$

Da auf beiden Seiten ± 1 steht, gilt sogar die Gleichheit. $\qquad\square$

Es fehlt uns noch die Berechnung von $\left(\frac{2}{p}\right)$. Diese ist in dem folgenden *zweiten Ergänzungssatz* zum quadratischen Reziprozitätsgesetz enthalten.

Satz 1.6.6 *Sei p eine ungerade Primzahl. Dann gilt*

$$\left(\frac{2}{p}\right) = (-1)^{(p^2-1)/8}.$$

Der B e w e i s ist ähnlich wie der Beweis des quadratischen Reziprozitätsgesetzes:
Sei K ein Körper der Charakteristik p, der die 8-ten Einheitswurzeln enthält, und sei ζ eine primitive 8-te Einheitswurzel. Wir setzen

$$\tau := \zeta + \zeta^{-1}.$$

Dann gilt $\tau^2 = 2$ und

$$\tau^p = 2^{(p-1)/2}\tau = \left(\frac{2}{p}\right)\tau = \zeta^p + \zeta^{-p} = (-1)^{(p^2-1)/8}\tau.$$

$\qquad\square$

Mit Hilfe des quadratischen Reziprozitätsgesetzes und der Ergänzungssätze kann man das Legendre-Symbol berechnen. Als Beispiel betrachten wir $\left(\frac{113}{127}\right)$. Die Zahlen 113 und 127 sind Primzahlen. Daher gilt

$$\left(\frac{113}{127}\right) = \left(\frac{127}{113}\right) = \left(\frac{14}{113}\right) = \left(\frac{2}{113}\right)\left(\frac{7}{113}\right) = \left(\frac{7}{113}\right) = \left(\frac{113}{7}\right) =$$

$$= \left(\frac{1}{7}\right) = 1.$$

113 ist also quadratischer Rest mod 127. Durch Probieren findet man in der Tat

$$113 + 13 \cdot 127 = 42^2.$$

Eine weitere Vereinfachung erhält man mit Hilfe des *Jacobi-Symbols* $\left(\frac{a}{m}\right)$, einer Verallgemeinerung des Legendre-Symbols, wobei für den Nenner m ungerade natürliche Zahlen zugelassen sind. Dieses Symbol spielt eine wichtige Rolle in der Theorie der quadratischen Zahlkörper (Kap. 9).

Zur Definition des Jacobi-Symbols führen wir den auf Gauß zurückgehenden Begriff des Halbsystems ein. Sei m eine ungerade natürliche Zahl. Dann heißt eine Menge B von $\frac{m-1}{2}$ ganzen Zahlen ein *Halbsystem* $(\mathrm{mod}\, m)$, wenn die Zahlen

$$B \cup \{-b \mid b \in B\} \cup \{0\}$$

ein volles Restsystem $(\mathrm{mod}\, m)$ bilden.

Sei a eine ganze zu m prime Zahl. Dann bilden wir

$$\{ab \mid b \in B\}.$$

Dies ist wieder ein Halbsystem $(\mathrm{mod}\, m)$. Daher ist

$$ab \equiv \pi(b)e(b) \,(\mathrm{mod}\, m)$$

mit $\pi(b) \in B$, $e(b) \in \{\pm 1\}$. Wie man leicht sieht, ist $b \to \pi(b)$ eine Permutation von B.

Wir zeigen, daß das Produkt

$$\prod_{b \in B} e(b)$$

unabhängig von der Wahl des Halbsystems $(\mathrm{mod}\, m)$ ist.

Sei nämlich B' ein weiteres Halbsystem $(\,\mathrm{mod}\, m)$, und sei $f(b) \in \{\pm 1\}$ so gewählt, daß $bf(b)\,(\,\mathrm{mod}\, m)$ für $b \in B$ die zu B' gehörigen Kongruenzklassen $(\,\mathrm{mod}\, m)$ durchläuft. Dann gilt

$$abf(b) \equiv \pi(b)e(b)f(b) \equiv \pi(b)f(\pi(b))f(\pi(b))e(b)f(b) \,(\mathrm{mod}\, m).$$

Mit

$$ab' \equiv \pi'(b')e'(b') \;(\mathrm{mod}\, m) \;\text{ für } b' \in B'$$

wird

$$\prod_{b' \in B'} e'(b') = \prod_{b \in B} e(b)f(b)f(\pi(b)),$$

und wegen

$$\prod_{b \in B} f(b) = \prod_{b \in B} f(\pi(b))$$

gilt

$$\prod_{b' \in B'} e'(b') = \prod_{b \in B} e(b).$$

Wir definieren jetzt das Jacobi-Symbol durch

$$\left(\frac{a}{m}\right)^{*} = \prod_{b \in B} e(b).$$

Wir setzen

$$\left(\frac{a}{1}\right)^{*} = 1.$$

Satz 1.6.7 (Gaußsches Lemma) *Sei m eine Primzahl. Dann gilt*

$$\left(\frac{a}{m}\right)^* = \left(\frac{a}{m}\right).$$

B e w e i s: Nach Definition des Jacobi-Symbols gilt

$$\prod_{b \in B}(ab) \equiv \left(\prod_{b \in B} b\right)\left(\frac{a}{m}\right)^* \pmod{m}$$

und damit

$$a^{\frac{m-1}{2}} \equiv \left(\frac{a}{m}\right)^* \pmod{m}.$$

Die Behauptung folgt daher aus unserer Definition des Legendre-Symbols. $\quad\square$

Im weiteren lassen wir den Stern bei der Schreibweise des Jacobi-Symbols weg.

Satz 1.6.8 *Seien a und b ganze Zahlen, die prim zu der ungeraden natürlichen Zahl m sind. Dann gilt*

a) $\left(\dfrac{a}{m}\right)$ *hängt nur von der Restklasse von $a \pmod{m}$ ab.*

b) $\left(\dfrac{a}{m}\right)\left(\dfrac{b}{m}\right) = \left(\dfrac{ab}{m}\right).$

B e w e i s: a) folgt unmittelbar aus der Definition des Jacobi-Symbols. Der Beweis von b) ist analog zum Beweis von Satz 1.6.7. $\quad\square$

Satz 1.6.9 *Sei a eine ganze Zahl, die prim zu den ungeraden natürlichen Zahlen m und m' ist. Dann gilt*

$$\left(\frac{a}{m}\right)\left(\frac{a}{m'}\right) = \left(\frac{a}{mm'}\right).$$

B e w e i s: Sei B ein Halbsystem $\pmod{m}$ und B' ein Halbsystem $\pmod{m'}$. Dann ist

$$H := \{b + ms \mid b \in B,\, s = 0, 1, \ldots, m' - 1\} \cup \{mb' \mid b' \in B'\}$$

ein Halbsystem $\pmod{mm'}$. Nach Definition des Halbsystems ist hierzu zu zeigen, daß die Menge

$$H \cup \{-b - ms \mid b \in B,\, s = 0, 1, \ldots, m' - 1\} \cup \{-mb' \mid b' \in B'\} \cup \{0\}$$

ein volles Restsystem $\pmod{mm'}$ ist. Wegen

$$-b - ms \equiv -b + m(m' - s) \pmod{mm'}$$

genügt es daher zu zeigen, daß die Zahlen $c + mc'$ ein volles Restsystem $\pmod{mm'}$ durchlaufen, wenn c ein volles Restsystem $\pmod{m}$ und c' ein volles Restsystem $\pmod{m'}$ durchläuft, und das ist offensichtlich.

Mit Hilfe des Halbsystems H findet man nun

$$a(b + ms) \equiv ab \equiv \pi(b)e(b) \,(\mathrm{mod}\, m),$$

und daher

$$a(b + ms) \equiv \pi(b)e(b) + ms_1 \equiv (\pi(b) + ms_2)\, e(b) \,(\mathrm{mod}\, mm').$$

Weiter sei

$$ab' \equiv \rho(b')e'(b') \,(\mathrm{mod}\, m')$$

für $b' \in B'$ und daher

$$a(b'm) \equiv (\rho(b')m)\, e'(b') \,(\mathrm{mod}\, mm').$$

Für das Jacobi-Symbol folgt daraus

$$\left(\frac{a}{mm'}\right) = \prod_{b \in B} e(b)^{m'} \cdot \prod_{b' \in B'} e'(b') = \left(\frac{a}{m}\right)^{m'} \left(\frac{a}{m'}\right) = \left(\frac{a}{m}\right)\left(\frac{a}{m'}\right).$$

$\square$

Satz 1.6.9 zeigt, daß das Jacobi-Symbol auch mit Hilfe des Legendre-Symbols definiert werden kann. Wir benutzen unsere Definition zum Beweis des Reziprozitätsgesetzes für das Jacobi-Symbol, dabei erhalten wir einen zweiten Beweis für Satz 1.6.4.

Satz 1.6.10 *Seien a und b ungerade natürliche Zahlen die zueinander teilerfremd sind. Dann gilt*

$$\left(\frac{a}{b}\right)\left(\frac{b}{a}\right) = (-1)^{(a-1)(b-1)/4}.$$

B e w e i s: Nach Definition des Jacobi-Symbols gilt

$$\left(\frac{a}{b}\right) = (-1)^{\nu},$$

wobei ν die Anzahl der Zahlen ax mit $x = 1, \ldots, \frac{b-1}{2}$ ist, für die der absolut kleinste Rest $(\mathrm{mod}\, b)$ negativ ist, d.h. für die die Ungleichung $-\frac{b}{2} < ax - by < 0$ eine ganzzahlige Lösung y hat. y ist durch x eindeutig bestimmt, und es gilt

$$0 < ax < by < ax + \frac{b}{2}$$

also

$$1 \leq y \leq \frac{a-1}{2}.$$

Damit ist ν gleich der Anzahl der Paare x, y mit

$$x = 1, \ldots, \frac{b-1}{2}; \quad y = 1, \ldots, \frac{a-1}{2}; \quad -\frac{b}{2} < ax - by < 0.$$

Entsprechend ist

$$\left(\frac{b}{a}\right) = (-1)^{\mu},$$

wobei μ die Anzahl der Paare x, y mit

$$x = 1, \ldots, \frac{b-1}{2}; \quad y = 1, \ldots, \frac{a-1}{2}; \quad -\frac{a}{2} < by - ax < 0$$

ist. Wir erhalten

$$\left(\frac{a}{b}\right)\left(\frac{b}{a}\right) = (-1)^{\nu+\mu},$$

wobei $\nu + \mu$ die Anzahl der Paare x, y mit

$$x = 1, \ldots, \frac{b-1}{2}; \, y = 1, \ldots, \frac{a-1}{2}; \tag{1.6.9}$$

$$-\frac{b}{2} < ax - by < \frac{a}{2} \tag{1.6.10}$$

ist. Man beachte hierbei, daß $ax - by = 0$ wegen $(a, b) = 1$ ausgeschlossen ist.

Es bleibt zu zeigen, daß

$$\nu + \mu \equiv \frac{(a-1)(b-1)}{4} \pmod{2} \tag{1.6.11}$$

gilt.

Die Gesamtheit der Paare x, y mit (1.6.9) zerfällt in drei Teilmengen A, C_1 und C_2:

A ist die Menge der Paare x, y mit (1.6.10) und C_1 bzw. C_2 ist die Menge der Paare x, y mit $ax - by < -\frac{b}{2}$ bzw. $ax - by > \frac{a}{2}$.

Die Anzahl der Paare in C_1 und C_2 ist gleich: In der Tat, durch

$$\varphi(x, y) = (\frac{b+1}{2} - x, \frac{a+1}{2} - y)$$

wird eine eineindeutige Abbildung von C_1 auf C_2 definiert. Es folgt

$$\frac{(a-1)}{2} \cdot \frac{(b-1)}{2} = \nu + \mu + 2|C_1|,$$

und damit (1.6.11). $\hspace{10cm}\square$

Die beiden Ergänzungssätze zum Reziprozitätsgesetz übertragen wir ebenfalls auf das Jacobi-Symbol:

Satz 1.6.11 (Erster Ergänzungssatz)

$$\left(\frac{-1}{m}\right) = (-1)^{(m-1)/2}.$$

Satz 1.6.12 (Zweiter Ergänzungssatz)

$$\left(\frac{2}{m}\right) = (-1)^{(m^2-1)/8}.$$

Satz 1.6.11 folgt unmittelbar aus der Definition des Jacobi-Symbols. Zum Beweis von Satz 1.6.12 betrachten wir das Halbsystem $B = \{1, \ldots, \frac{m-1}{2}\}$. Sei zunächst $m \equiv 1 \pmod 4$. Dann ist

$$2b \equiv \pi(b) \pmod m \ \text{ für } b = 1, \ldots, \frac{m-1}{4},$$

$$2b \equiv -\pi(b) \pmod m \ \text{ für } b = \frac{m+3}{4}, \ldots, \frac{m-1}{2},$$

also

$$\left(\frac{2}{m}\right) = (-1)^{(m-1)/4} = (-1)^{(m^2-1)/8}.$$

Für $m \equiv 3 \pmod 4$ gilt

$$2b \equiv \pi(b) \pmod m \ \text{ für } b = 1, \ldots, \frac{m-3}{4},$$

$$2b \equiv -\pi(b) \pmod m \ \text{ für } b = \frac{m+1}{4}, \ldots, \frac{m-1}{2},$$

also

$$\left(\frac{2}{m}\right) = (-1)^{(m+1)/4} = (-1)^{(m^2-1)/8}.$$

$\square$

Das Reziprozitätsgesetz erlaubt es, die Abhängigkeit des Symbols $\left(\frac{a}{m}\right)$ vom Nenner m analog zu Satz 1.6.8 a) zu bestimmen.

Satz 1.6.13 *Das Symbol* $\left(\frac{a}{m}\right)$ *hängt für* $a \equiv 1 \ (\mathrm{mod}\ 4)$ *nur von der Restklasse von* $m \ (\mathrm{mod}\ a)$, *für* $a \equiv 2$ *oder* $3 \ (\mathrm{mod}\ 4)$ *nur von der Restklasse von* $m \ (\mathrm{mod}\ 4a)$ *ab.*

B e w e i s: Für $a \equiv 1 \pmod 4$ gilt

$$\left(\frac{a}{m}\right) = \left(\frac{m}{|a|}\right),$$

und die Behauptung folgt aus Satz 1.6.8 a).

Für $a \equiv 3 \pmod 4$ gilt

$$\left(\frac{a}{m}\right) = \left(\frac{m}{|a|}\right)(-1)^{(m-1)/2},$$

woraus die Behauptung wieder nach Satz 1.6.8 a) folgt.

Für $a \equiv 2 \,(\text{mod } 4)$ setzen wir $a = \pm 2a'$ mit $a' \equiv 1 \,(\text{mod } 4)$. Dann ist a' ungerade und wir finden

$$\left(\frac{a}{m}\right) = \left(\frac{\pm 2}{m}\right)\left(\frac{a'}{m}\right) = \left(\frac{\pm 2}{m}\right)\left(\frac{m}{|a'|}\right).$$

Der Wert von $\left(\dfrac{\pm 2}{m}\right)$ hängt nur von $m \,(\text{mod } 8)$ ab und $\left(\dfrac{m}{|a'|}\right)$ hängt nur von m $(\text{mod } a')$ ab. Daraus folgt die Behauptung. $\qquad\qquad\square$

Der Fall $a \equiv 0 \,(\text{mod } 4)$ ist uninteressant, da man in diesem Fall zu $\dfrac{a}{4}$ übergehen kann.

1.7 Primzahlverteilung

Bereits Euklid wußte, daß es unendlich viele Primzahlen gibt: Seien $p_1, p_2, \cdots, p_s$ die ersten s Primzahlen, so teilt keine von ihnen die Zahl $N_s = p_1 p_2 \cdots p_s + 1$. Daher enthält N_s eine weitere Primzahl als Faktor.

Euler fand eine wesentliche Verschärfung mit dem folgenden

Satz 1.7.1 *Die Reihe*

$$\sum_p \frac{1}{p},$$

divergiert.

Hier, wie auch im folgenden, bedeutet $\sum\limits_p$, daß über alle Primzahlen p zu summieren ist. $\sum\limits_{p \leq x}$ bedeutet, daß über alle Primzahlen p mit $p \leq x$ zu summieren ist. Entsprechende Bedeutung haben die Produkte $\prod\limits_p$ und $\prod\limits_{p \leq x}$.

B e w e i s : Sei u eine reelle Zahl mit $0 < u < 1$. Dann ist für natürliche Zahlen m

$$\frac{1}{1-u} > \frac{1 - u^{m+1}}{1 - u} = 1 + u + \cdots + u^m.$$

Insbesondere gilt für $u = 1/p$ und $x \in \mathbb{R}$

$$P(x) := \prod_{p \leq x}\left(1 - \frac{1}{p}\right)^{-1} > \prod_{p \leq x}\left(1 + \frac{1}{p} + \cdots + \frac{1}{p^m}\right).$$

Wählt man m so groß, daß $2^m > x$ wird, so ist

$$\prod_{p \leq x}\left(1 + \frac{1}{p} + \cdots + \frac{1}{p^m}\right) > \sum_{n \leq x}\frac{1}{n}.$$

Wegen

$$\lim_{x\to\infty} \sum_{n\le x} \frac{1}{n} = \infty$$

gilt auch

$$\lim_{x\to\infty} P(x) = \infty. \tag{1.7.1}$$

Für u wie oben gilt aber

$$-\log(1-u) - u = \frac{1}{2}u^2 + \frac{1}{3}u^3 + \cdots < \frac{1}{2}u^2 + \frac{1}{2}u^3 + \cdots = \frac{1}{2}\frac{u^2}{1-u}.$$

Wir setzen

$$S(x) = \sum_{p\le x} \frac{1}{p}.$$

Dann ist

$$\begin{aligned}
\log P(x) - S(x) &= \sum_{p\le x}\left(-\log\left(1-\frac{1}{p}\right) - \frac{1}{p}\right) \\
&< \sum_{p\le x} \frac{1}{2}\frac{\left(\frac{1}{p}\right)^2}{1-\frac{1}{p}} \\
&= \sum_{p\le x} \frac{1}{2}\frac{1}{p(p-1)} \\
&< \sum_{n=2}^{\infty} \frac{1}{2}\frac{1}{n(n-1)} = \frac{1}{2}
\end{aligned}$$

und daher

$$S(x) > \log P(x) - \frac{1}{2},$$

woraus die Behauptung wegen (1.7.1) folgt. $\qquad\Box$

Wegen

$$\sum_{n=1}^{\infty} \frac{1}{n^2} < 1 + \sum_{n=2}^{\infty} \frac{1}{n(n-1)} = 1 + \sum_{n=2}^{\infty}\left(\frac{1}{n-1} - \frac{1}{n}\right) = 2$$

ist die Summe über die Reziproken aller Quadratzahlen konvergent. Nach Satz 1.7.1 gibt es also wesentlich mehr Primzahlen als Quadratzahlen.

Euler berechnete den genauen Wert von $\sum_{n=1}^{\infty}\frac{1}{n^2}$ zu $\frac{\pi^2}{6}$, und dies war einer der größten Triumphe seines an wissenschaftlichen Erfolgen reichen Lebens (siehe hierzu [We1983], S. 262).

Der Beweis von Satz 1.7.1 besteht grob gesagt in der Überlegung, daß, wenn $\sum_p \frac{1}{p}$ konvergieren würde, auch

$$\sum_p \left(1 - \frac{1}{p}\right)^{-1} = \sum_{n=1}^{\infty} \frac{1}{n} \tag{1.7.2}$$

konvergieren müßte, was aber nicht der Fall ist. Die Gleichung (1.7.2), die auf dem Satz von der eindeutigen Primzahlzerlegung beruht, kann auch für s-te Potenzen hingeschrieben werden

$$\prod_p \left(1 - \frac{1}{p^s}\right)^{-1} = \sum_{n=1}^{\infty} \frac{1}{n^s} \qquad (1.7.3)$$

und ist für reelle $s > 1$ gültig und leicht zu beweisen. Wir betrachten jedoch gleich komplexe Zahlen s, wobei $n^s := e^{s \log n}$ gesetzt wird.

Satz 1.7.2 *Sei $s_0 \in \mathbb{C}$ mit $\operatorname{Re} s_0 > 1$. Dann sind beide Seiten von (1.7.3) für alle s mit $\operatorname{Re} s \geq \operatorname{Re} s_0$ absolut gleichmäßig konvergent gegen die gleiche meromorphe Funktion, die mit $\zeta(s)$ bezeichnet wird.*

B e w e i s : Zunächst ist

$$\left|\frac{1}{n^s}\right| \leq \frac{1}{n^{\sigma_0}} \quad \text{mit } \sigma_0 = \operatorname{Re} s_0,$$

und

$$\sum_{n=1}^{\infty} \left|\frac{1}{n^s}\right| \leq \sum_{n=1}^{\infty} \frac{1}{n^{\sigma_0}}$$

konvergiert bekanntlich für $\sigma_0 > 1$:

$$\sum_{n=1}^{\infty} \frac{1}{n^{\sigma_0}} < 1 + \int_1^{\infty} \frac{dt}{t^{\sigma_0}} = 1 + \frac{1}{\sigma_0 - 1}.$$

Die rechte Seite von (1.7.3) ist daher nach dem Weierstraßschen Konvergenzsatz eine holomorphe Funktion.

Weiter haben wir für $x > 1$

$$\left|\prod_{p \leq x}\left(\frac{1}{1 - p^{-s}}\right) - \sum_{n \leq x} \frac{1}{n^s}\right| \leq \sum_{n \geq x}\left|\frac{1}{n^s}\right| \leq \sum_{n \geq x} \frac{1}{n^{\sigma_0}} < \int_{x-1}^{\infty} \frac{dt}{t^{\sigma_0}} = \frac{(x-1)^{1-\sigma_0}}{\sigma_0 - 1}$$

und daher

$$\lim_{x \to \infty} \left|\prod_{p \leq x}\left(\frac{1}{1 - p^{-s}}\right) - \sum_{n \leq x} \frac{1}{n^s}\right| = 0. \qquad (1.7.4)$$

Hieraus ergibt sich die Konvergenz der linken Seite von (1.7.3) gegen die rechte, da wir die Konvergenz von $\sum_{n=1}^{\infty} \frac{1}{n^s}$ schon bewiesen haben. $\qquad \square$

Die Gleichung (1.7.3) ist der Ausgangspunkt für die Untersuchung der Primzahlverteilung. Sie wurde bereits von Euler gefunden. Die linke Seite von (1.7.3) wird daher als *Euler-Produkt* und $(1 - \frac{1}{p^s})^{-1}$ als *Euler-Faktor* bezeichnet.

Riemann ([Ri1859]) zeigte, daß man $\zeta(s)$ auf die ganze komplexe Ebene analytisch fortsetzen kann zu einer Funktion, die für $s \neq 1$ holomorph ist und in $s = 1$ einen Pol mit Residuum 1 hat. Dabei gilt die Funktionalgleichung

$$\zeta(1-s) = (2\pi)^{-s} \, 2\cos\left(\frac{\pi}{2}s\right) \Gamma(s)\zeta(s), \qquad\qquad (1.7.5)$$

wobei $\Gamma(s)$ die Γ-Funktion bezeichnet. Dieser Funktionalgleichung entnimmt man, daß $\zeta(s)$ im Gebiet $\operatorname{Re} s < 0$ einfache Nullstellen für $s = -2, -4, \ldots$ hat. Riemann zeigte weiter, daß $\zeta(s)$ im „kritischen Streifen" $0 \le \operatorname{Re} s \le 1$ unendlich viele Nullstellen hat und vermutete, daß diese alle auf der Geraden $\operatorname{Re} s = \frac{1}{2}$ liegen. Diese berühmte *Riemannsche Vermutung* konnte bis heute nicht bewiesen werden.

Die *Primzahlfunktion* $\pi(x)$ ist für positive reelle x definiert als die Anzahl der Primzahlen p mit $p \le x$. Riemann skizzierte einen Beweis für eine *explizite Formel* für $\pi(x)$ mit Hilfe von Integrallogarithmen an Stellen, die von den Nullstellen von $\zeta(s)$ im kritischen Streifen abhängen (siehe hierzu [Za1981] und [Ko1991], Chp. 15, 27).

Für das weitere führen wir folgende Bezeichnungen ein. Zwei Funktionen $f(x)$ und $g(x)$, die für positive reelle Zahlen x definiert sind und positive reelle Werte annehmen, heißen asymptotisch äquivalent

$$f(x) \sim g(x),$$

wenn

$$\lim_{x\to\infty} f(x)/g(x)$$

existiert und gleich 1 ist.

Bereits Gauß vermutete den folgenden *Primzahlsatz* .

Satz 1.7.3 *Die Funktionen $\pi(x)$ und $x/\log x$ sind asymptotisch äquivalent.*

Etwa 100 Jahre später, 1896, wurde dieser Satz unabhängig von Hadamard und de la Vallée Poussin bewiesen. Wichtige Vorarbeiten leistete Riemann mit seiner oben erwähnten Arbeit. Die Beweise waren zuerst sehr lang und kompliziert. Es dauerte weitere 84 Jahre bis der Beweis so vereinfacht werden konnte, daß er nur wenige Seiten in Anspruch nimmt. Ein Hauptverdienst kommt hierbei der Arbeit [Nw1980] von Newman aus dem Jahre 1980 zu.

Wir beweisen den Primzahlsatz im folgenden Abschnitt und beweisen in diesem Abschnitt nur noch ein wesentlich schwächeres Ergebnis über die Fortsetzbarkeit von $\zeta(s)$ als (1.7.5), das aber für den Beweis des Primzahlsatzes ausreichend ist.

Satz 1.7.4 *Die Funktion $\zeta(s) - \dfrac{1}{s-1}$ läßt sich holomorph auf $\operatorname{Re} s > 0$ fortsetzen.*

Zum Beweis von Satz 1.7.4 benutzen wir die *Eulersche Summenformel*:

Satz 1.7.5 *Sei $g(x)$ eine für $x \ge 0$ definierte stetig differenzierbare komplexwertige Funktion. Dann gilt*

$$\sum_{n=1}^{N} g(n) = g(1) + \int_{1}^{N} g(x)\,dx + \int_{1}^{N} (x - [x])g'(x)\,dx. \qquad (1.7.6)$$

B e w e i s. Durch partielle Integration erhält man

$$\int_{1}^{N} g(x)\,dx = Ng(N) - g(1) - \int_{1}^{N} xg'(x)\,dx.$$

Weiter gilt

$$\int_{1}^{N} [x]g'(x)dx \;=\; \sum_{n=1}^{N-1} \int_{n}^{n+1} ng'(x)dx = \sum_{n=1}^{N-1} n(g(n+1) - g(n))$$

$$=\; -\sum_{n=1}^{N-1} g(n) + (N-1)g(N). \qquad (1.7.7)$$

Durch Zusammenfassung von (1.7.6) und (1.7.7) erhält man die Behauptung. $\square$

Wir kommen nun zum Beweis von Satz 1.7.4. Mit $g(x) := x^{-s}$ erhält man nach Satz 1.7.5

$$\sum_{n=1}^{N} n^{-s} = 1 + \int_{1}^{N} x^{-s}dx - s\int_{1}^{N} \frac{x - [x]}{x^{s+1}}\,dx.$$

Für $\operatorname{Re} s > 1$ folgt daraus mit $N \to \infty$

$$\zeta(s) = 1 + \frac{1}{s-1} - s\int_{1}^{\infty} \frac{x - [x]}{x^{s+1}}dx. \qquad (1.7.8)$$

Wegen

$$\left| \int_{1}^{\infty} \frac{x - [x]}{x^{s+1}}dx \right| \leq \int_{1}^{\infty} \frac{dx}{x^{\sigma+1}} = \frac{1}{\sigma} \leq \frac{1}{\delta}$$

für alle $\sigma := \operatorname{Re} s \geq \delta > 0$ ist das Integral in (1.7.8) gleichmäßig konvergent und stellt daher für $\operatorname{Re} s > 0$ eine holomorphe Funktion dar. $\square$

1.8   Der Primzahlsatz

Der Beweis des Primzahlsatzes (Satz 1.7.3) beruht auf dem Studium dreier Funktionen. Neben der Riemannschen Zetafunktion $\zeta(s)$ sind dies die Funktionen

$$\phi(s) := \sum_p \frac{\log p}{p^s}$$

und

$$\vartheta(x) := \sum_{p \le x} \log p.$$

Wie für $\zeta(s)$ zeigt man, daß $\phi(s)$ für $\operatorname{Re} s > 1$ eine holomorphe Funktion ist. Dabei benutzt man, wie auch im folgenden, daß $\lim_{x \to \infty} \dfrac{\log x}{x^{\varepsilon}} = 0$ für alle $\varepsilon > 0$ gilt.

Satz 1.8.1 (Tschebyschew) $\vartheta(x) \le 2x$ *für alle* $x \ge 0$.

B e w e i s. Nach dem binomischen Lehrsatz gilt

$$2^{2n} = (1+1)^{2n} \ge \binom{2n}{n} \ge \prod_{n < p \le 2n} p = \exp(\vartheta(2n) - \vartheta(n))$$

und damit $2n \log 2 \ge \vartheta(2n) - \vartheta(n)$. Hieraus schließt man, daß für alle $x \ge 0$

$$x \ge \vartheta(x) - \vartheta\left(\frac{x}{2}\right) \tag{1.8.1}$$

gilt. Aus (1.8.1) folgt

$$2x = \sum_{i=0}^{\infty} \frac{x}{2^i} \ge \sum_{i=0}^{\infty} \left(\vartheta\left(\frac{x}{2^i}\right) - \vartheta\left(\frac{x}{2^{i+1}}\right) \right) = \vartheta(x).$$

$\square$

Der nächste Satz betrifft den Zusammenhang der Funktionen $\zeta(s)$ und $\phi(s)$.

Satz 1.8.2 $\phi(s)$ *ist eine meromorphe Funktion für* $\operatorname{Re} s > \frac{1}{2}$ *mit einfachen Polen für* $s = 1$ *und für die Nullstellen von* $\zeta(s)$ *und keinen weiteren Polen.*

B e w e i s. Es gilt wegen 1.7.3 für $\operatorname{Re} s > 1$

$$-\frac{\zeta'(s)}{\zeta(s)} = \sum_p \frac{\log p}{p^s - 1} = \phi(s) + \sum_p \frac{\log p}{p^s(p^s - 1)}. \tag{1.8.2}$$

Die rechts stehende Reihe konvergiert absolut für $\operatorname{Re} s > \frac{1}{2}$ und gleichmäßig für $\operatorname{Re} s \ge \frac{1}{2} + \varepsilon$ für jedes $\varepsilon > 0$. Es folgt, daß $\phi(s)$ mit $\dfrac{\zeta'(s)}{\zeta(s)}$ eine für $\operatorname{Re} s > \frac{1}{2}$ meromorphe Funktion ist und in diesem Gebiet die angegebenen Pole hat. $\square$

Nach der Riemannschen Vermutung hat $\dfrac{\zeta'(s)}{\zeta(s)}$ für $\operatorname{Re} s > \frac{1}{2}$ nur den einfachen Pol $-\dfrac{1}{s-1}$. Ein Hauptpunkt bei den analytischen Beweisen des Primzahlsatzes besteht darin, das folgende zu zeigen.

Satz 1.8.3 (de la Vallée Poussin, 1896) $\zeta(s)$ *hat keine Nullstelle auf der Geraden* $\operatorname{Re} s = 1$.

B e w e i s. Sei $s = 1 + i\alpha$ ($\alpha \in \mathbb{R}$) eine Nullstelle der Ordnung μ und $1 + 2i\alpha$ eine Nullstelle der Ordnung ν von $\zeta(s)$. Dann gilt

$$\lim_{\varepsilon \to 0} \varepsilon \phi(1 + \varepsilon) = 1, \quad \lim_{\varepsilon \to 0} \varepsilon \phi(1 + \varepsilon \pm i\alpha) = -\mu, \quad \lim_{\varepsilon \to 0} \varepsilon \phi(1 + \varepsilon \pm 2i\alpha) = -\nu.$$

Aus der Ungleichung

$$\sum_{r=-2}^{2} \binom{4}{2+r} \phi(1 + \varepsilon + ir\alpha) = \sum_{p} \frac{\log p}{p^{1+\varepsilon}} (p^{i\alpha/2} + p^{-i\alpha/2})^4 \geq 0$$

folgt daher

$$-2\nu - 8\mu + 6 \geq 0$$

also $\mu = 0$. $\qquad\qquad\square$

Wegen (1.8.2) und den Sätzen 1.8.2 und 1.8.3 ist die Funktion

$$g(z) := \frac{\phi(z+1)}{z+1} - \frac{1}{z}$$

eine holomorphe Funktion für $\operatorname{Re} z \geq 0$.

Wir kommen jetzt zum eigentlichen Beweis des Primzahlsatzes und zeigen dazu folgendes:

Satz 1.8.4 *Der Grenzwert*

$$\lim_{T \to \infty} \int_1^T \frac{\vartheta(x) - x}{x^2} \, dx$$

existiert und ist gleich $g(0)$.

B e w e i s. Wir ordnen die Primzahlen der Größe nach an, bezeichnen sie mit $p_1, p_2, \cdots$ und setzen $p_0 = 1$. Dann gilt für $\operatorname{Re} s > 1$

$$
\begin{aligned}
\phi(s) &= \sum_{j=1}^{\infty} \frac{\log p_j}{p_j^s} = \sum_{j=1}^{\infty} \frac{\vartheta(p_j) - \vartheta(p_{j-1})}{p_j^s} = \sum_{j=1}^{\infty} \vartheta(p_j)(p_j^{-s} - p_{j+1}^{-s}) \\
&= \sum_{j=1}^{\infty} \vartheta(p_j) s \int_{p_j}^{p_{j+1}} \frac{dx}{x^{s+1}} = s \int_1^{\infty} \frac{\vartheta(x)}{x^{s+1}} \, dx = s \int_0^{\infty} e^{-st}\vartheta(e^t) \, dt. \quad (1.8.3)
\end{aligned}
$$

Wir setzen

$$f(t) := \vartheta(e^t)e^{-t} - 1.$$

Dann können wir (1.8.3) in der Form

$$g(z) = \int\limits_0^\infty f(t)e^{-zt}dt \quad \text{für } \operatorname{Re} z > 0$$

schreiben. Weiter setzen wir

$$g_T(z) := \int\limits_0^T f(t)e^{-zt}dt.$$

Dann gilt

$$g_T(0) = \int\limits_0^T f(t)dt = \int\limits_1^{e^T} \frac{\vartheta(x) - x}{x^2}\,dx.$$

Es bleibt daher

$$\lim_{T\to\infty} g_T(0) = g(0)$$

zu beweisen.

Dazu betrachten wir die Funktion $g(z) - g_T(z)$ im und auf dem rechten Halbkreis mit dem Radius R. Wir setzen $z = x + iy$. Da $g(z) - g_T(z)$ für $x \geq 0$ holomorph ist, gibt es ein von R abhängiges $\delta > 0$, so daß $g(z) - g_T(z)$ auch noch in dem abgeschlossenen Gebiet

$$U := \{z \in \mathbb{C}|\ |z| \leq R, x \geq -\delta\}$$

holomorph ist. Wir zerlegen den Rand C von U in die Kurvenstücke

$$\begin{aligned}
C_1 &= \{z \in \mathbb{C}|\ |z| = R,\ x \geq 0\}, \\
C_2 &= \{z \in \mathbb{C}|\ |z| = R,\ -\delta \leq x \leq 0\}, \\
C_3 &= \{z \in \mathbb{C}|\ |z| \leq R,\ x = -\delta\}.
\end{aligned}$$

und wenden den Cauchyschen Integralsatz auf die Funktion

$$(g(z) - g_T(z))\, e^{zT} \left(1 + \frac{z^2}{R^2}\right)$$

an. Für den Wert an der Stelle $z = 0$ erhält man

$$g(0) - g_T(0) = \frac{1}{2\pi i} \int\limits_C (g(z) - g_T(z))\, e^{zT} \left(1 + \frac{z^2}{R^2}\right) \frac{dz}{z}. \qquad (1.8.4)$$

Das rechts stehende Integral wird nun auf den Teilstücken C_1, C_2 und C_3 abgeschätzt. $|f(t)|$ ist nach Satz 1.8.1 für $t \geq 0$ beschränkt. Daher können wir die Zahl

$$B := \max_{t \geq 0} |f(t)|$$

definieren. Wir zeigen zunächst, daß der rechts stehende Integrand in (1.8.4) auf C_1 durch $2B/R^2$ beschränkt ist. In der Tat ist

$$|g(z) - g_T(z)| = \left| \int_T^\infty f(t)e^{-zt}dt \right| \leq B \int_T^\infty |e^{-zt}|dt = \frac{Be^{-xT}}{x} \quad \text{für} \quad x > 0$$

und $|R^2 + z^2| = 2xR$. Daher ist der Absolutbetrag des Teilintegrals über C_1 durch B/R beschränkt. Weiter schätzen wir die Funktionen $g_T(z)$ und $g(z)$ auf dem Integrationswege $C_2 + C_3$ getrennt ab. Da $g_T(z)$ in ganz $\mathbb{C}$ holomorph ist, können wir $C_2 + C_3$ durch den linken Halbkreis C_4 mit dem Radius R ersetzen. Dann gilt

$$|g_T(z)| = \left| \int_0^T f(t)e^{-zt}dt \right| \leq B \int_{-\infty}^T e^{-xt}dt = \frac{Be^{-xT}}{-x} \quad \text{für} \quad x < 0$$

und daher wie oben

$$\left| \frac{1}{2\pi i} \int_{C_4} g_T(z)e^{zT} \left(1 + \frac{z^2}{R^2} \right) \frac{dz}{z} \right| \leq B/R.$$

Schließlich sei

$$\left| g(z) \left(1 + \frac{z^2}{R^2} \right) \frac{1}{z} \right| \leq D \quad \text{für} \quad z \in C_2 + C_3.$$

Dann wird für $\delta \leq \frac{R}{2}\sqrt{3}$

$$\left| \frac{1}{2\pi i} \int_{C_2} g(z)e^{zT} \left(1 + \frac{z^2}{R^2} \right) \frac{dz}{z} \right| \leq \frac{D}{2\pi} \int_{C_2} e^{xT}|dz| \leq \frac{D}{\pi} \int_{C_2} e^{xT}|dx|$$

$$\leq \frac{2D}{\pi} \int_{-\delta}^0 e^{xT}dx \leq \frac{2D}{\pi T}$$

und

$$\left| \frac{1}{2\pi i} \int_{C_3} g(z)e^{zT} \left(1 + \frac{z^2}{R^2} \right) \frac{dz}{z} \right| \leq \frac{D}{2\pi} e^{-\delta T} \cdot 2R.$$

Beide Integrale gehen also für $T \to \infty$ gegen 0. Daraus folgt

$$\lim_{T\to\infty} \sup |g(0) - g_T(0)| \le 2B/R. \tag{1.8.5}$$

Da R beliebig groß sein kann, folgt aus (1.8.5), daß

$$\lim_{T\to\infty} |g(0) - g_T(0)|$$

existiert und gleich 0 ist. $\qquad\square$

Satz 1.8.5 $\vartheta(x) \sim x$.

B e w e i s. Sei $\lambda \ge 1$ mit $\vartheta(x) \ge \lambda x$ für beliebig große x. Dann gilt

$$\int_x^{\lambda x} \frac{\vartheta(t) - t}{t^2}\, dt \ge \int_x^{\lambda x} \frac{\lambda x - t}{t^2}\, dt = \lambda - 1 - \log\lambda.$$

Nach Satz 1.8.4 ist daher $\lambda - 1 - \log\lambda \le 0$ und daher $\lambda = 1$. Entsprechend gilt für $\lambda \le 1$ und $\vartheta(x) \le \lambda x$ für beliebig große x

$$\int_{\lambda x}^{x} \frac{\vartheta(t) - t}{t^2}\, dt \le \int_{\lambda x}^{x} \frac{\lambda x - t}{t^2}\, dt = 1 - \lambda + \log\lambda.$$

Nach Satz 1.8.4 ist daher wieder $\lambda = 1$. Hieraus folgt die Behauptung. $\qquad\square$

Aus Satz 1.8.5 folgt nun leicht der Primzahlsatz: Einerseits ist

$$\vartheta(x) = \sum_{p \le x} \log p \le \sum_{p \le x} \log x = \pi(x) \log x$$

und andererseits ist für jedes $\varepsilon > 0$

$$\vartheta(x) \ge \sum_{x^{1-\varepsilon} \le p \le x} \log p \ge \sum_{x^{1-\varepsilon} \le p \le x} (1 - \varepsilon) \log x \ge (1 - \varepsilon)(\pi(x) - x^{1-\varepsilon}) \log x.$$

Es folgt

$$\frac{\vartheta(x)}{x} \le \frac{\pi(x) \log x}{x} \le \left(\frac{1}{1-\varepsilon}\right) \frac{\vartheta(x)}{x} + \frac{\log x}{x^\varepsilon},$$

und durch Übergang zum oberen Limes

$$1 \le \limsup \frac{\pi(x) \log x}{x} \le \frac{1}{1-\varepsilon}.$$

Entsprechend gilt

$$1 \le \liminf \frac{\pi(x) \log x}{x} \le \frac{1}{1-\varepsilon}.$$

Da ε beliebig klein sein kann, folgt die Behauptung.

Aufgaben

1. Sei p eine Primzahl und g eine Primitivwurzel mod p. Zu jeder ganzen, zu p primen Zahl a gibt es eine eindeutig bestimmte ganze Zahl i mit

$$0 \leq i < p - 1, \quad a \equiv g^i \pmod{p}.$$

   Die Zahl $i = \mathrm{ind}_g a$ heißt der *Index von a zur Basis g* . Man zeige

$$\mathrm{ind}_g ab \equiv \mathrm{ind}_g a + \mathrm{ind}_g b \pmod{p - 1}$$

   für zu p teilerfremde Zahlen a, b.

2. Sei $p > 2$. Man zeige $\mathrm{ind}_g(-1) = \frac{p-1}{2}$

3. Man stelle die *Indextafel* für $p = 17$ und $g = 3$ auf, d.h. man bestimme die Indizes der Zahlen $1, \cdots, 16$, und berechne mit ihrer Hilfe eine Lösung der Kongruenz

$$2x^7 \equiv 9 \pmod{17}.$$

4. (Wilsonscher Satz) . Sei p eine Primzahl. Man zeige

$$(p - 1)! \equiv -1 \pmod{p}$$

5. Seien x_1, x_2, y_1, y_2 Unbestimmte. Man zeige

$$(x_1^2 + x_2^2)(y_1^2 + y_2^2) = (x_1 y_1 + x_2 y_2)^2 + (x_1 y_2 - x_2 y_1)^2.$$

6. Sei p eine Primzahl mit $p \equiv 1 \pmod{4}$. Man zeige, daß es natürliche Zahlen m und x mit $mp = x^2 + 1$ gibt.

7. Sei m_0 die kleinste natürliche Zahl, so daß sich $m_0 p$ als Summe von zwei Quadraten natürlicher Zahlen darstellen läßt, $m_0 p = x_1^2 + x_2^2$. Man zeige, daß dann gilt: a) $m_0 < p$, b) $m_0 \equiv 1 \pmod{2}$.

8. Mit den Bezeichnungen von 7. setze man $x_i = b_i m_0 + y_i$ mit
$|y_i| < \dfrac{m_0}{2}, i = 1, 2, \quad z_1 = x_1 y_1 + x_2 y_2, \quad z_2 = x_1 y_2 - x_2 y_1.$
Man zeige $y_1^2 + y_2^2 \equiv 0 \pmod{m_0}$, $z_1 \equiv 0 \pmod{m_0}, z_2 \equiv 0 \pmod{m_0}$,
$z_1^2 + z_2^2 \equiv 0 \pmod{m_0^2 p}$.

9. Mit Hilfe von 8. zeige man, daß $m_0 = 1$ ist, d.h. jede Primzahl $p \equiv 1 \pmod{4}$ läßt sich als Summe von zwei Quadraten darstellen.

10. Mit ähnlichen Überlegungen wie in 5. bis 9. zeige man, daß sich jede natürliche Zahl als Summe von vier Quadraten nichtnegativer ganzer Zahlen darstellen läßt (Lagrange). Insbesondere ist 6. zu ersetzen durch die folgende Aufgabe: Sei p eine ungerade Primzahl. Man zeige, daß es ganze Zahlen x_1, x_2 mit $0 \leq x_i \leq \frac{p-1}{2}$ gibt, so daß $x_1^2 + x_2^2 + 1 \equiv 0 \pmod{p}$ gilt. Hinweis: Man vergleiche die Restklassen von x_1^2 und $-x_2^2 - 1 \pmod{p}$.

11. Sei p eine Primzahl mit $p \equiv 1 \pmod 4$ und sei $p = a^2 + b^2$ mit natürlichen Zahlen a, b. Weiter sei c ein ungerader Teiler von a oder b. Man zeige, daß c quadratischer Rest $\bmod\, p$ ist.

12. Sei p eine Primzahl mit $p \equiv 7 \pmod 8$. Man zeige, daß es unmöglich ist, p als Summe von drei Quadraten natürlicher Zahlen darzustellen.

13. Die ganzen Zahlen $\mu(n)$ seien durch

$$\zeta(s)^{-1} = \prod_p (1 - p^{-s}) = \sum_{n=1}^{\infty} \mu(n) n^{-s}$$

definiert. Man zeige $\mu(1) = 1, \mu(p) = -1, \mu(p^\nu) = 0$ für $\nu > 1, \mu(ab) = \mu(a)\mu(b)$ für teilerfremde Zahlen a, b.
$\mu(n)$ heißt *Möbiussche Funktion* .

14. Man zeige für natürliche Zahlen $a > 1$

$$\sum_{d|a} \mu(d) = 0,$$

wobei $\displaystyle\sum_{d|a}$ die Summe über alle Teiler d von a bedeutet.

15. (Möbiussche Umkehrformel) Sei $f(n)$ eine komplexwertige Funktion, die für alle natürlichen Zahlen n definiert ist und sei

$$F(n) := \sum_{d|n} f(d).$$

Man zeige

$$f(n) = \sum_{d|n} F(d)\mu\left(\frac{n}{d}\right).$$

2 Die Geometrie der Zahlen

Ausgehend von gewissen Diophantischen Gleichungen wird man auf die Betrachtung von Ringen ganzer algebraischer Zahlen geführt. Dirichlet [Di1846] hat als erster solche Ringe im allgemeinen betrachtet und die Struktur ihrer Einheitengruppen mit Hilfe geometrischer Betrachtungen bestimmt. In gewisser Weise wurden diese Betrachtungen von Minkowski am Ende des Jahrhunderts fortgeführt und zu einer „Geometrie der Zahlen" ausgebaut [Mi1896]. In diesem Kapitel stellen wir vor allem Ergebnisse dieser beiden Mathematiker dar.

2.1 Binäre quadratische Formen

Unser Ausgangspunkt ist die Theorie der *ganzzahligen binären quadratischen Formen* , d.h. der homogenen Polynome

$$F(X, Y) = aX^2 + bXY + cY^2$$

in den Unbestimmten X, Y mit Koeffizienten a, b, c aus $\mathbb{Z}$. Die Grundfragen sind hier die folgenden:

1. Welche Zahlen v lassen sich in der Form

$$v = F(x, y) \text{ mit } x, y \in \mathbb{Z} \tag{2.1.1}$$

   darstellen?

2. Wenn sich eine Zahl v in der Form (2.1.1) darstellen läßt, so finde man alle Lösungen (x, y) der Gleichung (2.1.1) für fixiertes v.

Beispiel 2.1.1 Die Gleichung

$$x^2 + y^2 = 5$$

hat genau die 8 Lösungen

$$(x, y) = (\pm 1, \pm 2), \ (x, y) = (\pm 2, \pm 1).$$

Beispiel 2.1.2 Die Gleichung

$$x^2 - y^2 = 5$$

hat genau die vier Lösungen

$$(x, y) = (\pm 3, \pm 2).$$

Beispiel 2.1.3 Die Gleichung

$$x^2 - 2y^2 = 1$$

hat unendlich viele Lösungen. Diese können am einfachsten in der Form

$$(x, y) = (\pm x_n, \pm y_n), \ \ n = 0, 1, \ldots,$$

mit

$$x_n + \sqrt{2}y_n = (3 + 2\sqrt{2})^n$$

beschrieben werden. Die kleinste Lösung in positiven ganzen Zahlen ist

$$(x, y) = (3, 2).$$

$\square$

Die Theorie der binären quadratischen Formen entwickelte sich aus Einzelergebnissen von Fermat und Euler zu einem imponierenden Gebäude durch die Ergebnisse von Lagrange und Gauß. Ein großer Teil der *Disquisitiones Arithmeticae* von Gauß ist den quadratischen Formen gewidmet. Spätere Mathematiker haben der Theorie viele neue Ergebnisse hinzugefügt und sie weitgehend verallgemeinert.

Obwohl Lagrange und Gauß sich bei der Darstellung ihrer Ergebnisse ausschließlich im Bereich der gewöhnlichen ganzen Zahlen bewegen, ist die eleganteste Methode, vom heutigen Standpunkt aus, die Zerlegung der quadratischen Formen in Linearfaktoren in einer quadratischen Erweiterung des Körpers der rationalen Zahlen. Eine Anleihe an diese Methode haben wir bereits in Beispiel 2.1.3 vorgenommen, wo die Zerlegung der Form wie folgt aussieht:

$$x^2 - 2y^2 = (x + \sqrt{2}y)(x - \sqrt{2}y).$$

Damit wird die Theorie der binären quadratischen Formen zu einem Teil der Theorie der quadratischen Zahlkörper. Dies ist der Standpunkt, den wir im folgenden einnehmen. Wir wollen uns jedoch nicht auf quadratische Formen und Zahlkörper beschränken und betrachten daher allgemeiner vollständige zerlegbare Formen n-ten Grades und algebraische Zahlkörper, d.h. Körper, die im Körper $\mathbb{C}$ der komplexen Zahlen enthalten sind und als Vektorraum über $\mathbb{Q}$ endliche Dimension n haben ([Ku], §3).

2.2   Vollständige zerlegbare Formen n-ten Grades

Eine *Form* $F(X_1, \ldots, X_m)$ *n-ten Grades in den Unbestimmten* $X_1, \ldots, X_m$ *mit rationalen Koeffizienten* ist ein homogenes Polynom

$$F(X_1, \ldots, X_m) = \sum a_{i_1, \ldots, i_m} X_1^{i_1} \cdots X_m^{i_m}$$

mit

$$\sum_{j=1}^{m} i_j = n$$

und $a_{i_1,\ldots,i_m} \in \mathbb{Q}$.

$F(X_1,\ldots,X_m)$ heißt *zerlegbar*, wenn es einen algebraischen Zahlkörper K gibt, über dem $F(X_1,\ldots,X_m)$ in Linearfaktoren zerfällt:

$$F(X_1,\ldots,X_m) = \prod_{\nu=1}^{n}(\alpha_{\nu 1}X_1 + \ldots + \alpha_{\nu m}X_m)$$

mit $\alpha_{\nu\mu} \in K$.

Beispiel 2.2.1 Die Form

$$X_1^m - X_2^m$$

ist zerlegbar über dem Körper $K = \mathbb{Q}(\zeta_m)$, wobei ζ_m eine primitive m-te Einheitswurzel ([Ku], 11.22) bezeichnet:

$$X_1^m - X_2^m = \prod_{\nu=1}^{m}(X_1 - \zeta_m^\nu X_2).$$

$\square$

Wir wollen jetzt das für uns wichtigste Beispiel einer zerlegbaren Form geben. Dazu brauchen wir einige Vorbereitungen.

Eine Form heißt *reduzibel*, genauer *reduzibel über* $\mathbb{Q}$, wenn F in ein Produkt von zwei Formen G, H kleineren Grades mit Koeffizienten in $\mathbb{Q}$ zerfällt. Andernfalls heißt F *irreduzibel*.

Sei K ein algebraischer Zahlkörper vom Grad n, d.h. eine Körpererweiterung von $\mathbb{Q}$ vom Grad n. Es gibt genau n verschiedene Isomorphismen $g_1,\ldots,g_n$ von K in den Körper $\mathbb{C}$ der komplexen Zahlen ([Ku], 8.10). Seien $\mu_1,\ldots,\mu_m$ Zahlen aus K, die nicht alle gleich 0 sind. Wir sagen, daß die $\mu_1,\ldots,\mu_m$ den Körper K *projektiv erzeugen*, wenn $K = \mathbb{Q}(\mu_1/\mu_i,\ldots,\mu_m/\mu_i)$ für ein von 0 verschiedenes der μ_i gilt. Wie man leicht sieht, hängt diese Definition nicht von der Wahl von μ_i ab (Übungsaufgabe).

Seien $\alpha_1,\ldots,\alpha_m$ beliebige Zahlen aus K. Dann hat nach Anh. B die Form

$$F(X_1,\ldots,X_m) := \prod_{\nu=1}^{n}(g_\nu\alpha_1 X_1 + \cdots + g_\nu\alpha_m X_m) \tag{2.2.1}$$

Koeffizienten in $\mathbb{Q}$ und ist die Norm von $\alpha_1 X_1 + \cdots + \alpha_m X_m$ bezüglich der Erweiterung $K(X_1,\ldots,X_m)/\mathbb{Q}(X_1,\ldots,X_m)$. Die Form (2.2.1) heißt *Normform* und wird durch $N_{K/\mathbb{Q}}(\alpha_1 X_1 + \cdots + \alpha_m X_m)$ oder kürzer $N(\alpha_1 X_1 + \cdots + \alpha_m X_m)$ bezeichnet.

Satz 2.2.2 *Sei K ein algebraischer Zahlkörper vom Grad n, der projektiv von $\mu_1,\ldots,\mu_m$ erzeugt wird. Dann ist die Normform*

$$F(X_1,\ldots,X_m) := N(\mu_1 X_1 + \cdots + \mu_m X_m)$$

irreduzibel.

B e w e i s: O.B.d.A. können wir annehmen, daß $\mu_1 = 1$ ist. Dann wird K durch $\mu_2, \ldots, \mu_m$ erzeugt. Sei $F = GH$ eine Zerlegung von F in Formen G, H, sei der Grad von G größer oder gleich dem Grad von H, und sei $X_1 + g_1\mu_2 X_2 + \cdots + g_1\mu_m X_m$ ein Teiler von G. Da G Koeffizienten in $\mathbb{Q}$ hat, ist dann auch

$$L_i(X_1, \ldots, X_m) := X_1 + g_i\mu_2 X_2 + \cdots + g_i\mu_m X_m$$

für $i = 1, 2, \ldots, n$ ein Teiler von G. Wenn zwei dieser Linearfaktoren L_i, L_j proportional sind, so sind sie gleich, weil die Koeffizienten bei X_1 übereinstimmen. Da die Zahlen $\mu_2, \ldots, \mu_m$ den Körper K erzeugen, folgt daraus $i = j$. Nach dem Satz von der eindeutigen Faktorzerlegung in $\mathbb{C}[X_1, \ldots, X_m]$ ([Ku], Theorem 4.31) ist daher

$$\prod_{i=1}^{n}(X_1 + g_i\mu_2 X_2 + \cdots + g_i\mu_m X_m) = N(\mu_1 X_1 + \cdots + \mu_m X_m)$$

ein Teiler von G, d. h. F ist irreduzibel. $\square$

Von Satz 2.2.2 gilt die folgende Umkehrung.

Satz 2.2.3 *Sei $F(X_1, \ldots, X_m)$ eine irreduzible zerlegbare Form vom Grad n. Dann gibt es einen algebraischen Zahlkörper K vom Grad n und Erzeugende $\mu_2, \ldots, \mu_m$ von K, so daß*

$$F(X_1, \ldots, X_m) = aN(X_1 + \mu_2 X_2 + \cdots + \mu_m X_m)$$

gilt mit einer rationalen Zahl a.

B e w e i s: Sei

$$\alpha_1 X_1 + \alpha_2 X_2 + \cdots + \alpha_m X_m$$

ein Linearfaktor von $F(X_1, \ldots, X_m)$, o.B.d.A. sei $\alpha_1 \neq 0$. Dann ist auch $X_1 + \mu_2 X_2 + \cdots + \mu_m X_m$ mit $\mu_\kappa = \alpha_\kappa/\alpha_1$ ein Teiler von F. Sei $K = \mathbb{Q}(\mu_2, \ldots, \mu_m)$ ein Zahlkörper vom Grad h. Da F rationale Koeffizienten hat, ist auch $X_1 + g_i\mu_2 X_2 + \cdots + g_i\mu_m X_m$ für $i = 1, 2, \ldots, h$ ein Teiler von F, wobei wie oben $g_1, \ldots, g_h$ die h Isomorphismen von K in $\mathbb{C}$ bezeichnen. Wie oben schließt man hieraus, daß $N(X_1 + \cdots + \mu_m X_m)$ ein Teiler von F ist und daß

$$F(X_1, \ldots, X_m) = \beta N(X_1 + \cdots + \mu_m X_m)$$

mit einem β aus $\mathbb{C}$ gilt. Es folgt $h = n$ und β in $\mathbb{Q}$, womit Satz 2.2.3 bewiesen ist.
                                                                                      $\square$

Die in 2.1 betrachteten binären quadratischen Formen

$$aX^2 + bXY + cY^2$$

sind genau dann unzerlegbar und irreduzibel, wenn es einen quadratischen Zahlkörper K und ein Element μ aus K gibt, so daß

$$aX^2 + bXY + cY^2 = lN(X + \mu Y)$$

mit $l \in \mathbb{Q}$ und $K = \mathbb{Q}(\mu)$ gilt. Die Koeffizienten 1 und μ der dabei auftretenden Linearform $X + \mu Y$ sind linear unabhängig über $\mathbb{Q}$. Im Fall von Formen höheren Grades ist dieses im allgemeinen nicht der Fall. Sei z. B. $K = \mathbb{Q}(\sqrt[3]{2})$. Dann ist

$$N(X + Y + \sqrt[3]{2}Z)$$

eine irreduzible Form, aber die Koeffizienten von $X + Y + \sqrt[3]{2}Z$ sind über $\mathbb{Q}$ linear abhängig. Wir nennen eine zerlegbare Form F vom Grad n *vollständig* , wenn sie von der Form

$$F(X_1, \ldots, X_n) = N(\mu_1 X_1 + \cdots + \mu_n X_n) \tag{2.2.2}$$

ist, wobei $\mu_1, \ldots, \mu_n$ über $\mathbb{Q}$ linear unabhängige Elemente eines algebraischen Zahlkörpers K vom Grad n über $\mathbb{Q}$ sind. Eine solche Form ist irreduzibel, denn mit $\mu_1, \ldots, \mu_n$ sind auch die Zahlen $1, \mu_2/\mu_1, \ldots, \mu_n/\mu_1$ linear unabhängig.

2.3 Moduln und Ordnungen

Eine komplexe Zahl α heißt *algebraische Zahl* , wenn sie einer Gleichung

$$\alpha^m + a_1 \alpha^{m-1} + \cdots + a_m = 0 \tag{2.3.1}$$

mit rationalen Koeffizienten $a_1, \ldots, a_m$ genügt.

α heißt *ganze algebraische Zahl* , wenn es eine solche Gleichung gibt, deren Koeffizienten ganz sind.

Wir wollen den Begriff der algebraischen Funktion in ähnlicher Weise als Verallgemeinerung des Begriffs der rationalen Funktion a in einer Unbestimmten x über einem Körper P_0 betrachten. Hier steht uns nicht der Körper der komplexen Zahlen als Bereich, aus dem wir unsere Objekte in natürlicher Weise entnehmen können, zur Verfügung. Wir betrachten daher endliche Erweiterungen K des Körpers $P_0(x)$ der rationalen Funktionen mit Koeffizienten aus P_0. Eine *algebraische Funktion* α ist ein Element aus einer solchen endlichen Erweiterung von $P_0(x)$. Dann genügt also α einer Gleichung (2.3.1), wobei die Koeffizienten a_i aus $P_0(x)$ sind. Wenn die Koeffizienten sogar Polynome sind, d.h. $a_i \in P_0[x]$ für $i = 1, \ldots, n$, so heißt α *ganze algebraische Funktion* (bezüglich der Unbestimmten x).

In den folgenden Kapiteln wollen wir beide Fälle gleichzeitig betrachten. Insbesondere ist es möglich, einen großen Teil der Dedekindschen Idealtheorie auch für algebraische Funktionen über *endlichen* Körpern P_0 zu behandeln. Solche Körper stellen sich beim Studium von Kongruenzen ein. In diesem und im folgenden Abschnitt werden einige grundsätzliche Betrachtungen durchgeführt, die in den folgenden Kapiteln benutzt werden. Wir setzen daher hier allgemein voraus, daß wir einen Grundkörper P haben (der im Fall der algebraischen Zahlen gleich $\mathbb{Q}$ und im Fall der algebraischen Funktionen in einer Unbestimmten gleich $P_0(x)$ ist), sowie einen Ring Γ mit Quotientenkörper P (für $\mathbb{Q}$ ist $\Gamma = \mathbb{Z}$ und für $P_0(x)$ ist $\Gamma = P_0[x]$). Über P betrachten wir Körpererweiterungen K. Ein Element α aus K heißt *ganz* bezüglich Γ, wenn es für ein gewisses m einer Gleichung (2.3.1) mit Koeffizienten in

Γ genügt. Wir bezeichnen die Gesamtheit der Elemente von K, die ganz bezüglich Γ sind, mit $O_K(\Gamma)$ oder kurz mit O_K.

Zur Fixierung der Vorstellung sollte der Leser zunächst die für die algebraische Zahlentheorie im Vordergrund stehende spezielle Situation, daß K ein algebraischer Zahlkörper und O_K die Menge der ganzen Zahlen von K ist, vor Augen haben. Diese Situation wird in der folgenden Abbildung dargestellt:

$$\begin{array}{ccc} \mathbb{Q} & \subseteq & K \\ \cup & & \cup \\ \mathbb{Z} & \subseteq & O_K \end{array}$$

Bild 2.1

Die allgemeine Situation, daß Γ ein beliebiger Integritätsbereich und K/P eine beliebige Körpererweiterung ist, wird in Bild 2.2 dargestellt:

$$\begin{array}{ccc} P & \subseteq & K \\ \cup & & \cup \\ \Gamma & \subseteq & O_K \end{array}$$

Bild 2.2

Wir wollen uns zunächst überzeugen, daß die oben gegebene Definition der ganzen algebraischen Zahlen mit dem gewöhnlichen Begriff der ganzen Zahl verträglich ist, d.h. $O_{\mathbb{C}} \cap \mathbb{Q} = \mathbb{Z}$. Allgemeiner gilt

Satz 2.3.1 *Sei Γ ein Hauptidealring. Dann ist $O_K \cap P = \Gamma$.*

B e w e i s: Es ist klar, daß jedes Element a aus Γ in O_K liegt. Sei andererseits α aus $O \cap P$. Dann läßt sich α in der Form $\alpha = b/c$ darstellen, wobei $b, c \in \Gamma$ teilerfremd sind, und es gilt eine Gleichung $\alpha^m + a_1 \alpha^{m-1} + \cdots + a_m = 0$ mit $a_1, \ldots, a_m \in \Gamma$. Daher wird $b^m + a_1 b^{m-1} c + \cdots + a_m c^m = 0$, woraus $c | b^m$ folgt. Da b und c teilerfremd sind, folgt hieraus, daß c eine Einheit ist, d.h. $\alpha = b/c \in \Gamma$. $\square$

Dedekind erkannte die Bedeutung der in K enthaltenen endlich erzeugten Γ-Moduln und des Operierens mit diesen mathematischen Objekten in ähnlicher Weise wie mit Zahlen oder Funktionen.

Sei $\mathfrak{M}_K$ die Gesamtheit der endlich erzeugten Γ-Moduln in K. Wird ein solcher Modul $\mathfrak{a}$ von den Elementen $\alpha_1, \ldots, \alpha_s$ erzeugt, so schreiben wir $\mathfrak{a} = (\alpha_1, \ldots, \alpha_s)\Gamma$ oder, wenn keine Verwechslung zu befürchten ist, $\mathfrak{a} = (\alpha_1, \ldots, \alpha_s)$. Zu zwei Moduln $\mathfrak{a}$ und $\mathfrak{b}$ aus $\mathfrak{M}_K$ wird das Produkt $\mathfrak{ab}$ als der Modul definiert, der von allen Produkten $\alpha\beta$ mit $\alpha \in \mathfrak{a}$ und $\beta \in \mathfrak{b}$ erzeugt wird. Wenn $\mathfrak{a} = (\alpha_1, \ldots, \alpha_s)\Gamma$ und $\mathfrak{b} = (\beta_1, \ldots, \beta_t)\Gamma$ ist, gilt offenbar

$$\mathfrak{ab} = (\alpha_i \beta_j \,|\, i = 1, \ldots, s; j = 1, \ldots, t)\Gamma.$$

Weiter bezeichen $\mathfrak{a} + \mathfrak{b}$ wie üblich den von $\mathfrak{a}$ und $\mathfrak{b}$ erzeugten Γ-Modul. Die so erklärten Operationen sind assoziativ und distributiv. Wir setzen $\alpha\mathfrak{a} := (\alpha)\mathfrak{a}$ für $\alpha \in K$.

Wir geben jetzt eine nützliche Charakterisierung der ganzen Elemente in K mit Hilfe der Moduln in K.

Satz 2.3.2 *Ein Element α aus K gehört zu O_K genau dann, wenn es einen Modul $\mathfrak{m} \neq \{0\}$ in $\mathfrak{M}_K$ mit $\alpha\mathfrak{m} \subseteq \mathfrak{m}$ gibt.*

B e w e i s: Für $\alpha \in O_K$ mit (2.3.1) ist $(1, \alpha, \ldots, \alpha^{m-1})\Gamma$ ein solcher Modul. Ist andererseits $\alpha \in K$ und $\alpha\mathfrak{m} \subseteq \mathfrak{m}$ für einen Modul $\mathfrak{m} \neq \{0\}$ aus $\mathfrak{M}_K$, so ist $\alpha \in O_K$. Sei nämlich $\mathfrak{m} = (\alpha_1, \ldots, \alpha_m)$ und

$$\alpha\alpha_i = \sum_{j=1}^{m} a_{ij}\alpha_j \text{ mit } a_{ij} \in \Gamma.$$

Dann ist

$$\det(\alpha\mathbf{E} - (a_{ij})_{ij}) = 0,$$

wobei $\mathbf{E}$ die Einheitsmatrix bezeichnet. Das ergibt eine Gleichung für α mit Koeffizienten aus Γ und höchstem Koeffizienten 1. $\square$

Die Gesamtheit der Elemente α aus K mit $\alpha\mathfrak{m} \subseteq \mathfrak{m}$ für einen festen Modul $\mathfrak{m} \neq \{0\}$ wird als *Ordnung $O(\mathfrak{m})$ von* $\mathfrak{m}$ bezeichnet. $O(\mathfrak{m})$ ist offensichtlich abgeschlossen bezüglich Addition, Subtraktion und Multiplikation und enthält das Einselement von K, d.h. $O(\mathfrak{m})$ ist ein Ring mit Einselement. Nach Satz 2.3.2 ist $O(\mathfrak{m})$ in O_K enthalten.

Sei $\mu \neq 0$ ein Element aus $\mathfrak{m}$. Dann ist

$$O(\mathfrak{m})\mu \subseteq O(\mathfrak{m})\mathfrak{m} \subseteq \mathfrak{m},$$

also $O(\mathfrak{m}) \subseteq \mu^{-1}\mathfrak{m}$. Wenn Γ Hauptidealring ist, folgt daraus, daß auch $O(\mathfrak{m})$ ein endlich erzeugter Γ-Modul ist (Satz A.4.4). Wir fassen unsere Ergebnisse in dem folgenden Satz zusammen:

Satz 2.3.3 *Sei Γ ein Hauptidealring. Die Ordnung eines von $\{0\}$ verschiedenen Moduls aus $\mathfrak{M}_K$ ist ein Ring R in O_K mit den folgenden Eigenschaften:*
(i) $\Gamma \subseteq R$,
(ii) $R \in \mathfrak{M}_K$.
Umgekehrt ist jeder Ring R in O_K mit den Eigenschaften (i) und (ii) Ordnung von sich selbst, betrachtet als Γ-Modul. $\square$

Wir ziehen weitere Folgerungen aus Satz 2.3.2.

Satz 2.3.4 *O_K ist ein Ring.*

B e w e i s: Seien α_1 und α_2 Elemente aus O_K, und seien $\mathfrak{a}_1$ und $\mathfrak{a}_2$ Moduln $\neq \{0\}$ aus $\mathfrak{M}_K$ mit $\alpha_1\mathfrak{a}_1 \subseteq \mathfrak{a}_1$, $\alpha_2\mathfrak{a}_2 \subseteq \mathfrak{a}_2$. Dann ist $\alpha_1, \alpha_2 \in O(\mathfrak{a}_1\mathfrak{a}_2)$. $\square$

Satz 2.3.5 *Das Element α aus K genüge der Gleichung*

$$\alpha^m + \alpha_1\alpha^{m-1} + \cdots + \alpha_m = 0$$

mit Koeffizienten $\alpha_1, \ldots, \alpha_m$ aus O_K. Dann ist α aus O_K.

B e w e i s: Seien $\mathfrak{a}_i \neq \{0\}$ Moduln aus $\mathfrak{M}_K$ mit $\alpha_i \mathfrak{a}_i \subseteq \mathfrak{a}_i$, $i = 1, \ldots, m$. Dann ist $\alpha \mathfrak{m} \subseteq \mathfrak{m}$ für $\mathfrak{m} := (1, \alpha, \ldots, \alpha^{m-1}) \mathfrak{a}_1 \cdots \mathfrak{a}_m$. $\qquad\square$

Der Ring O_K wird als *ganze Abschließung* von Γ in K bezeichnet. Ein Ring in K heißt *ganz abgeschlossen in K*, wenn er gleich seiner ganzen Abschließung in K ist. Er heißt *ganz abgeschlossen*, wenn er ganz abgeschlossen in seinem Quotientenkörper ist. Mit diesen Bezeichnungen können wir Satz 2.3.5 und Satz 2.3.1 auch wie folgt formulieren:

Satz 2.3.6 O_K *ist ganz abgeschlossen.* $\qquad\square$

Satz 2.3.7 *Ein Hauptidealring ist ganz abgeschlossen.* $\qquad\square$

Satz 2.3.8 *Sei Γ ganz abgeschlossen und sei $\alpha \in O_K$. Dann hat das Minimalpolynom f_α von α bezüglich P Koeffizienten in Γ.*

B e w e i s: Sei N ein Zerfällungskörper von f_α. Mit α sind auch die Konjugierten von α in N, d.h. die Nullstellen von f_α in N, ganz. Nach dem Vietaschen Wurzelsatz liegen die Koeffizienten von f_α in dem von den Nullstellen von f_α erzeugten Ring und sind daher nach Satz 2.3.4 ganz in N. Da sie andererseits in P liegen und Γ ganz abgeschlossen ist, liegen sie in Γ. $\qquad\square$

2.4 Vollständige Moduln in endlichen Erweiterungen von P

Wir beschränken uns jetzt auf den Fall, daß Γ ein Hauptidealring und K eine endliche separable Körpererweiterung von P vom Grade n ist.

Satz 2.4.1 *Ein endlich erzeugter Γ-Modul $\mathfrak{a}$ in K ist ein freier Γ-Modul und hat einen Rang, der kleiner oder gleich n ist.*

B e w e i s: $\mathfrak{a}$ ist torsionsfrei und daher als endlich erzeugter Modul über einem Hauptidealring ein freier Modul (A.4.3). Sei l der Rang von $\mathfrak{a}$, d.h. es gibt l Elemente $\alpha_1, \ldots, \alpha_l$ von $\mathfrak{a}$, so daß sich jedes $\alpha \in \mathfrak{a}$ eindeutig in der Form

$$\alpha = a_1 \alpha_1 + \cdots + a_l \alpha_l \text{ mit } a_i \in \Gamma$$

darstellen läßt (Satz A.4.3). Dann sind die Elemente $\alpha_1, \ldots, \alpha_l$ linear unabhängig über P. In der Tat sei

$$r_1 \alpha_1 + \cdots + r_l \alpha_l = 0 \text{ mit } r_i \in P.$$

Wir können r_i für $i = 1, \ldots, l$ in der Form $r_i = b_i / b$ darstellen. Dann ist $b_1 \alpha_1 + \ldots + b_l \alpha_l = 0$ und nach Definition der $\alpha_1, \ldots, \alpha_l$ gilt daher $b_i = 0$ für $i = 1, \ldots, l$. Es folgt, daß $l \leq n$ ist. $\qquad\square$

Wenn $\mathfrak{a}$ den Rang n hat, heißt $\mathfrak{a}$ *vollständig* in K.

Seien $\mathfrak{a} = (\alpha_1, \ldots, \alpha_n)\Gamma$ und $\mathfrak{b} = (\beta_1, \ldots, \beta_n)\Gamma$ vollständige Moduln in K, und sei $\mathfrak{a} \supseteq \mathfrak{b}$. Weiter sei $\mathbf{A}$ die Übergangsmatrix von der Basis $\alpha_1, \ldots, \alpha_n$ zu der Basis $\beta_1, \ldots, \beta_n$. Die Elemente von $\mathbf{A}$ liegen in Γ. Wenn man zu anderen Basen von $\mathfrak{a}$ und $\mathfrak{b}$ übergeht, multipliziert sich $\det \mathbf{A}$ mit einer Einheit in Γ. Das von $\det \mathbf{A}$ erzeugte Ideal von Γ ist also unabhängig von der Wahl der Basen und werde mit $[\mathfrak{a} : \mathfrak{b}]$ bezeichnet. $\mathfrak{a}/\mathfrak{b}$ ist ein Γ-Torsionsmodul, und es gilt

$$[\mathfrak{a} : \mathfrak{b}] = [\mathfrak{a}/\mathfrak{b}]$$

(A.4.3). Im Fall $\Gamma = \mathbb{Z}$ ist $\mathfrak{b}$ eine Untergruppe von $\mathfrak{a}$ vom Index $|\det \mathbf{A}|$. Nach (B.0.1)) gilt

$$\Delta(\beta_1, \ldots, \beta_n) = (\det \mathbf{A})^2 \Delta(\alpha_1, \ldots, \alpha_n). \tag{2.4.1}$$

Hieraus ist ersichtlich, daß der von $\Delta(\alpha_1, \ldots, \alpha_n)$ erzeugte Γ-Modul unabhängig von der Wahl der Basis $\alpha_1, \ldots, \alpha_n$ von $\mathfrak{a}$ ist. Wir bezeichnen diesen Modul als *Diskriminante* $\Delta(\mathfrak{a})$ von $\mathfrak{a}$. Dann folgt aus (2.4.1)

$$\Delta(\mathfrak{b}) = [\mathfrak{a} : \mathfrak{b}]^2 \Delta(\mathfrak{a}). \tag{2.4.2}$$

Im Fall $\Gamma = \mathbb{Z}$ folgt aus (2.4.1), daß bereits die Zahl $\Delta(\alpha_1, \ldots, \alpha_n)$ unabhängig von der Wahl der Basis ist. In diesem Fall setzen wir $\Delta(\mathfrak{a}) = \Delta(\alpha_1, \ldots, \alpha_n)$ und verstehen (2.4.2) als eine Gleichung zwischen Zahlen.

Das wichtigste Ergebnis dieses Abschnittes ist der folgende

Satz 2.4.2 *Sei O ein Unterring von O_K, der bezüglich Multiplikation mit Elementen aus Γ abgeschlossen ist und dessen Quotientenkörper gleich K ist. Dann ist O ein vollständiger Modul in K.*

B e w e i s: Sei $\rho \in O$ ein erzeugendes Element von K/P. Ein solches Element existiert, da K/P nach Voraussetzung separabel ist ([Ku], Theorem 12.5). Nach Anh. B hat jedes Element α von O die Form

$$\alpha = \frac{1}{\Delta(\rho)} \sum_{j=0}^{n-1} a_j \rho^j \quad \text{mit } a_j \in \Gamma.$$

In der Tat sei

$$\alpha = \sum_{j=0}^{n-1} b_j \rho^j \quad \text{mit } b_j \in P.$$

Dann gilt

$$Tr(\alpha \rho^i) = \sum_{j=0}^{n-1} b_j Tr(\rho^{i+j}) \in \Gamma.$$

Es folgt $b_j \Delta(\rho) \in \Gamma$ für $j = 0, \ldots, n-1$ (Satz B.0.1).

Wir bestimmen Basiselemente $\omega_0, \omega_1, \ldots, \omega_{n-1}$ von O in folgender Weise: Sei X_i für $i = 0, 1, \ldots, n-1$ die Menge der $\alpha \in O$ mit

$$\alpha = (a_0 + a_1\rho + \cdots + a_i\rho^i)/\Delta(\rho).$$

Offensichtlich bilden die Koeffizienten a_i der $\alpha \in X_i$ ein von $\{0\}$ verschiedenes Ideal $\mathfrak{a}$ in Γ. Sei $\mathfrak{a} = (a)$. Wir wählen

$$\omega_i = (a_0 + a_1\rho + \cdots + a\rho^i)/\Delta(\rho)$$

als beliebiges Element aus X_i mit höchstem Koeffizienten a. Dann ist

$$\omega_0, \omega_1, \ldots, \omega_{n-1} \qquad\qquad (2.4.3)$$

eine Basis von O als Γ-Modul: Sei $\alpha \in O$. Nach Konstruktion von ω_{n-1} gibt es ein $b_{n-1} \in \Gamma$ mit

$$\alpha_1 := \alpha - b_{n-1}\omega_{n-1} \in X_{n-2}.$$

Man bestimmt induktiv Elemente $b_{n-i} \in \Gamma$, $\alpha \in X_{n-i-1}$ mit

$$\alpha_i = \alpha_{i-1} - b_{n-i}\omega_{n-i}$$

für $i = 1, \ldots, n-1$. Schließlich ist

$$\alpha_{n-1} = b_0\omega_0$$

und wir erhalten

$$\alpha = b_0\omega_0 + b_1\omega_1 + \cdots + b_{n-1}\omega_{n-1}.$$

$\square$

Sei jetzt $1 \in O$ Nach Satz 2.4.2 und Satz 2.3.3 ist O Ordnung von sich selbst als endlich erzeugter Γ-Modul in K. Man bezeichnet daher einen beliebigen Unterring O von O_K mit $\Gamma \subseteq O$, dessen Quotientenkörper gleich K ist, als *Ordnung* von K. Weiter wird O_K als *Maximalordnung* oder *Hauptordnung* von K bezeichnet. Im Falle $\Gamma = \mathbb{Z}$ heißt die Zahl $\Delta(O_K)$ *Diskriminante* von K und wird mit d_K bezeichnet. d_K ist eine wichtige Invariante des algebraischen Zahlkörpers K. Wie wir im folgenden sehen werden (Satz 2.13.6), gibt es nur endlich viele algebraische Zahlkörper mit fixierter Diskriminante.

2.5 Die ganzen Zahlen quadratischer Zahlkörper

Die Bestimmung einer Basis von O_K ist im allgemeinen eine schwierige Aufgabe. Wir betrachten in diesem Abschnitt den einfachsten Fall, daß K ein quadratischer Zahlkörper ist, d.h. eine Erweiterung von $\mathbb{Q}$ vom Grad 2.

Ein quadratischer Zahlkörper entsteht aus $\mathbb{Q}$ durch Adjunktion einer Quadratwurzel $\sqrt{d}$, wobei man voraussetzen kann, daß d ganz und durch keine Quadratzahl teilbar ist. Durch diese beiden Bedingungen ist d bei gegebenem K eindeutig bestimmt.

Jede Zahl α aus $K = \mathbb{Q}\,(\sqrt{d})$ hat die Form $(a_1 + a_2\sqrt{d})/a$, wobei a_1, a_2, a zueinander teilerfremde Zahlen aus $\mathbb{Z}$ sind. α liegt genau dann in O_K, wenn $2a_1/a$ und $(a_1^2 - da_2^2)/a^2$ in $\mathbb{Z}$ liegen. Sei dies erfüllt. Dann folgt, daß auch $4da_2^2/a^2$ in $\mathbb{Z}$ liegt. Da a_1, a_2, a teilerfremd sind, ist a ein Teiler von 2. O.B.d.A. sei $a > 0$. Wir unterscheiden jetzt zwei Fälle:

1. $d \equiv 1 \pmod 4$.

2. $d \equiv 2, 3 \pmod 4$.

Im ersten Fall ist $\alpha = a_1 + a_2\sqrt{d}$, $a = 1$ oder $a_1^2 \equiv a_2^2 \pmod 4$, $a = 2$, und daher $a_1 \equiv a_2 \equiv 1 \pmod 2$. Diese Bedingungen sind offensichtlich auch hinreichend dafür, daß α ganz ist. Es folgt, daß 1 und $\omega := (1 + \sqrt{d})/2$ eine Basis von O_K bilden.

Im zweiten Fall folgt aus $(a_1^2 - da_2^2)/a^2 \in \mathbb{Z}$, daß $a = 1$ ist. Die Zahlen 1 und $\omega := \sqrt{d}$ bilden eine Basis von O_K.

Man rechnet ohne weiteres nach, daß die Diskriminante d_K des Körpers $K = \mathbb{Q}(\sqrt{d})$ wie folgt gegeben ist

$$d_K = \begin{cases} d & \text{für } d \equiv 1 \,(\text{mod}\,4) \\ 4d & \text{für } d \equiv 2, 3 \,(\text{mod}\,4). \end{cases}$$

Hieraus ist ersichtlich, daß ein quadratischer Zahlkörper durch seine Diskriminante eindeutig bestimmt ist.

In Abschnitt 2.3 haben wir Ordnungen $O(\mathfrak{m})$ von Moduln $\mathfrak{m}$ betrachtet und gesehen, daß sich diese im Fall $\Gamma = \mathbb{Z}$ charakterisieren lassen als Ringe ganzer algebraischer Zahlen, die $\mathbb{Z}$ umfassen und als $\mathbb{Z}$-Moduln endlich erzeugt sind. Wenn ein solcher Ring den Körper K erzeugt, nennen wir ihn eine *Ordnung von K*. Wir wollen uns jetzt einen Überblick über die Ordnungen von quadratischen Zahlkörpern verschaffen.

Sei O eine Ordnung von $\mathbb{Q}(\sqrt{d})$. Es gibt eine natürliche Zahl b mit $b\omega \in O$. Die Gesamtheit aller dieser Zahlen b bildet ein Ideal in $\mathbb{Z}$. Sie sind die Vielfachen einer durch O eindeutig bestimmten natürlichen Zahl f, die als *Führer* von O bezeichnet wird. Es gilt $O = (1, f\omega)\mathbb{Z}$ und $\Delta(O) = f^2 d_K$.

2.6 Weitere Beispiele für die Bestimmung einer $\mathbb{Z}$-Basis für den Ring der ganzen Zahlen eines Zahlkörpers

Satz 2.6.1 *Sei K ein algebraischer Zahlkörper vom Grad n und α ein ganzes Element aus K mit der Eigenschaft, daß $\Delta(\alpha) := \Delta(1, \alpha, \ldots, \alpha^{n-1})$ durch kein Quadrat einer Primzahl teilbar ist. Dann ist $1, \alpha, \ldots, \alpha^{n-1}$ eine Basis von O_K.*

B e w e i s: Nach unseren Voraussetzungen ist $\Delta(\alpha) \neq 0$ und daher $1, \alpha, \ldots, \alpha^{n-1}$ eine Basis der Körpererweiterung $K/\mathbb{Q}$ (Satz B.0.1). Gäbe es ein $\beta \in O_K$, das nicht in $(1, \alpha, \ldots, \alpha^{n-1})\mathbb{Z}$ liegt, so wäre $\Delta(\alpha)$ nach (2.4.2) durch ein Quadrat teilbar, was nicht der Fall ist. $\qquad\square$

$\Delta(\alpha)$ ist die Diskriminante des Minimalpolynoms f_α von α über $\mathbb{Q}$ (B.0.7).

Wir betrachten kubische Polynome $f(x) = X^3 + aX + b$ mit $a, b \in \mathbb{Z}$. Dann ist $\Delta(f) = -4a^3 - 27b^2$. In den folgenden Beispielen erhält man kubische Zahlkörper mit $\Delta(f) = \Delta(O_K)$.

Beispiel 2.6.2 $a = -1, b = 1, \Delta(f) = -23,$

Beispiel 2.6.3 $a = 1, b = 1, \Delta(f) = -31,$

Beispiel 2.6.4 $a = 2, b = 1, \Delta(f) = -59,$

Beispiel 2.6.5 $a = -4, b = 1, \Delta(f) = 229.$ $\square$

Für quadratische Zahlkörper K ist, wie wir in 2.5 gesehen haben, $O_K = (1, \omega)\mathbb{Z}$. Für Zahlkörper dritten Grades gibt es jedoch im allgemeinen kein $\alpha \in O_K$ mit $O_K = (1, \alpha, \alpha^2)\mathbb{Z}$. Das erste Gegenbeispiel stammt von Dedekind (3.12).

2.7 Die Endlichkeit der Klassenzahl

Ein fundamentales Problem der algebraischen Zahlentheorie besteht darin, einen Überblick über die vollständigen Moduln $\mathfrak{m}$ in einem algebraischen Zahlkörper K zu erhalten, die zu einer fixierten Ordnung $O = O(\mathfrak{m})$ gehören. Wir bezeichnen die Menge dieser Moduln mit $\mathfrak{M}_O$. Für $\alpha \in K^\times$ gehört mit $\mathfrak{m}$ auch $\alpha\mathfrak{m}$ zu O. Es ist daher naheliegend, in $\mathfrak{M}_O$ eine Äquivalenzrelation $\sim$ zu studieren, die durch $\mathfrak{m} \sim \mathfrak{m}'$ genau dann, wenn ein $\alpha \in K^\times$ mit $\mathfrak{m}' = \alpha\mathfrak{m}$ existiert, gegeben ist. Man überzeugt sich leicht, daß $\sim$ in der Tat eine Äquivalenzrelation ist. Es gilt der folgende fundamentale Satz.

Satz 2.7.1 *Die Anzahl der Klassen äquivalenter Moduln in $\mathfrak{M}_O$ ist endlich.*

B e w e i s: Sei $\omega_1, \ldots, \omega_n$ eine Basis von O als $\mathbb{Z}$-Modul, $n = [K : \mathbb{Q}]$. Weiter sei $\delta = h_1\omega_1 + \cdots + h_n\omega_n$ eine Zahl in O, deren Koordinaten $h_1, \ldots, h_n$ absolut kleiner oder gleich einer positiven Konstanten k sind, und für einen Isomorphismus g von K in $\mathbb{C}$ sei

$$r_g := |g\omega_1| + \cdots + |g\omega_n|.$$

Dann gilt

$$|N(\delta)| = \prod_g |h_1 g\omega_1 + \cdots + h_n g\omega_n| \leq k^n \prod_g r_g, \qquad (2.7.1)$$

wobei die Produkte über alle Isomorphismen g von K in $\mathbb{C}$ zu erstrecken sind. Wir setzen $t := \prod_g r_g$. Sei $\mathfrak{m}$ ein Modul in $\mathfrak{M}_O$. Da der Quotientenkörper von O gleich K ist, gibt es ein $\gamma \in O$ mit $\gamma\mathfrak{m} \subseteq O$. Da es im folgenden nur auf die Klasse von $\mathfrak{m}$ ankommt, können wir gleich $\mathfrak{m} \subseteq O$ voraussetzen. Sei k die natürliche Zahl mit

$$k^n \le [O : \mathfrak{m}] < (k+1)^n.$$

Unter den $(k+1)^n$ Zahlen der Form

$$h_1\omega_1 + \cdots + h_n\omega_n \tag{2.7.2}$$

mit $0 \le h_i \le k$, $h_i \in \mathbb{Z}$ für $i = 1, \ldots, n$ gibt es zwei verschiedene β, γ, deren Differenz in $\mathfrak{m}$ liegt, denn nach Wahl von k ist die Anzahl der Restklassen von O mod $\mathfrak{m}$ echt kleiner als $(k+1)^n$. In mindestens einer Restklasse müssen daher zwei Zahlen β, γ liegen. $\alpha = \beta - \gamma$ liegt also in $\mathfrak{m}$.

Bemerkung. Der hier angewandte Schluß wurde von Dirichlet zum Beweis seines Einheitensatzes benutzt (siehe hierzu die folgenden Abschnitte) und wird als *Dirichletsches Schubfachprinzip* bezeichnet. Die Schubfächer sind die Restklassen in $O/\mathfrak{m}$, in diese Schubfächer werden die Zahlen mit (2.7.1) gelegt. Da es mehr Zahlen als Schubfächer gibt, müssen in mindestens einem Schubfach mindestens zwei Zahlen liegen. $\qquad\Box$

Nach (2.7.1) ist

$$|N(\alpha)| \le k^n t \le [O : \mathfrak{m}]t. \tag{2.7.3}$$

Wegen $\alpha O \subseteq \mathfrak{m}$ gilt $\mathfrak{m} \subseteq O \subseteq \alpha^{-1}\mathfrak{m}$ und daher nach A.4

$$[O : \mathfrak{m}][\alpha^{-1}\mathfrak{m} : O] = [\alpha^{-1}\mathfrak{m} : \mathfrak{m}] = |N(\alpha)|. \tag{2.7.4}$$

Aus (2.7.3) und (2.7.4) folgt

$$[\alpha^{-1}\mathfrak{m} : O] = |N(\alpha)|[O : \mathfrak{m}]^{-1} \le t.$$

In der Äquivalenzklasse von $\mathfrak{m}$ gibt es also einen Modul $\mathfrak{m}'$, der O enthält, wobei der Index von O in $\mathfrak{m}'$ beschränkt ist. Es gibt nur endlich viele solche Moduln $\mathfrak{m}'$, denn aus $a := [\mathfrak{m}' : O]$ folgt $a\mathfrak{m}' \subseteq O$ und daher

$$O \subseteq \mathfrak{m}' \subseteq a^{-1}O. \tag{2.7.5}$$

Es gibt aber nur endlich viele Möglichkeiten für a wegen $1 \le a \le t$, und es gibt nur endlich viele Möglichkeiten für $\mathfrak{m}'$ bei fixiertem a, weil $\mathfrak{m}'/O$ eine Untergruppe der endlichen Gruppe $a^{-1}O/O$ ist. $\qquad\Box$

Die hier dargestellte Methode liefert eine sehr grobe Abschätzung für die Klassenzahl. In Abschnitt 2.13 werden wir mit der von Minkowski geschaffenen *Geometrie der Zahlen* wesentlich bessere Abschätzungen erhalten.

2.8　Die Einheitengruppe

Sei K ein algebraischer Zahlkörper, der von der ganzen Zahl θ erzeugt wird. Dirichlet [Di1846] konnte die Einheitengruppe des Ringes $\mathbb{Z}[\theta]$ bestimmen. Der Beweis dieses *Dirichletschen Einheitensatzes* gehört auch heute noch zu den schwierigsten der Theorie der algebraischen Zahlkörper. Die Beweismethode von Dirichlet, der wir hier im wesentlichen folgen, ist allgemeiner auf beliebige Ordnungen in algebraischen Zahlkörpern anwendbar.

Sei K ein algebraischer Zahlkörper vom Grad n. Unter einem reellen Isomorphismus von K versteht man einen Isomorphismus von K in den Körper $\mathbb{R}$ der reellen Zahlen. Ein komplexer Isomorphismus von K ist ein Isomorphismus von K in den Körper $\mathbb{C}$ der komplexen Zahlen, dessen Bild nicht nur aus reellen Zahlen besteht. Wir bezeichnen den Übergang zum konjugiert-komplexen mit ι, d.h.

$$\iota(x + \sqrt{-1}y) = x - \sqrt{-1}y.$$

Mit g ist auch ιg ein komplexer Isomorphismus. Diese treten also immer paarweise auf. Sei r_1 die Anzahl der reellen und r_2 die halbe Anzahl der komplexen Isomorphismen von K. Dann gilt $r_1 + 2r_2 = n$. Wir setzen $r := r_1 + r_2$.

In den Abschnitten 2.9 - 2.10 werden wir den folgenden Satz beweisen.

Satz 2.8.1 (Dirichletscher Einheitensatz) *Sei O eine Ordnung in K. Die Einheitswurzeln in K bilden eine endliche Gruppe. Sei w die Ordnung und ζ eine Erzeugende dieser Gruppe.*

Dann gibt es Einheiten $\varepsilon_1, \ldots, \varepsilon_{r-1}$, so daß sich jede Einheit ε von O in eindeutiger Weise in der Form

$$\varepsilon = \zeta^i \prod_{\kappa=1}^{r-1} \varepsilon_\kappa^{i_\kappa} \tag{2.8.1}$$

mit $i = 0, \ldots, w-1$, $i_\kappa \in \mathbb{Z}$ für $\kappa = 1, \ldots, r-1$ darstellen läßt.

Die Idee zum Beweis dieses Satzes kam Dirichlet, als er im Jahre 1844 die Ostermesse in der Sixtinischen Kapelle des Vatikans hörte.

Der folgende Satz gibt ein einfaches, aber wichtiges Kriterium für eine Zahl in O, eine Einheit zu sein.

Satz 2.8.2 *Eine Zahl ε in O ist eine Einheit von O genau dann, wenn $|N(\varepsilon)| = 1$ ist.*

B e w e i s: Sei ε eine Einheit von O. Dann gilt $\varepsilon \cdot \varepsilon' = 1$ mit $\varepsilon' \in O$. Daraus folgt $N(\varepsilon)N(\varepsilon') = 1$ und daher $N(\varepsilon) = \pm 1$. Sei andererseits $\varepsilon \in O$ mit $|N(\varepsilon)| = 1$. Das Minimalpolynom von ε hat $\pm N(\varepsilon)$ als absoluten Koeffizienten. Daher ist ε ein Teiler von $|N(\varepsilon)| = 1$ und folglich eine Einheit. $\square$

Wir betrachten als Beispiel den Fall eines quadratischen Zahlkörpers K.

Wenn K komplex, d.h. $d < 0$ in der Bezeichnung von 2.5 ist, so ist jede Einheit eine Einheitswurzel, wie man auch direkt einsieht. $O = (1, f\omega)\mathbb{Z}$ enthält nur die zweiten Einheitswurzeln mit Ausnahme der Fälle $f = 1$, $d = -1$ (4. Einheitswurzeln) und $f = 1$, $d = -3$ (6. Einheitswurzeln).

Wenn K reell ist, läßt sich jede Einheit ε in der Form $\varepsilon = \pm \varepsilon_1^i$, $i \in \mathbb{Z}$ schreiben, wobei die *Grundeinheit* ε_1 eindeutig durch die Forderung $\varepsilon_1 > 1$ festgelegt ist.

Mit $\varepsilon = (u + f\sqrt{d}v)/2$, wobei $u, v \in \mathbb{Z}$ und $u \equiv v \pmod 2$ und $u \equiv v \equiv 0 \pmod 2$ im Falle $d \equiv 2, 3 \pmod 4$, erhält man

$$4|N(\varepsilon)| = |u^2 - f^2 dv^2| = 4. \tag{2.8.2}$$

Ein Spezialfall von (2.8.2) ist die sogenannte *Pellsche Gleichung*

$$x^2 - df^2y^2 = 1,$$

von der wir schon im Abschnitt 1.2 gesprochen haben. In Abschnitt 9.5 stellen wir die effektive Bestimmung der Grundeinheit ε_1 mit Hilfe des Kettenbruchalgorithmus dar.

2.9 Ansatz zum Beweis des Dirichletschen Einheitensatzes

Eine wichtige Rolle beim Beweis des Dirichletschen Einheitensatzes spielen die logarithmischen Komponenten der Einheiten von O. Zu ihrer Definition fixieren wir eine Reihenfolge der n Isomorphismen $g_1, \ldots, g_n$ von K in $\mathbb{C}$, so daß $g_1, \ldots, g_{r_1}$ reell und $g_{r_1+1}, g_{r+1}, \ldots, g_r, g_n$ die Paare konjugiert-komplexer Isomorphismen sind. Weiter wird $l_i = 1$ für $i = 1, \ldots, r_1$ und $l_i = 2$ für $i = r_1 + 1, \ldots, r$ gesetzt. Die *i-te logarithmische Komponente* $l_i(\alpha)$ von $\alpha \in K^\times$ wird dann definiert als $l_i \log |g_i\alpha|$. Weiter bezeichnet $\mathbf{l}(\alpha)$ den Vektor $(l_1(\alpha), \ldots, l_r(\alpha))$ in $\mathbb{R}^r$. Die Einheiten ε in O sind durch die Bedingung $|N(\varepsilon)| = 1$ gekennzeichnet. Sie ist offensichtlich gleichbedeutend mit

$$l_1(\varepsilon) + \cdots + l_r(\varepsilon) = 0. \tag{2.9.1}$$

Wir sehen, daß $\varepsilon \mapsto \mathbf{l}(\varepsilon)$ ein Gruppenhomomorphismus $\mathbf{l}$ von der Einheitengruppe $E := O^\times$ in den $r - 1$-dimensionalen Unterraum U von $\mathbb{R}^r$ ist, der durch die Gleichung $x_1 + \cdots + x_r = 0$ für die Vektoren $(x_1, \ldots, x_r)$ von $\mathbb{R}^r$ definiert ist.

Zum Beweis von Satz 2.8.1 genügt es zu zeigen, daß der Kern von $\mathbf{l}$ eine endliche Gruppe und das Bild von $\mathbf{l}$ eine abelsche Gruppe von Rang $r - 1$ ist.

Wir zeigen zunächst, daß $\operatorname{Ker} \mathbf{l}$ eine endliche Gruppe ist. Dazu benötigen wird den folgenden

Hilfssatz 2.9.1 *Sei c eine positive Konstante. Dann gibt es nur endlich viele Zahlen δ aus O mit $|g_i\delta| \leq c$ für $i = 1, \ldots, n$.*

B e w e i s: Sei $\omega_1, \ldots, \omega_n$ eine Basis von O als $\mathbb{Z}$-Modul und $\kappa_1, \ldots, \kappa_n$ die Komplementärbasis von $\omega_1, \ldots, \omega_n$ (Anh. B). Für

$$\delta = h_1\omega_1 + \cdots + h_n\omega_n \text{ mit } h_i \in \mathbb{Z}, |g_i\delta| \leq c,$$

wird dann

$$h_i = \operatorname{Tr}(\delta\kappa_i) = g_1\delta \cdot g_1\kappa_i + \cdots + g_n\delta \cdot g_n\kappa_i,$$

$$|h_i| \leq c(|g_1\kappa_i| + \cdots + |g_n\kappa_i|) \text{ für } i = 1, \ldots, n.$$

$\square$

Der Kern von $\mathbf{l}$ besteht nach Definition aus den Einheiten ε mit $|g_i\varepsilon| = 1$ für $i = 1, \ldots, n$. Nach Hilfssatz 2.9.1 gibt es nur endlich viele solcher Einheiten. Die Gruppe $\operatorname{Ker} \mathbf{l}$ besteht daher nur aus den Einheitswurzeln in O und ist folglich zyklisch ([Ku], Satz 13.2).

Weiter zeigen wir, daß die Gruppe $l(E)$ endlich erzeugt vom Rang $\leq r - 1$ ist. Wir beweisen zunächst ein einfaches Lemma.

Lemma 2.9.2 *Sei V ein Vektorraum über $\mathbb{R}$ der Dimension s und M eine Untergruppe von V, die in V diskret ist, d.h. zu jedem $m \in M$ gibt es eine Umgebung in V, in der kein weiterer Punkt von M liegt.*
Dann ist M eine endlich erzeugte Gruppe vom Rang $\leq s$.

B e w e i s: O.B.d.A. können wir annehmen, daß der von M erzeugte Vektorraum gleich V ist. Sei $\mathbf{v}_1, \ldots, \mathbf{v}_s$ eine Basis von V, bestehend aus Elementen von M. Es genügt zu zeigen, daß die von $\mathbf{v}_1, \ldots, \mathbf{v}_s$ erzeugte Gruppe M_0 endlichen Index in M hat (Satz A.4.4). In jeder Klasse von M/M_0 gibt es genau einen Vertreter $\mathbf{v} = a_1\mathbf{v}_1 + \cdots + a_s\mathbf{v}_s$ mit $0 \leq a_i < 1$ für $i = 1, \ldots, s$. Da M diskret ist, gibt es nur endlich viele solche $\mathbf{v}$. $\qquad\square$

Wir zeigen jetzt, daß $l(E)$ endlich erzeugt vom Rang $\leq r - 1$ ist. Wegen Lemma 2.9.2 genügt es zu zeigen, daß $l(E)$ diskret in U ist. Sei t eine beliebige positive Zahl und $l_i(\varepsilon) \leq t$ für $i = 1, \ldots, r$. Dann ist

$$|g_i\varepsilon| \leq e^t \text{ für } i = 1, \ldots, n. \tag{2.9.2}$$

Nach Hilfssatz 2.9.1 gibt es nur endlich viele $\varepsilon \in O$ mit (2.9.2). Daraus folgt die Behauptung.

2.10 Der Rang von $l(E)$

Zum Beweis von Satz 2.8.1 bleibt zu zeigen, daß $l(E)$ mindestens den Rang $r - 1$ hat. Hierin besteht die Hauptschwierigkeit. Wir beweisen zunächst zwei weitere Hilfssätze.

Hilfssatz 2.10.1 *Seien c_1 und c_2 positive Zahlen, sei $\omega_1, \ldots, \omega_n$ eine Basis von O, und sei*

$$u := \max\{|g_i\omega_1| + \cdots + |g_i\omega_n| \mid i = 1, \ldots, n\}.$$

Die Menge S der Isomorphismen von K in $\mathbb{C}$ sei in nichtleere disjunkte Teilmengen S_1, S_2 zerlegt, wobei konjugiert-komplexe Isomorphismen in der gleichen Teilmenge liegen sollen.
Dann gibt es eine Zahl γ aus O mit

$$|g\gamma| < c_1 \text{ für } g \in S_1\,, \; |g\gamma| > c_2 \text{ für } g \in S_2$$

und

$$|N(\gamma)| < (3u)^n.$$

B e w e i s: Wir bemerken zunächst, daß die reelle Funktion $f(x) := (x+1)^e - x^e - 1$ für $e > 1$ und $x > 0$ positiv ist, denn es gilt $f'(x) = e(x+1)^{e-1} - ex^{e-1} > 0$ und $f(0) = 0$.

Neben den reellen Isomorphismen aus S_1 betrachten wir für Paare g, g' konjugiert-komplexer Isomorphismen aus S_1 die Abbildungen $\delta \mapsto \operatorname{Re} g\delta$, $\delta \mapsto \operatorname{Im} g\delta$ für $\delta \in K$. Wir erhalten so $s := |S_1|$ Abbildungen von K in $\mathbb{R}$, die wir in beliebiger Reihenfolge mit $w_1, \ldots, w_s$ bezeichnen.

Sei k eine natürliche Zahl und

$$\Omega(k) = \{h_1\omega_1 + \cdots + h_n\omega_n \mid h_i \in \mathbb{Z}, 0 \le h_i \le k \text{ für } i = 1, \ldots, n\}.$$

Nach Definition von u und w_i gilt

$$|w_i(\delta)| \le uk \text{ für } \delta \in \Omega(k), \ i = 1, \ldots, s. \tag{2.10.1}$$

Da $n > s > 0$ und $k > 0$ ist, folgt aus der obigen Bemerkung über die Funktion $f(x)$, daß

$$(k+1)^{n/s} - k^{n/s} > 1$$

ist. Daher gibt es eine natürliche Zahl m mit

$$(k+1)^{n/s} > m > k^{n/s},$$

also

$$(k+1)^n > m^s > k^n.$$

Wir wenden nun das schon in Abschnitt 2.7 benutzte Schubfachprinzip in der folgenden Weise an: Wir betrachten das abgeschlossene Intervall $[-uk, uk]$, in dem alle zu den $(k+1)^n$ Zahlen δ aus $\Omega(k)$ gehörenden Werte $w_1(\delta), \ldots, w_n(\delta)$ liegen. Sei $d := 2uk/m$, also

$$d < 2uk^{1-n/s}. \tag{2.10.2}$$

Wir teilen $[-uk, uk]$ in m Teilintervalle der Länge d ein. Dem Intervall

$$[-uk + (t-1)d, -uk + td]$$

werde die *Intervallzahl* t zugeordnet, $t = 1, \ldots, m$. Jeder der s Werte $w_1(\delta), \ldots, w_s(\delta)$ fällt in eines dieser Intervalle, und falls eine Zahl auf den Rand zweier angrenzender Intervalle fällt, werde sie einem beliebigen dieser Intervalle zugeordnet. Die entsprechenden Intervallzahlen seien $t_1, \ldots, t_s$. Wir sagen, daß δ die Folge $t_1, \ldots, t_s$ entspricht. Es gibt insgesamt m^s Intervallfolgen (dies sind unsere Schubfächer). Da wir $(k+1)^n$ Zahlen in $\Omega(k)$ haben und $(k+1)^n > m^s$ ist, muß es zwei verschiedene Zahlen α, β in $\Omega(k)$ geben, welche die gleiche Intervallfolge haben (im gleichen Schubfach liegen). Wir setzen $\gamma = \alpha - \beta$.

Dann wird

$$w_i(\gamma) = w_i(\alpha) - w_i(\beta) \le d \text{ für } i = 1, \ldots, s,$$

also $|g\gamma| \le \sqrt{2}d$ für $g \in S_1$, und damit wegen (2.10.2)

$$|g\gamma| < 3uk^{1-n/s} \text{ für } g \in S_1. \tag{2.10.3}$$

Wir setzen

$$M_j = \prod_{g \in S_j} |g\gamma| \text{ für } j = 1, 2.$$

Dann ist $M_1 M_2 = |N(\gamma)|$ und wegen (2.10.3)

$$M_1 < (3u)^s k^{s-n}. \tag{2.10.4}$$

Hieraus folgt wegen $|g\gamma| \leq uk$ für $g \in S$

$$|N(\gamma)| < (3u)^s k^{s-n} \cdot (uk)^{n-s} < (3u)^n \tag{2.10.5}$$

und

$$M_2 = |N(\gamma)| M_1^{-1} \geq M_1^{-1} > (3u)^{-s} k^{n-s},$$

weil γ und damit $N(\gamma)$ eine ganze Zahl ist. Daher wird für $g \in S_2$

$$|g\gamma| = M_2 \prod_{t \in S_2 - \{g\}} |t\gamma|^{-1} > (3u)^{-s} k^{n-s} (uk)^{-n+s+1} = 3^{-s} u^{1-n} k. \tag{2.10.6}$$

Wählt man k genügend groß, so lassen sich wegen (2.10.3), (2.10.5) und (2.10.6) die Forderungen von Hilfssatz 2.10.1 erfüllen. $\qquad\square$

Hilfssatz 2.10.2 *Es gibt eine Einheit ε in O mit $|g\varepsilon| < 1$ für $g \in S_1$, $|g\varepsilon| > 1$ für $g \in S_2$.*

B e w e i s. Nach Hilfssatz 2.10.1 gibt es eine unendliche Folge $\gamma_1, \gamma_2, \ldots$ von Zahlen aus O mit den Eigenschaften

$$\begin{aligned}
|N(\gamma_i)| &< (3u)^n \text{ für } i = 1, 2, \ldots, \\
|g\gamma_1| &< |g\gamma_2| < \ldots \text{ für } g \in S_1, \tag{2.10.7} \\
|g\gamma_1| &> |g\gamma_2| > \ldots \text{ für } g \in S_2. \tag{2.10.8}
\end{aligned}$$

Da die $|N(\gamma_i)|$ beschränkte natürliche Zahlen sind, können wir o.B.d.A. annehmen, daß $|N(\gamma_i)|$ für alle $i = 1, 2, \ldots$ den gleichen Wert a hat. Es gibt aber nur endlich viele paarweise nicht assoziierte Zahlen $\gamma \in O$ mit $|N(\gamma)| = a$. Genauer sind zwei Zahlen $\alpha, \beta \in O$ mit $|N(\alpha)| = |N(\beta)| = a$ und $\alpha - \beta \in aO$ assoziiert:
Aus $\alpha - \beta = a\delta$ mit $\delta \in O$ folgt

$$\frac{\alpha}{\beta} = 1 + \frac{|N(\beta)|}{\beta}\delta \in O, \quad \frac{\beta}{\alpha} = 1 - \frac{|N(\alpha)|}{\alpha}\delta \in O. \tag{2.10.9}$$

Da O/aO endlich ist, gibt es eine Klasse, in der mindestens zwei Elemente aus unserer Folge $\gamma_1, \gamma_2, \ldots$ liegen. Seien dies γ_i, γ_j mit $i < j$. Dann sind γ_i und γ_j assoziiert und für die Einheit $\varepsilon = \gamma_i \gamma_j^{-1}$ gilt

$$|g\varepsilon| = |g(\gamma_i \gamma_j^{-1})| = |g(\gamma_i)||g(\gamma_j)|^{-1} < 1 \text{ für } g \in S_1$$

und

$$|g\varepsilon| = |g(\gamma_i \gamma_j^{-1})| = |g(\gamma_i)||g(\gamma_j)|^{-1} > 1 \text{ für } g \in S_2.$$

ε genügt also den Forderungen von Hilfssatz 2.10.2. $\hfill \square$

Jetzt sind wir in der Lage, Einheiten $\varepsilon_1, \ldots, \varepsilon_{r-1}$ anzugeben, so daß

$$\mathbf{l}(\varepsilon_1), \ldots, \mathbf{l}(\varepsilon_{r-1})$$

linear unabhängige Vektoren in $\mathbb{R}^r$ sind. Entsprechend Hilfssatz 2.10.2 nehmen wir für ε_i eine Einheit mit

$$|g_i \varepsilon_i| > 1, \; |g_j \varepsilon_i| < 1 \text{ für } j = 1, \ldots, r, \; j \neq i,$$

d.h.

$$l_i(\varepsilon_i) > 0, \; l_j(\varepsilon_i) < 0 \text{ für } j = 1, \ldots, r, \; j \neq i.$$

Hieraus folgt noch

$$\sum_{k=1}^{r-1} l_k(\varepsilon_i) = -l_r(\varepsilon_i) > 0.$$

Wir haben zu zeigen, daß die Determinante der Matrix $(l_j(\varepsilon_i))_{i,j=1,\ldots,r-1}$ von 0 verschieden ist. Dies ergibt sich aus dem folgenden

Lemma 2.10.3 (Minkowski) *Sei (a_{ij}) eine s-reihige Matrix reeller Zahlen mit*

$$a_{ij} \leq 0 \text{ für } i \neq j, \; \sum_{k=1}^{s} a_{ik} > 0 \text{ für } i = 1, \ldots, s.$$

Dann ist $\det(a_{ij}) \neq 0$.

B e w e i s: Seien $x_1, \ldots, x_s$ reelle Zahlen mit

$$\sum_{k=1}^{s} a_{ik} x_k = 0 \text{ für } i = 1, \ldots, s. \tag{2.10.10}$$

Wir wählen ein j mit $|x_j| \geq |x_i|$ für $i = 1, \ldots, s$. O.B.d.A. sei $x_j \geq 0$ und daher $x_i \leq x_j$. Wegen $a_{ji} \leq 0$ für $i \neq j$ gilt

$$a_{ji} x_i \geq a_{ji} x_j,$$

also

$$0 = \sum_{k=1}^{s} a_{jk} x_k \geq a_{jj} x_j + \sum_{k \neq j} a_{jk} x_j = (\sum_{k=1}^{s} a_{jk}) x_j \geq 0.$$

Es folgt

$$(\sum_{k=1}^{s} a_{jk}) x_j = 0$$

und daher $x_j = 0$. Wegen $|x_j| \geq |x_i|$ ist auch x_i für $i = 1, \ldots, s$ gleich 0. Das Gleichungssystem (2.10.10) hat also nur die Nulllösung, d.h. $\det(a_{ij}) \neq 0$. $\hfill \square$

Damit ist der Beweis von Satz 2.8.1 beendet.

2.11   Der Regulator einer Ordnung

Eine Menge $\{\varepsilon_1, \ldots, \varepsilon_{r-1}\}$ von Einheiten der Ordnung O heißt *Grundeinheitensystem* von O, wenn die Vektoren $\mathbf{l}(\varepsilon_1), \ldots, \mathbf{l}(\varepsilon_{r-1})$ den $\mathbb{Z}$-Modul $\mathbf{l}(E)$ erzeugen, d.h. wenn $\varepsilon_1, \ldots, \varepsilon_{r-1}$ zusammen mit einer Einheitswurzel ζ die Gruppe E erzeugen. Der Absolutbetrag der Determinante der Matrix

$$\begin{pmatrix} l_1(\varepsilon_1), & \ldots, & l_1(\varepsilon_{r-1}) \\ \vdots & & \vdots \\ l_{r-1}(\varepsilon_1), & \ldots, & l_{r-1}(\varepsilon_{r-1}) \end{pmatrix}$$

wird als *Regulator* $R(\varepsilon_1, \ldots, \varepsilon_{r-1})$ des Einheitensystems $\varepsilon_1, \ldots, \varepsilon_{r-1}$ bezeichnet. Wegen (2.9.1) ist $R(\varepsilon_1, \ldots, \varepsilon_{r-1})$ unabhängig von der Reihenfolge der Isomorphismen $g_1, \ldots, g_r$. Weiter hat $R(\varepsilon_1, \ldots, \varepsilon_{r-1})$ für alle Systeme von Grundeinheiten den gleichen Wert, der als Regulator von O bezeichnet wird. Im Fall $r = 1$ wird der Regulator gleich 1 gesetzt.

2.12   Der Gitterpunktsatz

In diesem Abschnitt beweisen wir einen geometrischen Satz, der auf Minkowski zurückgeht. Im folgenden Abschnitt wenden wir diesen Satz auf Ordnungen in algebraischen Zahlkörpern an.

Wir erinnern zunächst an einige Grundbegriffe. Eine Teilmenge M des $\mathbb{R}^n$ heißt *konvex*, wenn mit zwei Punkten P_1, P_2 auch alle auf der Verbindungsstrecke von P_1 nach P_2 gelegenen Punkte zu M gehören (dies sind die Punkte der Form $\lambda_1 P_1 + \lambda_2 P_2$ mit $\lambda_1 + \lambda_2 = 1$ und $\lambda_1, \lambda_2 \geq 0$). M heißt *zentralsymmetrisch* mit dem Mittelpunkt 0, wenn mit P auch $-P$ in M liegt. Ein *Gitter* in $\mathbb{R}^n$ ist eine Untergruppe von $\mathbb{R}^n$ vom Rang n (Abschnitt A.4). Sei $\mathbf{e}_1, \ldots, \mathbf{e}_n$ eine Basis eines Gitters G. Die *Fundamentalmasche* von G (bezüglich der Basis $\mathbf{e}_1, \ldots, \mathbf{e}_n$) ist die Punktmenge

$$\{\lambda_1 \mathbf{e}_1 + \cdots + \lambda_n \mathbf{e}_n \,|\, 0 \leq \lambda_i \leq 1 \text{ für } i = 1, \ldots, n\}.$$

Der Inhalt der Fundamentalmasche ist gleich $|\det(\alpha_{ij})|$, wobei $\alpha_{i1}, \ldots, \alpha_{in}$ die Koordinaten von $\mathbf{e}_i$ sind. Der Inhalt der Fundamentalmasche ist unabhängig von der Wahl der Basis $\mathbf{e}_1, \ldots, \mathbf{e}_n$ von G.

Minkowski bewies, daß eine konvexe Menge stets einen Inhalt hat. Bei den hier interessierenden Mengen werden wir den Inhalt direkt berechnen.

Satz 2.12.1 (Minkowskischer Gitterpunktsatz) *Sei G ein Gitter in $\mathbb{R}^n$ und g der Inhalt der Fundamentalmasche von G. Weiter sei M eine zentralsymmetrische konvexe abgeschlossene Menge im $\mathbb{R}^n$ mit dem Mittelpunkt 0 und dem Inhalt $I(M) = m$, wobei $m \geq 2^n g$ sei. Dann enthält M außer 0 einen weiteren Punkt von G.*

B e w e i s: Sei $e_1, \ldots, e_n$ eine Basis von G und G_0 die zugehörige Fundamentalmasche. Dann ist

$$\bigcup_{x \in G} (x + G_0) = \mathbb{R}^n .$$

Entsprechend wird

$$\bigcup_{x \in G} (2x + 2G_0) = \mathbb{R}^n .$$

Wir setzen $M_x = M \cap (2x + 2G_0)$. Dann ist

$$M = \bigcup_{x \in G} M_x .$$

Es gibt nur endlich viele $M_x \neq \emptyset$, weil die konvexe Menge M beschränkt ist. 0 ist Randpunkt von M_0. Daher kann M_0 nicht die einzige Menge mit $M_x \neq \emptyset$ sein.

Wir betrachten nun die in $2G_0$ enthaltenen Mengen $-2x + M_x \neq \emptyset$. Hätten diese leeren Durchschnitt, so hätten sie als abgeschlossene Mengen positiven Abstand im Widerspruch zu der folgenden Ungleichung:

$$\sum_{x \in G} I(-2x + M_x) = \sum_{x \in G} I(M_x) = m \geq 2^n g = I(2G_0).$$

Daher gibt es Punkte $x_1 \neq x_2$ aus G mit

$$(-2x_1 + M_{x_1}) \cap (-2x_2 + M_{x_2}) \neq \emptyset.$$

Sei x_0 aus diesem Durchschnitt, also

$$x_0 = -2x_1 + y_1 = -2x_2 + y_2 \text{ mit } y_1, y_2 \in M.$$

Da M zentralsymmetrisch ist, liegt auch $-y_2$ in M. Da M konvex ist, liegt auch $\frac{1}{2}y_1 + \frac{1}{2}(-y_2)$ in M. Folglich liegt $\frac{1}{2}(y_1 - y_2) = x_1 - x_2 \neq 0$ in $M \cap G$. $\qquad\square$

2.13 Die Minkowskische Geometrie der Zahlen

Sei K ein algebraischer Zahlkörper von Grad n über $\mathbb{Q}$. Wie in Abschnitt 2.9 bezeichnen $g_1, \ldots, g_{r_1}$ die reellen und $g_{r_1+1}, g_{r+1}, \ldots, g_r, g_n$ die Paare konjugiertkomplexer Isomorphismen von K in $\mathbb{C}$. Wir erhalten eine Einlagerung von K in $\mathbb{R}$ durch die Zuordnung

$$\alpha \mapsto (g_1\alpha, \ldots, g_{r_1}\alpha, \operatorname{Re} g_{r_1+1}\alpha, \ldots, \operatorname{Re} g_r\alpha, \operatorname{Im} g_{r_1+1}\alpha, \ldots, \operatorname{Im} g_r\alpha)$$

für $\alpha \in K$. Wir bezeichnen die Koordinaten von α bei dieser Einlagerung mit $\alpha^{(1)}, \ldots, \alpha^{(n)}$.

Satz 2.13.1 *Sei* $\mathfrak{m}$ *ein vollständiger Modul in* K. *Bei der angegebenen Einlagerung ist* $\mathfrak{m}$ *ein Gitter in* $\mathbb{R}^n$. *Der Inhalt einer Fundamentalmasche dieses Gitters ist gleich* $2^{-r_2}\sqrt{|\Delta(\mathfrak{m})|}$, *wobei* r_2 *die halbe Anzahl komplexer Isomorphismen von* K *in* $\mathbb{C}$ *und* $\Delta(\mathfrak{m})$ *die Diskriminante von* $\mathfrak{m}$ *bezeichnet (Abschnitt 2.4).*

B e w e i s: Es genügt zu beweisen, daß für eine Basis $\mu_1, \ldots, \mu_n$ von $\mathfrak{m}$

$$|\det(\mu_i^{(j)})| = 2^{-r_2}\sqrt{|\Delta(\mathfrak{m})|} \tag{2.13.1}$$

gilt.

Durch Umrechnung der Spalten $(\mu_i^{(j)}, \mu_i^{(j+r_2)})$ für $j = r_1 + 1, \ldots, r$ auf

$$(g_j\mu_i, g_{j+r_2}\mu_i)$$

findet man, daß (2.13.1) zu

$$|\det(g_j\mu_i)| = \sqrt{|\Delta(\mathfrak{m})|} \tag{2.13.2}$$

äquivalent ist. (2.13.2) folgt aus Anh. B. $\square$

Wir wollen den Minkowskischen Gitterpunktsatz auf $\mathfrak{m}$, betrachtet als Gitter in $\mathbb{R}^n$, anwenden. Unser nächstes Ziel ist es, in $\mathfrak{m}$ eine Zahl α von möglichst kleinem Normbetrag $|N(\alpha)|$ zu finden. Der Normbetrag von $\xi \in K$ ist durch

$$|N(\xi)| = \prod_{\nu=1}^{n} |g_\nu\xi| = \prod_{\nu=1}^{r_1} |\xi^{(\nu)}| \prod_{\nu=r_1+1}^{r} |(\xi^{(\nu)} + \sqrt{-1}\xi^{(\nu+r_2)})|^2$$

gegeben. Dementsprechend bezeichnen wir für einen beliebigen Punkt x von $\mathbb{R}^n$ mit den Koordinaten $\lambda_1, \ldots, \lambda_n$ die Zahl

$$N(x) := \prod_{\nu=1}^{r_1} |\lambda_\nu| \prod_{\nu=r_1+1}^{r} |(\lambda_\nu + \sqrt{-1}\lambda_{\nu+r_2})|^2$$

als *Norm* von x bezüglich K. Weiter sei

$$N := \{x \in \mathbb{R}^n \,|\, |N(x)| \leq 1\}.$$

Satz 2.13.2 *Sei* M *eine konvexe, abgeschlossene und zentralsymmetrische Menge in* N *mit dem Mittelpunkt* 0. *Dann gibt es in* $\mathfrak{m}$ *ein Element* $\alpha \neq 0$ *mit*

$$|N(\alpha)| \leq 2^r I(M)^{-1}\sqrt{|\Delta(\mathfrak{m})|}.$$

B e w e i s: Wir wenden Satz 2.12.1 auf den Fall $G = t\mathfrak{m}$ an, wobei $t > 0$ durch

$$I(M) = (2t)^n \sqrt{|\Delta(\mathfrak{m})|}\,2^{-r_2} \tag{2.13.3}$$

gegeben ist. Da der Inhalt der Fundamentalmasche von $t\mathfrak{m}$ nach Satz 2.13.1 gleich

$$t^n 2^{-r_2}\sqrt{|\Delta(\mathfrak{m})|}$$

ist, sind die Voraussetzungen von Satz 2.12.1 erfüllt. Es gibt daher ein $t\alpha \neq 0$ mit $\alpha \in \mathfrak{m}$ und $t\alpha \in M$ und folglich wegen $M \subseteq N$

$$|N(\alpha)|t^n \leq 1. \tag{2.13.4}$$

Aus (2.13.3) und (2.13.4) folgt, daß α den Forderungen von Satz 2.13.2 genügt. $\square$

Jetzt kommt es nur noch darauf an, M günstig zu wählen. Wir setzen für $s > 0$

$$M_s^n := \{x \in \mathbb{R} \mid \sum_{\nu=1}^{r_1} |\lambda_\nu| + 2 \sum_{\nu=r_1+1}^{r} |(\lambda_\nu + \sqrt{-1}\lambda_{\nu+r_2})| \leq s\}.$$

Da das geometrische Mittel kleiner oder gleich dem arithmetischen Mittel ist, gilt

$$|N(x)| \leq \left(\frac{1}{n} \left(\sum_{\nu=1}^{r_1} |\lambda_\nu| + 2 \sum_{r_1+1}^{r} |(\lambda_\nu + \sqrt{-1}\lambda_{\nu+r_2})| \right) \right)^n \leq 1$$

für $x \in M_n^n$ und daher $M_n^n \subseteq N$. Offensichtlich ist M_n^n zentralsymmetrisch und konvex.

Satz 2.13.3 *Es gilt*

$$I(M_s^n) = \frac{2^{r_1-r_2}\pi^{r_2}s^n}{n!}.$$

B e w e i s: Für $n = 1$ und $n = 2$ liest man die Behauptung aus den Bildern 2.13.1 bzw. 2.13.2 ab.

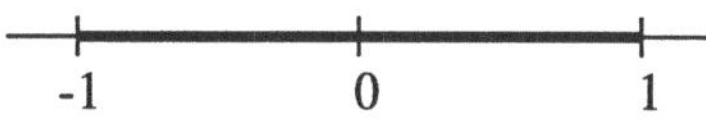

Bild 2.13.1 Die Abbildung zeigt die Menge M_1^1 mit $r_1 = 1$ und $r_2 = 0$

Wir beweisen den Satz durch Induktion über n und nehmen an, der Satz sei für natürliche Zahlen $< n$ schon bewiesen. Dann wird beim Anwachsen von r_1 beim Übergang von $n - 1$ zu n

$$I(M_s^n) = 2 \int_0^s I(M_{s-\sigma}^{n-1})d\sigma = 2 \int_0^s \frac{2^{r_1-1-r_2}\pi^{r_2}}{(n-1)!}(s-\sigma)^{n-1}d\sigma$$

und beim Anwachsen von r_2 beim Übergang von $n - 2$ zu n

$$I(M_s^n) = 2 \int_0^{s/2} I(M_{s-2\sigma}^{n-2})(2\pi\sigma)d\sigma = \int_0^{s/2} \frac{2^{r_1-r_2+2}\pi^{r_2}}{(n-2)!}(s-2\sigma)^{n-2}\sigma d\sigma.$$

Es ist leicht zu sehen, daß diese Integrale den gewünschten Wert haben. $\square$

Aus Satz 2.13.2 und Satz 2.13.3 folgt

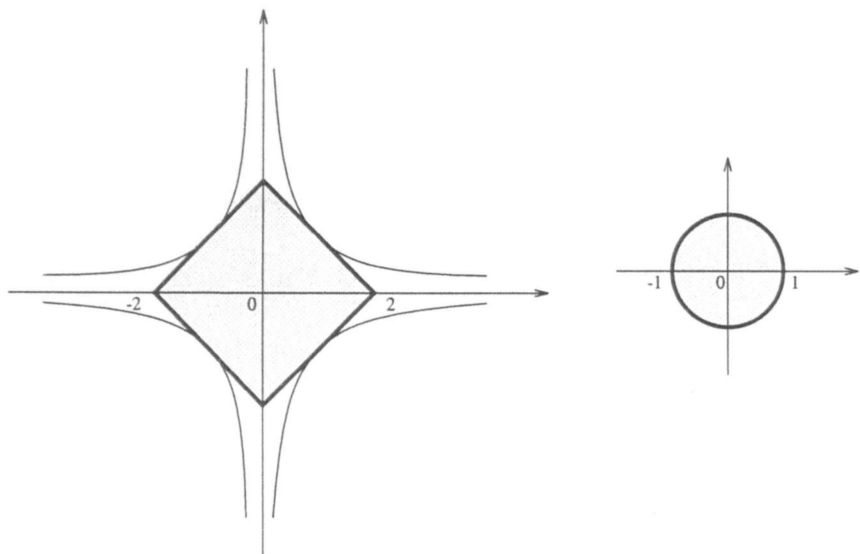

Bild 2.13.2 Die Abbildung zeigt die Menge M_2^2 mit $r_1 = 2$ und $r_2 = 0$ bzw. $r_1 = 0$ und $r_2 = 1$

Satz 2.13.4 *Sei K ein algebraischer Zahlkörper mit r_1 reellen und r_2 Paaren komplex-konjugierter Isomorphismen in $\mathbb{C}$, $r_1 + 2r_2 = n$. Weiter sei $\mathfrak{m}$ ein vollständiger Modul in K. Dann gibt es ein Element $\alpha \neq 0$ in $\mathfrak{m}$ mit*

$$|N(\alpha)| \leq \left(\frac{4}{\pi}\right)^{r_2} \frac{n!}{n^n} \sqrt{|\Delta(\mathfrak{m})|}.$$

$\square$

Hieraus ergeben sich zwei wichtige Folgerungen:

Satz 2.13.5 (Minkowskischer Diskriminantensatz) *Sei K ein algebraischer Zahlkörper vom Grad $n > 1$. Dann ist der Absolutbetrag der Diskriminante d_K von O_K größer als 1. Genauer gilt*

$$|d_K| \geq \left(\frac{\pi}{4}\right)^{2r_2} \frac{n^{2n}}{n!^2}. \tag{2.13.5}$$

B e w e i s: Wir nehmen für $\mathfrak{m}$ die Hauptordnung O_K. Dann ist $\Delta(O_K) = d_K$ und für $\alpha \in O_K$, $\alpha \neq 0$, ist jedenfalls $|N(\alpha)| \geq 1$. Daher gilt nach Satz 2.13.4

$$1 \leq \left(\frac{4}{\pi}\right)^{r_2} \frac{n!}{n^n} \sqrt{|d_K|}.$$

Hieraus folgt (2.13.5).

Um zu zeigen, daß die rechte Seite von (2.13.5) echt größer als 1 ist, genügt es zu zeigen, daß die Funktion

$$f(n) = \left(\frac{\pi}{4}\right)^n \frac{n^n}{n!}$$

mit n monoton wächst. Es gilt

$$f(n+1)/f(n) = \frac{\pi}{4}\left(1 + \frac{1}{n}\right)^n \geq \frac{2\pi}{4} > 1.$$

$\square$

Für reell-quadratische Körper K erhält man die Schranke $d_K \geq 4$. Die kleinste Determinante ist $d_K = 5$ für $K = \mathbb{Q}(\sqrt{5})$.

Für imaginär-quadratische Körper K erhält man die Schranke $|d_K| \geq 3$, die für $\mathbb{Q}(\sqrt{-3})$ angenommen wird.

Die eigentliche Bedeutung des Minkowskischen Diskriminantensatzes ergibt sich aus dem Dedekindschen Diskriminantensatz (Satz 3.12.11).

Satz 2.13.6 (Hermitescher Diskriminantensatz) *Sei d eine beliebige natürliche Zahl. Es gibt nur endlich viele Zahlkörper K mit $|d_K| \leq d$.*

B e w e i s: Da, wie wir im Beweis von Satz 2.13.5 gesehen haben, der Absolutbetrag der Diskriminante d_K mit dem Grad von K gegen unendlich geht, genügt es zu zeigen, daß die Anzahl der Zahlkörper mit fixiertem Grad und fixierter Diskriminante endlich ist.

Wir betrachten die am Anfang von 2.13 benutzte Einbettung von K in $\mathbb{R}^n$ und wenden Satz 2.12.1 in folgender Weise an. Als Gitter G in $\mathbb{R}^n$ wählen wir das Bild der Maximalordnung O_K von K in $\mathbb{R}^n$. Wenn $r_1 > 0$ ist, wählen wir als Menge M die Gesamtheit aller Punkte $(\lambda_1, \ldots, \lambda_n)$ von $\mathbb{R}^n$ mit $|\lambda_1| \leq 2^{r_1-1}\sqrt{|d_K|}$, $|\lambda_i| \leq 1/2$ für $i = 2, \ldots, r_1$, $\lambda_i^2 + \lambda_{i+r_2}^2 \leq 1$ für $i = r_1 + 1, \ldots, r$. Wenn $r_1 = 0$ ist, wählen wir als Menge M die Gesamtheit aller Punkte $(\lambda_1, \ldots, \lambda_n)$ von $\mathbb{R}^n$ mit $|\lambda_1| \leq 1/2$, $|\lambda_{r_2+1}| \leq \sqrt{|d_K|}$, $\lambda_i^2 + \lambda_{i+r_2}^2 \leq 1$ für $i = 2, \ldots, r_2$.

Der Inhalt der Fundamentalmasche von G ist nach Satz 2.13.1 gleich $2^{-r_2}\sqrt{|d_K|}$ und der Inhalt m von M ist gleich $2^{r_1}\sqrt{|d_K|}\pi^{r_2}$ für $r_1 > 0$ und $2\sqrt{|d_K|}\pi^{r_2-1}$ für $r_1 = 0$. In jedem Fall gilt $m \geq 2^{r_1}\sqrt{|d_K|}2^{r_2} = 2^n g$.

Die Voraussetzungen für die Anwendung von Satz 2.12.1 sind erfüllt. Es gibt also ein $\alpha \in O_K$ mit $\alpha \neq 0$ und der Eigenschaft, daß die Konjugierten von α durch eine Konstante beschränkt sind, die nur von d_K abhängt. Das Minimalpolynom von α hat daher ganze Koeffizienten, deren Absolutbetrag ebenfalls durch eine nur von d_K abhängige Konstante beschränkt ist. Es gibt nur endlich viele solche α in $\mathbb{C}$.

Zum Beweis von Satz 2.13.6 genügt es daher zu zeigen, daß α den Körper K erzeugt; dazu bemerken wir, daß $N(\alpha)$ eine ganze Zahl ist. Im Fall $r_1 > 0$ wird also

$$|g_1\alpha| \geq N(\alpha) \cdot \prod_{i=2}^{n} |g_i\alpha|^{-1} > 1.$$

Es gibt daher genau ein Konjugiertes $g_1\alpha$ von α mit Absolutbetrag größer als 1. Sei h_1 die Beschränkung des Isomorphismus g_1 auf $\mathbb{Q}(\alpha)$. Nach dem Fortsetzungssatz für Körperisomorphismen [Ku], Lemma 8.9, gibt es genau $[K : \mathbb{Q}(\alpha)]$ Fortsetzungen von h_1 zu Isomorphismen $\tilde{h}_1$ von K in $\mathbb{C}$. Für diese gilt

$$|\tilde{h}_1\alpha| = |g_1\alpha| > 1.$$

Da es aber nur einen solchen Isomorphismus von K in $\mathbb{C}$ gibt, ist $K = \mathbb{Q}(\alpha)$.

Im Fall $r_1 = 0$ gilt $|\operatorname{Re} g_1\alpha| \leq 1/2$, $|g_1\alpha| > 1$ und $|g_i\alpha| < 1$ für $i = 2,\ldots,r_2$. Es gibt genau ein Konjugiertes $g_1\alpha$ von α mit $|g_1\alpha| > 1$ und $\operatorname{Im} g_1\alpha > 0$. Daraus folgt wieder $K = \mathbb{Q}(\alpha)$. $\qquad\qquad\qquad\qquad\qquad\qquad\qquad\qquad\qquad\qquad\qquad\square$

Jetzt kommen wir zu der in Abschnitt 2.7 versprochenen genaueren Abschätzung für die Anzahl der Klassen von vollständigen Moduln $\mathfrak{m}$, die zu einer fixierten Ordnung O in K gehören, d.h. $O(\mathfrak{m}) = O$.

Satz 2.13.7 *In jeder Klasse von vollständigen Moduln, die zu O gehören, gibt es ein $\mathfrak{m}' \supseteq O$ mit*

$$[\mathfrak{m}' : O] \leq \left(\frac{4}{\pi}\right)^{r_2} \frac{n!}{n^n} \sqrt{|\Delta(O)|}.$$

B e w e i s: Wie im Beweis von Satz 2.7.1 beginnen wir mit einem beliebigen $\mathfrak{m} \in \mathfrak{M}_O$ mit $\mathfrak{m} \subseteq O$. Aus (2.4.2) und Satz 2.13.4 folgt, daß es in $\mathfrak{m}$ ein α mit

$$|N(\alpha)| \leq [O : \mathfrak{m}] \left(\frac{4}{\pi}\right)^{r_2} \frac{n!}{n^n} \sqrt{|\Delta(O)|}$$

gibt. Wie in Abschnitt 2.7 folgt hieraus $\alpha^{-1}\mathfrak{m} \supseteq O$ und

$$[\alpha^{-1}\mathfrak{m} : O] \leq \left(\frac{4}{\pi}\right)^{r_2} \frac{n!}{n^n} \sqrt{|\Delta(O)|}.$$

$$\square$$

Aus Satz 2.13.7 folgt, daß O_K ein Hauptidealring ist, d.h. daß die Klassenzahl gleich 1 ist, wenn

$$\left(\frac{4}{\pi}\right)^{r_2} \frac{n!}{n^n} \sqrt{|d_K|} < 2$$

ist. In Abschnitt 3.7 geben wir weitere Beispiele für die Anwendung von Satz 2.13.7 auf die Berechnung der Klassenzahl von O_K.

2.14 Anwendung auf vollständige zerlegbare Formen

Sei $F(X_1,\ldots,X_n)$ eine irreduzible vollständige zerlegbare Form mit Koeffizienten in $\mathbb{Z}$. Wir betrachten zunächst das folgende Problem. Sei b eine ganze rationale Zahl, die durch F darstellbar ist, d.h. es gibt ganze rationale Zahlen $x_1,\ldots,x_n$ mit

$$\tilde{F}(x_1,\ldots,x_n) = b. \qquad\qquad\qquad (2.14.1)$$

Man beschreibe die Gesamtheit der Lösungen der Diophantischen Gleichung (2.14.1).

Nach Satz 2.2.3 gibt es einen algebraischen Zahlkörper K und Zahlen $\mu_1,\ldots,\mu_n$ von K, so daß $\mathfrak{m} = (\mu_1,\ldots,\mu_n)\mathbb{Z}$ ein vollständiger Modul in K und

$$F(X_1, \ldots, X_n) = aN(\mu_1 X_1 + \cdots + \mu_n X_n)$$

mit einer rationalen Zahl a ist. Sei $(x_{10}, \ldots, x_{n0})$ eine spezielle Lösung von (2.14.1) und

$$\alpha_0 = \mu_1 x_{10} + \cdots + \mu_n x_{n0}.$$

Weiter sei ε eine Einheit von $O = O(\mathfrak{m})$ mit $N(\varepsilon) = 1$ und

$$\varepsilon \alpha_0 = \mu_1 x_1 + \cdots + \mu_n x_n.$$

Dann ist

$$aN(\varepsilon \alpha_0) = aN(\alpha_0) = b,$$

also $(x_1, \ldots, x_n)$ ebenfalls Lösung von (2.14.1). Um alle Lösungen zu erhalten, hat man ein System M von nicht assoziierten Elementen aus $\mathfrak{m}$ zu bestimmen, so daß sich jedes $\mu \in \mathfrak{m}$ mit $N(\mu) = b/a$ eindeutig in der Form $\mu = \varepsilon \alpha$ mit $\alpha \in M$ darstellen läßt. Hierzu gilt der folgende Endlichkeitssatz.

Satz 2.14.1 *M ist endlich.*

B e w e i s: O.B.d.A. sei $\mathfrak{m} \subseteq O$. Sei $c := N(\alpha) = N(\beta)$ für $\alpha, \beta \in \mathfrak{m}$. Aus $\alpha - \beta \in cO$ folgt nach (2.10.9), daß α und β assoziiert sind. Die Behauptung folgt daher aus der Endlichkeit von O/cO. $\qquad \square$

Wir haben noch aus der Gruppe aller Einheiten von O diejenigen herauszusuchen, deren Norm gleich 1 ist. Sei $E = O^\times$ und

$$E^+ = \{\varepsilon \in E \mid N(\varepsilon) = 1\}.$$

Offensichtlich ist der Index von E^+ in E gleich 1 oder 2. Für ungerades n ist $N(-1) = -1$ und daher $[E : E^+] = 2$. Für gerades n gibt es bereits im Fall $n = 2$ keine Formel, die in einfacher Weise die Abhängigkeit der Existenz einer Grundeinheit ε mit $N(\varepsilon) = 1$ von der Diskriminante ausdrückt.

Welche Rolle spielt der Satz von der Endlichkeit der Klassenzahl (2.7) im Rahmen der Theorie vollständiger zerlegbarer Formen?

Zur Behandlung dieser Frage führen wir den Begriff der Äquivalenz von Formen ein. Um eine elegante Darstellung zu haben, benutzen wir die Matrixschreibweise. Wir setzen

$$\mathbf{X} := (X_1, \ldots, X_n).$$

Zwei vollständige Formen $F(\mathbf{X})$ und $G(\mathbf{X})$ vom Grad n heißen äquivalent, wenn es ein $\mathbf{A} \in \mathrm{GL}_n(\mathbb{Z})$ und von 0 verschiedene Zahlen $a, b \in \mathbb{Z}$ mit

$$bG(\mathbf{X}) = aF(\mathbf{X}\mathbf{A})$$

gibt. Man sieht leicht, daß hierdurch eine Äquivalenzrelation definiert ist. Einer Klasse irreduzibler vollständiger zerlegbarer Formen bezüglich dieser Äquivalenz ist bis auf Isomorphie eindeutig ein Zahlkörper K und eine Ordnung O in K zugeordnet. In der Tat ist auf Grund der eindeutigen Faktorzerlegung das lineare Polynom $\mu_1 X_1 + \cdots + \mu_n X_n$ in

$$F(\mathbf{X}) = a N_{K/\mathbb{Q}}(\mu_1 X_1 + \cdots + \mu_n X_n)$$

bis auf Isomorphie von $K = \mathbb{Q}(\mu_1, \ldots, \mu_n)$ und bis auf Multiplikation mit einem Element aus $K^\times$ eindeutig bestimmt. Die Äquivalenzklasse von $\mathfrak{m} = (\mu_1, \ldots, \mu_n)$ bleibt beim Übergang von $F(\mathbf{X})$ zu einer äquivalenten Form $F(\mathbf{Y})$ erhalten. Daher ist auch $O = O(\mathfrak{m})$ eindeutig durch die Äquivalenzklasse von $F(\mathbf{X})$ bestimmt. Umgekehrt bestimmt eine Äquivalenzklasse vollständiger Moduln $\mathfrak{m} = (\mu_1, \ldots, \mu_n)\mathbb{Z}$ in eindeutiger Weise die Äquivalenzklasse der zugeordneten Form

$$F(\mathbf{X}) = a N_{K/\mathbb{Q}}(\mu_1 X_1 + \cdots + \mu_n X_n). \tag{2.14.2}$$

Damit ist der folgende Satz bewiesen.

Satz 2.14.2 *Durch* (2.14.2.) *ist eine eineindeutige Zuordnung aller Klassen von irreduziblen vollständigen zerlegbaren Formen mit Koeffizienten in $\mathbb{Z}$ zu allen Klassen vollständiger Moduln gegeben.* $\qquad\qquad$ □

Wir werden diese Zuordnung im Fall von binären quadratischen Formen in Abschnitt 9.1 genauer studieren.

Aufgaben

1. Man bestimme eine Basis der Hauptordnung von $\mathbb{Q}(\sqrt[3]{2})$ und die Diskriminante von $\mathbb{Q}(\sqrt[3]{2})$.

2. (Brill) Sei K ein algebraischer Zahlkörper mit $2r_2$ komplexen Isomorphismen in $\mathbb{C}$ und O eine Ordnung von K. Man zeige, daß das Vorzeichen von $\Delta(O)$ gleich $(-1)^{r_2}$ ist.

3. (Stickelberger) Sei O eine Ordnung des algebraischen Zahlkörpers K. Man zeige, daß $\Delta(O) \equiv 1 (\mathrm{mod}\, 4)$ oder $\Delta(O) \equiv 0 (\mathrm{mod}\, 4)$ gilt. Hinweis: Man zeige zunächst, daß es konjugierte Zahlen $\alpha, \beta \in \mathbb{Q}(\sqrt{\Delta(O)})$ mit $\Delta(O) = (\alpha - \beta)^2$ gibt.

4. Sei ζ eine siebente Einheitswurzel und $\zeta \neq 1$. Man zeige, daß $K = \mathbb{Q}(\zeta + \zeta^{-1})$ ein kubischer Zahlkörper mit der Diskriminante 49 ist. Man zeige weiter, daß O_K ein Hauptidealring ist.

5. seien a und b teilerfremde natürliche Zahlen, die quadratfrei sind, und sei $K = \mathbb{Q}(\sqrt[3]{ab^2})$. Wir setzen $\theta_1 := \sqrt[3]{ab^2}$, $\theta_2 := \theta_1^2/b = \sqrt[3]{a^2 b}$. Man zeige, daß im Falle $a^2 \not\equiv b^2 \pmod 9$ die Elemente $1, \theta_1, \theta_2$ eine Basis von O_K bilden. Im Falle $a^2 \equiv b^2 \pmod 9$ sind nach Voraussetzung a und b nicht durch 3 teilbar. Wir bestimmen $a_0 = \pm 1$ und $b_0 = \pm 1$ so, daß $a_0 \equiv a (\mathrm{mod}\, 3)$, $b_0 \equiv b (\mathrm{mod}\, 3)$ gilt. Man zeige, daß die Elemente $1, \theta_1, (1 + a_0\theta_1 + b_0\theta_2)/3$ eine Basis von O_K bilden.

6. Unter den Voraussetzungen von Aufgabe 5 bestimme man die Diskriminante von K.

7. Sei K ein kubischer Zahlkörper mit der Diskriminante d_K. Man zeige, daß der zugehörige Normalkörper über $\mathbb{Q}$ gleich $K(\sqrt{d_K})$ ist.

8. Sei K ein kubischer Zahlkörper mit der Diskriminante $-3d^2$ für eine gewisse natürliche Zahl d. Man zeige, daß K ein *rein kubischer Zahlkörper* ist, d.h. es gibt eine natürliche Zahl m mit $K = \mathbb{Q}(\sqrt[3]{m})$.

9. Man bestimme alle Lösungen der Diophantischen Gleichung

$$x^3 + 2y^3 + 4z^3 - 6xyz = 2$$

in ganzen Zahlen x, y, z.

3   Die Dedekindsche Idealtheorie

Unsere bisherigen Kenntnisse über vollständige Moduln in algebraischen Zahlkörpern K, die wir in Kapitel 2 gewonnen haben, sind zu fragmentarisch, um selbst in einfachen Fällen die Klassenzahl von Moduln im fixierten Multiplikatorenring $O \subset K$ zu bestimmen. Wir wollen diese Kenntnisse in diesem Kapitel anreichern, indem wir die Multiplikation der vollständigen Moduln studieren. In engem Zusammenhang damit steht die Frage nach der Verallgemeinerung des Satzes von der eindeutigen Primfaktorzerlegung auf die Ringe O. Wir werden sehen, daß eine solche Verallgemeinerung, die gewissen einfachen Forderungen genügt, nur für die Maximalordnung O_K möglich ist.

Für einen beliebigen Hauptidealring Γ kennen wir eine befriedigende Verallgemeinerung: Jedes Ideal $\mathfrak{a} \neq \{0\}$ von Γ ist in eindeutiger Weise als Produkt von Primidealen $\mathfrak{p} \neq \{0\}$ darstellbar (Abschnitt 1.5). Dedekind erkannte, daß dies auch für die Ringe O_K gilt, und daß man so einen großen Teil der Gesetzmäßigkeiten in $\mathbb{Z}$ in den Ringen O_K wiederfindet [De1871]. Dieses ist die Grundlage für die weitere Entwicklung der algebraischen Zahlentheorie.

Wir illustrieren den Gedanken von Dedekind an dem Standardbeispiel $K = \mathbb{Q}\left(\sqrt{-5}\right)$. In O_K gibt es keine eindeutige Primfaktorzerlegung im Sinne von Abschnitt A.1: Wir betrachten die Zerlegung von 21 in

$$O_K = \{a + b\sqrt{-5} \,|\, a, b \in \mathbb{Z}\}.$$

21 hat die Zerlegungen

$$21 = 3 \cdot 7 \text{ und } 21 = (1 + 2\sqrt{-5})(1 - 2\sqrt{-5})$$

in nichtassoziierte unzerlegbare Elemente. Wir setzen nun

$$\mathfrak{P}_3 = (3, 1 + 2\sqrt{-5})O_K \quad , \quad \mathfrak{P}_3' = (3, 1 - 2\sqrt{-5})O_K,$$
$$\mathfrak{P}_7 = (7, 1 + 2\sqrt{-5})O_K \quad , \quad \mathfrak{P}_7' = (7, 1 - 2\sqrt{-5})O_K.$$

Dann gilt

$$\mathfrak{P}_3\mathfrak{P}_3' = (9, 3 - 6\sqrt{-5}, 3 + 6\sqrt{-5}, 21)O_K = 3O_K.$$

Entsprechend findet man

$$\mathfrak{P}_3\mathfrak{P}_7 = (1 + 2\sqrt{-5})O_K, \qquad \mathfrak{P}_3\mathfrak{P}_7' = (4 - \sqrt{-5})O_K,$$
$$\mathfrak{P}_3'\mathfrak{P}_7 = (4 + \sqrt{-5})O_K, \qquad \mathfrak{P}_3'\mathfrak{P}_7' = (1 - 2\sqrt{-5})O_K,$$
$$\mathfrak{P}_7\mathfrak{P}_7' = 7O_K,$$
$$\mathfrak{P}_3\mathfrak{P}_3'\mathfrak{P}_7\mathfrak{P}_7' = 21O_K. \qquad (3.0.1)$$

Die Ideale $\mathfrak{P}_3, \mathfrak{P}_3', \mathfrak{P}_7, \mathfrak{P}_7'$ sind Primideale und können nicht in das Produkt von Idealen von O_K, die von O_K verschieden sind, zerlegt werden. Ebenfalls werden wir zeigen, daß die Zerlegung (3.0.1) von $21O_K$ in das Produkt von Primidealen eindeutig ist.

Die Überlegungen von Dedekind lassen sich auf die in den Abschnitten 2.3 und 2.4 betrachteten Ringe übertragen, wenn Γ ein Hauptidealring ist. Obgleich man auf diese Weise alle interessanten Ringe O_K erhält, gehen wir hier, E. Noether folgend, in der Abstraktion einen Schritt weiter und beginnen unsere Betrachtungen mit dem Begriff des Dedekindschen Ringes.

3.1 Grundlegende Definitionen

O bezeichnet in diesem Kapitel immer einen Integritätsbereich, d.h. einen kommutativen Ring mit Einselement 1 ohne Nullteiler. Der Quotientenkörper $Q(O)$ von O wird mit K bezeichnet.

O heißt *Noetherscher Ring* , wenn jede aufsteigende Kette von Idealen nach endlich vielen Schritten abbricht.

Satz 3.1.1 *Sei O ein Noetherscher Ring. Dann ist jedes Ideal von O endlich erzeugt.*

B e w e i s: Sei $\mathfrak{A}$ ein Ideal von O mit dem unendlichen Erzeugendensystem $\alpha_1, \alpha_2, \ldots$, wobei keine echte Teilmenge von $\{\alpha_1, \alpha_2, \ldots\}$ das Ideal $\mathfrak{A}$ erzeugt. Dann ist

$$(\alpha_1)O \subset (\alpha_1, \alpha_2)O \subset \cdots$$

eine unendliche aufsteigende Kette von Idealen. Dieser Widerspruch beweist die Behauptung. $\qquad\square$

Ein Ring O heißt *Dedekindscher Ring*, wenn O ein Noetherscher ganzabgeschlossener Integritätsbereich ist und die folgende Eigenschaft hat: Jedes von $\{0\}$ verschiedene Primideal von O ist maximal.

Beispiel 3.1.2 Jeder Hauptidealring ist Dedekindscher Ring (vgl. Abschnitt A.2).
$\qquad\square$

Satz 3.1.3 *Sei Γ ein Hauptidealring und K eine endliche, separable Erweiterung des Quotientenkörpers von Γ. Dann ist $O = O_K(\Gamma)$ ein Dedekindscher Ring.*

B e w e i s: Sei

$$\mathfrak{A}_1 \subset \mathfrak{A}_2 \subset \mathfrak{A}_3 \subset \cdots \tag{3.1.1}$$

eine aufsteigende Kette von Idealen von O. Nach Satz 2.4.2 ist jedes von $\{0\}$ verschiedene Ideal von O ein vollständiger Γ-Modul. Im Sinne von 2.4 gilt daher

$$[O : \mathfrak{A}_1] \subset [O : \mathfrak{A}_2] \subset [O : \mathfrak{A}_3] \subset \cdots \tag{3.1.2}$$

Da die Kette (3.1.2) nach endlich vielen Schritten abbricht, gilt das gleiche für die Kette (3.1.1), d.h. O ist ein Noetherscher Ring.

Nach Satz 2.3.6 ist O ganz abgeschlossen.

Sei $\mathfrak{P}$ ein von $\{0\}$ verschiedenes Primideal von O. Dann ist $\mathfrak{p} := \mathfrak{P} \cap \Gamma$ ein Primideal von Γ. Für $\alpha \in K$ bezeichne $N(\alpha)$ die Norm von K nach dem Quotientenkörper von Γ. Für $\alpha \in \mathfrak{P} - \{0\}$ ist $N(\alpha) \in \mathfrak{p} - \{0\}$ (Anh. B), d.h. $\mathfrak{p}$ ist von $\{0\}$ verschieden. Wir betrachten den injektiven Homomorphismus

$$\Gamma/\mathfrak{p} \to O/\mathfrak{P}, \tag{3.1.3}$$

der durch die Einlagerung von Γ in O gegeben ist und betrachten $\Gamma/\mathfrak{p}$ als Teilring von $O/\mathfrak{P}$. Jedes von $\bar{0}$ verschiedene $\bar{\alpha} \in O/\mathfrak{P}$ genügt einer Gleichung

$$\bar{\alpha}^s + \bar{a}_1 \bar{\alpha}^{s-1} + \cdots + \bar{a}_s = \bar{0} \tag{3.1.4}$$

mit $\bar{a}_1, \ldots, \bar{a}_s \in \Gamma/\mathfrak{p}$ und $\bar{a}_s \neq \bar{0}$. Da $\Gamma/\mathfrak{p}$ ein Körper ist, folgt aus (3.1.4), daß $\bar{\alpha}$ ein Inverses in $O/\mathfrak{P}$ hat, d.h. $O/\mathfrak{P}$ ist ein Körper. $\qquad\square$

Satz 3.1.4 *Sei P der Quotientenkörper des Hauptidealringes Γ, sei K eine separable Erweiterung von P vom Grad n und $O = O_K(\Gamma)$. Weiter sei $\mathfrak{P}$ ein von $\{0\}$ verschiedenes Primideal von O und $\mathfrak{p} := \mathfrak{P} \cap \Gamma$. Dann ist $O/\mathfrak{P}$ eine endliche Körpererweiterung von $\Gamma/\mathfrak{p}$ vom Grad $f \leq n$.*

B e w e i s: Nach Satz 2.4.2 hat O als Γ-Modul eine Basis $\omega_1, \ldots, \omega_n$. Die Klassen $\bar{\omega}_1, \ldots, \bar{\omega}_n$ sind daher Erzeugende des $\Gamma/\mathfrak{p}$-Moduls $O/\mathfrak{P}$. $\qquad\square$

Der Grad von $O/\mathfrak{P}$ über $\Gamma/\mathfrak{p}$ wird als *Trägheitsgrad* von $\mathfrak{P}$ *über* $\mathfrak{p}$ bezeichnet.

Für den folgenden Satz braucht man nur die Eigenschaft Dedekindscher Ringe, daß jedes von $\{0\}$ verschiedene Primideal maximal ist.

Satz 3.1.5 *Sei O ein Dedekindscher Ring und $\mathfrak{P}$ ein von $\{0\}$ verschiedenes Primideal von O. Weiter seien $\mathfrak{A}$ und $\mathfrak{B}$ Ideale von O, deren Produkt in $\mathfrak{P}$ enthalten ist. Dann ist $\mathfrak{A}$ oder $\mathfrak{B}$ in $\mathfrak{P}$ enthalten.*

B e w e i s: Wenn weder $\mathfrak{A}$ noch $\mathfrak{B}$ in $\mathfrak{P}$ enthalten sind, gibt es wegen der Maximalität von $\mathfrak{P}$ Elemente $\pi_1, \pi_2 \in \mathfrak{P}$ und $\alpha \in \mathfrak{A}$, $\beta \in \mathfrak{B}$ mit

$$1 = \alpha + \pi_1, \quad 1 = \beta + \pi_2.$$

Durch Multiplikation dieser Gleichungen erhalten wir

$$1 = \alpha\beta + (\alpha\pi_2 + \beta\pi_1 + \pi_1\pi_2).$$

Hiernach ist $O = \mathfrak{A}\mathfrak{B} + \mathfrak{P}$ im Widerspruch zur Voraussetzung $\mathfrak{P} \supseteq \mathfrak{A}\mathfrak{B}$. $\qquad\square$

Der Begriff des Dedekindschen Ringes stammt von E. Noether, die in ihrer Arbeit [No1927] die Dedekindsche Idealtheorie auf eine axiomatische Grundlage stellte. Wir verzichten hier auf eine systematische Darstellung der Ergebnisse dieser Theorie, soweit sie für unsere Zwecke nicht benötigt werden, da die Beweise teilweise schwierig sind. Wir verweisen den interessierten Leser auf [Wa1967], Kapitel 17.

Die Arbeit [No1927] wurde zu einem Ausgangspunkt der mathematischen Disziplin, die als „kommutative Algebra" bezeichnet wird. Sie ist eine wichtige Grundlage der algebraischen Geometrie.

3.2　Der Hauptsatz der Dedekindschen Idealtheorie

Der Hauptsatz der Idealtheorie ist die Veralgemeinerung des Satzes von der eindeutigen Primfaktorzerlegung. Er lautet folgendermaßen:

Satz 3.2.1 *Sei O ein Dedekindscher Ring. Jedes von O und $\{0\}$ verschiedene Ideal von O ist als Produkt von Primidealen darstellbar. Diese Darstellung ist eindeutig bis auf die Reihenfolge der Faktoren.*

Unser B e w e i s folgt im wesentlichen [Wa1967], §137. Wir beginnen mit einigen Hilfsbetrachtungen, die auch für sich von grundsätzlicher Bedeutung sind.

Sei K der Quotientenkörper von O. Unter einem *gebrochenen Ideal* von O versteht man einen endlich erzeugten O-Modul in K. Die Ideale von O werden in diesem Zusammenhang auch als *ganze Ideale* von O bezeichnet.

Satz 3.2.2 *Sei $\mathfrak{A}$ ein gebrochenes Ideal von O. Dann gibt es ein $\mu \in K^\times$, so daß $\mu\mathfrak{A}$ ein ganzes Ideal ist.*

B e w e i s: Seien $\mu_1, \ldots, \mu_s$ Erzeugende von $\mathfrak{A}$. Dann gibt es Elemente $\mu \in O - \{0\}$ und $\alpha_1, \ldots, \alpha_s \in O$ mit $\mu_i = \alpha_i/\mu$. Offensichtlich leistet μ das Verlangte.　　□

Für ein von $\{0\}$ verschiedenes Ideal $\mathfrak{A}$ von O bezeichnen wir mit $\mathfrak{A}^\wedge$ die Gesamtheit aller Elemente $\beta \in K$ mit $\beta\mathfrak{A} \subseteq O$. Offensichtlich ist $\mathfrak{A}^\wedge$ ein O-Modul. $\mathfrak{A}^\wedge$ ist endlich erzeugt, denn für $\alpha \in \mathfrak{A} - \{0\}$ ist $\alpha\mathfrak{A}^\wedge$ ein Ideal von O. Mit $\alpha\mathfrak{A}^\wedge$ ist auch $\mathfrak{A}^\wedge$ endlich erzeugt (Satz 3.1.1).

Nach Definition gilt $\mathfrak{A}\mathfrak{A}^\wedge \subseteq O$. Der Angelpunkt der folgenden Betrachtungen ist der Beweis, daß

$$\mathfrak{A}\mathfrak{A}^\wedge = O \tag{3.2.1}$$

gilt. Aus (3.2.1) folgt leicht, daß die Menge I_O der von $\{0\}$ verschiedenen gebrochenen Ideale von O bezüglich der O-Modulmultiplikation eine Gruppe mit dem Einselement O bildet.

Hilfssatz 3.2.3 *Für jedes von $\{0\}$ verschiedene Ideal $\mathfrak{A}$ von O gibt es Primideale $\mathfrak{P}_1, \ldots, \mathfrak{P}_r$ mit*

$$\mathfrak{A} \supseteq \mathfrak{P}_1 \cdots \mathfrak{P}_r.$$

B e w e i s: Sei $\mathfrak{A}$ ein Ideal von O, für welches Hilfssatz 3.2.3 falsch ist und sei $\mathfrak{A}$ maximal mit dieser Eigenschaft. Dann ist $\mathfrak{A}$ kein Primideal. Daher gibt es Elemente $\beta, \gamma \in O$ mit $\beta\gamma \in \mathfrak{A}$, aber $\beta \notin \mathfrak{A}$, $\gamma \notin \mathfrak{A}$. Wir setzen $\mathfrak{B} := (\beta, \mathfrak{A})$ und $\mathfrak{C} := (\gamma, \mathfrak{A})$. Dann gilt $\mathfrak{B}\mathfrak{C} \subseteq \mathfrak{A}$ und $\mathfrak{B} \supsetneq \mathfrak{A}$, $\mathfrak{C} \supsetneq \mathfrak{A}$. Für $\mathfrak{B}$ und $\mathfrak{C}$ ist also Hilfssatz 3.2.3 erfüllt. Sei

$$\mathfrak{P}_1 \cdots \mathfrak{P}_s \subseteq \mathfrak{B}, \quad \mathfrak{P}_{s+1} \cdots \mathfrak{P}_t \subseteq \mathfrak{C}.$$

Es folgt

$$\mathfrak{P}_1 \cdots \mathfrak{P}_t \subseteq \mathfrak{A}$$

im Widerspruch zu der Annahme, daß Hilfssatz 3.2.3 für $\mathfrak{A}$ nicht gilt.

Wenn $\mathfrak{A}$ nicht maximal ist, betrachten wir ein Ideal $\mathfrak{A}_1$ mit $\mathfrak{A}_1 \supset \mathfrak{A}$ und Hilfssatz 3.2.3 ist falsch für $\mathfrak{A}_1$. Nach dem eben bewiesenen kann $\mathfrak{A}_1$ nicht maximal sein. Durch Fortsetzung des Verfahrens erhalten wir eine unendlich lange aufsteigende Kette von Idealen im Widerspruch zu der Voraussetzung, daß O ein Noetherscher Ring ist. $\qquad\qquad\square$

Hilfssatz 3.2.4 *Sei $\mathfrak{P}$ ein von $\{0\}$ verschiedenes Primideal von O. Dann gibt es in $\mathfrak{P}^\wedge$ ein Element, daß nicht in O liegt.*

B e w e i s: Sei $\gamma \in \mathfrak{P} - \{0\}$. Nach Hilfssatz 3.2.3 gibt es Primideale $\mathfrak{P}_1, \ldots, \mathfrak{P}_r$ mit

$$\gamma O \supseteq \mathfrak{P}_1 \cdots \mathfrak{P}_r.$$

Wir können annehmen, daß γO kein Teilprodukt von $\mathfrak{P}_1 \cdots \mathfrak{P}_r$ enthält. Wegen $\mathfrak{P} \supseteq \mathfrak{P}_1 \cdots \mathfrak{P}_r$ und Satz 3.1.5 enthält $\mathfrak{P}$ eines der Primideale $\mathfrak{P}_1, \ldots, \mathfrak{P}_r$. Sei etwa $\mathfrak{P} \supseteq \mathfrak{P}_1$. Dann gilt $\mathfrak{P} = \mathfrak{P}_1$ und

$$\gamma O \supseteq \mathfrak{P}\mathfrak{P}_2 \cdots \mathfrak{P}_r, \ \gamma O \not\supseteq \mathfrak{P}_2 \cdots \mathfrak{P}_r.$$

Daher gibt es ein $\beta \in \mathfrak{P}_2 \cdots \mathfrak{P}_r$, das nicht in γO enthalten ist, d.h. $\beta/\gamma \notin O$. Weiter ist $\gamma O \supseteq \beta\mathfrak{P}$, also $\beta/\gamma \in \mathfrak{P}^\wedge$. $\qquad\qquad\square$

Hilfssatz 3.2.5 *Sei $\mathfrak{P}$ ein von $\{0\}$ verschiedenes Primideal von O. Dann ist $\mathfrak{P} \cdot \mathfrak{P}^\wedge = O$.*

B e w e i s: Nach Definition von $\mathfrak{P}^\wedge$ ist $\mathfrak{P} \subseteq \mathfrak{P} \cdot \mathfrak{P}^\wedge \subseteq O$. Da $\mathfrak{P}$ maximal ist, gilt also $\mathfrak{P} \cdot \mathfrak{P}^\wedge = \mathfrak{P}$ oder $\mathfrak{P} \cdot \mathfrak{P}^\wedge = O$. Angenommen, es ist $\mathfrak{P} \cdot \mathfrak{P}^\wedge = \mathfrak{P}$. Nach Hilfssatz 3.2.4 gibt es ein $\gamma \in \mathfrak{P}^\wedge$ mit $\gamma \notin O$. Da O ganzabgeschlossen ist, können wir Satz 2.3.2 für $\Gamma = O$ anwenden. Danach ist $\gamma \in O$ und $\mathfrak{P} \cdot \mathfrak{P}^\wedge = \mathfrak{P}$ unmöglich. $\qquad\qquad\square$

Entsprechend Hilfssatz 3.2.5 setzen wir $\mathfrak{P}^{-1} := \mathfrak{P}^\wedge$.

Hilfssatz 3.2.6 *Sei $\mathfrak{A}$ ein von $\{0\}$ verschiedenes Ideal und $\mathfrak{P}$ ein Primideal von O, das $\mathfrak{A}$ enthält. Dann gibt es ein Ideal $\mathfrak{B}$ mit $\mathfrak{A} = \mathfrak{P}\mathfrak{B}$ und $\mathfrak{A} \subset \mathfrak{B}$.*

B e w e i s: Wegen $\mathfrak{P}^{-1}\mathfrak{P} = O$ und $\mathfrak{A} \subseteq \mathfrak{P}$ gilt $\mathfrak{B} := \mathfrak{A}\mathfrak{P}^{-1} \subseteq O$, d.h. $\mathfrak{B}$ ist ein ganzes Ideal mit $\mathfrak{B}\mathfrak{P} = \mathfrak{A}$. Weiter kann $\mathfrak{B}$ nicht gleich $\mathfrak{A}$ sein, weil sonst nach Satz 2.3.2 $\mathfrak{P}^{-1}$ ein ganzes Ideal wäre. $\qquad\qquad\square$

Wir kommen jetzt zum Beweis von Satz 3.2.1. Wir zeigen zunächst, daß eine Zerlegung in Primfaktoren existiert.

Sei $\mathfrak{A}$ ein von $\{0\}$ verschiedenes Ideal in O. Da jede aufsteigende Kette von Idealen von O nach endlich vielen Schritten abbricht, gibt es ein Primideal $\mathfrak{P}_1$ mit $\mathfrak{A} \subseteq \mathfrak{P}_1$. Nach Hilfssatz 3.2.6 gibt es ein Ideal $\mathfrak{A}_2$ mit $\mathfrak{A} = \mathfrak{P}_1\mathfrak{A}_2$ und $\mathfrak{A} \subset \mathfrak{A}_2$. Entweder gilt $\mathfrak{A} = \mathfrak{P}_1$ und wir sind fertig, oder $\mathfrak{A} \subset \mathfrak{P}_1$, und wir wenden auf $\mathfrak{A}_2$ das gleiche Verfahren wie auf $\mathfrak{A}$ an und erhalten $\mathfrak{A}_2 = \mathfrak{P}_2\mathfrak{A}_3$ mit einem Primideal $\mathfrak{P}_2$ und $\mathfrak{A}_2 \subset \mathfrak{A}_3$. Entsprechend findet man $\mathfrak{P}_3, \mathfrak{P}_4, \ldots$. Da $\mathfrak{A} = \mathfrak{A}_1 \subset \mathfrak{A}_2 \subset \mathfrak{A}_3 \subset \cdots$ eine aufsteigende Kette von Idealen ist, bricht dieses Verfahren für ein gewisses s mit $\mathfrak{A}_s = \mathfrak{P}_s$ ab und es gilt

$$\mathfrak{A} = \mathfrak{P}_1 \cdots \mathfrak{P}_s.$$

Wir beweisen jetzt die Eindeutigkeit der Primidealzerlegung. Sei

$$\mathfrak{A} = \mathfrak{Q}_1 \cdots \mathfrak{Q}_t$$

eine weitere Zerlegung von $\mathfrak{A}$ in das Produkt von Primidealen $\mathfrak{Q}_1, \ldots, \mathfrak{Q}_t$. Dann enthält $\mathfrak{P}_1$ das Produkt $\mathfrak{Q}_1 \cdots \mathfrak{Q}_t$ und ist daher nach Satz 3.1.5 gleich einem der Ideale $\mathfrak{Q}_1, \ldots, \mathfrak{Q}_t$. Sei o. B. d. A. $\mathfrak{P}_1 = \mathfrak{Q}_1$. Dann gilt nach Hilfssatz 3.2.5

$$\mathfrak{P}_2 \cdots \mathfrak{P}_s = \mathfrak{Q}_2 \cdots \mathfrak{Q}_t.$$

Indem man das Verfahren fortsetzt, erhält man $s = t$ und o.B.d.A. $\mathfrak{P}_i = \mathfrak{Q}_i$ für $i = 1, \ldots, s$.

Damit ist Satz 3.2.1 bewiesen. $\square$

Wir wollen jetzt den Beweis von (3.2.1) nachholen. Wie man leicht sieht, gilt

$$\mathfrak{B}^{\wedge}\mathfrak{C}^{\wedge} \subseteq (\mathfrak{B}\mathfrak{C})^{\wedge} \tag{3.2.2}$$

für von $\{0\}$ verschiedene Ideale $\mathfrak{B}$, $\mathfrak{C}$ von O. Wir beweisen (3.2.1) durch Induktion über die Anzahl s der Primfaktoren von $\mathfrak{A}$. Für $s = 1$ ist (3.2.1) durch Hilfssatz 3.2.5 bewiesen. Sei die Behauptung schon für Ideale mit weniger als s Primfaktoren bewiesen und $\mathfrak{A}$ ein Ideal mit s Primfaktoren, $\mathfrak{A} = \mathfrak{B}\mathfrak{P}$. Dann gilt wegen (3.2.2) und der Induktionsvoraussetzung

$$O = \mathfrak{B}\mathfrak{P} \cdot \mathfrak{B}^{\wedge}\mathfrak{P}^{\wedge} \subseteq \mathfrak{B}\mathfrak{P} \cdot (\mathfrak{B}\mathfrak{P})^{\wedge},$$

woraus die Behauptung wegen $\mathfrak{A}\mathfrak{A}^{\wedge} \subseteq O$ folgt. $\square$

Jetzt kann man für alle Ideale $\mathfrak{A}^{\wedge} = \mathfrak{A}^{-1}$ setzen.

3.3 Folgerungen aus dem Hauptsatz

Wir ziehen eine Reihe von Folgerungen aus Satz 3.2.1. Alle unsere Betrachtungen spielen sich in einem Dedekindschen Ring mit Quotientenkörper K ab. Wir erinnern daran, daß wir die Menge der von $\{0\}$ verschiedenen gebrochenen Ideale von O mit I_O bezeichnen.

Satz 3.3.1 *I_O bildet bezüglich der Idealmultiplikation eine Gruppe. Jedes $\mathfrak{A} \in I_O$ läßt sich eindeutig in der Form*

$$\mathfrak{A} = \prod_{\mathfrak{P}} \mathfrak{P}^{\nu_{\mathfrak{P}}(\mathfrak{A})} \tag{3.3.1}$$

darstellen, wobei das Produkt über alle von $\{0\}$ verschiedenen Primideale zu erstrecken ist und die Exponenten $\nu_{\mathfrak{P}}(\mathfrak{A})$ ganze Zahlen sind, die für fast alle $\mathfrak{P}$ gleich 0 sind.

B e w e i s: Jedes $\mathfrak{A} \in I_O$ läßt sich in der Form $\mathfrak{A} = \alpha\mathfrak{B}$ mit $\alpha \in K^\times$ und einem ganzen Ideal $\mathfrak{B}$ darstellen. Dann ist klar, daß O ein Einselement von I_O und $\alpha^{-1}\mathfrak{B}^{-1}$ das Inverse von $\mathfrak{A}$ ist. Daher ist I_O eine Gruppe. Jedes $\mathfrak{A} \in I_O$ läßt sich als Quotient zweier ganzer Ideale schreiben, woraus folgt, daß $\mathfrak{A}$ eine Darstellung der Form (3.3.1) hat. Die Eindeutigkeit dieser Darstellung folgt aus der Eindeutigkeit der Zerlegung der Ideale in Primideale. $\square$

Die Zahl $\nu_\mathfrak{P}(\mathfrak{A})$ heißt der $\mathfrak{P}$-*Exponent* von $\mathfrak{A}$. Wir setzen

$$\nu_\mathfrak{P}(\alpha) := \nu_\mathfrak{P}(\alpha O) \text{ für } \alpha \in K^\times$$

und

$$\nu_\mathfrak{P}(0) := \infty.$$

Dann gilt

$$\nu_\mathfrak{P}(\alpha\beta) = \nu_\mathfrak{P}(\alpha) + \nu_\mathfrak{P}(\beta) \text{ für } \alpha, \beta \in K. \tag{3.3.2}$$

Satz 3.3.2 *Für alle $\alpha, \beta \in K$ gilt*

$$\nu_\mathfrak{P}(\alpha + \beta) \geq \min\{\nu_\mathfrak{P}(\alpha), \nu_\mathfrak{P}(\beta)\}. \tag{3.3.3}$$

In (3.3.3) gilt das Gleichheitszeichen, wenn $\nu_\mathfrak{P}(\alpha) \neq \nu_\mathfrak{P}(\beta)$.

B e w e i s: O. B. d. A. können wir $\alpha, \beta \in K^\times$ und $\nu_\mathfrak{P}(\alpha) \geq \nu_\mathfrak{P}(\beta)$ annehmen. Wir setzen $s := \nu_\mathfrak{P}(\beta)$. Mit α und β liegt auch $\alpha + \beta$ in $\mathfrak{P}^s$, und wenn $\nu_\mathfrak{P}(\alpha) > s$ ist, liegt $\alpha + \beta$ in $\mathfrak{P}^s - \mathfrak{P}^{s+1}$, da sonst $\beta = \alpha + \beta - \alpha$ in $\mathfrak{P}^{s+1}$ liegen würde. Daraus folgt die Behauptung. $\square$

In Verallgemeinerung von Hilfssatz 3.2.6 gilt

Satz 3.3.3 *Sei $\mathfrak{A}$ ein von $\{0\}$ verschiedenes Ideal von O und $\mathfrak{B}$ ein Ideal von O, das $\mathfrak{A}$ enthält. Dann gibt es genau ein Ideal $\mathfrak{C}$ von O mit $\mathfrak{A} = \mathfrak{B}\mathfrak{C}$.*

B e w e i s: Nach Satz 3.3.1 muß $\mathfrak{C}$ gleich dem gebrochenem Ideal $\mathfrak{A}\mathfrak{B}^{-1}$ sein. Wegen $\mathfrak{A} \subseteq \mathfrak{B}$ gilt $\mathfrak{C} = \mathfrak{A}\mathfrak{B}^{-1} \subseteq \mathfrak{B}\mathfrak{B}^{-1} = O$, d.h. $\mathfrak{C}$ ist ein ganzes Ideal. $\square$

In Verallgemeinerung der Teilbarkeit von Zahlen (vergl. Abschnitt A.1) definieren wir die Teilbarkeit von Idealen von O. Wir sagen, daß ein Ideal $\mathfrak{A}$ von dem Ideal $\mathfrak{B}$ geteilt wird, wenn es ein Ideal $\mathfrak{C}$ mit $\mathfrak{A} = \mathfrak{B}\mathfrak{C}$ gibt. Aus Satz 3.3.3 folgt, daß ein Ideal $\mathfrak{A}$ von einem Ideal $\mathfrak{B}$ genau dann geteilt wird, wenn $\mathfrak{A}$ in $\mathfrak{B}$ enthalten ist.

Die Teilbarkeit von Elementen in O wird in den Teilbarkeitsbegriff von Idealen einbezogen, indem man von α zu αO übergeht. Es ist klar, daß der Teilbarkeitsbegriff von Idealen mit dem Teilbarkeitsbegriff von Elementen von O, wie er in Abschnitt A.1 definiert wurde, verträglich ist.

Auf der Grundlage dieses Teilbarkeitsbegriffes können wir in üblicher Weise für zwei Ideale $\mathfrak{A}$ und $\mathfrak{B}$ den Begriff des *größten gemeinsamen Teilers* g.g.T.$(\mathfrak{A}, \mathfrak{B})$ und des *kleinsten gemeinsamen Vielfachen* k.g.V.$(\mathfrak{A}, \mathfrak{B})$ definieren. Wegen Satz 3.3.3 gelten die Formeln

$$\text{g.g.T.}(\mathfrak{A}, \mathfrak{B}) = \mathfrak{A} + \mathfrak{B}, \quad \text{k.g.V.}(\mathfrak{A}, \mathfrak{B}) = \mathfrak{A} \cap \mathfrak{B}. \tag{3.3.4}$$

Hiermit im Zusammenhang stehen die folgenden nützlichen Sätze:

Satz 3.3.4 *Seien $\mathfrak{P}_1, \ldots, \mathfrak{P}_s$ paarweise verschiedene Primideale und $\mathfrak{A}$ ein beliebiges von $\{0\}$ verschiedenes Ideal. Dann gibt es ein $\alpha \in \mathfrak{A}$, das durch keines der Ideale $\mathfrak{A}\mathfrak{P}_1, \ldots, \mathfrak{A}\mathfrak{P}_s$ teilbar ist.*

B e w e i s: Sei $\mathfrak{B} := \mathfrak{P}_1 \cdots \mathfrak{P}_s$ und α_i ein Element aus $\mathfrak{A}\mathfrak{B}\mathfrak{P}_i^{-1}$, das nicht in $\mathfrak{A}\mathfrak{B}$ liegt, $i = 1, \ldots, s$. Dann gehört $\alpha := \alpha_1 + \cdots + \alpha_s$ zu $\mathfrak{A}$, aber nicht zu $\mathfrak{A}\mathfrak{P}_i$, da sonst α_i zu $\mathfrak{A}\mathfrak{P}_i$ gehören würde im Widerspruch zur Wahl von α_i. $\qquad\square$

Satz 3.3.5 *Seien $\mathfrak{A}$ und $\mathfrak{B}$ beliebige von $\{0\}$ verschiedene Ideale. Dann gibt es ein $\alpha \in \mathfrak{A}$ mit*

$$\mathfrak{A}\mathfrak{B} + \alpha O = \mathfrak{A}, \quad \mathfrak{A}\mathfrak{B} \cap \alpha O = \alpha\mathfrak{B}. \tag{3.3.5}$$

B e w e i s: Wenn $\mathfrak{B} = O$ ist, kann man für α ein beliebiges Element von $\mathfrak{A}$ nehmen. Sei $\mathfrak{B} \neq O$ und seien $\mathfrak{P}_1, \ldots, \mathfrak{P}_s$ die verschiedenen Primteiler von $\mathfrak{B}$. Entsprechend Satz 3.3.4 sei α ein Element von $\mathfrak{A}$, daß nicht durch $\mathfrak{A}\mathfrak{P}_1, \ldots, \mathfrak{A}\mathfrak{P}_s$ teilbar ist. Dann gilt

$$\text{g.g.T.}(\mathfrak{A}\mathfrak{B}, \alpha O) = \mathfrak{A}, \quad \text{k.g.V.}(\mathfrak{A}\mathfrak{B}, \alpha O) = \alpha\mathfrak{B}.$$

$$\square$$

3.4 Die Umkehrung des Hauptsatzes

In diesen Abschnitt wollen wir eine Umkehrung des Hauptsatzes beweisen.

Satz 3.4.1 *Sei O ein Integritätsbereich, in dem sich jedes von $\{0\}$ verschiedene Ideal eindeutig als Produkt von Primidealen darstellen läßt. Weiter sei für zwei Ideale $\mathfrak{A}$ und $\mathfrak{B}$ von O die Inklusion $\mathfrak{A} \subseteq \mathfrak{B}$ genau dann erfüllt, wenn es ein Ideal $\mathfrak{C}$ mit $\mathfrak{A} = \mathfrak{B}\mathfrak{C}$ gibt.*
Dann ist O ein Dedekindscher Ring.

B e w e i s: Wir zeigen die drei Eigenschaften aus der Definition eines Dedekindschen Ringes.

1. O ist ein Noetherscher Ring: Sei

$$\mathfrak{A}_1 \subset \mathfrak{A}_2 \subset \cdots \tag{3.4.1}$$

eine aufsteigende Kette von Idealen von O. Dann sind nach Voraussetzung $\mathfrak{A}_2, \mathfrak{A}_3, \ldots$ paarweise verschiedene Teiler von $\mathfrak{A}_1$. Da $\mathfrak{A}_1$ nur endlich viele Teiler hat, folgt, daß (3.4.1) nach endlich vielen Schritten abbrechen muß.

2. O ist ganz abgeschlossen: Sei $\alpha \in Q(O)$ ganz über O, d.h. es gibt $\alpha_1, \ldots, \alpha_h \in O$ mit

$$\alpha^h + \alpha_1 \alpha^{h-1} + \cdots + \alpha_h = 0.$$

Sei $\alpha = \beta/\gamma$ mit $\beta, \gamma \in O$. Dann gilt

$$\beta^h + \alpha_1\beta^{h-1}\gamma + \cdots + \alpha_h\gamma^h = 0. \tag{3.4.2}$$

Angenommen, β/γ liegt nicht in O, d.h. $\beta O \not\subseteq \gamma O$. Dann gibt es ein Primideal $\mathfrak{P}$ mit $\nu_\mathfrak{P}(\gamma) > \nu_\mathfrak{P}(\beta)$. Wegen

$$\nu_\mathfrak{P}(\alpha_i\beta^{h-i}\gamma^i) \geq (h-i)\nu_\mathfrak{P}(\beta) + i\nu_\mathfrak{P}(\gamma) > h\nu_\mathfrak{P}(\beta) = \nu_\mathfrak{P}(\beta^h) \text{ für } i = 1, \ldots, h$$

gilt

$$\nu_\mathfrak{P}(\alpha_1\beta^{h-1}\gamma + \cdots + \alpha_h\gamma^h) > h\nu_\mathfrak{P}(\beta). \tag{3.4.3}$$

Aus (3.4.2) folgt

$$\alpha_1\beta^{h-1}\gamma + \cdots + \alpha_h\gamma^h = -\beta^h$$

im Widerspruch zu (3.4.3). Aus diesem Widerspruch folgt $\alpha \in O$.

3. Jedes von $\{0\}$ verschiedene Primideal ist maximal: Sei $\mathfrak{Q}$ ein Primideal, das echt in dem Primideal $\mathfrak{P}$ enthalten ist. Dann gibt es ein Ideal $\mathfrak{A} \neq O$ mit $\mathfrak{Q} = \mathfrak{P}\mathfrak{A}$. Wegen der eindeutigen Primfaktorzerlegung ist daher $\mathfrak{A} = \mathfrak{Q} = \{0\}$. $\square$

3.5 Die Norm eines Ideals

Im folgenden wird die Norm eines Ideals eine wichtige Rolle spielen. In der Theorie der algebraischen Zahlkörper unterscheidet man die Absolutnorm, die eine nicht-negative rationale Zahl ist, von der Relativnorm, die selbst ein Ideal ist. Wir betrachten zunächst die Situation von Abbildung 2.2 für den Fall, daß Γ ein Hauptidealring und K/P eine endliche separable Erweiterung ist. Wir erhalten die Absolutnorm eines Ideals in einem algebraischen Zahlkörper für $\Gamma = \mathbb{Z}$. In Abschnitt 3.9 betrachten wir die Relativnorm für die Erweiterung K/F, wobei F ein Zwischenkörper von K/P ist.

Zur Definition der Norm eines gebrochenen Ideals knüpfen wir an die Definition der Norm $N(\alpha)$ eines Elementes $\alpha \in K$ an (Anh. B): Sei $\omega_1, \ldots, \omega_n$ eine beliebige Basis von K über P. Dann ist

$$N(\alpha) = \det \mathbf{A},$$

wobei $\mathbf{A}$ die Übergangsmatrix von $\omega_1, \ldots, \omega_n$ zu $\alpha\omega_1, \ldots, \alpha\omega_n$ ist. Wir wählen jetzt $\omega_1, \ldots, \omega_n$ als Basis des Γ-Moduls O (Satz 2.4.2). Dann ist $\mathbf{A} \in M_n(\Gamma)$, und wenn α eine Einheit von O ist, gilt $\mathbf{A} \in \mathrm{GL}_n(\Gamma)$. Daher ist die Norm einer Einheit von O eine Einheit in Γ.

Es folgt, daß $N(\alpha)\Gamma$ unabhängig von der Wahl der Erzeugenden α des Hauptideals αO ist. Wir setzen

$$N(\alpha O) = N(\alpha)\Gamma$$

und allgemeiner für ein beliebiges gebrochenes Ideal $\mathfrak{A}$ von O

$$N(\mathfrak{A}) = (\det \mathbf{A})\Gamma, \tag{3.5.1}$$

wobei $\mathbf{A} \in M_n(\Gamma)$ die Übergangsmatrix von $\omega_1, \ldots, \omega_n$ zu einer beliebigen Basis $\alpha_1, \ldots, \alpha_n$ von $\mathfrak{A}$ ist:

$$(\alpha_1, \ldots, \alpha_n)^T = \mathbf{A}(\omega_1, \ldots, \omega_n)^T.$$

(3.5.1) ist unabhängig von der Wahl der Basen $\omega_1, \ldots, \omega_n$ und $\alpha_1, \ldots, \alpha_n$, denn geht man zu anderen Basen über, so multipliziert sich $\det \mathbf{A}$ mit einer Einheit in Γ.

Im Fall $\Gamma = \mathbb{Z}$ gibt es nur die Einheiten ± 1. Wir können daher $N(\mathfrak{A}) = |\det \mathbf{A}|$ setzen. Im Sinne von Abschnitt 2.4 gilt der folgende

Satz 3.5.1 *Sei $\mathfrak{A}$ ein von $\{0\}$ verschiedenes ganzes Ideal von O. Dann gilt*

$$N(\mathfrak{A}) = [O : \mathfrak{A}].$$

Insbesondere ist im Falle von $\Gamma = \mathbb{Z}$ die Norm von $\mathfrak{A}$ gleich dem Index von $\mathfrak{A}$ in O. $\square$

Wir wollen die Multiplikativität der Idealnorm beweisen und zeigen zunächst das folgende

Lemma 3.5.2 *Seien $\mathfrak{A}$ und $\mathfrak{B}$ aus I_O und $\mathfrak{B}$ ein ganzes Ideal. Dann gilt*

$$N(\mathfrak{B}) = [\mathfrak{A} : \mathfrak{A}\mathfrak{B}].$$

B e w e i s: Wenn $\mathfrak{A}$ ein gebrochenes Ideal ist, so gibt es ein $\gamma \in K$ und ein ganzes Ideal $\mathfrak{C}$ mit $\mathfrak{A} = \gamma\mathfrak{C}$. Dann gilt

$$[\mathfrak{A} : \mathfrak{A}\mathfrak{B}] = [\gamma\mathfrak{C} : \gamma\mathfrak{C}\mathfrak{B}] = [\mathfrak{C} : \mathfrak{C}\mathfrak{A}].$$

Wir können daher annehmen, daß $\mathfrak{A}$ ganz ist. Sei α ein Element von $\mathfrak{A}$ mit (3.3.5). Dann wird nach Abschnitt 2.4

$$[\mathfrak{A} : \mathfrak{A}\mathfrak{B}] = [(\mathfrak{A}\mathfrak{B} + \alpha O)/\mathfrak{A}\mathfrak{B}] = [\alpha O/(\mathfrak{A}\mathfrak{B} \cap \alpha O)] = [\alpha O/\alpha\mathfrak{B}] = [O/\mathfrak{B}].$$

$\square$

Satz 3.5.3 *Für beliebige gebrochene Ideale $\mathfrak{A}$ und $\mathfrak{B}$ von O gilt*

$$N(\mathfrak{A}\mathfrak{B}) = N(\mathfrak{A})N(\mathfrak{B}).$$

B e w e i s: Die Behauptung ist klar, wenn eines der Ideale gleich $\{0\}$ ist. Seien daher $\mathfrak{A}$ und $\mathfrak{B}$ von $\{0\}$ verschieden. Für $\alpha \in K^\times$ gilt nach der Definition der Norm

$$N(\alpha\mathfrak{A}) = N(\alpha)N(\mathfrak{A}).$$

Wir können daher annehmen, daß $\mathfrak{A}$ und $\mathfrak{B}$ ganze Ideale sind. Dann gilt nach Lemma 3.5.2

$$N(\mathfrak{A}\mathfrak{B}) = [O : \mathfrak{A}\mathfrak{B}] = [O : \mathfrak{A}][\mathfrak{A} : \mathfrak{A}\mathfrak{B}] = [O : \mathfrak{A}][O : \mathfrak{B}] = N(\mathfrak{A})N(\mathfrak{B}).$$

$\square$

Wir spezialisieren uns jetzt auf die Norm eines Primideals $\mathfrak{P}$. Sei p ein Primelement von Γ mit $\mathfrak{P} \cap \Gamma = p\Gamma$. Dann gilt

$$\mathfrak{P} \mid pO$$

und aus Satz 3.5.3 folgt

$$N(\mathfrak{P}) \mid N(p)\Gamma.$$

Wegen $N(p) = p^n$ gibt es eine natürliche Zahl f mit $N(\mathfrak{P}) = p^f \Gamma$.

Satz 3.5.4 f *ist gleich dem Trägheitsgrad von* $\mathfrak{P}$ *(Abschnitt* 3.1*).*

B e w e i s: Sei g der Trägheitsgrad von $\mathfrak{P}$, d.h. g ist die Dimension des $\Gamma/p\Gamma$-Vektorraums $O/\mathfrak{P}$. Nach 2.4 gilt

$$N(\mathfrak{P}) = [O : \mathfrak{P}] = [O/\mathfrak{P}] = [\Gamma/p\Gamma]^g = p^g \Gamma,$$

also $g = f$. $\square$

Sei

$$pO = \mathfrak{P}_1^{e_1} \cdots \mathfrak{P}_g^{e_g} \tag{3.5.2}$$

die Primzerlegung von p in O. Durch Übergang zur Norm erhält man

$$n = e_1 f_1 + \cdots + e_g f_g, \tag{3.5.3}$$

wobei f_i der Trägheitsgrad von $\mathfrak{P}_i$ ist. e_i heißt *Verzweigungsindex* von $\mathfrak{P}_i$.

Satz 3.5.5 *Für Ideale* $\mathfrak{A}$ *von* O *gilt*

$$\mathfrak{A} \mid N(\mathfrak{A}).$$

B e w e i s: Für ein Primideal $\mathfrak{P}$ gilt, wie wir oben gesehen haben, $\mathfrak{P} \mid N(\mathfrak{P})$. Wegen Satz 3.5.3 folgt daraus die Behauptung für beliebige $\mathfrak{A}$. $\square$

3.6 Kongruenzen

Wir machen jetzt einige Anmerkungen über Kongruenzen , wobei es hauptsächlich um Verallgemeinerungen von Sätzen aus Abschnitt 1.4 geht.

Sei $\mathfrak{A}$ ein Ideal des Dedekindschen Ringes O. Dann bedeutet

$$\alpha \equiv \beta \,(\mathrm{mod}\,\mathfrak{A}) \text{ für } \alpha, \beta \in O,$$

daß $\alpha - \beta$ in $\mathfrak{A}$ liegt. Die in Abschnitt 1.4 angegebenen Regeln für Kongruenzen übertragen sich ohne weiteres auf unseren Fall. Wir heben die folgende hervor:

Satz 3.6.1 *Sei* $\alpha \in O$ *und* $\mathfrak{B}$ *ein zu* α *teilerfremdes Ideal. Dann gibt es ein Element* ξ *in* O *mit*

$$\alpha \xi \equiv 1 \,(mod\,\mathfrak{B}).$$

B e w e i s: Das folgt aus $\alpha O + \mathfrak{B} = O$ (vgl. (3.3.4)). □

Das Rechnen mit Kongruenzen in O ist gleichbedeutend mit dem Rechnen im Restklassenring $O/\mathfrak{A}$. Der chinesische Restklassensatz lautet jetzt folgendermaßen:

Satz 3.6.2 *Seien $\mathfrak{A}$ und $\mathfrak{B}$ teilerfremde Ideale von O. Die Zuordnung*

$$\psi : \gamma + \mathfrak{A}\mathfrak{B} \mapsto (\gamma + \mathfrak{A}, \gamma + \mathfrak{B}), \quad \gamma \in O,$$

definiert einen Isomorphismus von $O/\mathfrak{A}\mathfrak{B}$ auf $O/\mathfrak{A} \oplus O/\mathfrak{B}$.

B e w e i s: Es ist klar, daß ψ ein wohldefinierter Homomorphismus ist. Wegen (3.3.4) ist ψ injektiv. Seien α, β beliebige Elemente aus O. Wegen (3.3.4) gibt es Elemente α_1 aus $\mathfrak{A}$ und β_1 aus $\mathfrak{B}$ mit $\alpha_1 + \beta_1 = 1$. Es gilt

$$\psi(\alpha\beta_1 + \beta\alpha_1 + \mathfrak{A}\mathfrak{B}) = (\alpha + \mathfrak{A}, \beta + \mathfrak{B}).$$

Daher ist ψ surjektiv. □

Satz 3.6.2 verallgemeinert sich wie folgt auf mehr als zwei Ideale:

Satz 3.6.3 *Seien $\mathfrak{A}_1, \ldots, \mathfrak{A}_s$ paarweise teilerfremde Ideale von O und sei*

$$\mathfrak{A} := \mathfrak{A}_1 \cdots \mathfrak{A}_s.$$

Die Zuordnung

$$\gamma + \mathfrak{A} \mapsto (\gamma + \mathfrak{A}_1, \ldots, \gamma + \mathfrak{A}_s)$$

definiert einen Isomorphismus von $O/\mathfrak{A}$ auf die direkte Summe $O/\mathfrak{A}_1 \oplus \cdots \oplus O/\mathfrak{A}_s$. □

Wir formulieren Satz 3.6.3 noch etwas anders und allgemeiner. Der folgende Satz wird als *starker Approximationssatz* bezeichnet (vergleiche Satz 4.1.3).

Satz 3.6.4 *Sei S eine endliche Menge von Primidealen $\neq \{0\}$ von O, sei M eine natürliche Zahl und sei für alle $\mathfrak{P} \in S$ ein $\alpha_\mathfrak{P} \in K$ fixiert.*
Dann gibt es ein $\alpha \in K$ mit

$$\begin{aligned} \nu_\mathfrak{P}(\alpha - \alpha_\mathfrak{P}) &\geq M \text{ für } \mathfrak{P} \in S \\ \nu_\mathfrak{P}(\alpha) &\geq 0 \text{ für Primideale } \mathfrak{P} \neq \{0\} \text{ mit } \mathfrak{P} \notin S. \end{aligned}$$

B e w e i s: Sei $\beta \in O$, $\beta \neq 0$, mit

$$\beta\alpha_\mathfrak{P} \in O \text{ für alle } \mathfrak{P} \in S.$$

Sei S' die Vereinigung von S mit der Menge der Primteiler von β. Wir setzen $\alpha_\mathfrak{P} := 0$ für $\mathfrak{P} \in S' - S$. Weiter sei

$$M' = \max\{M + \nu_\mathfrak{P}(\beta) \mid \mathfrak{P} \in S'\}.$$

Wir wenden Satz 3.6.3 für die Ideale $\mathfrak{P}^{M'}$, $\mathfrak{P} \in S'$ an. Danach gibt es ein $\alpha' \in O$ mit

$$\alpha' \equiv \beta \alpha_{\mathfrak{P}} \pmod{\mathfrak{P}^{M'}} \text{ für } \mathfrak{P} \in S'.$$

Es folgt

$$\nu_{\mathfrak{P}}\left(\frac{\alpha'}{\beta} - \alpha_{\mathfrak{P}}\right) \geq M' - \nu_{\mathfrak{P}}(\beta) \geq M \text{ für } \mathfrak{P} \in S'$$

und

$$\nu_{\mathfrak{P}}\left(\frac{\alpha'}{\beta}\right) \geq 0 \text{ für } \mathfrak{P} \notin S'.$$

Daher leistet $\alpha := \alpha'/\beta$ das Verlangte. $\qquad\qquad\square$

Für die weiteren Betrachtungen dieses Abschnittes beschränken wir uns auf den Fall $\Gamma = \mathbb{Z}$ und $O = O_K$ Ring der ganzen Zahlen eines algebraischen Zahlkörpers K.

Sei $\mathfrak{A}$ ein Ideal von O_K. Die Norm $N(\mathfrak{A})$ ist jetzt eine ganze nicht-negative Zahl, die Anzahl der Elemente von $O_K/\mathfrak{A}$.

Sei $\Phi(\mathfrak{A})$ die Anzahl der primen Restklassen $\mathrm{mod}\,\mathfrak{A}$ d.h. der Restklassen $\bar{\alpha} \in O_K/\mathfrak{A}$ mit g.g.T.$(\alpha, \mathfrak{A}) = O_K$. Dann gilt für alle zu $\mathfrak{A}$ primen Zahlen ρ in O_K

$$\rho^{\Phi(\mathfrak{A})} \equiv 1 \pmod{\mathfrak{A}}. \tag{3.6.1}$$

In der Tat bilden die primen Restklassen $\mathrm{mod}\,\mathfrak{A}$ die Einheitengruppe des Ringes $O_K/\mathfrak{A}$ (Satz 3.6.1). Insbesondere gilt für ein Primideal $\mathfrak{P}$ der *kleine Fermatsche Satz*:

$$\alpha^{N(\mathfrak{P})} \equiv \alpha \pmod{\mathfrak{P}} \text{ für } \alpha \in O_K. \tag{3.6.2}$$

Analog zum Fall $O_K = \mathbb{Z}$ berechnet man $\Phi(\mathfrak{A})$, wenn die Primfaktorzerlegung von $\mathfrak{A}$ gegeben ist.

Satz 3.6.5

$$\Phi(\mathfrak{A}) = N(\mathfrak{A}) \prod_{\mathfrak{P} \mid \mathfrak{A}} \left(1 - \frac{1}{N(\mathfrak{P})}\right).$$

$$\square$$

3.7 Lokalisierung

Sei S eine endliche Menge von Primidealen von O, $\{0\} \notin S$. Dann ist

$$O_S := \{\alpha \in K \mid \nu_{\mathfrak{P}}(\alpha) \geq 0 \text{ für } \mathfrak{P} \in S\}$$

ein Ring.

Satz 3.7.1 *Jedes Element α von O_S läßt sich in der Form β/γ mit $\beta, \gamma \in O$ und $\nu_{\mathfrak{P}}(\gamma) = 0$ für $\mathfrak{P} \in S$ schreiben.*

B e w e i s: Sei $\alpha O = \mathfrak{B}/\mathfrak{C}$ mit ganzen, teilerfremden Idealen $\mathfrak{B}$, $\mathfrak{C}$ von O. Dann ist $\nu_{\mathfrak{P}}(\mathfrak{C}) = o$ für $\mathfrak{P} \in S$. Daher gibt es nach Satz 3.3.4 ein $\gamma \in \mathfrak{C}$ mit $\nu_{\mathfrak{P}}(\gamma) = 0$ für $\mathfrak{P} \in S$. Es folgt, daß $\beta := \alpha\gamma$ in O liegt, und β, γ leisten das Verlangte. $\qquad\square$

Satz 3.7.2 *O_S ist ein Hauptidealring. Die von $\{0\}$ verschiedenen Primideale von O_S stehen in eineindeutiger Beziehung zu den Primidealen aus S. Dem Primideal $\mathfrak{P}$ aus S entspricht das Primideal $\mathfrak{P}O_S$ von O_S.*

B e w e i s: Wir zeigen zunächst, daß O_S ein Hauptidealring ist. Sei $\mathfrak{A}$ ein von $\{0\}$ verschiedenes Ideal von O_S und $\alpha \in \mathfrak{A}$. Dann gibt es nach Satz 3.7.1 Elemente $\beta, \gamma \in O$ mit $\alpha = \beta/\gamma$ und $\nu_{\mathfrak{P}}(\gamma) = 0$ für $\mathfrak{P} \in S$. Da γ eine Einheit in O_S ist, folgt, daß $\mathfrak{A}$ von der Teilmenge $\mathfrak{A}' := \mathfrak{A} \cap O$ erzeugt wird. $\mathfrak{A}'$ ist ein von $\{0\}$ verschiedenes Ideal von O. Nach Satz 3.3.4 gibt es ein α' in $\mathfrak{A}'$ mit $\nu_{\mathfrak{P}}(\alpha') = \nu_{\mathfrak{P}}(\mathfrak{A}')$ für $\mathfrak{P} \in S$. Es gilt

$$\nu_{\mathfrak{P}}(\alpha/\alpha') = \nu_{\mathfrak{P}}(\beta/\alpha'\gamma) = \nu_{\mathfrak{P}}(\beta) - \nu_{\mathfrak{P}}(\alpha') \text{ für } \mathfrak{P} \in S.$$

Wegen $\beta \in \mathfrak{A}'$ folgt $\nu_{\mathfrak{P}}(\beta) \geq \nu_{\mathfrak{P}}(\alpha')$ und daher $\nu_{\mathfrak{P}}(\alpha/\alpha') \geq 0$ für $\mathfrak{P} \in S$. Das bedeutet $\alpha/\alpha' \in O_S$ und folglich $\mathfrak{A} = \alpha'O_S$.

Sei jetzt $\mathfrak{Q}$ ein Primideal von O_S. Dann entspricht $\mathfrak{Q}$ ein Ideal $\mathfrak{P} := \mathfrak{Q} \cap O$ von O. Dieses Ideal ist wieder ein Primideal. In der Tat ist $\mathfrak{Q} \cap O$ der Kern der Projektion $O \to O_S/\mathfrak{Q}$ (siehe 3.11). Weiter gehört $\mathfrak{P}$ zu S, denn wenn das nicht der Fall ist, gibt es nach dem Chinesischen Restklassensatz (Satz 3.6.3) ein $\theta \in O$ mit $\nu_{\mathfrak{P}}(\theta) > 0$ und $\nu_{\mathfrak{P}'}(\theta) = 0$ für alle $\mathfrak{P}' \in S$. Es folgt

$$\mathfrak{Q} \supseteq \theta O_S = O_S$$

im Widerspruch zu der Voraussetzung, daß $\mathfrak{Q}$ ein Primideal ist.

Schließlich gewinnen wir wegen Satz 3.7.1 das Primideal $\mathfrak{Q}$ aus $\mathfrak{P} = \mathfrak{Q} \cap O$ wieder zurück in der Form $\mathfrak{Q} = \mathfrak{P}O_S$. Daraus folgt die Behauptung. $\qquad\square$

Jede Klasse von $O_S/\mathfrak{Q}$ wird durch ein Element aus O repräsentiert. In der Tat sei $\alpha \in O_S$ mit $\alpha = \beta/\gamma$, $\beta, \gamma \in O$, $\nu_{\mathfrak{P}}(\gamma) = 0$. Dann ist $\gamma O + \mathfrak{P} = O$, d.h. es gibt ein $\delta \in O$ und ein $\pi \in \mathfrak{P}$ mit

$$\gamma\delta + \pi = 1.$$

Dann ist

$$\frac{\beta}{\gamma} - \delta\beta = \frac{\beta}{\gamma}(1 - \delta\gamma) = \frac{\beta\pi}{\gamma} \in \mathfrak{Q}.$$

Die Klasse von $\beta/\gamma \pmod{\mathfrak{Q}}$ wird also durch $\delta\beta \in O$ repräsentiert. Damit ist der folgende Satz bewiesen:

Satz 3.7.3 *Sei $\mathfrak{Q}$ ein Primideal von O_S und $\mathfrak{P} := \mathfrak{Q} \cap O$ das entsprechende Primideal in O. Dann ist die durch $O \subseteq O_S$ induzierte Abbildung*

$$O/\mathfrak{P} \to O_S/\mathfrak{Q}$$

ein Isomorphismus von $O/\mathfrak{P}$ auf $O_S/\mathfrak{Q}$. $\qquad\square$

Der Übergang von O zu O_S wird als *Semilokalisierung* bezeichnet. Er erlaubt, Fragen, die nur eine endliche Zahl von Primidealen betreffen, im Rahmen der Theorie der Hauptidealringe zu behandeln. Wenn S nur aus einem Primideal $\mathfrak{P}$ besteht, spricht man von *Lokalisierung in* $\mathfrak{P}$ und schreibt $O_{\mathfrak{P}}$ statt O_S.

Wir betrachten jetzt noch den Spezialfall, daß O gleich der ganzen Abschließung eines Hauptidealringes Γ in der endlichen separablen Erweiterung K von P, dem Quotientenkörper von Γ, ist. Wir fixieren eine Menge $\mathfrak{S}$ von Primidealen $\mathfrak{p}$ von Γ und nehmen für S die Menge der Primteiler $\mathfrak{P}$ in O von Primidealen $\mathfrak{p}$ mit $\mathfrak{p} \in \mathfrak{S}$.

Satz 3.7.4

$$O_S = \{\beta/b \mid \beta \in O, b \in \Gamma, \nu_{\mathfrak{p}}(b) = 0 \text{ \textit{für} } \mathfrak{p} \in \mathfrak{S}\}. \tag{3.7.1}$$

B e w e i s: Es ist klar, daß jedes β/b der Form (3.7.1) in O_S liegt. Sei andererseits $\alpha \in O_S$, also $\alpha = \beta/\gamma$ mit $\beta, \gamma \in O$ und $\nu_{\mathfrak{P}}(\gamma) = 0$ für $\mathfrak{P} \in S$. Dann ist $N(\gamma)/\gamma \in O$ nach Satz 3.5.5, und $N(\gamma)$ ist prim zu $\mathfrak{p} \in \mathfrak{S}$ wegen (3.5.2) und weil in γ kein Primteiler von S aufgeht. Es folgt, daß $\alpha = \beta \cdot (N(\gamma)/\gamma)/N(\gamma)$ von der Form (3.7.1) ist. $\qquad\qquad\qquad\Box$

Satz 3.7.5 *O_S ist die ganze Abschließung von $\Gamma_{\mathfrak{S}}$ in K.*

B e w e i s: Wir bezeichnen die ganze Abschließung von $\Gamma_{\mathfrak{S}}$ in K mit $O_{\mathfrak{S}}$. Da O_S als Hauptidealring ganz abgeschlossen ist (Satz 3.4.1) und $\Gamma_{\mathfrak{S}}$ enthält, ist $O_{\mathfrak{S}}$ in O_S enthalten. Andererseits folgt aus Satz 3.7.4 unmittelbar, daß O_S in $O_{\mathfrak{S}}$ enthalten ist. $\qquad\qquad\qquad\Box$

Satz 3.7.6

$$\Delta(O_S) = \Delta(O)\Gamma_{\mathfrak{S}}.$$

B e w e i s: Sei $\omega_1, \ldots, \omega_n$ eine Basis von O als Γ-Modul. Nach Satz 3.7.4 ist $\omega_1, \ldots, \omega_n$ auch eine Basis von O_S als $\Gamma_{\mathfrak{S}}$-Modul. Daraus folgt die Behauptung. $\quad\Box$

3.8 Die Zerlegung eines Primideals in einer endlichen separablen Erweiterung

Wir betrachten die Situation, daß O die ganze Abschließung des Hauptidealringes Γ in einer endlichen separablen Erweiterung K des Quotientenkörpers P von Γ ist.

Wir wollen die Primidealzerlegung

$$pO = \mathfrak{P}_1^{e_1} \cdots \mathfrak{P}_g^{e_g}$$

für ein Primelement p aus Γ genauer betrachten.

Da K/P nach Voraussetzung eine endliche separable Erweiterung ist, gibt es nach dem Satz vom primitiven Element ([Ku], Theorem 12.5) ein $\alpha \in K$ mit $K = P(\alpha)$. Durch Multiplikation von α mit einem passenden Element $m \neq 0$ von Γ wird $m\alpha$ ganz. Wir können daher annehmen, daß α aus O ist. Sei

$$f_\alpha(x) = x^n + a_1 x^{n-1} + \cdots + a_n$$

das Minimalpolynom von α über P. Nach Satz 2.3.8 liegen die Koeffizienten $a_1, \ldots, a_n$ in Γ und n ist gleich dem Grad von K über P.

Wir betrachten die Reduktion $\bar{f}_\alpha$ von $f_\alpha \bmod p$:

$$\bar{f}_\alpha(x) := x^n + \bar{a}_1 x^{n-1} + \ldots + \bar{a}_n$$

mit

$$\bar{a}_i = a_i + p\Gamma, \quad i = 1, \ldots, n.$$

Satz 3.8.1 *$\bar{f}_\alpha$ zerfällt genau dann in paarweise verschiedene irreduzible Faktoren $\bar{f}_1, \ldots, \bar{f}_g$, wenn p kein Teiler der Diskriminante $\Delta(1, \alpha, \ldots, \alpha^{n-1}) = \Delta(\alpha)$ ist.*

Bemerkung: $\Delta(\alpha)$ ist die Diskriminante von f_α (Anh. B). $\square$
B e w e i s von Satz 3.8.1: Das Polynom $\bar{f}_\alpha(x) \in \Gamma/p\Gamma[x]$ hat die Diskriminante $\overline{\Delta(\alpha)}$. Ein Polynom hat genau dann einen mehrfachen irreduziblen Faktor, wenn seine Diskriminante verschwindet. $\square$

Nach (2.4.2) ist $\Delta(O)$ ein Teiler von $\Delta(\alpha)$.

Satz 3.8.2 *Sei p kein Teiler von $\Delta(\alpha)\Delta(O)^{-1}$ und sei*

$$\bar{f}_\alpha = \bar{f}_1^{e_1} \cdots \bar{f}_g^{e_g} \tag{3.8.1}$$

die Zerlegung von $\bar{f}_\alpha$ in irreduzible Faktoren von $\Gamma/p\Gamma[x]$. Dann hat p die Zerlegung

$$pO = \mathfrak{P}_1^{e_1} \cdots \mathfrak{P}_g^{e_g}$$

mit den paarweise verschiedenen Primidealen

$$\mathfrak{P}_i := (p, f_i(\alpha))O, \ i = 1, \ldots, g,$$

wobei $f_i(x)$ ein beliebiger Vertreter von $\bar{f}_i(x)$ in $\Gamma[x]$ ist.

B e w e i s: Wir zeigen zunächst, daß $\mathfrak{P}_i$ ein Primideal von K ist. Dazu benutzen wir die in Abschnitt 3.7 eingeführte Lokalisierung. Sei S die Menge der Primteiler von p in O. Nach Satz 3.7.5 ist O_S die ganze Abschließung von $\Gamma_{(p)} := \Gamma_{p\Gamma}$ in K. Nach Voraussetzung ist $\Delta(\alpha)\Gamma_{(p)}$ die Diskriminante von O_S. Nach Abschnitt 2.4 und Satz 3.7.6 ist daher $1, \alpha, \ldots, \alpha^{n-1}$ eine Basis von O_S als $\Gamma_{(p)}$-Modul.

Zur Abkürzung führen wir die Bezeichnung $\mathfrak{k} := \Gamma_{(p)}/p\Gamma_{(p)}$ ein. Sei $\mathfrak{P}_i' = \mathfrak{P}_i O_S$. Wir definieren einen Homomorphismus

$$\Phi_i : \mathfrak{k}[x] \to O_S/\mathfrak{P}_i'$$

wie folgt. Sei $\varphi(x) \in \mathfrak{k}[x]$ und $\tilde{\varphi}(x) \in \Gamma_{(p)}[x]$ mit $\varphi(x) = \tilde{\varphi}(x) \pmod{p}$. Dann setzen wir

$$\Phi_i(\varphi(x)) = \tilde{\varphi}(\alpha) + \mathfrak{P}_i'.$$

Φ_i ist wohldefiniert, d.h. hängt nicht von der Wahl von $\tilde{\varphi}(x)$ bei gegebenen $\varphi(x)$ ab, und ist ein surjektiver Homomorphismus wegen $O_S = \Gamma_{(p)}[\alpha]$. Der Kern von Φ_i besteht aus allen Polynomen $\varphi(x)$ mit $\tilde{\varphi}(\alpha) \in \mathfrak{P}'_i$, d.h.

$$\tilde{\varphi}(\alpha) = pg(\alpha) + f_i(\alpha)h(\alpha)$$

mit $g(x), h(x) \in \Gamma_{(p)}[x]$. Es folgt

$$\tilde{\varphi}(x) = pg(x) + f_i(x)h(x) + f_\alpha(x)k(x)$$

mit $k(x) \in P[x]$. Wegen Satz A.6.2 liegt $k(x)$ sogar in $\Gamma_{(p)}[x]$. Es folgt

$$\varphi(x) = \bar{f}_i(x)\bar{h}(x) + \bar{f}_\alpha(x)\bar{k}(x),$$

daher ist der Kern von Φ_i gleich $\bar{f}_i(x)\mathfrak{k}[x]$. Da $\bar{f}_i(x)$ nach Voraussetzung irreduzibel ist, folgt, daß

$$O_S/\mathfrak{P}'_i \cong \mathfrak{k}[x]/\bar{f}_i(x)\mathfrak{k}[x] \tag{3.8.2}$$

ein Körper und damit $\mathfrak{P}'_i$ ein Primideal ist. Nach Satz 3.7.2 ist dann auch $\mathfrak{P}_i$ ein Primideal.

Wir zeigen jetzt, daß die Ideale $\mathfrak{P}_1, \dots, \mathfrak{P}_g$ paarweise verschieden sind. Angenommen, $\mathfrak{P}_i = \mathfrak{P}_j$ mit $i \neq j$. Da die Polynome $\bar{f}_i(x)$ und $\bar{f}_j(x)$ nach Voraussetzung teilerfremd sind, gibt es Polynome $h(x), h_i(x), h_j(x)$ in $\Gamma[x]$ mit

$$1 + ph(x) = f_i(x)h_i(x) + f_j(x)h_j(x).$$

Hieraus folgt durch Einsetzen von α für x, daß 1 in $\mathfrak{P}_i$ liegt. Dieser Widerspruch zeigt, daß die Primideale $\mathfrak{P}_1, \dots, \mathfrak{P}_g$ paarweise verschieden sind.

Wegen

$$f_1(x)^{e_1} \cdots f_g(x)^{e_g} - f_\alpha(x) \in p\Gamma[x]$$

gilt

$$\mathfrak{P}_1^{e_1} \cdots \mathfrak{P}_g^{e_g} \subseteq pO,$$

also $\nu_{\mathfrak{P}_i}(p) \leq e_i$. Andererseits ist wegen (3.8.1)

$$f_1 e_1 + \cdots + f_g e_g = n,$$

wobei f_i den Grad von $f_i(x)$ bezeichnet, der gleich dem Trägheitsgrad von $\mathfrak{P}_i$ ist. Durch Vergleich mit (3.5.3) erhält man $\nu_{\mathfrak{P}_i}(p) = e_i$. $\qquad\square$

Aus Satz 3.8.2 kann man die interessante Folgerung ziehen, daß es immer nur endlich viele verzweigte Primideale gibt. Diese Aussage werden wir in Satz 3.12.11 verschärfen.

Ein Primideal $p\Gamma$ mit $p|\Delta(\alpha)\Delta(O)^{-1}$ für alle $\alpha \in O$ heißt *außerwesentlich* (3.12). Auf solche Primideale läßt sich Satz 3.8.2 also nicht anwenden. Um die Zerlegung eines außerwesentlichen Primideals $\mathfrak{p}$ in einer endlichen Erweiterung zu bestimmen, kann man zur $\mathfrak{p}$-adischen Vervollständigung übergehen (4.8).

Als Beispiel für die Primidealzerlegung betrachten wir jetzt quadratische Zahlkörper $K = \mathbb{Q}(\sqrt{d})$, wobei wir die Bezeichnungen von Abschnitt 2.5 verwenden.

Wegen (3.5.3) gibt es für die Primidealzerlegung einer Primzahl p in O_K die drei Möglichkeiten $pO_K = \mathfrak{P}_1\mathfrak{P}_2$ mit $\mathfrak{P}_1 \neq \mathfrak{P}_2$, $pO_K = \mathfrak{P}$ und $pO_K = \mathfrak{P}^2$. Im ersten Fall heißt p *zerlegt*, im zweiten Fall *träge* und im dritten Fall *verzweigt*. Der folgende Satz gibt Auskunft darüber, welcher dieser Fälle für eine Primzahl p eintritt.

Satz 3.8.3 *Sei d_K die Diskriminante von O_K (Abschnitt 2.5). Für $d \equiv 1 \pmod{4}$ ist $d_K = d$ und für $d \equiv 2,3 \pmod{4}$ ist $d_K = 4d$.*

(i) p ist genau dann verzweigt, wenn p ein Teiler von d_K ist.

(ii) Sei $p \nmid d_K$ und $p \neq 2$. Dann ist p zerlegt oder träge je nachdem, ob das Legendre-Symbol $\left(\frac{d_K}{p}\right)$ gleich 1 oder gleich -1 ist (Abschnitt 1.11).

(iii) Sei $p \nmid d_K$ und $p = 2$. Dann ist p zerlegt oder träge, je nachdem, ob $d_K \equiv 1 \pmod{8}$ oder $d_K \equiv 5 \pmod{8}$ ist.

B e w e i s : Für $p|d_K$ gilt $p|d$ oder $p = 2$ und $d \equiv 3 \pmod{4}$. Im ersten Fall ist

$$pO_K = (p, \sqrt{d})^2 O_K.$$

Im zweiten Fall ist

$$2O_K = (2, 1 + \sqrt{d})^2 O_K.$$

Für $p \nmid d_K$ und $p \neq 2$ wenden wir die Sätze 3.8.1 und 3.8.2 auf $\alpha = \sqrt{d}$ an. Die Kongruenz $x^2 \equiv d \pmod{p}$ hat genau dann eine Lösung, wenn $\left(\frac{d_K}{p}\right) = 1$ ist.

Für $p = 2$ und $p \nmid d_K$ wenden wir die Sätze 3.8.1 und 3.8.2 auf $\alpha = (1 + \sqrt{d})/2$ an. Dann ist $f_\alpha(x) = x^2 - x + (1-d)/4$ und $f_\alpha(x) \pmod{2}$ hat eine Nullstelle genau dann, wenn $(1-d)/4 \equiv 0 \pmod{2}$, d.h. $d \equiv 1 \pmod{8}$ ist. $\quad\square$

Als Ergänzung zu Satz 3.8.3 haben wir den folgenden

Satz 3.8.4 *Das Zerlegungsverhalten einer Primzahl p in dem quadratischen Zahlkörper K hängt nur von der Restklasse von $p \pmod{d_K}$ ab.*

B e w e i s : Dies ist eine leichte Folgerung aus Satz 1.6.13. $\quad\square$

3.9 Die Klassengruppe eines algebraischen Zahlkörpers

In den Abschnitten 2.7 und 2.13 haben wir die Anzahl der Klassen von vollständigen Moduln, die zu einer Ordnung eines algebraischen Zahlkörpers K gehören, betrachtet. Wir kommen jetzt darauf zurück, schränken uns aber auf die Hauptordnung O_K ein. In diesem Fall bilden die von $\{0\}$ verschiedenen vollständigen O_K-Moduln, d.h. die gebrochenen Ideale von O_K, eine Gruppe bezüglich der Idealmultiplikation (Satz 3.3.1). Im Falle eines algebraischen Zahlkörpers K bezeichnen wir diese Gruppe mit I_K. Die Hauptideale αO_K mit $\alpha \in K^\times$ bilden eine Untergruppe $(K^\times)$ von I_K. Die Faktorgruppe $\mathrm{Cl}(K) := I_K/(K^\times)$ heißt *Klassengruppe* von K. Nach Satz 2.7.1 ist

$\mathrm{Cl}(K)$ eine endliche Gruppe. Ihre Ordnung wird mit h_K bezeichnet und heißt *Klassenzahl* von K. Für $h_K = 1$ ist O_K ein Hauptidealring. Im allgemeinen mißt die Klassengruppe den Abstand von O_K davon, ein Hauptidealring zu sein. Kummer [Ku1850] zeigte die Bedeutung der Klassengruppe eines Kreisteilungskörpers $\mathbb{Q}(\zeta_p)$ (siehe 6.4) für den Beweis der Fermatschen Vermutung und fand tiefliegende Ergebnisse über die Struktur von $\mathrm{Cl}(\mathbb{Q}(\zeta_p))$. Er bewies, daß die Fermatsche Vermutung richtig ist (Abschnitt 1.3), wenn p kein Teiler von $h_{\mathbb{Q}(\zeta_p)}$ ist und gab ein Kriterium dafür an, wann dieses der Fall ist. Z.B. gibt es für $p < 100$ nur die drei Primzahlen 37, 59 und 67, für die $p \mid h_{\mathbb{Q}(\zeta_p)}$ gilt.

Auch Ergebnisse von Gauß [Ga1801] über das Geschlecht quadratischer Formen können als Ergebnisse über die Klassengruppe quadratischer Zahlkörper verstanden werden. Wir kommen darauf in Kapitel 10 zurück.

Beginnend mit diesen klassischen Ergebnissen, ist die Klassengruppe eines algebraischen Zahlkörpers bis heute ein faszinierendes Forschungsthema geblieben. Von den Ergebnissen können wir in diesem Buch nur einen sehr geringen Teil darstellen.

In diesem Abschnitt beschränken wir uns darauf, den Minkowskischen Satz 2.13.6 für den Fall der Hauptordnung auszuwerten und in einigen einfachen Fällen auf die Berechnung der Klassengruppe anzuwenden.

Satz 3.9.1 *Sei K ein algebraischer Zahlkörper mit r_1 reellen und r_2 Paaren komplex-konjugierter Einbettungen in $\mathbb{C}$, und sei O_K die Hauptordnung von K. In jeder Idealklasse von O_K gibt es ein ganzes Ideal $\mathfrak{A}$ mit*

$$N(\mathfrak{A}) \leq \left(\frac{4}{\pi}\right)^{r_2} \frac{n!}{n^n} \sqrt{|d_K|}. \tag{3.9.1}$$

B e w e i s: Sei $\mathfrak{B}$ ein von $\{0\}$ verschiedenes ganzes Ideal von O_K. Nach Satz 2.13.4 gibt es in $\mathfrak{B}$ eine Zahl $\alpha \neq 0$ mit

$$|N(\alpha)| \leq \left(\frac{4}{\pi}\right)^{r_2} \frac{n!}{n^n} \sqrt{|\Delta(\mathfrak{B})|}. \tag{3.9.2}$$

Nach der Definition der Norm ist

$$N(\mathfrak{B}) = [O_K : \mathfrak{B}].$$

Nach (2.4.2) folgt daher aus (3.9.2)

$$|N(\alpha)| N(\mathfrak{B})^{-1} \leq \left(\frac{4}{\pi}\right)^{r_2} \frac{n!}{n^n} \sqrt{|d_K|}.$$

Das Ideal $\mathfrak{A} := \alpha \mathfrak{B}^{-1}$ leistet daher das Verlangte für die Idealklasse von $\mathfrak{B}^{-1}$. $\qquad \square$

Um Satz 3.9.1 auf die Bestimmung der Klassengruppe anzuwenden, hat man erstens alle ganzen Ideale $\mathfrak{A}$ von K mit (3.9.1) aufzustellen und zweitens in Klassen nichtäquivalenter Ideale einzuteilen.

Die erste Aufgabe läßt sich im allgemeinen, d.h. wenn keine außerwesentlichen Diskriminantenprimteiler auftreten, unter Benutzung von Satz 3.8.2 lösen. Man sucht zunächst die Primideale mit (3.9.1) auf und findet die übrigen Ideale $\mathfrak{A}$ mit (3.9.1) durch Produktbildung.

Die zweite Aufgabe ist wesentlich schwieriger. Um sie zu lösen, braucht man zunächst ein Verfahren, um zu entscheiden, wann ein ganzes Ideal Hauptideal ist. Eine notwendige Voraussetzung dafür ist die Lösbarkeit der Gleichung

$$N(\mathfrak{A}) = \pm N(\alpha)$$

für ein $\alpha \in O_K$, die wir in 2.14 studiert haben.

Ein algebraischer Zahlkörper K ist im allgemeinen durch das Minimalpolynom $f_\alpha(x)$ eines primitiven Elementes α von K gegeben, $K = \mathbb{Q}(\alpha)$. Wenn $f_\alpha(x)$ den Grad n hat, so gilt nach Anh. B

$$f_\alpha(0) = (-1)^n N_{K/\mathbb{Q}}(\alpha).$$

Die Zahl $\alpha - a$ für $a \in \mathbb{Q}$ hat das Minimalpolynom $f_\alpha(x + a)$. Daraus folgt die nützliche Beziehung

$$f_\alpha(a) = (-1)^n N_{K/\mathbb{Q}}(\alpha - a). \tag{3.9.3}$$

Um die Äquivalenz von Idealen $\mathfrak{A}$ und $\mathfrak{B}$ zu entscheiden, bestimme man die Ordnungen der Primideale $\mathfrak{P}$ in $\mathrm{Cl}(K)$. Sei $n(\mathfrak{P})$ die Ordnung von $\mathfrak{P}$, d.h. $\mathfrak{P}^{n(\mathfrak{P})}$ ist Hauptideal. Sei $\mathfrak{B} = \mathfrak{P}_1^{b_1} \cdots \mathfrak{P}_s^{b_s}$. O.B.d.A. können wir $b_i < n(\mathfrak{P}_i)$ voraussetzen. Dann ist die Äquivalenz von $\mathfrak{A}$ und $\mathfrak{B}$ gleichbedeutend damit, daß

$$\mathfrak{A}\mathfrak{P}_1^{n(\mathfrak{P}_1)-b_1} \cdots \mathfrak{P}_s^{n(\mathfrak{P}_s)-b_s}$$

Hauptideal ist.

Als Beispiel für die Anwendung von Satz 3.9.1 betrachten wir zunächst imaginär-quadratische Zahlkörper $K = \mathbb{Q}(\sqrt{-d})$. Dann ist $r_2 = 1$ und

$$\left(\frac{4}{\pi}\right)^{r_2} \frac{n!}{n^n} = \frac{2}{\pi} \sim 0.637.$$

Wir betrachten die Diskriminanten

$$d_K = -3, -4, -7, -8, -11, -15, -19, -20, -23, -24, -47.$$

Für $|d_K| \leq 11$ gilt

$$N(\mathfrak{A}) < 2,$$

und daher ist die Klassenzahl gleich 1.

Für $|d_K| \leq 20$ gilt

$$N(\mathfrak{A}) < 3.$$

Man hat daher für die Diskriminanten $-15, -19, -20$ die Klassen von ganzen Idealen $\mathfrak{A}$ mit $N(\mathfrak{A}) \leq 2$ zu betrachten:

Für $d_K = -15$ ist 2 nach Satz 3.8.3 zerlegt in $\mathfrak{P}_2\mathfrak{P}_2'$. Jedes $\alpha \in O_K$ hat die Form $\alpha = (x + y\sqrt{-15})/2$ mit $x, y \in \mathbb{Z}$, $x \equiv y \pmod{2}$. Daher ist

$$N(\alpha) = \frac{1}{4}(x^2 + 15y^2).$$

Hieraus ist ersichtlich, daß $\mathfrak{P}_2$ kein Hauptideal sein kann, und man kann $\mathfrak{P}_2^2 = ((1 + \sqrt{-15})/2)O_K$, $\mathfrak{P}_2'^2 = ((1 - \sqrt{-15})/2)O_K$ setzen. Daher liegen $\mathfrak{P}_2$ und $\mathfrak{P}_2'$ in der gleichen Idealklasse:

$$\mathfrak{P}_2\mathfrak{P}_2' = 2O_K.$$

Die Klassenzahl ist gleich 2.

Für $d_K = -19$ ist 2 träge und daher $h_K = 1$.

Für $d_k = -20$ ist 2 verzweigt: $2O_K = \mathfrak{P}_2^2$. $\alpha \in O_K$ hat die Form $\alpha = x + y\sqrt{-5}$, $x, y \in \mathbb{Z}$, also $N(\alpha) = x^2 + 5y^2$. Hieraus ist ersichtlich, daß $\mathfrak{P}_2$ kein Hauptideal ist, $h_K = 2$.

Für $d_K = -23$ haben wir die Ideale $\mathfrak{A}$ mit $N(\mathfrak{A}) \leq 3$ zu berücksichtigen. Wir haben $2O_K = \mathfrak{P}_2\mathfrak{P}_2'$ und $3O_K = \mathfrak{P}_3\mathfrak{P}_3'$.

$N(\alpha) = (x^2 + 23y^2)/4$ mit $x, y \in \mathbb{Z}$, $x \equiv y \pmod 2$. $\mathfrak{P}_2$ ist kein Hauptideal und wir können

$$\mathfrak{P}_2^3 = \left(\frac{1}{2}(3 + \sqrt{-23})\right)O_K, \qquad \mathfrak{P}_2'^3 = \left(\frac{1}{2}(3 - \sqrt{-23})\right)O_K$$

$$\mathfrak{P}_2\mathfrak{P}_3 = \left(\frac{1}{2}(1 + \sqrt{-23})\right)O_K, \qquad \mathfrak{P}_2'\mathfrak{P}_3' = \left(\frac{1}{2}(1 - \sqrt{-23})\right)O_K$$

setzen. Es folgt, daß auch $\mathfrak{P}_2^2$ kein Hauptideal ist und daß sich die Idealklassen von $\mathfrak{P}_2', \mathfrak{P}_3, \mathfrak{P}_3'$ durch diejenigen von $\mathfrak{P}_2$ und $\mathfrak{P}_2^2$ ausdrücken lassen, d.h. $h_K = 3$.

Für $d_K = -24$ haben wir Ideale $\mathfrak{A}$ mit $N(\mathfrak{A}) \leq 3$ zu berücksichtigen. 2 und 3 sind verzweigt und $\alpha \in O_K$ hat die Darstellung $\alpha = x + y\sqrt{-6}$, also $N(\alpha) = x^2 + 6y^2$. Es folgt $2O_K = \mathfrak{P}_2^2$, $3O_K = \mathfrak{P}_3^2$, $\mathfrak{P}_2\mathfrak{P}_3 = \sqrt{-6}O_K$. Da $\mathfrak{P}_2$ kein Hauptideal ist, gilt $h_K = 2$.

Die folgenden Diskriminanten d_K mit $|d_K| \leq 43$ lassen sich mit ähnlichem Aufwand behandeln. Wir betrachten nur noch $d_K = -47$, der erste Fall mit $h_K = 5$: Jetzt haben wir die Ideale $\mathfrak{A}$ mit $N(\mathfrak{A}) \leq 4$ zu berücksichtigen. Wir haben $2O_K = \mathfrak{P}_2\mathfrak{P}_2'$, $3O_K = \mathfrak{P}_3\mathfrak{P}_3'$, $N(\alpha) = (x^2 + 47y^2)/4$ mit $x, y \in \mathbb{Z}$, $x \equiv y \pmod 2$. $\mathfrak{P}_2$ ist kein Hauptideal, aber $\mathfrak{P}_2^5 = (9 + \sqrt{-47})/2$. Daher ist die Klassenzahl größer als 1 und durch 5 teilbar. Andererseits gibt es nur die folgenden 8 ganzen Ideale $\mathfrak{A}$ mit $N(\mathfrak{A}) \leq 4$:

$$O_K, \mathfrak{P}_2, \mathfrak{P}_2', \mathfrak{P}_3, \mathfrak{P}_3', \mathfrak{P}_2^2, \mathfrak{P}_2'^2, \mathfrak{P}_2\mathfrak{P}_2'.$$

Daher gilt $h_K \leq 8$, d.h. $h_K = 5$.

Jetzt betrachten wir einige reell-quadratische Zahlkörper. Dann ist $r_2 = 0$ und in jeder Idealklasse liegt ein ganzes Ideal $\mathfrak{A}$ mit $N(\mathfrak{A}) \leq \sqrt{d_K}/2$.

Für $d_K = 5, 8, 12, 13$ ist $N(\mathfrak{A}) < 2$ und daher $h_K = 1$.

Für $d_K \leq 33$ haben wir die Ideale $\mathfrak{A}$ mit $N(\mathfrak{A}) \leq 2$ zu berücksichtigen.

Für $d_K = 17$ gilt $2O_K = \mathfrak{P}_2\mathfrak{P}_2'$ und $\alpha \in O_K$ hat eine Darstellung $\alpha = (x + y\sqrt{17})/2$ mit $x, y \in \mathbb{Z}$ und $x \equiv y \pmod 2$, also $N(\alpha) = (x^2 - 17y^2)/4$. Wir können $\mathfrak{P}_2 = ((3 + \sqrt{17})/2)O_K$, $\mathfrak{P}_2' = ((3 - \sqrt{17})/2)O_K$ setzen. Es folgt $h_K = 1$.

Für $d_K = 21$ ist 2 träge, also $h_K = 1$.

Für $d_K = 28, 29, 33, 37$ findet man ebenfalls $h_K = 1$, aber für $d_K = 40$ gilt $h_K = 2$: Wir haben Ideale $\mathfrak{A}$ mit $N(\mathfrak{A}) \leq 3$ zu berücksichtigen. Es gilt $2O_K = \mathfrak{P}_2^2$, $3O_K = \mathfrak{P}_3\mathfrak{P}_3'$, $N(\alpha) = x^2 - 10y^2$ mit $x, y \in \mathbb{Z}$. Daher kann $\mathfrak{P}_2\mathfrak{P}_3 = (2 + \sqrt{10})O_K$, $\mathfrak{P}_2\mathfrak{P}_3' = (2 - \sqrt{10})O_K$ gesetzt werden. Es folgt, daß $\mathfrak{P}_2, \mathfrak{P}_3$ und $\mathfrak{P}_3'$ in der gleichen Idealklasse liegen. Andererseits ist $\mathfrak{P}_2$ kein Hauptideal, denn die Gleichung

$$\pm 2 = x^2 - 10y^2$$

hat keine ganzzahlige Lösung. In der Tat ist ± 2 kein quadratischer Rest mod 5. Es gilt also $h_K = 2$.

Schließlich behandeln wir noch einige kubische Zahlkörper K. In diesem Fall gibt es die Möglichkeiten $r_1 = 1$ oder $r_1 = 3$.

Satz 3.9.2 *Sei K ein kubischer Zahlkörper mit r_1 reellen Einbettungen. Dann ist $r_1 = 1$ falls $d_K < 0$ und $r_1 = 3$ falls $d_K > 0$.*

B e w e i s : Sei $\alpha \in K$ eine reelle Zahl mit $K = \mathbb{Q}(\alpha)$, und seien α' und α'' die Konjugierten von α. Dann ist

$$\Delta(\alpha) = (\alpha - \alpha')^2(\alpha - \alpha'')^2(\alpha' - \alpha'')^2.$$

Für $r_1 = 1$ sind $\alpha - \alpha'$ und $\alpha - \alpha''$ komplex-konjugiert und $\alpha' - \alpha''$ ist rein imaginär. Daher gilt $\Delta(\alpha) < 0$. Für $r_1 = 3$ ist offensichtlich $\Delta(\alpha) > 0$. Wegen (2.4.1) unterscheidet sich d_K von $\Delta(\alpha)$ nur um ein reelles Quadrat. Daraus folgt die Behauptung.

$\square$

In den Beispielen 2.6.2 bis 2.6.4 hat man nach Satz 3.9.2 $r_1 = 1$. Satz 3.9.1 zeigt daher, daß man in den Beispielen 2.6.2 und 2.6.3 nur Ideale $\mathfrak{A}$ mit $N(\mathfrak{A}) = 1$ zu berücksichtigen hat, d.h. $h_K = 1$. In Beispiel 2.6.4 hat man auch Ideale mit $N(\mathfrak{A}) = 2$ zu berücksichtigen. Nach Satz 3.8.2 ist $2O_K = \mathfrak{P}_2\mathfrak{P}_2'$, wobei $\mathfrak{P}_2$ den Grad 1 und $\mathfrak{P}_2'$ den Grad 2 hat. In der Tat ist

$$x^3 + 2x + 1 \equiv (x + 1)(x^2 + x + 1) \pmod 2$$

mit mod 2 irreduziblen Polynomen $x + 1$, $x^2 + x + 1$. Andererseits ist nach (3.9.3) $N(a - \alpha) = a^3 + 2a + 1$ für $a \in \mathbb{Z}$, also $\mathfrak{P}_2 = (1 + \alpha)O_K$. Es folgt $h_K = 1$.

In Beispiel 2.6.5 hat man Ideale $\mathfrak{A}$ mit $N(\mathfrak{A}) \leq 3$ zu berücksichtigen. Man hat $2O_K = \mathfrak{P}_2\mathfrak{P}_2'$ wie in Beispiel 2.6.4, und da $x^3 - 4x + 1 \pmod 3$ irreduzibel ist, gilt $3O_K = \mathfrak{P}_3$. Wegen $\mathfrak{P}_2 = (1 - \alpha)O_K$ ist daher $h_K = 1$.

3.10 Relative Erweiterungen

Bisher hatten wir hauptsächlich die Situation vor Augen, daß der betrachtete Dedekindsche Ring O die ganze Abschließung eines Hauptidealringes Γ in einer separablen endlichen Erweiterung K des Quotientenkörpers P von Γ ist. Insbesondere haben wir die Begriffe der Idealnorm, des Verzweigungsindexes und des Trägheitsgrades in diesem Rahmen definiert. Algebraische Zahlkörper und deren Ganzheitsbereiche haben wir dementsprechend als Erweiterungen von $\mathbb{Q}$ bzw. $\mathbb{Z}$ betrachtet.

Wir gehen jetzt zu der relativen Situation über, indem wir einen Zwischenkörper F der separablen Erweiterung K/P und die ganze Abschließung $\mathfrak{o}$ von Γ in F betrachten.

$$\begin{array}{ccccc} P & \subseteq & F & \subseteq & K \\ \cup & & \cup & & \cup \\ \Gamma & \subseteq & \mathfrak{o} & \subseteq & O \end{array}$$

Bild 3.1

Dann ist O gleich der ganzen Abschließung von $\mathfrak{o}$ in K. Die Ideale von $\mathfrak{o}$ werden im folgenden mit kleinen deutschen Buchstaben bezeichnet. Jedem gebrochenen Ideal $\mathfrak{a}$ von $\mathfrak{o}$ wird das von ihm erzeugte Ideal $\mathfrak{a}O$ von O zugeordnet.

Wir denken uns Γ im folgenden fixiert, so daß der Begriff des Primideals von $\mathfrak{o}$ schon durch F bestimmt ist. Daher spricht man auch von einem Primideal von F und meint damit ein von $\{0\}$ verschiedenes Primideal von $\mathfrak{o}$. Entsprechend spricht man von der Idealklassengruppe von F, u.s.w.

Satz 3.10.1 *Die Zuordnung $\iota : \mathfrak{a} \mapsto \mathfrak{a}O$ definiert einen injektiven Homomorphismus von $I_\mathfrak{o}$ in I_O.*

B e w e i s: Es ist leicht zu sehen, daß ι ein Homomorphismus ist. Sei $\mathfrak{a}$ im Kern von ι. Dann sind $\mathfrak{a}$ und $\mathfrak{a}^{-1}$ ganz, d.h. $\mathfrak{a} = \mathfrak{o}$. $\qquad\qquad\square$

Wir definieren jetzt die Norm eines Ideals als Abbildung von I_O in $I_\mathfrak{o}$ mit Hilfe der Lokalisierung (3.7). Sei $\mathfrak{A} = \mathfrak{P}_1^{\mu_1} \cdots \mathfrak{P}_s^{\mu_s}$ ein gebrochenes Ideal in I_O. Weiter sei $\mathfrak{S}$ eine endliche Menge von Primidealen von $\mathfrak{o}$, die $\mathfrak{p}_i := \mathfrak{P}_i \cap \mathfrak{o}$, $i = 1, \ldots, s$ enthält und sei S die Menge der Primteiler in O von Primidealen in $\mathfrak{S}$. Dann ist der Hauptidealring O_S die ganze Abschließung des Hauptidealringes $\mathfrak{o}_\mathfrak{S}$ in K. Wir identifizieren die Ideale von O_S bzw. $\mathfrak{o}_\mathfrak{S}$ mit den entsprechenden Idealen von O bzw. $\mathfrak{o}$. Sei $\mathfrak{A}O_S = \alpha O_S$ und

$$N_{K/F}(\alpha)\mathfrak{o}_\mathfrak{S} = \prod_{\mathfrak{p} \in \mathfrak{S}} \mathfrak{p}^{\nu_\mathfrak{p}}. \tag{3.10.1}$$

Da in $\mathfrak{A}$ nur Primideale $\mathfrak{P}_1, \ldots, \mathfrak{P}_s$ aufgehen, kommen in (3.10.1) in der Tat nur die Primideale $\mathfrak{p}_1, \ldots, \mathfrak{p}_s$ vor.

Wir setzen

$$N_{K/F}(\mathfrak{A}) := N_{K/F}(\alpha)\mathfrak{o}_\mathfrak{S}$$

in Übereinstimmung mit der in 3.5 gegebenen Definition der Absolutnorm und können, solange wir nur Ideale und Primteiler in S betrachten, alle Sätze von Abschnitt 3.5 anwenden. Insbesondere ist nach Satz 3.1.4 und Satz 3.5.4 der durch

$$N_{K/F}(\mathfrak{P}) = \mathfrak{p}^{f_\mathfrak{P}}$$

gegebene Trägheitsgrad $f_\mathfrak{P}$ des Primideals $\mathfrak{P}$ von O_S bezüglich $\mathfrak{p} := \mathfrak{P} \cap \mathfrak{o}_\mathfrak{S}$ gleich dem Grad der Körpererweiterung von $O/\mathfrak{P}$ von $\mathfrak{o}/\mathfrak{p}$. Dadurch haben wir zusammen mit dem Produktsatz 3.5.3 eine Charakterisierung der Relativnorm, die unabhängig von der Wahl von $\mathfrak{S}$ ist.

Zusammenfassend haben wir den folgenden Satz bewiesen:

Satz 3.10.2 *Die Relativnorm $N_{K/F}$ definiert einen Homomorphismus von I_O in I_o mit den folgenden Eigenschaften:*

(i) $N_{K/F}(\alpha O) = N_{K/F}(\alpha)\mathfrak{o}$ *für $\alpha \in K^\times$.*

(ii) *Sei $\mathfrak{P}$ ein Primideal in $\mathbf{I}_O$ und $\mathfrak{p} := \mathfrak{P} \cap \mathfrak{o}$. Dann ist $N_{K/F}(\mathfrak{P}) = \mathfrak{p}^f$, wobei f gleich dem Grad von $O/\mathfrak{P}$ über $\mathfrak{o}/\mathfrak{p}$ ist. Für ganze Ideale $\mathfrak{A}$ ist auch $N_{K/F}(\mathfrak{A})$ ganz und es gilt*

$$\mathfrak{A} \mid N_{K/F}(\mathfrak{A}).$$

□

Sei $\mathfrak{p} = \mathfrak{P}_1^{e_1} \cdots \mathfrak{P}_g^{e_g}$ die Primidealzerlegung eines Primideals $\mathfrak{p}$ von $\mathfrak{o}$ in O. Wenn f_i den Trägheitsgrad von $\mathfrak{P}_i$ bezüglich $\mathfrak{p}$ bezeichnet, $i = 1, \ldots, g$, hat man wie in Abschnitt 3.5 die Formel

$$[K : F] = e_1 f_1 + \cdots + e_g f_g. \tag{3.10.2}$$

e_i heißt *Verzweigungsindex von $\mathfrak{P}_i$ über $\mathfrak{p}$* und $\mathfrak{P}_i$ heißt *verzweigt über $\mathfrak{p}$*, wenn $e_i > 1$ ist.

Der Begriff des Verzweigungsindexes ist der Theorie der Riemannschen Flächen entnommen. Wir gehen hierauf im nächsten Abschnitt ein.

Nach (3.10.2) ist die Anzahl g der Primteiler von $\mathfrak{p}$ in K kleiner oder gleich dem Grad der Körpererweiterung. Im Falle $g = [K : F]$ heißt g *voll zerlegt* .

Eine in vieler Hinsicht einfache Situation liegt vor, wenn es ein Primideal $\mathfrak{p}$ von $\mathfrak{o}$ mit einem einzigen Primteiler $\mathfrak{P}$ in O gibt, wobei der zugehörige Trägheitsgrad gleich 1 ist. In diesem Fall ist der Verzweigungsindex gleich dem Grad der Körpererweiterung K/F. Es gilt der folgende

Satz 3.10.3 *Sei $\mathfrak{P}$ ein Primideal von O, dessen Verzweigungsindex e über F gleich $[K : F]$ ist. Weiter sei π ein Element aus O mit $\nu_{\mathfrak{P}}(\pi) = 1$. Dann gilt $K = F(\pi)$ und das Minimalpolynom von π hat die Form*

$$f_\pi(x) = x^e + a_1 x^{e-1} + \cdots + a_{e-1} x + a_e$$

mit

$$\nu_{\mathfrak{p}}(a_i) \geq 1 \text{ für } i = 1, \ldots, e$$

und

$$\nu_{\mathfrak{p}}(a_e) = 1.$$

B e w e i s: Wegen $\nu_{\mathfrak{P}}(\pi) = 1$ hat $\mathfrak{P} \cap F(\pi)$ über F einen Verzweigungsindex $\geq e$. Wegen $e = [K : F]$ gilt daher $K = F(\pi)$. Sei

$$f_\pi(x) = x^e + a_1 x^{e-1} + \cdots + a_e.$$

Wegen

$$\nu_{\mathfrak{P}}(a_i \pi^{e-i}) \equiv e - i \ (\mathrm{mod}\ e),$$

sind auf der rechten Seite die Exponenten aller Summanden voneinander verschieden. Nach Satz 3.3.2 muß daher der Exponent von $-\pi^e$ gleich dem kleinsten der Exponenten der rechten Seite sein. Der Exponent von a_e ist aber der einzige unter diesen, der durch e teilbar ist. Daher gilt

$$\nu_{\mathfrak{P}}(a_e) = e$$

und

$$\nu_{\mathfrak{P}}(a_i \pi^{e-i}) \geq 2e - i,$$

also

$$\nu_{\mathfrak{P}}(a_i) \geq e \text{ für } i = 1, \dots, e - 1.$$

□

Ein Polynom

$$f(x) := x^e + a_1 x^{e-1} + \cdots + a_e$$

mit Koeffizienten in $\mathfrak{o}$, die den Bedingungen

$$\nu_{\mathfrak{p}}(a_i) \geq 1 \text{ für } i = 1, \dots, e$$

und

$$\nu_{\mathfrak{p}}(a_e) = 1$$

für ein Primideal $\mathfrak{p}$ von $\mathfrak{o}$ genügen, heißt *Eisenstein-Polynom* bezüglich $\mathfrak{p}$. Von Satz 3.10.3 gilt die folgende Umkehrung

Satz 3.10.4 *Sei $f(x)$ ein separables Polynom in $\mathfrak{o}[x]$, das ein Eisenstein-Polynom bezüglich $\mathfrak{p}$ ist, und sei π eine Nullstelle von $f(x)$ in einem Erweiterungskörper von F. Dann ist $f(x)$ irreduzibel über F und in $K := F(\pi)$ ist das von $\mathfrak{p}$ und π erzeugte Ideal ein Primideal $\mathfrak{P}$ mit $\nu_{\mathfrak{P}}(\pi) = 1$ und $\mathfrak{P}^e = \mathfrak{p}O$.*

B e w e i s: Sei $\mathfrak{P}$ ein Primteiler von $\mathfrak{p}$ in O. Dann gilt

$$e\nu_{\mathfrak{P}}(\pi) \geq \min\{\nu_{\mathfrak{P}}(a_i) + (e-i)\nu_{\mathfrak{P}}(\pi) \,|\, i = 1, \dots, e\}.$$

Es folgt $\nu_{\mathfrak{P}}(\pi) \geq 1$ und daher wie im Beweis von Satz 3.10.3

$$\nu_{\mathfrak{P}}(\mathfrak{p}) = \nu_{\mathfrak{P}}(a_e) = e\nu_{\mathfrak{P}}(\pi) \geq e.$$

Wegen $\nu_{\mathfrak{P}}(\mathfrak{p}) \leq [K : F] \leq e$ ist $\nu_{\mathfrak{P}}(\mathfrak{p}) = e$. Daher ist $f(x)$ irreduzibel über F und aus (3.10.2) folgt, daß $\mathfrak{P}$ der einzige Primteiler von $\mathfrak{p}$ in O ist. Schließlich ist das von $\mathfrak{p}$ und π erzeugte Ideal ein Teiler von $\mathfrak{p}$ und wegen $\nu_{\mathfrak{p}}(\pi) = 1$ ist dieses Ideal gleich $\mathfrak{P}$. □

Bemerkung. Die in Satz 3.10.4 ausgesprochene Bedingung für die Irreduzibilität von $f(x)$ wird als *Eisensteinsches Irreduzibilitätskriterium* bezeichnet. □

Wir betrachten jetzt einen Körperturm $F \subseteq K_1 \subseteq K_2$ von endlichen separablen Erweiterungen. Sei O_1 bzw. O_2 die ganze Abschließung von $\mathfrak{o}$ in K_1 bzw. K_2.

Satz 3.10.5 *Sei $\mathfrak{P}_2$ ein Primideal von K_2, sei $\mathfrak{P}_1 := O_1 \cap \mathfrak{P}_2$ und $\mathfrak{p} := \mathfrak{o} \cap \mathfrak{P}_2$. Dann gilt:*

(i) $N_{K_2/F}(\mathfrak{A}) = N_{K_1/F}(N_{K_2/K_1}(\mathfrak{A}))$ *für* $\mathfrak{A} \in I_O$.

(ii) *Seien* $e(K_2/F)$, $e(K_2/K_1)$ *bzw.* $e(K_1/F)$ *die Verzweigungsindices von $\mathfrak{P}_2$ über $\mathfrak{p}$, von $\mathfrak{P}_2$ über $\mathfrak{P}_1$ bzw. von $\mathfrak{P}_1$ über $\mathfrak{p}$. Dann gilt*

$$e(K_2/F) = e(K_2/K_1)e(K_1/F).$$

(iii) *Seien* $f(K_2/F)$, $f(K_2/K_1)$ *bzw.* $f(K_1/F)$ *die Trägheitsgrade von $\mathfrak{P}_2$ über $\mathfrak{p}$, von $\mathfrak{P}_2$ über $\mathfrak{P}_1$ bzw. von $\mathfrak{P}_1$ über $\mathfrak{p}$. Dann gilt*

$$f(K_2/F) = f(K_2/K_1)f(K_1/F).$$

B e w e i s: (i) folgt aus der entsprechenden Beziehung für die Elementnorm. (ii) folgt durch Zusammensetzung der Primidealzerlegung von $\mathfrak{p}$ in K_1/F und $\mathfrak{P}_1$ in K_2/K_1, und (iii) folgt auf Grund der Definition des Trägheitsgrades aus (i) und der Multiplikativität der Norm. $\square$

Wegen der Identifizierung von $\mathfrak{o}/\mathfrak{p}$ mit einem Teilkörper von $O_2/\mathfrak{P}_2$ auf Grund der durch die Einbettung $\mathfrak{o} \subseteq O_2$ gegebenen Injektion

$$\mathfrak{o}/\mathfrak{p} \to O_2/\mathfrak{P}_2$$

betrachten wir auch für jeden Zwischenkörper K_1 den zugehörigen Restklassenkörper $O_1/\mathfrak{P}_1$ als Zwischenkörper von $O_2/\mathfrak{P}_2$ über $\mathfrak{o}/\mathfrak{p}$. Hieraus ergibt sich sofort ein zweiter Beweis von (iii) aufgrund der Gradformel ([Ku], 3.11).

3.11 Geometrische Deutung

Ein Teil der in den letzten Abschnitten dargestellten Überlegungen läßt sich sehr viel allgemeiner durchführen und ist eine Grundlage der von Grothendieck geschaffenen modernen algebraischen Geometrie, welche die Theorie der algebraischen Zahlkörper, die in diesem Buch im Vordergrund steht, als Teilgebiet enthält.

Der Ausgangspunkt bei Grothendieck ist ein beliebiger kommutativer Ring Λ mit Einselement. Die Menge der Primideale von Λ wird mit $\mathrm{Spec}(\Lambda)$ bezeichnet. Sei Λ' ein weiterer kommutativer Ring mit Einselement und $\varphi : \Lambda \to \Lambda'$ ein Ringhomomorphismus. Dann gilt folgender

Satz 3.11.1 *φ induziert eine Abbildung*

$$\varphi^* : \mathrm{Spec}(\Lambda') \to \mathrm{Spec}(\Lambda).$$

die durch

$$\varphi^*(\mathfrak{P}) = \varphi^{-1}(\mathfrak{P})$$

gegeben ist.

B e w e i s: Wir haben zu zeigen, daß $\varphi^{-1}(\mathfrak{P})$ ein Primideal von Λ ist. Wie oben ist $\varphi^{-1}(\mathfrak{P})$ der Kern der Projektion $\Lambda \to \Lambda'/\mathfrak{P}$. Mit $\Lambda'/\mathfrak{P}$ ist daher auch $\Lambda/\varphi^{-1}(\mathfrak{P})$ Integritätsbereich, d.h. $\varphi^{-1}(\mathfrak{P})$ ist ein Primideal von Λ. $\qquad\square$

Spec(Λ) wird als eine „affine Punktmenge" betrachtet. Spec(Λ) ist im Fall der klassischen Algebraischen Geometrie in der Tat eine affine Mannigfaltigkeit. Sei als einfaches Beispiel $\Lambda := \mathbb{C}[z]$ der Polynomring über dem Körper $\mathbb{C}$ der komplexen Zahlen. Da $\mathbb{C}[z]$ ein Hauptidealring ist, entsprechen die von $\{0\}$ verschiedenen Primideale eineindeutig den normierten irreduziblen Polynomen $z - a$ mit $a \in \mathbb{C}$. Spec(Λ) besteht daher in diesem Fall aus der komplexen Geraden und einem Extrapunkt $\{0\}$, der als „allgemeiner Punkt" bezeichnet wird.

Jetzt betrachten wir die Erweiterung $\mathbb{C}(w)/\mathbb{C}(z)$ mit $w^2 = z$. Die ganze Abschließung von $\mathbb{C}[z]$ in $\mathbb{C}(w)$ ist $\mathbb{C}[w]$. Im Sinne der Abbildung

$$\mathrm{Spec}(\mathbb{C}[w]) \to \mathrm{Spec}(\mathbb{C}[z])$$

entsprechen jedem Punkt a von Spec($\mathbb{C}[z]$) zwei Punkte $\sqrt{a}, -\sqrt{a}$ von Spec($\mathbb{C}[w]$) außer für $a = 0$, wo wir nur den Punkt 0 in Spec($\mathbb{C}[w]$) haben, der auf den Punkt 0 von Spec($\mathbb{C}[z]$) abgebildet wird. Man sagt, daß die *„Fläche"* Spec($\mathbb{C}[w]$) die Fläche Spec($\mathbb{C}[z]$) *zweiblättrig* mit dem einzigen *Verzweigungspunkt* 0 *überlagert*. Betreffs der Primidealzerlegung von $(z - a)\mathbb{C}[z]$ gilt entsprechend

$$(z - a)\mathbb{C}[w] = (w - \sqrt{a})\mathbb{C}[w](w + \sqrt{a})\mathbb{C}[w].$$

Ein von 1 verschiedener Verzweigungsindex tritt nur für $a = 0$ auf.

Wir sehen hier, daß dem Verzweigungsindex 2 für das Ideal $z\mathbb{C}[z]$ eine geometrische Verzweigung der Überlagerungsflächen entspricht. Dies erklärt die Herkunft des Begriffes „verzweigtes Primideal".

Dem Leser mag dieses Beispiel trivial erscheinen. Wir werden jedoch in Verallgemeinerung dieses Beispiels in Kapitel 5 zeigen, wie man die Funktionentheorie auf geschlossenen Riemannschen Flächen im Rahmen unseres Aufbaus darstellen kann.

3.12   Differente und Diskriminante

In 3.8 haben wir gesehen, daß es in einem algebraischen Zahlkörper immer nur endlich viele verzweigte Primideale gibt. Dedekind [De1882] hat eine genauere Beschreibung dieses Sachverhaltes gegeben und dazu die Begriffe Differente und Diskriminante für relative Erweiterungen eingeführt. Wir stellen seine Ergebnisse in diesem Abschnitt dar, wobei die Bezeichnungen des Abschnittes 3.10 verwendet werden.

Wir beginnen mit dem Begriff des Komplementärmoduls. Sei M ein $\mathfrak{o}$-Modul in K. Wir definieren den *Komplementärmodul M^* von M* durch

$$M^* := \{\alpha \in K \mid \mathrm{Tr}_{K/F}(\alpha M) \subseteq \mathfrak{o}\}.$$

(Für eine Teilmenge H von K bezeichnet $\mathrm{Tr}_{K/F}H$ die Menge der Spuren (vgl. Anh. B) von Elementen aus H.)

M^* ist wieder ein $\mathfrak{o}$-Modul. Wenn $\omega_1, \ldots, \omega_n$ eine Basis von K/F ist und $\kappa_1, \ldots, \kappa_n$ die zugehörige Komplementärbasis, so ist der zu $(\omega_1, \ldots, \omega_n)\mathfrak{o}$ gehörige Komplementärmodul gleich $(\kappa_1, \ldots, \kappa_n)\mathfrak{o}$. Insbesondere gilt mit den Bezeichnungen von Anh. B.

Satz 3.12.1 *Sei $\alpha \in O$ ein primitives Element der Körpererweiterung K/F. Dann ist der Komplementärmodul von $\mathfrak{o}[\alpha]$ gleich $D_{K/F}(\alpha)^{-1}\mathfrak{o}[\alpha]$.*

B c w c i s: Entsprechend Satz B.0.3 hat man

$$(\beta_0, \ldots, \beta_{n-1})\mathfrak{o} = (1, \alpha, \ldots, \alpha^{n-1})\mathfrak{o} \tag{3.12.1}$$

mit den dort auftretenden $\beta_0, \ldots, \beta_{n-1}$ zu zeigen. Nach Satz 2.3.8 hat das Minimalpolynom $f_\alpha(x)$ von α bezüglich K/F Koeffizienten in $\mathfrak{o}$. Mit Hilfe der Definitionsgleichung

$$f_\alpha(x) = (\beta_0 + \beta_1 x + \cdots + \beta_{n-1} x^{n-1})(x - \alpha)$$

rechnet man leicht nach, daß β_i ein Polynom von Grad $n - i$ in α mit Koeffizienten aus $\mathfrak{o}$ und mit höchstem Koeffizienten 1 ist, $i = 1, \ldots, n - 1$. Hieraus folgt (3.12.1).
$\square$

Wir betrachten jetzt den Fall, daß M sogar ein O-Modul, d.h. aus I_O ist. Dann ist auch M^* aus I_O. Weiter gilt

Satz 3.12.2

(i) *O^{*-1} ist ein ganzes Ideal.*

(ii) *Sei $\mathfrak{A} \in I_O$. Dann gilt $\mathfrak{A}^* = O^* \mathfrak{A}^{-1}$, $\mathfrak{A}^{**} = \mathfrak{A}$.*

B e w e i s: Da offensichtlich O in O^* enthalten ist, gilt $O^{*-1} \subseteq O$, d.h. O^{*-1} ist ein ganzes Ideal.

Zum Beweis vom (ii) bemerken wir, daß ein $\beta \in K$ genau dann in $\mathfrak{A}^*$ liegt, wenn $\operatorname{Tr}_{K/F}(\beta \mathfrak{A} O)$ in $\mathfrak{o}$ enthalten ist. Dies ist gleichbedeutend mit $\beta \mathfrak{A} \subseteq O^*$, d.h. $\beta \in O^* \mathfrak{A}^{-1}$. Ersetzt man hierin $\mathfrak{A}$ durch $\mathfrak{A}^*$, so erhält man $\mathfrak{A}^{**} = O^* \mathfrak{A}^{*-1} = \mathfrak{A}$. $\square$

Das Ideal O^{*-1} heißt *Differente* von O *über* $\mathfrak{o}$ und wird im folgenden mit $\mathfrak{D}_{K/F}$ bezeichnet.

Satz 3.12.3 (Differententurmsatz) *Für einen Körperturm $F \subseteq K_1 \subseteq K_2$ gilt*

$$\mathfrak{D}_{K_2/F} = \mathfrak{D}_{K_2/K_1} \mathfrak{D}_{K_1/F}. \tag{3.12.2}$$

B e w e i s: (3.12.2) ist gleichbedeutend mit

$$\mathfrak{D}_{K_2/F}^{-1} = \mathfrak{D}_{K_2/K_1}^{-1} \mathfrak{D}_{K_1/F}^{-1}. \tag{3.12.3}$$

(3.12.3) folgt aus der Spurformel (B.0.5)

$$\operatorname{Tr}_{K_2/F}(\beta) = \operatorname{Tr}_{K_1/F}(\operatorname{Tr}_{K_2/K_1}(\beta)) \text{ für } \beta \in K_2:$$

$$\begin{aligned}
\mathfrak{D}_{K_2/F}^{-1} &= \{\beta \in K_2 \mid \mathrm{Tr}_{K_2/F}(\beta O_2) \subseteq \mathfrak{o}\} \\
&= \{\beta \in K_2 \mid \mathrm{Tr}_{K_1/F}(\mathrm{Tr}_{K_2/K_1}(\beta O_2)) \subseteq \mathfrak{o}\} \\
&= \{\beta \in K_2 \mid \mathrm{Tr}_{K_1/F}(\mathrm{Tr}_{K_2/K_1}(\beta O_2)O_1) \subseteq \mathfrak{o}\} \\
&= \{\beta \in K_2 \mid (\mathrm{Tr}_{K_2/K_1}(\beta O_2)) \subseteq \mathfrak{D}_{K_1/F}^{-1}\} \\
&= \{\beta \in K_2 \mid (\mathrm{Tr}_{K_2/K_1}(\beta \mathfrak{D}_{K_1/F}O_2)) \subseteq O_1\} \\
&= (\mathfrak{D}_{K_1/F}O_2)^* = \mathfrak{D}_{K_1/F}^{-1}O_2^*.
\end{aligned}$$

□

Wir definieren die *Diskriminante* $\mathfrak{d}_{K/F}$ *von* K/F als Norm der Differente:

$$\mathfrak{d}_{K/F} := N_{K/F}(\mathfrak{D}_{K/F}).$$

Den Anschluß an die Diskriminantendefinition in Abschnitt 2.4 erhält man durch den folgenden Satz:

Satz 3.12.4 (Erster Dedekindscher Hauptsatz) *Sei* $\omega_1, \ldots, \omega_n$ *eine Basis von* O *über* Γ. *Dann ist*

$$\mathfrak{d}_{K/P} = \Delta(\omega_1, \ldots, \omega_n)\Gamma.$$

B e w e i s: Die Komplementärbasis $\kappa_1, \ldots, \kappa_n$ von $\omega_1, \ldots, \omega_n$ ist eine Basis von $O^* = \mathfrak{D}_{K/P}^{-1}$ über Γ. Nach (2.4.2) und Lemma 3.5.2 gilt daher

$$\Delta(\omega_1, \ldots, \omega_n)\Gamma = [O^* : O]^2 \Delta(\kappa_1, \ldots, \kappa_n)\Gamma, \tag{3.12.4}$$

$$[O^* : O] = N_{K/P}(\mathfrak{D}_{K/P}). \tag{3.12.5}$$

Andererseits haben wir mit den Bezeichnungen von Anh. B die Matrizengleichung

$$(g_j\omega_i)_{i,j}(g_j\kappa_k)_{j,k} = (\mathrm{Tr}_{K/P}(\omega_i\kappa_k))_{i,k} = (\delta_{ik})$$

woraus

$$\Delta(\omega_1, \ldots, \omega_n)\Delta(\kappa_1, \ldots, \kappa_n) = 1 \tag{3.12.6}$$

folgt. Aus (3.12.4)-(3.12.6) ergibt sich die Behauptung.   □

Wir kommen jetzt zu einem tiefliegenden Satz, der die Differente mit den Elementdifferenten bezüglich K/F in Verbindung bringt. Dabei müssen wir voraussetzen, daß für alle Primideale $\mathfrak{P}$ von O die Restklassenkörpererweiterung $O/\mathfrak{P}$ über $\mathfrak{o}/\mathfrak{p}$ mit $\mathfrak{p} = \mathfrak{P} \cap \mathfrak{o}$ separabel ist. Das ist jedenfalls erfüllt in den uns besonders interessierenden Fällen, daß $\Gamma = \mathbb{Z}$ oder $\Gamma = F_0[x]$ der Polynomring über einem vollkommenen Körper F_0 ist ([Ku], 8.16).

Satz 3.12.5 (Zweiter Dedekindscher Hauptsatz) $\mathfrak{D}_{K/F}$ *ist der größte gemeinsame Teiler der Differenten* $D_{K/F}(\alpha)$ *für* $\alpha \in O$.

B e w e i s: Nach Satz 3.12.1 gilt

$$D_{K/F}(\alpha)^{-1}O \supseteq D_{K/F}(\alpha)^{-1}\mathfrak{o}[\alpha] = (\mathfrak{o}[\alpha])^* \supseteq O^* = \mathfrak{D}_{K/F}^{-1}, \qquad (3.12.7)$$

und daher $D_{K/F}(\alpha) \in \mathfrak{D}_{K/F}$.

Es bleibt zu zeigen, daß für jedes Primideal $\mathfrak{P}$ ein $\alpha \in O$ existiert, so daß die Potenz von $\mathfrak{P}$, die in $D_{K/F}(\alpha)$ aufgeht, höchstens gleich der Potenz ist, die in $\mathfrak{D}_{K/F}$ aufgeht. Hierzu benötigen wir einige Hilfsbetrachtungen über die Arithmetik in dem Ring $R := \mathfrak{o}[\alpha]$ für $\alpha \in O$ mit $F(\alpha) = K$.

Wir definieren den *Führer* $\mathfrak{f}_R$ *von* R als das größte in R enthaltene Ideal von O.

Hilfssatz 3.12.6 $\mathfrak{f}_R = \mathfrak{D}_{K/F}(\alpha)\mathfrak{D}_{K/F}^{-1}$.

B e w e i s: Wegen (3.12.7) gilt $D_{K/F}(\alpha)\mathfrak{D}_{K/F}^{-1} \subseteq R$. Andererseits ist nach Satz 3.12.1

$$\mathrm{Tr}_{K/F}(D_{K/F}(\alpha)^{-1}\mathfrak{f}_R) \subseteq \mathrm{Tr}_{K/F}(\mathfrak{D}_{K/F}(\alpha)^{-1}R) \subseteq \mathfrak{o}.$$

Hieraus folgt $D_{K/F}(\alpha)^{-1} \in \mathfrak{f}_R^* = \mathfrak{f}_R^{-1}\mathfrak{D}_{K/F}^{-1}$, also

$$\mathfrak{f}_R \subseteq \mathfrak{D}_{K/F}(\alpha)\mathfrak{D}_{K/F}^{-1}.$$

$\square$

Hilfssatz 3.12.7 *Sei* $\mathfrak{P}$ *ein von* $\{0\}$ *verschiedenes Primideal von* O *und*

$$\mathfrak{p} = \mathfrak{P} \cap \mathfrak{o} = \mathfrak{P}^e\mathfrak{A} \text{ mit } \mathfrak{P} \nmid \mathfrak{A}.$$

Weiter sei $\alpha \in \mathfrak{A}$ *ein erzeugendes Element von* K/F *mit* $\mathfrak{P} \nmid \alpha$.
Wenn der natürliche Homomorphismus

$$R/(R \cap \mathfrak{P}^m) \to O/\mathfrak{P}^m$$

für alle $m = 1, 2, \ldots$ *ein Isomorphismus ist, gilt* $\mathfrak{P} \nmid \mathfrak{f}_R$.

B e w e i s: Sei $a \in \mathfrak{o}$ mit

$$N_{K/F}(D_{K/F}(\alpha)) \,|\, \mathfrak{p}^k a, \quad \mathfrak{p} \nmid a.$$

Dann gibt es nach Voraussetzung zu jedem $\beta \in O$ ein $\rho \in R$ mit

$$\gamma := \beta - \rho \in \mathfrak{P}^{ek}.$$

Wir haben nach Satz 3.12.1

$$\begin{aligned}
R &= D_{K/F}(\alpha)R^* \supseteq D_{K/F}(\alpha)O \supseteq N_{K/F}(D_{K/F}(\alpha))O \\
&\supseteq \mathfrak{p}^k a = \mathfrak{P}^{ek}\mathfrak{A}^k a \supseteq \gamma\alpha^k aO,
\end{aligned}$$

also

$$\beta\alpha^k a = \gamma\alpha^k a + \rho\alpha^k a \in R.$$

Da β ein beliebiges Element von O ist, folgt $\alpha^k aO \subseteq R$. Daher ist $\mathfrak{f}_R$ ein Teiler von $\alpha^k a$, das nicht durch $\mathfrak{P}$ teilbar ist. $\square$

Zum Beweis von Satz 3.12.5 bleibt nur noch zu zeigen, daß es zu jedem $\mathfrak{P}$ ein α gibt, das den Bedingungen von Hilfssatz 3.12.7 genügt:

Hilfssatz 3.12.8 *Sei $\mathfrak{P}$ ein von $\{0\}$ verschiedenes Primideal von O und $\mathfrak{A}$ ein Ideal von O mit $\mathfrak{P} \nmid \mathfrak{A}$. Dann gibt es ein primitives Element α von K/F mit $\alpha \in \mathfrak{A}$ und $\mathfrak{P} \nmid \alpha$, so daß für jede natürliche Zahl m die Ordnung $\mathfrak{o}[\alpha]$ ein volles Restsystem von O mod $\mathfrak{P}^m$ enthält.*

B e w e i s: Sei $\mathfrak{p} := \mathfrak{P} \cap \mathfrak{o}$. Nach Voraussetzung dieses Abschnittes wird die Erweiterung $O/\mathfrak{P}$ über $\mathfrak{o}/\mathfrak{p}$ von einem Element $\bar{\zeta}$ mit $\zeta \in O$ erzeugt. Sei $\bar{\varphi}(x) \in (\mathfrak{o}/\mathfrak{p})[x]$ das Minimalpolynom von $\bar{\zeta}$ und $\varphi(x) \in \mathfrak{o}[x]$ mit $\bar{\varphi}(x) = \varphi(x) \pmod{\mathfrak{p}}$. Wenn $\varphi(\zeta)$ zu $\mathfrak{P}^2$ gehört, nehmen wir ein $\pi \in \mathfrak{P} - \mathfrak{P}^2$. Wegen

$$\varphi(\zeta + \pi) \equiv \varphi(\zeta) + \varphi'(\zeta)\pi \,(\mathrm{mod}\,\mathfrak{P}^2), \quad \varphi'(\zeta) \notin \mathfrak{P}$$

ist dann $\varphi(\zeta + \pi) \notin \mathfrak{P}^2$. Wir können daher $\varphi(\zeta) \notin \mathfrak{P}^2$ voraussetzen. Nach dem Chinesischen Restklassensatz (Satz 3.6.2) gibt es ein $\alpha \in O$ mit $\alpha \equiv 0 \pmod{\mathfrak{A}}$ und $\alpha \equiv \zeta \pmod{\mathfrak{P}^2}$.

α kann als primitives Element von K/F gewählt werden: Wenn das nicht der Fall ist, sei $\beta \in O$ ein primitives Element von K/F und u ein von 0 verschiedenes Element von $\mathfrak{o}$, das durch $\mathfrak{A}\mathfrak{P}^2$ teilbar ist. Nach dem Beweis des Satzes vom primitiven Element ([Ku], S.171) gibt es ein v in $\mathfrak{o}$, so daß

$$\alpha' := \alpha + uv\beta$$

ein primitives Element von K/F ist. Nach Konstruktion gilt $\alpha' \equiv 0 \pmod{\mathfrak{A}}$ und $\alpha' \equiv \zeta \pmod{\mathfrak{P}^2}$. Wir können also annehmen, daß α bereits ein primitives Element von K/F ist.

Wir zeigen nun, daß das so konstruierte α den Forderungen von Hilfssatz 3.12.8 genügt. Sei $\xi \in O$. Es gibt ein Polynom $\psi(x) \in \mathfrak{o}[x]$ mit

$$\xi \equiv \psi(\zeta) \mod \mathfrak{P}$$

und folglich

$$\xi \equiv \psi(\alpha) \mod \mathfrak{P}.$$

Das beweist die Behauptung für $m = 1$. Für $m > 1$ erhält man wegen $\varphi(\alpha) \equiv \varphi(\zeta)$ $(\mathrm{mod}\,\mathfrak{P}^2)$ ein volles Restsystem von O modulo $\mathfrak{P}^m$ in der Form

$$\xi_0 + \xi_1\varphi(\alpha) + \cdots + \xi_{m-1}\varphi(\alpha)^{m-1},$$

wobei $\xi_0, \xi_1, \ldots, \xi_{m-1}$ jeweils ein volles Restsystem von O mod $\mathfrak{P}$ durchlaufen. $\square$
Der dritte Dedekindsche Hauptsatz ist der folgende

Satz 3.12.9 (Dedekindscher Differentensatz) *Sei $\mathfrak{P}$ ein von $\{0\}$ verschiedenes Primideal von O und $\mathfrak{p} := \mathfrak{P} \cap \mathfrak{o}$, $e := \nu_{\mathfrak{P}}(\mathfrak{p})$. Weiter sei p die Charakteristik des Körpers $O/\mathfrak{P}$. Dann ist*

$$\nu_{\mathfrak{P}}(\mathfrak{D}_{K/F}) = e - 1, \quad falls \; \mathfrak{p} \nmid e$$

und

$$\nu_{\mathfrak{P}}(\mathfrak{D}_{K/F}) > e - 1, \quad falls \; \mathfrak{p} \mid e.$$

B e w e i s: Wir benutzen die Bezeichnungen aus dem Beweis von Satz 3.12.5. Insbesondere sei α das im Beweis von Hilfssatz 3.12.8 konstruierte Element von O, in dessen Differente $f'_\alpha(\alpha)$ genau die in $\mathfrak{D}_{K/F}$ enthaltene Potenz von $\mathfrak{P}$ aufgeht, und sei $R := \mathfrak{o}[\alpha]$. Dann ist der Führer $\mathfrak{f}_R$ nach Hilfssatz 3.12.6 prim zu $\mathfrak{P}$. Sei γ ein zu $\mathfrak{P}$ primes Element in $\mathfrak{f}_R$.

Wir betrachten jetzt die Zerlegung von $\bar{f}_\alpha(x)$ in $(\mathfrak{o}/\mathfrak{p})[x]$: Sei

$$\bar{f}_\alpha(x) = \bar{\theta}(x)\bar{\varphi}(x)^m, \tag{3.12.8}$$

wobei $\bar{\theta}(x)$ zu $\bar{\varphi}(x)$ teilerfremd ist, $\theta(x) \in \mathfrak{o}[x]$. Dann ist $\theta(\alpha)$ prim zu $\mathfrak{P}$. Andernfalls wäre $\bar{\alpha} \in O/\mathfrak{P}$ Nullstelle von $\bar{\theta}(x)$ im Widerspruch zur Definition von $\bar{\theta}(x)$. Da $\mathfrak{P}$ in $\varphi(\alpha)$ zur ersten Potenz aufgeht und $\mathfrak{p}$ ein Teiler von $\theta(\alpha)\varphi(\alpha)^m$ ist, gilt $m \geq e$.

Andererseits betrachten wir $\gamma\delta\varphi(\alpha)^e$, wobei δ prim zu $\mathfrak{P}$ und so gewählt ist, daß $\delta\varphi(\alpha)^e$ durch $\mathfrak{p}$ teilbar ist. Dann kann man $\gamma\delta\varphi(\alpha)^e$ in der Form

$$\gamma\delta\varphi(\alpha)^e = \gamma p_1\omega_1 + \cdots + \gamma p_s\omega_s$$

darstellen, wobei $p_1,\ldots,p_s$ gewisse Elemente aus $\mathfrak{p}$ und $\omega_1,\ldots,\omega_s$ aus O sind. Wegen $\gamma\omega_i \in \mathfrak{f}_R$ gibt es ein $\psi_i(x) \in \mathfrak{o}[x]$ mit

$$\gamma\omega_i = \psi_i(\alpha), \quad i = 1,\ldots,s.$$

Weiter ist $\gamma\delta \in \mathfrak{f}_R$ und es gibt ein $\xi(x) \in \mathfrak{o}[x]$ mit $\gamma\delta = \xi(\alpha)$. Das Polynom

$$\xi(x)\varphi(x)^e - p_1\psi_1(x) - \cdots - p_s\psi_s(x)$$

hat nach Konstruktion die Nullstelle α. Daher gibt es ein Polynom $\eta(x) \in F[x]$ mit

$$\xi(x)\varphi(x)^e - p_1\psi_1(x) - \cdots - p_s\psi_s(x) = f_\alpha(x)\eta(x).$$

Wegen Satz A.6.2 hat $\eta(x)$ Koeffizienten in $\mathfrak{o}$. Mit (3.12.8) wird

$$\bar{\xi}(x)\bar{\varphi}(x)^e = \bar{\theta}(x)\bar{\varphi}(x)^m\bar{\eta}(x).$$

Da $\bar{\xi}(x)$ prim zu $\bar{\varphi}(x)$ ist, folgt $e \geq m$. (3.12.8) schreiben wir nun in der Form

$$f_\alpha(x) \equiv \theta(x)\varphi(x)^e \pmod{\mathfrak{p}}. \tag{3.12.9}$$

Durch Differentiation erhält man

$$f'_\alpha(x) \equiv \theta'(x)\varphi(x)^e + e\theta(x)\varphi(x)^{e-1}\varphi'(x) \pmod{\mathfrak{p}},$$

also

$$f'_\alpha(\alpha) \equiv \theta'(\alpha)\varphi(\alpha)^e + e\theta(\alpha)\varphi(\alpha)^{e-1}\varphi'(\alpha) \pmod{\mathfrak{p}},$$

woraus die Behauptung von Satz 3.12.9 abzulesen ist. $\square$

Bemerkung 1. Der hier dargestellte Beweis folgt dem Gedankengang der am Anfang dieses Abschnittes genannten Arbeit von Dedekind. In den Abschnitten 4.6 und 6.2 geben wir weitere Beweise für Satz 3.12.9. $\square$

Bemerkung 2. Der $\mathfrak{P}$-Exponent der Differente hat eine einfache Form, wenn die Charakteristik p des Restklassenkörpers $\mathfrak{o}/\mathfrak{p}$ kein Teiler des Verzweigungsexponenten e von $\mathfrak{P}$ über $\mathfrak{p}$ ist. In diesem Fall heißt $\mathfrak{P}$ über $\mathfrak{p}$ *zahm verzweigt*, im anderen Fall *wild verzweigt*. Im Fall, daß F ein Funktionenkörper über einem Konstantenkörper der Charakteristik 0 ist (insbesondere in dem Fall der klassischen Funktionentheorie, wenn F eine endliche Erweiterung von $\mathbb{C}(z)$ ist), hat auch der Restklassenkörper die Charakteristik 0 und es gibt nur zahme Verzweigung. $\square$

Bemerkung 3. Als Nebenergebnis des Beweises von Satz 3.12.9 haben wir erhalten, daß für ein $\alpha \in O$ mit $\mathfrak{P} \nmid D_{K/F}(\alpha)\mathfrak{D}_{K/F}^{-1}$ das zugehörige Restklassenpolynom $\bar{f}_\alpha(x)$ in $(\mathfrak{o}/\mathfrak{p})[x]$ eine Zerlegung

$$\bar{f}_\alpha(x) = \bar{\theta}(x)\bar{\varphi}(x)^e$$

hat, wobei der Primfaktor $\bar{\varphi}(x)$ durch die Eigenschaft $\mathfrak{P}|\varphi(\alpha)$ charakterisiert ist und $\bar{\theta}(x)$ zu $\bar{\varphi}(x)$ teilerfremd ist. Dies ist eine interessante Ergänzung zu Satz 3.8.2. $\square$

Durch Anwendung der Norm erhält man aus Satz 3.12.3 und Satz 3.12.9 die entsprechenden Sätze für die Diskriminante:

Satz 3.12.10 (Diskriminantenturmsatz) *Für einen Körperturm $F \subseteq K_1 \subseteq K_2$ gilt*

$$\mathfrak{d}_{K_2/F} = N_{K_1/F}(\mathfrak{d}_{K_2/K_1})\mathfrak{d}_{K_1/F}^{[K_2:K_1]}. \tag{3.12.10}$$

$\square$

Satz 3.12.11 (Dedekindscher Diskriminantensatz) *Sei $\mathfrak{p}$ ein Primideal von $\mathfrak{o}$ und*

$$\mathfrak{p} = \mathfrak{P}_1^{e_1} \cdots \mathfrak{P}_g^{e_g}$$

die Primidealzerlegung von $\mathfrak{p}$ in O. Weiter sei p die Charakteristik des Körpers $\mathfrak{o}/\mathfrak{p}$. Dann gilt

$$\nu_{\mathfrak{p}}(\mathfrak{d}_{K/F}) = (e_1 - 1)f_1 + \cdots + (e_g - 1)f_g,$$

falls $p \nmid e_i$ für $i = 1, \ldots, g$,

$$\nu_{\mathfrak{p}}(\mathfrak{d}_{K/F}) > (e_1 - 1)f_1 + \cdots + (e_g - 1)f_g,$$

falls $p|e_i$ für mindestens ein i.

Dabei ist f_i der Trägheitsgrad von $\mathfrak{P}_i$ über $\mathfrak{p}$, $i = 1, \ldots, g$. $\square$

Als weitere Folgerung aus Satz 3.12.11 erhält man

Satz 3.12.12 *Ein Primideal $\mathfrak{p}$ von $\mathfrak{o}$ ist genau dann in K/F verzweigt, wenn $\mathfrak{p}$ ein Teiler der Diskriminante von K/F ist.* $\square$

Aus dem Minkowskischen Diskriminantensatz (Satz 2.13.5) und Satz 3.12.12 folgt, daß es in einer endlichen Erweiterung von $\mathbb{Q}$ immer verzweigte Primideale gibt. Das gilt jedoch im allgemeinen nicht für den Fall, daß man als Grundkörper einen algebraischen Zahlkörper nimmt. Zum Beispiel sei $F = \mathbb{Q}(\sqrt{-p_1 p_2})$ mit zwei verschiedenen Primzahlen p_1, p_2, wobei $p_1 \equiv 3 \pmod 4$ und $p_2 \equiv 1 \pmod 4$ ist. Dann betrachten wir $K = F(\sqrt{-p_1})$. Offensichtlich ist $K = F(\sqrt{p_2})$. Die Diskriminante $\mathfrak{d}_{K/F}$ ist ein Teiler von p_1 und p_2. Daher gilt $\mathfrak{d}_{K/F} = \mathfrak{o}$.

Der Beweis des zweiten und dritten Hauptsatzes wäre sehr viel einfacher ausgefallen, wenn wir gewußt hätten, daß für jedes Primideal $\mathfrak{p}$ ein $\alpha \in O$ existiert, für das $\Delta_{K/F}(\alpha)/\mathfrak{d}_{K/F}$ prim zu $\mathfrak{p}$ ist. Das ist jedoch nicht immer der Fall.

Ein Primideal $\mathfrak{p}$ von K mit $\mathfrak{p}|\Delta_{K/F}(\alpha)/\mathfrak{d}_{K/F}$ für alle $\alpha \in O$ heißt *außerwesentlicher Diskriminantenteiler* . Es gilt der folgende

Satz 3.12.13 *Sei $K/\mathbb{Q}$ eine Erweiterung von Grad n, und sei p eine Primzahl mit $p \leq n - 1$, die in K vollständig zerlegt ist (d.h. p zerfällt in n verschiedene Primfaktoren). Dann ist p ein außerwesentlicher Diskriminantenteiler.*

B e w e i s: Angenommen, es gibt ein $\alpha \in O$ mit $p \nmid \Delta_{K/\mathbb{Q}}(\alpha)/d_{K/\mathbb{Q}}$. Dann muß $\bar{f}_\alpha$ nach Satz 3.8.2 in n verschiedene Linearfaktoren zerfallen, was unmöglich ist, weil $\mathbb{Z}/p\mathbb{Z}$ weniger als n Elemente hat. $\qquad\square$

Das folgende Beispiel von Dedekind zeigt, daß es Primzahlen wie in Satz 3.12.13 gibt: Sei α eine Nullstelle des irreduziblen Polynoms

$$f(x) := x^3 + x^2 - 2x + 8.$$

Die Diskriminante von f ist gleich $-4 \cdot 503$ (Anh. B). Dies ist jedoch nicht die Diskriminante von $\mathbb{Q}(\alpha)$, denn die Zahlen $1, \alpha, (\alpha + \alpha^2)/2$ sind ganz und die Diskriminante von $\mathbb{Q}(\alpha)$ ist daher -503. Jetzt wollen wir uns überzeugen, daß 2 in drei Faktoren zerfällt, die dann notwendigerweise verschieden sind. Aus $N(\alpha + 1) = -10$ folgt, daß 2 einen Primteiler $\mathfrak{P}_2$ ersten Grades hat. Aus $N(\alpha) = -8$ und g.g.T.$(\alpha + 1, \alpha) = 1$ folgt, daß 2 keinen Primteiler zweiten Grades hat. Daher hat 2 drei Primteiler.

Aufgaben

1. Man führe den Beweis von Satz 3.6.5 aus.

2. Man bestimme ein $\alpha \in \mathbb{Z}[\sqrt{-1}]$ mit $\alpha \equiv \sqrt{-1} \,(\mathrm{mod}\, 3 + 2\sqrt{-1})$, $\alpha \equiv 1 \,(\mathrm{mod}\, 4 + \sqrt{-1})$.

3. Man zeige, daß die drei Polynome

$$f_1(x) := x^3 - 18x - 6, \quad f_2(x) := x^3 - 36x - 78, \quad f_3(x) := x^3 - 54x - 150$$

irreduzibel sind. Sei α_i eine Nullstelle von f_i, $i = 1, 2, 3$. Dann zeige man weiter, daß die zugehörigen algebraischen Zahlkörper $K := \mathbb{Q}(\alpha_i)$ die gleiche Diskriminante $2^2 \cdot 3^5 \cdot 23$ haben.

4. Man zeige, daß die Körper K_1, K_2 und K_3 aus Aufgabe 3 paarweise nicht konjugiert sind, indem man das Zerlegungsverhalten der Primzahlen 5 und 13 in diesen Körpern bestimmt.

5. Sei α Nullstelle des Polynoms

$$f(x) := x^3 + x^2 - 2x + 8.$$

Man zeige, daß $(\alpha^2 + \alpha)/2$ eine ganze Zahl in $\mathbb{Q}(\alpha)$ ist, durch Berechnung des charakteristischen Polynoms von $\alpha^2 + \alpha$ (mod 8).

6. Sei $f(x) \in \mathbb{Z}[x]$ ein irreduzibles kubisches Polynom mit höchstem Koeffizienten 1 und α eine Nullstelle von f. Weiter sei p eine Primzahl, die in der Diskriminante d_f von f zur ersten Potenz aufgeht. Man zeige, daß p in dem zugehörigen kubischen Zahlkörper $K = \mathbb{Q}(\alpha)$ die Zerlegung $pO_K = \mathfrak{P}_1^2 \mathfrak{P}_2$ hat. Weiter zeige man, daß der Primteiler $\mathfrak{p}$ von p in $\mathbb{Q}(\sqrt{d_f})$ in der Relativerweiterung $K(\sqrt{d_f})/\mathbb{Q}(\sqrt{d_f})$ unverzweigt ist.

7. Sei α eine Nullstelle des Polynoms $x^3 - x + 2$. Man zeige, daß die Diskriminante von $\mathbb{Q}(\alpha)$ gleich -104 ist, und daß 2 in $\mathbb{Q}(\alpha)$ die Zerlegung $2O_K = \mathfrak{P}_1^2 \mathfrak{P}_2$ hat.

4 Bewertungen

Hensel ([He1897]) führte eine neue Art von Zahlen ein, die er p-adische Zahlen nannte. Wir erläutern den Gedankengang, der ihn dazu führte, an Hand des in 3.12 betrachteten Polynoms

$$f(x) = x^3 + x^2 - 2x + 8$$

mit der Nullstelle α. Wäre der Satz 3.8.2 auf f und $p = 2$ anwendbar, müßte $f(x) \pmod 2$ in drei verschiedene Linearfaktoren zerfallen, was unmöglich ist. Betrachten wir aber $f(x) \pmod 4$, so finden wir

$$f(x) \equiv x(x - 1)(x + 2) \pmod 4.$$

Eine entsprechende Kongruenz gibt es für alle höheren Potenzen von 2. Zum Beispiel erhält man

$$f(x) \equiv (x + 4)(x + 7)(x + 6) \pmod{16}.$$

Geht man zu einem bisher nicht definierten Limes über, so findet man, daß im Ring der ganzen „2-adischen Zahlen" $f(x)$ in Linearfaktoren zerfällt. Dies führte zu der Vision, daß allgemein die Zerlegung einer Primzahl p in einem algebraischen Zahlkörper K durch die Primzerlegung des Minimalpolynoms f_α für ein primitives Element α von $K/\mathbb{Q}$ im Bereich der p-adischen Zahlen gegeben ist. Im folgenden werden wir sehen, daß dies in der Tat der Fall ist.

Die Idee von Hensel drang nur sehr langsam in das Allgemeinbewußtsein der Mathematiker ein. Durch Kürschak ([Kü1913]) und Ostrowski ([Ot1917]) wurde der Begriff der p-adischen Zahlen in Analogie zur Vervollständigung des Körpers der rationalen Zahlen zum Körper der reellen Zahlen auf eine exakte Basis gestellt. Es waren aber erst die Ergebnisse von Hasse über quadratische Formen ([Ha1923], welche den Siegeszug der p-Adik herbeiführten.

4.1 Bewertete Körper

Der Körper der rationalen Zahlen wird in bekannter Weise durch den absoluten Betrag zum Körper der reellen Zahlen vervollständigt. Wir formulieren axiomatisch, welche Eigenschaften des absoluten Betrages dabei benötigt werden, und kommen so zum Begriff des *bewerteten Körpers* .

Sei F ein beliebiger Körper. Eine *Bewertung φ von F* ist eine Abbildung von F in $\mathbb{R}$ mit folgenden Eigenschaften:

(i) $\varphi(\alpha) \geq 0$ für alle $\alpha \in F$, $\varphi(\alpha) = 0$ nur für $\alpha = 0$.

(ii) (Multiplikativität) Für alle $\alpha, \beta \in F$ gilt

$$\varphi(\alpha\beta) = \varphi(\alpha)\varphi(\beta).$$

(iii) (Dreiecksungleichung) Für alle $\alpha, \beta \in F$ gilt

$$\varphi(\alpha + \beta) \leq \varphi(\alpha) + \varphi(\beta).$$

Zwei Bewertungen φ_1, φ_2 heißen *äquivalent*, wenn es eine positive reelle Zahl s mit

$$\varphi_2(\alpha) = \varphi_1(\alpha)^s \text{ für alle } \alpha \in F$$

gibt.

Nach (i) und (ii) ist φ ein Homomorphismus von $F^\times$ in die Gruppe der positiven reellen Zahlen. Daher gilt $\varphi(1) = 1$. Für eine n-te Einheitswurzel ζ ist $\varphi(\zeta)^n = \varphi(\zeta^n) = 1$ und daher $\varphi(\zeta) = 1$. Insbesondere gilt $\varphi(-1) = 1$.

Die Bewertung φ mit $\varphi(\alpha) = 1$ für alle $\alpha \in F^\times$ heißt *triviale Bewertung*. Sie wird im folgenden beiseite gelassen.

Wir betrachten jetzt Beispiele von Bewertungen.

1. Ein endlicher Körper F hat nur die triviale Bewertung, denn alle von 0 verschiedenen Elemente von F sind Einheitswurzeln.

2. Sei $\mathfrak{o}$ ein Dedekindscher Ring und $\mathfrak{p}$ ein von $\{0\}$ verschiedenes Primideal von $\mathfrak{o}$. In Abschnitt 3.3 haben wir die *Exponentenbewertung* $\nu_\mathfrak{p}$ eingeführt. Sei ρ eine reelle Zahl mit $0 < \rho < 1$. Dann wird durch

$$\varphi(\alpha) := \rho^{\nu_\mathfrak{p}(\alpha)} \text{ für } \alpha \in F^\times$$

   eine Bewertung definiert. Verschiedene ρ führen zu äquivalenten Bewertungen.

3. Für jeden Körper F, der sich mit Hilfe eines Körperisomorphismus g in den Körper $\mathbb{C}$ der komplexen Zahlen einbetten läßt, erhält man eine Bewertung

$$\varphi_g(\alpha) = |g\alpha| \text{ für } \alpha \in F.$$

   Für komplex-konjugierte Isomorphismen erhält man die gleiche Bewertung.

Durch die Bewertung φ wird F zu einem topologischen Körper, wobei die Topologie durch die Metrik $d(\alpha, \beta) = \varphi(\alpha - \beta)$ gegeben ist. Offensichtlich definieren äquivalente Bewertungen von F die gleiche Topologie in F. Hiervon gilt auch die Umkehrung.

Satz 4.1.1 *Seien φ_1 und φ_2 Bewertungen von F. Die folgenden Aussagen sind äquivalent.*

(i) *φ_1 und φ_2 sind äquivalent.*

(ii) *φ_1 und φ_2 definieren die gleiche Topologie in F.*

(iii) *Für jedes $\alpha \in F$ gilt $\varphi_1(\alpha) < 1$ genau dann, wenn $\varphi_2(\alpha) < 1$.*

B e w e i s: Sei T_i die durch φ_i definierte Topologie in F, $i = 1, 2$.

Aus (ii) folgt (iii): $\varphi_1(\alpha) < 1$ ist gleichbedeutend mit $\lim_{n \to \infty} \alpha^n = 0$ in T_1. Nach (ii) gilt daher auch $\lim_{n \to \infty} \alpha^n = 0$ in T_2 und es folgt $\varphi_2(\alpha) < 1$.

Aus (iii) folgt (i): Wir fixieren ein $\gamma \in F$ mit $\varphi_1(\gamma) > 1$. Dann gilt auch $\varphi_2(\gamma) > 1$. Sei $\alpha \in F^\times$ beliebig. Dann ist

$$t := \frac{\log \varphi_1(\alpha)}{\log \varphi_1(\gamma)}$$

eine wohldefinierte reelle Zahl. Wir approximieren t durch eine rationale Zahl n/m mit $n \in \mathbb{Z}, m \in \mathbb{N}$. Aus $t < n/m$ folgt $\varphi_1(\alpha)^m < \varphi_1(\gamma)^n$, also

$$\varphi_1(\alpha^m/\gamma^n) < 1.$$

Nach (iii) ist daher auch

$$\varphi_2(\alpha^m/\gamma^n) < 1$$

und daher

$$\frac{\log \varphi_2(\alpha)}{\log \varphi_2(\gamma)} < \frac{m}{n}. \tag{4.1.1}$$

Entsprechend folgt aus $t > n/m$ die Ungleichung

$$\frac{\log \varphi_2(\alpha)}{\log \varphi_2(\gamma)} > \frac{m}{n}. \tag{4.1.2}$$

Da (4.1.1) bzw. (4.1.2) für beliebige rationale Zahlen n/m mit $t < n/m$ bzw. $t > n/m$ gilt, folgt

$$\frac{\log \varphi_2(\alpha)}{\log \varphi_2(\gamma)} = t = \frac{\log \varphi_1(\alpha)}{\log \varphi_1(\gamma)}.$$

Daher gilt für die positive reelle Zahl

$$s := \frac{\log \varphi_2(\gamma)}{\log \varphi_1(\gamma)}$$

die Gleichung

$$\varphi_2(\alpha) = \varphi_1(\alpha)^s \text{ für alle } \alpha \in F^\times.$$

$\square$

Die Kennzeichnung der Äquivalenz von Bewertungen durch die Bedingung (iii) kann auch dahingehend formuliert werden, daß zwei Bewertungen φ_1 und φ_2 eines Körpers F genau dann nicht äquivalent sind, wenn es $\alpha, \beta \in F$ mit

$$\varphi_1(\alpha) > 1 \quad \text{und} \quad \varphi_2(\alpha) \leq 1$$
$$\varphi_1(\beta) \geq 1 \quad \text{und} \quad \varphi_2(\beta) < 1$$

gibt. Es folgt $\varphi_1(\gamma) > 1$ und $\varphi_2(\gamma) < 1$ für $\gamma = \alpha\beta$. Dies verallgemeinert sich wie folgt auf eine beliebige Anzahl von Bewertungen.

Satz 4.1.2 *Seien $\varphi_1, \ldots, \varphi_n$ paarweise inäquivalente Bewertungen des Körpers F. Dann gibt es ein $\gamma \in F$ mit*

$$\varphi_1(\gamma) > 1, \varphi_2(\gamma) < 1, \ldots, \varphi_n(\gamma) < 1.$$

B e w e i s: Wir beweisen den Satz durch Induktion über n. Für $n = 2$ haben wir die Behauptung oben bewiesen. Sei daher $n \geq 3$, sei die Behauptung schon für $n-1$ beweisen und sei $\alpha \in F$ mit

$$\varphi_1(\alpha) > 1, \varphi_2(\alpha) < 1, \ldots, \varphi_{n-1}(\alpha) < 1.$$

Weiter sei β ein Element von F mit $\varphi_1(\beta) > 1$, $\varphi_n(\beta) < 1$. Wenn $\varphi_n(\alpha) \leq 1$ ist, betrachten wir die Folge $\alpha^m \beta$, $m = 1, 2, \ldots$. Für genügend großes m ist

$$
\begin{aligned}
\varphi_1(\alpha^m \beta) &= \varphi_1(\alpha)^m \varphi_1(\beta) > 1, \\
\varphi_i(\alpha^m \beta) &= \varphi_i(\alpha)^m \varphi_i(\beta) < 1 \text{ für } i = 2, \ldots, n-1, \\
\varphi_n(\alpha^m \beta) &= \varphi_n(\alpha)^m \varphi_n(\beta) < 1.
\end{aligned}
$$

Wenn $\varphi_n(\alpha) > 1$ ist, betrachten wir die Folge

$$\frac{\alpha^m \beta}{1 + \alpha^m}, \quad m = 1, 2, \ldots.$$

Wir haben wegen der Dreiecksungleichung für eine beliebige Bewertung φ und $\delta \in F$

$$\varphi(1 + \delta^m) \geq |\varphi(\delta^m) - 1|,$$

also für genügend großes m

$$
\begin{aligned}
\varphi_1\left(\frac{\alpha^m \beta}{1 + \alpha^m}\right) &= \frac{\varphi_1(\beta)}{\varphi_1(1 + \alpha^{-m})} > 1, \\
\varphi_i\left(\frac{\alpha^m \beta}{1 + \alpha^m}\right) &= \frac{\varphi_i(\beta)}{\varphi_i(1 + \alpha^{-m})} < 1 \text{ für } i = 2, \ldots, n-1, \\
\varphi_n\left(\frac{\alpha^m \beta}{1 + \alpha^m}\right) &= \frac{\varphi_n(\beta)}{\varphi_n(1 + \alpha^{-m})} < 1.
\end{aligned}
$$

$\square$

Bemerkung. Vergleichen wir Satz 4.1.2 mit Hilfssatz 2.10.1, so sehen wir, daß der Hilfssatz eine Verschärfung von Satz 4.1.2 darstellt für Bewertungen, wie sie oben in Beispiel 2. definiert wurden. $\square$

Aus Satz 4.1.2 leiten wir jetzt den folgenden *Approximationssatz* her, der in enger Beziehung zum Chinesischen Restklassensatz (Satz 3.6.4) steht.

Satz 4.1.3 *Seien $\varphi_1, \ldots, \varphi_n$ paarweise inäquivalente Bewertungen des Körper F, und seien $\alpha_1, \ldots, \alpha_n$ beliebige Elemente von F. Dann gibt es zu jedem $\varepsilon > 0$ ein $\alpha \in F$ mit*

$$\varphi_i(\alpha - \alpha_i) < \varepsilon \text{ für alle } i = 1, \ldots, n.$$

B e w e i s: Nach Satz 4.1.2 gibt es ein $\beta_i \in F$ mit

$$\varphi_i(\beta_i) > 1, \quad \varphi_j(\beta_i) < 1 \text{ für } j \in \{1, \ldots, n\} - \{i\}$$

Die Folge

$$\frac{\beta_i^m}{1 + \beta_i^m}, \quad m = 1, 2, \ldots,$$

konvergiert bezüglich φ_i gegen 1 und bezüglich φ_j, $j \neq i$, gegen 0. Für passendes m und $\gamma_i := \beta_i^m/(1 + \beta_i^m)$ wird daher

$$\varphi_i(\alpha_i(\gamma_i - 1)) < \frac{\varepsilon}{n}, \quad \varphi_j(\alpha_i\gamma_i) < \frac{\varepsilon}{n}$$

und

$$\varphi_i(\alpha_1\gamma_1 + \ldots + \alpha_n\gamma_n - \alpha_i) \leq \varphi_i(\alpha_1\gamma_1) + \ldots + \varphi_i(\alpha_i(\gamma_i - 1)) + \ldots + \varphi_i(\alpha_n\gamma_n) < \varepsilon.$$

$\alpha := \alpha_1\gamma_1 + \ldots + \alpha_n\gamma_n$ leistet daher das Verlangte. $\qquad\square$

Eine Bewertung heißt *archimedisch*, wenn sie dem *archimedischen Axiom* genügt, d.h. wenn es zu $\alpha, \beta \in F^\times$ eine natürliche Zahl n mit $\varphi(n \cdot \alpha) > \varphi(\beta)$ gibt. Andernfalls heißt φ *nicht-archimedisch*.

Satz 4.1.4 *Die folgenden Aussagen sind äquivalent.*

$\quad$ (i) $\qquad \varphi$ *ist nicht-archimedisch.*

$\quad$ (ii) $\qquad \varphi(n \cdot 1) \leq 1$ *für jede natürliche Zahl n.*

$\quad$ (iii) $\qquad \varphi(\alpha + \beta) \leq \max\{\varphi(\alpha), \varphi(\beta)\}$ *für $\alpha, \beta \in F$.* $\qquad$ (4.1.3)

B e w e i s: Aus (iii) folgt (ii) durch Induktion über n. Aus (ii) folgt (i), denn für eine archimedische Bewertung gibt es nach Definition ein n mit $\varphi(n) > \varphi(1) = 1$. Es bleibt zu zeigen, daß (iii) aus (i) folgt:

Seien $\alpha, \beta \in F$ beliebig gegeben. Dann gilt

$$\varphi((\alpha + \beta)^n) \leq \sum_{k=0}^{n} \varphi\left(\binom{n}{k}\alpha^k\beta^{n-k}\right). \qquad (4.1.4)$$

Da φ nicht-archimedisch ist, gibt es $\gamma, \delta \in F^\times$ mit $\varphi(m\gamma) \leq \varphi(\delta)$ für alle $m \in \mathbb{N}$. Mit $c := \varphi(\delta)/\varphi(\gamma)$ wird daher nach (4.1.4)

$$\varphi((\alpha + \beta)^n) \leq c \sum_{k=0}^{n} \varphi(\alpha)^k \varphi(\beta)^{n-k} \leq c(n + 1) \max\{\varphi(\alpha)^n, \varphi(\beta)^n\}.$$

Daher gilt

$$\varphi(\alpha + \beta) \leq \sqrt[n]{c} \cdot \sqrt[n]{n + 1} \cdot \max\{\varphi(\alpha), \varphi(\beta)\}.$$

Hieraus folgt (4.1.3) für $n \to \infty$. $\qquad\square$

Satz 4.1.5 *Sei φ eine nicht-archimedische Bewertung des Körpers F und seien α, β Elemente von F mit $\varphi(\alpha) \neq \varphi(\beta)$. Dann gilt*

$$\varphi(\alpha + \beta) = \max\{\varphi(\alpha), \varphi(\beta)\}.$$

B e w e i s: Sei etwa $\varphi(\alpha) < \varphi(\beta)$. Dann gilt wegen (4.1.3)

$$\varphi(\alpha + \beta) \leq \varphi(\beta)$$

und

$$\varphi(\beta) = \varphi((\alpha + \beta) - \alpha) \leq \max\{\varphi(\alpha + \beta), \varphi(\alpha)\} = \varphi(\alpha + \beta).$$

$\square$

Satz 4.1.6 *Sei φ eine Bewertung des Körpers F und F_0 ein trivial bewerteter Teilkörper von F. Dann ist φ nicht-archimedisch und die Beschränkung von φ auf eine algebraische Erweiterung von F_0 in F ist wieder trivial.*

B e w e i s: Für $n \in \mathbb{N}$ gilt $n \cdot 1 \in F_0$ und daher $\varphi(n \cdot 1) = 1$, d.h. die Bedingung (ii) von Satz 4.1.4 ist erfüllt. Also ist φ nicht-archimedisch.

Weiter sei $\alpha \in F$ algebraisch über F_0. Dann genügt α einer Gleichung

$$\alpha^n + a_1 \alpha^{n-1} + \cdots + a_n = 0 \text{ mit } a_i \in F_0, a_n \neq 0.$$

Es folgt nach Satz 4.1.4

$$\varphi(\alpha)^n \leq \max\{\varphi(\alpha)^i \mid i = 0, 1, \ldots, n - 1\}$$

und daher $\varphi(\alpha) \leq 1$. Wäre $\varphi(\alpha) < 1$, so wären die Werte $\varphi(\alpha)^i$ für $i = 0, \ldots, n - 1$ paarweise verschieden. Nach Satz 4.1.5 würde also

$$\varphi(\alpha)^n = \max\{\varphi(\alpha)^i \mid i = 0, 1, \ldots, n - 1\} = 1$$

und daher $\varphi(\alpha) = 1$ sein im Widerspruch zur Annahme $\varphi(\alpha) < 1$. Daher gilt $\varphi(\alpha) = 1$. $\square$

Für einen Körper F der Charakteristik $p > 0$ ist der Primkörper $\mathbb{F}_p$ trivial bewertet. Daher hat F nach Satz 4.1.6 nur nicht-archimedische Bewertungen.

Für eine nicht-archimedische Bewertung φ sei ν die Abbildung von $F^\times$ in $\mathbb{R}$ mit

$$\nu(\alpha) := -\log \varphi(\alpha) \quad \text{für } \alpha \in F^\times.$$

Wir setzen $\nu(0) := \infty$. Mit den Rechenregeln $\infty + a = a + \infty = \infty$ für $a \in \mathbb{R} \cup \{\infty\}$, $\infty > a$ für $a \in \mathbb{R}$ übersetzen sich die Bewertungsaxiome wegen Satz 4.1.4 wie folgt:

(i)' $\nu(\alpha) \in \mathbb{R} \cup \{\infty\}$ für $\alpha \in F$, $\nu(\alpha) = \infty$ nur für $\alpha = 0$.

(ii)' Für alle $\alpha, \beta \in F$ gilt

$$\nu(\alpha\beta) = \nu(\alpha) + \nu(\beta).$$

(iii)' Für alle $\alpha, \beta \in F$ gilt

$$\nu(\alpha + \beta) \geq \min\{\nu(\alpha), \nu(\beta)\}.$$

Eine Abbildung ν von F in $\mathbb{R} \cup \{\infty\}$ mit den Eigenschaften (i)' - (iii)' heißt *Exponentenbewertung* von F. Der in Abschnitt 3.3 definierte Exponent $\nu_{\mathfrak{P}}$ ist eine Exponentenbewertung von F.

Entsprechend der Äquivalenzdefinition von Bewertungen heißen zwei Exponentenbewertungen ν_1 und ν_2 äquivalent, wenn es eine positive reelle Zahl a mit

$$\nu_2(\alpha) = a\nu_1(\alpha) \text{ für } \alpha \in F^\times$$

gibt.

Im folgenden werden wir bei der Betrachtung von nicht-archimedischen Bewertungen meistens die zugehörige Exponentenbewertung verwenden.

Satz 4.1.5 besagt für die Exponentenbewertung ν, daß

$$\nu(\alpha + \beta) = \min\{\nu(\alpha), \nu(\beta)\} \tag{4.1.5}$$

für $\alpha, \beta \in F$ mit $\nu(\alpha) \neq \nu(\beta)$ gilt.

Für einen Körper F mit einer Exponentenbewertung ν bildet die Menge

$$\mathfrak{o}_\nu := \{\alpha \in F \mid \nu(\alpha) \geq 0\}$$

wegen (4.1.5) einen Ring, den *Bewertungsring* von ν. $\mathfrak{o}_\nu$ hat das maximale Ideal

$$\mathfrak{p}_\nu := \{\alpha \in F \mid \nu(\alpha) > 0\}.$$

$\mathfrak{p}_\nu$ besteht aus allen Nichteinheiten von $\mathfrak{o}_\nu$ und ist daher das einzige maximale Ideal. Der Körper $\mathfrak{o}_\nu/\mathfrak{p}_\nu$ wird als *Restklassenkörper* von ν bezeichnet.

Die Bewertung ν heißt *diskret*, wenn es in $\mathfrak{p}_\nu$ ein π mit

$$\nu(\pi) \leq \nu(\alpha) \text{ für } \alpha \in \mathfrak{p}_\nu$$

gibt. In diesem Fall ist $\nu(F^\times)$ eine diskrete Untergruppe der additiven Gruppe von $\mathbb{R}$ und $\nu(F^\times) = \nu(\pi)\mathbb{Z}$ (vergleiche Lemma 2.9.2). Es folgt, daß $\mathfrak{o}_\nu$ ein Hauptidealring ist, dessen von $\{0\}$ verschiedene Ideale Potenzen von $\mathfrak{p}_\nu$ sind. Ein erzeugendes Element π des Ideals $\mathfrak{p}_\nu$ wird als *Primelement* oder *Uniformisierende* von F *bezüglich* ν bezeichnet.

4.2 Die Bewertungen des Körpers der rationalen Zahlen und eines rationalen Funktionenkörpers

In diesem Abschnitt wollen wir uns einen Überblick über die Bewertungen der nach den endlichen Körpern einfachsten Körper verschaffen. Wir betrachten zunächst den Körper $\mathbb{Q}$ der rationalen Zahlen.

Satz 4.2.1 *Eine Bewertung von $\mathbb{Q}$ ist entweder durch eine Exponentenbewertung ν_p gegeben oder zum absoluten Betrag $|\ \ |$ äquivalent.*

B e w e i s: Sei φ eine nicht-archimedische Bewertung von $\mathbb{Q}$. Dann ist nach Satz 4.1.4 $\varphi(n) \leq 1$ für alle $n \in \mathbb{Z}$ und es gibt wenigstens eine Primzahl p, für die $\varphi(p) < 1$ ist, da φ sonst trivial wäre. Die Menge

$$\mathfrak{a} := \{a \in \mathbb{Z} \mid \varphi(a) < 1\}$$

ist ein Ideal von $\mathbb{Z}$ mit $p \in \mathfrak{a}$. Wegen $\mathfrak{a} \neq \mathbb{Z}$ gilt $\mathfrak{a} = p\mathbb{Z}$. Insbesondere gilt $\varphi(q) = 1$ für alle Primzahlen $q \neq p$. Danach ist φ eindeutig definiert und es gilt

$$\varphi(r) = \varphi(p)^{\nu_p(r)} \text{ für } r \in \mathbb{Q}^\times.$$

Sei jetzt φ archimedisch. Wir betrachten natürliche Zahlen n und m, die größer als 1 sind. Dann gibt es eine Darstellung

$$m = a_0 + a_1 n + \cdots + a_s n^s$$

mit $a_i \in \{0, 1, \ldots, n-1\}$ und $n^s \leq m$, also $s \leq \dfrac{\log m}{\log n}$. Dann wird nach der Dreiecksungleichung

$$\varphi(a_i) \leq a_i \varphi(1) \leq n$$

und daher

$$\begin{aligned}
\varphi(m) &\leq \varphi(a_0) + \varphi(a_1)\varphi(n) + \cdots + \varphi(a_s)\varphi(n)^s \\
&\leq n(1 + \varphi(n) + \cdots + \varphi(n)^s) \\
&\leq n(s+1)\max\{1, \varphi(n)^s\} \\
&\leq n\left(\frac{\log m}{\log n} + 1\right) \cdot \max\{1, \varphi(n)^{\log m/\log n}\}.
\end{aligned}$$

Sei k eine natürliche Zahl. Wir ersetzen m durch m^k und ziehen die k-te Wurzel. Dann folgt

$$\varphi(m) \leq \sqrt[k]{n} \cdot \sqrt[k]{\left(k \cdot \frac{\log m}{\log n} + 1\right)} \cdot \max\{1, \varphi(n)^{\log m/\log n}\},$$

und für $k \to \infty$ erhält man

$$\varphi(m) \leq \max\{1, \varphi(n)^{\log m/\log n}\}. \tag{4.2.1}$$

Da φ archimedisch ist, gibt es ein m mit $\varphi(m) > 1$. Aus (4.2.1) folgt daher $\varphi(n) > 1$ für alle $n \in \mathbb{N} - \{1\}$ und demnach

$$\varphi(m) \leq \varphi(n)^{\log m/\log n}$$

für alle $m, n \in \mathbb{N} - \{1\}$. Durch Vertauschen der Rollen von n und m folgt

$$\varphi(m)^{1/\log m} = \varphi(n)^{1/\log n} \tag{4.2.2}$$

für alle $m, n \in \mathbb{N} - \{1\}$. Wir fixieren n und setzen $a := \log \varphi(n) / \log n$. Dann wird

$$\varphi(m) = m^a,$$

woraus $\varphi(r) = |r|^a$ für $r \in \mathbb{Q}$ folgt. $\qquad\Box$

Jetzt betrachten wir den rationalen Funktionenkörper $F_0(x)$ mit einem beliebigen Konstantenkörper F_0. Wir lassen nur Bewertungen φ zu, die den Konstantenkörper trivial bewerten, d.h. $\varphi(v) = 1$ für $v \in F_0^\times$. Eine solche Bewertung ist notwendigerweise nicht-archimedisch.

Satz 4.2.2 *Sei φ eine nichttriviale Bewertung von $F_0(x)$ mit $\varphi(v) = 1$ für $v \in F_0^\times$.*

(i) *Sei $\varphi(x) \leq 1$. Dann gibt es ein Primpolynom p in $F_0[x]$ mit $\varphi(p) < 1$, und φ hat die Form*

$$\varphi(r) = \varphi(p)^{\nu_p(r)} \text{ für } r \in F_0(x)^\times.$$

(ii) *Sei $\varphi(x) > 1$. Dann gilt*

$$\varphi(r) = \varphi(x)^{\deg r}, \qquad (4.2.3)$$

wobei $\deg r$ die Exponentenbewertung von $F_0(x)$ bezeichnet, die durch den Grad eines Polynoms gegeben ist.

B e w e i s: (i) Sei $\varphi(x) \leq 1$. Dann gilt $\varphi(f) \leq 1$ für alle $f \in F_0[x]$. Da φ nichttrivial ist, gibt es ein Primpolynom p in $F_0[x]$ mit $\varphi(p) < 1$. Wie im Beweis von Satz 4.2.1 folgt $\varphi(f) = \varphi(p)^{\nu_p(f)}$ für $f \in F_0[x]$, $f \neq 0$.

(ii) Sei jetzt $\varphi(x) > 1$ und folglich $\varphi(1/x) < 1$. Wir können (i) auf den Ring $F_0[1/x]$ anwenden. Für $f(x) = a_0 + a_1 x + \cdots + a_s x^s \in F_0[x]$ mit $a_s \neq 0$ gilt

$$f(x) = \left(\frac{1}{x}\right)^{-s} \left(a_0 \left(\frac{1}{x}\right)^s + a_1 \left(\frac{1}{x}\right)^{s-1} + \ldots + a_s \right)$$

und daher bezüglich $F_0[1/x]$

$$\nu_{\frac{1}{x}}(f(x)) = -s = -\deg f$$

also

$$\varphi(f) = \varphi\left(\frac{1}{x}\right)^{-\deg f} = \varphi(x)^{\deg f}.$$

$\qquad\Box$

Im Hinblick auf (4.2.3) bezeichnet man die Bewertung (ii) als *Gradbewertung* .

Satz 4.2.2 besagt, daß alle Bewertungen φ von $F_0(x)$ mit $\varphi(v) = 1$ für $v \in F_0^\times$ von den Exponentenbewertungen der Primpolynome von $F_0[x]$ herkommen mit einer Ausnahme, der Gradbewertung. Wenn $F_0 = \mathbb{C}$ oder allgemeiner wenn F_0 algebraisch abgeschlossen ist, entsprechen die Äquivalenzklassen von Bewertungen den Elementen von F_0, d.h. den Punkten der *affinen Geraden* außer der Gradbewertung, die zu der Uniformisierenden $1/x$ gehört. Nach dem Sprachgebrauch der Funktionentheorie wird die Gradbewertung deshalb auch als „unendlicher Punkt" bezeichnet. Die Gesamtheit der Äquivalenzklassen von Bewertungen von $F_0(x)$ bildet die *projektive Gerade* über F_0.

Im allgemeinen werden wir eine Äquivalenzklasse von Bewertungen eines Körpers F als *Stelle* von F bezeichnen. Die zur Gradbewertung gehörige Stelle von $F_0(x)$ wird als *unendliche Stelle* bezeichnet. Das bedeutet, daß man die Variable x von $F_0(x)$ ausgezeichnet hat. Die unendliche Stelle von $F_0(1/x)$ ist die zum Polynom x gehörige Stelle von $F_0(x)$.

Im Fall des Körpers $\mathbb{Q}$ der rationalen Zahlen wird der absolute Betrag auch als unendliche Stelle bezeichnet.

4.3 Vervollständigung

In Verallgemeinerung der *Vervollständigung* des Körpers $\mathbb{Q}$ der rationalen Zahlen zum Körper $\mathbb{R}$ der reellen Zahlen mit Hilfe des absoluten Betrages wird jeder Körper F mit nichttrivialer Bewertung φ zu einem Körper F_φ vervollständigt. Die Bewertung φ setzt sich in kanonischer Weise auf F_φ fort. F_φ ist *vollständig* bezüglich dieser Fortsetzung, d.h jede Cauchy-Folge in F_φ konvergiert gegen ein Element aus F_φ. Wir beschreiben im folgenden den Prozeß der Vervollständigung, fassen uns aber kurz, da gegenüber der Vervollständigung des Körpers $\mathbb{Q}$ zum Körper der reellen Zahlen kein neuer Gedanke auftritt.

Sei F ein Körper mit nichttrivialer Bewertung φ. Eine *Cauchy-Folge* $(\alpha_1, \alpha_2, \ldots)$ *in F* ist eine Folge von Elementen α_i aus F mit der Eigenschaft, daß es für jedes reelle $\varepsilon > 0$ eine natürliche Zahl N mit

$$\varphi(\alpha_n - \alpha_m) < \varepsilon \text{ für alle } n, m \geq N$$

gibt. Die Cauchy-Folgen bilden bei komponentenweiser Addition und Multiplikation einen Ring $C_\varphi(F)$. Eine Folge $(\alpha_1, \alpha_2, \ldots)$ heißt *konvergent in F*, wenn es ein $\alpha \in F$ gibt mit der Eigenschaft, daß für jedes reelle $\varepsilon > 0$ eine natürliche Zahl N mit

$$\varphi(\alpha_n - \alpha) < \varepsilon \text{ für alle } n \geq N$$

existiert. α ist eindeutig bestimmt und wird als *Grenzwert* der Folge $(\alpha_1, \alpha_2, \ldots)$ bezeichnet, $\alpha = \lim_{n \to \infty} \alpha_n$. Jede konvergente Folge ist eine Cauchy-Folge.

Die Folgen mit dem Grenzwert 0 bilden ein maximales Ideal $I_\varphi(F)$ in $C_\varphi(F)$. Der Körper

$$F_\varphi := C_\varphi(F)/I_\varphi(F)$$

ist die *Vervollständigung von F*. Der Körper F wird in F_φ durch die Abbildung

$$\alpha \mapsto (\alpha, \alpha, \alpha, \ldots) + I_\varphi(F)$$

eingebettet.

Für eine Cauchy-Folge $(\alpha_1, \alpha_2, \ldots)$ konvergiert die Folge $(\varphi(\alpha_1), \varphi(\alpha_2), \ldots)$ im gewöhnlichen Sinne, d.h. bezüglich des Absolutbetrages in $\mathbb{R}$. Der Grenzwert der Folge werde mit $\hat{\varphi}(\alpha_1, \alpha_2, \ldots)$ bezeichnet. Er ist unabhängig von der Wahl von $(\alpha_1, \alpha_2, \ldots)$ innerhalb der Klasse $(\alpha_1, \alpha_2, \ldots) + I_\varphi(F)$. Die Abbildung $\hat{\varphi}$ von F_φ in $\mathbb{R}$ ist eine Bewertung von F_φ, die *Fortsetzung von φ auf F_φ*. Der Körper F_φ ist bezüglich $\hat{\varphi}$ vollständig.

Der Satz von Ostrowski , den wir hier nicht beweisen, besagt, daß ein Körper, der bezüglich einer archimedischen Bewertung vollständig ist, zum Körper der reellen oder komplexen Zahlen isomorph ist (siehe hierzu z.B. [Ha1949], Kap. 13).

Wir betrachten noch den Fall einer nicht-archimedischen Bewertung, die wir als Exponentenbewertung ν schreiben. Statt $\mathfrak{o}_\nu$ und $\mathfrak{p}_\nu$ schreiben wir der Einfachheit halber $\mathfrak{o}$ und $\mathfrak{p}$. Weiter schreiben wir $F_{\mathfrak{p}}$ für die Vervollständigung F_ν von F bezüglich ν. Sei $\hat{\nu}$ die Fortsetzung von ν auf $F_{\mathfrak{p}}$, sei $\hat{\mathfrak{o}}$ der Bewertungsring von $\hat{\nu}$ und $\hat{\mathfrak{p}}$ das maximale Ideal von $\hat{\mathfrak{o}}$.

Satz 4.3.1 *Die Wertegruppe $\hat{\nu}(F_{\mathfrak{p}})$ ist gleich $\nu(F)$. Die Injektion $\mathfrak{o} \to \hat{\mathfrak{o}}$ induziert einen Isomorphismus von $\mathfrak{o}/\mathfrak{p}$ auf $\hat{\mathfrak{o}}/\hat{\mathfrak{p}}$.*

B e w e i s: Sei $(\alpha_1, \alpha_2, \ldots)$ eine Folge in F, die gegen $\alpha \in F_{\mathfrak{p}}$ konvergiert. Die Folge $(\nu(\alpha_1), \nu(\alpha_2), \ldots)$ wird im Fall $\alpha \neq 0$ stationär, denn die Konvergenz der Folge bedeutet, daß für jede reelle Zahl M eine natürliche Zahl N mit

$$\hat{\nu}(\alpha_n - \alpha) > M \text{ für alle } n \geq N$$

existiert. Dann wird für $M = \hat{\nu}(\alpha)$ nach (4.1.5)

$$\nu(\alpha_n) = \hat{\nu}(\alpha_n - \alpha + \alpha) = \min\{\hat{\nu}(\alpha_n - \alpha), \hat{\nu}(\alpha)\} = \hat{\nu}(\alpha).$$

Es ist klar, daß der Homomorphismus $\mathfrak{o}/\mathfrak{p} \to \hat{\mathfrak{o}}/\hat{\mathfrak{p}}$ eine Injektion ist. Sei $\alpha + \hat{\mathfrak{p}}$ eine Klasse in $\hat{\mathfrak{o}}/\hat{\mathfrak{p}}$ mit $\alpha = \lim_{n\to\infty} \alpha_n$ mit $\alpha_n \in F$. Dann gibt es ein n mit $\alpha - \alpha_n \in \hat{\mathfrak{p}}$, also $\alpha + \hat{\mathfrak{p}} = \alpha_n + \hat{\mathfrak{p}}$. $\qquad\Box$

Im folgenden wird, wenn keine Verwechslung zu befürchten ist, die Fortsetzung von ν auf $F_{\mathfrak{p}}$ wieder mit ν bezeichnet. Für $\hat{\mathfrak{o}}$ schreibt man oft $\mathfrak{o}_{\mathfrak{p}}$.

4.4 Vollständige Körper bezüglich einer diskreten Bewertung

In diesem Abschnitt beschränken wir uns auf Körper F, die vollständig bezüglich einer diskreten Exponentenbewertung ν sind. Statt $\mathfrak{o}_\nu$ und $\mathfrak{p}_\nu$ schreiben wir der Einfachheit halber $\mathfrak{o}$ und $\mathfrak{p}$. Die Charakteristik von $\mathfrak{o}/\mathfrak{p}$ wird als *Restklassencharakteristik* von F bezeichnet. Für jedes $i \in \mathbb{Z}$ wählen wir ein $\pi_i \in F$ mit

$$\nu_{\mathfrak{p}}(\pi_i) = i,$$

wobei $\nu_{\mathfrak{p}}$ den Exponenten bezüglich $\mathfrak{p}$ bezeichnet (Abschnitt 3.3). Inbesondere ist $\pi := \pi_1$ ein Primelement von $\mathfrak{o}$. Eine mögliche Wahl für π_i ist $\pi_i := \pi^i$.

Satz 4.4.1 *Sei R ein Vertretersystem für die Restklassen von $\mathfrak{o}/\mathfrak{p}$. Dann läßt sich jedes Element $\alpha \neq 0$ von F in eindeutiger Weise in der Form*

$$\alpha = \sum_{i=i_0}^{\infty} \alpha_i \pi_i \text{ mit } i_0 = \nu_{\mathfrak{p}}(\alpha) \text{ und } \alpha_i \in R$$

darstellen.

B e w e i s: Die Folge $\alpha^{(n)} := \sum_{i=i_0}^{n} \alpha_i \pi_i$ ist konvergent, denn für vorgegebenes $\varepsilon > 0$ gilt

$$\varphi(\alpha^{(n)} - \alpha^{(m)}) \leq \varphi(\pi)^{\min\{n,m\}} < \varepsilon$$

für $\min\{n,m\} > \log \varepsilon / \log \varphi(\pi)$. Für gegebenes $\alpha \neq 0$ bestimmt man induktiv und eindeutig $\alpha_{i_0}, \alpha_{i_0+1}, \ldots$ aus R, so daß

$$\varphi \left(\alpha - \sum_{i=i_0}^{n} \alpha_i \pi_i \right) < \varphi(\pi)^n$$

gilt: α_{i_0} ist der Vertreter der Restklasse $\alpha \pi_{i_0}^{-1} + \mathfrak{p}$ in R. Wenn α_n bereits bestimmt ist, erhält man α_{n+1} als Vertreter der Restklasse

$$\left(\alpha - \sum_{i=i_0}^{n} \alpha_i \pi_i \right) \pi_{n+1}^{-1} + \mathfrak{p}$$

in R. $\square$

Im folgenden benutzen wir statt φ die Exponentenbewertung $\nu_\mathfrak{p}$. Eine Folge $(\beta_1, \beta_2, \ldots)$ konvergiert gegen β in F, wenn für jede natürliche Zahl M eine natürliche Zahl N existiert mit

$$\nu_\mathfrak{p}(\beta_n - \beta) \geq M \text{ für alle } n > N.$$

Mit Satz 4.4.1 haben wir Anschluß an die ursprünglichen Gedanken von Hensel gefunden. Sei insbesondere $\mathbb{Q}_p$ die Vervollständigung von $\mathbb{Q}$ bezüglich der Exponentenbewertung ν_p. Dann läßt sich jedes Element a von $\mathbb{Q}_p$ in der Form

$$a = \sum_{i=i_0}^{\infty} a_i p^i \text{ mit } i_0 = \hat{\nu}_p(a) \tag{4.4.1}$$

darstellen, wobei die Koeffizienten a_i ganzrationale Zahlen mit $0 \leq a_i < p$ sind. Die Elemente von $\mathbb{Q}_p$ werden im Hinblick auf (4.4.1) als rationale p-adische Zahlen bezeichnet. Ein $a \in \mathbb{Q}_p$ gehört zum Bewertungsring $\mathbb{Z}_p$ von $\hat{\nu}_p$, wenn $\hat{\nu}_p(a) \geq 0$ ist. Insbesondere gehört ein rationaler Bruch zu $\mathbb{Z}_p$, wenn sein Nenner prim zu p ist. Die Zahlen $a \in \mathbb{Q}_p$ mit $\hat{\nu}_p(a) \geq 0$ werden als ganze p-adische Zahlen bezeichnet.

Beispiele für p-adische Zahlen:

In $\mathbb{Z}_2$ gilt

$$\begin{aligned}
-1 &= 1 + 2 + 2^2 + \cdots, \\
\frac{1}{3} &= 1 - 2 + 2^2 - + \cdots, \\
\sqrt{-7} &= 1 + 2^2 + 2^4 + \cdots.
\end{aligned}$$

In $\mathbb{Z}_5$ gilt

$$\begin{aligned}
-1 &= 4 + 4 \cdot 5 + 4 \cdot 5^2 + \cdots, \\
\sqrt{-1} &= 2 + 5 + 2 \cdot 5^2 + \cdots.
\end{aligned}$$

Der folgende Satz ist ein Eckstein der Henselschen Methode in der algebraischen Zahlentheorie.

Satz 4.4.2 (Henselsches Lemma) *Sei $f(x)$ ein normiertes Polynom mit Koeffizienten in $\mathfrak{o}$. Weiter sei eine Kongruenz*

$$f(x) \equiv g_0(x)h_0(x) \pmod{\mathfrak{p}} \qquad (4.4.2)$$

mit normierten Polynomen $g_0(x)$ und $h_0(x)$ aus $\mathfrak{o}[x]$ gegeben, so daß die zugehörigen Restklassenpolynome $\bar{g}_0(x)$ und $\bar{h}_0(x)$ in $(\mathfrak{o}/\mathfrak{p})[x]$ zueinander teilerfremd sind.

Dann gibt es normierte Polynome $g(x)$ und $h(x)$ aus $\mathfrak{o}[x]$ mit $f(x) = g(x)h(x)$ und

$$g(x) \equiv g_0(x) \pmod{\mathfrak{p}}, \quad h(x) \equiv h_0(x) \pmod{\mathfrak{p}}.$$

B e w e i s: Wir bestimmen induktiv normierte Polynome $g_n(x)$, $h_n(x) \in \mathfrak{o}[x]$ mit

$$f(x) \equiv g_n(x)h_n(x) \pmod{\mathfrak{p}^{n+1}} \qquad (4.4.3)$$

und

$$g_n(x) \equiv g_{n-1}(x) \pmod{\mathfrak{p}^n}, \quad h_n(x) \equiv h_{n-1}(x) \pmod{\mathfrak{p}^n} \qquad (4.4.4)$$

für $n = 1, 2, \ldots$.

Seien $g_1, h_1, \ldots, g_{n-1}, h_{n-1}$ mit dieser Eigenschaft schon gefunden. Dann bestimmen wir $g_n(x)$, $h_n(x)$ in der Form

$$g_n(x) = g_{n-1}(x) + \pi^n u_n(x), \quad h_n(x) = h_{n-1}(x) + \pi^n v_n(x)$$

mit passenden Polynomen $u_n(x)$, $v_n(x)$ aus $\mathfrak{o}[x]$. (4.4.3) ist erfüllt, wenn

$$\begin{aligned}
f(x) &- g_{n-1}(x)h_{n-1}(x) \\
&\equiv \pi^n(g_{n-1}(x)v_n(x) + h_{n-1}(x)u_n(x)) \pmod{\mathfrak{p}^{n+1}}
\end{aligned} \qquad (4.4.5)$$

gilt. Nach Induktionsvoraussetzung hat

$$r(x) := (f(x) - g_{n-1}(x)h_{n-1}(x))\pi^{-n}$$

Koeffizienten in $\mathfrak{o}$ und einen Grad $\leq \deg f - 1$. Die Kongruenz (4.4.5) kann daher in der Form

$$r(x) \equiv g_{n-1}(x)v_n(x) + h_{n-1}(x)u_n(x) \pmod{\mathfrak{p}} \qquad (4.4.6)$$

geschrieben werden. Da die Restklassenpolynome $\bar{g}_{n-1}(x)$ und $\bar{h}_{n-1}(x)$ nach Induktionsannahme gleich den teilerfremden Polynomen $\bar{g}_0(x)$ und $\bar{h}_0(x)$ sind, gibt es $u_n(x)$ und $v_n(x)$ mit (4.4.6) und $\deg u_n(x) < \deg g_0$, $\deg v_n < \deg h_0$. Es folgt, daß die zugehörigen Polynome g_n und h_n die Bedingungen (4.4.3) und (4.4.4) erfüllen. Mit

$$g(x) = \lim_{n\to\infty} g_n(x), \quad h(x) = \lim_{n\to\infty} h_n(x)$$

erhält man normierte Polynome aus $\mathfrak{o}[x]$ mit $f(x) = g(x)h(x)$. $\qquad\square$

Im Hinblick auf die in der Einleitung zu Kapitel 4 betrachtete Aufgabe ist es wünschenswert, Verfeinerungen des Henselschen Lemmas zu haben, die von Kongruenzen modulo Potenzen des Primideals $\mathfrak{p}$ ausgehen. Der folgende Satz stellt eine solche Verfeinerung dar.

Satz 4.4.3 *Sei $f(x)$ ein normiertes Polynom mit Koeffizienten in $\mathfrak{o}$ und mit von 0 verschiedener Diskriminante $\Delta(f)$. Weiter sei eine Kongruenz*

$$f(x) \equiv g_0(x)h_0(x) \pmod{\mathfrak{p}^{s+1}}$$

gegeben mit normierten Polynomen $g_0(x)$ und $h_0(x)$ aus $\mathfrak{o}[x]$, wobei $s = \nu_{\mathfrak{p}}(\Delta(f))$ der Exponent der Diskriminante $\Delta(f)$ ist.

Dann gibt es normierte Polynome $g(x)$ und $h(x)$ aus $\mathfrak{o}[x]$ mit $f(x) = g(x)h(x)$ und $g(x) \equiv g_0(x) \pmod{\mathfrak{p}}$, $h(x) \equiv h_0(x) \pmod{\mathfrak{p}}$.

B e w e i s: Wie im Beweis von Satz 4.4.2 bestimmen wir induktiv normierte Polynome $g_n(x)$, $h_n(x) \in \mathfrak{o}[x]$ mit

$$f(x) \equiv g_n(x)h_n(x) \pmod{\mathfrak{p}^{s+n+1}} \tag{4.4.7}$$

und

$$g_n(x) \equiv g_{n-1}(x) \pmod{\mathfrak{p}^n}, \quad h_n(x) \equiv h_{n-1}(x) \pmod{\mathfrak{p}^n}. \tag{4.4.8}$$

Wir bestimmen $g_n(x)$, $h_n(x)$ in der Form

$$g_n(x) = g_{n-1}(x) + \pi^n u_n(x), \quad h_n(x) = h_{n-1}(x) + \pi^n v_n(x)$$

mit passenden Polynomen $u_n(x)$, $v_n(x)$ aus $\mathfrak{o}[x]$ vom Grad

$$\deg u_n < \deg g_0, \quad \deg v_n < \deg h_0.$$

(4.4.7) ist erfüllt, wenn

$$f(x) - g_{n-1}(x)h_{n-1}(x) \tag{4.4.9}$$
$$\equiv \pi^n(g_{n-1}(x)v_n(x) + h_{n-1}(x)u_n(x) + \pi^n u_n(x)v_n(x)) \pmod{\mathfrak{p}^{s+n+1}}$$

erfüllt ist. Die linke Seite dieser Kongruenz können wir in der Form

$$f(x) - g_{n-1}(x)h_{n-1}(x) = \pi^{s+n}l(x)$$

mit einem Polynom $l(x)$ aus $\mathfrak{o}[x]$ vom Grad $\deg l \leq \deg f - 1$ darstellen. Wir können daher (4.4.9) in der Form

$$l(x)\pi^s \equiv g_{n-1}(x)v_n(x) + h_{n-1}(x)u_n(x) + \pi^n u_n(x)v_n(x) \pmod{\mathfrak{p}^{s+1}} \tag{4.4.10}$$

schreiben. Sei $\mu := \deg g_{n-1} = \deg g_0$, $\nu := \deg h_{n-1} = \deg h_0$. Um zu zeigen, daß die Kongruenz (4.4.10) lösbar ist, benötigen wir zwei Hilfssätze:

Hilfssatz 4.4.4 *Sei $R(g_{n-1}, h_{n-1})$ die Resultante der Polynome g_{n-1} und h_{n-1}. Mit $\Delta(f)$ ist auch $R(g_{n-1}, h_{n-1})$ von 0 verschieden und es gilt*

$$\nu_{\mathfrak{p}}(R(g_{n-1}, h_{n-1})) \leq \nu_{\mathfrak{p}}(\Delta(f))/2.$$

B e w e i s: Nach der Definition der Resultate (siehe [Wa1966], §34) gilt

$$\Delta(g_{n-1}h_{n-1}) = \pm\Delta(g_{n-1})\Delta(h_{n-1})R^2(g_{n-1}, h_{n-1}).$$

Wegen

$$f(x) \equiv g_{n-1}(x)h_{n-1}(x) \pmod{\mathfrak{p}^{n+s}}$$

gilt

$$\Delta(f) \equiv \Delta(g_{n-1}h_{n-1}) \pmod{\mathfrak{p}^{n+s}}$$

und daher

$$\Delta(f) \equiv \pm\Delta(g_{n-1})\Delta(h_{n-1})R^2(g_{n-1}, h_{n-1}) \pmod{\mathfrak{p}^{n+s}}.$$

Hieraus folgt die Behauptung. $\qquad\square$

Hilfssatz 4.4.5 *Wir setzen zur Abkürzung* $g := g_{n-1}$, $h := h_{n-1}$. *Sei* $c \in \mathfrak{o}$ *ein Vielfaches von* $R(g, h)$. *Dann gibt es für jedes Polynom* $l(x)$ *aus* $\mathfrak{o}[x]$ *vom Grad* $\leq \mu + \nu - 1$ *Polynome* $u(x)$ *und* $v(x)$ *aus* $(c/R(g, h))\mathfrak{o}[x]$ *mit*

$$\deg u < \nu, \quad \deg v < \mu$$

und

$$cl(x) = g(x)u(x) + h(x)v(x). \tag{4.4.11}$$

B e w e i s: Es genügt, den Hilfssatz für den Fall $c = R(g, h)$ zu beweisen. Sei

$$g(x) = \sum_{i=0}^{\mu} a_i x^{\mu-i}, \quad h(x) = \sum_{i=0}^{\nu} b_i x^{\nu-i},$$

$$l(x) = \sum_{i=0}^{\mu+\nu-1} c_i x^{\mu+\nu-1-i},$$

$$u(x) = \sum_{i=0}^{\nu-1} u_i x^{\nu-1-i}, \quad v(x) = \sum_{i=0}^{\mu-1} v_i x^{\mu-1-i}.$$

Zur Bestimmung der $\mu + \nu$ Unbestimmten $u_0, u_1, \ldots, u_{\nu-1}, v_0, v_1, \ldots, v_{\mu-1}$ ergeben sich aus (4.4.11) die $\mu + \nu$ linearen Gleichungen

$$\sum_{k=0}^{\nu-1} a_{i-k}u_k + \sum_{k=0}^{\mu-1} b_{i-k}v_k = R(g, h)c_i, \quad i = 0, 1, \ldots, \mu + \nu - 1, \tag{4.4.12}$$

wobei wir zur Vereinfachung der Bezeichnungen $a_j := 0$ für $j \in \mathbb{Z}$, $j \notin \{0, \ldots, \mu\}$, $b_j := 0$ für $j \in \mathbb{Z}$, $j \notin \{0, \ldots, \nu\}$ gesetzt haben.

Die Determinante dieses Gleichungssystems ist gleich der Resultante $R(g, h)$. Wegen $R(g, h) \neq 0$ hat das System eine eindeutig bestimmte Lösung, und da die rechten Seiten von (4.4.12) durch $R(g, h)$ teilbar sind, liegt die Lösung in $\mathfrak{o}$. $\qquad\square$

Wir kommen jetzt zur Lösung der Kongruenz (4.4.10). Mit $c = \pi^s$ wird nach Hilfssatz 4.4.4

$$\nu_{\mathfrak{p}} \left(\frac{c}{R(g_{n-1}, h_{n-1})} \right) \geq t,$$

wobei t die kleinste ganze Zahl $\geq s/2$ ist.

Nach Hilfssatz 4.4.5 gibt es daher Polynome $u_n(x)$ und $v_n(x)$ in $\pi^t \mathfrak{o}[x]$ vom Grad $\leq \nu - 1$ und $\leq \mu - 1$ mit

$$\pi^s l(x) \equiv g_{n-1}(x) v_n(x) + h_{n-1}(x) u_n(x) \pmod{\mathfrak{p}^{s+1}}.$$

Wegen $u_n(x), v_n(x) \in \pi^t \mathfrak{o}[x]$ und $n \geq 1$ ist

$$\pi^n u_n(x) v_n(x) \equiv 0 \pmod{\mathfrak{p}^{s+1}}.$$

Daher sind $u_n(x)$ und $v_n(x)$ eine Lösung der Kongruenz (4.4.10).

Damit ist die Existenz von normierten Polynomen $g_n(x), h_n(x)$ bewiesen, die den Bedingungen (4.4.7) und (4.4.8) genügen und mit wachsendem n gegen Polynome $g(x), h(x)$ konvergieren, für die Satz 4.4.3 gilt.   □

Satz 4.4.2 und Satz 4.4.3 lassen sich ohne weiteres auf den Fall der Zerlegung in mehrere Faktoren verallgemeinern.

Wir kommen jetzt auf das Polynom

$$f(x) = x^3 + x^2 - 2x + 8$$

zurück, das wir in der Einleitung zu Kapitel 4 betrachtet haben. Wir wollen $f(x)$ in $\mathbb{Q}_2[x]$ in irreduzible Faktoren zerlegen. Wegen $\nu_2(\Delta(f)) = 2$ haben wir entsprechend Satz 4.4.3 die Zerlegung von $f(x) \pmod 8$ zu betrachten. Wegen

$$f(x) \equiv x(x + 2)(x - 1) \pmod 8$$

zerfällt $f(x)$ in $\mathbb{Q}_2[x]$ in drei verschiedene Linearfaktoren. Wir werden in Abschnitt 4.8 allgemein zeigen, daß die Zerlegung eines über dem algebraischen Zahlkörper F irreduziblen Polynoms $f(x)$ in $F_{\mathfrak{p}}$ die Zerlegung des Primideals $\mathfrak{p}$ von F in Primfaktoren in der Erweiterung $F[x]/f(x)F[x]$ widerspiegelt (Satz 4.8.2).

Als eine erste Anwendung des Henselschen Lemmas beweisen wir den folgenden

Satz 4.4.6 *Sei m eine zur Charakteristik p von $\mathfrak{o}/\mathfrak{p}$ prime Zahl. Dann sind die m-ten Einheitswurzeln in F genau dann vorhanden, wenn sie in $\mathfrak{o}/\mathfrak{p}$ vorhanden sind.*

B e w e i s: Sei ζ eine primitive m-te Einheitswurzel in $\mathfrak{o}/\mathfrak{p}$. Dann hat das Polynom $x^m - 1$ in $\mathfrak{o}/\mathfrak{p}$ m verschiedene Nullstellen und zerfällt also in $\mathfrak{o}/\mathfrak{p}$ in m verschiedene Linearfaktoren. Daher zerfällt nach dem Henselschen Lemma auch $x^m - 1$ über $\mathfrak{o}$ in m verschiedene Linearfaktoren.

Umgekehrt sei ζ eine primitive m-te Einheitswurzel in F. Dann zerfällt $x^m - 1$ über $\mathfrak{o}$ in m verschiedene Linearfaktoren. Da die Ableitung $mx^{m-1} \pmod p$ keinen gemeinsamen Faktor mit $x^m - 1$ hat, sind auch die Linearfaktoren von $x^m - 1$ in $\mathfrak{o}/\mathfrak{p}$ alle voneinander verschieden.   □

Als weitere Anwendung des Henselschen Lemmas betrachten wir die Vervollständigung eines rationalen Funktionenkörpers $F_0(x)$ über einem vollkommenen Konstantenkörper F_0 bezüglich der durch ein irreduzibles Polynom ω von $F_0[x]$ gegebenen Bewertung (Satz 4.2.2). Wir erinnern daran ([Ku], 8.16), daß ein Körper vollkommen ist, wenn alle seine endlichen Erweiterungen separabel sind. Dies ist der Fall für die uns hier vor allem interessierenden Fälle, daß F_0 Charakteristik 0 hat oder endlich ist.

Zunächst konstruieren wir eine Einlagerung des Körpers $F_0[x]/(\omega)$ in die Vervollständigung $F_0(x)_\omega$: Wir ersetzen in dem Polynom $\omega = \omega(x)$ die Unbestimmte x durch eine Unbestimmte Y. Die Klasse $\bar{x}$ von x in $F_0[x]/\omega$ ist eine Nullstelle des Polynoms $\omega(Y)$. Da F_0 vollkommen ist, ist $\bar{x}$ eine einfache Nullstelle von $\omega(Y)$. Nach dem Henselschen Lemma zerfällt daher $\omega(Y)$ über $F_0(x)_\omega$ in ein Produkt

$$\omega(Y) = (Y - \alpha)g(Y),$$

wobei α eindeutig durch

$$\bar{\alpha} = \bar{x}$$

bestimmt ist. Durch die Zuordnung $\bar{x} \mapsto \alpha$ wird eine kanonische Einbettung von $F_0[x]/(\omega)$ in $F_0(x)_\omega$ definiert. Wir identifizieren in folgenden $K_0 := F_0[x]/(\omega)$ mit seinem Bild in $F_0(x)_\omega$.

Nach Satz 4.4.1 läßt sich jedes Element $\alpha \neq 0$ von $F_0(x)_\omega$ eindeutig in der Form

$$\alpha = \sum_{i=i_0}^{\infty} \alpha_i \omega^i \text{ mit } i_0 = \nu_\omega(\alpha) \text{ und } \alpha_i \in K_0 \tag{4.4.13}$$

darstellen. (4.4.13) heißt *formale Laurentreihe* in ω mit Koeffizienten in K_0. Der Körper aller Potenzreihen (4.4.13) heißt *Körper der formalen Potenzreihen* über K_0 und wird mit $K_0((\omega))$ bezeichnet. Damit ist der folgende Satz bewiesen.

Satz 4.4.7 *Sei F_0 ein vollkommener Körper und ω ein irreduzibles Polynom in $F_0[x]$. Dann ist die Vervollständigung von F_0 bezüglich der durch ω gegebenen Bewertung von $F_0(x)$ isomorph zu $K_0((\omega))$, wobei K_0 den Restklassenkörper von $F_0[x]$ nach dem Primideal $\omega F_0[x]$ bezeichnet.* $\square$

4.5 Fortsetzung einer Bewertung eines vollständigen Körpers auf eine endliche Erweiterung

Im Fall eines archimedisch bewerteten Körpers beschränken wir uns entsprechend dem Satz von Ostrowski auf den Körper $\mathbb{R}$ der reellen Zahlen. Das Ziel dieses Abschnittes ist es, Existenz und Eindeutigkeit der Fortsetzung einer Bewertung des vollständigen Körpers F auf eine endliche Erweiterung K/F zu beweisen. Zur Vereinfachung schreiben wir N für die Norm $N_{K/F}$ von K nach F.

Zunächst beweisen wir den folgenden Satz, der bezüglich der Erweiterung $\mathbb{C}/\mathbb{R}$ wohlbekannt ist.

Satz 4.5.1 *Sei φ eine Fortsetzung der Bewertung eines vollständigen Körpers F auf eine endliche Erweiterung K. Dann ist K bezüglich φ vollständig.*

B e w e i s: Wir haben zu zeigen, daß jede Cauchy-Folge in K konvergiert. Sei $\omega_1, \ldots, \omega_n$ eine Basis von K/F und

$$\alpha_i = \sum_{\nu=1}^{n} a_{i\nu}\omega_\nu \text{ mit } a_{i\nu} \in F, \, i = 1, 2, \ldots.$$

Wenn die Folgen $a_{1\nu}, a_{2\nu}, \ldots$ für $\nu = 1, \ldots, n$ konvergieren, so konvergiert auch die Folge $\alpha_1, \alpha_2, \ldots$. Die Konvergenz von $a_{1\nu}, a_{2\nu}, \ldots$ ergibt sich aus dem folgenden

Hilfssatz 4.5.2 *Sei $m \leq n$. Es gibt eine nur von $\omega_1, \ldots, \omega_m$ abhängende reelle Zahl ρ_m, so daß für alle $\alpha \neq 0$ von K mit einer Darstellung*

$$\alpha = \sum_{\nu=1}^{m} a_\nu\omega_\nu \text{ mit } a_\nu \in F$$

die Ungleichung

$$\varphi(a_\nu) \leq \rho_m\varphi(\alpha) \text{ für } \nu = 1, \ldots, m \tag{4.5.1}$$

gilt.

B e w e i s: Wir beweisen den Hilfssatz durch Induktion über m. Für $m = 1$ können wir $\rho_1 = \varphi(\omega_1)^{-1}$ setzen. Sei der Hilfssatz schon für $m - 1$ bewiesen. Wir wollen ihn für m beweisen. Angenommen, es gibt keine solche Konstante ρ_m. Dann gibt es eine Folge $\alpha_1, \alpha_2, \ldots$ mit $\alpha_i = \sum_{\nu=1}^{m} a_{i\nu}\omega_\nu$, so daß $\lim_{i \to \infty} \varphi(a_{im}/\alpha_i) = \infty$ ist. Nach Induktionsvoraussetzung können wir annehmen, daß alle a_{im} von 0 verschieden sind. Mit $\beta_i := \alpha_i/a_{im}$, $b_{i\nu} := a_{i\nu}/a_{im}$ gilt dann

$$\lim_{i \to \infty} \beta_i = 0.$$

Wir haben

$$\beta_i - \beta_j = \sum_{\nu=1}^{m-1} (b_{i\nu} - b_{j\nu})\omega_\nu.$$

Nach Induktionsvoraussetzung sind daher die Folgen $b_{1\nu}, b_{2\nu}, \ldots$ für $\nu = 1, \ldots, m-1$ Cauchy-Folgen in F. Da F vollständig ist, konvergiert also $b_{1\nu}, b_{2\nu}, \ldots$ für $\nu = 1, \ldots, m - 1$ gegen ein $b_\nu \in F$. Andererseits ist

$$\lim_{i \to \infty} \beta_i = \sum_{\nu=1}^{m-1} b_\nu\omega_\nu + \omega_n = 0.$$

Aus diesem Widerspruch folgt die Existenz von ρ_m. $\qquad\qquad\square$

Satz 4.5.3 *Sei φ eine Fortsetzung der Bewertung eines vollständigen Körpers F auf die endliche Erweiterung K/F vom Grad n. Dann gilt*

$$\varphi(\alpha) = \varphi(N(\alpha))^{1/n}.$$

B e w e i s: Sei $\alpha \in K$ mit $\varphi(\alpha) < 1$. Dann gilt $\lim_{i \to \infty} \varphi(\alpha)^i = 0$. Daher ist $(\alpha^i \mid i \in \mathbb{N})$ eine Nullfolge. Nach Hilfssatz 4.5.2 sind dann auch $(a_{i\nu} \mid i \in \mathbb{N})$, $\nu = 1, \ldots, n$, Nullfolgen, wobei

$$\alpha^i = \sum_{\nu=1}^{n} a_{i\nu}\omega_\nu. \tag{4.5.2}$$

Für

$$\beta = \sum_{\nu=1}^{n} b_\nu\omega_\nu \text{ mit } b_\nu \in F$$

erhält man die Norm $N(\beta)$ als homogenes Polynom in $b_1, \ldots, b_n$. Aus $\lim_{i \to \infty} a_{i\nu} = 0$ folgt daher

$$\lim_{i \to \infty} N(\alpha^i) = 0.$$

Dann ist auch

$$\lim_{i \to \infty} \varphi(N(\alpha^i)) = \lim_{i \to \infty} \varphi^i(N(\alpha)) = 0$$

und daher $\varphi(N(\alpha)) < 1$. Damit haben wir gezeigt, daß für ein $\alpha \in K$ mit $\varphi(\alpha) < 1$ auch $\varphi(N(\alpha)) < 1$ gilt. Ersetzt man α durch α^{-1}, so findet man, daß für $\varphi(\alpha) > 1$ auch $\varphi(N(\alpha)) > 1$ ist. Daher folgt aus $\varphi(N(\alpha)) = 1$, daß $\varphi(\alpha) = 1$ ist.

Sei jetzt $\alpha \in K^\times$ beliebig und $\beta := \alpha^n/N(\alpha)$. Dann ist

$$N(\beta) = N(\alpha^n)/N(\alpha)^n = 1$$

und daher $\varphi(\beta) = 1$. Daher gilt

$$\varphi(\alpha)^n = \varphi(N(\alpha)).$$

$\square$

Betreffs der Existenz der Fortsetzung beschränken wir uns auf die für uns allein interessanten Fälle, daß $F = \mathbb{R}$ ist, oder daß die Bewertung φ nicht-archimedisch und diskret ist. Im ersten Fall ist die Existenz der Bewertungsfortsetzung wohlbekannt. Im zweiten Fall sei φ durch die Exponentenbewertung $\nu_{\mathfrak{p}}$ gegeben. $\mathfrak{o}$ und $\mathfrak{p}$ seien wie in Abschnitt 4.4 definiert. Weiter sei O die ganze Abschließung von $\mathfrak{o}$ in K. Dann ist O nach Satz 3.1.3 ein Dedekindscher Ring. Sei $\mathfrak{P}$ ein von $\{0\}$ verschiedenes Primideal von O und e der Verzweigungsindex von $\mathfrak{P}$ über $\mathfrak{p}$. Dann ist $e^{-1}\nu_{\mathfrak{P}}$ eine Fortsetzung von $\nu_{\mathfrak{p}}$. Aufgrund der Eindeutigkeit der Fortsetzung von $\nu_{\mathfrak{p}}$ auf K ist $\mathfrak{P}$ das einzige von $\{0\}$ verschiedene Primideal von O, und O ist der Bewertungsring von $\nu_{\mathfrak{P}}$. Unter Berücksichtigung von Satz 4.5.3 erhält man

Satz 4.5.4 *Sei F ein vollständiger Körper mit einer nicht-archimedischen und diskreten Bewertung φ und sei K eine endliche Erweiterung von F vom Grad n. Dann wird durch*

$$\tilde{\varphi}(\alpha) := \varphi(N(\alpha))^{1/n} \text{ für } \alpha \in K$$

eine Fortsetzung $\tilde{\varphi}$ von φ auf K definiert. □

Satz 4.5.4 gilt ohne jede Einschränkung bezüglich der Bewertung φ. Siehe hierzu z.B. [Ar1967], p.21-28.

Sei K/F eine Galoissche Erweiterung und $g \in G(K/F)$, wobei $G(K/F)$ die Galoissche Gruppe von K/F bezeichnet ([Ku], §9). Dann gilt nach Anh.B

$$N(g\alpha) = N(\alpha) \text{ für } \alpha \in K.$$

Nach Satz 4.5.4 ist also

$$\tilde{\varphi}(g\alpha) = \tilde{\varphi}(\alpha). \tag{4.5.3}$$

Da die $g\alpha$ mit $g \in G(K/F)$ die Nullstellen des Minimalpolynoms f_α von α durchlaufen, können wir (4.5.3) auch wie folgt formulieren.

Satz 4.5.5 *Sei K/F eine Galoissche Erweiterung, sei φ eine Bewertung von K und $\alpha \in K$. Dann gilt*

$$\varphi(\alpha') = \varphi(\alpha)$$

für alle Nullstellen α' des Minimalpolynoms f_α von α über F. □

4.6 Endliche Erweiterungen eines vollständigen diskret bewerteten Körpers

Wir betrachten jetzt endliche Erweiterungen K eines Körpers F, der vollständig bezüglich einer diskreten Exponentenbewertung ν ist, näher. Die eindeutige Fortsetzung von ν auf K werde wieder mit ν bezeichnet. Wie oben bezeichnet $\mathfrak{o}$ den Bewertungsring von ν in F. Da es in $\mathfrak{o}$ nur ein maximales Ideal $\mathfrak{p}$ gibt, spricht man von *dem* Primideal $\mathfrak{p}$ von F. Sei $\mathfrak{P}$ das Primideal von K. Trägheitsgrad f und Verzweigungsindex e von $\mathfrak{P}$ über $\mathfrak{p}$ werden als Trägheitsgrad und Verzweigungsindex von K/F bezeichnet. K/F heißt *unverzweigt*, wenn e gleich 1 und *vollverzweigt*, wenn f gleich 1 ist. Für Zwischenkörper L von K/F bezeichnen wir den Bewertungsring mit O_L, das Primideal mit $\mathfrak{P}_L$, den Trägheitsgrad über F mit $f(L/F)$ und den Verzweigungsindex über F mit $e(L/F)$.

Im folgenden nehmen wir an, daß K/F eine endliche separable Erweiterung ist, dann gilt nach (3.5.3)

$$[K : F] = ef.$$

Der folgende Satz besagt, daß, wenn ein Element α „dicht genug" an einem Element β einer Erweiterung K/F liegt, β in $F(\alpha)$ enthalten ist.

Satz 4.6.1 (Krasnersches Lemma) *Sei K/F eine Galoissche Erweiterung, $\alpha \in K$. Weiter sei β ein Element von K mit*

$$\nu(\alpha - \beta) > \nu(g\beta - \beta)$$

für alle $g \in G(K/F)$ mit $g\beta \neq \beta$. Dann liegt β in $F(\alpha)$.

B e w e i s: Wir nehmen an, daß β nicht in $F(\alpha)$ liegt. Dann gibt es ein $g \in G(K/F)$ mit $g\beta \neq \beta$ und $g\alpha = \alpha$. Daraus folgt

$$\nu(g\beta - \alpha) = \nu(g\beta - g\alpha) = \nu(\beta - \alpha) = \nu(\alpha - \beta)$$

und

$$\nu(g\beta - \beta) = \nu(g\beta - \alpha - \beta + \alpha) \geq \min\{\nu(g\beta - \alpha), \nu(\alpha - \beta)\} = \nu(\alpha - \beta) > \nu(g\beta - \beta).$$

Aus diesem Widerspruch folgt $\beta \in F(\alpha)$. $\qquad\qquad\square$

Wir benutzen Satz 4.6.1 beim Beweis des folgenden Satzes.

Satz 4.6.2 *Sei K/F eine separable Erweiterung und sei auch die Restklassenerweiterung $O/\mathfrak{P}$ über $\mathfrak{o}/\mathfrak{p}$ separabel. Dann gibt es genau einen Zwischenkörper K_0 von K/F mit den folgenden Eigenschaften:*

(i) *K_0/F ist unverzweigt vom Grad f.*

(ii) *K/K_0 ist vollverzweigt vom Grad e.*

B e w e i s: Da $O/\mathfrak{P}$ über $\mathfrak{o}/\mathfrak{p}$ separabel ist, gibt es ein $\bar{\alpha} \in O/\mathfrak{P}$ mit $O/\mathfrak{P} = (\mathfrak{o}/\mathfrak{p})(\bar{\alpha})$. Sei $f_{\bar{\alpha}}(x)$ das Minimalpolynom von $\bar{\alpha}$ über $\mathfrak{o}/\mathfrak{p}$. Dann haben wir in $(O/\mathfrak{P})[x]$ eine Zerlegung von $f_{\bar{\alpha}}(x)$ in teilerfremde Polynome $x - \bar{\alpha}$ und $\bar{g}(x)$. Sei weiter $f_\alpha(x)$ ein normiertes Polynom in $\mathfrak{o}[x]$ mit

$$f_{\bar{\alpha}}(x) = f_\alpha(x) \pmod{\mathfrak{p}}.$$

Nach dem Henselschen Lemma (Satz 4.4.2) gibt es ein $\alpha \in K$ mit $(x - \alpha) \mid f_\alpha(x)$, d.h. α ist Nullstelle von $f_\alpha(x)$. Mit $f_{\bar{\alpha}}(x)$ ist auch $f_\alpha(x)$ ein irreduzibles Polynom vom Grad $f = [O/\mathfrak{P} : \mathfrak{o}/\mathfrak{p}]$. Daher hat die Erweiterung $F(\alpha)/F$ den Grad f. Sei $\mathfrak{P}_0$ das Primideal von $F(\alpha)$. Dann ist $\alpha + \mathfrak{P}_0$ Nullstelle des über $\mathfrak{o}/\mathfrak{p}$ irreduziblen Polynoms $f_{\bar{\alpha}}(x)$. Daraus folgt, daß der Trägheitsgrad von $F(\alpha)/F$ ebenfalls gleich f ist. Daher ist $F(\alpha)/F$ unverzweigt, und aus Satz 3.10.5 folgt, daß $K/F(\alpha)$ voll verzweigt vom Grad e ist. $F(\alpha)$ hat also die Eigenschaften (i) und (ii).

Sei jetzt K_0 ein beliebiger Zwischenkörper von K/F mit (i) und (ii). Dann können wir die eben durchgeführte Konstruktion für α bezüglich K_0/F durchführen. Wir erhalten $K_0 = F(\beta)$, wobei die Restklasse $\bar{\beta}$ von β bezüglich des Primideals von K_0 gleich $\bar{\alpha}$ gewählt werde. Sei N die normale Hülle von K/F und seien $\beta = \beta_1, \beta_2, \ldots, \beta_f$ die Nullstellen des Minimalpolynoms f_β von β. Da $f_{\bar{\beta}}(x)$ separabel ist, sind alle $\bar{\beta}_1, \bar{\beta}_2, \ldots, \bar{\beta}_f$ voneinander verschieden. Daher ist $\beta \not\equiv \beta_i \pmod{\mathfrak{P}_N}$ für $i = 2, \ldots, f$, d.h.

$$\nu(\beta - \beta_i) = 0.$$

Wegen $\bar{\alpha} = \bar{\beta}$ ist

$$\nu(\alpha - \beta) > 0.$$

Wir können daher Satz 4.6.1 mit N statt K anwenden und erhalten

$$K_0 = F(\beta) \subseteq F(\alpha).$$

Daraus folgt die Eindeutigkeit von K_0.   □

Als unmittelbare Folgerung aus Satz 4.6.2 erhält man, daß K_0 alle über F unverzweigten Zwischenkörper enthält.

Wir wollen das Verhalten des Verzweigungsindexes bei Grundkörpererweiterung untersuchen. Als Teilergebnis beweisen wir zunächst den folgenden

Hilfssatz 4.6.3 *Unter den Voraussetzungen von Satz 4.6.2 seien M und L Zwischenkörper von K/F. Dann ist mit M/F auch ML/L unverzweigt.*

B e w e i s: Sei M/F unverzweigt. Nach dem Beweis von Satz 4.6.2 gibt es ein $\alpha \in M$ mit $M = F(\alpha)$ und der Eigenschaft, daß das Minimalpolynom $f_{\bar{\alpha}}$ von $\bar{\alpha}$ über $\mathfrak{o}/\mathfrak{p}$ gleich der Restklasse von f_α modulo $\mathfrak{p}$ ist. Aufgrund der Einbettung von $O_M/\mathfrak{P}_M$ in $O_{LM}/\mathfrak{P}_{LM}$ ist $\bar{\alpha}$ auch Element von $O_{LM}/\mathfrak{P}_{LM}$. Sei $f_{\bar{\alpha},L}$ der irreduzible Faktor von $f_{\bar{\alpha}}$ über $O_L/\mathfrak{P}_L$ mit $f_{\bar{\alpha},L}(\bar{\alpha}) = 0$. Nach dem Henselschen Lemma enthält f_α über L einen irreduziblen Faktor $f_{\alpha,L}$ mit $f_{\alpha,L}(\alpha) = 0$ und $f_{\alpha,L}(x) \pmod{\mathfrak{P}_L} = f_{\bar{\alpha},L}$. Es folgt, daß der Grad von $L(\alpha)/L$ gleich dem Grad von $(O_L/\mathfrak{P}_L)(\bar{\alpha})$ über $O_L/\mathfrak{P}_L$ ist. Wegen $L(\alpha) = LM$ folgt $[LM : L] \le f(LM/L)$ und daher $[LM : L] = f(LM/L)$. □

Unter Heranziehung von Hilfssatz 4.6.3 kann man die Eindeutigkeit des Körpers K_0 auch ohne Zuhilfenahme des Krasnerschen Lemmas beweisen: In der Tat folgt aus Hilfssatz 4.6.3 und Satz 3.10.5 (iii) sofort, daß das Kompositum unverzweigter Erweiterungen wieder unverzweigt ist. K_0 ist daher gleich der Vereinigung aller unverzweigten Teilerweiterungen von K/F.

Jetzt können wir den folgende Satz beweisen.

Satz 4.6.4 (Verzweigungsindexverschiebungssatz) *Sei K/F eine separable Erweiterung und sei auch die Restklassenerweiterung $O/\mathfrak{P}$ über $\mathfrak{o}/\mathfrak{p}$ separabel. Weiter seien L und M Zwischenkörper von K/F. Dann gilt*

$$e(LM/L) \le e(M/F).$$

B e w e i s: Sei M_0/F die maximale unverzweigte Teilerweiterung von M/F. Dann ist nach Hilfssatz 4.6.3 auch LM_0/L unverzweigt und es gilt

$$e(M/F) = [M : M_0] \ge [LM : LM_0] \ge e(LM/LM_0) = e(LM/L).$$

                                                                            □

Die Diskussion außerwesentlicher Diskriminantenteiler in Abschnitt 3.12 hat gezeigt, daß es im Fall algebraischer Zahlkörper im allgemeinen keine Ganzheitsbasis gibt, die aus Potenzen *eines* Elementes besteht. Im Gegensatz hierzu hat der Bewertungsring O eines diskret bewerteten Körpers K, der über seinem Teilkörper F vollverzweigt ist, eine einfache Struktur:

Satz 4.6.5 *Sei K/F vollverzweigt vom Grad e und sei π ein Primelement von K. Dann gilt*

$$O = \{a_0 + a_1\pi + \cdots + a_{e-1}\pi^{e-1} \mid a_i \in \mathfrak{o},\, i = 0,\ldots,e-1\}.$$

B e w e i s: Das Minimalpolynom von π ist ein Eisenstein-Polynom vom Grad e (Satz 3.10.3). Daher hat jedes $\alpha \in O$ die Form

$$\alpha = a_0 + a_1\pi + \ldots + a_{e-1}\pi^{e-1}$$

mit $a_i \in F$. Nach (4.1.5) gilt

$$\nu_{\mathfrak{P}}(\alpha) = \min\{\nu_{\mathfrak{P}}(a_i) + i \mid i = 0,\ldots,e-1\}.$$

Es folgt $\nu_{\mathfrak{P}}(a_i) + i \geq 0$ und wegen $\nu_{\mathfrak{P}}(a_i) \equiv 0 \pmod{e}$ auch $\nu_{\mathfrak{P}}(a_i) \geq 0$. $\qquad\square$

Unter Heranziehung von Satz 4.6.2 läßt sich Satz 4.6.5 wie folgt verallgemeinern:

Satz 4.6.6 *Sei K/F eine separable Erweiterung vom Grad n und sei auch die Restklassenerweiterung $O/\mathfrak{P}$ über $\mathfrak{o}/\mathfrak{p}$ separabel. Dann gibt es ein $\beta \in O$ mit*

$$O = \{a_0 + a_1\beta + \cdots + a_{n-1}\beta^{n-1} \mid a_i \in \mathfrak{o}, i = 0,\ldots,n-1\}.$$

B e w e i s: Wir benutzen die Bezeichnungen aus dem ersten Teil des Beweises von Satz 4.6.2. Insbesondere sei α ein Element aus O, dessen Minimalpolynom $f_\alpha(x)$ den Grad f hat und dessen Restklasse $\bar\alpha$ die Erweiterung $O/\mathfrak{P}$ über $\mathfrak{o}/\mathfrak{p}$ erzeugt. Dann ist wegen der Separabilität dieser Erweiterung $f_\alpha'(\alpha) \not\equiv 0 \pmod{\mathfrak{p}}$. Weiter sei π ein beliebiges Primelement von O. Dann leistet $\beta := \alpha + \pi$ das Verlangte: Die Taylor-Entwicklung von $f_\alpha(\alpha + \pi)$ nach Potenzen von π ergibt

$$f_\alpha(\alpha + \pi) \equiv f_\alpha'(\alpha)\pi \pmod{\pi^2}.$$

Sei π_e ein Primelement von $\mathfrak{o}$. Wir setzen

$$\pi_m := f_\alpha'(\alpha + \pi)^r \pi_e^s$$

mit $m = es + r$, $0 \leq r < e$. Nach Satz 4.4.1 läßt sich dann jedes $\gamma \in O$ eindeutig in der Form

$$\gamma = \sum_{m=0}^{\infty} \alpha_m \pi_m$$

darstellen, wobei die α_m in einem fixierten Vertretersystem R für die Restklassen von $O/\mathfrak{P}$ liegen. Nach Definition von α können wir als solch ein Vertretersystem

$$R_O = \{a_0 + a_1(\alpha + \pi) + \cdots + a_{f-1}(\alpha + \pi)^{f-1} \mid a_i \in R_{\mathfrak{o}}\}$$

wählen, wobei $R_{\mathfrak{o}}$ ein Vertretersystem für die Restklassen von $\mathfrak{o}/\mathfrak{p}$ ist. Durch Umordnung erhält man

$$\gamma = \sum_{i=0}^{f-1} \sum_{j=0}^{e-1} \beta_{ij}(\alpha + \pi)^i f_\alpha'(\alpha + \pi)^j$$

mit Koeffizienten β_{ij} aus $\mathfrak{o}$. Hieraus folgt die Behauptung.   □
Bemerkung. Man vergleiche den eben durchgeführten Beweis mit dem Beweis von
Hilfssatz 3.12.8.   □
Wir geben jetzt einen neuen und kurzen Beweis des Dedekindschen Differenten-
satzes (Satz 3.12.9) im Fall einer „lokalen Erweiterung" K/F. Im übernächsten
Abschnitt (Satz 4.8.5) werden wir sehen, daß damit der Satz auch in der in 3.12
betrachteten Situation bewiesen ist.

Satz 4.6.7 *Sei $O/\mathfrak{P}$ über $\mathfrak{o}/\mathfrak{p}$ eine separable Erweiterung. Dann gilt*

$$\nu_{\mathfrak{P}}(\mathfrak{D}_{K/F}) \;=\; e-1 \;\text{falls}\; p \nmid e,$$
$$\nu_{\mathfrak{P}}(e) + e > \nu_{\mathfrak{P}}(\mathfrak{D}_{K/F}) \;\geq\; e \;\text{falls}\; p \mid e.$$

Dabei bezeichnet p die Charakteristik von $\mathfrak{o}/\mathfrak{p}$.

B e w e i s: Nach Satz 4.5.6 gibt es einen eindeutig bestimmten Zwischenkörper K_0
von K/F, so daß K_0/F unverzweigt vom Grad f und K/K_0 vollverzweigt vom Grad
e ist. Nach dem Differententurmsatz (Satz 3.12.3) genügt es daher, die Behauptung
für unverzweigte und für vollverzweigte Erweiterungen zu beweisen.

Sei zunächst K/F unverzweigt und sei $\bar{\zeta}$ ein primitives Element von $O/\mathfrak{P}$ über
$\mathfrak{o}/\mathfrak{p}$ mit $\zeta \in O$. Dann ist wegen $f = [K:F]$

$$f_{\bar{\zeta}}(x) = f_{\zeta}(x) \pmod{\mathfrak{p}},$$

also auch

$$f'_{\bar{\zeta}}(x) = f'_{\zeta}(x) \pmod{\mathfrak{p}},$$

Aus $f'_{\bar{\zeta}}(\bar{\zeta}) \neq 0$ folgt nun $f'_{\zeta}(\zeta) \not\equiv 0 \pmod{\mathfrak{P}}$, d.h.

$$0 \leq \nu_{\mathfrak{P}}(\mathfrak{D}_{K/F}) \leq \nu_{\mathfrak{P}}(f'_{\zeta}(\zeta)) = 0.$$

Sei jetzt K/F vollverzweigt und π ein Primelement von O. Dann ist
$1, \pi, \ldots, \pi^{e-1}$ eine Basis von O über $\mathfrak{o}$ und daher $\nu_{\mathfrak{P}}(\mathfrak{D}_{K/F}) = \nu_{\mathfrak{P}}(f'_{\pi}(\pi))$. Weiter
ist $f_{\pi}(x)$ nach Satz 3.10.3 ein Eisenstein-Polynom. Mit

$$f_{\pi}(x) \;=\; x^e + a_1 x^{e-1} + \cdots + a_e,$$
$$f'_{\pi}(x) \;=\; e x^{e-1} + (e-1)a_1 x^{e-2} + \cdots + a_{e-1}$$

erhält man

$$\nu_{\mathfrak{P}}(f'_{\pi}(\pi)) = \min\{\nu_{\mathfrak{P}}(e\pi^{e-1}), \nu_{\mathfrak{P}}((e-i)a_i \pi^{e-i-1}) \mid i = 1, \ldots, e-1\}.$$

Hieraus liest man die Behauptung von Satz 4.6.7 ab.   □
Bemerkung. Aufgrund von Satz 3.10.3 ist klar, daß es für gegebenes F und e immer
Erweiterungen K vom Grad e gibt, für welche die Extremwerte e und $\nu_{\mathfrak{P}}(e) + e - 1$
des Differentenexponenten $\nu_{\mathfrak{P}}(\mathfrak{D}_{K/F})$ angenommen werden.   □
In Abschnitt 3.12 haben wir die Bezeichnungen zahm und wild verzweigt ein-
geführt. Man nennt K/F *zahm verzweigt* , wenn $p \nmid e$ und **wild verzweigt** , wenn
$p \mid e$.

4.7 Diskret bewertete vollständige Körper mit endlichem Restklassenkörper

Die wichtigsten Körper der algebraischen Zahlentheorie sind die endlichen Erweiterungen F von $\mathbb{Q}$ bzw. von $\mathbb{F}_q(x)$. Die nicht-archimedischen Vervollständigungen von F sind endliche Erweiterungen von $\mathbb{Q}_p$ bzw. einer Vervollständigung von $\mathbb{F}_q(x)$. Nach 4.4 hat die Vervollständigung von $\mathbb{F}_q(x)$ die Form $\mathbb{F}_{q^f}((\omega))$ mit einem irreduziblen Polynom $\omega \in \mathbb{F}_q[x]$ von Grad f, oder sie kommt her von der Gradbewertung und hat dann die Form $\mathbb{F}_q((1/x))$. In jedem Fall hat die Vervollständigung einen endlichen Restklassenkörper. Wir haben die folgende Charakterisierung der endlichen Erweiterungen von $\mathbb{Q}_p$ und $\mathbb{F}_q((x))$.

Satz 4.7.1 *Ein diskret bewerteter vollständiger Körper F ist genau dann eine endliche Erweiterung von $\mathbb{Q}_p$ oder von einem Potenzreihenkörper über endlichem Konstantenkörper, wenn der Restklassenkörper von F endlich ist.*

B e w e i s: Die endlichen Erweiterungen von $\mathbb{Q}_p$ und $\mathbb{F}_q((x))$ haben endlichen Restklassenkörper, weil dies für $\mathbb{Q}_p$ und $\mathbb{F}_q((x))$ zutrifft.

Sei F ein diskret bewerteter vollständiger Körper mit endlichem Restklassenkörper $\mathfrak{o}/\mathfrak{p}$ der Charakteristik p. Sei q die Anzahl der Elemente von $\mathfrak{o}/\mathfrak{p}$. Die multiplikative Gruppe $(\mathfrak{o}/\mathfrak{p})^\times$ besteht aus den $q-1$-ten Einheitswurzeln. Nach Satz 4.4.6 sind daher in F die $q-1$-ten Einheitswurzeln enthalten. Sie bilden zusammen mit 0 ein vollständiges Restsystem R von $\mathfrak{o}$ modulo $\mathfrak{p}$.

Sei zunächst die Charakteristik von F gleich p und x ein Primelement. Dann ist R ein Teilkörper von F, und die Abbildung

$$R \to \mathfrak{o}/\mathfrak{p},$$

die jedem $\alpha \in R$ seine Restklasse in $\mathfrak{o}/\mathfrak{p}$ zuordnet, liefert einen Isomorphismus von R auf $\mathfrak{o}/\mathfrak{p}$, der es gestattet, $\mathfrak{o}/\mathfrak{p}$ in F einzulagern. Nach Satz 4.4.1 ist daher $F = (\mathfrak{o}/\mathfrak{p})((x))$.

Sei jetzt die Charakteristik von F gleich 0. Dann ist $e := \nu_\mathfrak{p}(p) > 0$ und daher $\mathbb{Q}_p$ in F enthalten. Sei π ein Primelement von F. Der Restklassenkörper von $F_0 := \mathbb{Q}(R)$ ist isomorph zu $\mathfrak{o}/\mathfrak{p}$ und der Grad von $F_0/\mathbb{Q}_p$ ist gleich dem Grad von $\mathfrak{o}/\mathfrak{p}$ über $\mathbb{Z}/p\mathbb{Z}$. Daher ist F_0 die maximale unverzweigte Teilerweiterung von $F/\mathbb{Q}_p$ (Satz 4.6.2). $\qquad\square$

Damit haben wir zugleich den folgenden Satz bewiesen:

Satz 4.7.2 *Sei F ein diskret bewerteter Körper mit endlichem Restklassenkörper $\mathfrak{o}/\mathfrak{p}$. Wenn die Charakteristik von F gleich der Charakteristik von $\mathfrak{o}/\mathfrak{p}$ ist, gilt*

$$F = (\mathfrak{o}/\mathfrak{p})((x)),$$

wobei x ein beliebiges Primelement von F ist.

Wenn die Charakteristik von F gleich 0 und die Restklassencharakteristik gleich p ist, so enthält F den Körper F_0 der $q-1$-ten Einheitswurzeln über $\mathbb{Q}_p$, $q := |\mathfrak{o}/\mathfrak{p}|$. Die Erweiterung $F_0/\mathbb{Q}_p$ ist unverzweigt vom Grad $f := [\mathfrak{o}/\mathfrak{p} : \mathbb{Z}/p\mathbb{Z}]$ und die Erweiterung F/F_0 ist vollverzweigt vom Grad $e := \nu_\mathfrak{p}(p)$. $\qquad\square$

Wir betrachten jetzt die multiplikative Gruppe $F^\times$ von F. Sei π_F ein Primelement von F. Dann läßt sich jedes $\alpha \in F^\times$ in der Form

$$\alpha = \varepsilon \pi_F^{\nu_{\mathfrak{p}}(\alpha)} \text{ mit } \varepsilon \in \mathfrak{o}^\times$$

darstellen. Sei μ_{q-1} die Gruppe der $q-1$-ten Einheitswurzeln in $F^\times$. Zu jedem $\varepsilon \in \mathfrak{o}^\times$ gibt es ein $\zeta \in \mu_{q-1}$ mit

$$\varepsilon \equiv \zeta \pmod{\mathfrak{p}}.$$

Daher ist

$$\varepsilon = u\zeta \text{ mit } u \equiv 1 \pmod{\mathfrak{p}}.$$

Die Untergruppe

$$1 + \mathfrak{p} := \{1 + \beta \mid \beta \in \mathfrak{p}\}$$

von $\mathfrak{o}^\times$ wird als *Einseinheitengruppe* von F bezeichnet. Damit ist der folgende Satz bewiesen.

Satz 4.7.3 *Die multiplikative Gruppe $F^\times$ von F ist direktes Produkt der zyklischen Gruppe, die von einem Primelement erzeugt wird, der Gruppe μ_{q-1} der $q-1$-ten Einheitswurzeln und der Einseinheitengruppe $1 + \mathfrak{p}$.* □

Wir betrachten die Einseinheitengruppe näher. Sie hat eine natürliche Filtrierung durch die Untergruppen

$$U^n := 1 + \mathfrak{p}^n, \quad n = 1, 2, \dots.$$

Ein $u \in 1 + \mathfrak{p}^n$ heißt *Einseinheit n-ter Stufe*.

Satz 4.7.4 *Die Faktorgruppe U^n / U^{n+1} ist isomorph zur additiven Gruppe $(\mathfrak{o}/\mathfrak{p})^+$ des Restklassenkörpers $\mathfrak{o}/\mathfrak{p}$ von F, $n = 1, 2, \dots$.*

B e w e i s: Wir fixieren ein $v \in \mathfrak{p}^n - \mathfrak{p}^{n+1}$. Weiter sei R ein Restsystem von $\mathfrak{o}$ modulo $\mathfrak{p}$. Wir definieren eine Abbildung φ von $\mathfrak{o}/\mathfrak{p}$ in U^n / U^{n+1} durch

$$\varphi(\rho + \mathfrak{p}) = (1 + \rho v)U^{n+1} \text{ für } \rho \in R.$$

Wie man leicht sieht, ist φ wohldefiniert, hängt nicht von der Wahl von R ab und ist ein Isomorphismus von $\mathfrak{o}/\mathfrak{p}$ auf U^n / U^{n+1}. □

Satz 4.7.5 *Die natürliche Operation von $\mathbb{Z}$ auf $1 + \mathfrak{p}$ durch Potenzieren setzt sich stetig zu einer Operation von $\mathbb{Z}_p$ auf $1 + \mathfrak{p}$ fort. Dadurch wird $1 + \mathfrak{p}$ zu einem $\mathbb{Z}_p$-Modul.*

B e w e i s: Für $v \in \mathfrak{p}^n$ gilt

$$(1 + v)^p = 1 + pv + \ldots + v^p \equiv 1 \pmod{\mathfrak{p}^{n+1}}.$$

Hieraus folgt, daß für eine Folge $h_1, h_2, \ldots$ von ganzen Zahlen, die bezüglich ν_p gegen 0 konvergiert, die Folge $(1 + v)^{h_1}, (1 + v)^{h_2}, \ldots$ gegen 1 konvergiert.

Sei nun $a_1, a_2, \ldots$ eine Folge ganzer Zahlen, die bezüglich ν_p gegen $a \in \mathbb{Z}_p$ konvergiert. Dann gilt

$$\nu_{\mathfrak{p}}((1 + v)^{a_i} - (1 + v)^{a_j}) = \nu_{\mathfrak{p}}(1 - (1 + v)^{a_j - a_i}).$$

Daher ist $(1 + v)^{a_i}$ eine Cauchy-Folge, die also bezüglich $\nu_{\mathfrak{p}}$ gegen ein Element konvergiert, das mit $(1 + v)^a$ bezeichnet wird.

Wenn $b_1, b_2, \ldots$ eine weitere Folge ganzer Zahlen ist, die gegen a konvergiert, so ist $a_1 - b_1, a_2 - b_2, \ldots$ eine Nullfolge und es gilt

$$\lim_{i \to \infty} (1 + v)^{a_i} / \lim_{i \to \infty} (1 + v)^{b_i} = \lim_{i \to \infty} (1 + v)^{a_i - b_i} = 1,$$

d.h. $(1 + v)^a$ ist unabhängig von der Wahl der Folge $a_1, a_2, \ldots$ mit $a = \lim_{i \to \infty} a_i$.

Es bleibt zu zeigen, daß $1 + \mathfrak{p}$ durch die erklärte Definition von $\mathbb{Z}_p$ zu einem $\mathbb{Z}_p$-Modul wird. Das folgt durch Übergang zum Limes bezüglich der Gesetze für die Operation von $\mathbb{Z}$ auf $1 + \mathfrak{p}$. $\qquad\square$

Wir wenden Satz 4.7.5 auf die Untersuchung endlicher Erweiterungen von F an.

Sei K eine endliche Erweiterung von F mit Bewertungsring O, Primideal $\mathfrak{P}$, Trägheitsgrad f und Verzweigungsindex e über F. Wir haben in Satz 4.6.2 gesehen, daß es genau einen Zwischenkörper K_0 von K/F gibt, der über F unverzweigt und vom Grad f ist. In unserer jetzigen Situation, d.h. der Restklassenkörper von F ist endlich, entsteht K_0 aus F durch Adjunktion der $q^f - 1$-ten Einheitswurzeln. Das bedeutet insbesondere, daß es über F bis auf Isomorphie genau eine unverzweigte Erweiterung vom Grade f gibt. Zwischen K und K_0 können wir einen weiteren Körper einschieben, die *maximale zahmverzweigte Erweiterung* :

Satz 4.7.6 *Sei $e = e_0 p^{\nu_p(e)}$. Es gibt genau einen Zwischenkörper K_1 von K/K_0 vom Grad e_0 über K_0.*

B e w e i s: Sei π_K bzw. π_F ein Primelement von K bzw. F. Dann gilt

$$\pi_K^e = u\zeta\pi_F \text{ mit } u \in 1 + \mathfrak{P}, \ \zeta \in \mu_{q^f - 1}.$$

Wir ziehen aus dieser Gleichung die e_0-te Wurzel und erhalten

$$\pi_K^{p^a} = u^{\frac{1}{e_0}} \sqrt[e_0]{\zeta\pi_F} \text{ mit } a = \nu_p(e).$$

Wegen $1/e_0 \in \mathbb{Z}_p$ ist $u^{\frac{1}{e_0}} \in K$ nach Satz 4.7.5. Der Körper K enthält also den Teilkörper $K_0(\sqrt[e_0]{\zeta\pi_F})$, der über F den Grad e_0 hat. Sei K_1 ein weiterer Zwischenkörper von K/K_0 vom Grad e_0 über K_0. Die obige Überlegung angewandt auf K_1 statt auf K zeigt, daß K_1 durch $\sqrt[e_0]{\zeta'\pi_F}$ erzeugt wird mit einer Einheitswurzel $\zeta' \in \mu_{q^f - 1}$. Dann ist

$$\sqrt[e\wp]{\zeta \pi_F} \left(\sqrt[e\wp]{\zeta' \pi_F} \right)^{-1} = \sqrt[e\wp]{\zeta \zeta'^{-1}}$$

eine Einheitswurzel ξ von zu p primer Ordnung, erzeugt also eine unverzweigte Erweiterung von F. Da K_0 die maximale unverzweigte Teilerweiterung von K/F ist, gilt $\xi \in K_0$, also

$$K_1 = K_0 \left(\sqrt[e\wp]{\zeta \pi_F} \right).$$

$\square$

Unser Beweis zeigt, daß jede zahme Erweiterung von F von der einfachen Struktur $F(\zeta_1, \sqrt[e]{\zeta_2 \pi_F})$ mit Einheitswurzeln ζ_1, ζ_2 von zu p primer Ordnung und Verzweigungsindex e prim zu p ist. Dies rechtfertigt die Bezeichnung „zahm" .

4.8　Fortsetzung der Bewertung eines beliebigen Körpers auf eine endliche Erweiterung

Nachdem wir in den vorhergehende Abschnitten vollständig bewertete Körper betrachtet haben, kommen wir jetzt auf den Fall eines beliebigen Körpers F und einer endlichen Erweiterung K von F zurück. Dabei haben wir die in Kapitel 3 untersuchten Körper F, die Quotientenkörper Dedekindscher Ringe sind, im Auge.

Sei φ eine (nichttriviale) Bewertung von F. Wie in Abschnitt 4.5 beschränken wir uns bezüglich der Existenz der Fortsetzungen von archimedischen Bewertungen auf den Fall, daß F_φ gleich $\mathbb{R}$ oder $\mathbb{C}$ ist, und von nicht-archimedischen Bewertungen auf den Fall, daß φ diskret ist.

Satz 4.8.1 *Sei K eine beliebige endliche Erweiterung von F.*
Jede Fortsetzung $\tilde{\varphi}$ von φ auf K hat die Form

$$\tilde{\varphi}(\alpha) = \varphi(N(g\alpha))^{1/m},$$

wobei g einen Isomorphismus von K in die algebraische Abschließung $\overline{F}_\varphi$ von F_φ und $N(g\alpha)$ die Norm von $F_\varphi g K$ nach F_φ bezeichnet. Weiter ist $m := [F_\varphi g K : F_\varphi]$.
Zwei Fortsetzungen, die durch Isomorphismen g und g' von K in $\overline{F}_\varphi$ gegeben sind, sind genau dann gleich, wenn g und g' über F_φ konjugiert sind, d.h. wenn die Körper $F_\varphi g K$ und $F_\varphi g' K$ über F_φ konjugiert sind.

B e w e i s: Nach Satz 4.5.4 ist $\tilde{\varphi}$ eine Bewertung von K. Sei andererseits φ' eine Fortsetzung von φ auf K. Dann ist F_φ in $K_{\varphi'}$ kanonisch eingelagert, und wegen Satz 4.5.1 gilt $K_{\varphi'} = F_\varphi K$. Es gibt also einen Isomorphismus g von $K_{\varphi'}$ in $\overline{F}_\varphi$, der F_φ festläßt. Das Bild von g in $\overline{F}_\varphi$ ist gleich $F_\varphi g K$ und g ist eindeutig bestimmt durch φ' bis auf Konjugierte über F_φ.　$\square$

Als Korollar aus Satz 4.8.1 erhalten wir den folgenden Satz, der an Hand des Beispiels in der Einleitung zu Kapitel 4 zu der ursprünglichen Konzeption von Hensel zurückführt.

Satz 4.8.2 *Sei K/F eine endliche separable Erweiterung und $\alpha \in K$ mit $K = F(\alpha)$. Dann entsprechen die Fortsetzungen $\tilde{\varphi}$ einer Bewertung φ von F auf K in eindeutiger Weise den irreduziblen Faktoren von f_α über F_φ. Sei $\tilde{f}_\alpha$ der zu $\tilde{\varphi}$ gehörige irreduzible Faktor. Dann ist $K_{\tilde{\varphi}}$ isomorph zu $F_\varphi[x]/(\tilde{f}_\alpha(x))$.*

B e w e i s: Seien $\alpha_1, \ldots, \alpha_n$ die Nullstellen von f_α in $\bar{F}_\varphi$. Die n Isomorphismen g_ν, $\nu = 1, \ldots, n$, von K in $\bar{F}_\varphi$ sind durch $g_\nu \alpha = \alpha_\nu$ bestimmt, und die irreduziblen Faktoren von f_α über F_φ entsprechen den Klassen über F_φ konjugierter Isomorphismen. Schließlich gilt für ein passendes ν nach Satz 4.5.1

$$K_{\tilde{\varphi}} = F_\varphi(g_\nu \alpha) \cong F_\varphi[x]/(\tilde{f}_\alpha(x)).$$

$\square$

Wir betrachten jetzt zunächst den Fall, daß $F = \mathbb{Q}$ und φ der absolute Betrag ist.

Satz 4.8.3 *Sei K ein algebraischer Zahlkörper vom Grad n über $\mathbb{Q}$ und seien $g_1, \ldots, g_{r_1}$ die reellen und $g_{r_1+1}, g_{r_1+r_2+1}, \ldots, g_{r_1+r_2}, g_n$ die Paare komplex-konjugierter Isomorphismen von K in $\mathbb{C}$ (vergleiche Abschnitt 2.9). Dann erhält man alle Fortsetzungen des absoluten Betrages $|\quad|$ von $\mathbb{Q}$ in der Form*

$$\varphi_\nu(\alpha) = |g_\nu \alpha| \text{ für } \alpha \in K, \, \nu = 1, \ldots, r_1 + r_2.$$

B e w e i s: Dies ist der Spezialfall von Satz 4.8.1 für $F = \mathbb{Q}$. $\square$

Wir betrachen jetzt wieder die Situation von Abschnitt 3.10, Abbildung 3.1. Sei also Γ ein Hauptidealring mit Quotientenkörper P, seien F und K separable Erweiterungen von P mit $F \subseteq K$, und sei $\mathfrak{o}$ bzw. O die ganze Abschließung von Γ in F bzw. K. Weiter seien $\mathfrak{p}$ ein von $\{0\}$ verschiedenes Primideal von $\mathfrak{o}$ und $\mathfrak{P}_1, \ldots, \mathfrak{P}_g$ die Primteiler von $\mathfrak{p}$ in O mit den Verzweigungsindices $e_1, \ldots, e_g$ und den Trägheitsgraden $f_1, \ldots, f_g$. Zu jedem $\mathfrak{P}_i$ gehört die Exponentenbewertung $\nu_i := e_i^{-1} \nu_{\mathfrak{P}_i}$, die eine Fortsetzung von $\nu_{\mathfrak{p}}$ ist.

Satz 4.8.4 *Jede Fortsetzung von $\nu_{\mathfrak{p}}$ auf K hat die Form ν_i für ein $i \in \{1, \ldots, g\}$.*

B e w e i s: Sei ν eine Fortsetzung von $\nu_{\mathfrak{p}}$ auf K. Dann ist $\nu(\alpha) \geq 0$ für alle $\alpha \in O$. Sei nämlich

$$\alpha^s + a_1 \alpha^{s-1} + \cdots + a_s = 0 \text{ mit } a_i \in \mathfrak{o}.$$

Dann gilt

$$s\nu(\alpha) \geq \min\{\nu(a_i) + (s-i)\nu(\alpha) \,|\, i = 1, \ldots, s\} \geq \min\{(s-i)\nu(\alpha) \,|\, i = 1, \ldots, s\},$$

was nur für $\nu(\alpha) \geq 0$ möglich ist. Weiter ist

$$\mathfrak{P} := \{\alpha \in O \,|\, \nu(\alpha) > 0\}$$

ein Primideal von O mit $\mathfrak{P} \supseteq \mathfrak{p}$. Insbesondere folgt aus $\nu_{\mathfrak{p}}(\alpha) = 0$ und $\alpha \in O$, daß auch $\nu(\alpha) = 0$ gilt. Nach Satz 3.7.1 hat jedes Element $\alpha \in K^\times$ mit $\nu_{\mathfrak{p}}(\alpha) = 0$ die Form $\alpha = \beta/\gamma$ mit $\beta, \gamma \in O$ und $\nu_{\mathfrak{P}}(\beta) = \nu_{\mathfrak{P}}(\gamma) = 0$. Daher gilt auch $\nu(\alpha) = 0$. Sei jetzt $\alpha \in K^\times$, sei e der Verzweigungsindex von $\mathfrak{P}$ über $\mathfrak{p}$ und sei $\pi \in \mathfrak{o}$ mit $\nu_{\mathfrak{p}}(\pi) = 1$. Dann ist $\nu_{\mathfrak{P}}(\alpha^e/\pi^{\nu_{\mathfrak{P}}(\alpha)}) = 0$ und daher $\nu(\alpha) = e^{-1}\nu_{\mathfrak{P}}(\alpha)$. $\square$

Satz 4.8.5 *Sei $K_{\mathfrak{P}_i}$ die Vervollständigung von K bezüglich ν_i und $F_{\mathfrak{p}}$ die V‹ vollständigung von F bezüglich $\nu_{\mathfrak{p}}$. Dann gilt folgendes:*

(i) *Der Trägheitsgrad bzw. der Verzweigungsindex von $K_{\mathfrak{P}_i}$ über $F_{\mathfrak{p}}$ ist gleich d‹ Trägheitsgrad bzw. dem Verzweigungsindex von $\mathfrak{P}_i$ über $\mathfrak{p}$ in K/F.*

(ii) *Sei $\alpha \in K$ und $\chi_\alpha(K/F)$ das charakteristische Polynom von α bezüglich ‹ Erweiterung K/F. Dann gilt*

$$\chi_\alpha(x, K/F) \;=\; \prod_{i=1}^{g} \chi_\alpha(x, K_{\mathfrak{P}_i}/F_{\mathfrak{p}}), \tag{4.8}$$

$$\mathrm{Tr}_{K/F}(\alpha) \;=\; \sum_{i=1}^{g} \mathrm{Tr}_{K_{\mathfrak{P}_i}/F_{\mathfrak{p}}}(\alpha), \tag{4.8}$$

$$N_{K/F}(\alpha) \;=\; \prod_{i=1}^{g} N_{K_{\mathfrak{P}_i}/F_{\mathfrak{p}}}(\alpha). \tag{4.8}$$

(iii) $\nu_{\mathfrak{P}_i}(\mathfrak{D}_{K/F}) = \nu_{\mathfrak{P}_i}(\mathfrak{D}_{K_{\mathfrak{P}_i}/F_{\mathfrak{p}}})$, $i = 1, \ldots, g$.

(iv) $\nu_{\mathfrak{p}}(\mathfrak{d}_{K/F}) = \sum_{i=1}^{g} \nu_{\mathfrak{p}}(\mathfrak{d}_{K_{\mathfrak{P}_i}/F_{\mathfrak{p}}})$, $i = 1, \ldots, g$.

B e w e i s: (i) Nach Satz 3.7.3 und Satz 4.3.1 ist $O/\mathfrak{P}_i$ bzw. $\mathfrak{o}/\mathfrak{p}$ kanonisch isomor zu $\hat{O}_{\mathfrak{P}_i}/\hat{\mathfrak{P}}_i$ bzw. $\hat{\mathfrak{o}}_{\mathfrak{p}}/\hat{\mathfrak{p}}$.

(Wir erinnern daran, daß nach Abschnitt 3.7 $\mathfrak{o}_{\mathfrak{p}}$ die Lokalisierung von $\mathfrak{o}$ bezügl‹ $\{\mathfrak{p}\}$ bezeichnet. $\mathfrak{o}_{\mathfrak{p}}$ ist gleich dem Bewertungsring von F bezüglich der Exponent‹ bewertung $\nu_{\mathfrak{p}}$ und $\hat{\mathfrak{p}}$ bezeichnet das zu $\hat{\mathfrak{o}}_{\mathfrak{p}}$ gehörige maximale Ideal, entspreche für $\mathfrak{P}_i$.)

Es folgt, daß f_i gleich dem Trägheitsgrad von $K_{\mathfrak{P}_i}/F_{\mathfrak{p}}$ ist. Die Behauptung üt die Verzweigungsindices ergibt sich direkt aus der Definition von ν_i.

(ii) ergibt sich aus der kanonischen Isomorphie

$$K \otimes_F F_{\mathfrak{p}} \cong K_{\mathfrak{P}_1} \oplus \cdots \oplus K_{\mathfrak{P}_g}. \tag{4.8}$$

(vergleiche A.2). (4.8.4) erhält man nach Satz 4.8.2 aus dem Chinesischen Restkl sensatz für $f_\alpha(x) \in F_{\mathfrak{p}}[x]$. Aus (4.8.4) erhält man (4.8.1), indem man

$$\chi_\alpha(x, K/F) = \det(\mathbf{E}x - \mathbf{A})$$

mit $\mathbf{A}\beta = \alpha\beta$ für $\beta \in K \otimes_F F_{\mathfrak{p}}$, $\mathbf{A} \in M_n(F_\varphi)$, für eine Basis von $K \otimes_F F_{\mathfrak{p}}$ ausrechn die sich aus Basen von $K_{\mathfrak{P}_1}, \ldots, K_{\mathfrak{P}_g}$ zusammensetzt.

(4.8.2) und (4.8.3) sind direkte Folgerungen aus (4.8.1).

(iii) beweisen wir auf der Grundlage der Differentendefinition

$$\mathfrak{D}_{K/F}^{-1} = O^* = \{\alpha \in K \mid \mathrm{Tr}_{K/F}(\alpha O) \subseteq \mathfrak{o}\}$$

unter Benutzung von (4.8.2).

Wir zeigen zunächst $O^* \subseteq O_{\mathfrak{P}}^*$, wobei $\mathfrak{P}$ einen Primteiler von $\mathfrak{p}$ in O und $O_{\mathfrak{P}}$ jetzt den Bewertungsring von $K_{\mathfrak{P}}$ bezeichnet. Sei $\alpha \in O^*$. Wir haben

$$\operatorname{Tr}_{K_{\mathfrak{P}}/F_{\mathfrak{p}}}(\alpha\beta) \in \mathfrak{o}_{\mathfrak{p}} \text{ für } \beta \in O_{\mathfrak{P}}$$

zu zeigen. Nach dem starken Approximationssatz (Satz 3.6.4) gibt es für jede natürliche Zahl M ein $\beta' \in K$ mit

$$\nu_{\mathfrak{P}}(\beta' - \beta) \geq M, \tag{4.8.5}$$

$$\nu_{\mathfrak{P}_i}(\beta') \geq M \text{ für } i = 1, \ldots, g, \qquad \mathfrak{P}_i \neq \mathfrak{P}.$$

und

$$\nu_{\mathfrak{Q}}(\beta') \geq 0$$

für die übrigen von $\{0\}$ verschiedenen Primideale $\mathfrak{Q}$ von O.

Wegen $\beta \in O_{\mathfrak{P}}$ und (4.8.5) gilt $\nu_{\mathfrak{P}}(\beta') \geq 0$. Wir haben also $\nu_{\mathfrak{Q}}(\beta') \geq 0$ für alle von $\{0\}$ verschiedenen Primideale von O. Daher liegt β' sogar in O. Für genügend großes M gilt

$$\operatorname{Tr}_{K_{\mathfrak{P}}/F_{\mathfrak{p}}}(\alpha\beta' - \alpha\beta) \in \mathfrak{o}_{\mathfrak{p}},$$
$$\operatorname{Tr}_{K_{\mathfrak{P}_i}/F_{\mathfrak{p}}}(\alpha\beta') \in \mathfrak{o}_{\mathfrak{p}} \text{ für } i = 1, \ldots, g, \qquad \mathfrak{P}_i \neq \mathfrak{P}.$$

Aus (4.8.2) folgt nun

$$\operatorname{Tr}_{K_{\mathfrak{P}}/F_{\mathfrak{p}}}(\alpha\beta) \equiv \operatorname{Tr}_{K_{\mathfrak{P}}/F_{\mathfrak{p}}}(\alpha\beta') = \operatorname{Tr}_{K/F}(\alpha\beta') - \sum_{\mathfrak{P}_i \neq \mathfrak{P}} \operatorname{Tr}_{K_{\mathfrak{P}_i}/F_{\mathfrak{p}}}(\alpha\beta') \pmod{\mathfrak{o}_{\mathfrak{p}}}$$

und wegen $\beta' \in O$, $\alpha \in O^*$ gilt $\operatorname{Tr}_{K/F}(\alpha\beta') \in \mathfrak{o}$, also $\operatorname{Tr}_{K_{\mathfrak{P}}/F_{\mathfrak{p}}}(\alpha\beta) \in \mathfrak{o}_{\mathfrak{p}}$.

Jetzt zeigen wir, daß auch $O_{\mathfrak{P}}^* \subseteq O^* O_{\mathfrak{P}}$ gilt. Sei $\alpha \in O_{\mathfrak{P}}^*$. Wir können $\alpha \notin O_{\mathfrak{P}}$ annehmen. Es genügt, ein $\alpha' \in O^*$ mit $\gamma := \alpha - \alpha' \in O_{\mathfrak{P}}$ zu finden. Dann gilt

$$\alpha = \alpha' + \gamma = \alpha'\left(1 + \frac{\gamma}{\alpha'}\right) \text{ mit } 1 + \frac{\gamma}{\alpha'} \in O_{\mathfrak{P}}.$$

Wir benutzen wieder den starken Approximationssatz. Danach gibt es ein $\alpha' \in K$ mit $\alpha - \alpha' \in O_{\mathfrak{P}}$ und $\nu_{\mathfrak{Q}}(\alpha') \geq 0$ für alle Primideale $\mathfrak{Q} \neq \mathfrak{P}$ von O. Sei $\beta \in O$. Dann gilt

$$\operatorname{Tr}_{K/F}(\alpha'\beta) = \sum_{\mathfrak{Q}|\mathfrak{q}} \operatorname{Tr}_{K_{\mathfrak{Q}}/F_{\mathfrak{q}}}(\alpha'\beta) \in \mathfrak{o}_{\mathfrak{q}}$$

für alle von $\{0\}$ verschiedenen Primideale $\mathfrak{q}$ von F. Daher ist $\operatorname{Tr}_{K/F}(\alpha'\beta) \in \mathfrak{o}$ für alle $\beta \in O$ und folglich $\alpha' \in O^*$.

Damit haben wir

$$O_{\mathfrak{P}}^* = O^* O_{\mathfrak{P}}$$

bewiesen, woraus (iii) unmittelbar folgt.

(iv) ergibt sich aus (iii) durch Normbildung. $\qquad \square$

Wir können jetzt im Lichte von Satz 4.8.2 und Satz 4.8.5 die Henselsche $\mathfrak{p}$-*adische Methode* in der in diesem Abschnitt betrachteten Allgemeinheit übersehen. Sei $K = F(\alpha)$ mit $\alpha \in O$. Wir wollen die Primzerlegung der Primideale $\mathfrak{p}$ in $\mathfrak{o}$ in O mit Hilfe des Minimalpolynoms f_α von α bestimmen.

Wenn $\mathfrak{p}$ kein Teiler von $\Delta(\alpha)/\mathfrak{d}_{K/F}$ ist, geschieht dies nach Satz 3.8.7. (Dieser Satz läßt sich auch im Fall einer „relativen" Erweiterung K/F formulieren.) Wenn $\mathfrak{p}$ ein Teiler von $\Delta(\alpha)/\mathfrak{d}_{K/F}$ ist, zerlegen wir f_α nach Satz 4.4.3 in irreduzible Faktoren über $F_\mathfrak{p}$. (Im Fall eines algebraischen Zahlkörpers ist dies in endlich vielen Schritten möglich, weil der Restklassenkörper $\mathfrak{o}/\mathfrak{p}$ endlich ist.) Die Berechnung des Trägheitsgrades, des Verzweigungsindexes und anderer mit einem Primteiler $\mathfrak{P}$ von $\mathfrak{p}$ in O zusammenhängender Größen kann nun *lokal*, d.h. innerhalb von $K_\mathfrak{P}/F_\mathfrak{p}$ erfolgen, was in vielen Fällen Vereinfachungen mit sich bringt, wie wir im Fall der Differente in Satz 4.6.5 gesehen haben.

Durch die Beiträge von Hasse , Artin , Chevalley und anderer Mathematiker entwickelte sich die $\mathfrak{p}$-Adik in den zwanziger und dreißiger Jahren dieses Jahrhunderts zu einer grundlegenden Methode der algebraischen Zahlentheorie. Der erste durchschlagende Erfolg in dieser Hinsicht war das Hassesche Lokal-Global-Prinzip für quadratische Formen (siehe z.B. [Fr1984], Kap. V).

4.9 Die Arithmetik im Kompositum zweier Erweiterungen

Wir gehen von den Voraussetzungen von 3.10 aus: Γ sei ein Hauptidealring mit Quotientenkörper P und K eine endliche separable Erweiterung von P. Weiter sei O_K die ganze Abschließung von Γ in K.

Wir betrachten Zwischenkörper F, K_1, K_2 in K/P mit $F \subseteq K_1, F \subseteq K_2$ und wollen mit Hilfe der $\mathfrak{p}$-adischen Methode Aussagen über die Arithmetik von $K_1 K_2/F$ machen. Sei $\mathfrak{P}$ ein Primideal von $K_1 K_2$ und $\mathfrak{P}_1, \mathfrak{P}_2$ bzw. $\mathfrak{p}$ die zugehörigen Primideale in K_1, K_2 bzw. F. Grundlage für das weitere ist die folgende Identität, die sich unmittelbar aus 4.8 ergibt:

$$(K_1 K_2)_\mathfrak{P} = K_{1\mathfrak{P}_1} K_{2\mathfrak{P}_2}. \tag{4.9.1}$$

Wir sagen, daß ein Primideal $\mathfrak{p}$ von F in K *voll zerfällt*, wenn $\mathfrak{p}O_K$ Produkt von $[K : F]$ paarweise verschiedenen Primidealen ist.

Satz 4.9.1 *Sei $\mathfrak{p}$ ein Primideal von F, das in K_1 und K_2 voll zerfällt. Dann zerfällt $\mathfrak{p}$ auch in $K_1 K_2$ voll.*

B e w e i s. Es genügt zu zeigen, daß für jeden Primteiler $\mathfrak{P}$ von $\mathfrak{p}$ in $K_1 K_2$ die Gleichung $(K_1 K_2)_\mathfrak{P} = F_\mathfrak{p}$ gilt. Mit den obigen Bezeichnungen gilt nach Voraussetzung $K_{1\mathfrak{P}_1} K_{2\mathfrak{P}_2} = F_\mathfrak{p}$. $\square$

Satz 4.9.2 *Sei $\mathfrak{p}$ ein Primideal von F, das in K_1 und K_2 unverzweigt ist. Dann ist $\mathfrak{p}$ auch in $K_1 K_2$ unverzweigt.*

B e w e i s. Sei $\mathfrak{P}$ ein Primteiler von $\mathfrak{p}$ in K_1K_2. Wir haben zu zeigen, daß die Erweiterung $(K_1K_2)_{\mathfrak{P}}/F_{\mathfrak{p}}$ unverzweigt ist. Dies folgt wegen (4.9.1) aus dem Verzweigungsindexverschiebungssatz (Satz 4.6.4). $\qquad\square$

Aufgaben

1. Man bestimme die Zerlegung von $f(x) = x^3 + x^2 - 2x + 8$ in Linearfaktoren modulo 32 and 64.

2. Sei der Körper K vollständig bezüglich einer diskreten Bewertung. Sei $\alpha_1, \alpha_2, \ldots$ eine Folge von Elementen aus K, die von -1 verschieden sind. Man zeige, daß der Limes $\lim\limits_{n\to\infty} \prod\limits_{i=1}^{n} (1 + \alpha_i)$ genau dann existiert, wenn die Folge $\alpha_1, \alpha_2, \ldots$ gegen 0 konvergiert.

3. Sei K ein $\mathfrak{p}$-adischer Zahlkörper vom Grad n und Verzweigungsindex e über $\mathbb{Q}_p$.

   a) Man zeige, daß die Reihe

   $$\exp \alpha := \sum_{i=1}^{\infty} \quad \text{für } \alpha \in K$$

   genau dann konvergiert, wenn $\nu_{\mathfrak{p}}(\alpha) \geq \frac{e}{p-1} + 1$ ist.

   b) Man zeige $\exp(\alpha + \beta) = \exp \alpha \exp \beta$ für

   $$\nu_{\mathfrak{p}}(\alpha) \geq \frac{e}{p-1} + 1 \text{ und } \nu_{\mathfrak{p}}(\beta) \geq \frac{e}{p-1} + 1.$$

   c) Man zeige, daß die Reihe

   $$\log(1 + \alpha) = \sum_{i=1}^{\infty} \frac{(-\alpha)^i}{i} \quad \text{für } \alpha \in K$$

   genau dann konvergiert, wenn $\nu_{\mathfrak{p}}(\alpha) \geq 1$ ist.

   d) Man zeige

   $$\log(\alpha\beta) = \log \alpha + \log \beta \quad \text{für } \alpha, \beta \in 1 + \mathfrak{p}.$$

   e) Man zeige, daß für $\alpha \in K$ mit $\nu_{\mathfrak{p}}(\alpha) \geq \frac{e}{p-1} + 1$ auch $\nu_{\mathfrak{p}}(\log(1 + \alpha)) \geq \frac{e}{p-1} + 1$ gilt. Daher ist der Ausdruck $\exp \log (1+\alpha)$ definiert. Man zeige weiter

   $$\exp \log(1 + \alpha) = 1 + \alpha$$

   für $\alpha \in K$ mit $\nu_{\mathfrak{p}}(\alpha) \geq \frac{e}{p-1} + 1$.

f) Man zeige, daß für $\alpha \in K$ mit $\nu_{\mathfrak{p}}(\alpha) \geq \frac{e}{p-1} + 1$ auch $\nu_{\mathfrak{p}}(\exp \alpha - 1) \geq 1$ gilt. Daher ist der Ausdruck $\log \exp \alpha$ definiert. Man zeige weiter

$$\log \exp \alpha = \alpha$$

für $\alpha \in K$ mit $\nu_{\mathfrak{p}}(\alpha) \geq \frac{e}{p-1} + 1$.

g) Sei $\alpha \in K$ mit $\nu_{\mathfrak{p}}(\alpha) \geq 1$. Man zeige, daß $\log(1 + \alpha) = 0$ genau dann gilt, wenn $1 + \alpha$ eine Einheitswurzel von P-Potenzordnung ist.

4. Man bestimme eine Lösung $x \in \mathbb{Z}$ der Konvergenz $x^2 \equiv -1 \pmod{5^n}$ für $n = 1, 2, 3, 4$.

5. Sei K ein $\mathfrak{p}$-adischer Zahlkörper vom Grad m und Verzweigungsindex e über $\mathbb{Q}_p$, und sei $U^n = 1 + \mathfrak{p}^n$ die n-te Einseinheitengruppe von K. Wir betrachten U^n entsprechend 4.7 als $\mathbb{Z}_p$-Modul.

a) Man zeige $(U^n)^p = U^{n+e}$ für $n > \frac{e}{p-1}$.

b) Man zeige, daß U^n für alle n ein $\mathbb{Z}_p$-Modul vom Rang m ist.

c) Man zeige, daß U^n für $n > \frac{e}{p-1}$ ein torsionsfreier Modul ist.

d) Sei v der Ring der ganzen Elemente von K und R ein Vertretersystem von $v/\mathfrak{p}$ in v. Man zeige, daß der $\mathbb{Z}_p$-Modul U^n für $n > \frac{e}{p-1}$ die Basis

$$\{1 + \rho\pi^{i+n} | \rho \in R, i = 1, \ldots, e-1\}$$

hat, wobei π ein fixiertes Primelement von K ist.

6. Man zeige, daß sich die Elemente der Einseinheitengruppe von $\mathbb{Q}_2$ eindeutig in der Form

$$n = (-1)^i 5^j \text{ für } i \in \{\pm 1\}, j \in \mathbb{Z}_2$$

darstellen lassen.

7. Man bestimme ein Erzeugendensystem für die Einseinheitengruppe von $\mathbb{Q}_2(\sqrt{-1})$.

8. Man gebe ein Beispiel für Erweiterungen K_1/F und K_2/F vom Trägheitsgrad 1, deren Kompositum $K_1 K_2/F$ einen Trägheitsgrad $f > 1$ hat.

5 Algebraische Funktionen einer Unbestimmten

Die in den Kapiteln 3 und 4 dargestellten Ergebnisse wollen wir zunächst auf die Theorie der algebraischen Funktionen einer Unbestimmten anwenden. Im *„klassischen Fall"* ist der Konstantenkörper der Körper $\mathbb{C}$ der komplexen Zahlen. Die Äquivalenzklassen nichttrivialer, aber auf $\mathbb{C}$ trivialer Bewertungen von $\mathbb{C}(x)$ sind eineindeutig den Punkten der projektiven Geraden zugeordnet, wobei der unendliche Punkt ∞ der Gradbewertung entspricht (Satz 4.2.2). Die Fortsetzungen dieser Äquivalenzklassen von Bewertungen auf eine endliche Erweiterung K von $\mathbb{C}(x)$ sind die Punkte der *zu K gehörigen Riemannschen Fläche* $\mathfrak{F}(K)$.

Die Elemente α von K heißen *algebraische Funktionen*. α wird als Funktion von $\mathfrak{F}(K)$ mit Werten in $\mathbb{C} \cup \{\infty\}$ wie folgt erklärt: Sei $K_{\mathfrak{P}}$ die Vervollständigung von K bezüglich $\mathfrak{P}$ und $O_{\mathfrak{P}}$ der Bewertungsring von $K_{\mathfrak{P}}$. Das maximale Ideal von $O_{\mathfrak{P}}$ werde auch mit $\mathfrak{P}$ bezeichnet. Dann ist $O_{\mathfrak{P}}/\mathfrak{P}$ kanonisch isomorph zu $\mathbb{C}$. Wir setzen nun

$$\alpha(\mathfrak{P}) = \alpha + \mathfrak{P} \text{ falls } \alpha \in O_{\mathfrak{P}}$$

und

$$\alpha(\mathfrak{P}) = \infty \text{ falls } \alpha \notin O_{\mathfrak{P}}.$$

Man überlegt sich leicht, daß im Fall $K = \mathbb{C}(x)$ und $\alpha \in \mathbb{C}[x]$ die Definition von $\alpha(\mathfrak{P})$ auf die *Spezialisierung* des Polynoms α an der Stelle $a \in \mathbb{C}$, die zu $\mathfrak{P}$ gehört, hinausläuft.

Für $\alpha(\mathfrak{P}) = 0$ ist $\nu_{\mathfrak{P}}(\alpha) > 0$ die Multiplizität der Nullstelle $\mathfrak{P}$ von α. Für $\alpha(\mathfrak{P}) = \infty$ ist $-\nu_{\mathfrak{P}}(\alpha) > 0$ die Multiplizität des Pols $\mathfrak{P}$ von α. Für fast alle $\mathfrak{P} \in \mathfrak{F}(K)$ und fixiertes α gilt $\nu_{\mathfrak{P}}(\alpha) = 0$. Daher hat eine algebraische Funktion (in einer Unbestimmten) immer nur endlich viele Nullstellen und Pole.

Als ein Hauptproblem stellt sich die Frage nach der Existenz von Funktionen $\alpha \in K$ mit vorgegebenen Polen und Nullstellen. Hierzu macht der Satz von Riemann-Roch eine wesentliche Aussage.

Dieses Hauptproblem wurde zunächst von Riemann ([Ri1851]) auf funktionentheoretischer Grundlage in Angriff genommen. Er definierte den Begriff der „Riemannschen Fläche" als n-blättrige Überlagerung der projektiven komplexen Geraden und zeigte als ein Hauptergebnis den Existenzsatz für Funktionen auf Riemannschen Flächen $\mathfrak{F}$, der so formuliert werden kann, daß die Gesamtheit der meromorphen Funktionen einen Körper vom Grad n über $\mathbb{C}(z)$ bilden, wobei z die Funktion ist, die jedem Punkt von $\mathfrak{F}$ den darunter liegenden Punkt der projektiven Geraden $\mathbb{C} \cup \{\infty\}$ zuordnet.

Riemann benutzte bei seinen Untersuchungen einen Existenzsatz aus der Potentialtheorie, den er als *Dirichletsches Prinzip* bezeichnete. Weierstraß bemerkte später, daß dieser Existenzsatz nicht vollständig bewiesen war und stellte so die

Riemannsche Theorie in Frage. Dedekind und Weber ([DeWe1882]) gaben daraufhin eine idealtheoretische Begründung der Theorie, die später von E. Noether , F.K. Schmidt und anderen auf beliebige Konstantenkörper verallgemeinert wurde. Hasse ([Ha1949]) vereinfachte sie unter Heranziehung der Bewertungstheorie. Es ist die Hassesche Theorie, die wir im folgenden darstellen.

5.1 Algebraische Funktionenkörper

In Übereinstimmung mit dem in Abschnitt 2.3 gesagten gehen wir von einem zunächst beliebigen *„Koeffizientenkörper"* P_0 aus. Sei ξ eine Unbestimmte. Ein *algebraischer Funktionenkörper in einer Unbestimmten* ist eine endliche Erweiterung K des rationalen Funktionenkörpers $P = P_0(\xi)$. Der Körper $P_0(\xi)$ tritt hier als ein Hilfskörper ohne invariante Bedeutung auf. Wie der folgende Satz zeigt, kann man statt ξ ein beliebiges über P_0 transzendentes Element aus K heranziehen ([Ku], §3.6).

Satz 5.1.1 *Sei K ein algebraischer Funktionenkörper in einer Unbestimmten mit einem Koeffizientenkörper P_0 und sei $\eta \in K$ transzendent über P_0. Dann ist der Grad von K über $P_0(\eta)$ endlich.*

B e w e i s: Sei K wie oben durch die Transzendente ξ gegeben, d.h. K ist eine endliche Erweiterung von $P_0(\xi)$. Dann ist K auch über $P_0(\xi, \eta)$ endlich. Es genügt also zu zeigen, daß die Erweiterung $P_0(\xi, \eta)$ über $P_0(\eta)$ endlich ist. Nach Voraussetzung genügt η einer algebraischen Gleichung

$$a_0\eta^n + a_1\eta^{n-1} + \cdots + a_n = 0 \tag{5.1.1}$$

mit $a_i \in P_0[\xi]$, $a_0 \neq 0$. Weiter sind nicht alle Koeffizienten $a_0, a_1, \ldots, a_n$ aus P_0, da sonst η über P_0 algebraisch wäre. Durch Umordnung von (5.1.1) nach Potenzen von ξ erhält man daher für ein gewisses $m \geq 1$

$$b_0\xi^m + b_1\xi^{m-1} + \cdots + b_m = 0$$

mit $b_i \in P_0[\eta]$, $b_0 \neq 0$. Daraus folgt die Behauptung. $\square$

Der Körper P_0 hat im allgemeinen auch keine invariante Bedeutung für K. Jede algebraische Erweiterung von P_0 in K spielt für K die gleiche Rolle wie P_0. Von invarianter Bedeutung ist dagegen die maximale algebraische Erweiterung K_0 von P_0 in K. Diese Erweiterung ist wegen

$$[K_0 : P_0] = [K_0(\xi) : P_0(\xi)] \leq [K : P_0(\xi)]$$

immer endlich. Der Körper K_0 wird als *Konstantenkörper* von K bezeichnet. Seine Elemente heißen *Konstanten* . Die übrigen Elemente von K heißen *Variable* oder *Transzendente* .

Beispiel. Sei $f(\xi) \in P_0[\xi]$ ein irreduzibles Polynom vom Grad n und sei $K = P_0(\xi, \eta)$ mit $\eta^2 - f(\xi) = 0$. Dann hat K den Grad 2 über $P_0(\xi)$ und den Grad n über $P_0(\eta)$. $\square$

Wenn die Charakteristik p von K eine Primzahl und K eine separable Erweiterung von $P_0(\xi)$ ist, so gibt es immer eine andere Transzendente η, so daß K eine inseparable Erweiterung von $P_0(\eta)$ ist. So ist z. B. K über $P_0(\xi^p)$ inseparabel, weil ξ über $P_0(\xi^p)$ inseparabel ist. Unter der Voraussetzung, daß P_0 vollkommen ist ([Ku], §8.6), gilt die folgende Umkehrung dieses Tatbestandes.

Satz 5.1.2 *Sei der Körper P_0 vollkommen von der Primzahlcharakteristik p, und sei K eine endliche Erweiterung von $P_0(\xi)$, wobei ξ transzendent über P_0 ist. Weiter sei η ein beliebiges über P_0 transzendentes Element von K. Die Erweiterung $K/P_0(\eta)$ ist genau dann separabel, wenn η keine p-te Potenz in K ist.*

Wir beweisen zunächst zwei Hilfssätze.

Hilfssatz 5.1.3 *Für jede ganze Zahl $n \geq 0$ gilt*

$$[K : K^{p^n}] = p^n.$$

B e w e i s: Sei η ein beliebiges über P_0 transzendentes Element in K und $P := P_0(\eta)$. Da P_0 vollkommen ist, gilt $P_0^{p^n} = P_0$ und daher $P^{p^n} = P_0(\eta^{p^n})$. Wir setzen $\eta_0 := \eta^{p^n}$. Dann ist das Polynom $X^{p^n} - \eta_0 \in P_0(\eta_0)[X]$ irreduzibel, da η_0 keine p-te Potenz in $P_0(\eta_0)$ ist. Daher gilt $[P : P^{p^n}] = p^n$. Wegen

$$[K : P^{p^n}] = [K : K^{p^n}][K^{p^n} : P^{p^n}] = [K : P][P : P^{p^n}]$$

und

$$[K^{p^n} : P^{p^n}] = [K : P]$$

folgt die Behauptung. $\qquad\square$

Hilfssatz 5.1.4 *Sei η ein über P_0 transzendentes Element von K. Dann ist der größte über $P_0(\eta)$ separable Teilkörper F von K von der Form K^{p^n}, wobei n durch $[K : F] = p^n$ gegeben ist.*

B e w e i s: Da K/F eine rein inseparable Erweiterung ist, muß $[K : F]$ eine p-Potenz sein. In einer rein inseparablen algebraischen Erweiterung K/F vom Grad p^n genügt jedes $\alpha \in K$ einer Gleichung

$$\alpha^{p^n} - a = 0$$

für ein $a \in F$, denn das Minimalpolynom von α über F hat die Form $X^{p^m} - b$ mit $p^m \leq [K : F]$. Daher gilt

$$K^{p^n} \subseteq F.$$

Nach Hilfssatz 5.1.3 ist auch $[K : K^{p^n}] = p^n$ und daher $K^{p^n} = F$. $\qquad\square$

Jetzt kommen wir zum Beweis von Satz 5.1.2.

Sei $K/P_0(\eta)$ inseparabel. Dann folgt $n \geq 1$ und nach Hilfssatz 5.1.4 liegt η in K^{p^n}, ist also eine p-te Potenz. Wenn andererseits η eine p-te Potenz von $\eta_1 \in K$ ist, so ist η_1 inseparabel über $P_0(\eta)$. $\qquad\square$

Aus Satz 5.1.2 folgt insbesondere die Existenz eines über P_0 transzendenten Elements η in K, so daß $K/P_0(\eta)$ separabel ist. Ein solches η heißt *separierendes Element von K* (über P_0).

5.2 Die Stellen eines algebraischen Funktionenkörpers

Von jetzt an nehmen wir immer an, daß der Koeffizientenkörper P_0 vollkommen ist. Das trifft zu für jeden Körper der Charakteristik 0, für algebraisch abgeschlossene Körper und für endliche Körper. Weiter bezeichne K eine endliche separable Erweiterung des rationalen Funktionenkörpers $P_0(\xi)$.

Eine *Stelle* von K ist eine Äquivalenzklasse von nichttrivialen Bewertungen φ, wobei der Koeffizienenkörper P_0 trivial bewertet ist (Abschnitt 4.2). Die Gesamtheit der Stellen von K werde mit $\mathfrak{F}(K)$ bezeichnet. Nach Definition hängt der Begriff der Stelle von dem Koeffizientenkörper P_0 ab. Da jedoch nach Satz 4.1.6 jede Fortsetzung einer trivialen Bewertung auf eine algebraische Erweiterung wieder trivial ist, ist der Begriff der Stelle unabhängig von der Wahl von P_0.

Nach Satz 4.2.2 entsprechen die Stellen von $P_0(\xi)$ den normierten Primpolynomen $p(\xi)$ von $P_0[\xi]$, abgesehen von der *unendlichen Stelle*, die der Gradbewertung entspricht. Für den Fall $P_0 = \mathbb{C}$ entsprechen also die Stellen von $\mathbb{C}(\xi)$ den Punkten der projektiven Geraden über $\mathbb{C}$, d. h. der Riemannschen Zahlenkugel.

Die Stellen von K *liegen über den Stellen von* $P_0(\xi)$. Sie bilden im Fall $P_0 = \mathbb{C}$ die *Riemannsche Fläche von* K. Sei $\mathfrak{p}$ ein Primideal von $P_0[\xi]$ bzw. von $P_0[1/\xi]$. Dann erhalten wir die Stellen von K als Exponentialbewertungen $\nu_{\mathfrak{P}}$ für die Primteiler $\mathfrak{P}$ von $\mathfrak{p}$ in der ganzen Abschließung von $P_0[\xi]$ bzw. $P_0[1/\xi]$ in K (Abschnitt 4.8). Dabei hat man sich, um Eindeutigkeit zwischen Stellen und Primidealen zu haben, bezüglich $P_0[1/\xi]$ auf das Primideal $(1/\xi)$ zu beschränken. Die übrigen Primideale von $P_0[1/\xi]$ führen auf Bewertungen von $P_0(\xi)$, die durch Primideale $\mathfrak{p}$ von $P_0[\xi]$ mit $\mathfrak{p} \neq (\xi)$ gegeben sind. Dies entspricht der Überdeckung der projektiven Geraden durch zwei affine Teilmengen.

Im Gegensatz zu einem algebraischen Zahlkörper, der als ausgezeichneten Teilring den Ring der ganzen Zahlen besitzt, hat die ganze Abschließung O_ξ von $P_0[\xi]$ in K keine ausgezeichnete Bedeutung. Alle mit O_ξ zusammenhängenden Begriffe, so der Begriff des Ideals von O_ξ, können daher im folgenden nur als Hilfsbegriffe auftreten. An die Stelle des Ideals tritt als invariante Begriffsbildung der *Divisor*: Ein Divisor $\mathfrak{A}$ von K ist eine formale Linearkombination von Stellen mit ganzen Koeffizienten (d.h. eine Abbildung von $\mathfrak{F}(K)$ in $\mathbb{Z}$), die fast alle gleich 0 sind:

$$\mathfrak{A} := a_1\mathfrak{P}_1 + \cdots + a_s\mathfrak{P}_s, \quad a_i \in \mathbb{Z}.$$

Wir sind, der Bezeichnungsweise der algebraischen Geometrie folgend, hier von der multiplikativen zur additiven Schreibweise übergegangen. Wir nennen einen Divisor $\mathfrak{A}$ *effektiv*, wenn seine Koeffizienten nicht-negativ sind.

Sei $\mathfrak{P}$ eine Stelle von K und $\mathfrak{P}_\xi$ das zugehörige Primideal in O_ξ, der ganzen Abschließung von $P_0[\xi]$ in K. Sei weiter $\mathfrak{p}$ die Stelle von $P = P_0(\xi)$, über der $\mathfrak{P}$ liegt, und sei $\mathfrak{p}_\xi$ das zugehörige Primideal in $P_0[\xi]$. Dann haben wir einen Restklassenkörperturm

$$P_0 \subseteq P_0[\xi]/\mathfrak{p}_\xi \subseteq O_\xi/\mathfrak{P}_\xi. \tag{5.2.1}$$

Der Grad $f_{\mathfrak{P}}$ von $O_\xi/\mathfrak{P}_\xi$ über P_0 wird als *Absolutgrad von* $\mathfrak{P}$ (bezüglich P_0) bezeichnet. $f_{\mathfrak{P}}$ hängt nicht von der Wahl der Unbestimmten ξ ab, denn wir können $f_{\mathfrak{P}}$ auch als Grad des Restklassenkörpers des Bewertungsrings von $\nu_{\mathfrak{P}}$ nach dem maximalen Ideal von $\nu_{\mathfrak{P}}$ über P_0 definieren. Für eine separable Erweiterung K/P ist nach Abschnitt 4.6

$$[K_{\mathfrak{P}} : P_{\mathfrak{p}}]f_{\mathfrak{p}} = e_{\mathfrak{P}}f_{\mathfrak{P}}, \tag{5.2.2}$$

wobei $e_{\mathfrak{P}}$ den Verzweigungsindex von $\mathfrak{P}$ über $\mathfrak{p}$ bezeichnet. $f_{\mathfrak{p}}$ ist nach Definition gleich dem Grad des Primpolynoms $p(\xi)$, das zu $\mathfrak{p}_\xi$ gehört:

$$\mathfrak{p}_\xi = p(\xi)P_0[\xi].$$

Zwischen den Exponenten $\nu_{\mathfrak{P}}$ und $\nu_{\mathfrak{p}}$ besteht die Beziehung

$$\nu_{\mathfrak{P}} = e_{\mathfrak{P}}\nu_{\mathfrak{p}}. \tag{5.2.3}$$

Analog zur Situation in der Idealtheorie betrachten wir $\mathfrak{p}$ auch als Divisor von K, indem wir

$$\mathfrak{p} = \sum_{\mathfrak{P}|\mathfrak{p}} e_{\mathfrak{P}}\mathfrak{P} \tag{5.2.4}$$

setzen.

Sei $\alpha \in K^\times$. Da der Exponent $\nu_{\mathfrak{P}}(\alpha)$ für fast alle $\mathfrak{P}$ gleich 0 ist, können wir α den Divisor

$$(\alpha) := \sum_{\mathfrak{P}} \nu_{\mathfrak{P}}(\alpha)\mathfrak{P}$$

zuordnen, wobei die Summe wie auch im folgenden über alle Stellen $\mathfrak{P}$ von K zu erstrecken ist. (α) wird in Analogie zum Hauptideal als α *zugeordneter Hauptdivisor* bezeichnet.

Satz 5.2.1 *Sei $f_{\mathfrak{P}}$ der Absolutgrad von $\mathfrak{P}$. Dann gilt*

$$\sum_{\mathfrak{P}\in\mathfrak{F}(K)} f_{\mathfrak{P}}\nu_{\mathfrak{P}}(\alpha) = 0. \tag{5.2.5}$$

B e w e i s: Sei $\mathfrak{p}$ eine fixierte Stelle von P. Wir betrachten zunächst die Primteiler $\mathfrak{P}$ von $\mathfrak{p}$. Nach Satz 4.5.3 und (5.2.2) - (5.2.3) gilt

$$f_{\mathfrak{P}}\nu_{\mathfrak{P}}(\alpha) = f_{\mathfrak{p}}\nu_{\mathfrak{p}}(N_{K_{\mathfrak{P}}/P_{\mathfrak{p}}}(\alpha)),$$

und nach (4.8.3) gilt

$$\sum_{\mathfrak{P}|\mathfrak{p}} \nu_{\mathfrak{p}}(N_{K_{\mathfrak{P}}/P_{\mathfrak{p}}}(\alpha)) = \nu_{\mathfrak{p}}(N_{K/P}(\alpha)).$$

Daher ist

$$\sum_{\mathfrak{P}} f_{\mathfrak{P}} \nu_{\mathfrak{P}}(\alpha) = \sum_{\mathfrak{p}} f_{\mathfrak{p}} \nu_{\mathfrak{p}}(N_{K/P}(\alpha)).$$

Es genügt folglich, Satz 5.2.1 für den Fall $K = P$ zu beweisen.

Wegen

$$\sum_{\mathfrak{p}} f_{\mathfrak{p}} \nu_{\mathfrak{p}}(\alpha\beta) = \sum_{\mathfrak{p}} f_{\mathfrak{p}} \nu_{\mathfrak{p}}(\alpha) + \sum_{\mathfrak{p}} f_{\mathfrak{p}} \nu_{\mathfrak{p}}(\beta) \text{ für } \alpha, \beta \in P^{\times}$$

genügt es, (5.2.5) für Primpolynome $q(x)$ von $P_0[x]$ zu beweisen. $\nu_{\mathfrak{p}}(q(x))$ ist nur für die zu $q(x)$ gehörige Stelle $\mathfrak{q}$ und für ∞ von 0 verschieden. Nach Satz 4.2.2 ist $\nu_{\infty}(q(x))$ gleich $- \deg q(x)$. Daraus folgt die Behauptung wegen $f_{\infty} = 1$ und $f_{\mathfrak{q}} = \deg q(x)$. $\qquad\qquad\square$

Sei $\alpha \in K$. Wir definieren jetzt die α *zugeordnete Funktion* auf $\mathfrak{F}(K)$ wie folgt: Sei $\mathfrak{P} \in \mathfrak{F}(K)$ und $\nu_{\mathfrak{P}}(\alpha) < 0$. Dann setzen wir

$$\alpha(\mathfrak{P}) = \infty$$

und sagen α *hat in $\mathfrak{P}$ einen Pol der Ordnung* $-\nu_{\mathfrak{P}}(\alpha)$ und α *nimmt den Wert* ∞ *in $\mathfrak{P}$ mit der Vielfachheit* $-\nu_{\mathfrak{P}}(\alpha)$ *an.*

Sei $\mathfrak{P} \in \mathfrak{F}(K)$ und $\nu_{\mathfrak{P}}(\alpha) \geq 0$. Dann setzen wir

$$\alpha(\mathfrak{P}) = \alpha + \mathfrak{P} \in O_{\mathfrak{P}}/\mathfrak{P},$$

wobei hier $O_{\mathfrak{P}}$ den Bewertungsring von $\nu_{\mathfrak{P}}$ und $\mathfrak{P}$ das zugehörige maximale Ideal bezeichnet. Nach (5.2.1) ist $O_{\mathfrak{P}}/\mathfrak{P}$ eine endliche Erweiterung von P_0, deren Grad wir mit $f_{\mathfrak{P}}$ bezeichnet haben.

Die Werte unserer Funktion α liegen also in verschiedenen Körpern. Nur wenn der Körper P_0 algebraisch abgeschlossen ist (also insbesondere, wenn $P_0 = \mathbb{C}$ ist), liegen alle Werte von α in $P_0 \cup \{\infty\}$.

Wenn α über P_0 algebraisch ist, also im Konstantenkörper K_0 von K liegt, so ist $\alpha(\mathfrak{P}) = \alpha$ im Sinne der Identifizierung von K_0 mit einem Teilkörper von $O_{\mathfrak{P}}/\mathfrak{P}$ aufgrund der kanonischen Einbettung von K_0 in $O_{\mathfrak{P}}/\mathfrak{P}$ wie in (5.2.1) mit K_0 statt P_0. Dieses rechtfertigt die Bezeichnung *Konstantenkörper* für K_0.

Sei $c \in K_0$. Wir sagen, daß α den Wert c an der Stelle $\mathfrak{P}$ *m-fach annimmt*, wenn $\alpha(\mathfrak{P}) = c$ und $m = \nu_{\mathfrak{P}}(\alpha - c)$ ist.

Satz 5.2.2 *Sei α eine separierende Funktion in K und $c \in K_0 \cup \{\infty\}$. Dann gilt*

$$[K : K_0(\alpha)] = \sum_{\mathfrak{P}} f_{\mathfrak{P}} m_{\mathfrak{P}}(\alpha),$$

wobei über alle $\mathfrak{P}$ mit $\alpha(\mathfrak{P}) = c$ zu summieren ist, $f_{\mathfrak{P}}$ den Absolutgrad von $\mathfrak{P}$ bezüglich K_0 und $m_{\mathfrak{P}}(\alpha)$ die Vielfachheit, mit der der Wert c an der Stelle $\mathfrak{P}$ angenommen wird, bezeichnet.

B e w e i s: Sei $c \in K_0$ und O die ganze Abschließung von $K_0[\alpha]$ in K. Wir bezeichnen das $\mathfrak{P}$ zugeordnete Ideal von O mit $\mathfrak{P}_{\alpha}$. Dann ist nach (3.3.1)

$$(\alpha - c)O = \prod \mathfrak{P}_\alpha^{\nu_\mathfrak{P}(\alpha-c)},$$

wobei das Produkt über alle Primteiler $\mathfrak{P}_\alpha$ von $\alpha - c$ zu erstrecken ist. $\alpha(\mathfrak{P}) = c$ gilt genau dann, wenn $\mathfrak{P}_\alpha | (\alpha - c)$. Daher hat man nach (3.5.3)

$$[K : K_0(\alpha)] = \sum_\mathfrak{P} f_\mathfrak{P} \nu_\mathfrak{P}(\alpha - c),$$

wobei die Summe über alle $\mathfrak{P}$ mit $\alpha(\mathfrak{P}) = c$ zu erstrecken ist.

Sei jetzt $c = \infty$. Dann ist $\alpha(\mathfrak{P}) = \infty$ gleichbedeutend mit $\frac{1}{\alpha}(\mathfrak{P}) = 0$. Damit wird der Fall $c = \infty$ auf den Fall $c = 0$ zurückgeführt. $\square$

Im Fall $K_0 = \mathbb{C}$ geht Satz 5.2.2 in den Satz der Funktionentheorie über, wonach eine nichtkonstante meromorphe Funktion auf einer kompakten Riemannschen Fläche jeden Wert *gleich oft* annimmt.

Die Addition von zwei Divisoren $\mathfrak{A} = \sum_\mathfrak{P} a_\mathfrak{P} \mathfrak{P}$ und $\mathfrak{B} = \sum_\mathfrak{P} b_\mathfrak{P} \mathfrak{P}$ erfolgt komponentenweise:

$$\mathfrak{A} + \mathfrak{B} := \sum_\mathfrak{P} (a_\mathfrak{P} + b_\mathfrak{P}) \mathfrak{P}.$$

Es ist klar, daß die Gesamtheit der Divisoren von K bezüglich dieser Addition eine Gruppe bildet, die *Divisorengruppe von K* heißt und im folgenden mit $\mathcal{D}(K)$ bezeichnet wird. Die Hauptdivisoren bilden eine Untergruppe $(K^\times)$ von $\mathcal{D}(K)$. Die zugeordnete Faktorgruppe heißt *Divisorenklassengruppe* und deren Elemente die *Divisorenklassen*. In der algebraischen Geometrie ist die Bezeichnung *Picardgruppe* für die Divisorenklassengruppe üblich. Dementsprechend schreiben wir

$$\mathrm{Pic}(K) := \mathcal{D}(K)/(K^\times).$$

Analog zur Definition der Äquivalenz von gebrochenen Idealen werden zwei Divisoren $\mathfrak{A}$ und $\mathfrak{B}$ von K äquivalent genannt, wenn es ein $\alpha \in K^\times$ mit

$$\mathfrak{B} = (\alpha) + \mathfrak{A}$$

gibt, d.h. $\mathfrak{A}$ und $\mathfrak{B}$ liegen in der gleichen Divisorenklasse.

Der *Grad* $\deg \mathfrak{A}$ eines Divisors $\mathfrak{A} = \sum_\mathfrak{P} a_\mathfrak{P} \mathfrak{P}$ von K ist durch

$$\deg \mathfrak{A} := \sum_\mathfrak{P} a_\mathfrak{P} f_\mathfrak{P}$$

definiert. Er hängt von der Wahl des Koeffizientenkörpers P_0 ab. Geht man von P_0 zu einer endlichen Erweiterung F_0 in K über, so gilt für den Absolutgrad $f'_\mathfrak{P}$ einer Stelle $\mathfrak{P}$ bezüglich F_0 von K

$$f_\mathfrak{P} = [F_0 : P_0] f'_\mathfrak{P}.$$

Daher multipliziert sich der Grad von $\mathfrak{A}$ mit dem von $\mathfrak{A}$ unabhängigen Faktor $[F_0 : P_0]^{-1}$.

Nach Satz 5.2.1 haben Hauptdivisoren den Grad 0. Daher haben äquivalente Divisoren den gleichen Grad. Wir können deg daher als Homomorphismus von $\mathrm{Pic}(K)$ in $\mathbb{Z}$ verstehen. Der Kern dieses Homomorphismus wird mit $\mathrm{Pic}_0(K)$ bezeichnet.

(5.2.4) definiert durch additive Fortsetzung eine Einlagerung von $\mathcal{D}(P)$ in $\mathcal{D}(K)$.

Schließlich definieren wir die *Differente* $\mathfrak{D}_\xi(K)$ bezüglich $P = P_0(\xi)$ als Summe der lokalen Differenten:

$$\mathfrak{D}_\xi(K) = \sum_{\mathfrak{P}} \nu_{\mathfrak{P}}(\mathfrak{D}(K_{\mathfrak{P}}/P_{\mathfrak{p}}))\mathfrak{P}. \tag{5.2.6}$$

Entsprechend definieren wir die *Diskriminante* $\mathfrak{d}_\xi(K)$ von K bezüglich P durch

$$\mathfrak{d}_\xi(K) = \sum_{\mathfrak{P}} \nu_{\mathfrak{p}}(\mathfrak{d}(K_{\mathfrak{P}}/P_{\mathfrak{p}}))\mathfrak{p}. \tag{5.2.7}$$

Satz 5.2.3 $\deg \mathfrak{D}_\xi(K) = \deg \mathfrak{d}_\xi(K)$.

B e w e i s: Nach Definition ist die lokale Diskriminante gleich der Norm der lokalen Differente. Daher gilt

$$\nu_{\mathfrak{p}}(\mathfrak{d}(K_{\mathfrak{P}}/P_{\mathfrak{p}})) = f(K_{\mathfrak{P}}/P_{\mathfrak{p}})\nu_{\mathfrak{P}}(\mathfrak{D}(K_{\mathfrak{P}}/P_{\mathfrak{p}})).$$

Wegen

$$f_{\mathfrak{P}} = f(K_{\mathfrak{P}}/P_{\mathfrak{p}})f_{\mathfrak{p}}$$

folgt

$$\deg \mathfrak{d}_\xi(K) = \sum_{\mathfrak{P}} \nu_{\mathfrak{p}}(\mathfrak{d}(K_{\mathfrak{P}}/P_{\mathfrak{p}}))f_{\mathfrak{p}} = \sum_{\mathfrak{P}} \nu_{\mathfrak{P}}(\mathfrak{D}(K_{\mathfrak{P}}/P_{\mathfrak{p}}))f_{\mathfrak{P}} = \deg \mathfrak{D}_\xi(K).$$

$\square$

5.3 Der einem Divisor zugeordnete Funktionenraum

Im Fall eines algebraischen Zahlkörpers ist der Begriff des Divisors mit dem des gebrochenen Ideals zu identifizieren. Im Fall eines algebraischen Funktionenkörpers liegen die Verhältnisse gänzlich anders, da es, wenn man von dem Ring $P_0[\xi]$ ausgeht, außer den Stellen, die den Primidealen zugeordnet sind, noch die Gradbewertung gibt, die wir auch als unendliche Stelle von $P_0(\xi)$ bezeichnen.

Betrachtet man die Vielfachen eines Divisors

$$\mathfrak{a} = \sum_{\mathfrak{p}} n_{\mathfrak{p}}\mathfrak{p},$$

d.h. die $\alpha(\xi) \in P_0(\xi)$ mit

$$\nu_{\mathfrak{p}}(\alpha(\xi)) \geq n_{\mathfrak{p}} \text{ für } \mathfrak{p} \in \mathfrak{F}(P_0(\xi)),$$

so sieht man leicht, daß diese einen endlichdimensionalen Vektorraum über P_0 bilden. Im folgenden geht es um die Verallgemeinerung dieses Sachverhaltes.

Sei also jetzt K eine endliche separable Erweiterung von $P_0(\xi)$. In Übereinstimmung mit der Terminologie der algebraischen Geometrie definieren wir den einem Divisor

$$\mathfrak{A} = \sum_{\mathfrak{P}} n_{\mathfrak{P}} \mathfrak{P}$$

von K *zugeordneten Funktionenraum* $L(\mathfrak{A})$ als die Gesamtheit der Vielfachen von $-\mathfrak{A}$:

$$L(\mathfrak{A}) := \{\alpha \in K \mid \nu_{\mathfrak{P}}(\alpha) \geq -n_{\mathfrak{P}} \text{ für } \mathfrak{P} \in \mathfrak{F}(K)\}. \tag{5.3.1}$$

In dem von Riemann untersuchten Spezialfall $P_0 = \mathbb{C}$, $n_{\mathfrak{P}} \geq 0$ bedeutet dies, daß wir uns nur für Funktionen interessieren, die *Pole* höchstens an endlich vielen Stellen $\mathfrak{P}$ von einer Vielfachheit $\leq n_{\mathfrak{P}}$ haben.

Als nächstes Ziel wollen wir beweisen, daß $L(\mathfrak{A})$ als P_0-Vektorraum eine endliche Dimension hat, die mit $l(\mathfrak{A})$ bezeichnet wird. Der Riemann-Rochsche Satz gibt eine Abschätzung von $l(\mathfrak{A})$. Wir verbinden den Beweis für die Endlichkeit von $l(\mathfrak{A})$ mit Vorbereitungen für den Satz von Riemann-Roch.

Sei η eine separierende Funktion in K und sei O_η die ganze Abschließung von $P_0[\eta]$ in K. Wir bezeichnen mit $(\mathfrak{A})_\eta$ den O_η-Modul

$$\{\alpha \in K \mid \nu_{\mathfrak{P}}(\alpha) \geq n_{\mathfrak{P}} \text{ für alle } \mathfrak{P} \in \mathfrak{F}(K) \text{ mit } \nu_{\mathfrak{P}}(\eta) \geq 0\}.$$

Wir wollen spezielle Basen von $(-\mathfrak{A})_\eta$ als $P_0[\eta]$-Modul konstruieren, die als *Normalbasen* bezeichnet werden.

Jedes Element α von $(-\mathfrak{A})_\eta$ geht bei Multiplikation mit einer genügend hohen Potenz $(1/\eta)^h$ von $1/\eta$ in ein Element von $(-\mathfrak{A})_{1/\eta}$ über:

$$(-\mathfrak{A})_{1/\eta} = \{\beta \in K \mid \nu_{\mathfrak{P}}(\beta) \geq -n_{\mathfrak{P}} \text{ für alle } \mathfrak{P} \in \mathfrak{F}(K) \text{ mit } \nu_{\mathfrak{P}}(1/\eta) \geq 0\}.$$

Für $\beta = \alpha\eta^{-h}$, $\alpha \in (-\mathfrak{A})_\eta$, gilt

$$\nu_{\mathfrak{P}}(\beta) = \nu_{\mathfrak{P}}(\alpha) - h\nu_{\mathfrak{P}}(\eta) \geq -n_{\mathfrak{P}}$$

für $\mathfrak{P}$ mit $\nu_{\mathfrak{P}}(\eta) = 0$ und

$$\nu_{\mathfrak{P}}(\beta) = \nu_{\mathfrak{P}}(\alpha) - h\nu_{\mathfrak{P}}(\eta) \geq -n_{\mathfrak{P}}$$

für die endlich vielen $\mathfrak{P}$ mit $\nu_{\mathfrak{P}}(1/\eta) = -\nu_{\mathfrak{P}}(\eta) > 0$, wenn h genügend groß gewählt wird.

Für $\alpha \neq 0$ sind die Exponenten h mit dieser Eigenschaft unabhängig von α nach unten beschränkt, denn nach Satz 5.2.1 gilt

$$\sum_{\nu_{\mathfrak{P}}(\eta)<0} f_{\mathfrak{P}}\nu_{\mathfrak{P}}(\alpha) = -\sum_{\nu_{\mathfrak{P}}(\eta)\geq 0} f_{\mathfrak{P}}\nu_{\mathfrak{P}}(\alpha) \leq \sum_{\nu_{\mathfrak{P}}(\eta)\geq 0} f_{\mathfrak{P}} n_{\mathfrak{P}}.$$

Wegen

$$h\nu_{\mathfrak{P}}(\eta) \le \nu_{\mathfrak{P}}(\alpha) + n_{\mathfrak{P}} \quad \text{für } \mathfrak{P} \text{ mit } \nu_{\mathfrak{P}}(\eta) < 0$$

ist daher

$$h \sum_{\nu_{\mathfrak{P}}(\eta)<0} f_{\mathfrak{P}}\nu_{\mathfrak{P}}(\eta) \le \sum_{\nu_{\mathfrak{P}}(\eta)<0} (f_{\mathfrak{P}}\nu_{\mathfrak{P}}(\alpha) + f_{\mathfrak{P}}n_{\mathfrak{P}}) \le \sum_{\mathfrak{P}} f_{\mathfrak{P}}n_{\mathfrak{P}}.$$

Das kleinste derartige h bezüglich α werde als *Exponent von* α bezeichnet. Der Exponent von 0 wird gleich $-\infty$ gesetzt. Weiter sei m_1 das Minimum der Exponenten $h(\alpha)$ für $\alpha \in (-\mathfrak{A})_\eta$, $\alpha \ne 0$.

Wir wählen rekursiv eine Basis $\lambda_1, \ldots, \lambda_n$ von K über $P_0(\eta)$ entsprechend der durch die Exponenten gegebenen Filtrierung von $(-\mathfrak{A})_\eta$:

Sei $\lambda_1 \ne 0$ ein Element mit Exponent m_1. Wenn $\lambda_1, \ldots, \lambda_{i-1}$ bereits gewählt sind, wählen wir λ_i als Element von kleinstem Exponenten m_i unter allen Elementen von $(-\mathfrak{A})_\eta$, die über $P_0(\eta)$ linear unabhängig von $\lambda_1, \ldots, \lambda_{i-1}$ sind.

Eine auf diese Weise konstruierte Basis heißt *Normalbasis*. Die Zahlen $m_1, \ldots, m_n$ sind unabhängig von der Wahl der Normalbasis.

Hilfssatz 5.3.1 *Jede Normalbasis ist eine Basis von* $(-\mathfrak{A})_\eta$ *als* $P_0[\eta]$*-Modul.*

B e w e i s: Jedes $\alpha \in (-\mathfrak{A})_\eta$ läßt sich in der Form

$$\alpha = \frac{a_1}{a}\lambda_1 + \cdots + \frac{a_n}{a}\lambda_n$$

mit $a_1, \ldots, a_n, a \in P_0[\eta]$ und g.g.T.$(a_1, \ldots, a_n, a) = 1$ darstellen. Wir nehmen an, daß $\lambda_1, \ldots, \lambda_n$ keine Basis von $(-\mathfrak{A})_\eta$ ist. Dann gibt es ein $\alpha \in (-\mathfrak{A})_\eta$, für das a nicht konstant ist. Wir schreiben a_i in der Form

$$a_i = b_i a + c_i \text{ mit } \deg c_i < \deg a, \ b_i, c_i \in P_0[\eta]$$

und setzen

$$\alpha' = \alpha - b_1\lambda_1 - \cdots - b_n\lambda_n = \frac{c_1}{a}\lambda_1 + \cdots + \frac{c_n}{a}\lambda_n.$$

Nach unserer Annahme ist $\alpha' \ne 0$. Sei k maximal mit $c_k \ne 0$. Dann ist

$$\alpha' = \frac{c_1}{a}\lambda_1 + \cdots + \frac{c_k}{a}\lambda_k$$

ein von $\lambda_1, \ldots, \lambda_{k-1}$ linear unabhängiges Element von $(-\mathfrak{A})_\eta$ mit

$$\eta^{-m_k+1}\alpha' = \frac{\eta c_1}{a}\eta^{-m_k}\lambda_1 + \cdots + \frac{\eta c_k}{a}\eta^{-m_k}\lambda_k.$$

$\eta^{-m_k+1}\alpha'$ gehört zu $(-\mathfrak{A})_{1/\eta}$, denn es gilt

$$\nu_{\mathfrak{P}}(\eta^{-m_k+1}\alpha') = \nu_{\mathfrak{P}}(\alpha') \ge -n_{\mathfrak{P}} \quad \text{für } \nu_{\mathfrak{P}}(\eta) = 0$$

und wegen $\deg \eta c_i \le \deg a$ und $\eta^{-m_k}\lambda_i \in (-\mathfrak{A})_{1/\eta}$ gilt

$$\nu_{\mathfrak{P}}(\eta^{-m_k+1}\alpha') \ge \min\left\{ \nu_{\mathfrak{P}}\left(\frac{\eta c_i}{a}\eta^{-m_k}\lambda_i\right) \ \Big|\ i = 1, \ldots, k\right\} \ge -n_{\mathfrak{P}}$$

für $\nu_{\mathfrak{P}}(\eta) < 0$.

Nach der Wahl von $\lambda_1, \ldots, \lambda_k$ ist α' eine Linearkombination von $\lambda_1, \ldots, \lambda_{k-1}$ im Widerspruch zu $c_k \ne 0$. Es folgt, daß $\lambda_1, \ldots, \lambda_n$ eine Basis von $(-\mathfrak{A})_\eta$ ist. $\qquad \square$

Hilfssatz 5.3.2 *Die Elemente*

$$\lambda_1 \eta^{-m_1}, \ldots, \lambda_n \eta^{-m_n}$$

bilden eine Normalbasis von $(-\mathfrak{A})_{1/\eta}$.

B e w e i s: Nach Definition gehören $\lambda_1 \eta^{-m_1}, \ldots, \lambda_n \eta^{-m_n}$ zu $(-\mathfrak{A})_{1/\eta}$. Der Exponent h von $\lambda_i \eta^{-m_i}$ bezüglich $1/\eta$ ist gleich der kleinsten ganzen Zahl mit $\eta^h(\lambda_i \eta^{-m_i}) \in (-\mathfrak{A})_\eta$. Daher ist $h \leq m_i$. Angenommen, $h < m_i$. Dann ist $\eta^{-1}\lambda_i$ ein Element vom Exponenten $m_i - 1$ bezüglich η im Widerspruch zur Wahl von λ_i. Folglich ist der Exponent von $\lambda_i \eta^{-m_i}$ bezüglich $1/\eta$ gleich m_i und $\lambda_1 \eta^{-m_1}, \ldots, \lambda_n \eta^{-m_n}$ entspricht den Vorschriften für die Wahl einer Normalbasis. $\square$

Hilfssatz 5.3.3 *Sei $\mathfrak{A}$ ein beliebiger Divisor von K. Dann ist die Dimension $l(\mathfrak{A})$ des $\mathfrak{A}$ zugeordneten Funktionenraums $L(\mathfrak{A})$ gleich $\sum_i(1 - m_i)$, wobei die Summe über alle $i = 1, \ldots, n$ mit $m_i \leq 0$ zu erstrecken ist.*

B e w e i s: Nach Definition von $L(\mathfrak{A})$ ist

$$L(\mathfrak{A}) = (-\mathfrak{A})_\eta \cap (-\mathfrak{A})_{1/\eta}.$$

Ein Element λ aus $(-\mathfrak{A})_\eta$ hat nach Hilfssatz 5.3.1 die Form

$$\lambda = a_1\lambda_1 + \cdots + a_n\lambda_n \text{ mit } a_i \in P_0[\eta],$$

wobei $\lambda_1, \ldots, \lambda_n$ eine Normalbasis ist. Nach Hilfssatz 5.3.2 gehört λ zu $(-\mathfrak{A})_{1/\eta}$ genau dann, wenn $a_i\eta^{m_i}$ zu $P_0[1/\eta]$ gehört, und das ist genau dann der Fall, wenn $\deg a_i \leq -m_i$ ist. Daraus folgt die Behauptung. $\square$

Wir beweisen zwei weitere Hilfssätze, die wir später benötigen.

Hilfssatz 5.3.4 *Sei $\lambda'_1, \ldots, \lambda'_n$ eine Basis von $(-\mathfrak{A})_\eta$ als $P_0[\eta]$-Modul und $\eta^{-m'_1}\lambda'_1, \ldots, \eta^{-m'_n}\lambda'_n$ eine Basis von $(-\mathfrak{A})_{1/\eta}$ als $P_0[1/\eta]$-Modul mit $m'_1 \leq m'_2 \leq \cdots \leq m'_n$. Dann ist $m'_i = m_i$ für $i = 1, \ldots, n$.*

B e w e i s: Sei (c_{ij}) die Matrix, die $\lambda'_1, \ldots, \lambda'_n$ in die Normalbasis $\lambda_1, \ldots, \lambda_n$ überführt. Dann führt

$$(\tilde{c}_{ij}) := (c_{ij}\eta^{m'_j - m_i}) \tag{5.3.2}$$

$\eta^{-m'_1}\lambda'_1, \ldots, \eta^{-m'_n}\lambda'_n$ in $\eta^{-m_1}\lambda_1, \ldots, \eta^{-m_n}\lambda_n$ über. Wegen $c_{ij}\eta^{m'_j - m_i} \in P_0[1/\eta]$, $c_{ij} \in P_0[\eta]$, folgt aus $m_i < m'_j$ für ein Paar i, j, daß $c_{ij} = 0$ ist. Wenn es ein i mit $m_i < m'_i$ gibt, gilt auch $m_k < m'_l$ für alle k, l mit $k \leq i \leq l$ und daher $c_{kl} = 0$. Es folgt $\det(c_{ij}) = 0$. Aus diesem Widerspruch zur Definition von (c_{ij}) folgt $m_i \geq m'_i$ für $i = 1, \ldots, n$.

Aus (5.3.2) erhält man

$$\det(\tilde{c}_{ij}) = \eta^{m' - m} \det(c_{ij}),$$

wobei wir zur Abkürzung

$$m' = m'_1 + \cdots + m'_n, \quad m = m_1 + \cdots + m_n$$

gesetzt haben. Da $\det(\tilde{c}_{ij})$ bzw. $\det(c_{ij})$ eine Einheit in $P_0[1/\eta]$ bzw. $P_0[\eta]$ ist, folgt $m' = m$ und daher $m_i = m'_i$ für $i = 1, \ldots, n$. $\qquad\qquad\square$

Hilfssatz 5.3.5

$$\deg \mathfrak{D}_\eta(K) = 2m + 2 \deg \mathfrak{A},$$

wobei $m = m_1 + \cdots + m_n$ gesetzt ist.

B e w e i s: Nach Satz 5.2.3 ist

$$\deg \mathfrak{D}_\eta(K) = \deg \mathfrak{d}_\eta(K).$$

Nach Satz 3.12.4 ist

$$\mathfrak{d}_\eta(K) = \sum_{\mathfrak{p}} \nu_{\mathfrak{p}}(\Delta(O_\eta)) + \nu_{1/\eta}(\Delta(O_{1/\eta})),$$

wobei die Summe über alle Primideale $\mathfrak{p}$ von $P_0[\eta]$ zu erstrecken ist und O_η bzw. $O_{1/\eta}$ die ganze Abschließung von $P_0[\eta]$ bzw. $P_0[1/\eta]$ in K bezeichnet. Wegen Satz 5.2.1 ist

$$\deg \left(\sum_{\mathfrak{p}} \nu_{\mathfrak{p}}(\Delta(O_\eta)) \right) = -\nu_{1/\eta}(\Delta(O_\eta))$$

und daher

$$\deg \mathfrak{d}_\eta(K) = -\nu_{1/\eta}(\Delta(O_\eta)) + \nu_{1/\eta}(\Delta(O_{1/\eta})).$$

Nach Hilfssatz 5.3.1 und 5.3.2 ist

$$\Delta((-\mathfrak{A})_{1/\eta}) = \eta^{-2m} \Delta((-\mathfrak{A})_\eta).$$

Weiter ist nach (2.4.2)

$$\begin{aligned}
\Delta((-\mathfrak{A})_\eta) &= \Delta(O_\eta) N_{K/P}((-\mathfrak{A})_\eta)^2, \\
\Delta((-\mathfrak{A})_{1/\eta}) &= \Delta(O_{1/\eta}) N_{K/P}((-\mathfrak{A})_{1/\eta})^2
\end{aligned}$$

und nach Satz 3.5.4

$$N_{K/P}((-\mathfrak{A})_\eta) = \left(\prod_{\nu_{\mathfrak{P}}(\eta) \geq 0} a_{\mathfrak{p}}^{-f(K_{\mathfrak{P}}/P_{\mathfrak{p}})n_{\mathfrak{P}}} \right),$$

wobei das Produkt über alle Stellen $\mathfrak{P}$ von K mit $\nu_{\mathfrak{P}}(\eta) \geq 0$ zu erstrecken ist, $\mathfrak{p}$ die Stelle von P unterhalb $\mathfrak{P}$ und $a_{\mathfrak{p}}$ das zu $\mathfrak{p}$ gehörige irreduzible Polynom in $P_0[\eta]$ im Sinne von Satz 4.2.2 bezeichnet. Der Absolutgrad $f_{\mathfrak{p}}$ von $\mathfrak{p}$ ist dann gleich $\deg a_{\mathfrak{p}}$.

Jetzt beachte man, daß für ein Polynom $\alpha \in P_0[\eta]$ $\nu_{1/\eta}(\alpha) = -\deg \alpha$ gilt. Es folgt

$$\nu_{1/\eta}(N_{K/P}((-\mathfrak{A})_\eta)) = \sum_{\nu_\mathfrak{P}(\eta)\geq 0} f_\mathfrak{P} n_\mathfrak{P}.$$

Entsprechend gilt

$$\nu_{1/\eta}(N_{K/P}((-\mathfrak{A})_{1/\eta})) = \sum_{\nu_\mathfrak{P}(\eta)<0} -f_\mathfrak{P} n_\mathfrak{P}.$$

Zusammenfassend erhalten wir

$$
\begin{aligned}
\deg \mathfrak{D}_\eta(K) \\
= \ & \nu_{1/\eta}(\Delta(O_{1/\eta})\Delta(O_\eta)^{-1}) \\
= \ & \nu_{1/\eta}(\Delta((-\mathfrak{A})_{1/\eta})N_{K/P}((-\mathfrak{A})_{1/\eta})^{-2}\Delta((-\mathfrak{A})_\eta)^{-1}N_{K/P}((-\mathfrak{A})_\eta)^2) \\
= \ & 2m + 2\sum_\mathfrak{P} f_\mathfrak{P} n_\mathfrak{P} = 2m + 2\deg \mathfrak{A}.
\end{aligned}
$$

$\square$

Sei $\mathfrak{B}$ ein zu $\mathfrak{A}$ äquivalenter Divisor, $\mathfrak{B} = \mathfrak{A} + (\gamma)$ mit $\gamma \in K^\times$. Dann wird durch

$$\alpha \mapsto \alpha\gamma^{-1}$$

ein Isomorphismus der P_0-Vektorräume $L(\mathfrak{A})$ und $L(\mathfrak{B})$ definiert. Die Dimension $l(\mathfrak{A})$ des Funktionenraumes ist also unabhängig von der Wahl von $\mathfrak{A}$ in seiner Klasse.

5.4 Differentiale

Sei K ein algebraischer Funktionenkörper über dem vollkommenen Koeffizientenkörper P_0. Weiter sei $\mathfrak{P}$ eine Stelle von K und π eine Uniformisierende in der Vervollständigung $K_\mathfrak{P}$ von K bezüglich $\mathfrak{P}$. Wir bezeichnen den Bewertungsring von $K_\mathfrak{P}$ mit $O_\mathfrak{P}$ und das maximale Ideal von $O_\mathfrak{P}$ mit $\mathfrak{P}$. Jedes über P_0 algebraische Element von $K_\mathfrak{P}$ liegt in $O_\mathfrak{P}$. Die Gesamtheit dieser Elemente, d.h. die algebraische Abschließung von P_0 in $K_\mathfrak{P}$, werde mit $R_\mathfrak{P}$ bezeichnet.

Satz 5.4.1 *$R_\mathfrak{P}$ ist ein volles Restsystem von $O_\mathfrak{P}/\mathfrak{P}$ in $O_\mathfrak{P}$.*

B e w e i s: $O_\mathfrak{P}/\mathfrak{P}$ ist eine endliche algebraische Erweiterung von P_0. Sei $\bar\beta \in O_\mathfrak{P}/\mathfrak{P}$ und $f_{\bar\beta}(x) \in P_0[x]$ das Minimalpolynom von $\bar\beta$ über P_0. Da P_0 als vollkommen vorausgesetzt ist, hat $f_{\bar\beta}(x)$ keine mehrfachen Nullstellen. Insbesondere ist

$$f_{\bar\beta}(x) = (x - \bar\beta)\bar g(x)$$

eine Zerlegung von $f_{\bar\beta}(x)$ in teilerfremde Faktoren. Wir können also das Henselsche Lemma (Satz 4.4.2) anwenden. Hiernach hat $f_{\bar\beta}(x) \in P_0[x]$ eine Nullstelle in $K_\mathfrak{P}$ und folglich in $R_\mathfrak{P}$. Jedem $\bar\beta \in O_\mathfrak{P}/\mathfrak{P}$ entspricht also ein eindeutig bestimmtes Element β in $R_\mathfrak{P}$ mit $\bar\beta = \beta + \mathfrak{P}$. Daraus folgt die Behauptung. $\square$

Jedes Element α von K läßt sich nach Satz 4.4.1 in eindeutiger Weise in der Form

$$\alpha = \sum_{i=i_0}^{\infty} \alpha_i \pi^i, \qquad \alpha_i \in R_{\mathfrak{P}},$$

darstellen. Das gibt uns die Möglichkeit, die *Ableitung* $\dfrac{d\alpha}{d\pi}$ durch

$$\frac{d\alpha}{d\pi} := \sum_{i=i_0}^{\infty} i\alpha_i \pi^{i-1}$$

zu definieren.

Man überzeugt sich leicht, daß die gewöhnlichen Regeln für Differentialquotienten gelten. So gilt für eine weitere Uniformisierende ω von $K_{\mathfrak{P}}$

$$\frac{d\alpha}{d\omega} = \frac{d\alpha}{d\pi}\frac{d\pi}{d\omega}. \tag{5.4.1}$$

Mit Hilfe der Ableitung können wir auch den Begriff des Differentials definieren. Ein *Differential* $\alpha d\beta$ von K ist eine Äquivalenzklasse von Paaren (α, β) mit $\alpha, \beta \in K$, wobei zwei Paare (α, β) und (α', β') äquivalent sind, wenn für alle Stellen $\mathfrak{P}$ und alle Uniformisierenden π von $K_{\mathfrak{P}}$

$$\alpha\frac{d\beta}{d\pi} = \alpha'\frac{d\beta'}{d\pi} \tag{5.4.2}$$

gilt. Wegen (5.4.1) genügt es, für jede Stelle $\mathfrak{P}$ *eine* Uniformisierende heranzuziehen. Für das weitere ist es wichtig, eine Aussage über das Verschwinden von Differentialen zu haben.

Satz 5.4.2 *Sei η ein transzendentes Element von K. Wenn $K/P_0(\eta)$ inseparabel ist, gilt $\dfrac{d\eta}{d\pi} = 0$ für alle $\mathfrak{P} \in \mathfrak{F}(K)$. Wenn $K/P_0(\eta)$ separabel ist, gilt $\dfrac{d\eta}{d\pi} \neq 0$ für alle $\mathfrak{P} \in \mathfrak{F}(K)$.*

B e w e i s: Sei $K/P_0(\eta)$ inseparabel. Dann gilt nach Satz 5.1.2 $\eta = \xi^p$ für ein $\xi \in K$ und daher

$$\frac{d\eta}{d\pi} = p\xi^{p-1}\frac{d\xi}{d\pi} = 0.$$

Wenn $K/P_0(\eta)$ separabel ist, sei π eine Uniformisierende von $K_{\mathfrak{P}}$ in K und $f_\pi(x, \eta) \in P_0(\eta)[x]$ das Minimalpolynom von π über $P_0(\eta)$. Dann gilt wegen $f_\pi(\pi, \eta) = 0$

$$0 = \frac{df_\pi(\pi, \eta)}{d\pi} = \frac{\partial f_\pi}{\partial x}(\pi, \eta) + \frac{\partial f_\pi}{\partial \eta}(\pi, \eta)\frac{d\eta}{d\pi}.$$

Nach der Separabilitätsvoraussetzung ist $\dfrac{\partial f_\pi}{\partial x}(\pi, \eta) \neq 0$. Also ist auch $\dfrac{d\eta}{d\pi} \neq 0$. $\qquad\square$

Jedes Primelement ω von $K_{\mathfrak{P}}$ hat die Form

$$\omega = \omega_1 \pi + \omega_2 \pi^2 + \cdots$$

mit $\omega_i \in R_{\mathfrak{P}}$ und $\omega_1 \not\equiv 0 \pmod{\pi}$. Daher ist

$$\frac{d\omega}{d\pi} = \omega_1 + 2\omega_2\pi + \cdots$$

und

$$\nu_{\mathfrak{P}}\left(\frac{d\omega}{d\pi}\right) = \nu_{\mathfrak{P}}(\omega_1) = 0.$$

Also ist $\nu_{\mathfrak{P}}(\alpha\frac{d\beta}{d\pi})$ nach (5.4.1) unabhängig von der Wahl der Uniformisierenden π.

Für eine Konstante β ist $\frac{d\beta}{d\pi} = 0$. Wir wollen zeigen, daß $\nu_{\mathfrak{P}}(\alpha\frac{d\beta}{d\pi})$ nur für endlich viele $\mathfrak{P}$ von 0 verschieden ist, was uns die Möglichkeit gibt, den einem Differential zugeordneten Divisor zu definieren.

Es genügt, das Differential $d\eta$ eines separierenden Elementes η von K zu betrachten (5.1). Dabei ergibt sich ein Zusammenhang mit der Differente $\mathfrak{D}_\eta(K)$. Sei $\mathfrak{p}$ die Beschränkung von $\mathfrak{P}$ auf $P = P_0(\eta)$. Dann bezeichnet $f(K_{\mathfrak{P}}/P_{\mathfrak{p}})$ bzw. $e(K_{\mathfrak{P}}/P_{\mathfrak{p}})$ den Trägheitsgrad bzw. Verzweigungsindex von $K_{\mathfrak{P}}/P_{\mathfrak{p}}$.

Satz 5.4.3 $\nu_{\mathfrak{P}}(\frac{d\eta}{d\pi})$ *ist nur für endlich viele Stellen $\mathfrak{P}$ von 0 verschieden. Der entsprechende Divisor*

$$(d\eta) := \sum_{\mathfrak{P}} \nu_{\mathfrak{P}}\left(\frac{d\eta}{d\pi}\right)\mathfrak{P}$$

ist gleich

$$\mathfrak{D}_\eta(K) - 2(1/\eta),$$

wobei $(1/\eta)$ den Divisor

$$\mathfrak{p} = \sum_{\mathfrak{P}|\mathfrak{p}} e(K_{\mathfrak{P}}/P_{\mathfrak{p}})\mathfrak{P}$$

mit $\mathfrak{p} = \infty \in \mathfrak{F}(P_0(\eta))$, d.h. $\nu_{\mathfrak{p}}(1/\eta) = 1$, bezeichnet.

B e w e i s: Sei $\mathfrak{P}$ eine beliebige Stelle und $\mathfrak{p}$ die Beschränkung von $\mathfrak{P}$ auf $P = P_0(\eta)$. Sei $u = u(\eta)$ eine zu $\mathfrak{p}$ gehörige Uniformisierende. $R_{\mathfrak{P}}((u))/P_{\mathfrak{p}}$ ist eine unverzweigte Erweiterung, deren Grad gleich dem Trägheitsgrad $f(K_{\mathfrak{P}}/P_{\mathfrak{p}})$ von $K_{\mathfrak{P}}/P_{\mathfrak{p}}$ ist, daher ist $T_{\mathfrak{P}} := R_{\mathfrak{P}}((u))$ der Trägheitskörper von $K_{\mathfrak{P}}/P_{\mathfrak{p}}$ (Satz 4.6.2). Sei $e = e(K_{\mathfrak{P}}/P_{\mathfrak{p}})$ der Verzweigungsindex von $K_{\mathfrak{P}}/P_{\mathfrak{p}}$. Die Uniformisierende π genügt einem Eisenstein-Polynom

$$f_\pi(\pi) = \pi^e + \alpha_1\pi^{e-1} + \cdots + \alpha_e = 0 \tag{5.4.3}$$

mit $\alpha_i \in R_{\mathfrak{P}}[[u]]$, $\nu_{\mathfrak{p}}(\alpha_i) \geq 1$ für $i = 1,\ldots,e$, $\nu_{\mathfrak{p}}(\alpha_e) = 1$. Wir differenzieren (5.4.3) nach π und berücksichtigen $(f'_\pi(\pi)) = \mathfrak{D}(K_{\mathfrak{P}}/P_{\mathfrak{p}})$ (Abschnitt 4.6).

$$f'_\pi(\pi) + \frac{d\alpha_1}{d\pi}\pi^{e-1} + \cdots + \frac{d\alpha_e}{d\pi} = 0.$$

Dabei wird

$$\frac{d\alpha_1}{d\pi}\pi^{e-1} + \cdots + \frac{d\alpha_e}{d\pi} = \left(\frac{d\alpha_1}{du}\pi^{e-1} + \cdots + \frac{d\alpha_e}{du}\right)\frac{du}{d\eta}\frac{d\eta}{d\pi},$$

$$\nu_{\mathfrak{P}}\left(\frac{d\alpha_1}{du}\pi^{e-1} + \cdots + \frac{d\alpha_e}{du}\right) = \min\left\{\nu_{\mathfrak{P}}\left(\frac{d\alpha_1}{du}\right) + e - 1, \ldots, \nu_{\mathfrak{P}}\left(\frac{d\alpha_e}{du}\right)\right\} = 0$$

wegen $\nu_{\mathfrak{p}}(\alpha_e) = 1$ und daher $\nu_{\mathfrak{p}}(\frac{d\alpha_e}{du}) = 0$.

Wir wählen jetzt entsprechend Satz 4.2.2 $u(\eta)$ als irreduzibles Polynom von $R_{\mathfrak{P}}[\eta]$ bzw. $u(\eta) = 1/\eta$. Im ersten Fall ist $\frac{du}{d\eta}$ prim zu u, weil P_0 vollkommen ist. Daher gilt

$$\nu_{\mathfrak{p}}\left(\frac{du}{d\eta}\right) = 0.$$

Im zweiten Fall ist $\frac{du}{d\eta} = -1/\eta^2$, also

$$\nu_{\mathfrak{p}}\left(\frac{du}{d\eta}\right) = 2.$$

Zusammengenommen erhalten wir

$$\nu_{\mathfrak{P}}(\mathfrak{D}(K_{\mathfrak{P}}/P_{\mathfrak{p}})) = \nu_{\mathfrak{P}}(f'_\pi(\pi)) = \nu_{\mathfrak{P}}\left(\frac{d\eta}{d\pi}\right) + \nu_{\mathfrak{P}}\left(\frac{du}{d\eta}\right)$$

mit

$$\nu_{\mathfrak{P}}\left(\frac{du}{d\eta}\right) = e\nu_{\mathfrak{p}}\left(\frac{du}{d\eta}\right) = \left\{\begin{array}{ll} 0 & \text{für } u \text{ irreduzibles Polynom in } R_{\mathfrak{P}}[\eta] \\ 2e & \text{für } u = 1/\eta. \end{array}\right.$$

$\square$

Sei jetzt $\alpha d\beta$ ein beliebiges Differential von K. Wegen Satz 5.4.2 können wir o.B.d.A. annehmen, daß β separierend über P_0 ist. Weiter sei η ein fixiertes separierendes Element von K über P_0. Dann ist β separabel algebraisch über $P_0(\eta)$. Sei $f_\beta(x, \eta)$ das Minimalpolynom von β. Wir verstehen die Gleichung $f_\beta(\beta, \eta) = 0$ als Beziehung zwischen den beiden Variablen β, η über P_0. Dann gilt

$$\frac{\partial f_\beta}{\partial\beta}\frac{d\beta}{d\pi} + \frac{\partial f_\beta}{\partial\eta}\frac{d\eta}{d\pi} = 0.$$

Wegen der Separabilitätsvoraussetzung gilt

$$\frac{\partial f_\beta}{\partial\beta}\frac{d\beta}{d\pi} \neq 0.$$

Es folgt

$$d\beta = \left(\frac{\partial f_\beta}{\partial\beta}\right)^{-1}\left(-\frac{\partial f_\beta}{\partial\eta}\right)d\eta.$$

Hieraus ist ersichtlich, daß die Klasse des $\alpha d\beta$ zugeordneten Divisors $(\alpha d\beta)$ gleich der Klasse von $(d\eta)$ ist. Allen von 0 verschiedenen Differentialen ist also die gleiche Divisorenklasse zugeordnet, die als *kanonische Klasse C* von K bezeichnet wird. Wir erhalten eine Invariante von K mit Hilfe des Grades der kanonischen Klasse:

$$\deg C = 2g - 2.$$

Bei dieser Definition wird angenommen, daß $P_0 = K_0$ der Konstantenkörper von K ist. In Abschnitt 5.6 zeigen wir, daß g eine ganze nicht-negative Zahl ist. Sie wird als *Geschlecht* von K bezeichnet.

Beispiel. Sei $K = P_0(\eta)$. Dann ist $(d\eta) = -2\infty$ und daher $g = 0$. $\square$

5.5 Erweiterungen des Konstantenkörpers

Sei K ein algebraischer Funktionenkörper mit vollkommenem Konstantenkörper K_0. Sei $\overline{K}$ die algebraische Abschließung von K und $L_0 \subseteq \overline{K}$ eine endliche Erweiterung von K_0.

Satz 5.5.1 *Sei* $L := L_0 K$. *Dann gilt*

$$[L : K] = [L_0 : K_0].$$

Der Konstantenkörper von L *ist gleich* L_0.

B e w e i s : Da K_0 als vollkommen vorausgesetzt ist, gibt es ein $\vartheta \in L_0$ mit $L_0 = K_0(\vartheta)$. Sei $f_\vartheta(x)$ das Minimalpolynom von ϑ über K_0. Dann ist f_ϑ irreduzibel über K, denn in einer Zerlegung von f_ϑ in irreduzible Faktoren haben diese Faktoren Koeffizienten in einer endlichen Erweiterung von K_0. Da aber K_0 der Konstantenkörper von K ist, liegen die Koeffizienten bereits in K_0, woraus folgt, daß f_ϑ über K irreduzibel ist. Es gilt also

$$[L : K] = \deg f_\vartheta = [L_0 : K_0].$$

Sei L_0' der Konstantenkörper von L. Dann ist einerseits $L_0 \subseteq L_0'$ und andererseits

$$[L_0'K : K] = [L : K] = [L_0' : K_0] = [L_0 : K_0],$$

also $L_0' = L_0$. $\square$

Beim Übergang von K/K_0 zu L/L_0 spricht man von einer *Erweiterung des Konstantenkörpers*. Da $f_\vartheta(x)$ über K irreduzibel ist, erhält man aus jeder endlichen Erweiterung

$$L_0 = K_0[x]/f_\vartheta(x)K_0[x]$$

von K_0 die Erweiterung

$$L = K[x]/f_\vartheta(x)K[x]$$

von K und eine kanonische Einbettung von L_0 in L mit $L = L_0 K$. Daher kann man endliche und allgemeiner algebraische Erweiterungen des Konstantenkörpers ohne Bezug auf die algebraische Abschließung von K betrachten.

Sei $\mathfrak{P}$ eine Stelle von K und $\mathfrak{P}_1, \ldots, \mathfrak{P}_s$ die über $\mathfrak{P}$ liegenden Stellen von L. Die Erweiterung L/K wird durch ϑ erzeugt. Da K_0 vollkommen ist, hat $f_\vartheta(x)$ in einer Erweiterung von K_0 keine mehrfachen Nullstellen. Daher ist $\Delta(\vartheta) \neq 0$ und die Diskriminante von $L_{\mathfrak{P}_i}/K_{\mathfrak{P}}$ gleich (1). Nach dem Dedekindschen Diskriminantensatz 3.12.11 ist $L_{\mathfrak{P}_i}/K_{\mathfrak{P}}$ also unverzweigt.

Satz 5.5.2 *Sei $\mathfrak{A}$ ein Divisor von K. Dann gilt*

$$\deg_{K/K_0} \mathfrak{A} = \deg_{L/L_0} \mathfrak{A}.$$

B e w e i s: Es genügt, Satz 5.5.2 für den Fall $\mathfrak{A} = \mathfrak{P}$ zu beweisen. Mit den obigen Bezeichnungen ist $\mathfrak{P}$ als Divisor von L gleich $\mathfrak{P}_1 + \cdots + \mathfrak{P}_s$. Wir haben

$$f_{\mathfrak{P}_1}(L/K) + \cdots + f_{\mathfrak{P}_s}(L/K) = [L : K],$$

und über dem Koeffizientenkörper K_0 ist

$$\deg_{L/K_0}(\mathfrak{P}_1 + \cdots + \mathfrak{P}_s) = f_{\mathfrak{P}_1}(L/K)f_{\mathfrak{P}} + \cdots + f_{\mathfrak{P}_s}(L/K)f_{\mathfrak{P}} = [L : K]f_{\mathfrak{P}}.$$

Weiter gilt

$$\deg_{L/K_0}(\mathfrak{P}_1 + \cdots + \mathfrak{P}_s) = [L_0 : K_0] \deg_{L/L_0}(\mathfrak{P}_1 + \cdots + \mathfrak{P}_s).$$

Wegen Satz 5.5.1 ist daher

$$\deg_{K/K_0} \mathfrak{P} = \deg_{L/L_0}(\mathfrak{P}_1 + \cdots + \mathfrak{P}_s) = f_{\mathfrak{P}}.$$

□

Nach Satz 3.8.2 entsprechen die Stellen $\mathfrak{P}_1, \ldots, \mathfrak{P}_s$ den irreduziblen Faktoren von $f_\vartheta(x)$ über L_0 und $f_{\mathfrak{P}_i}(L/K)$ ist gleich dem Grad des entsprechenden irreduziblen Faktors von $f_\vartheta(x)$. Insbesondere sei der Faktor $x - \vartheta$ der Stelle $\mathfrak{P}_1$ zugeordnet. Dann gilt $f_{\mathfrak{P}_1}(L/K) = 1$. Wählt man für L_0 speziell den Körper $O_{\mathfrak{P}}/\mathfrak{P}$, betrachtet als Erweiterung von K_0, so wird L_0 der Konstantenkörper von L und es gilt $f_{\mathfrak{P}_1} = 1$. Durch Übergang zu einer endlichen Erweiterung des Konstantenkörpers kann man also erreichen, daß es eine Stelle vom Absolutgrad 1 gibt.

Satz 5.5.3 *Das Geschlecht eines algebraischen Funktionenkörpers ändert sich nicht bei Erweiterung des Konstantenkörpers.*

B e w e i s: Mit den obigen Bezeichnungen sei η ein separierendes Element von K über K_0. Dann ist η auch separierendes Element von L über L_0. Da die Erweiterungen $L_{\mathfrak{P}_i}/K_{\mathfrak{P}}$ unverzweigt sind, ist der $d\eta$ zugeordnete Divisor bezüglich K gleich dem $d\eta$ zugeordneten Divisor bezüglich L. Die Behauptung folgt daher aus Satz 5.5.2. □

Ein geometrischer Punkt von K mit Werten in L_0 ist eine Stelle von $L_0 K$ vom Grade 1 bezüglich des Konstantenkörpers L_0.

Im Rahmen der algebraischen Geometrie (siehe z.B. [Sh1972], Kap. I) zeigt man, daß die geometrischen Punkte von K mit Werten in L_0 den Punkten einer singularitätenfreien, glatten, projektiven Mannigfaltigkeit mit Funktionenkörper K entsprechen, deren Koordinaten in L_0 liegen(vergleiche auch 5.7, 5.8).

Wir betrachten insbesondere den Fall, daß $K_0 = \mathbb{F}_q$ der endliche Körper mit q Elementen ist. Sei n_k die Anzahl der Stellen von K vom Absolutgrad k und sei N_k die Anzahl der geometrischen Punkte von K mit Werten in $\mathbb{F}_{q^k}$. Dann gilt der folgende Satz.

Satz 5.5.4 $N_l = \sum_{k|l} n_k k.$

B e w e i s: Sei $\mathfrak{P}$ eine Stelle von K vom Grad k bezüglich des Konstantenkörpers $\mathbb{F}_q$. Dann hat $\mathfrak{P}$ k Fortsetzungen auf den Körper $\mathbb{F}_{q^k} K$. Diese entsprechen den k Isomorphismen von $\mathbb{F}_{q^k}$ auf $\mathcal{O}_{\mathfrak{P}}/\mathfrak{P}$. Diese Fortsetzungen haben den Grad 1 bezüglich des Konstantenkörpers $\mathbb{F}_{q^k}$. Umgekehrt liefert die Beschränkung einer Stelle von $\mathbb{F}_{q^k} K$ vom Grad 1 auf K eine Stelle vom Grad k bezüglich des Konstantenkörpers $\mathbb{F}_q$. $\square$

Die Untersuchung der Zahlenfolge $N_1, N_2, \ldots$ ist ein wichtiger Teil der Theorie der Funktionenkörper über endlichen Konstantenkörper. Wir kommen darauf in den Kapiteln 7 und 8 zurück.

5.6   Der Satz von Riemann-Roch

Wir kommen jetzt zu dem in Abschnitt 5.3 angekündigen Satz von Riemann-Roch. Riemann beschränkte sich auf *effektive Divisoren*

$$\mathfrak{A} = \sum a_{\mathfrak{P}} \mathfrak{P}, \qquad a_{\mathfrak{P}} \geq 0,$$

d.h. er betrachtete Funktionen, für die Pole bis zur Vielfachheit $a_{\mathfrak{P}}$ in endlich vielen Stellen $\mathfrak{P}$ erlaubt sind, und bewies eine Ungleichung für $l(\mathfrak{A})$. Roch ergänzte diese Ungleichung zu einer Gleichung, indem er neben der Klasse $\overline{\mathfrak{A}}$ von $\mathfrak{A}$ die *duale Klasse* $C - \overline{\mathfrak{A}}$ heranzog, wobei C die kanonische Klasse (5.4) bezeichnet.

Satz 5.6.1 (Satz von Riemann-Roch) *Sei K ein algebraischer Funktionenkörper vom Geschlecht g, sei $\mathfrak{A}$ ein Divisor und ω ein von 0 verschiedenes Differential von K. Dann gilt*

$$l(\mathfrak{A}) = \deg \mathfrak{A} - (g - 1) + l((\omega) - \mathfrak{A}). \tag{5.6.1}$$

Bemerkung. Wegen $\deg(\omega) = 2g - 2$ kann man (5.6.1) auch in der symmetrischen Form

$$l(\mathfrak{A}) - \frac{1}{2} \deg \mathfrak{A} = l((\omega) - \mathfrak{A}) - \frac{1}{2} \deg((\omega) - \mathfrak{A})$$

schreiben. $\square$

B e w e i s von Satz 5.6.1: Sei η ein separierendes Element von K und K_0 der Konstantenkörper von K, d.h. K ist eine endliche separable Erweiterung von $K_0(\eta)$. Mit den in Abschnitt 5.4 eingeführten Bezeichnungen, Satz 5.4.3 und (3.10.2) ist

$$(d\eta) = \mathfrak{D}_\eta(K) - 2(1/\eta)$$

und

$$2g - 2 = d - 2n$$

mit

$$d := \deg \mathfrak{D}_\eta(K), \quad n := [K : K_0(\eta)].$$

Entsprechend Abschnitt 5.3 sei $\lambda_1, \ldots, \lambda_n$ eine Normalbasis von $(-\mathfrak{A})_\eta$ über $K_0[\eta]$ und $\lambda_1\eta^{-m_1}, \ldots, \lambda_n\eta^{-m_n}$ die zugehörige Normalbasis von $(-\mathfrak{A})_{1/\eta}$ über $K_0[1/\eta]$. Nach Satz 5.3.3 gilt

$$l(\mathfrak{A}) = \sum_i (1 - m_i),$$

wobei die Summe über alle i mit $m_i \leq 0$ zu erstrecken ist. Nach Hilfssatz 5.3.5 ist

$$
\begin{aligned}
l(\mathfrak{A}) \;&=\; n - m + \sum_{m_i \geq 1} (m_i - 1) \\
&=\; n - \frac{d}{2} + \deg \mathfrak{A} + \sum_{m_i \geq 2} (m_i - 1) \\
&=\; 1 - g + \deg \mathfrak{A} + \sum_{m_i \geq 2} (m_i - 1).
\end{aligned}
$$

Zum Beweis von Satz 5.6.1 genügt es daher,

$$l((\omega) - \mathfrak{A}) = \sum_{m_i \geq 2} (m_i - 1)$$

zu zeigen. Sei $\lambda'_1, \ldots, \lambda'_n$ eine Normalbasis von $(-(\omega) + \mathfrak{A})_\eta$ mit den Exponenten $m'_1, \ldots, m'_n$. Dann ist

$$\sum_{m'_i \leq 0} (1 - m'_i) = \sum_{m_i \geq 2} (m_i - 1)$$

zu zeigen. Das ist erfüllt, wenn

$$m'_i + m_{n-i} = 2 \text{ für } i = 1, \ldots, n \tag{5.6.2}$$

gilt. Wir zeigen dieses mit Hilfe der Theorie der Komplementärideale (Abschnitt 3.12).

Wir wählen $\omega = d\eta$. Nach Satz 5.4.3 ist

$$(d\eta) = \mathfrak{D}_\eta(K) - 2(1/\eta).$$

Daher ist mit den Bezeichnungen von 5.3 $(d\eta)_\eta$ die Differente von O_η über $K_0[\eta]$, also

$$(-(d\eta) + \mathfrak{A})_\eta = (d\eta)_\eta^{-1}(\mathfrak{A})_\eta = (-\mathfrak{A})_\eta^*. \tag{5.6.3}$$

Entsprechend gilt

$$\eta^2(-(d\eta) + \mathfrak{A})_{1/\eta} = (-(d(1/\eta)) + \mathfrak{A})_{1/\eta} = (-\mathfrak{A})_{1/\eta}^*. \tag{5.6.4}$$

Sei $\kappa_1, \ldots, \kappa_n$ die Komplementärbasis von $\lambda_1, \ldots, \lambda_n$. Dann ist $\eta^{m_1}\kappa_1, \ldots, \eta^{m_n}\kappa_n$ die Komplementärbasis von $\eta^{-m_1}\lambda_1, \ldots, \eta^{-m_n}\lambda_n$, d.h. $\eta^{m_1}\kappa_1, \ldots, \eta^{m_n}\kappa_n$ ist eine Basis von $(-\mathfrak{A})_{1/\eta}^*$. Wegen (5.6.3) bzw. (5.6.4) ist $\kappa_1, \ldots, \kappa_n$ bzw. $\eta^{m_1-2}\kappa_1, \ldots, \eta^{m_n-2}\kappa_n$ eine Basis von $(-(d\eta)+\mathfrak{A})_\eta$ bzw. $(-(d(1/\eta))+\mathfrak{A})_{1/\eta}$. Hieraus folgt (5.6.2) nach Hilfssatz 5.3.4. $\qquad\square$

Wir wollen uns zunächst einen Überblick verschaffen, welche Aussagen über $l(\mathfrak{A})$ man unmittelbar aus dem Riemann-Rochschen Satz gewinnen kann.

Satz 5.6.2 *Sei K ein algebraischer Funktionenkörper vom Geschlecht g und sei $\mathfrak{A}$ ein Divisor vom Grad m. Dann gilt $l(\mathfrak{A}) = 0$ für $m < 0$.*

g ist eine nicht-negative ganze Zahl:

$$g = l((\omega)).$$

Wenn $g = 0$ ist, gilt $l(\mathfrak{A}) = m + 1$ für $m \geq 0$.
Wenn $g > 0$ ist, gilt

(i) *$l(\mathfrak{A}) = 1$ für Hauptdivisoren $\mathfrak{A}$, $l(\mathfrak{A}) = 0$ für Nicht-Hauptdivisoren $\mathfrak{A}$ mit $m = 0$,*

(ii) *$l(\mathfrak{A}) \geq m - g + 1$ für $0 < m < 2g - 2$,*

(iii) *$l(\mathfrak{A}) = g$ für $\mathfrak{A} \in C$, $l(\mathfrak{A}) = g - 1$ für $\mathfrak{A} \notin C$, $m = 2g - 2$,*

(iv) *$l(\mathfrak{A}) = m - g + 1$ für $m > 2g - 2$.*

Zum B e w e i s von $g = l((\omega))$ setzen wir in (5.6.1) $\mathfrak{A} = 0$. Nach Satz 5.2.2 hat eine nicht-konstante Funktion Pole. Daher gilt $l(0) = 1$. Also liefert (5.6.1) $l((\omega)) = g$.

Sei jetzt $\mathfrak{A}$ beliebig und $\alpha \in L(\mathfrak{A})$, $\alpha \neq 0$. Nach Satz 5.2.1 gilt

$$m = \deg \mathfrak{A} \geq -\sum_{\mathfrak{P}} f_{\mathfrak{P}} \nu_{\mathfrak{P}}(\alpha) = 0.$$

Daher ist $l(\mathfrak{A}) = 0$ für $m < 0$ und $l((\omega) - \mathfrak{A}) = 0$ für $m > 2g - 2$.

Für $g = 0$ erhält man hieraus $l(\mathfrak{A}) = m + 1$ falls $m \geq 0$. Für $g > 0$ erhält man die Aussage (iv).

Sei jetzt $g > 0$ und $m = 0$. Mit $\alpha \in L(\mathfrak{A})$, $\alpha \neq 0$ ist dann $\mathfrak{A}(\alpha^{-1})$ ein effektiver Divisor vom Grad 0, d.h. $\mathfrak{A}(\alpha^{-1}) = 0$, und wegen $L(0) = K_0$ folgt $l(\mathfrak{A}) = l(0) = 1$. Außerdem folgt aus $l(\mathfrak{A}) > 0$, daß $\mathfrak{A}$ Hauptdivisor ist. Damit ist (i) bewiesen. (ii) folgt unmittelbar aus Satz 5.6.1 und (iii) ergibt sich aus der Vertauschung der Rollen von $\mathfrak{A}$ und $(\omega) - \mathfrak{A}$. $\qquad\square$

Der folgende Satz liefert eine weitere Charakterisierung des Geschlechtes g.

Ein Differential ω heißt *erster Gattung* , wenn der zugehörige Divisor (ω) effektiv ist.

Satz 5.6.3 *Der K_0-Vektorraum G der Differentiale erster Gattung von K hat die Dimension g.*

B e w e i s: Durch $\alpha \mapsto \alpha d\eta$ wird ein Isomorphismus der Vektorräume $L((d\eta))$ und G definiert. $\qquad\qquad\square$

Sei η ein separierendes Element bezüglich K_0, d.h. $K/K_0(\eta)$ ist eine endliche separable Erweiterung. Sei $e_{\mathfrak{P}}$ der Verzweigungsindex der Stelle $\mathfrak{P}$ von K bezüglich $K_0(\eta)$. Wenn die Erweiterung zahm verzweigt ist, d.h. wenn für alle $\mathfrak{P} \in \mathfrak{F}(K)$ der Verzweigungsindex $e_{\mathfrak{P}}$ prim zur Charakteristik p von K ist, liefert der Dedekindsche Differentensatz (Satz 3.12.9) eine Formel für das Geschlecht g von K, die im Spezialfall $K_0 = \mathbb{C}$ auf Riemann [Ri1851] zurückgeht.

Satz 5.6.4 *Sei $K/K_0(\eta)$ zahm verzweigt. Dann gilt für das Geschlecht g von K*

$$g = \frac{1}{2} \sum_{\mathfrak{P}} f_{\mathfrak{P}}(e_{\mathfrak{P}} - 1) - [K : K_0(\eta)] + 1,$$

wobei die Summe über alle Stellen $\mathfrak{P}$ von K zu erstrecken ist, die in $K/K_0(\eta)$ verzweigt sind.

B e w e i s: Nach Satz 5.4.3 gilt

$$2g - 2 = \deg \mathfrak{D}_\eta(K) - 2[K : K_0(\eta)],$$

wobei $\mathfrak{D}_\eta(K)$ die Differente von K über $K_0(\eta)$ bezeichnet. Nach Satz 3.12.9 ist

$$\deg \mathfrak{D}_\eta(K) = \sum_{\mathfrak{P}} f_{\mathfrak{P}}(e_{\mathfrak{P}} - 1).$$

$$\square$$

Für die weitere Auswertung des Riemann-Rochschen Satzes ist es günstig, neben dem Vektorraum $L(\mathfrak{A})$ das $\mathfrak{A}$ *zugeordnete Divisorensystem* $S(\mathfrak{A})$ zu betrachten, das aus allen Divisoren $\mathfrak{B} \in \mathcal{D}(K)$ mit

$$\mathfrak{B} = (\alpha) + \mathfrak{A} \text{ für } \alpha \in L(\mathfrak{A})$$

besteht. Nach Definition von $L(\mathfrak{A})$ sind die Divisoren aus $S(\mathfrak{A})$ effektiv. Die Divisoren $\mathfrak{B}_1, \ldots, \mathfrak{B}_s$ in $S(\mathfrak{A})$ heißen *linear abhängig*, wenn die Elemente $\beta_1, \ldots, \beta_s$ mit $\mathfrak{B}_i = (\beta_i) + \mathfrak{A}$ über K_0 linear abhängig sind. Da die $\beta_1, \ldots, \beta_s$ bis auf Faktoren aus K_0 eindeutig bestimmt sind, ist diese Definition unabhängig von der Wahl der $\beta_1, \ldots, \beta_s$.

Neben dem Gechlecht g ist der kleinste positive Divisorgrad f eine interessante arithmetische Invariante eines Funktionenkörpers K. Im Anschluß an [Sh1957] bezeichnen wir f als *Exponenten von K*. Da die Divisorgrade von K ein Ideal bilden, ist der Grad eines beliebigen Divisors ein Vielfaches von f. Da die kanonische Klasse den Grad $2g - 2$ hat, ist f für $g \neq 1$ ein Teiler von $2g - 2$. In [Sh1957] wird gezeigt, daß für $g = 1$ und Konstantenkörper $K_0 = \mathbb{Q}$ der Exponent f beliebig groß werden kann.

Im allgemeinen folgt aus $f = 1$ nicht, daß es eine Stelle vom Absolutgrad 1 gibt. Jedoch gilt der folgende

Satz 5.6.5 *Sei K ein Funktionenkörper vom Geschlecht 0 oder 1 mit Exponent 1. Dann gibt es eine Stelle vom Absolutgrad 1.*

B e w e i s: Sei $\mathfrak{B}$ ein Divisor vom Grad 1. Dann ist nach Satz 5.6.2 $l(\mathfrak{B}) = 2$ für $g = 0$ und $l(\mathfrak{B}) = 1$ für $g = 1$. Sei $\beta \in L(\mathfrak{B})$, $\beta \neq 0$. Dann ist $(\beta) + \mathfrak{B}$ ein effektiver Divisor vom Grad 1, d.h. $(\beta) + \mathfrak{B}$ ist eine Stelle von K vom Absolutgrad 1. $\square$

Der Exponent eines Funktionenkörpers mit *endlichem* Konstantenkörper ist immer gleich 1. Wir werden diesen Satz von F.K. Schmidt [Sc1931] in Abschnitt 7.19 beweisen.

5.7   Funktionenkörper vom Geschlecht 0

Wir wollen uns im folgenden davon überzeugen, daß das Geschlecht eines Funktionenkörpers eine grundlegende Invariante ist. In diesem Abschnitt betrachten wir Funktionenkörper K vom Geschlecht 0. Der Exponent von K kann gleich 1 oder 2 sein.

Wir haben bereits in 5.4 bei der Definition des Geschlechts angemerkt, daß das Geschlecht von $P_0(\eta)$ gleich 0 ist. Hiervon gilt die folgende Umkehrung.

Satz 5.7.1 *Sei K ein Funktionenkörper vom Geschlecht 0. Dann ist jeder Divisor vom Grad 0 Hauptdivisor. Wenn K den Exponenten 1 hat, so enthält K ein separierendes Element η mit $K = K_0(\eta)$.*

B e w e i s: Sei $\mathfrak{A} = \sum_{\mathfrak{P}} a_{\mathfrak{P}} \mathfrak{P}$ ein Divisor vom Grad 0. Nach Satz 5.6.2 ist $l(\mathfrak{A}) = 1$. Es gibt daher ein $\alpha \in K^{\times}$ mit $\nu_{\mathfrak{P}}(\alpha) \geq -a_{\mathfrak{P}}$. Es folgt $\nu_{\mathfrak{P}}(\alpha) = -a_{\mathfrak{P}}$ wegen $\deg \alpha = \deg \mathfrak{A} = 0$. Daraus ergibt sich $\mathfrak{A} = (\alpha^{-1})$.

Sei jetzt $\mathfrak{B}$ ein Divisor vom Grad 1. Dann ist nach Satz 5.6.2 $l(\mathfrak{B}) = 2$. Sei β_1, β_2 eine Basis des K_0-Vektorraums $L(\mathfrak{B})$. Dann sind $(\beta_1) + \mathfrak{B}$ und $(\beta_2) + \mathfrak{B}$ effektive Divisoren vom Grad 1, d.h. $(\beta_1) + \mathfrak{B} = \mathfrak{P}_1$, $(\beta_2) + \mathfrak{B} = \mathfrak{P}_2$ für Stellen $\mathfrak{P}_1$ und $\mathfrak{P}_2$ mit $\mathfrak{P}_1 \neq \mathfrak{P}_2$, $f_{\mathfrak{P}_1} = f_{\mathfrak{P}_2} = 1$. Mit $\eta := \beta_1 \beta_2^{-1}$ gilt

$$(\eta) = \mathfrak{P}_1 - \mathfrak{P}_2. \tag{5.7.1}$$

Es folgt, daß η für K separierend ist. Denn nach Satz 5.1.2 wäre sonst η in K eine p-te Potenz, was mit (5.7.1) nicht verträglich ist. Die Gleichung (5.7.1) besagt, daß die Funktion η eine einzige Nullstelle $\mathfrak{P}_1$ vom Grad 1 hat. Nach Satz 5.2.2 folgt daher $[K : K_0(\eta)] = 1$, d.h. $K = K_0(\eta)$. $\qquad\Box$

Bei dem folgenden Satz beschränken wir uns der Einfachheit halber auf den Fall eines Körpers der Charakteristik $\neq 2$.

Satz 5.7.2 *Sei K ein Funktionenkörper mit von 2 verschiedener Charakteristik vom Geschlecht 0 und Exponenten 2. Dann gibt es in K nichtkonstante Funktionen ξ und η mit $K = K_0(\xi, \eta)$, mit $[K : K_0(\xi)] = 2$ und*

$$\eta^2 + a + b\xi^2 = 0, \tag{5.7.2}$$

$a, b \in K_0^\times$. Aus $y^2 + az^2 + bx^2 = 0$ für $x, y, z \in K_0$ folgt $x = y = z = 0$.

B e w e i s: **A)** Sei $\mathfrak{B}$ ein Divisor vom Grad 2. Dann ist $l(\mathfrak{B}) = 3$. Daher gibt es 3 linear unabhängige Elemente $\beta_1, \beta_2, \beta_3 \in L(\mathfrak{B})$, so daß $(\beta_i) + \mathfrak{B}$ effektive Divisoren vom Grad 2 sind, $i = 1, 2, 3$. Da es nach Voraussetzung keine Primdivisoren vom Grad 1 gibt, haben diese drei Divisoren die Form $\mathfrak{P}_1, \mathfrak{P}_2, \mathfrak{P}_3$ mit Stellen $\mathfrak{P}_i$ vom Absolutgrad 2. Wegen $l(2\mathfrak{B}) = 5$ sind die Divisoren $2\mathfrak{P}_1, 2\mathfrak{P}_2, 2\mathfrak{P}_3, \mathfrak{P}_1 + \mathfrak{P}_2, \mathfrak{P}_1 + \mathfrak{P}_3, \mathfrak{P}_2 + \mathfrak{P}_3$ linear abhängig in $S(2\mathfrak{B})$.

O. B. d. A. können wir $\mathfrak{B} = \mathfrak{P}_1$ annehmen, $\mathfrak{P}_2 = (\xi) + \mathfrak{P}_1$, $\mathfrak{P}_3 = (\eta) + \mathfrak{P}_1$. Es folgt, daß die Elemente $1, \xi^2, \eta^2, \xi, \eta, \xi\eta$ linear abhängig sind. Es gilt $[K : K_0(\xi)] = 2$. Weiter liegt η nicht in $K_0(\xi)$, weil sonst 1, ξ, η wegen $l_{K_0(\xi)}(\mathfrak{P}_1) = 2$ linear abhängig wären, wobei $\mathfrak{P}_1$ als Stelle von $K_0(\xi)$ betrachtet wird. Es folgt $K = K_0(\xi, \eta)$, und in der linearen Abhängigkeit von $1, \xi^2, \eta^2, \xi, \eta, \xi\eta$ kommt η^2 wirklich vor, da sonst $\eta \in K_0(\xi)$ wäre. Wir haben also eine Gleichung

$$\eta^2 + (a_0 + a_1\xi)\eta + b_0 + b_1\xi + b_2\xi^2 = 0. \tag{5.7.3}$$

(Dies gilt auch für $\mathrm{Char}(K) = 2$).

Wegen $\mathrm{Char}(K) \neq 2$ kann man (5.7.3) durch eine lineare Transformation in (5.7.2) überführen. Dabei ist $ab \neq 0$, weil sonst η oder ξ in K_0 liegen würden im Widerspruch zu ihrer Definition.

B) Angenommen, es gibt $x, y, z \in K_0$ mit $y^2 + az^2 + bx^2 = 0$. Wenn $z \neq 0$ ist, können wir o. B. d. A. $z = 1$ annehmen. Dann kann man (5.7.2) in der Form

$$(\eta - y)^2 + c_1(\eta - y) + b(\xi - x)^2 + c_2(\xi - x) = 0 \tag{5.7.4}$$

mit $c_1, c_2 \in K_0$ schreiben, wobei c_1 und c_2 nicht beide gleich 0 sein können. Angenommen, $c_1 \neq 0$. Dann betrachten wir eine Stelle $\mathfrak{P}$ von K, deren Beschränkung auf $K_0(\eta)$ dem Hauptideal $(\eta - y)$ in $K_0[\eta]$ entspricht.

Wenn $c_2 = 0$ ist, so ist (5.7.4) ein Eisensteinsches Polynom in $\xi - x$ für $(\eta - y)$, und $(\eta - y)$ ist in K verzweigt (Satz 3.10.3), d.h. $\mathfrak{P}$ hat den Grad 1 im Widerspruch zur Voraussetzung.

Wenn $c_2 \neq 0$ ist, so zerfällt (5.7.4) $\mod (\eta - y)$ in das Produkt inkongruenter Faktoren $(\xi - x)$ und $b(\xi - x) + c_2$. Daher ist $(\eta - y)$ in K zerlegt (Satz 3.8.7), d.h. $\mathfrak{P}$ hat wieder den Grad 1 im Widerspruch zur Voraussetzung. Im Fall $c_1 = 0$ schließt man entsprechend.

C) Sei jetzt $z = 0$. Dann ist $x \neq 0$, weil x, y, z nicht gleichzeitig gleich 0 sein sollen. Wir setzen $\xi' := 1/\xi$, $\eta' := 1/\eta$. Dann geht (5.7.2) in $(\eta')^2 + b + a(\xi')^2 = 0$ über. Die Rollen von a und b sind vertauscht. Wir haben $(y/x)^2 + b = 0$ und sind damit in der Situation von **B)**. $\qquad\square$

Von Satz 5.7.2 gilt die folgende Umkehrung

Satz 5.7.3 *Sei K_0 ein Körper mit von 2 verschiedener Charakteristik. Sei ξ eine Variable und sei $K = K_0(\xi, \eta)$, wobei η Nullstelle des Polynoms*

$$Y^2 + a + b\xi^2, \quad a, b \in K_0^\times, \tag{5.7.5}$$

ist. Weiter nehmen wir an, daß es keine Elemente x, y, z mit $(x, y, z) \neq (0, 0, 0)$ von K_0 mit $y^2 + az^2 + bx^2 = 0$ gibt.

Dann ist K eine Erweiterung vom Grad 2 über $K_0(\xi)$ mit Konstantenkörper K_0 und Geschlecht 0. Der größte gemeinsame Teiler aller Divisorgrade von K ist 2.

B e w e i s: Wegen $a \neq 0$ und $b \neq 0$ ist (5.7.5) ein irreduzibles Polynom. Daher gilt $[K : K_0(\xi)] = 2$. Da weiter η über K_0 nicht konstant ist und nicht in $K_0(\eta)$ liegt, ist der Konstantenkörper von K gleich K_0. Das Polynom $a + b\xi^2$ ist irreduzibel, da es sonst ein $x \in K_0$ mit $0^2 + a + bx^2 = 0$ geben würde im Widerspruch zur Voraussetzung. Es folgt, daß $K/K_0(\xi)$ genau für die zu $a + b\xi^2$ gehörige Stelle von $K(\xi)$ verzweigt ist. Nach Satz 5.6.3 ist also $g = 0$.

Angenommen, es gibt einen Divisor vom Grad 1. Nach Satz 5.6.5 gibt es dann eine Stelle $\mathfrak{P}$ vom Grad 1.

Wenn $\nu_\mathfrak{P}(a + b\xi^2) \geq 0$ ist, liegt η im Bewertungsring $O_\mathfrak{P}$ von $\mathfrak{P}$. Sei x bzw. y der Vertreter in K_0 der Klasse $\xi + \mathfrak{P}$ bzw. $\eta + \mathfrak{P}$ aus $O_\mathfrak{P}/\mathfrak{P} \cong K_0$. Dann gilt $\eta^2 + a + b\xi^2 + \mathfrak{P} = 0$ und daher $y^2 + a + bx^2 = 0$ im Widerspruch zur Voraussetzung.

Sei jetzt $\nu_\mathfrak{P}(a+b\xi^2) < 0$ und daher $\nu_\mathfrak{P}(\xi) < 0$. Dann ist $\xi' = 1/\xi$ Uniformisierende für die Beschränkung ∞ von $\mathfrak{P}$ auf $K_0(\xi)$. Wir setzen $Y' = Y/\xi$. Dann ist η/ξ Nullstelle von $(Y')^2 + a(\xi')^2 + b$. Da $\mathfrak{P}$ den Grad 1 hat, gibt es nach Satz 3.8.7 ein $y \in K_0$ mit

$$(Y')^2 + a(\xi')^2 + b \equiv (Y' - y)(Y' + y) \ (\mathrm{mod}\ \xi'),$$

d.h. $b = -y^2$. Mit $x = 1$, $z = 0$ folgt $y^2 + az^2 + bx^2 = 0$ im Widerspruch zur Voraussetzung. $\qquad\square$

5.8   Funktionenkörper vom Geschlecht 1

Sei K ein Funktionenkörper vom Geschlecht 1. Wir beschränken uns auf den Fall, daß K den Exponenten 1 hat. Dann gibt es nach Satz 5.6.5 eine Stelle $\mathfrak{O}$ vom Grad 1. Für $s \in \mathbb{N}$ ist $l(s\mathfrak{O}) = s$ nach Satz 5.6.2.(iv). $L(\mathfrak{O})$ besteht daher nur aus den Konstanten. $L(2\mathfrak{O})$ enthält eine nichtkonstante Funktion ξ, die einen Pol zweiter Ordnung in $\mathfrak{O}$ und keinen weiteren Pol hat. Daher ist $K/K_0(\xi)$ eine separable Erweiterung vom Grad 2. Sei η eine über K_0 von 1 und ξ linear unabhängige Funktion in $L(3\mathfrak{O})$. Dann liegen die Funktionen $1, \xi, \eta, \xi^2, \xi\eta, \eta^2, \xi^3$ in $L(6\mathfrak{O})$ und sind daher linear abhängig.

Satz 5.8.1 *Sei K ein Funktionenkörper vom Geschlecht 1 und Exponenten 1. Dann gibt es Variable $\xi, \eta \in K$ mit $K = K_0(\xi, \eta)$ und*

$$\eta^2 + b_1 \xi \eta + b_2 \eta = \xi^3 + a_1 \xi^2 + a_2 \xi + a_3, \tag{5.8.1}$$

$b_1, b_2, a_1, a_2, a_3 \in K_0$.

Wenn die Charakteristik von K von 2 und 3 verschieden ist, kann (5.8.1) in die einfachere Form

$$\eta^2 = \xi^3 + a_2 \xi + a_3 \tag{5.8.2}$$

transformiert werden, wobei das Polynom $\xi^3 + a_2 \xi + a_3$ keine mehrfachen Nullstellen in einem Erweiterungskörper von K_0 hat.

B e w e i s : Wegen $\nu_{\mathfrak{O}}(\xi) = -2$, $\nu_{\mathfrak{O}}(\eta) = -3$ müssen die Koeffizienten b_0 und a_0 in der linearen Abhängigkeit

$$b_0 \eta^2 + b_1 \xi \eta + b_2 \eta = a_0 \xi^3 + a_1 \xi^2 + a_2 \xi + a_3$$

von 0 verschieden sein. Durch Multiplikation von ξ und η mit b_0/a_0 kommt man daher auf die Form (5.8.1). Wenn die Charakteristik von K von 2 und 3 verschieden ist, kann man (5.8.1) durch lineare Transformation von ξ, η auf die Form (5.8.2) bringen. Angenommen, $\xi^3 + a_2 \xi + a_3$ hat eine mehrfache Wurzel a in dem erweiterten Konstantenkörper K_0'. Nach Satz 5.5.3 hat auch $K_0'(\xi, \eta)$ das Geschlecht 1. Andererseits ist

$$\left(\eta(\xi - a)^{-1}\right)^2 = \xi + a_3 a^{-2}$$

und daher $K_0'(\xi, \eta) = K_0'(\eta(\xi-a)^{-1})$, d.h. $K_0'(\xi, \eta)$ hat das Geschlecht 0. Aus diesem Widerspruch folgt die Behauptung. $\qquad\square$

Satz 5.8.2 *Sei K_0 ein Körper mit von 2 und 3 verschiedener Charakteristik und sei $K := K_0(\xi, \eta)$ mit*

$$\eta^2 = \xi^3 + a_2 \xi + a_3, \qquad a_2, a_3 \in K_0,$$

wobei $\xi^3 + a_2 \xi + a_3$ ein Polynom ohne mehrfache Nullstellen in einem Erweiterungskörper von K_0 ist. Dann ist K ein Funktionenkörper vom Geschlecht 1 und Exponenten 1.

B e w e i s : Sei K_0' der Zerfällungskörper von $\xi^3 + a_2 \xi + a_3$ über K_0 und sei $K' := K_0'(\xi, \eta)$. Dann ist $K'/K_0'(\xi)$ zahm verzweigt. Es gibt vier Stellen in $K_0'(\xi)$, die in K' verzweigt sind: Die Stellen, die bezüglich $K_0'[\xi]$ zu den Nullstellen von $\xi^3 + a_2 \xi + a_3$ gehören und ∞. Alle diese Stellen haben den Absolutgrad 1. Daher wird $g = 1$ nach Satz 5.6.3. Die Stelle ∞ von $K_0(\xi)$ hat den Grad 1 und ist in K verzweigt. Daher hat K den Exponenten 1. $\qquad\square$

Funktionenkörper vom Geschlecht 1 werden als *elliptische Funktionenkörper* bezeichnet. Diese Bezeichnung hat eine längere Geschichte:

Betrachtet man eine Ellipse, die in der xy-Ebene durch die Gleichung

$$\frac{x^2}{a} + \frac{y^2}{b} = 1$$

gegeben ist, wobei a und b positive reelle Zahlen sind, so ist die Länge des Ellipsenbogens als Funktion von x durch das Integral

$$\int_0^x \frac{\sqrt{g(t)}}{a^2 - at^2}\, dt \quad \text{mit} \quad g(t) = (a^2 - at^2)(a^2 + (b-a)t^2)$$

gegeben. Daher bezeichnet man allgemeiner Integrale der Form

$$\int_0^x F(t, h)\, dt, \qquad h = \sqrt{f(t)},$$

wobei $F(t, h)$ eine rationale Funktion in t und h mit komplexen Koeffizienten und $f(t)$ ein Polynom dritten oder vierten Grades ohne mehrfache Nullstellen ist, als elliptisch.

Der zugehörige Funktionenkörper $\mathbb{C}(t, \sqrt{f(t)})$ ist auch im Fall eines Polynoms $f(t)$ vierten Grades vom Geschlecht 1 und kann auf die in den Sätzen 5.8.1 und 5.8.2 angegebene Form transformiert werden, die als *Weierstraßsche Normalform* bezeichnet wird. Für die zugehörige Funktionentheorie verweisen wir auf [HuCo], Teil 2, [Ko1986], Kap. 13.

Wir kehren jetzt zu der allgemeinen Situation eines algebraischen Funktionenkörpers K vom Geschlecht 1 und Exponenten 1 mit vollkommenen Konstantenkörper zurück.

Wir zeichnen eine Stelle $\mathfrak{O}$ von K mit Grad 1 aus. Dann bildet die Gesamtheit $\mathcal{A}(K)$ der Stellen vom Grad 1 in natürlicher Weise eine abelsche Gruppe mit dem Nullelement $\mathfrak{O}$. Die Addition in $\mathcal{A}(K)$ wird durch die eineindeutige Abbildung φ von $\mathcal{A}(K)$ auf $\mathrm{Pic}_0(K)$ definiert, die durch

$$\varphi(\mathfrak{P}) = \mathfrak{P} - \mathfrak{O} + (K^\times)$$

gegeben ist (5.2).

Der *Satz von Mordell-Weil* besagt, daß die Gruppe $\mathcal{A}(K)$ endlich erzeugt ist, wenn der Konstantenkörper K_0 ein algebraischer Zahlkörper ist (siehe z.B. [La1983], Chap. 6).

Mit K_0 ist auch $\mathcal{A}(K)$ endlich. Allgemeiner gilt der folgende Satz von der Endlichkeit der Klassenzahl für Funktionenkörper über endlichem Konstantenkörper.

Satz 5.8.3 *Sei K ein algebraischer Funktionenkörper mit endlichem Konstantenkörper K_0. Dann ist $\mathrm{Pic}_0(K)$ endlich.*

B e w e i s: Durch Übergang zu einer Konstantenerweiterung kann man erreichen, daß es eine Stelle vom Absolutgrad 1 gibt (5.5). Sei K' der so entstehende Funktionenkörper. Dann ist der natürliche Homomorphismus

$$\mathrm{Pic}_0(K) \to \mathrm{Pic}_0(K')$$

eine Injektion. Wir können daher o. B. d. A. annehmen, daß K selbst eine Stelle $\mathfrak{O}$ vom Absolutgrad 1 enthält. Sei $\mathfrak{A}$ ein Divisor vom Grad 0 und sei g das Geschlecht von K. Nach Satz 5.6.2 liegt in der Klasse von $\mathfrak{A} + g\mathfrak{O}$ ein effektiver Divisor. Es gibt aber bei endlichem Konstantenkörper nur endlich viele effektive Divisoren von beschränktem Grad. Das ist nach Satz 4.2.2 klar für rationale Funktionenkörper. Da sich jede Bewertung nur auf endlich viele Weisen auf eine endliche Erweiterung fortsetzen läßt, gibt es auch für beliebiges K nur endlich viele Divisoren von beschränktem Grad. $\square$

Aufgaben

1. Sei K_0 ein Körper der Charakteristik 0, $h_m(X)$ ein Polynom m-ten Grades in $K_0[X]$ ohne mehrfache Nullstellen und K der zu $Y^2 - h_m(X)$ gehörige Funktionenkörper, d.h. $K = K_0(\xi, \eta)$ mit $\eta^2 = h_m(\xi)$. Man zeige, daß K das Geschlecht $g = [(m - 1)/2]$ hat und gebe eine Basis des Raumes der Differentiale erster Gattung an.

2. Sei K_0 ein Körper der Charakteristik 0. Unter dem m-ten *Fermat-Körper* versteht man den Körper $K_m = K_0(\xi, \eta)$ mit $\xi^m + \eta^m = 1$. Man bestimme das Geschlecht von m und eine Basis der Differentiale erster Gattung.

3. Sei K ein Funktionenkörper vom Geschlecht 1 und Exponenten 1. Weiter sei $\mathfrak{O}$ eine fixierte Stelle vom Grad 1 von K.

   a) Man zeige, daß es zu je zwei Stellen $\mathfrak{P}_1, \mathfrak{P}_2$ vom Grad 1 von K eine eindeutig bestimmte Stelle $\mathfrak{P}_3$ vom Grad 1 gibt, für die $\mathfrak{P}_1 + \mathfrak{P}_2 - \mathfrak{P}_3 - \mathfrak{O}$ ein Hauptdivisor ist.

   b) Man zeige, daß durch die Zuordnung $\mathfrak{P}_1, \mathfrak{P}_2 \to \mathfrak{P}_1 \oplus \mathfrak{P}_2 := \mathfrak{P}_3$ eine Gruppenoperation mit $\mathfrak{O}$ als neutralem Element erklärt wird.

4. (Hurwitz). Sei K ein Funktionenkörper mit dem Konstantenkörper $\mathbb{C}$ und L eine endliche Erweiterung von K. Weiter sei $e_\mathfrak{P}$ der Verzweigungsindex der Stelle $\mathfrak{P}$ von L bezügliche K. Man zeige, daß für die Geschlechter g_L und g_K von L und K die Beziehung

$$2g_L - 2 = [L : K](2g_K - 2) + \sum_{\mathfrak{P}} (e_\mathfrak{P} - 1)$$

gilt, wobei die Summe über alle Stellen $\mathfrak{P}$ von L zu erstrecken ist, die in L/K verzweigt sind.

6 Normale Erweiterungen

In diesem Kapitel vollziehen wir die Synthese zwischen der Galoisschen Theorie ([Ku], §10) und der Theorie der algebraischen Zahl- und Funktionenkörper zur Theorie der normalen Erweiterungen solcher Körper. Die Anfänge dieser Theorie gehen auf Dedekind zurück. Ihr weiterer Ausbau stammt von Hilbert [Hi1897], welcher 1896 der Deutschen Mathematiker-Vereinigung einen Bericht über den damaligen Stand der Theorie der algebraischen Zahlkörper mit vielen eigenen Ergebnissen und neuen Beweisen erstattete. Im Vorwort zu diesem Bericht schrieb er:

> „Die Theorie der Zahlkörper ist wie ein Bauwerk von wunderbarer Schönheit und Harmonie; als der am reichsten ausgestattete Teil dieses Bauwerkes erscheint mir die Theorie der Abelschen und relativ-Abelschen Körper."

Dabei versteht Hilbert unter einem „Abelschen Körper" eine normale Erweiterung des Körpers $\mathbb{Q}$ der rationalen Zahlen mit abelscher Galoisscher Gruppe und unter einem „relativ-Abelschen Körper" eine solche Erweiterung über einem beliebigen algebraischen Zahlkörper. Heutzutage spricht man von einer „abelscher Erweiterung" und meint eine normale Körpererweiterung mit abelscher Galoisscher Gruppe. Entsprechend ist eine „auflösbare Erweiterung" eine normale Erweiterung mit auflösbarer Galoisscher Gruppe, u. s. w.

Hilbert hatte nur eine unvollständige Vision von einer Theorie der relativ-Abelschen Körper. Diese entwickelte sich in den folgenden Jahrzehnten und war etwa um das Jahr 1930 im wesentlichen abgeschlossen. Ihre Darstellung würde den Rahmen dieses Buches sprengen. Wir geben jedoch in Kapitel 10 eine Übersicht über wesentliche Teile der Theorie.

6.1 Zerlegungsgruppe und Verzweigungsgruppen

In diesem Abschnitt gehen wir von den gleichen Voraussetzungen aus wie in 3.10, d.h. $O = O_K$ ist die ganze Abschließung eines Hauptidealringes Γ in einer endlichen separablen Erweiterung K des Quotientenkörpers P von Γ, und O_F ist die ganze Abschließung von Γ in einem Zwischenkörper F von K/P. Zusätzlich setzen wir voraus, daß K/F normal ist und daß für alle maximalen Ideale $p\Gamma$ von Γ die Restklassenkörper $\Gamma/p\Gamma$ vollkommen sind ([Ku], 8.16). Mit K/P ist auch K/F separabel, also eine Galoissche Erweiterung ([Ku], 9.10). Die Galoissche Gruppe $G(K/F)$ wird im folgenden auch kurz mit G bezeichnet.

Wir denken uns Γ fixiert und beziehen Begriffe, die von O_F abhängen, direkt auf F. Ein *ganzes Ideal von F* bedeutet in diesem Sinne ein Ideal von O_F. Die Gruppe der gebrochenen Ideale von O_F wird mit I_F bezeichnet, analog für K.

G operiert auf der Gruppe I_K: Für $\mathfrak{A} \in I_K$ und $g \in G$ definiert man

$$g\mathfrak{A} := \{g\alpha \mid \alpha \in \mathfrak{A}\}.$$

$g\mathfrak{A}$ ist offensichtlich wieder ein Ideal, und es gilt

$$g(\mathfrak{A}\mathfrak{B}) = g\mathfrak{A} \cdot g\mathfrak{B} \text{ für } \mathfrak{A}, \mathfrak{B} \in I_K$$

und

$$gh(\mathfrak{A}) = g(h\mathfrak{A}) \text{ für } g, h \in G.$$

Aufgrund der Definition der Relativnorm durch Lokalisierung und der Beziehung

$$N_{K/F}(\alpha) = \prod_{g \in G} g\alpha \text{ für } \alpha \in K \qquad \text{(Anh. B)}$$

gilt

$$N_{K/F}(\mathfrak{A}) = \prod_{g \in G} g\mathfrak{A} \text{ für } \mathfrak{A} \in I_K. \tag{6.1.1}$$

Insbesondere wird für ein Primideal $\mathfrak{P}$ und $\mathfrak{p} := \mathfrak{P} \cap O_F$

$$N_{K/F}\mathfrak{P} = \mathfrak{p}^f = \prod_{g \in G} g\mathfrak{P}.$$

Es folgt, daß G die Primteiler von $\mathfrak{p}$ in K transitiv permutiert. Die Gesamtheit der $g \in G$ mit $g\mathfrak{P} = \mathfrak{P}$ bildet eine Untergruppe $Z_{\mathfrak{P}}$ von G, die als *Zerlegungsgruppe* von $\mathfrak{P}$ über F bezeichnet wird. Sei R ein Vertretersystem für die Rechstnebenklassen von G mod $Z_{\mathfrak{P}}$ mit $1 \in R$, und sei z die Ordnung von $Z_{\mathfrak{P}}$. Dann gilt

$$\mathfrak{p}^f = \prod_{g \in R} (g\mathfrak{P})^z,$$

und da alle $g\mathfrak{P}$ für $g \in R$ paarweise verschieden sind, ist z durch f teilbar. f ist der gemeinsame Trägheitsgrad und $e := z/f$ der gemeinsame Verzweigungsindex der Ideale $g\mathfrak{P}$ über $\mathfrak{p}$. Damit ist der folgende Satz bewiesen:

Satz 6.1.1 *Sei $\mathfrak{p}$ ein Primideal von F und K/F eine Galoissche Erweiterung. Die Galoissche Gruppe G von K/F permutiert die Primteiler $\mathfrak{P}$ von $\mathfrak{p}$ in K transitiv. Alle Primteiler von $\mathfrak{p}$ in K haben gleichen Trägheitsgrad f und gleichen Verzweigungsindex e. Die Zerlegungsgruppe $Z_{\mathfrak{P}}$ hat die Ordnung ef.* $\qquad\square$

Der zu $Z_{\mathfrak{P}}$ gehörige Fixkörper

$$K^{\mathfrak{P}} := \{\alpha \in K \mid g\alpha = g \text{ für } g \in Z_{\mathfrak{P}}\}$$

heißt *Zerlegungskörper* von $\mathfrak{P}$.

Satz 6.1.2 *Die Bezeichnungen seien die gleichen wie in Satz 6.1.1. $\mathfrak{P}$ hat bezüglich $K^{\mathfrak{P}}$ den Trägheitsgrad f und den Verzweigungsindex e. Für das unterhalb $\mathfrak{P}$ gelegene Primideal $\mathfrak{p}' := \mathfrak{P} \cap O_{K^{\mathfrak{P}}}$ gilt*

$$\mathfrak{p}' O_K = \mathfrak{P}^e.$$

$\mathfrak{p}'$ hat bezüglich F den Trägheitsgrad 1 und den Verzweigungsindex 1.

B e w e i s: Sei f' der Trägheitsgrad und e' der Verzweigungsindex von $\mathfrak{P}$ bezüglich $K^{\mathfrak{P}}$. Weiter sei f'' der Trägheitsgrad und e'' der Verzweigungsindex von $\mathfrak{p}'$ bezüglich F. Dann gilt

$$N_{K/K^{\mathfrak{P}}}(\mathfrak{P}) = \prod_{g \in Z_{\mathfrak{P}}} g\mathfrak{P} = \mathfrak{P}^{ef} = \mathfrak{p}'^{f'} \tag{6.1.2}$$

und daher

$$ef = e'f'.$$

Nach Satz 3.10.5 gilt weiter

$$e = e'e'', \qquad f = f'f'',$$

woraus

$$\begin{aligned} e &= e', & f &= f' \\ e'' &= 1, & f'' &= 1 \end{aligned}$$

folgt.   □

Die *m-te Verzweigungsgruppe* $G_m = G_m(K/F)$ von $\mathfrak{P}$ wird für $m = 0, 1, \ldots$ definiert durch

$$G_m := \{ g \in Z_{\mathfrak{P}} \mid g\alpha \equiv \alpha \pmod{\mathfrak{P}^{m+1}} \text{ für alle } \alpha \in O_K \}.$$

Die nullte Verzweigungsgruppe wird auch als *Trägheitsgruppe*, der zugehörige Fixkörper T als *Trägheitskörper* von $\mathfrak{P}$ bezeichnet. Wie man leicht sieht, bilden die Verzweigungsgruppen $G_0, G_1, \ldots$ eine absteigende Folge von Normalteilern von $Z_{\mathfrak{P}}$. Im folgenden wird $Z_{\mathfrak{P}}$ zur Vereinfachung der Schreibweise auch mit G_{-1} bezeichnet.

G_0 ist definiert als die größte Untergruppe von $Z_{\mathfrak{P}}$, die trivial auf dem Restklassenkörper $O_K/\mathfrak{P}$ operiert. Daher können wir $Z_{\mathfrak{P}}/G_0$ mit einer Untergruppe der Galoisschen Gruppe $G_{\mathfrak{P}}$ der nach Voraussetzung Galoisschen Erweiterung $O_K/\mathfrak{P}$ über $O_F/\mathfrak{p}$ identifizieren.

Die einfachsten Tatsachen über die Verzweigungsgruppen sind in dem folgenden Satz zusammengefaßt.

Satz 6.1.3 *Die Voraussetzungen seien die gleichen wie in Satz 6.1.1.*

(i) *$Z_{\mathfrak{P}}/G_0 = G_{\mathfrak{P}}$. Insbesondere ist die Ordnung von G_0 gleich e.*

(ii) *Sei M ein beliebiger Zwischenkörper von K/F und $H := G(K/M)$. Dann ist die n-te Verzweigungsgruppe von $\mathfrak{P}$ bezüglich M gleich $G_n \cap H$, $n = -1, 0, 1, \ldots$.*

(iii) *$\mathfrak{P}$ hat in K/T den Verzweigungsindex $e = [K : T]$. Das Primideal $\mathfrak{P} \cap O_T$ hat in $T/K^{\mathfrak{P}}$ den Trägheitsgrad $f = [T : K^{\mathfrak{P}}]$.*

(iv) *Es gibt Monomorphismen $G_0/G_1 \to (O_K/\mathfrak{P})^{\times}$ und $G_n/G_{n+1} \to (O_K/\mathfrak{P})^{+}$ für $n = 1, 2, \ldots$.*

(v) *Für genügend großes n ist $G_n = \{1\}$.*

B e w e i s: (i) Wegen Satz 6.1.2 können wir o. B. d. A. annehmen, daß $K^{\mathfrak{P}} = F$ ist. Dann haben wir zu zeigen, daß jeder Automorphismus $\sigma \in G_{\mathfrak{P}}$ durch einen Automorphismus von G induziert wird. Sei $\bar{\xi}$ eine Erzeugende der Erweiterung $O_K/\mathfrak{P}$ über $O_F/\mathfrak{p}$ und $\overline{f_0}$ das zugehörige Minimalpolynom. Weiter sei ξ ein Vertreter von $\bar{\xi}$ in O_K. Dann hat ξ bezüglich F ein Minimalpolynom f_1 mit Koeffizienten in O_F. Sei $\overline{f_1}$ das entsprechende Polynom mit Koeffizienten in $O_F/\mathfrak{p}$. Die Polynome $\overline{f_0}$ und $\overline{f_1}$ haben die Nullstelle $\bar{\xi}$ gemeinsam. Da $\overline{f_0}$ irreduzibel ist, gilt $\overline{f_0} \mid \overline{f_1}$. Folglich ist $\sigma\bar{\xi}$ eine Nullstelle von $\overline{f_1}$. Da K/F normal ist, gehören alle Nullstellen von f_1 zu K. Sei ξ_1 eine Nullstelle von f_1, die $\sigma\bar{\xi}$ entspricht. Dann läßt sich $\xi \mapsto \xi_1$ zu einem Automorphismus von K/F fortsetzen, der σ induziert, wie zu zeigen war.

(ii) Das folgt unmittelbar aus der Definition.

(iii) Zerlegungsgruppe und Trägheitsgruppe von $\mathfrak{P}$ bezüglich T sind nach (ii) gleich G_0. Durch Anwendung von (i) auf K/T folgt, daß $\mathfrak{P}$ bezüglich T den Trägheitsgrad 1 hat. Daher folgt (iii) aus Satz 6.1.1 und (i).

(iv) Sei π ein Element aus O_K mit $\nu_{\mathfrak{P}}(\pi) = 1$. Wir zeigen zunächst

$$G_n = \{g \in G_0 \mid g\pi \equiv \pi \pmod{\mathfrak{P}^{n+1}}\} \text{ für } n = 1, 2, \ldots. \tag{6.1.3}$$

Sei S ein Vertretersystem von $O_K/\mathfrak{P}$ in O_K. Nach (iii) können wir S in O_T wählen. Jedes $\alpha \in O_K$ hat eine Darstellung

$$\alpha \equiv \sum_{i=0}^{n} \alpha_i \pi^i \pmod{\mathfrak{P}^{n+1}} \tag{6.1.4}$$

mit $\alpha_0, \alpha_1, \ldots, \alpha_n \in O_T$. Für $g \in G_0$ mit $g\pi \equiv \pi \pmod{\mathfrak{P}^{n+1}}$ gilt

$$g\alpha \equiv \sum_{i=0}^{n} \alpha_i (g\pi)^i \equiv \sum_{i=0}^{n} \alpha_i \pi^i \equiv \alpha \pmod{\mathfrak{P}^{n+1}}, \tag{6.1.5}$$

womit (6.1.3) bewiesen ist.

Sei $g \in G_0$. Dann gibt es eine eindeutig bestimmte Klasse $\overline{\alpha_g} \in (O_K/\mathfrak{P})^{\times}$ mit $\alpha_g \in O_T$ und

$$g\pi \equiv \pi\alpha_g \pmod{\mathfrak{P}^2}.$$

Die Zuordnung $g \mapsto \overline{\alpha_g}$ induziert einen Monomorphismus von G_0/G_1 in $(O_K/\mathfrak{P})^{\times}$.

Sei $g \in G_n$, $n = 1, 2, \ldots$. Dann gibt es eine eindeutig bestimmte Klasse $\overline{\beta_g} \in O_K/\mathfrak{P}$ mit $\beta_g \in O_T$ und

$$g\pi \equiv \pi + \beta_g \pi^{n+1} \pmod{\mathfrak{P}^{n+2}}.$$

Die Zuordnung $g \mapsto \overline{\beta_g}$ induziert den gewünschten Monomorphismus von G_n/G_{n+1} in $(O_K/\mathfrak{P})^+$.

(v) folgt aus 6.1.3, denn $g \in G_n$ für alle $n = 1, 2, \ldots$ bedeutet

$$g\pi \equiv \pi \pmod{\mathfrak{P}^{n+1}} \text{ für } n = 1, 2, \ldots$$

und daher $g\pi = \pi$. Die Erweiterung $T(\pi)/T$ hat bezüglich $\mathfrak{P}$ den Verzweigungsindex e. Nach (iii) ist daher $T(\pi) = K$, und aus $g\pi = \pi$, $g \in G_0$ folgt $g = 1$. $\quad\square$

Wir beschränken uns jetzt auf den Fall, daß $O_K/\mathfrak{P}$ ein endlicher Körper ist. In Verallgemeinerung des Falles, daß $\Gamma = \mathbb{Z}$ und damit K ein algebraischer Zahlkörper ist, definieren wir die *Absolutnorm* $N(\mathfrak{P})$ von $\mathfrak{P}$ als die Anzahl der Elemente von $O_K/\mathfrak{P}$ (3.5).

Sei p die Charakteristik von $O_K/\mathfrak{P}$. Nach Satz 6.1.3 (iv) ist dann G_0/G_1 eine zyklische Gruppe, deren Ordnung ein Teiler von $N(\mathfrak{P}) - 1$ ist ([Ku], 13.2) und G_n/G_{n+1} ist für $n = 1, 2, \ldots$ eine endliche abelsche Gruppe vom Exponenten p (d.h. $\tau^p = 1$ für alle $\tau \in G_n/G_{n+1}$), deren Ordnung ein Teiler von $N(\mathfrak{P})$ ist. Sei m eine natürliche Zahl mit $G_m = \{1\}$. In der Folge

$$Z_\mathfrak{P} \supseteq G_0 \supseteq G_1 \supseteq \cdots \supseteq G_m = \{1\}$$

sind alle Quotienten abelsche Gruppen, insbesondere ist $Z_\mathfrak{P}/G_0$ nach Satz 6.1.3 (i) die Galoissche Gruppe der Erweiterung $O_K/\mathfrak{P}$ über $O_F/\mathfrak{p}$ und daher zyklisch. Es folgt, daß $Z_\mathfrak{P}$ auflösbar ist ([Ku], 11.63).

Die Galoissche Gruppe der Erweiterung $O_K/\mathfrak{P}$ über $O_F/\mathfrak{p}$ hat eine kanonische Erzeugende ϕ, die durch

$$\phi\overline{\alpha} = \overline{\alpha}^q \text{ für } \alpha \in O_K/\mathfrak{P}$$

mit $q = N(\mathfrak{p}) = [O_F : \mathfrak{p}]$ gegeben ist ([Ku], §14). Für den Fall, daß $\mathfrak{P}$ über $\mathfrak{p}$ unverzweigt, d.h. $e = 1$, ist, gibt es nach Satz 6.1.3 (i) ein eindeutig bestimmtes Element $\phi_\mathfrak{P} \in Z_\mathfrak{P}$, das auf $O_K/\mathfrak{P}$ den Automorphismus ϕ induziert. $\phi_\mathfrak{P}$ ist eine Erzeugende von $Z_\mathfrak{P}$ und heißt *Frobenius-Automorphismus* von $\mathfrak{P}$.

6.2 Neuer Beweis des Dedekindschen Differentensatzes

Wir verwenden die Verzweigungsgruppen zu einer genaueren Bestimmung der Differente im Fall einer normalen Erweiterung und zu einem weiteren Beweis des *Dedekindschen Differentensatzes* (Satz 3.12.9).

Wir benutzen die Bezeichnungen und Voraussetzungen von 6.1. Insbesondere sei K/F eine normale Erweiterung.

Satz 6.2.1 *Sei v_n die Ordnung der Verzweigungsgruppe G_n von $\mathfrak{P}$ bezüglich K/F. Dann geht $\mathfrak{P}$ in der Differente $\mathfrak{D}_{K/F}$ mit dem Exponenten*

$$\sum_{n=0}^{\infty}(v_n - 1) = \sum_{n=0}^{\infty}(n+1)(v_n - v_{n+1}) \tag{6.2.1}$$

auf.

B e w e i s (ohne Benutzung des Dedekindschen Differentensatzes): Nach (6.1.3) ist (6.2.1) gerade der Exponent, mit dem $\mathfrak{P}$ in der Elementdifferente

$$\begin{aligned}
D_{K/T}(\pi) &= \prod_{g \in G_0 - \{1\}} (\pi - g\pi) \\
&= \prod_{g \in G_0 - G_1} (\pi - g\pi) \cdot \prod_{g \in G_1 - G_2} (\pi - g\pi) \cdots
\end{aligned}$$

aufgeht. Wegen (6.1.4) und (6.1.5) ist für alle $g \in G_0$

$$\alpha - g\alpha \equiv (\pi - g\pi)\beta \pmod{\mathfrak{P}^{n+1}}$$

mit $\beta \in O_K$ und daher $D_{K/T}(\pi)$ ein Teiler von $D_{K/T}(\alpha)$ für alle $\alpha \in O_K$. Nach Satz 3.12.5 ist folglich

$$\nu_{\mathfrak{P}}(\mathfrak{D}_{K/T}) = \nu_{\mathfrak{P}}(D_{K/T}(\pi)).$$

Nach dem Differententurmsatz (Satz 3.12.3) genügt es daher zu zeigen, daß die Differenten $\mathfrak{D}_{T/K^{\mathfrak{P}}}$ und $\mathfrak{D}_{K^{\mathfrak{P}}/F}$ prim zu $\mathfrak{P}$ sind.

Sei $\bar{\xi}$ eine Erzeugende der Erweiterung $O_T/(\mathfrak{P} \cap O_T)$ über $O_{K^{\mathfrak{P}}}/(\mathfrak{P} \cap O_{K^{\mathfrak{P}}})$ und ξ ein Vertreter von $\bar{\xi}$ in O_T. Dann ist $\mathfrak{P}$ kein Teiler von $\xi - g\xi$ für $g \in Z_{\mathfrak{P}} - G_0$, d.h. $\mathfrak{P} \nmid D_{T/K^{\mathfrak{P}}}(\xi)$ und daher $\mathfrak{P} \nmid \mathfrak{D}_{T/K^{\mathfrak{P}}}$.

Es bleibt $\mathfrak{P} \nmid \mathfrak{D}_{K^{\mathfrak{P}}/F}$ zu zeigen. Sei $\mathfrak{p}_1 := \mathfrak{P} \cap O_{K^{\mathfrak{P}}}$. Nach Satz 6.1.2 geht $\mathfrak{p}_1$ in $\mathfrak{p}$ zur ersten Potenz auf. Daher gibt es ein $\pi_1 \in \mathfrak{p}_1$, so daß $\pi_1 \mathfrak{p}_1^{-1}$ prim zu $\mathfrak{p}$ ist. Wir betrachten jetzt $\mathfrak{p}$ und $\mathfrak{p}_1$ als Ideale von O_K.

Wegen

$$\mathfrak{p} = \prod_{g \in R}(g\mathfrak{P})^e = \prod_{g \in R} g\mathfrak{p}_1$$

ist $g\mathfrak{p}_1$ für $g \in R - \{1\}$ prim zu $\mathfrak{p}_1$. Andererseits ist $g\pi_1(g\mathfrak{p}_1)^{-1}$ prim zu $\mathfrak{p}$ und daher $g\pi_1$ für $g \in R - \{1\}$ prim zu $\mathfrak{p}_1$. Es folgt, daß auch

$$D_{K^{\mathfrak{P}}/F}(\pi_1) = \prod_{g \in R - \{1\}} (\pi_1 - g\pi_1)$$

prim zu $\mathfrak{p}_1$ ist. $\qquad\qquad\qquad\qquad\qquad\qquad\qquad\qquad\qquad\qquad\qquad\square$

Wir kommen jetzt zu dem angekündigten neuen Beweis des Dedekindschen Differentensatzes (Satz 3.12.9), den wir in Anpassung an die Bezeichnungen dieses Kapitels wie folgt formulieren:

Sei M/F eine beliebige separable endliche Erweiterung und $\mathfrak{p}_M$ ein Primideal von O_M mit dem Verzweigungsindex e_1 bezüglich F. Weiter sei p die Charakteristik von $O_M/\mathfrak{p}_M$. Dann gilt $\mathfrak{p}_M^{e_1-1} \mid \mathfrak{D}_{M/F}$, und $\mathfrak{p}_M^{e_1} \mid \mathfrak{D}_{M/F}$ gilt genau dann, wenn $p \mid e_1$.
B e w e i s: Sei K/F die normale Hülle von M/F. Mit M/F ist auch K/F separabel ([Ku], 8.12). Wir verwenden bezüglich K/F die obigen Bezeichnungen. Weiter sei $H := G(K/M)$ und $v'_n = |G_n \cap H|$, $v'_0 = e'$. Nach dem Differententurmsatz (Satz 3.12.3) gilt

$$\mathfrak{D}_{M/F} = \mathfrak{D}_{K/F}\mathfrak{D}_{K/M}^{-1}$$

und nach Satz 6.2.1 geht $\mathfrak{P}$ in $\mathfrak{D}_{M/F}$ zum Exponenten

$$\sum_{n=0}^{\infty}(v_n - v'_n) \geq e - e' = e'(e_1 - 1) \tag{6.2.2}$$

auf. Hieraus folgt

$$\mathfrak{p}_M^{e_1-1} \mid \mathfrak{D}_{M/F}.$$

Das Gleichheitszeichen steht in (6.2.2) genau dann, wenn $G_n \cap H = G_n$ für $n \geq 1$ ist. Das bedeutet nach Satz 6.1.3 (ii),(iv), daß p kein Teiler von e_1 ist. $\qquad\square$

6.3 Primidealzerlegung in einem Zwischenkörper

Wir benutzen die Bezeichnungen von 6.1. Insbesondere sei K/F eine Galoissche Erweiterung, M/F eine beliebige Teilerweiterung und $H := G(K/M)$. Sei $\mathfrak{P}$ ein von $\{0\}$ verschiedenes Primideal von O_K und $\mathfrak{p} := \mathfrak{P} \cap O_F$, $\mathfrak{p}_1 := \mathfrak{P} \cap O_M$. Wir nehmen an, daß uns die Zerlegungsgruppe $Z_{\mathfrak{P}}$ und die Trägheitsgruppe G_0 von $\mathfrak{P}$ bezüglich F gegeben sind und wollen mit deren Hilfe die Primzerlegung von $\mathfrak{p}$ in O_M bestimmen. Wie oben sei R ein Repräsentantensystem für die Rechtsnebenklassen von $G = G(K/F)$ nach $Z_{\mathfrak{P}}$ mit $1 \in R$. Dann hat $\mathfrak{p}$ in O_K die Zerlegung

$$\mathfrak{p} = \prod_{g \in R}(g\mathfrak{P})^e \text{ mit } e = |G_0|. \tag{6.3.1}$$

Die i-te Verzweigungsgruppe von $g\mathfrak{P}$ bezüglich F bzw. M ist gG_ig^{-1} bzw. $g(G_i \cap H)g^{-1}$, $i = -1, 0, 1, \dots$.

Satz 6.3.1 *Sei M ein beliebiger Zwischenkörper der Galoisschen Erweiterung K/F. Weiter sei*

$$R_H = \{g_1, \dots, g_m\}, \quad g_1 = 1,$$

ein Vertretersystem für die Doppelnebenklassen von G nach H und $Z_{\mathfrak{P}}$:

$$G = \bigcup_{i=1}^{m} Hg_iZ_{\mathfrak{P}}.$$

Dann sind die Primteiler von $\mathfrak{p}$ in M durch

$$\mathfrak{p}_i := g_i\mathfrak{P} \cap O_M \ \text{für } i = 1, \ldots, m$$

gegeben. $\mathfrak{p}_i$ hat in K/M die Primidealzerlegung

$$\mathfrak{p}_i = \prod_{g \in R_i} (gg_i\mathfrak{P})^{e_i}, \tag{6.3.2}$$

wobei R_i ein Vertretersystem für die Rechtsnebenklassen von H nach $g_i Z_\mathfrak{P} g_i^{-1} \cap H$ bezeichnet und e_i die Ordnung von $g_i G_0 g_i^{-1} \cap H$ ist.

Weiter hat $\mathfrak{p}$ in M/F die Primidealzerlegung

$$\mathfrak{p} = \prod_{i=1}^{m} \mathfrak{p}_i^{e_i'} \quad \text{mit } e_i' := e/e_i. \tag{6.3.3}$$

B e w e i s: Zwei Primideale $g\mathfrak{P}$ und $g'\mathfrak{P}$, $g, g' \in G$, liegen über dem gleichen Primideal $g\mathfrak{p} \cap O_M$ von M, wenn es ein $h \in H$ mit $g'\mathfrak{P} = hg\mathfrak{P}$ gibt, d.h. wenn $g'^{-1}hg$ in $Z_\mathfrak{P}$ liegt, und dies bedeutet, daß g und g' in der gleichen Doppelnebenklasse von G bezüglich H und $Z_\mathfrak{P}$ liegen. (6.3.2) folgt aus (6.3.1), angewandt auf das Primideal $g_i\mathfrak{P}$ und die Erweiterung K/M. (6.3.3) folgt aus Satz 3.10.5. $\qquad\qquad\square$

Als Beispiel betrachten wir eine Galoissche Erweiterung K/F mit der symmetrischen Gruppe S_3 als Galoisscher Gruppe. S_3 wird erzeugt durch $\sigma = (123)$ und $\tau = (12)$. In K haben wir nach Satz 6.1.1 für ein Primideal $\mathfrak{p}$ von F folgende Möglichkeiten der Primidealzerlegung:

a) $\mathfrak{p} = \mathfrak{P}$,   b) $\mathfrak{p} = \mathfrak{P}^2$,   c) $\mathfrak{p} = \mathfrak{P}^3$,

d) $\mathfrak{p} = \mathfrak{P}^6$,   e) $\mathfrak{p} = \mathfrak{P}_1\mathfrak{P}_2$,   f) $\mathfrak{p} = \mathfrak{P}_1^3\mathfrak{P}_2^3$,

g) $\mathfrak{p} = \mathfrak{P}_1\mathfrak{P}_2\mathfrak{P}_3$,   h) $\mathfrak{p} = \mathfrak{P}_1^2\mathfrak{P}_2^2\mathfrak{P}_3^2$,   i) $\mathfrak{p} = \mathfrak{P}_1\mathfrak{P}_2\mathfrak{P}_3\mathfrak{P}_4\mathfrak{P}_5\mathfrak{P}_6$

Der Fall b) kann jedoch nicht eintreten, da S_3 keinen Normalteiler der Ordnung 2 hat.

Wir wählen M als Fixkörper von τ und wollen die Primidealzerlegung von $\mathfrak{p}$ in M bestimmen. M/F ist eine nicht-normale Erweiterung vom Grad 3.

In den Fällen a), c), d) ist $G = Z_\mathfrak{P}$ und es folgt $\mathfrak{p} = \mathfrak{p}_1$ oder $\mathfrak{p} = \mathfrak{p}_1^3$.

In den Fällen e) und f) ist $Z_{\mathfrak{P}_i} = (\sigma)$, $i = 1, 2$, und es gibt nur eine Doppelnebenklasse. Daher gibt es nur einen Primteiler $\mathfrak{p}_1$ von $\mathfrak{p}$ in M.

In den Fällen g) und h) ist o. B. d. A. $Z_{\mathfrak{P}_1} = H$. Es gibt zwei Doppelnebenklassen Hg_1H, Hg_2H mit $g_1 = 1$, $g_2 = \sigma$. Die Zerlegungsgruppe von $\mathfrak{P}_1$ bezüglich M ist gleich H und von $\sigma\mathfrak{P}_1$ gleich $\{1\}$. Im Fall g) wird $\mathfrak{p} = \mathfrak{p}_1\mathfrak{p}_2$, wobei $\mathfrak{p}_1$ den Trägheitsgrad 1 und $\mathfrak{p}_2$ den Trägheitsgrad 2 hat. Im Fall h) wird $\mathfrak{p} = \mathfrak{p}_1\mathfrak{p}_2^2$.

Im Fall i) wird $\mathfrak{p} = \mathfrak{p}_1\mathfrak{p}_2\mathfrak{p}_3$.

Es ist bemerkenswert, daß in den Fällen g) - i) der Zerlegungstyp von $\mathfrak{p}$ in M den Zerlegungstyp von $\mathfrak{p}$ in K bestimmt.

In dem uns vor allem interessierenden Fall eines algebraischen Zahlkörpers F ist die Restklassenkörpererweiterung zyklisch. Daher ist in diesem Fall a) unmöglich. Da auch $(O_K/\mathfrak{P})^\times$ eine zyklische Gruppe ist, kann d) nach Satz 6.1.3 (iv) nur eintreten, wenn die erste Verzweigungsgruppe von $\{1\}$ verschieden und damit $\mathfrak{p}$ ein Teiler von 3 ist.

In unserem Beispiel ist insbesondere ein Primideal $\mathfrak{p}$ von F in M/F genau dann voll zerlegt, wenn es in K/F voll zerlegt ist. Dies gilt ganz allgemein.

Satz 6.3.2 *Sei K/F eine Galoissche Erweiterung und M/F eine Teilerweiterung, so daß K die normale Hülle von M/F ist. Dann ist ein Primideal $\mathfrak{p}$ von F in M/F genau dann voll zerlegt, wenn es in K/F voll zerlegt ist.*

B e w e i s : Dies folgt aus Satz 4.9.1, da ein in M/F voll zerlegtes Primideal auch in den konjugierten Erweiterungen gM/F voll zerlegt ist. $\qquad\square$

6.4 Kreisteilungskörper

In diesem Abschnitt betrachten wir Erweiterungen K, die aus $\mathbb{Q}$ durch Adjunktion von Einheitswurzeln entstehen ([Ku], §13). Sie werden als *Kreisteilungskörper* bezeichnet, da sie bei der Teilung der Kreislinie in gleichlange Abschnitte auftreten.

Sei m eine natürliche Zahl und ζ_m eine primitive m-te Einheitswurzel, d.h. eine komplexe Zahl mit $\zeta_m^m = 1$ und $\zeta_m^i \neq 1$ für $1 \leq i < m$. Der Körper $\mathbb{Q}(\zeta_m)$ heißt m-ter Kreisteilungskörper. Wenn m durch 2, aber nicht durch 4 teilbar ist, gilt $\mathbb{Q}(\zeta_m) = \mathbb{Q}(\zeta_{m/2})$. Wir nehmen daher in diesem Abschnitt immer an, daß m ungerade oder durch 4 teilbar ist.

Wir betrachten zunächst den Fall, daß $m = l^h$ eine Potenz einer Primzahl l ist. Dann ist ζ_m eine Nullstelle des Polynoms

$$f_m(x) := (x^m - 1)(x^{m/l} - 1)^{-1} = x^{m-m/l} + x^{m-2m/l} + \cdots + x^{m/l} + 1.$$

Man erhält alle Nullstellen dieses Polynoms in der Form ζ_m^r, wobei r ein primes Restsystem R mod m mit $1 \in R$ durchläuft. Hieraus folgt, daß $\mathbb{Q}(\zeta_m)$ eine normale Erweiterung von $\mathbb{Q}$ ist.

Satz 6.4.1 (i) *Der Zahlkörper $\mathbb{Q}(\zeta_m)$ hat den Grad $\varphi(m) = l^{h-1}(l-1)$.*

(ii) *l hat nur einen Primteiler $\mathfrak{l} = (1 - \zeta_m)O$ im Ring O der ganzen Elemente von $\mathbb{Q}(\zeta_m)$ und ist voll verzweigt: $lO = \mathfrak{l}^{\varphi(m)}$.*

B e w e i s : Das Polynom $f_m(x)$ hat den Grad $\varphi(m)$. Daher ist $[\mathbb{Q}(\zeta_m) : \mathbb{Q}] \leq \varphi(m)$. Nach (3.5.3) genügt es daher, $lO = \mathfrak{l}^{\varphi(m)}$ zu beweisen.

Wegen

$$f_m(x) = \prod_{r \in R}(x - \zeta_m^r)$$

gilt

$$l = f_m(1) = \prod_{r \in R}(1 - \zeta_m^r).$$

Sei $s \in \mathbb{Z}$ mit $rs \equiv 1 \pmod{m}$. Dann gilt

$$(1 - \zeta_m^r)(1 - \zeta_m)^{-1} \in O$$

und

$$(1 - \zeta_m)(1 - \zeta_m^r)^{-1} = (1 - \zeta_m^{rs})(1 - \zeta_m^r)^{-1} \in O,$$

d.h. $1 - \zeta_m$ und $1 - \zeta_m^r$ unterscheiden sich nur um eine Einheit in O. Es folgt $\mathfrak{l} = (1 - \zeta_m)O = (1 - \zeta_m^r)O$ und $lO = \mathfrak{l}^{\varphi(m)}$. $\qquad\qquad\square$

Satz 6.4.2 *Die Zahlen* $1, \zeta_m, \ldots, \zeta_m^{\varphi(m)-1}$ *bilden eine Basis von O über* $\mathbb{Z}$.

B e w e i s: Es genügt zu zeigen, daß $\Delta(\zeta_m) = \Delta(1, \zeta_m, \ldots, \zeta_m^{\varphi(m)-1})$ gleich der Diskriminante von $O/\mathbb{Z}$ ist (2.4). Nach Anh.B gilt

$$\begin{aligned}
\Delta(\zeta_m) &= \pm N(D(\zeta_m)) = \pm N\left(\prod_{r \in R - \{1\}} (\zeta_m - \zeta_m^r)\right) \\
&= \pm N\left(\prod_{r \in R - \{1\}} ((\zeta_m - 1) - (\zeta_m^r - 1))\right) \\
&= \pm N(D(\zeta_m - 1)), \qquad\qquad\qquad (6.4.1)
\end{aligned}$$

wobei $D(\alpha)$ die Elementdifferente von α bezeichnet. ζ_m^i ist für alle $i = 1, \ldots, m-1$ eine primitive Einheitswurzel für einen von 1 verschiedenen Teiler von m. Nach Satz 6.4.1 ist daher $\zeta_m - \zeta_m^r = \zeta_m(1 - \zeta_m^{r-1})$ für $r \neq 1$ ein Teiler von l. Es folgt, daß $\Delta(\zeta_m) \in \mathbb{Z}$, abgesehen von Vorzeichen, eine Potenz von l ist. Daher ist l die einzige in $\mathbb{Q}(\zeta_m)/\mathbb{Q}$ verzweigte Primzahl (Satz 3.12.11). Andererseits steckt nach dem Beweis von Satz 6.2.1 in $D(\zeta_m - 1)$ genau die Potenz von l, die in der Differente von $\mathbb{Q}(\zeta_m)/\mathbb{Q}$ aufgeht. Aus (6.4.1) und Satz 3.12.5 folgt nun, daß $\Delta(\zeta_m)$ gleich der Diskriminante von $O/\mathbb{Z}$ ist. $\qquad\square$

Als Nebenergebnis haben wir den folgenden Satz bewiesen:

Satz 6.4.3 *l ist die einzige in $\mathbb{Q}(\zeta_m)/\mathbb{Q}$ verzweigte Primzahl.* $\qquad\square$

Sei jetzt m eine beliebige natürliche Zahl und $m = \prod_{i=1}^{s} l_i^{h_i}$ die Primzahlzerlegung von m. Wir setzen $m_i := l_i^{h_i}$.

Satz 6.4.4 $[\mathbb{Q}(\zeta_m) : \mathbb{Q}] = \varphi(m)$.

B e w e i s: Wir beweisen Satz 6.4.4 durch Induktion über die Anzahl s der verschiedenen Primteiler von m. Für $s = 1$ haben wir die Behauptung in Satz 6.4.1 bewiesen. Sei jetzt der Satz für s bewiesen. Wir wollen ihn für $s + 1$ beweisen. In $\mathbb{Q}(\zeta_m) = \mathbb{Q}(\zeta_{m_1}, \zeta_{m_2}, \ldots, \zeta_{m_s})$ ist l_{s+1} unverzweigt, weil dies für alle Teilkörper $\mathbb{Q}(\zeta_{m_i})$, $i = 1, \ldots, s$ gilt (Satz 4.9.2). Andererseits ist l_{s+1} in $\mathbb{Q}(\zeta_{m_{s+1}})/\mathbb{Q}$ voll verzweigt. Daher ist l_{s+1} auch in jedem Teilkörper von $\mathbb{Q}(\zeta_{m_{s+1}})$ über $\mathbb{Q}$ voll verzweigt und es gilt

$$\mathbb{Q}(\zeta_m) \cap \mathbb{Q}(\zeta_{m_{s+1}}) = \mathbb{Q}.$$

Nach [Ku], §10, folgt

$$[\mathbb{Q}(\zeta_m)\mathbb{Q}(\zeta_{m_{s+1}}) : \mathbb{Q}] = \varphi(m)\varphi(m_{s+1}) = \varphi(mm_{s+1}).$$

Daraus folgt die Behauptung wegen

$$\mathbb{Q}(\zeta_m)\mathbb{Q}(\zeta_{m_{s+1}}) = \mathbb{Q}(\zeta_{mm_{s+1}}).$$

$\square$

Unser Beweis zeigt noch den folgenden

Satz 6.4.5 *Eine Primzahl p ist in $\mathbb{Q}(\zeta_m)/\mathbb{Q}$ genau dann verzweigt, wenn p ein Teiler von m ist. Der Verzweigungsindex von p in $\mathbb{Q}(\zeta_m)/\mathbb{Q}$ ist in jedem Fall gleich $\varphi(p^{\nu_p(m)})$.* $\square$

Wir kommen jetzt zur Galoisschen Theorie der Körper $\mathbb{Q}(\zeta_m)$.

Satz 6.4.6 *Die Galoissche Gruppe G_m von $\mathbb{Q}(\zeta_m)/\mathbb{Q}$ ist kanonisch isomorph zu $(\mathbb{Z}/m\mathbb{Z})^\times$.*

B e w e i s: Sei $f_m(x)$ das zu ζ_m gehörige Minimalpolynom. $f_m(x)$ ist ein Teiler von $x^m - 1$. Die Nullstellen von $f_m(x)$ sind daher von der Form ζ_m^r. Dabei muß r prim zu m sein, da andernfalls ζ_m^r eine kleinere Ordnung als ζ_m hätte. Auf diese Weise erhalten wir $\varphi(m)$ Einheitswurzeln. Da der Grad von $f_m(x)$ nach Satz 6.4.4 gleich $\varphi(m)$ ist, folgt, daß die Nullstellen von $f_m(x)$ genau diese Einheitswurzeln ζ_m^r sind. Durch

$$g_r\zeta_m = \zeta_m^r,$$

wobei r prim zu m ist, wird also ein Automorphismus von G_m bestimmt. Durch $\bar{r} \mapsto g_r$ wird eine Bijektion von $(\mathbb{Z}/m\mathbb{Z})^\times$ auf G_m definiert, die nicht von der Wahl von r in der zugehörigen Restklasse mod m und nicht von der Wahl der primitiven m-ten Einheitswurzel ζ_m abhängt. Wie man leicht sieht, ist diese Bijektion ein Isomorphismus. $\square$

Satz 6.4.7 *Sei p eine zu m prime Primzahl und $\mathfrak{P}$ ein Primteiler von p in $\mathbb{Q}(\zeta_m)$. Dann ist der zu $\mathfrak{P}$ gehörige Frobenius-Automorphismus gleich g_p.*

B e w e i s: Der zu $\mathfrak{P}$ gehörige Frobenius-Automorphismus ϕ ist charakterisiert durch

$$\phi\alpha \equiv \alpha^p \ (\mathrm{mod} \ \mathfrak{P})$$

für alle $\alpha \in O$. Sei $\bar{r} \in (\mathbb{Z}/m\mathbb{Z})^\times$ mit $\phi = g_r$. Dann gilt

$$g_r\zeta_m = \zeta_m^r \equiv \zeta_m^p \ (\mathrm{mod} \ \mathfrak{P}). \tag{6.4.2}$$

Durch Ableitung von $x^m - 1$ und anschließendes Einsetzen von ζ_m^r erhält man

$$m\zeta_m^{r(m-1)} = \prod(\zeta_m^r - \zeta_m^s), \tag{6.4.3}$$

wobei das Produkt über ein Vertretersystem der Restklassen mod m, die von r verschieden sind, zu erstrecken ist. Aus (6.4.3) folgt, daß $\zeta_m^r - \zeta_m^p$ gleich 0 oder ein Teiler von m ist. Wegen (6.4.2) ist die zweite Möglichkeit ausgeschlossen. Es folgt $r \equiv p \pmod{m}$. $\qquad\qquad\qquad\qquad\qquad\qquad\qquad\qquad\qquad\qquad\qquad\qquad\quad\square$

Satz 6.4.8 *Sei p eine zu m teilerfremde Primzahl und $\mathfrak{P}$ ein Primteiler von p in* O. *Dann ist der Trägheitsgrad von $\mathfrak{P}$ gleich der Ordnung von $\overline{p}$ in $(\mathbb{Z}/m\mathbb{Z})^{\times}$.*

B e w e i s: Der Trägheitsgrad von $\mathfrak{P}$ ist gleich der Ordnung der Zerlegungsgruppe $Z_{\mathfrak{P}}$ von $\mathfrak{P}$, und diese ist gleich der Ordnung des Frobenius-Automorphismus von $\mathfrak{P}$. Satz 6.4.8 folgt daher aus Satz 6.4.6 und Satz 6.4.7. $\qquad\qquad\qquad\qquad\quad\square$

Damit haben wir das Zerlegungsgesetz der unverzweigten Primzahlen in $\mathbb{Q}(\zeta_m)$ gefunden. Wir wollen es im folgenden benutzen, um einen neuen Beweis des quadratischen Reziprozitätsgesetzes (Satz 1.6.4) zu geben.

In Abschnitt 3.8 haben wir gezeigt, daß das Legendre-Symbol $\left(\dfrac{p}{q}\right)$ für die ungeraden Primzahlen p, q charakterisiert ist durch

$$\left(\frac{q^*}{p}\right) = \begin{cases} +1, & \text{wenn } p \text{ in } \mathbb{Q}(\sqrt{q^*}) \text{ zerlegt ist,} \\ -1, & \text{wenn } p \text{ in } \mathbb{Q}(\sqrt{q^*}) \text{ träge ist,} \end{cases}$$

wobei $q^* = (-1)^{(q-1)/2} q$ gesetzt ist. q^* heißt Primdiskriminante zu q.

$\mathbb{Q}(\sqrt{q^*})$ ist der einzige quadratische Zahlkörper, in dem nur q verzweigt ist. Da $\mathbb{Q}(\zeta_q)$ einen solchen Teilkörper enthält, ist $\mathbb{Q}(\sqrt{q^*})$ in $\mathbb{Q}(\zeta_q)$ enthalten. $\mathbb{Q}(\sqrt{q^*})$ ist der Fixkörper der Untergruppe $\{g^2 \mid g \in G_q\}$ von G_q. Daher ist p in $\mathbb{Q}(\sqrt{q^*})$ genau dann zerlegt, wenn g_p gleich einem Quadrat in G_q, d.h. wenn p quadratischer Rest mod q ist. Folglich gilt

$$\left(\frac{p}{q}\right) = \left(\frac{q^*}{p}\right) = \left(\frac{(-1)^{(q-1)/2}}{p}\right)\left(\frac{q}{p}\right) = (-1)^{(p-1)(q-1)/4}\left(\frac{q}{p}\right).$$

Hierbei haben wir den ersten Ergänzungssatz (Satz 1.6.3) benutzt.

Für 2 definieren wir drei Primdiskriminanten $2^* = -4, \pm 8$. Im Falle $2^* = -4$ bzw. $2^* = \pm 8$ ist $\sqrt{2^*}$ in $\mathbb{Q}(\zeta_4)$ bzw. $\mathbb{Q}(\zeta_8)$ enthalten. Allgemeiner sei d_K die Diskriminante des quadratischen Zahlkörpers $K = \mathbb{Q}(\sqrt{d_K})$. Aus unserer obigen Überlegung folgt, daß $\sqrt{d_K}$ in $\mathbb{Q}(\zeta_{|d_K|})$ enthalten ist.

Im Gegensatz zu den in Abschnitt 1.6 gegebenen Beweisen beleuchtet der eben durchgeführte Beweis die Hintergründe des quadratischen Reziprozitätsgesetzes. Es ist eine Folgerung aus allgemeinen Gesetzmäßigkeiten in Kreisteilungskörpern. Bereits im letzten Viertel des 19. Jahrhunderts begannen Kronecker, Hilbert und Weber, diese Gesetzmäßigkeiten auf *abelsche Erweiterungen* (d.h. Galoissche Erweiterungen mit abelscher Galoisscher Gruppe) von beliebigen Zahlkörpern auszudehnen und bereiteten damit den Boden für das allgemeine Reziprozitätsgesetz von Artin. Wir kommen hierauf in Abschnitt 6.8 zurück.

6.5 Der erste Fall der Fermatschen Vermutung

In diesem Abschnitt benutzen wir unsere Ergebnisse über Kreisteilungskörper um die Fermatsche Vermutung (1.3) in speziellen Fällen zu beweisen. p bezeichnet in diesem Abschnitt eine ungerade fixierte Primzahl und ζ eine primitive p-te Einheitswurzel. Wir setzen $O := \mathbb{Z}[\zeta]$ und $K := \mathbb{Q}(\zeta)$.

Der *erste Fall der Fermatschen Vermutung* für den Exponenten p besteht in der Behauptung, daß es kein Tripel x, y, z von ganzen rationalen Zahlen mit $x^p + y^p = z^p$ und $xyz \not\equiv 0 \pmod{p}$ gibt. Der zweite Fall, daß eine der Zahlen x, y, z durch p teilbar ist, ist schwieriger. Die Ergebnisse von Kummer im zweiten Fall findet man in ([BoSh1966], Kap. V). Wir beschränken uns hier auf den ersten Fall und beweisen ein Ergebnis von Eichler ([Ei1965]), das auf einer Verfeinerung der Kummerschen Methode beruht.

Zunächst beweisen wir zwei Hilfssätze, die auf Kummer zurückgehen.

Satz 6.5.1 *Jede Einheit des Ringes O ist Produkt einer reellen Einheit mit einer Potenz von ζ.*

B e w e i s. Sei ε eine Einheit von O und $\iota \in G(K/\mathbb{Q})$ der Übergang zum konjugiert-komplexen, $\iota(\zeta) = \zeta^{-1}$. Für einen beliebigen Automorphismus g von $K/\mathbb{Q}$ gilt

$$g(\varepsilon/\iota\varepsilon) = g\varepsilon/g\iota\varepsilon = g(\varepsilon)/\iota g(\varepsilon)$$

und daher $|g(\varepsilon/\iota\varepsilon)| = 1$. Hieraus folgt, daß $\varepsilon/\iota\varepsilon$ eine Einheitswurzel ist (2.9). Es gilt also

$$\varepsilon/\iota\varepsilon = \pm\zeta^a \tag{6.5.1}$$

für eine natürliche Zahl a. Wir zeigen, daß in (6.5.1) das Pluszeichen stehen muß:
Sei $\varphi(X) \in \mathbb{Z}[X]$ mit $\varepsilon = \varphi(\zeta)$. Angenommen, es gilt $\varepsilon = -\zeta^a\iota\varepsilon$. Dann ist

$$\begin{aligned}
\varepsilon &\equiv \varphi(1) \equiv \iota\varepsilon \pmod{1-\zeta}, \\
\varepsilon &\equiv -\iota\varepsilon \equiv -\varphi(1) \pmod{1-\zeta}
\end{aligned}$$

und daher

$$2\varepsilon \equiv 0 \pmod{1-\zeta}.$$

Aber $1 - \zeta$ ist ein Teiler der ungeraden Primzahl p (Satz 6.4.1). Also ist $1 - \zeta$ ein Teiler von ε, was für eine Einheit unmöglich ist. Es gilt also $\varepsilon = \zeta^a\iota\varepsilon$.

Weiter sei b eine ganze Zahl mit $\zeta^a = \zeta^{2b}$. Dann gilt

$$\varepsilon\zeta^{-b} = (\iota\varepsilon)\zeta^b = \iota(\varepsilon\zeta^{-b}).$$

Daher ist $\varepsilon\zeta^{-b}$ eine reelle Einheit, wie zu zeigen war. $\square$

Satz 6.5.2 *Seien x, y, i und j ganze rationale Zahlen und $i \not\equiv j \pmod{p}$. Weiter seien x und y teilerfremd und $x + y$ nicht durch p teilbar. Dann sind $x + \zeta^i y$ und $x + \zeta^j y$ in O teilerfremd.*

B e w e i s. Wegen

$$\zeta^i \equiv \zeta^j \equiv 1 (\mathrm{mod}\, 1 - \zeta)$$

gilt

$$x + \zeta^i y \equiv x + y \ (\mathrm{mod}\, 1 - \zeta).$$

Da $1 - \zeta$ ein Teiler von p ist, folgt, daß $1 - \zeta$ kein Teiler von $x + \zeta^i y$ ist. Wegen

$$(\zeta^j - \zeta^i)O = (1 - \zeta)O$$

ist weiter

$$(x + \zeta^i y,\, x + \zeta^j y) = (x + \zeta^i y,\, (\zeta^i - \zeta^j)y) = (x + \zeta^i y, y) = (x, y).$$

$\square$

Wir kommen jetzt zur Fermatschen Vermutung.

Satz 6.5.3 *Sei der p-Rang der Klassengruppe $Cl(K)$ kleiner als $\sqrt{p} - 2$. Dann gilt der erste Fall der Fermatschen Vermutung.*

B e w e i s. Seien x, y und z paarweise teilerfremde Zahlen mit $x^p + y^p = z^p$ und $xyz \not\equiv 0 \ (\mathrm{mod}\, p)$.

Dann gilt

$$\prod_{i=0}^{p-1} (x + \zeta^i y) = z^p$$

und

$$x + y \equiv x^p + y^p \equiv z^p \not\equiv 0 \ (\mathrm{mod}\, p).$$

Nach Satz 6.5.2 ist daher das Ideal $(x + \zeta^i y)O$ eine p-te Potenz:

$$(x + \zeta^i y)O = \mathfrak{a}_i^p, \ i = 1, \ldots, p. \tag{6.5.2}$$

Sei r die größte natürliche Zahl mit $r < \sqrt{p} - 1$ und s der p-Rang von $Cl(K)$. Weiter sei

$$Cl(K)_p := \{\overline{\mathfrak{a}} \in Cl(K) \,|\, \overline{\mathfrak{a}}^p = 1\}.$$

Dann ist $|Cl(K)_p| = p^s$. Nach Voraussetzung ist $s < r$.

Wegen (6.5.2) ist $\overline{\mathfrak{a}}_i \in Cl(K)_p$. Wir betrachten die Produkte

$$\prod_{i=1}^{r} \mathfrak{a}_i^{a_i} \ \ \text{mit } 0 \le a_i < p.$$

Es gibt p^r solcher Produkte, aber nur p^s Elemente in $Cl(K)_p$. Es folgt, daß zwei der Produkte in der gleichen Idealklasse liegen. Daher gibt es ganze Zahlen b_i mit $|b_i| < p$ und

$$\prod_{i=1}^{r} \mathfrak{a}_i^{b_i} = \alpha O \tag{6.5.3}$$

für ein $\alpha \in K$, wobei nicht sämtliche $b_1, \ldots, b_r$ gleich 0 sind. Wenn $b_i < 0$ für ein i gilt, können wir es wegen (6.5.2) durch $b_i + p$ ersetzen. Wir können daher annehmen, daß in (6.5.3) $0 \le b_i < p$ und $\alpha \in O$ gilt. Durch Vergleich mit (6.5.2) findet man

$$\prod_{i=1}^{r} (x + \zeta^i y)^{b_i} = \alpha^p \varepsilon$$

mit einer Einheit $\varepsilon \in O$. Nach Satz 6.5.1 können wir ε in der Form $\varepsilon = \varepsilon_0 \zeta^a$ schreiben, wobei ε_0 reell und $a \in \mathbb{Z}$ ist.

Wir gehen jetzt zu einer Kongruenz mod p über, wobei wir berücksichtigen, daß p in $K/\mathbb{Q}$ voll verzweigt ist. Daher gilt

$$\alpha \equiv b \pmod{1 - \zeta}$$

für ein $b \in \mathbb{Z}$, woraus

$$\alpha^p \equiv b^p \pmod{p}$$

folgt. Es gilt also

$$\prod_{i=1}^{r} (x + \zeta^i y)^{b_i} \equiv b^p \cdot \varepsilon_0 \zeta^a \pmod{p}. \tag{6.5.4}$$

Durch Übergang zum konjugiert-komplexen ergibt sich

$$\prod_{i=1}^{r} (x + \zeta^{-i} y)^{b_i} \equiv b^p \varepsilon_0 \zeta^{-a} \pmod{p}. \tag{6.5.5}$$

Durch Multiplikation von (6.5.5) mit ζ^{2a} und Vergleich mit (6.5.4) erhält man

$$\prod_{i=1}^{r} (x + \zeta^i y)^{b_i} \equiv \zeta^m \prod_{i=1}^{r} (y + \zeta^i x)^{b_i} \pmod{p}, \tag{6.5.6}$$

wobei

$$m := 2a - \sum_{i=1}^{r} i b_i$$

gesetzt wurde. Mit dieser Kongruenz werden nun weitere Umformungen vorgenommen. In gewisser Weise wird die logarithmische Ableitung betrachtet. Wir führen die Polynome

$$F(Z) := \prod_{i=1}^{r} (x + Z^i y)^{b_i}, \quad G(Z) := \prod_{i=1}^{r} (y + Z^i x)^{b_i}$$

ein. Dann gibt es ein $P(Z) \in \mathbb{Z}[Z]$, so daß

$$H(Z) := F(Z) - Z^m G(Z) - pP(Z)$$

ein Polynom mit $H(\zeta) = 0$ ist.

$H(Z)$ ist daher nach Satz A.6.2 ein Vielfaches von $Z^{p-1} + \cdots + 1$:

$$H(Z) = Q(Z)(Z^{p-1} + \cdots + 1) \tag{6.5.7}$$

mit $Q(Z) \in \mathbb{Z}[Z]$. Wir haben also die Identität

$$F(Z) = Z^m G(Z) + pP(Z) + Q(Z)(Z^{p-1} + \cdots + 1).$$

Wir multiplizieren mit $1 - Z$, bilden die Ableitung und setzen anschließend ζ für Z ein. Dann ergibt sich

$$(1 - \zeta)F'(\zeta) - F(\zeta) \equiv (m\zeta^{m-1} - (m+1)\zeta^m)G(\zeta) + (1 - \zeta)\zeta^m G'(\zeta) \,(\mathrm{mod}\,p).$$

Durch Multiplikation mit (6.5.6) und Division durch ζ^{m-1} erhält man

$$((\zeta - \zeta^2)F'(\zeta) - \zeta F(\zeta))G(\zeta) \equiv ((m - (m+1)\zeta)G(\zeta) + (1 - \zeta)\zeta G'(\zeta))F(\zeta) \,(\mathrm{mod}\,p).$$

Die letzte Kongruenz schreiben wir in der Form

$$F(\zeta)G(\zeta)\left((\zeta - \zeta^2)\left(\frac{F'(\zeta)}{F(\zeta)} - \frac{G'(\zeta)}{G(\zeta)}\right) + m(\zeta - 1)\right) \equiv 0 \;(\mathrm{mod}\,p). \tag{6.5.8}$$

Weiter ist

$$\frac{F'(\zeta)}{F(\zeta)} - \frac{G'(\zeta)}{G(\zeta)} = \sum_{i=1}^{r} \zeta^{i-1} b_i i \frac{y^2 - x^2}{(x + \zeta^i y)(y + \zeta^i x)}. \tag{6.5.9}$$

Wir betrachten jetzt den i-ten Summanden multipliziert mit

$$T(\zeta) := \prod_{i=1}^{r} (x + \zeta^i y)(y + \zeta^i x). \tag{6.5.10}$$

Dies ist für $b_i \neq 0$ ein Polynom in ζ mit Koeffizienten in $\mathbb{Z}$, wobei die höchste Potenz von ζ den Exponenten

$$\left(\sum_{j=1}^{r} 2j\right) + i - 1 - 2i = (r+1)r - i - 1$$

hat. Sei k die kleinste Zahl mit $b_k \neq 0$. Dann ist

$$T(\zeta)\left(\frac{F'(\zeta)}{F(\zeta)} - \frac{G'(\zeta)}{G(\zeta)}\right)$$

ein Polynom vom Grade $(r+1)r - k - 1$. Wegen

$$F(\zeta)G(\zeta) \not\equiv 0 \,(\mathrm{mod}\,1 - \zeta)$$

folgt aus (6.5.8)

$$T(\zeta)\left(\left(\zeta-\zeta^2\right)\left(\frac{F'(\zeta)}{F(\zeta)}-\frac{G'(\zeta)}{G(\zeta)}\right)+m(\zeta-1)\right)\equiv 0 \pmod{p}. \qquad (6.5.11)$$

Auf der linken Seite von (6.5.11) steht ein Polynom in ζ vom Grade $(r+1)r-k+1$, wobei $1\le k\le r$ ist. Nach Voraussetzung ist aber $r<\sqrt{p}-1$ und daher $r(r+1)<p-1$. Da $\{1,\zeta,\ldots,\zeta^{p-2}\}$ eine Basis von O ist, ist der Koeffizient bei $\zeta^{r(r+1)-k+1}$ wegen (6.5.11) durch p teilbar. Nach Voraussetzung sind x,y und b_k nicht durch p teilbar. Es folgt

$$y^2-x^2\equiv 0 \pmod{p}$$

und daher $y\equiv\pm x\pmod{p}$. In analoger Weise zeigt man $z\equiv\pm x\pmod{p}$. Mit

$$x^p+y^p-z^p\equiv x+y-z\equiv 0 \pmod{p}$$

folgt $3x\equiv 0\pmod{p}$. Aber für $p=3$ haben wir die Behauptung schon bewiesen (Satz 1.3.4). Wir können daher $p>3$ annehmen. Dann ist $x\equiv 0\pmod{p}$ im Widerspruch zur Voraussetzung. Das beweist die Behauptung von Satz 6.5.3. $\quad\square$

6.6 Lokalisierung

Wir verwenden die Bezeichnungen von Abschnitt 6.1. Insbesondere ist K/F eine Galoissche Erweiterung. Wir fixieren ein Primideal $\mathfrak{p}$ von O_F und betrachten das direkte Produkt

$$A_{\mathfrak{p}}:=\prod_{\mathfrak{P}|\mathfrak{p}}K_{\mathfrak{P}} \qquad (6.6.1)$$

der Vervollständigungen von K bezüglich der Primteiler $\mathfrak{P}$ von $\mathfrak{p}$ in K. Die Galoissche Gruppe G von K/F operiert auf $A_{\mathfrak{p}}$:

Zunächst konstruieren wir für $g\in G$ eine Abbildung g^* von $K_{\mathfrak{P}}$ auf $K_{g\mathfrak{P}}$: Sei $\alpha\in K_{\mathfrak{P}}$ und $\alpha=\lim_{i\to\infty}\alpha_i$ mit $\alpha_i\in K$. Dann konvergiert die Folge $g\alpha_1,g\alpha_2,\ldots$ gegen ein Element von $K_{g\mathfrak{P}}$. Da $\alpha_1,\alpha_2,\ldots$ eine Cauchy-Folge ist, gibt es zu jedem vorgegebenen $s>0$ ein $N>0$ mit

$$\nu_{\mathfrak{P}}(\alpha_i-\alpha_j)\ge s,\ \text{d.h.}\ \mathfrak{P}^s\,|\,(\alpha_i-\alpha_j),$$

für $i,j\ge N$. Dann gilt

$$(g\mathfrak{P})^s\,|\,(g\alpha_i-g\alpha_j).$$

Daher ist $g\alpha_1,g\alpha_2,\ldots$ eine Cauchy-Folge. Wenn $\alpha_1,\alpha_2,\ldots$ gegen 0 konvergiert, konvergiert auch $g\alpha_1,g\alpha_2,\ldots$ gegen 0. Für vorgegebenes $\alpha\in K_{\mathfrak{P}}$ und $\alpha_1,\alpha_2,\ldots$ mit $\alpha_i\in K$, $\lim_{i\to\infty}\alpha_i=\alpha$ ist daher $\lim_{i\to\infty}g\alpha_i$ unabhängig von der Wahl der Folge $\alpha_1,\alpha_2,\ldots$. Wir setzen

$$g^*\alpha:=\lim_{i\to\infty}g\alpha_i.$$

Man prüft leicht nach, daß g^* ein Körperisomorphismus von $K_\mathfrak{P}$ auf $K_{g\mathfrak{P}}$ ist, und daß

$$g^*(h^*\alpha) = (gh)^*\alpha \text{ für } g, h \in G, \ \alpha \in K_\mathfrak{P}$$

gilt.

Die Erweiterung $K_\mathfrak{P}/F_\mathfrak{p}$ ist wieder Galoissch, denn mit $K = F(\alpha)$ wird $K_\mathfrak{P} = F_\mathfrak{p}(\alpha)$ (Satz 4.5.1). Durch $g \mapsto g^*$ für $g \in Z_\mathfrak{P}$ erhält man eine Einlagerung der Zerlegungsgruppe $Z_\mathfrak{P}$ in $G(K_\mathfrak{P}/F_\mathfrak{p})$.

Satz 6.6.1 *Das Bild von $Z_\mathfrak{P}$ bei der Abbildung $g \mapsto g^*$ ist gleich $G(K_\mathfrak{P}/F_\mathfrak{p})$.*

B e w e i s: Die Beschränkung von $h \in G(K_\mathfrak{P}/F_\mathfrak{p})$ auf K ist ein Automorphismus, der F festläßt. Da h den Körper $K_\mathfrak{P}$ auf sich abbildet, muß $h\mathfrak{P} = \mathfrak{P}$ sein, d.h. die Beschränkung von h auf K liegt in $Z_\mathfrak{P}$. $\square$

Im weiteren identifizieren wir $Z_\mathfrak{P}$ mit der Galoisschen Gruppe von $K_\mathfrak{P}/F_\mathfrak{p}$.

Jetzt können wir die Operation von G auf $A_\mathfrak{p}$ definieren: Für $g \in G$ und

$$\prod \alpha_\mathfrak{P} \in \prod_{\mathfrak{P}|\mathfrak{p}} K_\mathfrak{P}$$

setzen wir

$$g(\prod \alpha_\mathfrak{P}) := \prod g^*\alpha_\mathfrak{P}. \tag{6.6.2}$$

Auf $A_\mathfrak{p}$ führen wir die Produkttopologie ein, d.h. eine Folge

$$\prod \alpha_\mathfrak{P}^{(i)}, \quad i = 1, 2, \ldots$$

konvergiert gegen $\prod \alpha_\mathfrak{P}$, wenn

$$\alpha_\mathfrak{P} = \lim_{i\to\infty} \alpha_\mathfrak{P}^{(i)} \text{ für alle } \mathfrak{P} \,|\, \mathfrak{p}$$

gilt. Die Körper K und $F_\mathfrak{p}$ werden diagonal in $A_\mathfrak{p}$ eingelagert:

$$\alpha \mapsto \prod_{\mathfrak{P}\,|\,\mathfrak{p}} \alpha.$$

Nach dem Approximationssatz (Satz 4.1.3) ist K dicht in $A_\mathfrak{p}$. Der Körper $F_\mathfrak{p}$ ist invariant unter G. Hiervon gilt die folgende Verschärfung:

Satz 6.6.2

$$A_\mathfrak{p}^G = \{x \in A_\mathfrak{p} \,|\, gx = x \text{ für } g \in G\} = F_\mathfrak{p}.$$

B e w e i s: Für $x = \prod \alpha_\mathfrak{P}$ mit $gx = x$ und $g \in Z_\mathfrak{P}$ folgt $g\alpha_\mathfrak{P} = \alpha_\mathfrak{P}$ und daher nach Satz 6.6.1 $\alpha_\mathfrak{P} \in F_\mathfrak{p}$. Weiter werden die Komponenten von $\prod_{\mathfrak{P}|\mathfrak{p}} K_\mathfrak{P}$ durch G transitiv permutiert (Satz 6.1.1). Es folgt $\alpha_\mathfrak{P} = \alpha_{g\mathfrak{P}}$ für $g \in G$. $\square$

Alle Definitionen und Ergebnisse dieses Abschnitts übertragen sich auf den Fall einer archimedischen Bewertung von F und deren Fortsetzungen auf K. Insbesondere operiert G auf der Menge der über einer Stelle $\mathfrak{p}$ von F liegenden Stellen $\mathfrak{P}$ von K. Die Gruppe $G(K_\mathfrak{P}/F_\mathfrak{p})$ kann nur die Ordnung 1 oder 2 haben. $G(K_\mathfrak{P}/F_\mathfrak{p})$ wird in Analogie zum nicht-archimedischen Fall als *Zerlegungsgruppe* von $\mathfrak{P}$ über $\mathfrak{p}$ bezeichnet.

6.7 Die obere Numerierung der Verzweigungsgruppen

Sei K/F eine Galoissche Erweiterung und $\mathfrak{P}$ ein Primideal von O_K. Nach Satz 6.6.1 ist die Zerlegungsgruppe $Z_\mathfrak{P}$ kanonisch isomorph zur Galoisschen Gruppe $G(K_\mathfrak{P}/F_\mathfrak{p})$. Bei der Untersuchung von $Z_\mathfrak{P}$ und der zugehörigen Filtrierung durch die Verzweigungsgruppen G_m, $m = 0, 1, \ldots$ kann man sich daher von vornherein auf den Fall beschränken, daß $K = K_\mathfrak{P}$ ist.

Wir setzen also in diesem Abschnitt voraus, daß K ein vollständiger Körper bezüglich einer diskreten Bewertung ist. Die Exponentenbewertung von K, die für Primelemente den Wert 1 annimmt, wird im folgenden mit ν_K bezeichnet. Sei O_K der zugehörige Ring der ganzen Elemente und $\mathfrak{P}_K$ das Primideal von O_K. Weiter nehmen wir an, daß der Restklassenkörper $O_K/\mathfrak{P}_K$ vollkommen ist. Sei K/F eine Galoissche Erweiterung. Wir setzen $G := G(K/F)$, $G_m := G_m(K/F)$ und $G_{-1} := G$.

In 6.1 hatten wir die Grundtatsachen über die Filtrierung $\{G_m \mid m = 0, 1, \ldots\}$ zusammengestellt. Es fehlt dort jedoch das Verhalten der Verzweigungsgruppen beim Übergang zu einer K/F umfassenden Galoisschen Erweiterung L/F. Dieses Problem wurde erst 1931 von Hasse und Herbrand durch die Einführung der *oberen Numerierung* der Verzweigungsgruppen gelöst. Dies ist der Gegenstand dieses Abschnittes.

Wir definieren G_t für eine reelle Zahl $t \geq -1$ durch $G_t = G_m$, wobei m die kleinste ganze Zahl mit $m \geq t$ bezeichnet.

Weiter definieren wir die *Herbrand-Funktion* $\varphi_{K/F}(x) = \varphi(x)$ für $x \in \mathbb{R}$, $x \geq -1$ durch das Integral

$$\varphi(x) := \int_0^x \frac{dt}{[G_0 : G_t]}.$$

Insbesondere ist $\varphi(x) = x$ für $-1 \leq x \leq 0$.

Man sieht ohne weiteres, daß φ folgende Eigenschaften hat.

(i) Sei $v_m := |G_m|$. Dann gilt

$$\varphi(u) = \frac{1}{v_0}(v_1 + \cdots + v_m + (u - m)v_{m+1}) \qquad (6.7.1)$$

für $0 < m \leq u \leq m + 1$.

(ii) φ ist eine stetige, stückweise lineare, monoton wachsende und konkave Funktion, die einen Homöomorphismus des Strahls $\{x \in \mathbb{R}, x \geq -1\}$ auf sich vermittelt.

Die inverse Funktion zu φ werde mit $\psi = \psi_{K/F}$ bezeichnet.

Wir definieren jetzt die *obere Numerierung* der Verzweigungsgruppen durch

$$G^u := G_{\psi(u)} \text{ für } u \geq -1.$$

Dies ist gleichbedeutend mit $G^{\varphi(u)} = G_u$. Insbesondere ist $G^{-1} = G$, $G^0 = G_0$ und $G^u = \{1\}$ für genügend große u.

Das Ziel dieses Abschnittes ist der Beweis des folgenden Satzes:

Satz 6.7.1 *Seien K und L normale Erweiterungen von F mit $L \subseteq K$, und sei $G := G(K/F)$, $H := G(K/L)$. Dann ist*

$$\varphi_{K/F}(u) = \varphi_{L/F}(\varphi_{K/L}(u)), \qquad \psi_{K/F}(u) = \psi_{K/L}(\psi_{L/F}(u)) \tag{6.7.2}$$

und

$$(G/H)^u = G^u H/H \tag{6.7.3}$$

für alle $u \in \mathbb{R}$ mit $u \geq -1$.

Nach Definition von G und G_0 und wegen $\varphi_{K/F}(u) = u$ für $-1 \leq u \leq 0$ sind (6.7.2) und (6.7.3) für $-1 \leq u \leq 0$ erfüllt. Wir können daher im folgenden $u > 0$ voraussetzen.

Wir beweisen zunächst einige Hilfssätze. Wir bezeichnen mit ν_G die Ordnungsfunktion von G bezüglich der Filtrierung $\{G_m \,|\, m = -1, 0, 1, \ldots\}$, d.h.

$$\nu_G(g) = \sup\{m \,|\, g \in G_m\}.$$

Insbesondere ist $\nu_G(1) = \infty$, und nach Satz 6.1.3 (v) ist $\nu_G(g) < \infty$ für $g \neq 1$.

$$G_m = \{g \in G \,|\, \nu_G(g) \geq m\},$$

und aus (6.1.3) folgt

$$\nu_G(g) = \nu_{\mathfrak{P}}(g\pi - \pi) - 1 \text{ für } g \in G_0,$$

wobei π ein Primelement von K ist.

Hilfssatz 6.7.2 *Für alle $\gamma \in G/H$ gilt*

$$e(K/L)(\nu_{G/H}(\gamma) + 1) = \sum_{g \in \gamma}(\nu_G(g) + 1). \tag{6.7.4}$$

B e w e i s (nach Fröhlich [CaFr1967], S.36): Für $\gamma = 1$ sind beide Seiten von (6.6.4) unendlich. Sei daher $\gamma \neq 1$. Nach Satz 4.6.6 gibt es ein $\beta \in O_K$ mit $O_K = O_F[\beta]$. Nach Definition der Verzweigungsgruppen gilt

$$\nu_G(g) = \nu_{\mathfrak{P}}(g\beta - \beta) - 1 \text{ für } g \in G. \tag{6.7.5}$$

Sei $f_\beta(x)$ das Minimalpolynom von β bezüglich L. Dann operiert γ auf den Koeffizienten von $f_\beta(x)$. Dabei erhält man das Polynom $\gamma f_\beta(x)$. Nach (6.7.5) sind die Koeffizienten von $\gamma f_\beta(x) - f_\beta(x)$ durch $\mathfrak{P}_L^{\nu_{G/H}(\gamma)+1} = \mathfrak{P}_K^{e(K/L)(\nu_{G/H}(\gamma)+1)}$ teilbar. Es folgt, daß

$$\gamma f_\beta(\beta) = \prod_{g \in \gamma}(\beta - g\beta)$$

durch $\mathfrak{P}_K^{e(K/L)(\nu_{G/H}(\gamma)+1)}$ teilbar ist, d.h. es gilt

$$e(K/L)(\nu_{G/H}(\gamma) + 1) \leq \sum_{g \in \gamma}(\nu_G(g) + 1). \tag{6.7.6}$$

Andererseits ist nach Satz 6.2.1, angewandt auf die Erweiterung L/F

$$\nu_L(\mathfrak{D}_{L/F}) = \sum_{i=0}^{\infty}(i+1)(v_i - v_{i+1}) = \sum_{\substack{\gamma \in G/H \\ \gamma \neq 1}} (\nu_{G/H}(\gamma) + 1) \qquad (6.7.7)$$

und der Differententurmsatz (Satz 3.12.3) liefert

$$\begin{aligned} e(K/L)\nu_L(\mathfrak{D}_{L/F}) &= \nu_K(\mathfrak{D}_{K/F}) - \nu_K(\mathfrak{D}_{K/L}) \\ &= \sum_{\substack{g \in G \\ g \neq 1}} (\nu_G(g) + 1) - \sum_{\substack{h \in H \\ h \neq 1}} (\nu_H(h) + 1) \\ &= \sum_{\substack{g \in G \\ g \notin H}} (\nu_G(g) + 1). \end{aligned} \qquad (6.7.8)$$

Nach (6.7.7) und (6.7.8) ist

$$e(K/L) \sum_{\substack{\gamma \in G/H \\ \gamma \neq 1}} (\nu_{G/H}(\gamma) + 1) = \sum_{\substack{g \in G \\ g \notin H}} (\nu_G(g) + 1). \qquad (6.7.9)$$

(6.7.4) folgt nun aus dem Vergleich von (6.7.6) und (6.7.9). $\square$

Hilfssatz 6.7.3 *Für $u > 0$ gilt*

$$v_0 \varphi_{K/F}(u) = \sum_{g \in G_0} \min\{\nu_G(g), u\}. \qquad (6.7.10)$$

B e w e i s: Für $0 < m \leq u \leq m+1$ haben wir wegen (6.7.1)

$$\sum_{g \in G_0} \min\{\nu_G(g), u\} = v_1 + \cdots + v_m + (u - m)v_{m+1}$$

zu zeigen. Es gilt

$$\begin{aligned} \sum_{g \in G_0} \min\{\nu_G(g), u\} &= (v_1 - v_2) + 2(v_2 - v_3) + \cdots + m(v_m - v_{m+1}) + v_{m+1}u \\ &= v_1 + \cdots + v_m + (u - m)v_{m+1}. \end{aligned}$$

$\square$

Hilfssatz 6.7.4 *Sei $\gamma \in G/H$ und*

$$j(\gamma) := \max\{\nu_G(g) \mid g \in G, gH = \gamma\}.$$

Dann gilt

$$\nu_{G/H}(\gamma) = \varphi_{K/L}(j(\gamma)).$$

B e w e i s: Sei $g \in G$ mit $gH = \gamma$ und $j(\gamma) = \nu_G(g)$. Wir setzen $m := j(\gamma)$. Für $h \in H_m$ gilt $\nu_G(h) \geq m$ und $\nu_G(gh) = m$ nach Definition von g. Für $h \in H - H_m$ ist $\nu_G(h) < m$ und $\nu_G(gh) = \nu_G(h)$. In beiden Fällen gilt

$$\nu_G(gh) = \min\{\nu_G(h), m\}.$$

Nach Hilfssatz 6.7.2 ist

$$e(K/L)(\nu_{G/H}(\gamma) + 1) = \sum_{h \in H} (\min\{\nu_G(h), m\} + 1).$$

Wir wenden jetzt Hilfssatz 6.6.3 auf die Gruppe H an und erhalten unter Berücksichtigung von $e(K/L) = |H_0|$

$$|H_0|\varphi_{K/L}(m) = \sum_{h \in H_0} \min\{\nu_H(h), m\} = |H_0|\nu_{G/H}(\gamma).$$

$\square$

Hilfssatz 6.7.5 $G_u H/H = (G/H)_v$ *mit* $v = \varphi_{K/L}(u)$.

B e w e i s: Nach Definition von

$$j(\gamma) = \max\{\nu_G(g) \mid g \in G, \, gH = \gamma\}$$

in Hilfssatz 6.7.4 gilt $\gamma \in G_u H/H$ genau dann, wenn $j(\gamma) \geq u$ ist. Nach Hilfssatz 6.7.4 ist dies gleichbedeutend mit $\nu_{G/H}(\gamma) = \varphi_{K/L}(j(\gamma)) \geq \varphi_{K/L}(u)$. $\square$

Jetzt können wir Satz 6.7.1 beweisen. Wegen der Stetigkeit der Funktion $\varphi(u)$ genügt es, die Beziehung

$$\varphi_{K/F}(u) = \varphi_{L/F}(\varphi_{K/L}(u)) \tag{6.7.11}$$

für $u \notin \mathbb{Z}$ zu beweisen. Für $-1 \leq u \leq 0$ ist dies trivial. Es genügt daher zum Beweis von (6.7.11)

$$\varphi'_{K/F}(u) = \varphi'_{L/F}(v) \cdot \varphi'_{K/L}(u), \quad v = \varphi_{K/L}(u)$$

zu zeigen, wobei φ' die abgeleitete Funktion bezeichnet. Nach Definition bedeutet das

$$[G_u : G_0] = [(G/H)_v : (G/H)_0][H_u : H_0].$$

Nach Satz 3.10.5 gilt

$$|G_0| = |(G/H)_0| \cdot |H_0|.$$

Daher bleibt

$$|G_u| = |(G/H)_v| \cdot |H_u| \tag{6.7.12}$$

zu zeigen. Wegen $H_u = G_u \cap H$ ist nach Hilfssatz 6.7.5

$$|(G/H)_v| = |G_u H/H| = |G_u/G_u \cap H|,$$

woraus (6.7.12) folgt.

Zum Beweis von

$$\psi_{K/F}(u) = \psi_{K/L}(\psi_{L/F}(u)) \tag{6.7.13}$$

hat man nur zu bemerken, daß ψ die Umkehrfunktion von φ ist. (6.7.13) folgt daher aus (6.7.11).

Zum Beweis von (6.7.3) betrachten wir (6.7.11). Danach gilt

$$(G/H)^{\varphi_{K/F}(u)} = (G/H)_{\psi_{L/F}(\varphi_{K/F}(u))} = (G/H)_{\varphi_{K/L}(u)}$$

und nach Hilfssatz 6.7.5 ist weiter

$$(G/H)_{\varphi_{K/L}(u)} = G_u H/H = G^{\varphi_{K/F}(u)} H/H.$$

$\square$

Wir sagen, daß $v \in \mathbb{R}$ eine *Sprungstelle* von $\{G_u \mid u \in \mathbb{R}, u \geq -1\}$ bzw. $\{G^u \mid u \in \mathbb{R}, u \geq -1\}$ ist, wenn $G_u \neq G_v$ bzw. $G^u \neq G^v$ für alle $u > v$ ist. Es ist klar, daß es zur Beschreibung der Verzweigungsgruppenfiltrierung genügt, die Folge der G_v bzw. G^v anzugeben, für die v Sprungstelle ist.

Als Beispiel betrachten wir die Verzweigungsgruppen der Kreisteilungskörper $\mathbb{Q}(\zeta_m)/\mathbb{Q}$ mit $m = p^h$ für eine Primzahl p (6.4). Da p in $\mathbb{Q}(\zeta_m)/\mathbb{Q}$ voll verzweigt ist, genügt es, $\mathbb{Q}_p(\zeta_m)/\mathbb{Q}_p$ und die zugehörigen Verzweigungsgruppen G_n für $n \geq 0$ zu betrachten.

Für $a \in (\mathbb{Z}/m\mathbb{Z})^\times$ sei g_a durch

$$g_a(\zeta_m) = \zeta_m^a$$

gegeben. Wir setzen $\pi := 1 - \zeta_m$, $\mathfrak{P} := (\pi)$. Dann gilt

$$\nu_{\mathfrak{P}}(g_a \zeta_m - \zeta_m) = \nu_{\mathfrak{P}}(\zeta_m^a - \zeta_m) = \nu_{\mathfrak{P}}(\zeta_m^{a-1} - 1).$$

Für $a \equiv 1 \pmod{p^i}$, $a \not\equiv 1 \pmod{p^{i+1}}$, $0 \leq i < h$ ist ζ_m^{a-1} eine primitive p^{h-i}-te Einheitswurzel. Nach 6.4 ist daher

$$\nu_{\mathfrak{P}}(g_a \zeta_m - \zeta_m) = p^i.$$

Für $a \equiv 1 \pmod{p^h}$ wird $g_a = 1$ und

$$\nu_{\mathfrak{P}}(g_a \zeta_m - \zeta_m) = \infty.$$

Es folgt, daß die Sprungstellen von $\{G_u\}$ für $u = p^i - 1$, $i = 0, 1, \ldots, h-1$ auftreten, wobei die zugehörigen Verzweigungsgruppen

$$G_u = \{\overline{1 + ap^i} \mid a \in \mathbb{Z}\}$$

sind. Hieraus erhält man, daß die Sprungstellen in der oberen Numerierung gleich $0, 1, \ldots, h-1$ sind:

$$G^i = \{\overline{1 + ap^i} \mid a \in \mathbb{Z}\}, \quad i = 0, 1, \ldots, h-1.$$

Insbesondere sind die Sprungstellen in der oberen Numerierung ganze Zahlen. Dies gilt allgemein für Galoissche Erweiterungen L/K mit *abelscher* Galoisscher Gruppe, wenn die zugehörige Restklassenerweiterung separabel ist (Satz von Hasse-Arf, siehe z.B. [Se1979], V.7).

6.8 Kummersche Erweiterungen

In diesem Abschnitt betrachten wir Galoissche Erweiterungen K/F mit zyklischer
Galoisscher Gruppe vom Grad n. Wir setzen voraus, daß F die n-ten Einheitswurzeln enthält und die Charakteristik von F kein Teiler von n ist. Dann wird K/F als
Kummersche Erweiterung bezeichnet.

In folgenden ist K/F eine Kummersche Erweiterung. Dann wird K durch ein
Element α mit $\alpha^n \in F$ erzeugt ([Ku], Satz 15.1).

Wir beweisen zunächst zwei Sätze zur Algebra von Kummerschen Erweiterungen.
Sei $H(K/F)$ die Menge der $\alpha \in K$ mit $\alpha^n \in F^\times$. Es ist klar, daß $H(K/F)$ eine
Untergruppe von $K^\times$ ist.

Satz 6.8.1 *Sei K/F eine Kummersche Erweiterung vom Grade n mit Galoisscher
Gruppe G. Die Faktorgruppe $\mathfrak{G} := H(K/F)/F^\times$ ist eine zyklische Gruppe der Ordnung n.*

B e w e i s: Sei g eine Erzeugende von G. Wir definieren einen Homomorphismus
φ von $H(K/F)$ in die Gruppe μ_n der n-ten Einheitswurzeln wie folgt: Für $\alpha \in$
$H(K/F)$ ist $(g\alpha)^n = \alpha^n$. Daher ist $g\alpha/\alpha \in \mu_n$. Wir setzen $\varphi(\alpha) := g\alpha/\alpha$. Nach
Voraussetzung ist φ surjektiv und $\operatorname{Ker}\varphi$ besteht aus allen $\alpha \in H(K/F)$ mit $g\alpha = \alpha$,
d.h. $\operatorname{Ker}\varphi = F^\times$. $\square$

Satz 6.8.2 *Sei n eine natürliche Zahl und F ein Körper der Charakteristik p mit
$n \not\equiv 0 \pmod p$. Der Körper F enthalte die n-ten Einheitswurzeln. Weiter sei $a \in F$.
Sei t der größte Teiler von n, so daß $x^t - a$ eine Nullstelle b in F hat. Dann hat
$x^n - a$ die folgende Zerlegung in ein Produkt irreduzibler Faktoren:*

$$x^n - a = \prod_{i=0}^{t-1} (x^f - \zeta^i b). \tag{6.8.1}$$

Dabei ist $tf = n$ und ζ eine primitive t-te Einheitswurzel.

B e w e i s: Wegen $b^t = a$ ist (6.8.1) eine Zerlegung von $x^n - a$ in Faktoren $x^f - \zeta^i b$.
Es bleibt zu zeigen, daß $x^f - \zeta^i b$ irreduzibel ist.

Sei α eine Nullstelle von $x^n - a$ in einem Erweiterungskörper von F und sei ζ_n
eine primitive n-te Einheitswurzel. Dann sind $\alpha, \zeta_n\alpha, \ldots, \zeta_n^{n-1}\alpha$ die Nullstellen von
$x^n - a$. Sei h die kleinste Potenz von ζ_n, für die α und $\zeta_n^h\alpha$ über F konjugiert sind.
Dann ist

$$\prod_{i=0}^{(n/h)-1} (x - \zeta_n^i\alpha) = x^{n/h} - \alpha^{n/h}$$

Minimalpolynom von α über F. Es gilt also $\alpha^{n/h} = b' \in F$ und $b'^h = a$. Da
$x^{n/h} - b'$ irreduzibel ist, gilt $n/h \le f$ und $h \ge n/f = t$. Da t als der größte Teiler
von n gewählt wurde, für den $x^t - a$ eine Nullstelle in F hat, ist $h = t$ und die
Polynome $x^f - \zeta^i b$ sind irreduzibel. $\square$

Wir kommen jetzt zur Arithmetik von Kummerscher Erweiterungen K/F. Wir setzen im weiteren voraus, daß die Restklassenkörper $\mathfrak{o}/\mathfrak{p}$ für alle Primideale $\mathfrak{p}$ von F vollkommen sind. Es ist klar, daß K immer durch ein $\alpha \in O$ mit $\alpha^n \in F$ erzeugt werden kann. Sei $\alpha^n = a$. Wir haben

$$\Delta(\alpha) = \pm n^n a^{n-1}. \tag{6.8.2}$$

Satz 6.8.3 *Sei K/F eine Kummersche Erweiterung mit $K = F(\alpha)$, $\alpha^n = a \in F$. Dann ist ein Primideal $\mathfrak{p}$ von F mit $(\mathfrak{p}, n) = 1$ in K/F genau dann unverzweigt, wenn $\mathfrak{p}$ in a zu einer durch n teilbaren Potenz aufgeht.*

B e w e i s: Wir haben

$$\nu_{\mathfrak{p}}(\alpha) = \frac{1}{n}\nu_{\mathfrak{p}}(a).$$

Daher ist $\mathfrak{p}$ in K/F verzweigt, wenn $\mathfrak{p}$ in a nicht zu einer durch n teilbaren Potenz aufgeht. Sei andererseits hn die genaue Potenz, mit der $\mathfrak{p}$ in a aufgeht, und sei b ein Element aus F mit

$$\begin{aligned}
\nu_{\mathfrak{p}}(b) &= -h \\
\nu_{\mathfrak{q}}(b) &\geq 0 \text{ für Primideale } \mathfrak{q} \neq \mathfrak{p}
\end{aligned}$$

(Satz 3.6.4). Dann ist ab^n ganz und nicht durch $\mathfrak{p}$ teilbar, und (6.8.2), angewandt auf αb statt auf α, zeigt, daß $\mathfrak{p}$ in K/F unverzweigt ist, weil $\mathfrak{p}$ die Diskriminante von K/F nicht teilt (3.12). $\square$

Satz 6.8.4 *Sei K/F eine Kummersche Erweiterung mit $K = F(\alpha)$, $\alpha^n = a \in \mathfrak{o}$ und sei $\mathfrak{p}$ ein Primideal von F, das kein Teiler von an ist. Weiter sei t der größte Teiler von n, so daß die Kongruenz*

$$x^t \equiv a \pmod{\mathfrak{p}}$$

eine Lösung in $\mathfrak{o}$ hat. Dann zerfällt $\mathfrak{p}$ in K in das Produkt von t Primidealen vom Grad n/t über $\mathfrak{p}$.

B e w e i s: $\mathfrak{p}$ ist nach Satz 3.8.3 unverzweigt. Nach Satz 3.8.2 haben wir die Zerlegung von $x^n - \bar{a}$ in irreduzible Faktoren in dem Ring $(\mathfrak{o}/\mathfrak{p})[x]$ zu bestimmen. Die Behauptung folgt daher aus Satz 6.8.2, angewandt auf den Körper $\mathfrak{o}/\mathfrak{p}$. $\square$

Die Frage nach der „richtigen" Verallgemeinerung des quadratischen Reziprozitätsgesetzes wurde zuerst von Gauß gestellt, der sich mit vierten Potenzresten beschäftigte und zu diesem Zweck von $\mathbb{Z}$ zu dem Ring $\mathbb{Z}[\sqrt{-1}]$ überging, der heute als Ring der Gaußschen Zahlen bezeichnet wird.

Für die Untersuchung der Zerlegung der Primfaktoren von an beschränken wir uns auf den Fall, daß $n = l$ eine Primzahl und K ein algebraischer Zahlkörper ist. Für ein Primideal $\mathfrak{p}$ von F sind dann nach Satz 6.1.1 nur die folgenden drei Zerlegungstypen möglich:

a) $\mathfrak{p}$ ist in K zerlegt, $\mathfrak{p}O = \mathfrak{P}_1 \cdots \mathfrak{P}_l$, mit paarweise verschiedenen Primidealen $\mathfrak{P}_1, \ldots, \mathfrak{P}_l$ von K.

b) $\mathfrak{p}$ ist in K träge, $\mathfrak{p}O = \mathfrak{P}$.

c) $\mathfrak{p}$ ist in K verzweigt, $\mathfrak{p}O = \mathfrak{P}^l$.

Den folgenden Satz beweist man wie Satz 6.8.3.

Satz 6.8.5 *Sei $\mathfrak{p}$ ein Primideal von F mit $l \nmid \nu_{\mathfrak{p}}(a)$. Dann ist $\mathfrak{p}$ in K verzweigt.* $\square$

Sei jetzt $l | \nu_{\mathfrak{p}}(a)$. Dann können wir nach dem Beweis von Satz 6.8.3 ein $b \in F$ bestimmen, so daß ab^l ganz und nicht durch $\mathfrak{p}$ teilbar ist. Es bleibt der interessanteste Fall $\nu_{\mathfrak{p}}(a) = 0$ und $\mathfrak{p} | l$ übrig. Für die primitive l-te Einheitswurzel ζ setzen wir $\lambda = 1 - \zeta$. Dann ist λ ein Primteiler von l in $\mathbb{Q}(\zeta)$. Weiter sei $e := \nu_{\mathfrak{p}}(\lambda)$.

Satz 6.8.6 *Sei $\mathfrak{p}$ ein Primideal von F mit $\mathfrak{p} | l$ und $\nu_{\mathfrak{p}}(a) = 0$.*

(i) *$\mathfrak{p}$ ist in K zerlegt, wenn die Kongruenz*

$$x^l \equiv a (\mathrm{mod}\ \mathfrak{p}^{el+1}) \tag{6.8.3}$$

in $\mathfrak{o}$ lösbar ist.

(ii) *$\mathfrak{p}$ ist in K träge, wenn die Kongruenz (6.8.3) unlösbar, aber*

$$x^l \equiv a (\mathrm{mod}\ \mathfrak{p}^{el}) \tag{6.8.4}$$

lösbar ist.

(iii) *$\mathfrak{p}$ ist in K verzweigt, wenn die Kongruenz (6.8.4) unlösbar ist.*

B e w e i s. Wir betrachten das Polynom $X^l - a$ über dem Körper $F_{\mathfrak{p}}$. Nach Satz 4.8.2 ist $\mathfrak{p}$ in K genau dann zerlegt, wenn $X^l - a$ über $F_{\mathfrak{p}}$ in Linearfaktoren zerfällt.

Sei $x^l \equiv a \pmod{\mathfrak{p}^{el+1}}$ mit $x \in \mathfrak{o}$. Wir beweisen induktiv, daß dann ein $x_n \in \mathfrak{o}$, $n = 1, 2, \ldots$, mit $x_n^l \equiv a \pmod{\mathfrak{p}^{el+n}}$ existiert, wobei $x_{n+1} \equiv x_n \pmod{\mathfrak{p}^{e+n}}$ für $n = 1, 2, \ldots$ gilt. Wir können $x_1 = x$ setzen. Sei x_n mit den obigen Eigenschaften bereits bestimmt. Weiter sei $h_n \in \mathfrak{o}$ mit $\nu_{\mathfrak{p}}(h_n) = e + n$. Wir setzen $x_{n+1} = x_n + ch_n$ mit $c \in \mathfrak{o}$. Dann gilt

$$x_{n+1}^l = x_n^l + l x_n^{l-1} c h_n + \cdots + c^l h_n^l.$$

Nach Voraussetzung ist $\nu_{\mathfrak{p}}(x_n) = 0$. Weiter gilt

$$\begin{aligned}
\nu_{\mathfrak{p}}(l h_n) &= (l-1)e + e + n = le + n, \\
\nu_{\mathfrak{p}}(h_n^l) &= l(e + n) = le + ln
\end{aligned}$$

und daher

$$\nu_{\mathfrak{p}}(x_{n+1}^l - x_n^l) \equiv c l h_n x_n^{l-1} (\mathrm{mod}\ \mathfrak{p}^{el+n+1}).$$

Durch passende Wahl von c erreicht man

$$x_{n+1}^l \equiv a (\mathrm{mod}\ \mathfrak{p}^{el+n+1}).$$

Mit $x' := \lim_{n \to \infty} x_n$ gilt $x'^l = a$. Daher spaltet $X^p - a$ einen Linearfaktor $X - x'$ ab. Daraus folgt, daß $\mathfrak{p}$ zerlegt ist.

Sei jetzt (6.8.3) unlösbar aber x eine Lösung von (6.8.4). Dann zerfällt $X^l - a$ über $F_\mathfrak{p}$ nicht in Linearfaktoren und ist daher über $F_\mathfrak{p}$ irreduzibel. Sei $\alpha \in K$ mit $\alpha^l = a$. Dann genügt $\beta := (\alpha - x)/\lambda$ der Gleichung

$$(\lambda\beta + x)^l = a.$$

Wegen

$$(\lambda\beta + x)^l - a = \lambda^l \beta^l + l\lambda^{l-1} x\beta^{l-1} + \cdots + x^l - a$$

ist $\beta \in O$. Sei

$$f(X) := \lambda^{-l}(\lambda X + x)^l - a.$$

Dann gilt

$$f'(\beta) = \lambda^{-l} l(\lambda\beta + x)^{l-1} \cdot \lambda \equiv \lambda^{1-l} l x^{l-1} \not\equiv 0 (\mathrm{mod}\ \lambda).$$

Daher ist die Differente von $K_\mathfrak{P}/F_\mathfrak{p}$ gleich $O_\mathfrak{P}$, d.h. $K_\mathfrak{P}/F_\mathfrak{p}$ ist unverzweigt.

Zum Beweis von (iii) braucht man jetzt nur zu bemerken, daß es nach 4.7 bis auf Isomorphie nur eine unverzweigte Erweiterung vom Grade l von $F_\mathfrak{p}$ gibt. Da für diese die Kongruenz (6.8.4) erfüllt ist, kann eine Erweiterung $F_\mathfrak{p}(\alpha)/F_\mathfrak{p}$ für die (6.8.4) nicht erfüllt ist, nach Satz 6.8.1 nicht unverzweigt sein. $\qquad\square$

Wir kommen jetzt auf die Situation eines beliebigen Exponenten n zurück. Als Verallgemeinerung des Legendre-Symbols definieren wir für einen algebraischen Zahlkörper F, der die n-ten Einheitswurzeln enthält, das *n-te Potenzrestsymbol* wie folgt. Sei a eine ganze Zahl von F und $\mathfrak{p}$ ein Primideal von F mit $\mathfrak{p} \nmid an$. Dann ist $\mathfrak{p}$ nach Satz 6.7.3 in der Kummerschen Erweiterung $F(\alpha)/F$ mit $\alpha^n = a$ unverzweigt. Es gibt daher den Frobenius-Automorphismus $\phi_\mathfrak{P} \in G(F(\alpha)/F)$ für jeden Primteiler $\mathfrak{P}$ von $\mathfrak{p}$ in $F(\alpha)$ (Abschnitt 6.1). Wie man leicht sieht, ist

$$\phi_{g\mathfrak{P}} = g\phi_\mathfrak{P} g^{-1} \text{ für } g \in G(F(\alpha)/F).$$

Daher hängt für die abelsche Galoissche Gruppe $\phi_\mathfrak{P}$ nur von $\mathfrak{p}$ ab. Wir definieren nun das n-te Potenzrestsymbol $\left(\dfrac{a}{\mathfrak{p}}\right)$ als die n-te Einheitswurzel, die durch

$$\phi_\mathfrak{P}(\alpha) = \left(\frac{a}{\mathfrak{p}}\right)\alpha$$

gegeben ist. Offensichtlich hängt diese Definition nicht von der Wahl von α als Nullstelle von $x^n - a$ ab. Wie man leicht sieht, erhält man für $F = \mathbb{Q}$, $n = 2$ das Legendre-Symbol.

In der Entwicklung der algebraischen Zahlentheorie spielte die Frage nach der Verallgemeinerung des quadratischen Reziprozitätsgesetzes auf ein Reziprozitätsgesetz für das n-te Potenzrestsymbol eine wichtige Rolle. Artin fand 1923 ein *allgemeines Reziprozitätsgesetz* im Rahmen der *Klassenkörpertheorie*, das für beliebige algebraische Zahlkörper, d.h. ohne Voraussetzungen über das Vorhandensein von Einheitswurzeln, gültig ist ([Ar1923], [Ar1927]). Wir kommen hierauf in Kapitel 10 zurück.

Aufgaben

1. Sei K ein algebraischer Zahlkörper, L eine endliche Erweiterung von K und N der zu L gehörige Normalkörper über K. Weiter sei $\mathfrak{p}$ ein Primideal von K und $\mathfrak{P}$ ein Primteiler von $\mathfrak{p}$ in L. Man zeige, daß der Trägheitsgrad und der Verzweigungsindex von $\mathfrak{P}/\mathfrak{p}$ Teiler von $[N : K]$ sind.

2. Sei f_m das m-te Kreisteilungspolynom. Man berechne f_m für $m = 15, 20, 35, 60$.

3. Sei K ein algebraischer Zahlkörper und L/K eine endliche normale Erweiterung. Weiter sei $\mathfrak{P}$ ein Primideal von L und L_n der Fixkörper zur n-ten Verzweigungsgruppe G_n von $\mathfrak{P}$. Man zeige, daß für alle Zwischenkörper M von L/K mit $[M : K] = [L_n : K]$ die Ungleichung

$$\nu_{\mathfrak{P}}(\mathfrak{D}_{L/M}) \leq \nu_{\mathfrak{P}}(\mathfrak{D}_{L/L_n})$$

gilt, und das Gleichheitszeichen nur dann eintritt, wenn $M = L_n$ ist.

4. Sei K ein algebraischer Zahlkörper und L eine zyklische Erweiterung vom Primzahllgrad l. Sei $\mathfrak{P}$ ein Primideal von L. Man zeige, daß $\nu_{\mathfrak{P}}(\mathfrak{D}_{L/K})$ ein Vielfaches von $l - 1$ ist.

5. Sei L/K eine normale Erweiterung von Zahlkörpern, und sei $\mathfrak{p}$ ein Primideal von K, das in L/K voll und zahm verzweigt ist. Man zeige, daß L/K zyklisch ist und $N(\mathfrak{p}) \equiv 1 \pmod{[L : K]}$ gilt.

Die folgenden Aufgaben 6 bis 10 haben zum Ziel den Satz von Kronecker-Weber zu beweisen, wonach jede abelsche Erweiterung von $\mathbb{Q}$ in einem Kreisteilungskörper enthalten ist. Dabei verwenden wir folgende Bezeichnungen: l ist eine Primzahl, m ist eine Potenz von l mit $m > 1$. K ist eine zyklische Erweiterung von $\mathbb{Q}$ vom Grade m. Der Teilkörper von K vom Grade l wird mit K_1 bezeichnet.

6. Sei l eine Primzahl und m eine Potenz von l.

   a) Man zeige, daß der Körper $\mathbb{Q}\left(\zeta_{lm}\right)$ für $l > 2$ genau einen Teilkörper enthält, der über $\mathbb{Q}$ zyklisch vom Grade m ist. Wir bezeichnen diesen Körper mit $\mathbb{Q}(l, m)$.

   b) Man zeige, daß der Körper $\mathbb{Q}\left(\zeta_{4m}\right)$ für $l = 2$ genau einen reellen Teilkörper enthält, der über $\mathbb{Q}$ zyklisch vom Grade m ist. Wir bezeichnen diesen Körper mit $\mathbb{Q}(2, m)$.

   c) Sei p eine Primzahl mit $p \equiv 1 \pmod{m}$. Man zeige, daß der Körper $\mathbb{Q}(\zeta_p)$ genau einen Teilkörper enthält, der über $\mathbb{Q}$ zyklisch vom Grade m ist. Wir bezeichnen diesen Körper mit $\mathbb{Q}(p, m)$.

7. Sei $l > 2$, sei $m = l$ und l in K verzweigt.

   a) Sei $\mathfrak{P}$ ein Primteiler von l in K. Man zeige $\nu_{\mathfrak{P}}(\mathfrak{D}_{K/\mathbb{Q}}) = 2(l - 1)$

b) Sei l in $K\mathbb{Q}(l,l)/\mathbb{Q}$ voll verzweigt. Man zeige $K = \mathbb{Q}(l,l)$. Hinweis: Man wende die Behauptung von Aufgabe 3 auf die Erweiterung $K\mathbb{Q}(l,m)/\mathbb{Q}$ und die Zwischenkörper M vom Grade l an.

8. K enthalte den Körper $\mathbb{Q}(l,l)$. Man zeige, daß sich das Kompositum $L := K\mathbb{Q}(l,m)$ in der Form $L = K'\mathbb{Q}(l,m)$ darstellen läßt, wobei $K'/\mathbb{Q}$ zyklisch vom Grade $m' < m$ ist.

9. Sei $p \neq l$ eine Primzahl, die in K_1 verzweigt ist.

a) Man zeige $p \equiv 1 \pmod{m}$.

b) Man zeige, daß sich $L := K\mathbb{Q}(p,m)$ auch in der Form $F = K'\mathbb{Q}(p,m)$ darstellen läßt, wobei p in $K'/\mathbb{Q}$ nicht verzweigt ist.

10. Unter Berücksichtigung der Aufgaben 7 bis 9 und des Minkowskischen Diskriminantensatzes beweise man den Satz von Kronecker-Weber.

11. Sei K ein $\mathfrak{p}$-adischer Zahlkörper, sei f eine beliebige natürliche Zahl, e eine natürliche Zahl mit $N(\mathfrak{p})^f \equiv 1 \pmod{e}$ und π ein fixiertes Primelement von K. Weiter sei K_f die unverzweigte Erweiterung von K vom Grade f.

a) Man zeige, daß $K_f(\sqrt[e]{\pi})/K$ eine normale, zahm verzweigte Erweiterung ist und bestimme deren Galoissche Gruppe.

b) Man zeige, daß es zu jeder endlichen zahm verzweigten Erweiterung L von K natürliche Zahlen e und f mit $N(\mathfrak{p})^f \equiv 1 \pmod{e}$ gibt, so daß L in $K_f(\sqrt[e]{\pi})$ enthalten ist.

12. Sei K ein $\mathfrak{p}$-adischer Zahlkörper und L eine endliche normale Erweiterung von K. Man zeige, daß die Galoissche Gruppe von L/K auflösbar ist.

7 *L*-Reihen

In Abschnitt 1.8 haben wir gezeigt in welcher Weise man analytische Funktionentheorie benutzen kann, um Ergebnisse über die Verteilung der Primzahlen zu erhalten. Von zentraler Bedeutung war dabei das Studium der Riemannschen Zetafunktion. Das in 1.8 dargestellte läßt sich in vielfältiger Weise verallgemeinern. Dies ist ein wichtiger Gegenstand der *analytischen Zahlentheorie*. Wir beschränken uns in diesem Buch auf wenige Ergebnisse. Hierzu gehört vor allem die Funktionalgleichung für Heckesche *L*-Reihen, eine weitgehende Verallgemeinerung der Funktionalgleichung für die Riemannsche Zetafunktion, die wir in Abschnitt 1.7 erwähnt haben.

Der Beweis der Funktionalgleichung für Heckesche *L*-Reihen wird in diesem Kapitel nach der Dissertation von J. Tate [Ta1950] gegeben. Damit wurden ganz neue Begriffe und Methoden in die algebraische Zahlentheorie eingebracht, die zur *Harmonischen Analyse* gehören, und die wegweisend für moderne Entwicklungen wurden, in denen algebraische Zahlentheorie und Darstellungstheorie linearer Gruppen zu einer Einheit verschmelzen. Im nächsten Kapitel werden einige Anwendungen der Heckeschen *L*-Reihen in der algebraischen Zahlentheorie behandelt.

In diesem und dem folgenden Kapitel beschränken wir uns im wesentlichen auf die Betrachtung algebraischer Zahlkörper. Die meisten Ergebnisse dieses Kapitels lassen sich auf Funktionenkörper in einer Unbestimmten über endlichen Konstantenkörpern übertragen, siehe hierzu [We1967]. Die hauptsächlich interessierenden Ergebnisse für Zetafunktionen lassen sich jedoch wesentlich einfacher ableiten, siehe [St1993]. Wir gehen hierauf in Abschnitt 7.19 kurz ein.

7.1 Von der Riemannschen ζ-Funktion zu den Heckeschen *L*-Reihen

Eine erste Verallgemeinerung der Riemannschen ζ-Funktion stammt von Dirichlet ([Di1837]), der für einen Charakter χ von $(\mathbb{Z}/m\mathbb{Z})^{\times}$, d.h. einen Homomorphismus von $(\mathbb{Z}/m\mathbb{Z})^{\times}$ in $\mathbb{C}^{\times}$, die Reihe

$$L(s,\chi) = \sum_{n=1}^{\infty} \frac{\chi(n)}{n^s} \tag{7.1.1}$$

betrachtete, wobei $\chi(n) = \chi(\overline{n})$ für $(n,m) = 1$ und $\chi(n) = 0$ für $(n,m) \neq 1$ gesetzt ist. Er benutzte diese *L-Reihen* zum Beweis seines Existenzsatzes für Primzahlen in arithmetischen Progressionen. Eine Hauptrolle spielt dabei, daß der Wert von $L(s,\chi)$ an der Stelle $s = 1$ von 0 verschieden ist. Wir kommen darauf in allgemeinerem Zusammenhang in Abschnitt 8.3 zurück.

Dedekind vollzog den Übergang zur Zetafunktion $\zeta_K(s)$ eines algebraischen Zahl-körpers K

$$\zeta_K(s) := \sum_{\mathfrak{a}} \frac{1}{N(\mathfrak{a})^s}, \tag{7.1.2}$$

wobei über alle ganzen Ideale $\mathfrak{a} \neq \{0\}$ von K zu summieren ist und $N(\mathfrak{a})$ die Absolutnorm von $\mathfrak{a}$ bezeichnet. $\zeta_K(s)$ ist wie $\zeta(s) = \zeta_{\mathbb{Q}}(s)$ eine meromorphe Funktion mit einem einzigen Pol bei $s = 1$. Das Residuum dieses Pols ist

$$\lim_{s \to 1} \zeta_K(s)(s - 1)^{-1} = \frac{2^r \pi^{n-r} R_K h_K}{w_K \sqrt{|d_K|}}, \tag{7.1.3}$$

dabei bezeichnet n den Grad von $K/\mathbb{Q}$, $r = r_1 + r_2$, r_1 die Anzahl der reellen und r_2 die halbe Anzahl der komplex Konjugierten von K, R_K den Regulator, h_K die Klassenzahl, w_K die Anzahl der Einheitswurzeln und d_K die Diskriminante von K. Wir beweisen die Formel (7.1.3) in Abschnitt 7.17.

Sehr viel allgemeiner ordnet man in der *arithmetischen Geometrie* den jeweiligen geometrischen Gebilden *Zetafunktionen* zu und erwartet, daß diese für spezielle, insbesondere ganzzahlige Argumente Werte haben, die mit den grundlegenden Invarianten des geometrischen Gebildes zusammenhängen.

In diesem Kapitel begnügen wir uns damit, Dirichletsche L-Reihen $L(s, \chi)$ und Dedekindsche Zetafunktionen $\zeta_K(s)$ gemeinsam zu verallgemeinern zum Begriff der *Heckeschen L-Reihe*

$$\sum_{\mathfrak{a}} \frac{\chi(\mathfrak{a})}{N(\mathfrak{a})^s},$$

wobei über alle ganzen von $\{0\}$ verschiedenen Ideale von K summiert wird, $N(\mathfrak{a})$ die Absolutnorm und χ ein *Größencharakter* ist, d.h. χ ist wie folgt definiert:

Sei $\mathfrak{m}$ ein von $\{0\}$ verschiedenes ganzes Ideal von K und $I_\mathfrak{m}$ die Gruppe der zu $\mathfrak{m}$ primen gebrochenen Ideale $\mathfrak{b}$ von K, d.h. $\nu_\mathfrak{p}(\mathfrak{b}) = 0$ für alle Primteiler $\mathfrak{p}$ von $\mathfrak{m}$. Dann ist ein Größencharakter χ mod $\mathfrak{m}$ ein Homomorphismus von $I_\mathfrak{m}$ in S^1, dessen Einschränkung auf Hauptideale (α) mit $\alpha \in K^\times$,

$$\nu_\mathfrak{p}(\alpha - 1) \geq \nu_\mathfrak{p}(\mathfrak{m}) \tag{7.1.4}$$

für Primteiler $\mathfrak{p}$ von $\mathfrak{m}$ sich zu einem stetigen Homomorphismus χ_∞ von $\prod_{\mathfrak{p}|\infty} K_\mathfrak{p}^\times$ in S^1 fortsetzen läßt:

$$\chi((\alpha)) = \chi_\infty(\alpha). \tag{7.1.5}$$

Dabei bezeichnet S^1 die Untergruppe von $\mathbb{C}^\times$, die aus allen Zahlen mit Absolutbetrag 1 besteht, und $\prod_{\mathfrak{p}|\infty} K_\mathfrak{p}^\times$ ist das direkte Produkt der Vervollständigungen von K bezüglich der archimedischen Stellen $\mathfrak{p}$ mit diagonaler Einbettung von $K^\times$, d.h. für $\beta \in K^\times$ wird

$$\chi_\infty(\beta) = \chi_\infty(\prod_{\mathfrak{p}} \beta)$$

gesetzt.

Die Stetigkeit von χ_∞ bezieht sich auf die Produkttopologie in $\prod_{\mathfrak{p}|\infty} K_\mathfrak{p}^\times =$ $\mathbb{R}^{\times r_1} \times \mathbb{C}^{\times r_2}$. Eine Folge $\prod_\mathfrak{p} \alpha_\mathfrak{p}^{(i)}$, $i = 1,2,\ldots$ in $\prod_{\mathfrak{p}|\infty} K_\mathfrak{p}^\times$ ist konvergent, wenn die Komponenten $\alpha_\mathfrak{p}^{(i)}$ für alle archimedischen Stellen $\mathfrak{p}$ gegen eine Zahl aus $K_\mathfrak{p}^\times$ konvergieren.

Schließlich definieren wir $\chi(\mathfrak{a}) = 0$ für ganze Ideale $\mathfrak{a}$, die nicht prim zu $\mathfrak{m}$ sind.

Diese zunächst etwas künstlich erscheinende Definition des Größencharakters ergab sich für Hecke [Hc1920] aus seinem Bestreben, die für Dirichletsche L-Reihen und Dedekindsche Zeta-Reihen mögliche analytische Theorie in ihrer natürlichen Allgemeinheit darzustellen.

Chevalley [Ch1940] führte den Begriff der *Ideleklassengruppe* ein, der eine glattere Formulierung der Klassenkörpertheorie (siehe 10.4) gestattet. Es stellte sich dann heraus, daß Größencharaktere gerade die Charaktere der Ideleklassengruppe sind. Tate [Ta1950] zeigte auf Anregung seines Doktorvaters E. Artin, daß man auf der Grundlage des Idelebegriffes zu einem konzeptionell überaus befriedigenden Beweis für die Funktionalgleichung der Heckeschen L-Reihen kommt, der in gleichberechtigter Weise Analysis für die archimedischen und nicht-archimedischen Vervollständigungen benutzt. Wir folgen hier im wesentlichen [Ta1950].

Wir beschließen diesen Abschnitt mit einigen Bemerkungen über Größencharaktere χ mod $\mathfrak{m}$.

Der Charakter $\chi : I_\mathfrak{m} \to S^1$ bestimmt den Charakter $\chi_\infty : \prod_{\mathfrak{p}|\infty} K_\mathfrak{p}^\times \to S^1$ eindeutig. In der Tat gibt es nach dem Approximationssatz 4.1.3 zu jedem $\prod_\mathfrak{p} \alpha_\mathfrak{p} \in \prod_\mathfrak{p} K_\mathfrak{p}^\times$ und jedem $\varepsilon > 0$ ein $\alpha \in K$ mit

$$\varphi_\mathfrak{p}(\alpha - \alpha_\mathfrak{p}) < \varepsilon \quad \text{für archimedische Stellen } \mathfrak{p}$$

und

$$\nu_\mathfrak{p}(\alpha - 1) \geq \nu_\mathfrak{p}(\mathfrak{m}) \quad \text{für alle Primteiler } \mathfrak{p} \text{ von } \mathfrak{m}.$$

Mit $\chi_\infty(\alpha) = \chi((\alpha))$ ist wegen der Stetigkeit von χ_∞ daher auch $\chi_\infty(\prod_{\mathfrak{p}|\infty} \alpha_\mathfrak{p})$ eindeutig durch χ bestimmt.

Einen Dirichlet-Charakter $\chi : (\mathbb{Z}/m\mathbb{Z})^\times \to S^1$ kann man als Größencharakter χ' betrachten, indem man die zu m primen Ideale (a) durch positive Zahlen a repräsentiert und

$$\chi'((a)) = \chi(\bar{a})$$

setzt. Für den zugehörigen Charakter $\chi'_\infty : \mathbb{R} \to S^1$ gilt

$$\chi'_\infty(a) = 1 \quad \text{für } a > 0$$
$$\chi'_\infty(-1) = \chi(\overline{-1}).$$

Hat nämlich $\alpha \in \mathbb{Q}^\times$ die Eigenschaft (7.1.4), so ist $\alpha = 1 + \frac{bm}{c}$ mit $b \in \mathbb{Z}$, $c \in \mathbb{N}$, $(c,m) = 1$, daher wird

$$(\alpha) = \frac{(\varepsilon c + \varepsilon bm)}{(c)} \quad \text{mit } \varepsilon = sgn\,\alpha.$$

Wenden wir hierauf χ' an, so folgt

$$\chi'_\infty(\alpha) = \frac{\chi(\overline{\varepsilon c})}{\chi(\overline{c})} = \chi(\overline{\varepsilon}).$$

Allgemeiner versteht man unter einem Dirichlet-Charakter einen Größencharakter von endlicher Ordnung.

Als Beispiel für einen Größencharakter, der nicht Dirichlet-Charakter ist, betrachten wir den Charakter, der in der Einleitung zur ersten Abhandlung von Hecke über Größencharaktere [Hc1918] definiert wird:

Sei K ein reell-quadratischer Zahlkörper mit der Klassenzahl h und Grundeinheit $\varepsilon > 1$. Dann wird jedem Ideal $\mathfrak{a}$ von K die Zahl

$$\lambda(\mathfrak{a}) := \left| \frac{\alpha}{\alpha'} \right|^{\pi i / \log \varepsilon}$$

zugeordnet, wobei α eine Zahl aus K mit $(\alpha) = \mathfrak{a}^h$ und α' die konjugierte Zahl zu α ist. $\lambda(\mathfrak{a})$ hängt nicht von der Wahl von α mit $(\alpha) = \mathfrak{a}^h$ ab. Weiter ist $|\lambda(\mathfrak{a})| = 1$ und λ ist multiplikativ. Für den zugeordneten Charakter λ_∞ von $\mathbb{R}^\times \times \mathbb{R}^\times$ in S^1 erhält man

$$\lambda_\infty(\alpha, \alpha') = \left| \frac{\alpha}{\alpha'} \right|^{h\pi i / \log \varepsilon} \quad \text{für } \alpha \in K^\times$$

und daher

$$\lambda_\infty(\beta, \gamma) = \left| \frac{\beta}{\gamma} \right|^{h\pi i / \log \varepsilon} \quad \text{für } \beta, \gamma \in \mathbb{R}^\times.$$

Wir geben jetzt noch ein Beispiel für einen Größencharakter eines imaginär-quadratischen Zahlkörpers K. Sei h die Klassenzahl und w die Anzahl der Einheitswurzeln von K. Dem Ideal $\mathfrak{a}$ von K mit $\mathfrak{a}^h = (\alpha)$ ordnen wir die Zahl

$$\lambda(\mathfrak{a}) := \left(\frac{\alpha}{|\alpha|} \right)^w$$

zu. λ ist ein Größencharakter mit

$$\lambda_\infty(\beta) = \left(\frac{\beta}{|\beta|} \right)^{hw} \quad \text{für } \beta \in \mathbb{C}^\times.$$

Sei χ ein Größencharakter mod $\mathfrak{m}$ und $\mathfrak{n}$ ein ganzes Ideal von K mit $\mathfrak{m}|\mathfrak{n}$. Dann erhält man aus χ einen Größencharakter mod $\mathfrak{n}$ durch Einschränkung von χ auf $I_\mathfrak{n}$. Ein Größencharakter χ mod $\mathfrak{n}$ heißt *primitiv*, wenn man ihn nicht durch Einschränkung eines Größencharakters mod $\mathfrak{m}$ für einen echten Teiler $\mathfrak{m}$ von $\mathfrak{n}$ erhalten kann. $\mathfrak{n}$ heißt in diesem Fall *Führer* von χ. Zwei Größencharaktere χ_1 mod $\mathfrak{m}_1$ und χ_2 mod $\mathfrak{m}_2$ heißen *äquivalent*, wenn es einen Größencharakter χ mod $\mathfrak{n}$ gibt, so daß χ_1 und χ_2 durch Einschränkung von χ auf $I_{\mathfrak{m}_1}$ bzw. $I_{\mathfrak{m}_2}$ entstehen.

Die Einführung der *Ideleklassengruppe* erspart das Hantieren mit *Erklärungsmoduln* $\mathfrak{m}$ im Zusammenhang mit Größencharakteren. Dies ist ein Thema des Abschnitts 7.7.

Im nächsten Abschnitt führen wir normierte Bewertungen ein und beweisen die für das folgende grundlegende *Produktformel*.

7.2 Normierte Bewertungen

In den Abschnitten 7.2-7.4 wollen wir wieder algebraische Zahlkörper und Funktionenkörper über endlichen Konstantenkörpern gleichberechtigt nebeneinander behandeln. K bezeichnet also eine endliche Erweiterung von $\mathbb{Q}$ oder $\mathbb{F}_p(x)$ für eine Unbestimmte x. Wir bezeichnen einen solchen Körper als *globalen Körper*.

$V(K) = V$ bezeichnet die Menge der Stellen von K, d.h. die Menge der Äquivalenzklassen nichttrivialer Bewertungen. Im folgenden bezeichnet $\mathfrak{p}$ sowohl das Primideal von $K_\mathfrak{p}$ als auch die nicht-archimedische Stelle $\mathfrak{p} \in V(K)$. Zur Vereinheitlichung der Schreibweise werden wir auch archimedische Stellen mit $\mathfrak{p}$ bezeichnen.

Sei K ein globaler Körper und $\mathfrak{p}$ eine Stelle von K. Wir führen für $\mathfrak{p}$ eine normierte Bewertung $\omega_\mathfrak{p}$ wie folgt ein:

Im nicht-archimedischen Fall ist $\omega_\mathfrak{p}$ in der Äquivalenzklasse $\mathfrak{p}$ durch

$$\omega_\mathfrak{p}(\pi_\mathfrak{p}) := [O : \pi_\mathfrak{p}O]^{-1}$$

festgelegt, wobei $\pi_\mathfrak{p}$ ein Primelement des Bewertungsringes O von $\mathfrak{p}$ ist.

Für reelles $\mathfrak{p}$ nehmen wir als $\omega_\mathfrak{p}$ den gewöhnlichen absoluten Betrag.

Für komplexes $\mathfrak{p}$ definieren wir die normierte Bewertung $\omega_\mathfrak{p}$ als das Quadrat des gewönlichen absoluten Betrages. $\omega_\mathfrak{p}$ ist keine Bewertung, denn die Dreiecksungleichung gilt im allgemeinen nicht. Jedoch erlaubt eine solche Schreibweise bei vielen Formeln, die alle Stellen gemeinsam betreffen, elegante Formulierungen, wie aus dem folgenden Satz ersichtlich ist.

Satz 7.2.1 (Produktsatz für Bewertungen) *Sei K ein globaler Körper und $\alpha \in K^\times$. Dann ist $\omega_\mathfrak{p}(\alpha) = 1$ für fast alle $\mathfrak{p} \in V(K)$, und es gilt*

$$\prod_{\mathfrak{p} \in V(K)} \omega_\mathfrak{p}(\alpha) = 1. \tag{7.2.1}$$

B e w e i s für Char $K > 0$: Durch Logarithmieren geht (7.2.1) in

$$\sum_{\mathfrak{p} \in V(K)} \nu_\mathfrak{p}(\alpha) \log \omega_\mathfrak{p}(\pi_\mathfrak{p}) = 0 \tag{7.2.2}$$

über. (7.2.2) ist gleichbedeutend mit Satz 5.2.1.
B e w e i s für Char $K = 0$: Sei $V_\infty(K)$ die Menge der archimedischen Primstellen. Nach Anh.B ist

$$\prod_{\mathfrak{p} \in V_\infty(K)} \omega_\mathfrak{p}(\alpha) = \prod_g |g\alpha| = |N_{K/\mathbb{Q}}(\alpha)|, \tag{7.2.3}$$

wobei das mittlere Produkt über alle Isomorphismen g von K in $\mathbb{C}$ zu nehmen ist. Andererseits ist nach Satz 4.5.3 für eine Stelle $\mathfrak{p}$, die über einer Primzahl p liegt,

$$|\alpha|_p = \sqrt[n]{|N_{K_\mathfrak{p}/\mathbb{Q}_p}(\alpha)|_p}$$

mit $n = [K_\mathfrak{p} : \mathbb{Q}_p]$, wobei $|\ \ |_p$ die $\mathfrak{p}$ entsprechende Fortsetzung der normierten Bewertung der Stelle p von $\mathbb{Q}$ auf K bezeichnet.

Wegen

$$|p|_p = \frac{1}{p}$$

und

$$\omega_\mathfrak{p}(p) = \frac{1}{p^n}$$

gilt weiter

$$\omega_\mathfrak{p}(\alpha) = |N_{K_\mathfrak{p}/\mathbb{Q}_p}(\alpha)|_p^{-1}$$

und nach (4.8.3)

$$\prod_{\mathfrak{p}\,|\,p} \omega_\mathfrak{p}(\alpha) = \prod_{\mathfrak{p}|p} |N_{K_\mathfrak{p}/\mathbb{Q}_p}(\alpha)|_p^{-1} = |N_{K/\mathbb{Q}}(\alpha)|_p^{-1}. \tag{7.2.4}$$

Aus (7.2.3) und (7.2.4) folgt die Behauptung. $\qquad\Box$

7.3 Adele

In Abschnitt 6.6 haben wir für eine Galoissche Erweiterung L/K das Produkt

$$A_\mathfrak{p} := \prod_{\mathfrak{P}|\mathfrak{p}} L_\mathfrak{P}$$

studiert, wobei die Stellen von L mit $\mathfrak{P}$ bezeichnet sind. Wir kommen zum Begriff des Adeleringes, wenn wir das direkte Produkt

$$\prod_{\mathfrak{p}\in V(K)} K_\mathfrak{p}$$

über alle Stellen von K betrachten. Um jedoch nicht zu sehr von unserem eigentlichen Forschungsgegenstand, den Elementen von K, abzukommen, werden wir den Teilring von $\prod_{\mathfrak{p}\in V(K)} K_\mathfrak{p}$ betrachten, der aus Elementen $\prod_\mathfrak{p} \alpha_\mathfrak{p}$ besteht, deren Komponenten $\alpha_\mathfrak{p}$ für fast alle nicht-archimedischen $\mathfrak{p}$ ganz sind. Diese Elemente werden als *Adele* bezeichnet. Adele werden komponentenweise addiert und multipliziert. Wir bezeichnen den Ring aller Adele von K mit $\mathcal{A}_K$.

Der Ring $\mathcal{A}_K$ ist in natürlicher Weise als topologischer Ring erklärt: $K_\mathfrak{p}$ ist ein topologischer Körper, dessen Topologie durch die zugehörige Bewertung gegeben ist. Wir definieren die Topologie von $\mathcal{A}_K$ mit Hilfe einer Basis für das Umgebungssystem von 0. Diese Basis besteht aus allen Teilmengen von $\mathcal{A}_K$ der Form

$$\prod_\mathfrak{p} U_\mathfrak{p},$$

wobei $U_\mathfrak{p}$ eine Umgebung der 0 in $K_\mathfrak{p}$ und für fast alle nicht-archimedischen Stellen $\mathfrak{p}$ gleich dem Ring $O_\mathfrak{p}$ der ganzen Elemente von $K_\mathfrak{p}$ ist.

Satz 7.3.1 *Sei $\mathfrak{p}$ eine nicht-archimedische Stelle von K. Dann ist $O_\mathfrak{p}$ als topologischer Raum kompakt.*

B e w e i s: Sei $\mathfrak{U}$ eine Überdeckung von $O_\mathfrak{p}$ mit offenen Mengen. Angenommen, $\mathfrak{U}$ enthält keine endliche Teilüberdeckung von $O_\mathfrak{p}$. Da $O_\mathfrak{p}/\mathfrak{p}$ endlich ist, gibt es eine Nebenklasse $\alpha_1 + \mathfrak{p}$, die sich auch nicht mit endlich vielen Mengen aus $\mathfrak{U}$ überdecken läßt. Nun betrachten wir $\alpha_1 + \mathfrak{p} \bmod \mathfrak{p}^2$ und finden eine Nebenklasse $\alpha_2 + \mathfrak{p}^2$ von $O_\mathfrak{p}/\mathfrak{p}^2$, die in $\alpha_1 + \mathfrak{p}$ enthalten ist und sich nicht durch endlich viele Mengen aus $\mathfrak{U}$ überdecken läßt. Wir setzen diesen Prozeß fort und erhalten eine Folge α_i, $i = 1, 2, \ldots$ mit

$$\nu_\mathfrak{p}(\alpha_i - \alpha_j) \geq i \text{ für } j \geq i.$$

Daher ist α_i eine Cauchy-Folge, die gegen ein $\alpha \in O_\mathfrak{p}$ konvergiert. Sei U eine offene Menge aus $\mathfrak{U}$, die α enthält. U enthält eine Umgebung $\alpha + \mathfrak{p}^k$ von α für ein gewisses k. Daher ist

$$\alpha_j + \mathfrak{p}^j \subseteq \alpha + \mathfrak{p}^k \subseteq U \text{ für } j \geq k$$

im Widerspruch zu der Annahme, daß $\mathfrak{U}$ keine endliche Überdeckung von $O_\mathfrak{p}$ enthält. Das beweist, daß $O_\mathfrak{p}$ kompakt ist. $\qquad\qquad\square$

Für archimedische Stellen $\mathfrak{p}$ von K setzen wir

$$O_\mathfrak{p} := \{\alpha \in K_\mathfrak{p} \mid \omega_\mathfrak{p}(\alpha) \leq 1\}.$$

Wegen Satz 7.3.1 und nach dem Tychonowschen Produktsatz ist dann $\prod_\mathfrak{p} O_\mathfrak{p}$ eine kompakte Umgebung von 0 in $\mathcal{A}_K$, d.h. $\mathcal{A}_K$ ist lokalkompakt.

Wir lagern K diagonal in $\mathcal{A}_K$ ein:

$$\alpha \mapsto \prod_\mathfrak{p} \alpha.$$

Ein Adele der Form $\prod_\mathfrak{p} \alpha$ mit $\alpha \in K$ heißt *Hauptadele*. Im folgenden betrachten wir K als Teilring von $\mathcal{A}_K$.

Wir lagern die lokalen Körper $K_\mathfrak{p}$ in $\mathcal{A}_K$ ein, indem wir $\alpha \in K_\mathfrak{p}$ das Adele $\prod \alpha_\mathfrak{p}$ mit $\alpha_\mathfrak{p} = \alpha$, $\alpha_\mathfrak{q} = 1$ für $\mathfrak{q} \neq \mathfrak{p}$ zuordnen. In entsprechender Weise wird $\prod_{\mathfrak{p} \in W} K_\mathfrak{p}$ für eine endliche Menge W von Stellen von K in $\mathcal{A}_K$ eingelagert.

Satz 7.3.2 *K ist eine diskrete Teilmenge von $\mathcal{A}_K$.*

B e w e i s: Wegen der additiven Gruppenstruktur von $\mathcal{A}_K$ genügt es, eine Umgebung U von 0 zu finden, in der außer 0 kein Element von K liegt. Wir fixieren eine nicht-archimedische Stelle $\mathfrak{q}$ und setzen $U_\mathfrak{p} = O_\mathfrak{p}$ für nicht-archimedische Stellen $\mathfrak{p} \neq \mathfrak{q}$, $U_\mathfrak{q} = \mathfrak{q}$ und

$$U_\mathfrak{p} = \{\alpha \in K_\mathfrak{p} \mid \omega_\mathfrak{p}(\alpha) \leq 1\}$$

für archimedische Stellen $\mathfrak{p}$. Dann garantiert die Produktformel für Bewertungen (7.2.1), daß in

$$U := \prod_{\mathfrak{p} \in V(K)} U_{\mathfrak{p}}$$

außer 0 kein Element aus K liegt. $\square$

$\mathcal{A}_K$ enthält als additive topologische Gruppe $\mathcal{A}_K^+$ die abgeschlossene Untergruppe K^+. Unser nächstes Ziel ist der Beweis des folgenden Satzes.

Satz 7.3.3 *$\mathcal{A}_K^+/K^+$ ist kompakt in der Quotiententopologie.*

Wir beginnen mit einigen Hilfsbetrachtungen. Im Fall $\mathrm{Char}(K) = 0$ haben wir mit $V_\infty(K)$ die Menge der archimedischen Stellen von K bezeichnet. Um den Fall $\mathrm{Char}(K) = p \neq 0$ parallel behandeln zu können, fixieren wir eine separierende Transzendente x in K bezüglich des Konstantenkörpers $\mathbb{F}_p$ (5.1) und bezeichnen mit $V_\infty(K)$ die Menge der Stellen von K, die über der Stelle ∞ von $\mathbb{F}_p(x)$ liegen, wobei ∞ die Gradbewertung bezüglich der Transzendenten x bezeichnet (4.2). Entsprechend setzen wir $V_f(K) = V(K) - V_\infty(K)$.

Weiter bezeichne O_K die ganze Abschließung von $\mathbb{Z}$ bzw. $\mathbb{F}_p[x]$ in K und $\mathcal{A}_K(\infty)$ den Ring der Adele, deren Komponenten für alle Stellen außerhalb $V_\infty(K)$ ganz sind. Entsprechend der Terminologie von Kapitel 3 setzen wir im folgenden $\Gamma := \mathbb{Z}$ bzw. $\Gamma := \mathbb{F}_p[x]$ und $P := Q(\Gamma)$.

Hilfssatz 7.3.4 $\mathcal{A}_K(\infty) \cap K = O_K, \qquad \mathcal{A}_K(\infty) + K = \mathcal{A}_K.$

B e w e i s : $\mathcal{A}_K(\infty) \cap K = O_K$ folgt unmittelbar aus der Tatsache, daß $\alpha \in K$ genau dann in O_K liegt, wenn $\nu_{\mathfrak{p}}(\alpha) \geq 0$ für alle von $\{0\}$ verschiedenen Primideale $\mathfrak{p}$ von O_K gilt (3.3). $\mathcal{A}_K(\infty) + K = \mathcal{A}_K$ folgt aus dem starken Approximationssatz (Satz 3.6.4). $\square$

Sei $n := [K : P]$. Wir fixieren eine Basis $\omega_1, \ldots, \omega_n$ von O_K/Γ. Seien $\omega_1', \ldots, \omega_n'$ die Bilder von $\omega_1, \ldots, \omega_n$ bei der Einlagerung von K in $\mathcal{A}_\infty(K) := \prod_{\mathfrak{p} \in V_\infty(K)} K_{\mathfrak{p}}$ (6.5). Dann ist $\omega_1', \ldots, \omega_n'$ eine Basis von $\mathcal{A}_\infty(K)$ als Vektorraum über P_∞. Wir definieren einen Fundamentalbereich D von $\mathcal{A}_K/K$ in $\mathcal{A}_K$ als die Gesamtheit der Elemente $\prod_{\mathfrak{p} \in V(K)} \alpha_{\mathfrak{p}}$ von $\mathcal{A}_K(\infty)$ mit

$$\prod_{\mathfrak{p} \in V_\infty(K)} \alpha_{\mathfrak{p}} = \sum_{i=1}^{n} a_i \omega_i', \qquad a_i \in P_\infty,$$

wobei

$$0 \leq a_i < 1 \text{ im Fall } P_\infty = \mathbb{R} \tag{7.3.1}$$

und

$$a_i \in \frac{1}{x}\mathbb{F}_p\left[\left[\frac{1}{x}\right]\right] \text{ im Fall } P_\infty = \mathbb{F}_p\left(\left(\frac{1}{x}\right)\right) \tag{7.3.2}$$

ist. Dann ist D in der Tat ein Fundamentalbereich, wie der folgende Hilfssatz zeigt.

Hilfssatz 7.3.5 $D \cap K = \{0\}, \qquad D + K = \mathcal{A}_K.$

B e w e i s: $D \cap K$ besteht aus Elementen α von O_K mit $\alpha = a_1\omega_1 + \cdots + a_n\omega_n$, $\alpha_i \in \Gamma$, wobei die a_i der Bedingung (7.3.1) bzw. (7.3.2) genügen. Daher ist $\alpha = 0$.

Zum Beweis von $D + K = \mathcal{A}_K$ genügt es nach Hilfssatz 7.3.4 zu zeigen, daß $\mathcal{A}_\infty(K)$ in $D_\infty + O_K$ enthalten ist, wobei

$$D_\infty := D \cap \mathcal{A}_\infty(K)$$

gesetzt ist. Dies wiederum bedeutet, daß

$$\mathbb{R} = \mathbb{Z} + \{a \in R \,|\, 0 \le a < 1\}$$

und

$$\mathbb{F}_p\left(\left(\frac{1}{x}\right)\right) = \frac{1}{x}\mathbb{F}_p\left[\left[\frac{1}{x}\right]\right] + \mathbb{F}_p[x]$$

gilt, was offensichtlich ist. $\square$

Jetzt können wir Satz 7.3.3 leicht beweisen. Aus der Kompaktheit von $\{0 \le a \le 1 \,|\, a \in \mathbb{R}\}$ und $\frac{1}{x}\mathbb{F}_p[[\frac{1}{x}]]$ folgt die Kompaktheit der topologischen Abschließung $\overline{D}_\infty$ von D_∞ in $\mathcal{A}_K$, und nach dem Tychonowschen Produktsatz die Kompaktheit von

$$\overline{D} = \prod_{\mathfrak{p} \in V_f(K)} O_\mathfrak{p} \times \overline{D}_\infty.$$

Hieraus folgt die Behauptung. $\square$

7.4 Idele

Ein *Idele* von K ist eine Einheit des Ringes $\mathcal{A}_K$. Wir bezeichnen die Idelegruppe, d.h. die Einheitengruppe von $\mathcal{A}_K$, mit $\mathcal{I}_K$. Ein Idele ist also ein Produkt $\prod_{\mathfrak{p} \in V(K)} \alpha_\mathfrak{p}$, dessen Komponenten $\alpha_\mathfrak{p}$ Elemente von $K_\mathfrak{p}^\times$ sind, wobei $\alpha_\mathfrak{p}$ für fast alle $\mathfrak{p} \in V(K)$ eine Einheit in $K_\mathfrak{p}$ ist. Die Topologie von $\mathcal{I}_K$ wird mit Hilfe einer Basis für das Umgebungssystem der 1 eingeführt. Diese Basis besteht aus allen Teilmengen von $\mathcal{I}_K$ der Form

$$\prod_\mathfrak{p} U_\mathfrak{p},$$

wobei $U_\mathfrak{p}$ eine Umgebung der 1 in $K_\mathfrak{p}^\times$ und für fast alle nicht-archimedischen Stellen $\mathfrak{p}$ gleich der Einheitengruppe $O_\mathfrak{p}^\times$ von $K_\mathfrak{p}$ ist. Mit $O_\mathfrak{p}$ ist auch $O_\mathfrak{p}^\times$ kompakt, denn die kompakte Untergruppe $1 + \pi O_\mathfrak{p}$ hat endlichen Index in $O_\mathfrak{p}^\times$. Dabei bezeichnet π ein Primelement von $O_\mathfrak{p}$. Nach dem Tychonowschen Produktsatz folgt, daß $\mathcal{I}_K$ eine lokalkompakte Gruppe ist.

Zur Vereinheitlichung der Schreibweise setzen wir im folgenden

$$O_\mathfrak{p}^\times := \{\alpha \in K_\mathfrak{p} \,|\, \omega_\mathfrak{p}(\alpha_\mathfrak{p}) = 1\}$$

für archimedische Stellen $\mathfrak{p}$.

Die Gruppe $\mathcal{I}_K/K^\times$ wird als *Ideleklassengruppe* und die Elemente von $K^\times$, betrachtet als Elemente von $\mathcal{I}_K$, werden als *Hauptidele* bezeichnet. Im Gegensatz zu $\mathcal{A}_K^+/K^+$ ist $\mathcal{I}_K/K^\times$ nicht kompakt.

Wir definieren den absoluten Betrag ω des Ideles $\prod_{\mathfrak{p}} \alpha_{\mathfrak{p}}$ durch

$$\omega(\prod_{\mathfrak{p}} \alpha_{\mathfrak{p}}) := \prod_{\mathfrak{p}} \omega_{\mathfrak{p}}(\alpha_{\mathfrak{p}}). \tag{7.4.1}$$

(7.4.1) ist wohldefiniert, da $\omega_{\mathfrak{p}}(\alpha_{\mathfrak{p}})$ für fast alle $\mathfrak{p}$ gleich 1 ist.

(7.4.1) definiert einen Homomorphismus von $\mathcal{I}_K$ in die multiplikative Gruppe $\mathbb{R}_+^\times$ der positiven reellen Zahlen, in dessen Kern $\mathcal{I}_K^1$ die Gruppe $K^\times$ enthalten ist (Satz 7.2.1).

Satz 7.4.1 $K^\times$ *ist eine diskrete Untergruppe von* $\mathcal{I}_K$.

B e w e i s: Dies folgt, wie im Beweis von Satz 7.3.2, aus dem Produktsatz für Bewertungen. $\qquad\qquad\qquad\qquad\qquad\qquad\qquad\qquad\qquad\qquad\qquad\qquad\qquad$ $\square$

Satz 7.4.2 $\mathcal{I}_K^1/K^\times$ *ist eine kompakte Teilmenge von* $\mathcal{I}_K/K^\times$.

B e w e i s: Wir betrachten zunächst den Fall $\mathrm{Char}(K) = 0$. Jedem Idele $\prod \alpha_{\mathfrak{p}}$ wird das Ideal

$$(\prod \alpha_{\mathfrak{p}}) = \prod_{\mathfrak{p}} \mathfrak{p}^{\nu_{\mathfrak{p}}(\alpha_{\mathfrak{p}})}$$

zugeordnet, wobei das Produkt über die nicht-archimedischen Stellen $\mathfrak{p}$ zu nehmen ist.

Der so definierte Homomorphismus von $\mathcal{I}_K$ auf I_K induziert nach Satz 7.2.1 einen Homomorphismus von $\mathcal{I}_K^1/K^\times$ auf $\mathrm{Cl}(K) = I_K/(K^\times)$, dessen Kern aus den Ideleklassen $\prod \alpha_{\mathfrak{p}} K^\times$ besteht, die einen Repräsentanten in

$$\mathcal{I}_K^1(\infty) := \left\{ \prod \alpha_{\mathfrak{p}} \in \prod_{\mathfrak{p} \in V_f(K)} O_{\mathfrak{p}}^\times \cdot \prod_{\mathfrak{p} \in V_\infty(K)} K_{\mathfrak{p}}^\times \,\middle|\, \omega(\prod \alpha_{\mathfrak{p}}) = 1 \right\}$$

haben.

Offensichtlich ist $\mathcal{I}_K^1(\infty) \cap K^\times = O_K^\times$ und damit

$$\mathcal{I}_K^1(\infty) K^\times / K^\times \cong \mathcal{I}_K^1(\infty)/O_K^\times.$$

Sei $r = |V_\infty(K)|$. Wir definieren jetzt analog zur Abbildung l aus 2.9 einen stetigen Homomorphismus $\mathbf{l}'$ von $\mathcal{I}_K^1(\infty)$ in $\mathbb{R}^r$ durch

$$\mathbf{l}'(\prod \alpha_{\mathfrak{p}}) = \prod_{\mathfrak{p} \in V_\infty(K)} \log \omega_{\mathfrak{p}}(\alpha_{\mathfrak{p}}).$$

Der Kern von $\mathbf{l}'$ ist gleich der kompakten Gruppe $\prod_{\mathfrak{p}} O_{\mathfrak{p}}^{\times}$, und das Bild von $\mathbf{l}'$ ist nach dem Beweis des Dirichletschen Einheitensatzes in 2.9-2.10 eine Hyperebene in $\mathbb{R}^r$, in der $\mathbf{l}'(O_K^{\times})$ ein Gitter bildet. Daher ist auch $\operatorname{Im}\mathbf{l}'/\mathbf{l}'(O_K^{\times})$ kompakt, und das beweist die Behauptung im Fall $\operatorname{Char}(K) = 0$.

Sei jetzt $\operatorname{Char}(K) > 0$. Dann betrachten wir die Abbildung

$$\left(\prod \alpha_{\mathfrak{p}}\right) = \sum_{\mathfrak{p}} \nu_{\mathfrak{p}}(\alpha_{\mathfrak{p}})\mathfrak{p} \tag{7.4.2}$$

von $\mathcal{I}_K^1$ auf die Gruppe $\mathcal{D}_0(K)$ der Divisoren vom Grade 0 von K (5.2). ( ) ist ein stetiger Homomorphismus auf die diskrete Gruppe $\mathcal{D}_0(K)$. Der Kern von ( ) ist gleich $\prod_{\mathfrak{p}} O_{\mathfrak{p}}^{\times}$ und daher kompakt. ( ) induziert einen stetigen Homomorphismus von $\mathcal{I}_K^1/K^{\times}$ auf die endliche Gruppe $\operatorname{Pic}_0(K) = \mathcal{D}_0(K)/(K^{\times})$ (Satz 5.8.3). Es folgt, daß $\mathcal{I}_K^1/K^{\times}$ kompakt ist. $\qquad\square$

Für eine Stelle $\mathfrak{q}$ von K wird $K_{\mathfrak{q}}^{\times}$ in $\mathcal{I}_K$ durch die Zuordnung eingelagert, die $\alpha \in K_{\mathfrak{q}}^{\times}$ das Idele $\prod_{\mathfrak{p}} \alpha_{\mathfrak{p}}$ mit $\alpha_{\mathfrak{q}} = \alpha$ und $\alpha_{\mathfrak{p}} = 1$ für $\mathfrak{p} \neq \mathfrak{q}$ zuordnet. Da auch die zusammengesetzte Abbildung

$$K_{\mathfrak{q}}^{\times} \to \mathcal{I}_K \to \mathcal{I}_K/K^{\times}$$

injektiv ist, betrachten wir $K_{\mathfrak{q}}^{\times}$ auch als Untergruppe von $\mathcal{I}_K/K^{\times}$.

7.5   Ideleklassengruppe und Strahlklassengruppe

In diesem Abschnitt beschränken wir uns auf algebraische Zahlkörper K. Die Ideleklassengruppe spielt eine Hauptrolle in der Klassenkörpertheorie (Kapitel 10) und wurde von Chevalley in diesem Zusammenhang eingeführt. Ihr voraus ging die Strahlklassengruppe, die wir hier zunächst definieren wollen. Zu diesem Zweck ergänzen wir den Modul $\mathfrak{m}$ durch einen *unendlichen Bestandteil* $\mathfrak{m}_{\infty}$. Dieser besteht aus einer Teilmenge der reellen Stellen von K. Im folgenden verstehen wir unter einem *Erklärungsmodul* $\mathfrak{m}$ ein Paar $\mathfrak{m}_f$ und $\mathfrak{m}_{\infty}$, wobei $\mathfrak{m}_f$ ein ganzes Ideal von K ist. Die *Strahlgruppe* mod $\mathfrak{m}$ ist die Untergruppe der Gruppe $I_{\mathfrak{m}}$ der zu $\mathfrak{m}_f$ primen Ideale von K, die aus allen Hauptidealen (α) mit

$$\nu_{\mathfrak{p}}(\alpha - 1) \geq \nu_{\mathfrak{p}}(\mathfrak{m}_f) \text{ für } \mathfrak{p}|\mathfrak{m}_f$$

und

$$g_{\mathfrak{p}}\alpha > 0 \text{ für } \mathfrak{p} \in \mathfrak{m}_{\infty}$$

besteht, wobei $g_{\mathfrak{p}}$ der $\mathfrak{p}$ entsprechende Isomorphismus von K in $\mathbb{R}$ ist. Wir bezeichnen die Strahlgruppe mod $\mathfrak{m}$ mit $S_{\mathfrak{m}}$. Die Faktorgruppe $I_{\mathfrak{m}}/S_{\mathfrak{m}}$ wird als *Strahlklassengruppe* mod $\mathfrak{m}$ bezeichnet.

Seien $\mathfrak{m}$ und $\mathfrak{m}'$ zwei Erklärungsmoduln in K. Wir sagen $\mathfrak{m}$ *teilt* $\mathfrak{m}'$ und schreiben $\mathfrak{m}|\mathfrak{m}'$, wenn $\mathfrak{m}_f|\mathfrak{m}'_f$ und $\mathfrak{m}_{\infty} \subseteq \mathfrak{m}'_{\infty}$ gilt.

Wir betrachten zwei Beispiele.

1. Sei $\mathfrak{m} = \mathfrak{m}_\infty$ die Menge aller reellen Stellen von K. Dann ist $S_\infty := S_\mathfrak{m}$ gleich der Gruppe der Hauptideale (α) von K, die sich durch ein *total positives* $\alpha \in K$ repräsentieren lassen, d.h. durch ein α mit $g_\mathfrak{p}\alpha > 0$ für alle reellen Stellen $\mathfrak{p}$ von K. Die zugehörige Strahlklassengruppe I_K/S_∞ heißt *Klassengruppe im engeren Sinne*. Für einen *total imaginären Zahlkörper* K, d.h. für ein K ohne reelle Stellen, ist die Klassengruppe im engeren Sinne gleich der Klassengruppe im gewöhnlichen Sinne. Der einfachste Fall, in dem die beiden Klassengruppen voneinander verschieden sein können, ist der Fall eines reell-quadratischen Zahlkörpers K. Sei $K = \mathbb{Q}(\sqrt{d})$, $d > 0$ quadratfrei, und sei g der nichttriviale Automorphismus von K. Dann gibt es genau dann Hauptideale (α), die sich nicht durch ein total positives α erzeugen lassen, wenn die Grundeinheit ε und ihr Konjugiertes $g\varepsilon$ gleiches Vorzeichen haben. Das ist gleichbedeutend damit, daß $N(\varepsilon)$ positiv ist. Dies ist z. B. der Fall für $d = 7$, $\varepsilon = 8 - 3\sqrt{7}$.

2. Als zweites Beispiel betrachten wir die Einordnung der Gruppe $(\mathbb{Z}/m\mathbb{Z})^\times$ der primen Restklassen $\bmod\, m$ in das Konzept der Strahlklassengruppen. Wir haben für $m' = m\infty$ den Isomorphismus

$$\psi : (\mathbb{Z}/m\mathbb{Z})^\times \to I_m/S_{m'},$$

mit

$$\psi(a + m\mathbb{Z}) = (a)S_{m'},$$

wobei a ein positiver Vertreter der Klasse $a + m\mathbb{Z}$ ist. $\qquad\qquad\square$

Der Strahlgruppe $S_\mathfrak{m}$ entspricht die *Kongruenzuntergruppe* $\mathcal{I}_\mathfrak{m}$ von $\mathcal{I}_K$, die wie folgt definiert ist. $\mathcal{I}_\mathfrak{m}$ besteht aus allen Idelen $\prod \alpha_\mathfrak{p}$ mit

$$\nu_\mathfrak{p}(\alpha_\mathfrak{p} - 1) \geq \nu_\mathfrak{p}(\mathfrak{m}_f) \text{ für } \mathfrak{p}|\mathfrak{m}_f,$$

$$\nu_\mathfrak{p}(\alpha_\mathfrak{p}) = 0$$

für nicht-archimedische Stellen $\mathfrak{p}$, die prim zu $\mathfrak{m}_f$ sind, und

$$\alpha_\mathfrak{p} > 0 \text{ für } \mathfrak{p} \in \mathfrak{m}_\infty.$$

Wir konstruieren jetzt einen Isomorphismus von $\mathcal{I}_K/\mathcal{I}_\mathfrak{m}K^\times$ auf $I_\mathfrak{m}/S_\mathfrak{m}$ in der folgenden Weise:

Neben der Kongruenzuntergruppe $\mathcal{I}_\mathfrak{m}$ betrachten wir die Gruppe $\mathcal{I}'_\mathfrak{m}$ aller Idele $\prod \alpha_\mathfrak{p}$ von K mit

$$\nu_\mathfrak{p}(\alpha_\mathfrak{p} - 1) \geq \nu_\mathfrak{p}(\mathfrak{m}_f) \text{ für } \mathfrak{p}|\mathfrak{m}_f$$

und

$$\alpha_\mathfrak{p} > 0 \text{ für } \mathfrak{p} \in \mathfrak{m}_\infty.$$

Dann gilt nach dem Approximationssatz (Satz 4.1.3)

$$\mathcal{I}'_\mathfrak{m}K^\times = \mathcal{I}_K. \qquad\qquad (7.5.1)$$

Wir betrachten die natürliche Abbildung

$$\phi : \mathcal{I}'_{\mathfrak{m}} \to I_{\mathfrak{m}}/S_{\mathfrak{m}}, \tag{7.5.2}$$

die jedem Idele $\prod \alpha_{\mathfrak{p}}$ aus $\mathcal{I}'_{\mathfrak{m}}$ die Idealklasse

$$\prod_{\mathfrak{p}\nmid\infty} \mathfrak{p}^{\nu_{\mathfrak{p}}(\alpha_{\mathfrak{p}})} S_{\mathfrak{m}}$$

zuordnet. Es ist klar, daß der Kern des surjektiven Homomorphismus ϕ gleich $\mathcal{I}'_{\mathfrak{m}} \cap \mathcal{I}_{\mathfrak{m}}K^{\times}$ ist. Wir haben daher einen Isomorphismus von $\mathcal{I}'_{\mathfrak{m}}/\mathcal{I}'_{\mathfrak{m}} \cap \mathcal{I}_{\mathfrak{m}}K^{\times}$ auf $I_{\mathfrak{m}}/S_{\mathfrak{m}}$, und wegen (7.5.1) ist

$$\mathcal{I}'_{\mathfrak{m}}/\mathcal{I}'_{\mathfrak{m}} \cap \mathcal{I}_{\mathfrak{m}}K^{\times} \cong \mathcal{I}'_{\mathfrak{m}}K^{\times}/\mathcal{I}_{\mathfrak{m}}K^{\times} = \mathcal{I}_K/\mathcal{I}_{\mathfrak{m}}K^{\times}.$$

Damit ist der folgende Satz bewiesen.

Satz 7.5.1 *Die Abbildung (7.5.2) induziert einen Isomorphismus $\psi_{\mathfrak{m}}$ von $\mathcal{I}_K/\mathcal{I}_{\mathfrak{m}}K^{\times}$ auf $I_{\mathfrak{m}}/S_{\mathfrak{m}}$.*   □

Wir benutzen die damit gegebene ideletheoretische Interpretation von $I_{\mathfrak{m}}/S_{\mathfrak{m}}$ für eine Klärung des Zusamenhangs der Strahlklassengruppe mit der Gruppe der primen Restklassen mod $\mathfrak{m}_f$ und der gewöhnlichen Idealklassengruppe.

Nach dem chinesischen Restklassensatz (Satz 3.6.3) ist zunächst

$$(O_K/\mathfrak{m}_f)^{\times} \cong \prod_{\mathfrak{p}|\mathfrak{m}_f} (O_K/\mathfrak{p}^{\nu_{\mathfrak{p}}(\mathfrak{m}_f)})^{\times}. \tag{7.5.3}$$

Weiter sei U^s die s-te Einseinheitengruppe von $K_{\mathfrak{p}}$. Dann definiert die Zuordnung

$$\alpha + \mathfrak{p}^s \mapsto \alpha U^s$$

einen Isomorphismus

$$(O_K/\mathfrak{p}^s)^{\times} \cong O_{\mathfrak{p}}^{\times}/U^s. \tag{7.5.4}$$

Aus (7.5.3) und (7.5.4) ergibt sich der Isomorphismus

$$(O_K/\mathfrak{m}_f)^{\times} \cong \mathcal{I}_{\mathfrak{m}_{\infty}}/\mathcal{I}_{\mathfrak{m}}.$$

Satz 7.5.2 *Es gibt eine natürliche exakte Sequenz*

$$1 \to O_{\mathfrak{m}_{\infty}}^{\times}/O_{\mathfrak{m}}^{\times} \to (O_K/\mathfrak{m}_f)^{\times} \to I_{\mathfrak{m}}/S_{\mathfrak{m}} \to I_K/S_{\mathfrak{m}_{\infty}} \to 1, \tag{7.5.5}$$

wobei $O_{\mathfrak{m}}^{\times}$ die Einheitengruppe

$$O_{\mathfrak{m}}^{\times} := \mathcal{I}_{\mathfrak{m}} \cap K^{\times}$$

bezeichnet.

B e w e i s: Nach der ideletheoretischen Interpretation geht (7.5.5) in

$$1 \to O_{\mathfrak{m}_\infty}^\times / O_{\mathfrak{m}}^\times \to \mathcal{I}_{\mathfrak{m}_\infty}/\mathcal{I}_{\mathfrak{m}} \to \mathcal{I}_K/\mathcal{I}_{\mathfrak{m}}K^\times \to \mathcal{I}_K/\mathcal{I}_{\mathfrak{m}_\infty}K^\times \to 1$$

über. Die zugehörigen Homomorphismen sind durch Einlagerungen induziert. Die Exaktheit der Sequenz ist leicht einzusehen. $\qquad\square$

Satz 7.5.3 *Es gibt eine natürliche exakte Sequenz*

$$1 \to O_K^\times / O_{\mathfrak{m}_\infty}^\times \to (\mathbb{R}^\times / \mathbb{R}_+^\times)^k \to I_K/S_{\mathfrak{m}_\infty} \to \mathrm{Cl}(K) \to 1 \qquad (7.5.6)$$

mit $k := |\mathfrak{m}_\infty|$.

B e w e i s: Nach der ideletheoretischen Interpretation geht (7.5.6) in

$$1 \to O_K^\times / O_{\mathfrak{m}_\infty}^\times \to \mathcal{I}_{O_K}/\mathcal{I}_{\mathfrak{m}_\infty} \to \mathcal{I}_K/\mathcal{I}_{\mathfrak{m}_\infty}K^\times \to \mathcal{I}_K/\mathcal{I}_{O_K}K^\times \to 1$$

über. Es gilt das im Beweis von Satz 7.5.2 gesagte. $\qquad\square$

Wegen der Endlichkeit von $\mathrm{Cl}(K)$, $\mathbb{R}^\times / \mathbb{R}_+^\times$ und $(O_K/\mathfrak{m}_f)^\times$ ist nach Satz 7.5.2 und 7.5.3 auch $I_{\mathfrak{m}}/S_{\mathfrak{m}}$ eine endliche Gruppe.

Nach Satz 7.5.1 können wir jeder Untergruppe U der Strahlklassengruppe $I_{\mathfrak{m}}/S_{\mathfrak{m}}$ die Untergruppe $\psi_{\mathfrak{m}}^{-1}(U)$ von $\mathcal{I}_K/\mathcal{I}_{\mathfrak{m}}K^\times$ und daher auch eine Untergruppe $\mathcal{U}$ von $\mathcal{I}_K/K^\times$ zuordnen. $\mathcal{U}$ ist eine abgeschlossene Untergruppe von endlichem Index. Der folgende Satz zeigt, daß man auf diese Weise alle abgeschlossenen Untergruppen von endlichem Index der Ideleklassengruppe erfaßt.

Satz 7.5.4 *Sei $\mathcal{V}$ eine beliebige abgeschlossene Untergruppe von endlichem Index in $\mathcal{I}_K/K^\times$. Dann gibt es einen Erklärungsmodul $\mathfrak{m}$ mit*

$$\mathcal{V} \supseteq \mathcal{I}_{\mathfrak{m}}K^\times/K^\times.$$

B e w e i s: Sei $\mathcal{V} = \mathcal{V}'/K^\times$ mit $\mathcal{V}' \subseteq \mathcal{I}_K$. Nach Definition der Quotiententopologie ist $\mathcal{V}$ genau dann abgeschlossen, wenn $\mathcal{V}'$ abgeschlossen in $\mathcal{I}_K$ ist. Da $\mathbb{R}_+^\times$ und $\mathbb{C}^\times$ dividierbar sind und $\mathcal{V}'$ in $\mathcal{I}_K$ endlichen Index hat, sind alle Idele $\prod \alpha_{\mathfrak{p}}$ mit $\alpha_{\mathfrak{p}} = 1$ für $\mathfrak{p}$ nicht-archimedisch, $\alpha_{\mathfrak{p}} \in \mathbb{R}_+^\times$ für $\mathfrak{p}$ reell und $\alpha_{\mathfrak{p}} \in \mathbb{C}^\times$ für $\mathfrak{p}$ komplex in $\mathcal{V}'$ enthalten. $\mathcal{V}'$ ist als Komplement seiner endlich vielen abgeschlossenen Nebenklassen in $\mathcal{I}_K$ offen und enthält daher eine Umgebung der 1, d.h. $\mathcal{V}'$ enthält eine Gruppe der Form

$$\prod_{\mathfrak{p}} U_{\mathfrak{p}},$$

wobei $U_{\mathfrak{p}}$ eine Umgebung der 1 in $K_{\mathfrak{p}}^\times$ und für fast alle nicht-archimedischen $\mathfrak{p}$ gleich $O_{\mathfrak{p}}^\times$ ist.

Wir setzen $\mathfrak{m}_f := \prod \mathfrak{p}^{\nu_{\mathfrak{p}}}$ mit

$$\nu_{\mathfrak{p}} = \min\{\nu \geq 0 \,|\, 1 + \mathfrak{p}^\nu \subseteq U_{\mathfrak{p}}\},$$

wobei

$$1 + \mathfrak{p}^0 := O_{\mathfrak{p}}^\times$$

gesetzt ist, und nehmen als $\mathfrak{m}_\infty$ die Menge der reellen Stellen $\mathfrak{p}$ für die $U_\mathfrak{p}$ keine negative Zahlen enthält. Dann enthält $\mathcal{V}'$ die Gruppe $\mathcal{I}_\mathfrak{m}$ für $\mathfrak{m} = \mathfrak{m}_f\mathfrak{m}_\infty$.   □

Wir definieren den *Führer* $\mathfrak{f}$ von $\mathcal{V}$ als den kleinsten Erklärungsmodul $\mathfrak{f}$ mit $\mathcal{V}' \supseteq \mathcal{I}_\mathfrak{f}$. Für *jeden* Erklärungsmodul $\mathfrak{m}$ mit $\mathfrak{f}|\mathfrak{m}$ entspricht, wie wir oben gesehen haben, der Untergruppe $\mathcal{V}$ von $\mathcal{I}_K/K^\times$ eine Untergruppe von $I_\mathfrak{m}/S_\mathfrak{m}$. Solche Untergruppen heißen äquivalent. Die Betrachtung der Ideleklassengruppe statt der Strahlklassengruppen gestattet, diese Äquivalenz zu vermeiden.

7.6   Hecke-Charaktere

Wir behalten alle Bezeichnungen von 7.5 bei. Insbesondere ist K wieder ein algebraischer Zahlkörper.

Ein *Hecke-Charakter* ist ein stetiger Homomorphismus χ der Ideleklassengruppe $\mathcal{I}_K/K^\times$ in S^1. Wir identifizieren χ mit dem zugehörigen Charakter auf $\mathcal{I}_K$.

Die Gruppe $\mathcal{I}_K$ ist das direkte Produkt der Untergruppen

$$\mathcal{I}_f := \left\{ \prod \alpha_\mathfrak{p} \in \mathcal{I}_K \ \middle|\ \alpha_\mathfrak{p} = 1 \text{ für } \mathfrak{p}|\infty \right\}$$

und

$$\mathcal{I}_\infty := \left\{ \prod \alpha_\mathfrak{p} \in \mathcal{I}_K \ \middle|\ \alpha_\mathfrak{p} = 1 \text{ für } \mathfrak{p} \nmid \infty \right\}.$$

Wir betrachten zunächst χ als Charakter von $\mathcal{I}_f$. Die Untergruppe

$$\mathcal{I}_f \cap \mathcal{I}_{O_K} = \prod_{\mathfrak{p}\nmid\infty} O_\mathfrak{p}^\times$$

ist kompakt und total unzusammenhängend. Das gleiche gilt daher für $\chi(\mathcal{I}_f \cap \mathcal{I}_{O_K})$. Als Untergruppe der zusammenhängenden Kreislinie ist daher $\chi(\mathcal{I}_f \cap \mathcal{I}_{O_K})$ endlich. Es folgt, daß $\operatorname{Ker}\chi$ endlichen Index in $\mathcal{I}_f \cap \mathcal{I}_{O_K}$ hat. Also ist $\operatorname{Ker}\chi$ offen und abgeschlossen in $\mathcal{I}_f$ und enthält folglich eine Untergruppe der Form $\mathcal{I}_\mathfrak{m}^f := \mathcal{I}_f \cap \mathcal{I}_\mathfrak{m}$ mit einem ganzen Ideal $\mathfrak{m}$ von K. Wir nennen $\mathfrak{m}$ einen *Erklärungsmodul von* χ.

Einem Hecke-Charakter χ mit Erklärungsmodul $\mathfrak{m}$ ordnen wir wie folgt einen Größencharakter mod $\mathfrak{m}$ zu.

Wir definieren zunächst einen Homomorphismus $\varphi_\mathfrak{m}$ von $I_\mathfrak{m}$ in $\mathcal{I}_K/\mathcal{I}_\mathfrak{m}^f K^\times$ durch

$$\varphi_\mathfrak{m}(\mathfrak{p}) = \pi_\mathfrak{p}\, \mathcal{I}_\mathfrak{m}^f K^\times \tag{7.6.1}$$

für Primideale $\mathfrak{p}$ von K mit $\mathfrak{p} \nmid \mathfrak{m}$, wobei $\pi_\mathfrak{p}$ ein Primelement von $K_\mathfrak{p}$ bezeichnet.

Da $\mathcal{I}_\mathfrak{m}^f$ für $\mathfrak{p} \nmid \mathfrak{m}$ die Einheitengruppe $O_\mathfrak{p}^\times$ von $K_\mathfrak{p}$ enthält, hängt diese Definition nicht von der Wahl des Primelementes $\pi_\mathfrak{p}$ ab. Der zu χ gehörige Größencharakter mod $\mathfrak{m}$ ist dann durch $\chi' := \chi\varphi_\mathfrak{m}$ definiert.

χ' ist in der Tat ein Größencharakter, denn die Einschränkung auf Hauptideale (α) mit $\alpha \in K^\times$, $\nu_\mathfrak{p}(\alpha - 1) \geq \nu_\mathfrak{p}(\mathfrak{m})$, ist gleich

$$\chi'((\alpha)) = \chi\varphi_\mathfrak{m}((\alpha)) = \chi(\alpha_f),$$

wobei α_f das Idele $\prod \alpha_\mathfrak{p}$ mit $\alpha_\mathfrak{p} = \alpha$ für $\mathfrak{p} \nmid \infty$ und $\alpha_\mathfrak{p} = 1$ für $\mathfrak{p}|\infty$ bezeichnet. Für das Hauptidele α ist $\chi(\alpha) = 1$. Daher gilt

$$\chi'((\alpha)) = \chi(\alpha_\infty^{-1})$$

mit $\alpha_\infty = \alpha\alpha_f^{-1}$.

Es ist nach Definition von χ klar, daß sich $\chi'((\alpha))$ stetig auf $\prod_{\mathfrak{p}|\infty} K_\mathfrak{p}^\times$ fortsetzen läßt.

Andererseits ordnen wir einem Größencharakter χ mod $\mathfrak{m}$ einen Hecke-Charakter χ' zu. Wir setzen

$$\begin{aligned}
\chi'(\mathcal{I}_\mathfrak{m}^f) &= 1, \\
\chi'(\prod_{\mathfrak{p}|\infty} \alpha_\mathfrak{p}) &= \chi_\infty^{-1}(\prod_{\mathfrak{p}|\infty} \alpha_\mathfrak{p})
\end{aligned}$$

und

$$\chi'(\pi_\mathfrak{p}) = \chi(\mathfrak{p})$$

für ein Primelement $\pi_\mathfrak{p}$ von $K_\mathfrak{p}$ für $\mathfrak{p} \nmid \mathfrak{m}$. Dadurch wird ein stetiger Homomorphismus von $\mathcal{I}_\mathfrak{m}'$ in S^1 festgelegt. Sei $\alpha \in \mathcal{I}_\mathfrak{m}' \cap K^\times$. Dann gilt

$$\chi'(\alpha) = \chi((\alpha))\chi'(\prod_{\mathfrak{p}|\infty} \alpha_\mathfrak{p}) = \chi((\alpha))\chi_\infty^{-1}(\alpha) = 1.$$

Daher kann man χ' zu einem Charakter auf $\mathcal{I}_\mathfrak{m}'K^\times = \mathcal{I}_K$ mit $\chi(\alpha) = 1$ für $\alpha \in K^\times$ fortsetzen.

Die beiden konstruierten Abbildungen sind zueinander invers. Damit ist der folgende Satz bewiesen.

Satz 7.6.1 *Sei $\mathfrak{m}$ ein beliebiges ganzes von $\{0\}$ verschiedenes Ideal von K. Der durch (7.6.1) gegebene Homomorphismus $\varphi_\mathfrak{m}$ von $I_\mathfrak{m}$ auf $\mathcal{I}_K/\mathcal{I}_\mathfrak{m}K^\times$ induziert eine eineindeutige Beziehung zwischen den Größencharakteren mod $\mathfrak{m}$ und den Hecke-Charakteren mit Erklärungsmodul $\mathfrak{m}$.* $\square$

7.7 Analysis auf lokalen additiven Gruppen

Unser Ziel in den Abschnitten 7.7 bis 7.18 besteht im Beweis der *Funktionalgleichung für Heckesche L-Reihen* $L(s,\chi)$ und in der Untersuchung ihres Verhaltens an der Stelle $s = 1$. Dazu führen wir zunächst ein Studium der harmonischen Analyse auf den relevanten lokalen und globalen topologischen Gruppen durch und beginnen mit den lokalen additiven Gruppen.

Sei K ein lokaler Körper, d.h. ein vollständiger Körper bezüglich einer diskreten Bewertung mit endlichem Restklassenkörper, der Körper $\mathbb{R}$ der reellen Zahlen, oder der Körper $\mathbb{C}$ der komplexen Zahlen. Wir bezeichnen die zugehörige normierte Bewertung (7.2) mit ω.

Zunächst bestimmen wir die Charaktergruppe $\hat{K}^+$ der additiven Gruppe K^+ von K (C.2).

Satz 7.7.1 *Sei ψ ein fixierter nicht-trivialer Charakter von K^+. Dann ist für alle $\alpha \in K^+$ die Abbildung $\xi \to \psi(\xi\alpha)$ ein Charakter von K^+, und die durch*

$$\phi(\alpha)(\xi) = \psi(\xi\alpha)$$

gegebene Abbildung ϕ von K^+ in $\hat{K}^+$ ist ein Isomorphismus topologischer Gruppen von K^+ auf $\hat{K}^+$.

B e w e i s: Die Abbildung $\xi \to \psi(\xi\alpha)$ ist ein stetiger Homomorphismus von K^+ in S^1, da die Abbildung $\xi \to \xi\alpha$ für fixiertes α ein stetiger Homomorphismus von K^+ in sich ist.

Wie man leicht sieht, ist ϕ ein injektiver Gruppenhomomorphismus von K^+ in $\hat{K}^+$.

Die Topologie in $\hat{K}^+$ ist durch das Umgebungssystem des Einscharakters χ_0 definiert, das aus den Mengen

$$U(\varepsilon, B) := \{\chi \in \hat{K}^+ \mid |\chi(\xi) - 1| < \varepsilon \text{ für } \xi \in B\}$$

besteht, wobei $\varepsilon > 0$ aus $\mathbb{R}$ und B eine kompakte Teilmenge von K^+ ist (C.2). Es genügt, für B die Mengen der Form

$$B_m = \{\xi \in K^+ \mid \omega(\xi) \leq m\}$$

mit $m \in \mathbb{R}$, $m > 0$ zu nehmen.

Zum Beweis der Stetigkeit von ϕ hat man zu zeigen, daß es zu jedem $U(\varepsilon, B_m)$ eine Umgebung U der 0 in K^+ mit $\phi(U) \subseteq U(\varepsilon, B_m)$ gibt. Sei $\delta > 0$ mit $|\psi(\beta)-1| < \varepsilon$ für $\omega(\beta) < \delta$. Dann leistet

$$U = \{\alpha \in K^+ \mid \omega(\alpha) < \frac{\delta}{m}\}$$

das verlangte.

Die Abbildung ϕ^{-1} von $\phi(K^+)$ auf K^+ ist ebenfalls stetig. Dazu hat man zu zeigen, daß es zu jedem $\delta > 0$ ein $\varepsilon > 0$ und ein $m > 0$ mit $\omega(\phi^{-1}(\chi)) < \delta$ für $\chi \in \phi(K^+) \cap U(\varepsilon, B_m))|$ gibt.

Sei ξ_0 ein Element von K^+ mit $\psi(\xi_0) \neq 1$. Wir setzen

$$\varepsilon = |\psi(\xi_0) - 1|, m = \frac{\omega(\xi_0)}{\delta}.$$

Für ein $\alpha \in K^+$ mit $\phi(\alpha) \in U(\varepsilon, B_m)$ gilt $\xi_0 \notin \alpha B_m$ und daher $\omega(\xi_0) > \omega(\alpha)m$, d.h. $\omega(\alpha) < \delta$.

Damit ist bewiesen, daß die topologischen Gruppen K^+ und $\phi(K^+)$ isomorph sind. Mit K^+ ist auch $\phi(K^+)$ vollständig (C.1) und daher abgeschlossen in $\hat{K}^+$. Nach der Pontrjaginschen Dualitätstheorie (C.2) gibt es eine eineindeutige Beziehung zwischen den abgeschlossenen Untergruppen von K^+ und $\hat{K}^+$. Dabei entspricht $\phi(K^+)$ in K^+ die Untergruppe der $\xi \in K^+$ mit $\psi(\xi\alpha) = 1$ für alle $\alpha \in K$. Da ψ nicht trivial ist, gilt dies nur für $\xi = 0$. Daraus folgt, daß $\phi(K^+)$ gleich $\hat{K}^+$ ist. $\qquad\square$

Weiter betrachten wir das Haarsche Integral auf K^+ für den Fall, daß K nichtarchimedisch bewertet ist. Es ist festgelegt durch das Maß $\mu(O_K)$ der kompakten Untergruppe O_K.

$S(K^+)$ bezeichnet den Raum der lokal konstanten Abbildungen von K^+ in $\mathbb{C}$ mit kompaktem Träger T, d.h. zu jedem $x \in T$ gibt es eine Umgebung U_x, die auf $f(x)$ abgebildet wird. Da jede der offenen Mengen U_x eine Menge $x + \mathfrak{p}^{m(x)}$ für ein gewisses $m(x) \in \mathbb{N}$ enthält, können wir annehmen, daß $U_x = x + \mathfrak{p}^{m(x)}$ ist. Wir wählen nun eine endliche Überdeckung $\{U_{x_i} \mid i = 1 \dots h\}$ von T. Dann können wir o.B.d.A. annehmen, daß $m(x_i) = m$ konstant ist. Schließlich ist jede kompakte Menge beschränkt und daher in einer Menge der Form $\mathfrak{p}^{-h}$ enthalten. Damit ist der folgende Satz bewiesen.

Satz 7.7.2 *Für jedes $f \in S(K^+)$ gibt es ganze Zahlen h und m mit $-h \le m$, so daß $f(x) = 0$ für $x \notin \mathfrak{p}^{-h}$ gilt, und für $x \in \mathfrak{p}^{-h}$ ist $f(y) = f(x)$ für alle $y \in x + \mathfrak{p}^m$.* $\qquad\square$

Wir wollen jetzt das Integral über eine Funktion f, die wie im Satz 7.7.2 gegeben ist, berechnen.

Zunächst sei $-h = m \ge 0$ und $f = \chi_{\mathfrak{p}^m}$, die charakteristische Funktion der Menge $\mathfrak{p}^m$. Dann gilt wegen $\int f(x)\,dx = \int f(x+y)\,dx$ für alle $y \in K^+$ die Beziehung

$$[O_K : \mathfrak{p}^m] \int f(x)\,dx = \sum_{y \in R} \int f(x+y)\,dx = \int \chi_{O_K}(x)\,dx = \mu(O_K),$$

wobei R ein Restsystem von $O_K/\mathfrak{p}^m$ in O_K bezeichnet. Wegen $[O_K : \mathfrak{p}^m] = N(\mathfrak{p}^m)$ ergibt sich also

$$\int \chi_{\mathfrak{p}^m}(x)\,dx = N(\mathfrak{p}^{-m})\mu(O_K). \qquad (7.7.1)$$

Wie man leicht sieht, gilt (7.7.1) für alle $m \in \mathbb{Z}$.

Sei jetzt f aus $S(K^+)$ mit Träger $\mathfrak{p}^{-h}$. Dann gilt mit den Bezeichnungen von Satz 7.7.2

$$\int f(x)\,dx = \sum_{y \in R} \int \chi_{y+\mathfrak{p}^m}(x)f(x)\,dx = \sum_{y \in R} N(\mathfrak{p}^{-m})f(y)\mu(O_K),$$

wobei R jetzt ein Restsystem von $\mathfrak{p}^{-h}/\mathfrak{p}^m$ in $\mathfrak{p}^{-h}$ bezeichnet.

Insbesondere ist für alle $\alpha \in K^\times$

$$\mu(\alpha O_K)/\mu(O_K) = N((\alpha))^{-1} = \omega(\alpha). \qquad (7.7.2)$$

Damit haben wir eine Charakterisierung der in 7.2 eingeführten normierten Bewertung für nicht-archimedische Körper gefunden.

Für $\mathbb{R}$ und $\mathbb{C}$ gilt entsprechendes: Sei

$$O_{\mathbb{R}} := \{\alpha \in \mathbb{R} \mid |\alpha| \leq 1\}$$

und

$$O_{\mathbb{C}} := \{\alpha \in \mathbb{C} \mid |\alpha| \leq 1\}.$$

Dann gilt

$$\mu(xO_K)/\mu(O_K) = |x|^k \tag{7.7.3}$$

mit $k = 1$ für $K = \mathbb{R}$ und $k = 2$ für $K = \mathbb{C}$.

In 7.2 haben wir für komplexe Stellen $\mathfrak{p}$ eines algebraischen Zahlkörpers die Bezeichnung $\omega_{\mathfrak{p}}(\alpha) = |\alpha|^2$ für $\alpha \in \mathbb{C}$ eingeführt. (7.7.3) bestätigt die Zweckmäßigkeit dieser Bezeichnung.

Für das weitere fixieren wir einen nichttrivialen Charakter ψ von K^+ und identifizieren K^+ mit $\hat{K}^+$ entsprechend Satz 7.8.1. Wir betrachten die Fourier-Transformierte, die man auf Grund der Identifizierung von K^+ und $\hat{K}^+$ erhält: Sei f eine zulässige Funktion (C.3). Dann ist

$$\hat{f}(\xi) = \int_{K^+} f(\eta)\psi(-\xi\eta)d\eta.$$

Geht man von $d\xi$ zu dem Maß $d\alpha\xi{=}\omega_{\mathfrak{p}}(\alpha)d\xi$, $\alpha \in K^\times$ über, so multipliziert sich $\hat{f}$ mit $\omega_{\mathfrak{p}}(\alpha)$. Es gibt daher genau ein Haarsches Maß, für das die Inversionsformel (Satz C.3.3) in der Form

$$f(-\xi) = \hat{\hat{f}}(\xi)$$

gilt. Dieses *selbstduale Maß* sei im folgenden immer gewählt.

Ist K nichtarchimedisch bewertet, so ordnen wir dem Charakter ψ ein gebrochenes Ideal $\mathfrak{f}_\psi$ von K zu, das als *Führer von ψ* bezeichnet wird. $\mathfrak{f}_\psi$ ist das (mengentheoretisch) größte Ideal mit $\psi(\mathfrak{f}_\psi) = 1$.

Die bekannte Charakterrelation für endliche abelsche Gruppen überträgt sich auf unseren Fall wie folgt:

Satz 7.7.3 *Sei* $\mathfrak{a} = \mathfrak{p}^h$ *ein gebrochenes Ideal von K. Dann gilt*

$$\int_{\mathfrak{a}} \psi(\xi\eta)d\eta = \mu(\mathfrak{a}) \ \textit{für } \xi \in \mathfrak{f}_\psi\mathfrak{a}^{-1} \ \textit{und} \ \int_{\mathfrak{a}} \psi(\xi\eta)d\eta = 0 \ \textit{für } \xi \notin \mathfrak{f}_\psi\mathfrak{a}^{-1}.$$

B e w e i s : Für $\xi \in \mathfrak{f}_\psi\mathfrak{a}^{-1}$ und $\eta \in \mathfrak{a}$ gilt $\psi(\xi\eta) = 1$.
Für $\xi \notin \mathfrak{f}_\psi\mathfrak{a}^{-1}$ gibt es ein $\eta_0 \in \mathfrak{a}$ mit $\psi(\xi\eta_0) \neq 1$. Wegen der Translationsinvarianz des Haarschen Integrals gilt

$$\int_{\mathfrak{a}} \psi(\xi\eta)d\eta = \int_{\mathfrak{a}} \psi(\xi(\eta + \eta_0))d\eta = \psi(\xi\eta_0) \int_{\mathfrak{a}} \psi(\xi\eta)d\eta$$

und daher

$$\int_{\mathfrak{a}} \psi(\xi\eta)d\eta = 0.$$

$\square$

Der Führer von ψ bestimmt das zu ψ gehörige selbstduale Maß auf K^+. In der Tat, sei χ_{O_K} die charakteristische Funktion von O_K. Dann gilt nach Satz 7.7.3

$$\hat{\chi}_{O_K}(\xi) = \int_{O_K} \psi(-\xi\eta)d\eta = \begin{cases} \mu(O_K) & \text{für } \xi \in \mathfrak{f}_\psi \\ 0 & \text{für } \xi \notin \mathfrak{f}_\psi \end{cases},$$

also

$$\hat{\chi}_{O_K} = \mu(O_K)\chi_{\mathfrak{f}_\psi}.$$

Weiter wird

$$\hat{\hat{\chi}}_{O_K}(\xi) = \mu(O_K) \int_{\mathfrak{f}_\psi} \psi(-\xi\eta)d\eta = \begin{cases} \mu(O_K)\mu(\mathfrak{f}_\psi) & \text{für } \xi \in O_K \\ 0 & \text{für } \xi \notin O_K \end{cases}.$$

Das selbstduale Maß erhält man also für $\mu(O_K)\mu(\mathfrak{f}_\psi) = 1$. Wegen

$$\mu(\mathfrak{f}_\psi) = \frac{1}{N(\mathfrak{f}_\psi)}\mu(O_K)$$

ist dies für

$$\mu(O_K) = \sqrt{N(\mathfrak{f}_\psi)} \tag{7.7.4}$$

erfüllt.

7.8 Analysis auf der Adelegruppe

In diesem Abschnitt bezeichnet K einen algebraischen Zahlkörper, $K_\mathfrak{p}$ bezeichnet die Vervollständigung von K für die Stelle $\mathfrak{p}$. Im übrigen verwenden wir die Bezeichnungen der lokalen Theorie mit Anhängung eines unteren Indexes $\mathfrak{p}$.

Gegenstand dieses Abschnitts ist die additive Gruppe $\mathcal{A}_K^+$ des Adelerings $\mathcal{A}_K$ von K (7.3). Wir betrachten zunächst die Charaktergruppe $\hat{\mathcal{A}}_K^+$ von $\mathcal{A}_K^+$. Nach Satz C.4.5 ist $\hat{\mathcal{A}}_K^+$ gleich dem beschränkten direkten Produkt der Gruppen $\hat{K}_\mathfrak{p}^+$ bezüglich der Untergruppen $O_{K_\mathfrak{p}}^\perp$.

Wir wollen spezielle Charaktere $\psi_\mathfrak{p}$ von $K_\mathfrak{p}^+$ wählen, so daß der aus den $\psi_\mathfrak{p}$ zusammengesetzte Charakter ψ von $\mathcal{A}_K^+$ auf K^+ trivial ist.

Für archimedische $\mathfrak{p}$ setzen wir

$$\psi_\mathfrak{p}(\xi) := \exp(-2\pi i\xi) \text{ für } \xi \in \mathbb{R}, \tag{7.8.1}$$

$$\psi_\mathfrak{p}(\xi) := \exp(-2\pi i\mathrm{Tr}_{\mathbb{C}/\mathbb{R}}\xi) \text{ für } \xi \in \mathbb{C}. \tag{7.8.2}$$

Sei jetzt $K_\mathfrak{p}$ ein $\mathfrak{p}$-adischer Zahlkörper, und daher eine endliche Erweiterung von $\mathbb{Q}_p$.

Wir bestimmen zunächst ψ_p für $\mathbb{Q}_p^+$. Dazu stellen wir $\xi \in \mathbb{Q}_p$ in der Form

$$\xi = \frac{a}{p^\nu} + b \quad \text{mit } a \in \mathbb{Z}, b \in \mathbb{Z}_p, \nu \in \mathbb{Z}$$

dar. Dann ist die Klasse $\frac{a}{p^\nu} + \mathbb{Z}$ in $\mathbb{Q}/\mathbb{Z}$ unabhängig von der Wahl von a und ν. Daher haben wir eine wohldefinierte Abbildung λ von $\mathbb{Q}_p$ in $\mathbb{Q}/\mathbb{Z}$, die durch $\lambda(\xi) = \frac{a}{p^\nu} + \mathbb{Z}$ gegeben ist. Offensichtlich ist λ ein Homomorphismus von $\mathbb{Q}_p^+$ in $\mathbb{Q}/\mathbb{Z}$. Wir setzen

$$\psi_p(\xi) := \exp(2\pi i \lambda(\xi)). \tag{7.8.3}$$

Sei jetzt $K_\mathfrak{p}$ eine endliche Erweiterung von $\mathbb{Q}_p$. Dann setzen wir

$$\psi_\mathfrak{p}(\xi) := \psi_p(\mathrm{Tr}_{K_\mathfrak{p}/\mathbb{Q}_p}\xi). \tag{7.8.4}$$

Der Führer von ψ_p ist $\mathbb{Z}_p$ und der Führer von $\psi_\mathfrak{p}$ ist gleich $\mathfrak{D}_\mathfrak{p}^{-1}$, wobei $\mathfrak{D}_\mathfrak{p}$ die Differente von $K_\mathfrak{p}/\mathbb{Q}_p$ bezeichnet (3.12).

Satz 7.8.1 *Die Beschränkung von $\psi_\mathfrak{p}$ auf $O_{K_\mathfrak{p}}$ ist für fast alle $\mathfrak{p}$ trivial. Daher ist*

$$\psi(\prod_{\mathfrak{p}\in V(K)} \alpha_\mathfrak{p}) := \prod_{\mathfrak{p}\in V(K)} \psi_\mathfrak{p}(\alpha_\mathfrak{p}) \text{ für } \prod_{\mathfrak{p}\in V(K)} \alpha_\mathfrak{p} \in \mathcal{A}_K$$

wohl definiert. Es gilt $\psi(\alpha) = 1$ für $\alpha \in K$.

B e w e i s: Sei zunächst $K = \mathbb{Q}$. Wir setzen $V := V(\mathbb{Q})$. Jede rationale Zahl a läßt sich in der Form

$$a = \sum_p \frac{a_p}{p^{\nu_p}} + b \quad \text{mit } a_p, \nu_p, b \in \mathbb{Z}$$

darstellen, wobei die Summe über alle Primzahlen p zu erstrecken ist und a_p für fast alle p gleich 0 ist. Dann wird

$$\psi(a) = \prod_{p\in V} \psi_p(a) = \exp(-2\pi i a) \prod_{p\in V_f} \exp(2\pi i a_p/p^{\nu_p}) = \exp(-2\pi i b) = 1.$$

Für eine endliche Erweiterung K von $\mathbb{Q}$ wird

$$\psi(\alpha) = \prod_{\mathfrak{p}\in V(K)} \psi_\mathfrak{p}(\alpha) = \prod_{p\in V} \prod_{\mathfrak{p}|p} \psi_p(\mathrm{Tr}_{K_\mathfrak{p}/\mathbb{Q}_p}\alpha) = \prod_{p\in V} \psi_p(\sum_{\mathfrak{p}|p} \mathrm{Tr}_{K_\mathfrak{p}/\mathbb{Q}_p}\alpha) =$$

$$= \prod_{p\in V} \psi_p(\mathrm{Tr}_{K/\mathbb{Q}}\alpha) = 1.$$

$\square$

Mit $\psi_\mathfrak{p}$ haben wir auch das zugehörige selbstduale Maß festgelegt. Für nicht-archimedische Stellen $\mathfrak{p}$ ist nach (7.7.4)

$$\mu(O_{K_\mathfrak{p}}) = N(\mathfrak{D}_\mathfrak{p})^{-1/2}.$$

Es bleibt der Fall einer archimedischen Stelle $\mathfrak{p}$ zu untersuchen.

Satz 7.8.2 *Für $K_\mathfrak{p} = \mathbb{R}$ ist $d\xi$ gleich dem Lebesgueschen Maß. Für $K_\mathfrak{p} = \mathbb{C}$ ist $d\xi$ gleich dem doppelten des Lebesgueschen Maßes.*

B e w e i s: Als Testfunktion benutzen wir für $K_\mathfrak{p} = \mathbb{R}$ die Funktion $f(\xi) = \exp(-\pi\xi^2)$. Dann wird

$$\hat{f}(\xi) = \int_\mathbb{R} \exp(-\pi\eta^2) \exp(2\pi i\xi\eta)\, d\eta = \exp(-\pi\xi^2) \int_{-\infty}^{\infty} \exp(-\pi(-i\xi + \eta)^2)\, d\eta.$$

Nach der Cauchyschen Integralformel können wir den Integrationsweg verschieben und erhalten

$$\int_{-\infty}^{\infty} \exp(-\pi(-i\xi + \eta)^2)\, d\eta = \int_{-\infty}^{\infty} \exp(-\pi\eta^2)\, d\eta = 1.$$

Es folgt $\hat{f}(\xi) = f(\xi)$ und daher $\hat{\hat{f}}(\xi) = f(\xi) = f(-\xi)$.

Für $K_\mathfrak{p} = \mathbb{C}$ benutzen wir als Testfunktion $f(\xi) = \exp(-2\pi\omega_\mathfrak{p}(\xi))$. Wir benutzen kartesische Koordinaten $\xi = \xi_1 + i\xi_2$; $\eta = \eta_1 + i\eta_2$. Dann wird

$$\hat{f}(\xi_1 + i\xi_2) = 2 \int_{-\infty}^{\infty} \int_{-\infty}^{\infty} \exp(-2\pi(\eta_1^2 + \eta_2^2) + 4\pi i(\xi_1\eta_1 - \xi_2\eta_2))\; d\eta_1 d\eta_2 =$$

$$= 2 \int_{-\infty}^{\infty} \exp(-2\pi\eta_1^2 + 4\pi i\xi_1\eta_1) d\eta_1 \int_{-\infty}^{\infty} \exp(-2\pi\eta_2^2 - 4\pi i\xi_2\eta_2) d\eta_2$$

und entsprechend der obigen Rechnung für $K_\mathfrak{p} = \mathbb{R}$ erhält man hieraus

$$\hat{f}(\xi_1 + i\xi_2) = \exp(-2\pi(\xi_1^2 + \xi_2^2)) = f(\xi_1 + i\xi_2).$$

□

Sei jetzt $\mathfrak{p}$ wieder eine nichtarchimedische Stelle. Die Charaktere $\chi_\mathfrak{p}$ in $O_{K_\mathfrak{p}}^\perp$ haben die Form

$$\chi_\mathfrak{p}(\xi_\mathfrak{p}) = \psi_\mathfrak{p}(\alpha\xi_\mathfrak{p}) \quad \text{mit}\, \chi_\mathfrak{p}(\xi_\mathfrak{p}) = 1\, \text{für}\, \xi_\mathfrak{p} \in O_{K_\mathfrak{p}}.$$

Es sind die Charaktere $\chi_\mathfrak{p}$ mit $\alpha \in \mathfrak{D}_\mathfrak{p}$. Daher ist $\hat{A}_K^+$ mit dem beschränkten direkten Produkt der Gruppen $K_\mathfrak{p}^+$ bezüglich der Untergruppen $\mathfrak{D}_\mathfrak{p}^{-1}$ zu identifizieren. Da $\mathfrak{D}_\mathfrak{p}^{-1} = O_{K_\mathfrak{p}}$ für fast alle $\mathfrak{p} \in V(K)$ gilt, ist $\mathcal{A}_K^+$ gleich seiner eigenen Charaktergruppe. Außerdem erhält man aus der lokalen Umkehrformel und unseren Festlegungen zum Haarschen Maß $d\xi$ des beschränkten direkten Produkts die globale Umkehrformel.

Satz 7.8.3 *Sei f eine zulässige Funktion von $\mathcal{A}_K$. Dann gilt*

$$\hat{\hat{f}}(\xi) = f(-\xi). \tag{7.8.5}$$

□

Sei $\alpha \in \mathcal{I}_K$ ein Idele von K. Dann ist die Abbildung $\xi \to \alpha\xi$ ein Automorphismus von $\mathcal{A}_K^+$. Die Charakterisierung der normierten Bewertungen $\omega_\mathfrak{p}$ mit Hilfe der Haarschen Maße in 7.7 überträgt sich ohne weiteres auf den globalen Fall zu der Formel

$$d(\alpha\xi) = \omega(\alpha)d\xi, \tag{7.8.6}$$

wobei $\omega(\alpha)$ den absoluten Betrag des Ideles α bezeichnet (7.4.1).

Wir werden die Poissonsche Summenformel (Satz C.5.1) in 7.18 zum Beweis der Funktionalgleichung für Heckesche L-Reihen benutzen. Dabei wird der Satz C.5.1 in der Situation angewandt, daß $G = \mathcal{A}_K^+$ und $H = K^+$ ist. Nach den Sätzen 7.3.2 und 7.3.3 erfüllen $\mathcal{A}_K^+$ und K^+ die Voraussetzungen, daß K^+ diskret und $\mathcal{A}_K^+/K^+$ kompakt ist. Darüber hinaus gilt der folgende Satz:

Satz 7.8.4 *Bei der Identifizierung von $\hat{\mathcal{A}}_K^+$ und $\mathcal{A}_K^+$ mit Hilfe des oben definierten Charakters ψ entspricht $(K^+)^\perp$ die Gruppe K^+.*

B e w e i s: Da ψ nach Konstruktion auf K trivial ist, gilt $K^+ \subseteq (K^+)^\perp$. Weiter ist $(K^+)^\perp$ nach Definition die duale Gruppe der kompakten Gruppe $\mathcal{A}_K^+/K^+$ und daher diskret. Andererseits ist $(K^+)^\perp/K^+$ eine abgeschlossene Untergruppe von $\mathcal{A}_K^+/K^+$. Daher ist $(K^+)^\perp/K^+$ sowohl kompakt als auch diskret, also endlich. Aber $(K^+)^\perp/K^+$ ist ein K-Vektorraum. Daraus folgt $(K^+)^\perp/K^+ = 0$. $\qquad\square$

Mit Hilfe von Satz 7.8.3 und Satz C.5.2 können wir das Maß der kompakten Gruppe $\mathcal{A}_K^+/K^+$ bestimmen. Es ergibt sich auf Grund unserer lokalen Festlegungen:

Satz 7.8.5 *Seien die Haarschen Maße von $K_\mathfrak{p}^+$ für alle $\mathfrak{p} \in V(K)$ wie oben festgelegt. Dann gilt*

$$\mu(\mathcal{A}_K^+/K^+) = 1.$$

B e w e i s: Wir werden im Abschnitt 7.17 beweisen, daß es eine Funktion f auf $\mathcal{A}_K^+$ gibt, die den Voraussetzungen der Poissonschen Summenformel (Satz C.5.1) genügt und für die

$$\sum_{h \in K^+} f(h) \neq 0$$

ist. Daher können wir Satz C.5.2 anwenden. Angenommen $\mu(\mathcal{A}_K^+/K^+) = c$. Dann haben wir die Poissonsche Summenformel für das Maß $c^{-1}d\xi$ anzuwenden. Das hierzu duale Maß ist $cd\xi$. Aus Satz C.5.2 folgt daher $c^2 = 1$ und damit $c = 1$. $\qquad\square$

Wir werden die Poissonsche Summenformel in der folgenden Form anwenden:

Satz 7.8.6 *Sei f eine zulässige Funktion auf $\mathcal{A}_K^+$, die den folgenden Bedingungen genügt:*

(i) *Die Reihe*

$$\sum_{\alpha \in K} |f\left(\beta(\xi + \alpha)\right)|$$

konvergiert gleichmäßig für β aus einer kompakten Teilmenge von $\mathcal{I}_K$ und α aus einer kompakten Teilmenge von $\mathcal{A}_K$.

(ii) *Die Reihe*

$$\sum_{\alpha \in K} |\hat{f}(\beta(\alpha))|$$

konvergiert für alle $\beta \in \mathcal{I}_K$.
Dann gilt

$$\frac{1}{\omega(\beta)} \sum_{\alpha \in K} f(\alpha/\beta) = \sum_{\alpha \in K} f(\beta\alpha).$$

B e w e i s: Wir wenden Satz C.5.1 auf die Funktion $g(\xi) = f(\beta\xi)$ an. Wegen (7.8.6) gilt

$$\hat{g}(\xi) = \frac{1}{\omega(\beta)}\hat{f}(\xi/\beta).$$

Daher sind die Voraussetzungen von Satz C.5.1 erfüllt. $\square$

7.9   Die multiplikative Gruppe eines lokalen Körpers

Neben den Charakteren der multiplikativen Gruppe $K^\times$ eines lokalen Körpers K interessieren uns im folgenden auch die *Quasicharaktere*, d.h. die stetigen Homomorphismen von $K^\times$ in die multiplikative Gruppe $\mathbb{C}^\times$ der komplexen Zahlen. Beispiele für Quasicharaktere sind durch die normierte Bewertung $\omega_{\mathfrak{p}}(\alpha)$ für $\alpha \in K^\times$ und allgemeiner durch $\omega_{\mathfrak{p}}(\alpha)^s$ gegeben, wobei s eine beliebige komplexe Zahl ist.

Wir nennen einen Quasicharakter c unverzweigt, wenn er auf der Einheitengruppe $O_K^\times$ von K trivial ist, d.h. $c(\alpha) = 1$ für $\alpha \in O_K^\times$. Im Falle des Körpers der reellen oder komplexen Zahlen setzen wir

$$O_K^\times = \{\alpha \in K^\times \mid \omega_{\mathfrak{p}}(\alpha) = 1\}.$$

Satz 7.9.1 *Zu jedem unverzweigten Quasicharakter c von $K^\times$ gibt es eine komplexe Zahl s mit $c(\alpha) = \omega_{\mathfrak{p}}(\alpha)^s$ für $\alpha \in K^\times$.*

B e w e i s: Es ist klar, daß die Quasicharaktere $\omega_{\mathfrak{p}}(\alpha)^s$ unverzweigt sind. Sei andererseits c ein unverzweigter Quasicharakter. Dann ist c eine Funktion von $\omega_{\mathfrak{p}}(\alpha)$, d.h. c wird induziert von einem stetigen Homomorphismus c' der Wertegruppe von c in $\mathbb{C}^\times$. Diese Wertegruppe ist gleich $\mathbb{R}_+^\times$, wenn K reell oder komplex ist, und gleich $\{N(\mathfrak{p})^n \mid n \in \mathbb{Z}\}$, wenn K nicht-archimedisch ist.

Im ersten Fall ist $x \to |c'(x)|$ eine stetige Abbildung von $\mathbb{R}_+^\times$ in $\mathbb{R}_+^\times$. Es gibt daher eine eindeutig bestimmte Zahl $\sigma \in \mathbb{R}$ mit $|c'(x)| = x^\sigma$ und

$$y \to c'(\exp(y)) \exp(-\sigma y)$$

ist ein stetiger Homomorphismus von $\mathbb{R}^+$ in S^1, d.h. ein Charakter von $\mathbb{R}^+$. Nach Satz 7.7.1 gibt es daher ein eindeutig bestimmtes $\tau \in \mathbb{R}$ mit

$$c'(x) = x^{\sigma+i\tau} \text{ für } x \in \mathbb{R}_+^\times.$$

Wir können also $s = \sigma + i\tau$ setzen, und s ist eindeutig bestimmt.

Im zweiten Fall ist c' durch den Wert von $N(\mathfrak{p})$ gegeben:

$$c'(N(\mathfrak{p})) = N(\mathfrak{p})^{-s},$$

d.h. $s = -\log(c'(N(\mathfrak{p})))/\log(N(\mathfrak{p}))$ und s ist nur modulo $2\pi i/\log(N(\mathfrak{p}))$ bestimmt. $\qquad\square$

Für archimedische Körper K läßt sich $\xi \in K^\times$ eindeutig in der Form

$$\xi = \tilde{\xi}\rho$$

mit $\tilde{\xi} \in O_K^\times$ und $\rho > 0$ darstellen. Für nicht-archimedische Körper K fixieren wir ein Primelement π. Dann hat $\xi \in K^\times$ die Form

$$\xi = \tilde{\xi}\pi^{\nu(\xi)}$$

mit $\tilde{\xi} \in O_K^\times$. In jedem Fall erhalten wir einen stetigen Homomorphismus $\xi \to \tilde{\xi}$ von $K^\times$ in $O_K^\times$.

Satz 7.9.2 *Jeder Quasicharakter c von $K^\times$ hat die Form*

$$c(\xi) = \tilde{c}(\tilde{\xi})\omega_\mathfrak{p}(\xi)^s, \tag{7.9.1}$$

wobei $\tilde{c}$ ein Charakter von $O_K^\times$ und $s \in \mathbb{C}$ ist.

B e w e i s: Es ist klar, daß jede Abbildung der Form (7.9.1) ein Quasicharakter ist. Sei, umgekehrt, c ein beliebiger Quasicharakter, und sei $\tilde{c}$ die Beschränkung von c auf $O_K^\times$. Da $O_K^\times$ kompakt ist, haben die Werte von $\tilde{c}$ den Absolutbetrag 1, d.h. $\tilde{c}$ ist ein Charakter von $O_K^\times$. Weiter ist $\xi \to c(\xi)\tilde{c}(\tilde{\xi})^{-1}$ ein unverzweigter Quasicharakter von $K^\times$. Satz 7.10.2 folgt daher aus Satz 7.9.1. $\qquad\square$

Um einen Überblick über alle Quasicharaktere von $K^\times$ zu erhalten, genügt es also die Charaktere $\tilde{c}$ von $O_K^\times$ zu betrachten. Wir haben $O_\mathbb{R}^\times = \{\pm 1\}$ und daher $\tilde{c}(\tilde{\xi}) = \tilde{\xi}^n$ mit $n = 0, 1$. Weiter ist $O_\mathbb{C}^\times = S^1$ und daher $\tilde{c}(\tilde{\xi}) = \tilde{\xi}^n$ mit $n \in \mathbb{Z}$. Sei schließlich K nicht-archimedisch. Für genügend großes ν wird die Untergruppe $1 + \mathfrak{p}^\nu$ bei $\tilde{c}$ in eine vorgegebene Umgebung der 1 in S^1 abgebildet. Da $\tilde{c}(1 + \mathfrak{p}^\nu)$ eine Untergruppe von S^1 ist, gibt es daher ein $\nu \in \mathbb{N}$ mit

$$\tilde{c}(1 + \mathfrak{p}^\nu) = \{1\}.$$

Für das kleinste ν mit dieser Eigenschaft, bezeichnet man $\mathfrak{f} := \mathfrak{p}^\nu$ als Führer von $\tilde{c}$. Für triviales $\tilde{c}$ setzt man $\mathfrak{f} = O_K = \mathfrak{p}^0$. Dann wird $\tilde{c}$ induziert durch einen Charakter der endlichen Gruppe $O_K^\times/(1 + \mathfrak{f})$. Satz 7.9.2 zeigt, daß dem Quasicharakter $c(\xi) = \tilde{c}(\tilde{\xi})\omega_\mathfrak{p}(\xi)^s$ in eindeutiger Weise die Zahl $\sigma := \operatorname{Re} s$ zugeordnet ist, die als Exponent $e(c)$ von c bezeichnet wird. Die Charaktere von $K^\times$ sind gerade die Quasicharaktere mit Exponenten 0.

Wir betrachten jetzt das Haarsche Maß auf $K^\times$. Sei $d\xi$ das in 7.8 festgelegte Maß auf K^+ und f eine stetige Funktion auf $K^\times$, für welche das Integral

$$\int_{K^+-\{0\}} f(\xi)\omega_\mathfrak{p}(\xi)^{-1}d\xi \qquad (7.9.2)$$

existiert. Dann hat das Funktional

$$\phi(f) = \int_{K^+-\{0\}} f(\xi)\omega_\mathfrak{p}(\xi)^{-1}d\xi$$

das Transformationsverhalten

$$\phi(f_\alpha) = \int_{K^+-\{0\}} f(\alpha\xi)\omega_\mathfrak{p}(\xi)^{-1}d\xi = \int_{K^+-\{0\}} f(\xi)\omega_\mathfrak{p}(\alpha^{-1}\xi)^{-1}d(\alpha^{-1}\xi) =$$

$$= \int_{K^+-\{0\}} f(\xi)\omega_\mathfrak{p}(\xi)^{-1}d\xi \text{ für } \alpha \in K^\times,$$

d.h. $\phi(f)$ ist ein Haarsches Integral auf $K^\times$. Wir bezeichnen dieses Haarsche Maß mit $d^*\xi$.

Für einen nicht-archimedisch bewerteten Körper K gilt

$$\int_{O_K^\times} d^*\xi = \int_{O_K^\times} d\xi = (1 - N(\mathfrak{p})^{-1}) \int_{O_K} d\xi.$$

Für die Definition des Haarschen Maßes auf der Idelegruppe brauchen wir jedoch lokale Haarsche Maße, die für fast alle $\mathfrak{p}$ auf $O_K^\times$ gleich 1 sind. Wir erreichen dies, indem wir auf $K^\times$ das Haarsche Maß

$$d^\times\xi = \frac{N(\mathfrak{p})}{N(\mathfrak{p}) - 1}d^*\xi$$

verwenden.

Für archimedische Körper K setzen wir

$$d^\times\xi = d^*\xi.$$

7.10   Die lokale Funktionalgleichung

Sei K ein lokaler Körper mit der normierten Bewertung $\omega_\mathfrak{p}$. Wir bezeichnen mit $\mathcal{Z}$ die Menge aller Funktionen f auf K^+ mit Werten in $\mathbb{C}$, die den folgenden beiden Bedingungen genügen:

$A_1)$ f ist eine zulässige Funktion auf K^+

$A_2)$ Für $\sigma > 0$ sind $f(\xi)\omega_\mathfrak{p}(\xi)^\sigma$ und $\hat{f}(\xi)\omega_\mathfrak{p}(\xi)^\sigma$ integrierbare Funktionen auf $K^\times$.

Für $f \in \mathcal{Z}$ und einen Quasicharakter c von $K^\times$ mit Exponenten $\sigma > 0$ definieren wir

$$\zeta(f, c) := \int_{K^\times} f(\xi)c(\xi)d^\times\xi$$

und

$$\zeta(f, c, s) := \int_{K^\times} f(\xi)c(\xi)\omega_{\mathfrak{p}}(\xi)^s d^\times\xi.$$

$\zeta(f, c, s)$ wird als *lokale Zetafunktion* bezeichnet.

Satz 7.10.1 *Sei c ein Quasicharakter vom Exponenten $\sigma > 0$ und $f \in \mathcal{Z}$. Dann ist $\zeta(f, c, s)$ eine reguläre Funktion in $s \in \mathbb{C}$ für Re$s > -\sigma$.*

B e w e i s: Sei $\sigma_0 \in \mathbb{R}$ mit $0 < \sigma_0 < \sigma$. Für Re$\,s \geq -\sigma_0$ ist $c\omega_{\mathfrak{p}}^s$ ein Quasicharakter mit Exponenten Re$\,s + \sigma \geq \sigma - \sigma_0 > 0$. Daher ist das Integral $\zeta(f, c, s)$ absolut und gleichmäßig konvergent, und man darf unter dem Integralzeichen ableiten. Die Ableitung von $\zeta(f, c, s)$ ist daher gleich

$$\int f(\xi)c(\xi)\frac{d}{ds}\omega_{\mathfrak{p}}(\xi)^s\, d^\times\xi = \int f(\xi)c(\xi)(\log\omega_{\mathfrak{p}}(\xi))\omega_{\mathfrak{p}}(\xi)^s\, d^\times\xi.$$

$\square$

Wir wollen zeigen, daß sich $\zeta(f, c, s)$ als meromorphe Funktion von s auf ganz $\mathbb{C}$ fortsetzen läßt und beweisen dafür den folgenden Satz.

Satz 7.10.2 *Seien f und g Funktionen aus $\mathcal{Z}$ und c ein Quasicharakter von $K^\times$ vom Exponenten σ mit $0 < \sigma < 1$. Wir setzen*

$$\hat{c}(\xi) = \omega_{\mathfrak{p}}(\xi)c^{-1}(\xi) \quad \textit{für}\,\xi \in K^\times.$$

Dann gilt

$$\zeta(f, c)\zeta(\hat{g}, \hat{c}) = \zeta(\hat{f}, \hat{c})\zeta(g, c).$$

B e w e i s: $\zeta(f, c)$ und $\zeta(\hat{g}, \hat{c})$ sind absolut konvergente Integrale. Daher kann man ihr Produkt als absolut konvergentes Integral auf $K^\times \times K^\times$ schreiben:

$$\int\int f(\xi)\hat{g}(\eta)c(\xi\eta^{-1})\omega_{\mathfrak{p}}(\eta)d^\times\xi\, d^\times\eta. \qquad (7.10.1)$$

Das Integral ist invariant bei der Transformation $(\xi, \eta) \to (\xi, \xi\eta)$. Daher ist (7.10.1) gleich

$$\int\int f(\xi)\hat{g}(\xi\eta)c(\eta^{-1})\omega_{\mathfrak{p}}(\xi\eta)d^\times\xi d^\times\eta.$$

Nach dem Satz von Fubini können wir hierfür auch

$$\int\left(\int f(\xi)\hat{g}(\xi\eta)\omega_{\mathfrak{p}}(\xi)d^\times\xi\right)c(\eta^{-1})\omega_{\mathfrak{p}}(\eta)d^\times\eta$$

schreiben.

Zum Beweis von Satz 7.10.2 genügt es,

$$\int f(\xi)\hat{g}(\xi\eta)\omega_{\mathfrak{p}}(\xi)d^{\times}\xi = \int g(\xi)\hat{f}(\xi\eta)\omega_{\mathfrak{p}}(\xi)d^{\times}\xi$$

zu zeigen. Das geschieht durch die Betrachtung des symmetrischen Doppelintegrals auf K^+:

$$\Phi(\beta) = \int\int f(\xi)g(\eta)\psi(-\xi\beta\eta)d\xi d\eta. \qquad (7.10.2)$$

Nach dem Satz von Fubini ist (7.10.2) gleich

$$\int f(\xi)\left(\int g(\eta)\psi(-\xi\beta\eta)d\eta\right)d\xi = \int f(\xi)\hat{g}(\xi\beta)d\xi = \int_{K^{\times}} f(\xi)\hat{g}(\xi\beta)\omega_{\mathfrak{p}}(\xi)d^{*}\xi.$$

Das beweist Satz 7.10.2 . $\qquad\qquad\square$

Jetzt können wir die *lokale Funktionalgleichung* beweisen:

Satz 7.10.3 *Sei f eine Funktion aus $\mathcal{Z}$. Dann läßt sich $\zeta(f, c, s)$ zu einer meromorphen Funktion von s auf ganz $\mathbb{C}$ fortsetzen, und es gilt die Funktionalgleichung*

$$\zeta(f, c, s) = \rho(c, s)\zeta(\hat{f}, c^{-1}, 1 - s).$$

Der Faktor $\rho(c, s)$ ist unabhängig von der Wahl von f in $\mathcal{Z}$.

B e w e i s: In den nächsten Abschnitten bestimmen wir $\rho(c)$ für Quasicharaktere vom Exponenten $0 < e(c) < 1$, mit Hilfe von speziellen Funktionen f_c aus $\mathcal{Z}$:

$$\rho(c) = \zeta(f_c, c)/\zeta(\hat{f}_c, \hat{c}).$$

Durch analytische Fortsetzung erhält man daraus $\rho(c, s)$ für alle $s \in \mathbb{C}$.

Es folgt für eine beliebige Funktion f aus $\mathcal{Z}$

$$\zeta(f, c)\zeta(\hat{f}_c, \hat{c}) = \zeta(\hat{f}, \hat{c})\zeta(f_c, c)$$

und daher

$$\zeta(f, c) = \rho(c)\zeta(\hat{f}, \hat{c}). \qquad (7.10.3)$$

Dies gilt zunächst für Quasicharaktere c mit $0 < e(c) < 1$. Nun ist aber $\zeta(f, c, s)$ für $\mathrm{Re}\, s > -e(c)$ und $\zeta(\hat{f}, \hat{c}, -s)$ für $\mathrm{Re}\, s < 1 - e(c)$ definiert. (7.10.3) liefert daher die analytische Fortsetzung von $\zeta(f, c, s)$ und $\zeta(\hat{f}, \hat{c}, -s)$ auf ganz $\mathbb{C}$. $\qquad\square$

7.11 Berechnung von $\rho(c)$ für $K = \mathbb{R}$

Wir berechnen jetzt den Faktor $\rho(c)$ mit Hilfe von speziellen Funktionen $f \in \mathcal{Z}$ und beginnen mit dem Fall $K = \mathbb{R}$. Dann hat c die Form

$$c(\xi) = \omega_{\mathfrak{p}}(\xi)^s = |\xi|^s \qquad \text{für}\, \xi \in \mathbb{R}^{\times}$$

oder

$$c(\xi) = \mathrm{sign}(\xi)\omega_{\mathfrak{p}}(\xi)^s \quad \text{für } \xi \in \mathbb{R}^\times$$

mit einem $s \in \mathbb{C}$.

Nach unserer Festlegung ist $\psi(\xi) = \exp(-2\pi i \xi)$, und $d\xi$ ist das Lebesguesche Maß. Mit der Funktion $f(\xi) = \exp(-\pi\xi^2) = \hat{f}(\xi)$ erhalten wir

$$\zeta(f, \omega_{\mathfrak{p}}^s) = \int f(\xi)|\xi|^s d^\times \xi = \int_{-\infty}^{\infty} \exp(-\pi\xi^2)|\xi|^{s-1} d\xi =$$

$$= 2\int_0^{\infty} \exp(-\pi\xi^2)\xi^{s-1} d\xi = \pi^{-\frac{s}{2}}\Gamma\left(\frac{s}{2}\right),$$

wobei Γ die Eulersche Γ-Funktion bezeichnet, die durch

$$\Gamma(z) = \int_0^{\infty} \exp(-t)t^{z-1} dt \quad \text{für } \mathrm{Re}\, z > 0$$

definiert ist. Es folgt

$$\zeta(\hat{f}, \hat{\omega}_{\mathfrak{p}}^s) = \zeta(f, \omega_{\mathfrak{p}}^{1-s}) = \pi^{-\frac{1-s}{2}}\Gamma\left(\frac{1-s}{2}\right),$$

und daher

$$\rho(\omega_{\mathfrak{p}}^s) = \frac{\pi^{-\frac{s}{2}}\Gamma\left(\frac{s}{2}\right)}{\pi^{-\frac{1-s}{2}}\Gamma\left(\frac{1-s}{2}\right)} = 2^{1-s}\pi^{-s}\cos\left(\frac{\pi s}{2}\right)\Gamma(s),$$

wobei wir die Formeln

$$\Gamma(z)\Gamma(1-z) = \frac{\pi}{\sin \pi z}$$

und

$$\Gamma(z)\Gamma\left(z + \frac{1}{2}\right) = \pi^{1/2}2^{1-2z}\Gamma(2z)$$

angewandt haben.

Für $c(\xi) = \mathrm{sign}(\xi)\omega_{\mathfrak{p}}(\xi)^s$ wählen wir für $f(\xi)$ die Funktion $\xi\exp(-\pi\xi^2)$. Dann erhält man

$$\hat{f}(\xi) = \int_{-\infty}^{\infty} \eta\exp(-\pi\eta^2 + 2\pi i\xi\eta)d\eta.$$

Wir differenzieren die Identität

$$\int_{-\infty}^{\infty} \exp(-\pi\eta^2 + 2\pi i\xi\eta)d\eta = \exp(-\pi\xi^2)$$

aus dem Beweis von Satz 7.8.2 nach ξ und erhalten

$$2\pi i \int_{-\infty}^{\infty} \eta\exp(-\pi\eta^2 + 2\pi i\xi\eta)d\eta = -2\pi\xi\exp(-\pi\xi^2),$$

d.h.

$$\hat{f}(\xi) = i f(\xi).$$

Für die ζ-Funktion findet man

$$\zeta(f, c) = \int f(\xi)\mathrm{sign}(\xi)\omega_{\mathfrak{p}}(\xi)^s d^{\times}\xi = \int_{-\infty}^{0} \xi \exp(-\pi\xi^2) \cdot (-1)\omega_{\mathfrak{p}}(\xi)^{s-1} d\xi +$$

$$+ \int_0^{\infty} \xi \exp(-\pi\xi^2)\omega_{\mathfrak{p}}(\xi)^{s-1} d\xi = 2 \int_0^{\infty} \exp(-\pi\xi^2)\xi^s d\xi = \pi^{-\frac{s+1}{2}}\Gamma\left(\frac{s+1}{2}\right),$$

$$\zeta(\hat{f}, \hat{c}) = i\pi^{-\frac{(1-s)+1}{2}}\Gamma\left(\frac{(1-s)+1}{2}\right)$$

und daher

$$\rho(c) = -i\frac{\pi^{-\frac{s+1}{2}}\Gamma\left(\frac{s+1}{2}\right)}{\pi^{\frac{s-2}{2}}\Gamma\left(\frac{2-s}{2}\right)} = -i2^{1-s}\pi^{-s}\sin\left(\frac{\pi s}{2}\right)\Gamma(s).$$

Für die spätere Anwendung formulieren wir das Ergebnis unserer Rechnung in der folgenden Weise:

Wir gehen aus von einem beliebigen Charakter χ von $\mathbb{R}^{\times}$ und betrachten

$$c(\xi) = \chi(\xi)\omega_{\mathfrak{p}}(\xi)^s \quad \text{für } \xi \in \mathbb{R}.$$

Weiter setzen wir

$$\Gamma_{\mathbb{R}}(s) := \pi^{-\frac{s}{2}}\Gamma\left(\frac{s}{2}\right).$$

Der Charakter χ hat die Form $\chi(\xi) = |\xi|^{s_{\chi}}$ oder $\chi(\xi) = \mathrm{sign}(\xi)|\xi|^{s_{\chi}}$ mit $s_{\chi} \in i\mathbb{R}$. Im ersten Fall setzen wir $N_{\chi} := 0$, $W(\chi) := 1$ und im zweiten Fall $N_{\chi} := 1$, $W(\chi) := -i$.

Satz 7.11.1 *Mit den obigen Bezeichnungen gilt*

$$\zeta(f, \chi, s) = \Gamma_{\mathbb{R}}(s + s_{\chi} + N_{\chi}),$$

$$\zeta(\hat{f}, \chi^{-1}, 1-s) = W(\chi)^{-1}\Gamma_{\mathbb{R}}(1 - s - s_{\chi} + N_{\chi}).$$

$\square$

7.12 Berechnung von $\rho(c)$ für $K = \mathbb{C}$

Sei jetzt $K = \mathbb{C}$. Wir benutzen sowohl Cartesische Koordinaten $\xi = x+iy$, $x, y \in \mathbb{R}$, als auch Polarkoordinaten $\xi = r\exp(i\theta)$. Die Charaktere

$$c_n(\xi) = c_n(r\exp(i\theta)) = \exp(in\theta)$$

repräsentieren die Äquivalenzklassen von Quasicharakteren von $\mathbb{C}^\times$. Als zugehörige Testfunktion wählen wir jetzt

$$f_n(\xi) := \left\{ \begin{array}{ll} \overline{\xi}^n \exp(-2\pi|\xi|^2) & \text{für } n \geq 0 \\ \xi^{-n} \exp(-2\pi|\xi|^2) & \text{für } n \leq 0 \end{array} \right.$$

für $\xi \in \mathbb{C}$, $n \in \mathbb{Z}$. Dann gilt

$$\hat{f}_n(\xi) := i^{|n|} f_{-n}(\xi). \tag{7.12.1}$$

Wir zeigen (7.12.1) zunächst für $n \geq 0$. Für $n = 0$ haben wir die Behauptung im Beweis von Satz 7.8.2 gezeigt. Wir wenden Induktion über n an und nehmen an, (7.12.1) sei für ein $n \geq 0$ schon bewiesen, d.h. es gilt

$$\int f_n(\eta) \exp(4\pi i \mathrm{Re}\xi\eta)\, d\eta = i^n f_{-n}(\xi)$$

und daher

$$2\int_{-\infty}^{\infty}\int_{-\infty}^{\infty} (y_1 - iy_2)^n \exp(-2\pi(y_1^2 + y_2^2) + 4\pi i(x_1 y_1 - x_2 y_2))\, dy_1 dy_2 =$$

$$= i^n(x_1 + ix_2)^n \exp(-2\pi(x_1^2 + x_2^2)).$$

Auf letztere Gleichung wenden wir den Operator $D = \frac{1}{4\pi i}\left(\frac{\partial}{\partial x_1} + i\frac{\partial}{\partial x_2}\right)$ an, wobei wir berücksichtigen, daß, nach den Cauchy-Riemannschen Differentialgleichungen für eine holomorphe Funktion $g(x_1 + ix_2)$, die Beziehung $Dg = 0$ gilt. Es ergibt sich

$$2\int_{-\infty}^{\infty}\int_{-\infty}^{\infty} (y_1 - iy_2)^{n+1} \exp(-2\pi(y_1^2 + y_2^2) + 4\pi i(x_1 y_1 - x_2 y_2))\, dy_1 dy_2 =$$

$$= i^{n+1}(x_1 + ix_2)^{n+1} \exp(-2\pi(x_1^2 + x_2^2)).$$

Das ist die Behauptung für $n + 1$. Damit ist (7.12.1) für $n \geq 0$ bewiesen.

Zum Beweis von (7.12.1) für $n < 0$ benutzen wir Satz 7.8.2 und das eben bewiesene. Danach ist

$$\hat{f}_n(\xi) = i^n \hat{\hat{f}}_{-n}(\xi) = i^n f_{-n}(-\xi) = i^{|n|} f_{-n}(\xi).$$

Zur Berechnung der zugehörigen ζ-Funktion verwenden wir Polarkoordinaten: Mit $\xi = r\exp(i\theta)$ wird $f_n(\xi) = r^{|n|} \exp(-2\pi r^2 - in\theta)$, $c_n(\xi) = \exp(in\theta)$, $d^\times\xi = \dfrac{2r\, dr\, d\theta}{r^2}$,

$$\zeta(f_n, c_n, s) = \int f_n(\xi) c_n(\xi) |\xi|^{2s} d^\times \xi =$$

$$= \int_0^{2\pi} \int_0^\infty r^{2(s-1)+|n|} \exp(-2\pi r^2) 2r \, dr \, d\theta = 2\pi \int_0^\infty t^{(s-1)+|n|/2} \exp(-2\pi t) \, dt =$$

$$= (2\pi)^{(1-s)-|n|/2} \Gamma\left(s + \frac{|n|}{2}\right),$$

$$\zeta(\hat{f}_n, \hat{c}_n, 1-s) = \zeta(i^{|n|} f_{-n}, c_{-n}, 1-s) = i^{|n|} (2\pi)^{s-|n|/2} \Gamma\left(1-s + \frac{|n|}{2}\right)$$

und daher

$$\rho(c_n, s) = i^{-|n|} (2\pi)^{1-2s} \frac{\Gamma\left(s + \frac{|n|}{2}\right)}{\Gamma\left((1-s) + \frac{|n|}{2}\right)}.$$

Für die spätere Anwendung formulieren wir das Ergebnis unserer Rechnung in der folgenden Weise:

Ein Charakter χ von $\mathbb{C}^\times$ hat die Form

$$\chi(\xi) = \xi^{N_\chi} |\xi|^{s_\chi - N_\chi}$$

mit $N_\chi \in \mathbb{Z}$, $s_\chi \in i\mathbb{R}$. Wir setzen

$$\Gamma_{\mathbb{C}}(s) := (2\pi)^{1-s} \Gamma(s),$$

$$W(\chi) := i^{-|N_\chi|}.$$

Satz 7.12.1 *Mit den obigen Bezeichnungen gilt*

$$\zeta(f, \chi, s) = \Gamma_{\mathbb{C}}(s + s_\chi + |N_\chi|/2)$$

$$\zeta(\hat{f}, \chi^{-1}, 1-s) = W(\chi)^{-1} \Gamma_{\mathbb{C}}(1 - s - s_\chi + |N_\chi|/2).$$

$\square$

7.13 Berechnung der ρ-Faktoren für K nicht-archimedisch

Sei jetzt K ein nicht-archimedisch bewerteter Körper. Wir benutzen die Bezeichnungen von 7.7. Insbesondere bezeichnet ψ den dort definierten speziellen Charakter von K^+, welcher der Definition der Fourier-Transformation zugrunde gelegt wird:

$$\hat{f}(\xi) = \int_{K^+} f(\eta)\psi(-\xi\eta)d\xi,$$

wobei $d\xi$ das Haarsche Maß auf K^+ mit der Normierung

$$\mu(O_K) = N(\mathfrak{f}_\psi)^{\frac{1}{2}}$$

bezeichnet.

Das Maß $d^\times\xi$ auf $K^\times$ wird wie in 7.9 durch die Festsetzung

$$d^\times\xi = \frac{N(\mathfrak{p})}{(N(\mathfrak{p})-1)\omega_{\mathfrak{p}}(\xi)}d\xi$$

normiert.

Wir bezeichnen mit $c_n(\xi)$, $n \geq 0$, einen Charakter von $K^\times$ mit Führer $\mathfrak{p}^n$. Sei π ein fixiertes Primelement von K. Als zugehörige Testfunktion wählen wir

$$f_n(\xi) := \begin{cases} \psi(\xi) & \text{für } \xi \in \mathfrak{f}_\psi\mathfrak{p}^{-n} \\ 0 & \text{für } \xi \notin \mathfrak{f}_\psi\mathfrak{p}^{-n}. \end{cases}$$

Satz 7.13.1

$$\hat{f}_n(\xi) = \begin{cases} N(\mathfrak{f}_\psi)^{-1/2}N(\mathfrak{p})^n & \text{für } \xi \equiv 1(\mathrm{mod}\,\mathfrak{p}^n) \\ 0 & \text{für } \xi \not\equiv 1(\mathrm{mod}\,\mathfrak{p}^n). \end{cases}$$

B e w e i s:

$$\hat{f}_n(\xi) = \int f_n(\eta)\psi(-\xi\eta)\,d\eta = \int_{\mathfrak{f}_\psi\mathfrak{p}^{-n}} \psi((1-\xi)\eta)\,d\eta,$$

woraus die Behauptung nach (7.7.3) folgt.   □

Wir berechnen zunächst die Zetafunktion im Falle $n = 0$, d.h. für den Fall, daß c_n unverzweigt ist. O.B.d.A. können wir $c_n(\pi) = 1$ annehmen. Die Testfunktion f_0 ist die charakteristische Funktion von $\mathfrak{f}_\psi$. Wir erhalten

$$\zeta(f_0, \omega_{\mathfrak{p}}^s) = \int_{\mathfrak{f}_\psi-\{0\}} \omega_{\mathfrak{p}}(\xi)^s\, d^\times\xi.$$

Die Funktion $\omega_{\mathfrak{p}}(\xi)^{s-1}$ ist konstant für $\xi \in O_K^\times\pi^\nu$. Daher wird

$$\zeta(f_0, \omega_{\mathfrak{p}}^s) = N(\mathfrak{f}_\psi)^{1/2}\sum_{\nu=-d}^{\infty} N(\mathfrak{p})^{-\nu s} = N(\mathfrak{f}_\psi)^{1/2}N(\mathfrak{p})^{ds}(1-N(\mathfrak{p})^{-s})^{-1} =$$

$$= N(\mathfrak{f}_\psi)^{1/2-s}(1 - N(\mathfrak{p})^{-s})^{-1},$$

wobei d durch $\mathfrak{f}_\psi^{-1} = \mathfrak{p}^d$ definiert ist.

Weiter ist $\hat{f}_0(\xi) = N(\mathfrak{f}_\psi)^{-1/2} \cdot \chi_{O_K}(\xi)$ und daher

$$\zeta(\hat{f}_0, \omega_\mathfrak{p}^{1-s}) = N(\mathfrak{f}_\psi)^{-1/2} \int_{O_K} \omega_\mathfrak{p}(\xi)^{1-s} \, d^\times\xi = \frac{1}{1 - N(\mathfrak{p})^{s-1}}.$$

Hieraus ergibt sich für den ρ-Faktor

$$\rho(\omega_\mathfrak{p}^s) = N(\mathfrak{f}_\psi)^{1/2-s}\frac{1 - N(\mathfrak{p})^{s-1}}{1 - N(\mathfrak{p})^{-s}}. \tag{7.13.1}$$

Sei jetzt $n > 0$. Dann gilt

$$\zeta(f_n, c_n\omega_\mathfrak{p}^s) = \int_{\mathfrak{p}^{-d-n}} \psi(\xi)c_n(\xi)\omega_\mathfrak{p}(\xi)^s \, d^\times\xi = \sum_{\nu=-d-n}^\infty N(\mathfrak{p})^{-\nu s} \int_{A_\nu} \psi(\xi)c_n(\xi) \, d^\times\xi,$$

mit $A_\nu = O_K^\times \pi^\nu$.

Hilfssatz 7.13.2 *Für $\nu > -d - n$ gilt*

$$\int_{A_\nu} \psi(\xi)c_n(\xi) \, d^\times\xi = 0.$$

B e w e i s: Für $\nu \geq -d$ gilt $A_\nu \subseteq \mathfrak{f}_\psi$ und daher $\psi(\xi) = 1$ für $\xi \in A_\nu$. Weiter ist

$$\int_{A_\nu} c_n(\xi) \, d^\times\xi = \int_{O_K^\times} c_n(\xi\pi^\nu) \, d^\times\xi = c_n(\pi)^\nu \int_{O_K^\times} c_n(\xi) \, d^\times\xi = 0,$$

weil $c_n(\xi)$ ein nichttrivialer Charakter von $O_K^\times$ ist.

Für $-d > \nu > -d-n$ zerlegen wir A_ν in disjunkte Teilmengen der Form $B_{\nu,\alpha} := \alpha(1+\mathfrak{p}^{-d-\nu})\pi^\nu$ wobei α ein Vertretersystem von $O_K^\times/(1+\mathfrak{p}^{-d-\nu})$ in $O_K^\times$ durchläuft. Auf $B_{\nu,\alpha}$ gilt

$$\psi(\xi) = \psi(\alpha\pi^\nu)$$

und daher

$$\int_{B_{\nu,\alpha}} \psi(\xi)c_n(\xi) \, d^\times\xi = \psi(\alpha\pi^\nu) \int_{B_{\nu,\alpha}} c_n(\xi) \, d^\times\xi.$$

Weiter gilt

$$\int_{B_{\nu,\alpha}} c_n(\xi) \, d^\times\xi = \int_{1+\mathfrak{p}^{-d-\nu}} c_n(\xi\alpha\pi^\nu) \, d^\times\xi = c_n(\alpha\pi^\nu) \int_{1+\mathfrak{p}^{-d-\nu}} c_n(\xi) \, d^\times\xi = 0,$$

weil $c_n(\xi)$ wegen $n > -d-\nu$ ein nicht trivialer Charakter von $1+\mathfrak{p}^{-d-\nu}$ ist. Daraus folgt die Behauptung des Hilfssatzes. $\qquad\square$

Es bleibt

$$\int_{A_{-d-n}} \psi(\xi) c_n(\xi)\, d^\times \xi$$

zu berechnen. Dazu sei R ein Vertretersystem von $O_K^\times/(1+\mathfrak{p}^n)$ in $O_K^\times$. Dann gilt

$$A_{-d-n} = \bigcup_{\beta \in R} \beta\pi^{-d-n}(1+\mathfrak{p}^n) = \bigcup_{\beta \in R} (\beta\pi^{-d-n} + \mathfrak{f}_\psi)$$

und

$$\int_{A_{-d-n}} \psi(\xi) c_n(\xi)\, d^\times \xi = \sum_{\beta \in R} c_n(\beta\pi^{-d-n})\psi(\beta\pi^{-d-n}) \int_{1+\mathfrak{p}^n} d^\times \xi.$$

Zusammenfassend haben wir

$$\zeta(\mathfrak{f}_n, c_n, s) = N(\mathfrak{p})^{(d+n)s} \left(\sum_{\beta \in R} c_n(\beta\pi^{-d-n})\psi(\beta\pi^{-d-n}) \right) \int_{1+\mathfrak{p}^n} d^\times \xi.$$

Andererseits ist

$$\hat{\mathfrak{f}}_n(\xi) = N(\mathfrak{f}_\psi)^{-1/2} N(\mathfrak{p})^n \chi_{1+\mathfrak{p}^n}(\xi)$$

und

$$\widehat{c_n\omega_\mathfrak{p}^s}(\xi) = c_n^{-1}(\xi)\omega_\mathfrak{p}(\xi)^{1-s} = 1 \text{ für } \xi \in 1+\mathfrak{p}^n,$$

daher gilt

$$\zeta(\hat{\mathfrak{f}}_n, c_n, s) = N(\mathfrak{f}_\psi)^{-1/2} N(\mathfrak{p})^n \int_{1+\mathfrak{p}^n} d^\times \xi.$$

Wir erhalten also für den ρ–Faktor

$$\rho(c_n, s) = N(\mathfrak{f}_\psi^{-1}\mathfrak{p}^n)^{s-1/2} W(c_n) \tag{7.13.2}$$

mit der Konstanten

$$W(c_n) := N(\mathfrak{p}^n)^{-1/2} \sum_{\beta \in R} c_n(\beta\pi^{-d-n})\psi(\beta\pi^{-d-n}). \tag{7.13.3}$$

$W(c_n)$ wird als *Wurzelzahl* bezeichnet.

Für die spätere Anwendung formulieren wir die Ergebnisse unserer Rechnung in der folgenden Weise:

Sei χ zunächst ein unverzweigter Charakter von $K^\times$. Dann ist $\chi(\pi)$ unabhängig von der Wahl des Primelements π. Wir setzen daher

$$\chi(\mathfrak{p}^h) := \chi(\pi^h).$$

Weiter setzen wir

$$W(\chi) = \chi(\mathfrak{f}_\psi).$$

Satz 7.13.3 *Sei χ ein unverzweigter Charakter von $K^\times$. Dann gilt mit den obigen Bezeichnungen:*

$$\zeta(f_0, \chi, s) = N(\mathfrak{f}_\psi)^{\frac{1}{2}-s} W(\chi)(1 - \chi(\mathfrak{p})N(\mathfrak{p})^{-s})^{-1},$$

$$\zeta(\hat{f}_0, \chi^{-1}, 1 - s) = (1 - \chi^{-1}(\mathfrak{p})N(\mathfrak{p})^{s-1})^{-1}.$$

$\square$

Satz 7.13.4 *Sei χ ein verzweigter Charakter mit dem Führer $\mathfrak{f}_\chi = \mathfrak{p}^n$, $n > 0$. Mit den obigen Bezeichnungen gilt*

$$\zeta(f_n, \chi, s) = N(\mathfrak{f}_\psi^{-1}\mathfrak{f}_\chi)^{s-1/2} W(\chi)\zeta(\hat{f}_n, \chi^{-1}, 1 - s).$$

$\square$

7.14 Beziehungen zwischen ρ–Faktoren

In diesem Abschnitt beweisen wir zwei einfache Beziehungen zwischen ρ–Faktoren. Dabei bezeichnet K einen beliebigen lokalen Körper und c einen beliebigen Quasicharakter.

Satz 7.14.1

$$\rho(\hat{c}) = \frac{c(-1)}{\rho(c)}, \tag{7.14.1}$$

$$\rho(\bar{c}) = c(-1)\overline{\rho(c)}. \tag{7.14.2}$$

B e w e i s: Wir haben

$$\zeta(f, c) = \rho(c)\zeta(\hat{f}, \hat{c}) = \rho(c)\rho(\hat{c})\zeta(\hat{\hat{f}}, \hat{\hat{c}})$$

und

$$\zeta(\hat{\hat{f}}, \hat{\hat{c}} = \int f(-\xi)c(\xi)\,d^\times\xi = \int f(\xi)c(-\xi)\,d^\times\xi = c(-1)\zeta(f, c).$$

Daraus folgt (7.14.1).

Wegen $\hat{\bar{f}}(\xi) = \bar{\hat{f}}(-\xi)$, $\hat{\bar{c}}(\xi) = \bar{\hat{c}}(\xi)$ gilt weiter

$$\overline{\zeta(f, c)} = \zeta(\bar{f}, \bar{c}) = \rho(\bar{c})\zeta(\hat{\bar{f}}, \hat{\bar{c}}) = \rho(\bar{c})c(-1)\zeta(\bar{\hat{f}}, \bar{\hat{c}}) = \rho(\bar{c})c(-1)\overline{\zeta(\hat{f}, \hat{c})}.$$

Andererseits ist

$$\overline{\zeta(f, c)} = \overline{\rho(c)}\,\overline{\zeta(\hat{f}, \hat{c})}.$$

Daraus folgt (7.14.2). $\hspace{4cm}\square$

Aus Satz 7.14.1 kann man das folgende Korollar ableiten

Satz 7.14.2 *Sei c ein Quasicharakter vom Exponenten 1/2. Dann gilt*

$$|\rho(c)| = 1.$$

B e w e i s: Für einen solchen Charakter gilt

$$c(\xi)\overline{c(\xi)} = |c(\xi)|^2 = \omega_{\mathfrak{p}}(\xi) = c(\xi)\hat{c}(\xi)$$

und damit

$$\overline{c(\xi)} = \hat{c}(\xi).$$

Satz 7.14.1 liefert daher

$$\rho(c)^{-1} = \overline{\rho(c)}.$$

$\square$

Wir betrachten jetzt den Fall, daß K nicht-archimedisch ist. Nach Satz 7.14.2 und (7.14.1), (7.13.2) mit $s = 1/2$ ergibt sich für die Wurzelzahl

$$|W(c_n)| = 1. \tag{7.14.3}$$

7.15   Analysis auf der Idelegruppe

Wir gehen jetzt zum Studium der Idelegruppe über und verwenden die Bezeichnungen von Abschnitt 7.4. Insbesondere ist $\mathcal{I}_K^1$ die Untergruppe der Idelegruppe $\mathcal{I}_K$ des algebraischen Zahlkörpers K, die aus allen Idelen mit Absolutbetrag 1 besteht. Das Bild der Betragsabbildung ω ist gleich $\mathbb{R}_+^{\times}$.

Satz 7.15.1 *Es gibt einen Isomorphismus ϕ_K topologischer Gruppen von $\mathcal{I}_K^1 \times \mathbb{R}_+^{\times}$ auf $\mathcal{I}_K$.*

B e w e i s: Sei $n := [K : \mathbb{Q}]$ und $t \in \mathbb{R}_+^{\times}$. Wir bezeichnen mit $\iota(t)$ das Idele $\prod \alpha_{\mathfrak{p}}$ von K mit $\alpha_{\mathfrak{p}} = 1$ für $\mathfrak{p}$ nicht-archimedisch, $\alpha_{\mathfrak{p}} = t^{1/n}$ für $\mathfrak{p}$ archimedisch. Weiter sei $J_K := \iota(\mathbb{R}_+^{\times})$. Dann läßt sich jedes Idele von K in eindeutiger Weise in der Form $\alpha\iota(t)$ mit $\alpha \in \mathcal{I}_K^1$, $t \in \mathbb{R}_+^{\times}$ darstellen, und die Abbildung

$$\phi_K(\alpha, t) = \alpha\iota(t) \tag{7.15.1}$$

leistet das verlangte. $\square$

Die Abbildung ι wurde so definiert, daß

$$\omega(\iota(t)) = t \text{ für } t \in \mathbb{R}_+^{\times}$$

gilt. Im weiteren identifizieren wir J_K mit $\mathbb{R}_+^{\times}$.

In 7.4 haben wir bewiesen, daß die Gruppe $\mathcal{I}_K^1/K^{\times}$ kompakt ist. Wir wollen einen Fundamentalbereich von $\mathcal{I}_K^1/K^{\times}$ in $\mathcal{I}_K^1$ konstruieren.

Im allgemeinen versteht man unter einem Fundamentalbereich für die Nebenklassen der lokal kompakten Gruppe G nach Ihrer diskreten Untergruppe H eine Teilmenge E von G, die ein Vertretersystem von G/H in G darstellt und meßbar ist.

Der in 7.4 definierte Homomorphismus $\mathbf{l}'$ von $\mathcal{I}_K^1(\infty)$ in $\mathbb{R}^r$ hat als Bild eine Hyperebene H, in der $\mathbf{l}'(O_K^\times)$ ein Gitter bildet. Sei $\varepsilon_1, \ldots, \varepsilon_{r-1}$ eine Basis von $O_K^\times$ modulo der Gruppe μ_K der Einheitswurzeln in $O_K^\times$. Wir bezeichnen das Parallelotop in H, das von den Vektoren $\mathbf{l}'(\varepsilon_i)$, $i = 1, \ldots, r-1$ aufgespannt wird, mit P:

$$P := \left\{ \sum_{i=1}^{r-1} x_i \mathbf{l}'(\varepsilon_i) \mid 0 \le x_i < 1 \right\}.$$

Um mit Hilfe von P einen Fundamentalbereich von $\mathcal{I}_K^1$ modulo $K^\times$ zu konstruieren, betrachten wir die exakten Sequenzen

$$1 \to \mathcal{I}_K^1(\infty)/O_K^\times \to \mathcal{I}_K^1/K^\times \to \mathrm{Cl}(K) \to 1 \tag{7.15.2}$$

und

$$1 \to U_K O_K^\times/O_K^\times \to \mathcal{I}_K^1(\infty)/O_K^\times \to H/\mathbf{l}'(O_K^\times) \to 0, \tag{7.15.3}$$

wobei

$$U_K := \prod_{\mathfrak{p} \in V(K)} O_{K_\mathfrak{p}}^\times$$

gesetzt ist. Dabei wurde der Isomorphismus

$$\mathcal{I}_K^1(\infty)K^\times/K^\times \cong \mathcal{I}_K^1(\infty)/O_K^\times$$

benutzt (7.4). Man erhält ein Vertretersystem E_0 von $\mathcal{I}_K^1(\infty)/O_K^\times$ in $\mathcal{I}_K^1(\infty)$, indem man berücksichtigt, daß zwei Idele in $\mathbf{l}'^{-1}(P)$ genau dann die gleiche Klasse vertreten, wenn sie sich um eine Einheitswurzel aus K unterscheiden:

$$E_0 := \left\{ \prod \alpha_\mathfrak{p} \in \mathbf{l}'^{-1}(P) \mid 0 \le \arg\alpha_{\mathfrak{p}_0} < \frac{2\pi}{w} \right\}$$

mit $w := |\mu_K|$, wobei $\mathfrak{p}_0$ eine fixierte archimedische Stelle von K bezeichnet.

Seien $\beta_1, \ldots, \beta_h$ Urbilder von $\mathrm{Cl}(K)$ in $\mathcal{I}_K^1$ bei der Abbildung

$$\mathcal{I}_K^1 \to \mathcal{I}_K^1/K^\times \to Cl(K).$$

Dann ist wegen (7.5.2)

$$E := \bigcup_{i=1}^{h} \beta_i E_0$$

ein Vertretersystem von $\mathcal{I}_K^1/K^\times$ in $\mathcal{I}_K^1$.

Entsprechend C.4 betrachten wir auf $\mathcal{I}_K$ das Produktmaß $d^\times\xi = \prod d^\times\xi_\mathfrak{p}$ über die in 7.8 fixierten lokalen Maße $d^\times\xi_\mathfrak{p}$. Wir überzeugen uns jetzt, daß E meßbar, d.h. ein Fundamentalbereich ist.

Satz 7.15.2 *Sei r_1 bzw. r_2 die Anzahl der reellen bzw. komplexen Stellen von K. Sei h die Klassenzahl, R der Regulator, d die Diskriminante, und w die Anzahl der Einheitswurzeln von K. Dann gilt*

$$\int_E d^\times \xi = \frac{2^{r_1}(2\pi)^{r_2} hR}{\sqrt{|d|}\, w}.$$

(7.15.4)

B e w e i s: Nach Definition von E, E_0 und $\mathfrak{l}'^{-1}(P)$ gilt

$$\int_E d^\times \xi = h \int_{E_0} d^\times \xi = \frac{h}{w} \int_{\mathfrak{l}'^{-1}(P)} d^\times \xi.$$

Es genügt daher

$$\int_{\mathfrak{l}'^{-1}(P)} d^\times \xi = \frac{2^{r_1}(2\pi)^{r_2} R}{\sqrt{|d|}}$$

(7.15.5)

zu zeigen.

Wir trennen zunächst die endlichen Stellen von den unendlichen. Sei $\mathfrak{l}$ die Beschränkung von $\mathfrak{l}'$ auf $\mathcal{I}_K^1 \cap \prod_{\mathfrak{p} \in V_\infty} K_\mathfrak{p}^\times$. Dann ist

$$\mathfrak{l}'^{-1}(P) = W_K \times \mathfrak{l}^{-1}(P) \ \text{ mit } \ W_K := \prod_{\mathfrak{p} \in V_f} O_{K_\mathfrak{p}}^\times.$$

Wegen

$$\int_{O_{K_\mathfrak{p}}^\times} d^\times \xi_\mathfrak{p} = N(\mathfrak{D}_\mathfrak{p})^{-\frac{1}{2}}$$

ist

$$\int_{W_K} \prod_{\mathfrak{p} \in V_f} d^\times \xi_\mathfrak{p} = \prod_{\mathfrak{p} \in V_f} N(\mathfrak{D}_\mathfrak{p})^{-\frac{1}{2}} = \frac{1}{\sqrt{|d|}}.$$

Es bleibt daher

$$\int_{\mathfrak{l}^{-1}(P)} d^\times \xi = 2^{r_1}(2\pi)^{r_2} R$$

zu zeigen.

Wie im Abschnitt 2.9 sei $\mathfrak{p}_1, \ldots, \mathfrak{p}_{r_1}$ eine Anordnung der reellen und $\mathfrak{p}_{r_1+1}, \ldots, \mathfrak{p}_r$ eine Anordnung der komplexen Stellen. Wir erinnern daran, daß die normierte Bewertung $\omega_\mathfrak{p}$ für reelle Stellen gleich dem absoluten Betrag und für komplexe Stellen gleich dem Quadrat des absoluten Betrages ist.

Sei $Q := \{(\xi_1, \ldots, \xi_r) \mid 1 \le \omega_{\mathfrak{p}_i}(\xi_i) < e\}$. Dann hat $\mathfrak{l}(Q)$ den Inhalt 1. Andererseits hat das von P und dem Vektor $l_0 := (1/r, \ldots, 1/r)$ aufgespannte Parallelotop $\hat{P}$ den Inhalt R (siehe 2.11). Da $\mathfrak{l}$ ein Homomorphismus von $\prod_{\mathfrak{p} \in V_\infty} K_\mathfrak{p}^\times$ in $\mathbb{R}^r$ ist, gilt

$$\frac{\mu(\mathfrak{l}^{-1}(\hat{P}))}{\mu(Q)} = \frac{I(\hat{P})}{I(\mathfrak{l}(Q))} = R.$$

Wir haben daher noch

$$\int_Q d^\times \xi = 2^{r_1}(2\pi)^{r_2}$$

zu zeigen. Nach Definition von Q ist

$$\int_Q d^\times \xi = \prod_{i=1}^{r_1} 2 \int_1^e \frac{dz}{z} \cdot \prod_{i=1}^{r_2} \int_M \frac{2dz}{|z|^2}$$

mit

$$M = \{z \in \mathbb{C} \mid 1 \le |z| \le e^{1/2}\}.$$

In Polarkoordinaten $z = re^{i\phi}$ wird

$$\int_M \frac{2dz}{|z|^2} = \int_0^{2\pi} \int_1^{e^{1/2}} \frac{2d\phi dr}{r} = 2\pi.$$

Daraus folgt die Behauptung. $\square$

Die Zahl auf der rechten Seite von (7.15.4) spielt im folgenden eine wichtige Rolle. Wir bezeichnen sie mit κ.

Wir betrachten jetzt noch die Quasicharaktere c von $\mathcal{I}_K/K^\times$. Wir identifizieren c mit dem entsprechenden Quasicharakter von $\mathcal{I}_K$. Die Beschränkung von c auf $\mathcal{I}_K^1$ ist ein gewönlicher Charakter, weil $\mathcal{I}_K^1/K^\times$ kompakt ist (Satz 7.4.2). In der Tat ist mit $\mathcal{I}_K^1/K^\times$ auch $c(\mathcal{I}_K^1/K^\times)$ eine kompakte Gruppe und daher in S^1 enthalten. Sei c jetzt ein Quasicharakter der auf $\mathcal{I}_K^1$ trivial ist. Wegen $\mathcal{I}_K/\mathcal{I}_K^1 \cong \mathbb{R}_+^\times$ ist dann c von der Form

$$c(\alpha) = \omega(\alpha)^s \text{ mit } s \in \mathbb{C}.$$

Für einen beliebigen Quasicharakter c betrachten wir seinen Absolutbetrag. Nach dem oben gesagten gilt

$$|c(\alpha)| = \omega(\alpha)^\sigma$$

mit einem durch c eindeutig bestimmten σ aus $\mathbb{R}$, das als Exponent von c bezeichnet wird. Ein Quasicharakter ist genau dann ein Charakter, wenn er den Exponenten 0 hat.

7.16 Globale ζ-Funktionen

Wir kommen jetzt zum Kern dieses Kapitels: Zur Definition der globalen ζ-Funktionen, d.h. der ζ-Funktionen algebraischer Zahlkörper K und zur Funktionalgleichung, der sie genügen. Dabei behalten wir alle Bezeichnungen von 7.15 bei.

Wir betrachten in diesem Abschnitt komplexwertige Funktionen f auf $\mathcal{A}_K$, die den folgenden Bedingungen genügen:

a) f und $\hat{f}$ sind stetige Funktionen, deren Absolutbetrag integrierbar ist.

b) Die Summen $\sum_{\beta \in K} f(\alpha(\xi + \beta))$ und $\sum_{\beta \in K} \hat{f}(\alpha(\xi + \beta))$ sind konvergent für alle $\alpha \in \mathcal{I}_K$, $\xi \in \mathcal{A}_K$. Die Konvergenz ist gleichmäßig für ξ aus einer beliebigen kompakten Teilmenge von $\mathcal{A}_K$ und α aus einer kompakten Teilmenge von $\mathcal{I}_K$.

c) $|f(\xi)|\omega(\xi)^\sigma$ und $|\hat{f}(\xi)|\omega(\xi)^\sigma$ sind integrierbare Funktionen auf $\mathcal{I}_K$ für $\sigma > 1$.

Wir nennen eine solche Funktion zulässig.

Die Topologie von $\mathcal{I}_K$ ist stärker als die Topologie, die man für $\mathcal{I}_K$ als Teilmenge von $\mathcal{A}_K$ erhält. Daher ist jede stetige Funktion auf $\mathcal{A}_K$ auch stetig als Funktion auf $\mathcal{I}_K$.

Wir definieren die zu einer zulässigen Funktion f und einem Quasicharakter c von $\mathcal{I}_K/K^\times$ gehörige ζ-Funktion durch

$$\zeta(f, c) := \int_{\mathcal{I}_K} f(\xi)c(\xi)d^\times\xi.$$

Wie im lokalen Fall (Satz 7.10.1) zeigt man, daß $\zeta(f, c\omega^s)$ für $\operatorname{Re} s > 1 - \sigma$ eine holomorphe Funktion ist, wobei σ den Exponenten von c bezeichnet.

Weiter setzen wir

$$\zeta(f, c, s) := \zeta(f, c\omega^s).$$

Satz 7.16.1

(i) $\zeta(f, c, s)$ *läßt sich für alle Quasicharaktere c und zulässigen Funktionen f analytisch fortsetzen zu einer meromorphen Funktion auf $\mathbb{C}$.*

(ii) $\zeta(f, c, s)$ *ist holomorph in $\mathbb{C}$, wenn die Beschränkung von c auf $\mathcal{I}_K^1$ nicht trivial ist. Wenn c auf $\mathcal{I}_K^1$ trivial ist, sei c o.B.d.A. gleich dem Einscharakter. Dann ist $\zeta(f, c, s)$ holomorph bis auf zwei einfache Pole in $s = 0$ und $s = 1$. Das Residuum an der Stelle 0 bzw. 1 ist gleich $-\kappa f(0)$ bzw. $\kappa \hat{f}(0)$.*

(iii) *Die Funktion $\zeta(f, c, s)$ genügt der Funktionalgleichung*

$$\zeta(f, c, s) = \zeta(\hat{f}, c^{-1}, 1 - s). \tag{7.16.1}$$

B e w e i s: Sei c ein Quasicharakter mit Exponenten $\sigma > 1$. Dann gilt nach Satz 7.15.1

$$\zeta(f, c) = \int_{\mathcal{I}_K} f(\xi)c(\xi)d^\times\xi = \int_0^\infty \left(\int_{\mathcal{I}_K^1} f(t\xi)c(t\xi)d^\times\xi \right) \frac{dt}{t}.$$

Wir setzen

$$\zeta_t(f, c) := \int_{\mathcal{I}_K^1} f(t\xi)c(t\xi)d^\times\xi.$$

Wegen $|c(t\xi)| = \omega(t)^\sigma$ konvergiert dieses Integral absolut für beliebige Quasicharaktere c.

Lemma 7.16.2 *Für alle Quasicharaktere c gilt*

$$\zeta_t(f, c) + f(0) \int_E c(t\xi)d^\times\xi = \zeta_{1/t}(\hat{f}, \hat{c}) + \hat{f}(0) \int_E \hat{c}\left(\frac{1}{t}\xi\right) d^\times\xi,$$

wobei $\hat{c} = \omega c^{-1}$ gesetzt ist.

B e w e i s :

$$\zeta_t(f, c) + f(0) \int_E c(t\xi)d^\times\xi = \sum_{\beta\in K^\times} \int_{\beta E} f(t\xi)c(t\xi)d^\times\xi + f(0) \int_E c(t\xi)d^\times\xi =$$

$$= \sum_{\beta\in K^\times} \int_E f(t\beta\xi)c(t\xi)d^\times\xi + f(0) \int_E c(t\xi)d^\times\xi,$$

weil c ein Quasicharakter von $\mathcal{I}_K/K^\times$ ist und wegen der Translationsinvarianz des Haarschen Maßes

$$d^\times\alpha\xi = d^\times\xi$$

gilt. Weiter können wir wegen der gleichmäßigen Konvergenz auf E die Summe mit dem Integral vertauschen und erhalten mit Anwendung von Satz 7.8.6

$$\int_E \left(\sum_{\beta\in K^\times} f(\beta t\xi)\right) c(t\xi)d^\times\xi + \int_E f(0)c(t\xi)d^\times\xi = \int_E \left(\sum_{\beta\in K} f(\beta t\xi)\right) c(t\xi)d^\times\xi =$$

$$= \int_E \left(\sum_{\beta\in K} \hat{f}\left(\beta\frac{1}{t\xi}\right)\right) \frac{1}{\omega(t\xi)}c(t\xi)d^\times\xi.$$

Jetzt führen wir die Substitution

$$\xi \to \frac{1}{\xi}, \ d^\times\xi \to d^\times\xi$$

durch und erhalten

$$\zeta_t(f, c) + f(0) \int_E c(t\xi)d^\times\xi = \int_E \left(\sum_{\beta\in K} \hat{f}\left(\beta\frac{1}{t\xi}\right)\right) \frac{1}{\omega(t\xi)}c(t\xi)d^\times\xi =$$

$$= \zeta_{1/t}(\hat{f}, \hat{c}) + \hat{f}(0) \int_E \hat{c}\left(\frac{1}{t}\xi\right) d^\times\xi.$$

$\square$

Das Integral

$$\int_E c(t\xi)d^\times\xi$$

läßt sich leicht berechnen. Wenn c auf $\mathcal{I}_K^1$ konstant ist, gilt

$$c(\xi) = \omega(\xi)^u$$

für ein gewisses $u \in \mathbb{C}$ und daher

$$\int_E c(t\xi)d^\times\xi = \kappa\omega(t)^u. \tag{7.16.2}$$

Wenn c auf $\mathcal{I}_K^1$ nicht konstant ist, gilt

$$\int_E c(t\xi)d^\times\xi = c(t)\int_E c(\xi)d^\times\xi = 0 \tag{7.16.3}$$

(vergleiche 7.7).

Im weiteren denken wir uns c fixiert und betrachten entsprechend der Formulierung von Satz 7.16.1 die Äquivalenzklasse $c\omega^s$ von Quasicharakteren für $s \in \mathbb{C}$. Wir haben jetzt $\zeta_t(f, c, s) := \zeta_t(f, c\omega^s)$ zu integrieren. Wir haben

$$\zeta(f, c, s) = \int_0^\infty \zeta_t(f, c, s)\frac{dt}{t} = \int_0^1 \zeta_t(f, c, s)\frac{dt}{t} + \int_1^\infty \zeta_t(f, c, s)\frac{dt}{t}.$$

Das Integral von 1 bis ∞ konvergiert für alle $s \in \mathbb{C}$, denn da es den Teil des Gesamtintegrals darstellt, für den $|\xi| \geq 1$ ist, konvergiert es um so besser je kleiner der Exponent von c ist. Aber nach Voraussetzung konvergiert das Integral für $\sigma +$ Re $s > 1$.

Jetzt transformieren wir das Integral von 0 bis 1 in ein Integral von 1 bis ∞ mit Hilfe von Lemma 7.16.2. Danach ist

$$\int_0^1 \zeta_t(f, c, s)\frac{dt}{t} = \int_0^1 \zeta_{1/t}(\hat{f}, c^{-1}, 1-s)\frac{dt}{t} + \delta\int_0^1 \kappa\hat{f}(0)\left(\frac{1}{t}\right)^{1-u-s}\frac{dt}{t} -$$

$$-\delta\int_0^1 \kappa f(0)t^{u+s}\frac{dt}{t}$$

mit $\delta = 1$, wenn c auf $\mathcal{I}_K^1$ trivial ist und daher von der Form $c(\xi) = \omega(\xi)^u$, und $\delta = 0$, wenn c auf $\mathcal{I}_K^1$ nicht trivial ist. Durch die Substitution $t \to \frac{1}{t}$ im ersten Term der rechten Seite erhält man

$$\int_0^1 \zeta_t(f, c, s)\frac{dt}{t} = \int_1^\infty \zeta_t(\hat{f}, c^{-1}, 1-s)\frac{dt}{t} + \delta\frac{\kappa\hat{f}(0)}{u+s-1} - \delta\frac{\kappa f(0)}{u+s}. \tag{7.16.4}$$

Diese Rechnung gilt zunächst nur für Re $s > 1 - \sigma$. Da aber auf der rechten Seite von (7.16.4) meromorphe Funktionen für $s \in \mathbb{C}$ stehen, haben wir für alle $s \in \mathbb{C}$ mit

$$\int_1^\infty \zeta_t(f, c, s)\frac{dt}{t} + \int_1^\infty \zeta_t(\hat{f}, c^{-1}, 1-s)\frac{dt}{t} + \delta\frac{\kappa\hat{f}(0)}{u+s-1} - \delta\frac{\kappa f(0)}{u+s} \tag{7.16.5}$$

die meromorphe Fortsetzung von $\zeta(f, c, s)$ für alle $s \in \mathbb{C}$. Geht man von $\hat{f}$ und $c^{-1}\omega^{1-s}$ aus, so erhält man gleichfalls die Summendarstellung (7.16.5). Damit ist die Funktionalgleichung (7.16.1) und Satz 7.16.1 bewiesen. $\qquad\square$

7.17 Die Dedekindsche ζ-Funktion

Durch spezielle Wahl der Funktionen f in Satz 7.16.1 erhalten wir wichtige Funktionen der Zahlentheorie. In diesem Abschnitt betrachten wir den einfachsten Fall, daß der Quasicharakter c trivial ist.

Die *Dedekindsche Zetafunktion* $\zeta_K(s)$ des algebraischen Zahlkörpers K ist durch die Reihe

$$\zeta_K(s) := \sum_{\mathfrak{a}} \frac{1}{N(\mathfrak{a})^s}$$

definiert, wobei die Summe über alle ganzen, von $\{0\}$ verschiedenen Ideale $\mathfrak{a}$ zu erstrecken ist.

Satz 7.17.1

(i) *Die Reihe $\zeta_K(s)$ konvergiert absolut und gleichmäßig für $\operatorname{Re} s \geq 1 + \delta,\ \delta > 0$ beliebig.*

(ii) *$\zeta_K(s)$ ist eine holomorphe Funktion für $\operatorname{Re} s > 1$.*

(iii) *$\zeta_K(s)$ hat für $\operatorname{Re} s > 1$ die Produktdarstellung*

$$\zeta_K(s) = \prod_{\mathfrak{p}} \left(1 - N(\mathfrak{p})^{-s}\right)^{-1}, \tag{7.17.1}$$

wobei das Produkt über alle nichtarchimedischen Stellen von K zu erstrecken ist.

(iv) *Sei $s = \sigma + i\tau$ mit $\sigma,\ \tau \in \mathbb{R}$. Dann konvergiert $\zeta_K(\sigma + i\tau)$ gleichmäßig für $\tau \in \mathbb{R}$ gegen 1, wenn σ gegen unendlich strebt.*

B e w e i s: Sei $\sigma = \operatorname{Re} s$. Zum Beweis von (i) und (ii) genügt es zu zeigen, daß die Reihe

$$\sum_{\mathfrak{a}} N(\mathfrak{a})^{-\sigma}$$

gleichmäßig für $\sigma \geq 1 + \delta,\ \delta > 0$, konvergiert. Sei x eine reelle Zahl mit $x > 0$. Auf Grund der eindeutigen Zerlegung in Primideale bzw. Stellen von K und der Multiplikativität der Norm gilt

$$\prod_{N(\mathfrak{p}) \leq x} \left(1 - N(\mathfrak{p})^{-\sigma}\right)^{-1} = \prod_{N(\mathfrak{p}) \leq x} \left(1 + N(\mathfrak{p})^{-\sigma} + N(\mathfrak{p})^{-2\sigma} + \ldots\right) \geq \sum_{N(\mathfrak{a}) \leq x} N(\mathfrak{a})^{-\sigma}.$$

Es genügt daher, die gleichmäßige Konvergenz von

$$\prod_{\mathfrak{p}} \left(1 - N(\mathfrak{p})^{-\sigma}\right)^{-1} \tag{7.17.2}$$

zu zeigen.

Sei $[K : \mathbb{Q}] =: n$. Dann ist für eine Primzahl p die Anzahl der $\mathfrak{p}$ mit $\mathfrak{p} \,|\, p$ kleiner oder gleich n und $N(\mathfrak{p}) \geq p$. Daher gilt

$$1 < \left(1 - N(\mathfrak{p})^{-\sigma}\right)^{-1} \leq \left(1 - p^{-\sigma}\right)^{-1}$$

und

$$\prod_{N(\mathfrak{p}) \leq x} \left(1 - N(\mathfrak{p})^{-\sigma}\right)^{-1} \leq \prod_{p \leq x} \left(1 - p^{-\sigma}\right)^{-n}. \tag{7.17.3}$$

Die rechte Seite konvergiert für $x \to \infty$ nach 7.1 gleichmäßig. Damit sind (i) und (ii) für $\mathrm{Char}(K) = 0$ bewiesen.

Zum Beweis von (iii) bemerken wir, daß

$$\left| \prod_{N(\mathfrak{p}) \leq x} \left(1 - N(\mathfrak{p})^{-s}\right)^{-1} - \sum_{N(\mathfrak{a}) \leq x} N(\mathfrak{a})^{-s} \right| \leq \sum_{N(\mathfrak{a}) \geq x} N(\mathfrak{a})^{-\sigma} \tag{7.17.4}$$

ist, $\sigma = \mathrm{Re}\, s$. Nach (i) konvergiert die rechte Seite von (7.17.4) gegen 0.

Zum Beweis von (iv) benutzen wir, daß nach dem Beweis von (i) und (ii) die Abschätzung

$$1 < |\zeta_K(\sigma + i\tau)| \leq \zeta(\sigma)^n \tag{7.17.5}$$

gilt. Nach (1.7.8) ist

$$\zeta(\sigma) < 1 + \frac{1}{\sigma - 1}. \tag{7.17.6}$$

Aus (7.17.5) und (7.17.6) folgt die Behauptung. $\qquad\qquad\qquad\qquad\quad \square$

Der folgende Satz ist unser Hauptergebnis über die Dedekindsche Zetafunktion.

Satz 7.17.2 *Sei K ein algebraischer Zahlkörper mit r_1 reellen und r_2 komplexen Stellen. Weiter sei*

$$Z_K(s) = \Gamma_{\mathbb{R}}(s)^{r_1} \Gamma_{\mathbb{C}}(s)^{r_2} \zeta_K(s),$$

wobei

$$\Gamma_{\mathbb{R}}(s) := \pi^{-s/2} \Gamma(s/2)$$

und

$$\Gamma_{\mathbb{C}}(s) := (2\pi)^{1-s} \Gamma(s)$$

ist. Dann ist $Z_K(s)$ für $s \in \mathbb{C}$ eine meromorphe Funktion, die abgesehen von zwei einfachen Polen für $s = 0$ und $s = 1$ holomorph ist und der Funktionalgleichung

$$Z_K(s) = |d_K|^{\frac{1}{2} - s} Z_K(1 - s)$$

genügt, wobei d_K die Diskriminante von K bezeichnet. Das Residuum von $Z_K(s)$ in $s = 0$ bzw. $s = 1$ ist gleich $-c_K$ bzw. $|d_K|^{-\frac{1}{2}} c_K$ mit

$$c_K = 2^{r_1} (2\pi)^{r_2} hR/w.$$

h, R und w bezeichnen wie in 7.15 die Klassenzahl, den Regulator und die Anzahl der Einheitswurzeln von K.

Da $\Gamma_{\mathbb{R}}(1) = \Gamma_{\mathbb{C}}(1)$ gleich 1 ist, folgt aus Satz 7.17.2, daß $\zeta_K(s)$ für $s = 1$ einen einfachen Pol mit dem Residuum $|D|^{-\frac{1}{2}} c_K$ hat.

Zum Beweis von Satz 7.17.2 wählen wir zunächst die lokalen Funktionen $f_{\mathfrak{p}}$ wie in 7.7-8, d.h. wir setzen

$$f_{\mathfrak{p}}(\xi_{\mathfrak{p}}) := \exp\left(-\pi \xi_{\mathfrak{p}}^2\right) = \hat{f}_{\mathfrak{p}}(\xi_{\mathfrak{p}})$$

für $\mathfrak{p}$ reell,

$$f_{\mathfrak{p}}(\xi_{\mathfrak{p}}) := \exp\left(-2\pi |\xi_{\mathfrak{p}}|^2\right) = \hat{f}_{\mathfrak{p}}(\xi_{\mathfrak{p}})$$

für $\mathfrak{p}$ komplex und

$$f_{\mathfrak{p}}(\xi_{\mathfrak{p}}) := \chi_{\mathcal{O}_{\mathfrak{p}}}(\xi_{\mathfrak{p}})$$

für $\mathfrak{p}$ nicht archimedisch. Nach 7.7 ist dann nach unserer Festlegung von $\psi_{\mathfrak{p}}$ in 7.8 mit dem Führer $\mathfrak{D}_{\mathfrak{p}}^{-1}$

$$\hat{f}_{\mathfrak{p}}(\xi_{\mathfrak{p}}) = N\left(\mathfrak{D}_{\mathfrak{p}}\right)^{-\frac{1}{2}} \chi_{\mathfrak{D}_{\mathfrak{p}}^{-1}}(\xi_{\mathfrak{p}}).$$

Wir setzen

$$f(\xi) = \prod_{\mathfrak{p}} f_{\mathfrak{p}}(\xi_{\mathfrak{p}})$$

für $\xi = \prod_{\mathfrak{p}} \xi_{\mathfrak{p}} \in \mathcal{A}_K$. Dann ist f eine zulässige Funktion im Sinne von 7.16: Die Bedingung a) ist erfüllt wegen der Sätze A4.5-7 und wegen

$$\int |f_{\mathfrak{p}}(\xi_{\mathfrak{p}})| \, d\xi_{\mathfrak{p}} = \int f_{\mathfrak{p}}(\xi_{\mathfrak{p}}) \, d\xi_{\mathfrak{p}} = N\left(\mathfrak{D}_{\mathfrak{p}}\right)^{-\frac{1}{2}}$$

für nichtarchimedische $\mathfrak{p}$, wonach

$$\int |f_{\mathfrak{p}}(\xi_{\mathfrak{p}})| \, d\xi_{\mathfrak{p}} = 1$$

für alle $\mathfrak{p}$ gilt, die nicht die Differente von $K/\mathbb{Q}$ teilen.

Die gleichen Überlegungen gelten für die lokalen Fourier-Transformierten $\hat{f}_{\mathfrak{p}}$. Daher ist $\hat{f} = \prod_{\mathfrak{p}} \hat{f}_{\mathfrak{p}}$ eine stetige Funktion, die absolut integrierbar ist.

Die Bedingung b) beweist man wie folgt: Wir zerlegen die Funktion f in ihren endlichen und unendlichen Teil:

$$f = f_0 f_\infty, \quad f_0(\xi) = \prod_{\mathfrak{p} \in V_f(K)} f_{\mathfrak{p}}(\xi_{\mathfrak{p}}), \quad f_\infty(\xi) = \prod_{\mathfrak{p} \mid \infty} f_{\mathfrak{p}}(\xi_{\mathfrak{p}}).$$

Dann ist

$$f_0(\xi) = 1 \text{ für } \xi \in \prod_{\mathfrak{p} \in V_f(K)} \mathcal{O}_{K_{\mathfrak{p}}}$$

und

$$f_0(\xi) = 0 \text{ für } \xi \notin \prod_{\mathfrak{p} \in V_f(K)} \mathcal{O}_{K_{\mathfrak{p}}}.$$

Es gibt daher für jede kompakte Menge A in $\mathcal{I}_K$ und B in $\mathcal{A}_K$ ein gebrochenes Ideal $\mathfrak{a}$ von K, so daß für alle $\alpha \in A$ und $\beta \in B$

$$f(\alpha(\xi + \beta)) \leq f_\infty(\alpha(\xi + \beta)) \text{ für } \xi \in \mathfrak{a}$$

und

$$f(\alpha(\xi + \beta)) = 0 \text{ für } \xi \notin \mathfrak{a}$$

gilt. Damit hat man die Abschätzung

$$0 \leq \sum_{\xi \in K} f(\alpha(\xi + \beta)) \leq \sum_{\xi \in \mathfrak{a}} \prod_{\mathfrak{p} \mid \infty} \exp\left(-\pi |\alpha_\mathfrak{p}(\xi_\mathfrak{p} + \beta)|^2\right).$$

Für $\hat{f}$ beweist man b) in der gleichen Weise.

Zum Beweis von c) betrachten wir zunächst die lokalen Integrale für $\mathfrak{p} \in V_f(K)$. Nach 7.9 gilt

$$\int\limits_{K_\mathfrak{p}^\times} |f_\mathfrak{p}(\xi_\mathfrak{p})| \omega_\mathfrak{p}(\xi_\mathfrak{p})^\sigma d^\times \xi_\mathfrak{p} = \int\limits_{\mathcal{O}_\mathfrak{p} - \{0\}} \omega_\mathfrak{p}(\xi_\mathfrak{p})^\sigma d^\times \xi_\mathfrak{p} = \sum_{r=0}^\infty N(\mathfrak{p})^{-r\sigma} \int\limits_{O_\mathfrak{p}^\times} d^\times \xi_\mathfrak{p} =$$

$$= \frac{N(\mathfrak{D}_\mathfrak{p})^{-\frac{1}{2}}}{1 - N(\mathfrak{p})^{-\sigma}}.$$

Hieraus folgt nach Satz 7.17.1(iii), daß $|f(\xi)| \omega(\xi)^\sigma$ für $\sigma > 1$ integrierbar ist. Der Beweis für $\hat{f}$ geht wieder in der gleichen Weise.

Nach der oben durchgeführten Überlegung und 7.11 bis 7.14 erhalten wir folgende lokale Zetafunktionen:

$$\zeta(f_\mathfrak{p}, \omega_\mathfrak{p}^s) = \frac{N(\mathfrak{D}_\mathfrak{p})^{-\frac{1}{2}}}{1 - N(\mathfrak{p})^{-s}} \text{ für } \mathfrak{p} \in V_f(K),$$

$$\zeta(f_\mathfrak{p}, \omega_\mathfrak{p}^s) = \pi^{-\frac{s}{2}} \Gamma\left(\frac{s}{2}\right) = \Gamma_\mathbb{R}(s) \text{ für } \mathfrak{p} \text{ reell},$$

$$\zeta(f_\mathfrak{p}, \omega_\mathfrak{p}^s) = (2\pi)^{1-s} \Gamma(s) = \Gamma_\mathbb{C}(s) \text{ für } \mathfrak{p} \text{ komplex},$$

$$\zeta(\hat{f}_\mathfrak{p}, \omega_\mathfrak{p}^{1-s}) = \frac{N(\mathfrak{D}_\mathfrak{p})^{-s}}{1 - N(\mathfrak{p})^{s-1}} \text{ für } \mathfrak{p} \in V_f(K).$$

Weiter ist $\hat{f}_\mathfrak{p} = f_\mathfrak{p}$ für $\mathfrak{p} \mid \infty$.

Durch Produktbildung erhält man unter Berücksichtigung der Differententheorie (3.12)

$$\prod_\mathfrak{p} \zeta(f_\mathfrak{p}, \omega_\mathfrak{p}^s) = Z_K(s) |d_K|^{-\frac{1}{2}}$$

$$\prod_\mathfrak{p} \zeta(\hat{f}_\mathfrak{p}, \omega_\mathfrak{p}^{1-s}) = Z_K(1-s) |d_K|^{-s}$$

und damit ist nach Satz 7.16.1 der Satz 7.17.2 bewiesen. $\square$

7.18 Heckesche L-Reihen

Wir betrachten jetzt beliebige Quasicharaktere c der Ideleklassengruppe $\mathcal{I}_K/K^\times$.
Wir können ohne Beschränkung der Allgemeinheit annehmen, daß c verzweigt ist,
d.h. daß c nicht von der Form $c(\alpha) = \omega(\alpha)^{s_0}$ für ein $s_0 \in \mathbb{C}$ ist, da es nur auf die
Familie $c\omega^s$ ankommt und wir den Fall $c(\alpha) = 1$ in 7.17 abgehandelt haben. Weiter
beschränken wir uns auf Charaktere von $J_K/K^\times$.

Unsere Betrachtungen sind völlig analog zu denen in 7.17. Wir können uns daher kurzfassen. Wir beschränken uns wieder auf den Fall, daß K ein algebraischer
Zahlkörper ist.

Wir definieren zunächst die Heckesche L-Reihe $L(s, \chi)$ für einen verzweigten Charakter χ der Ideleklassengruppe mit Hilfe der Reihe

$$L(s, \chi) := \sum_{\mathfrak{a}} \frac{\chi(\mathfrak{a})}{N(\mathfrak{a})^s},$$

wobei über alle ganzen von $\{0\}$ verschiedenen Ideale $\mathfrak{a}$ von K summiert wird und
$\chi(\mathfrak{a})$ den Wert des χ zugeordneten Größencharakters bezeichnet (7.6). Den folgenden
Satz beweist man genau so wie Satz 7.17.1.

Satz 7.18.1

(i) *Die Reihe $L(s, \chi)$ konvergiert absolut und gleichmäßig für* $\operatorname{Re} s \geq 1 + \delta, \delta > 0$
beliebig.

(ii) *$L(s, \chi)$ ist eine holomorphe Funktion für* $\operatorname{Re} s > 1$.

(iii) *$L(s, \chi)$ hat für* $\operatorname{Re} s > 1$ *die Produktentwicklung*

$$L(s, \chi) = \prod_{\mathfrak{p}} (1 - \chi(\mathfrak{p})N(\mathfrak{p})^{-s})^{-1}, \qquad (7.18.1)$$

*wobei das Produkt über alle nichtarchimedischen Stellen von K zu erstrecken
ist.*

$\square$

Sei $\chi_{\mathfrak{p}}$ der zur Stelle $\mathfrak{p}$ gehörige Charakter von χ, d.h. $\chi_{\mathfrak{p}}$ ist die Einschränkung
von χ auf die Untergruppe $K_{\mathfrak{p}}^\times$ von $\mathcal{I}_K$. Wir wollen jetzt die Funktionalgleichung für
$L(s, \chi)$ formulieren und beweisen und ergänzen $L(s, \chi)$ zunächst durch unendliche
Eulerfaktoren. Wir benutzen die Bezeichnungen von 7.11 und 7.12 und setzen

$$\Lambda(s, \chi) := L(s, \chi) \prod_{\mathfrak{p}\text{ reell}} \Gamma_{\mathbb{R}}(s + s_{\chi_{\mathfrak{p}}} + N_{\chi_{\mathfrak{p}}}) \cdot \prod_{\mathfrak{p}\text{ komplex}} \Gamma_{\mathbb{C}}(s + s_{\chi_{\mathfrak{p}}} + |N_{\chi_{\mathfrak{p}}}|/2).$$

$\Lambda(s, \chi)$ ist mit $L(s, \chi)$ für $\operatorname{Re} s > 1$ definiert und ist in diesem Gebiet eine holomorphe Funktion. Weiter sei

$$W(\chi) := \prod_{\mathfrak{p} \in V} W(\chi_{\mathfrak{p}}),$$

$$\mathfrak{f}_\chi := \prod_{\mathfrak{p} \in V_f} \mathfrak{f}_{\chi_{\mathfrak{p}}}.$$

Das Produkt ist wohldefiniert, da $W(\chi_{\mathfrak{p}})$ für fast alle $\mathfrak{p} \in V$ gleich 1 ist. $W(\chi)$ heißt die Wurzelzahl von χ und ist eine komplexe Zahl vom Absolutbetrag 1, da $|W(\chi_{\mathfrak{p}})| = 1$ für alle $\mathfrak{p} \in V$ gilt.

Satz 7.18.2 *Sei χ ein verzweigter Charakter der Ideleklassengruppe. Dann läßt sich $\Lambda(s, \chi)$ zu einer für $s \in \mathbb{C}$ holomorphen Funktion fortsetzen, welche der Funktionalgleichung*

$$\Lambda(1 - s, \chi^{-1}) = W(\chi) N(\mathfrak{D}\mathfrak{f}_\chi)^{s-\frac{1}{2}} \Lambda(s, \chi)$$

genügt.

B e w e i s: Wir gehen wie im Beweis von Satz 7.17.2 vor und wählen die den lokalen Charakteren $\chi_{\mathfrak{p}}$ zugeordneten Testfunktionen $f_{\mathfrak{p}}$ wie in den Abschnitten 7.11 bis 7.13. Dann ist die durch

$$f(\xi) = \prod_{\mathfrak{p} \in V} f_{\mathfrak{p}}(\xi_{\mathfrak{p}}) \ \text{ für } \ \xi = \prod_{\mathfrak{p}} \xi_{\mathfrak{p}} \in \mathcal{A}_K$$

gegebene Funktion zulässig. Die zugehörige Zetafunktion

$$\zeta(f, \chi, s) = \prod_{\mathfrak{p}} \zeta(f_{\mathfrak{p}}, \chi_{\mathfrak{p}}, s)$$

konvergiert für $\operatorname{Re} s > 1$. Sei S_χ die Menge der endlichen Stellen von K, für die $\chi_{\mathfrak{p}}$ verzweigt ist. Nach Satz 7.11.1, 7.12.1, 7.13.3-4 gilt wegen $\mathfrak{f}_{\psi_{\mathfrak{p}}} = \mathfrak{D}_{\mathfrak{p}}^{-1}$ für $\mathfrak{p} \in V_f$
(7.8)

$$\zeta(f, \chi, s) =$$

$$= \Lambda(s, \chi) N(\mathfrak{f}_\chi)^{s-\frac{1}{2}} N(\mathfrak{D})^{s-\frac{1}{2}} \prod_{\mathfrak{p} \in V_f - S_\chi} W(\chi_{\mathfrak{p}}) \cdot \prod_{\mathfrak{p} \in S_\chi} \zeta(\hat{f}_{\mathfrak{p}}, \chi_{\mathfrak{p}}^{-1}, 1-s) W(\chi_{\mathfrak{p}}).$$

Dabei haben wir benutzt, daß die globale Differente $\mathfrak{D}$ gleich dem Produkt der lokalen Differenten $\mathfrak{D}_{\mathfrak{p}}$ ist.

$$\zeta(\hat{f}, \chi^{-1}, 1-s) = \Lambda(1-s, \chi^{-1}) \prod_{\mathfrak{p} \in V_\infty} W(\chi_{\mathfrak{p}})^{-1} \prod_{\mathfrak{p} \in S_\chi} \zeta(\hat{f}_{\mathfrak{p}}, \chi_{\mathfrak{p}}^{-1}, 1-s).$$

Wegen $\zeta(f, \chi, s) = \zeta(\hat{f}, \chi^{-1}, 1-s)$ (7.16.1) folgt

$$\Lambda(1-s, \chi^{-1}) = \left(\prod_{\mathfrak{p}} W(\chi_{\mathfrak{p}}) \right) N(\mathfrak{D}\mathfrak{f}_\chi)^{s-\frac{1}{2}} \Lambda(s, \chi)$$

und nach Satz 7.16.1 ist $\Lambda(s, \chi)$ eine für $s \in \mathbb{C}$ holomorphe Funktion. $\square$

7.19 Kongruenz-Zetafunktionen

In diesem Abschnitt bezeichnet K einen Funktionenkörper in einer Unbestimmten über endlichem Konstantenkörper $\mathbb{F}_q$. Analog zur Dedekindschen Zetafunktion wird K die *Kongruenz-Zetafunktion*

$$\zeta_K(s) = \sum_{\mathfrak{a}} N(\mathfrak{a})^{-s}$$

zugeordnet, wobei die Summe über alle effektiven Divisoren $\mathfrak{a} \neq 0$ von K zu nehmen ist (5.2). N bezeichnet die Absolutnorm bezüglich des Konstantenkörpers $\mathbb{F}_q$. Der Satz 7.17.1 überträgt sich wortwörtlich auf die Kongruenz-Zetafunktion $\zeta_K(s)$. Insbesondere hat man für Re $s > 1$ die Produktdarstellung

$$\zeta_K(s) = \prod_{\mathfrak{p}} (1 - N(\mathfrak{p})^{-s})^{-1}, \tag{7.19.1}$$

wobei das Produkt über alle Stellen $\mathfrak{p}$ von K zu erstrecken ist.

Die Kongruenz-Zetafunktionen wurden in speziellen Fällen von Artin eingeführt [Ar1924]. Ihr Name und ihre zahlentheoretische Relevanz ergeben sich aus den folgenden Überlegungen.

In 5.5 haben wir den Begriff des geometrischen Punktes von K mit Werten in $\mathbb{F}_{q^n}$ eingeführt. Wenn K durch die Gleichung

$$F(X,Y) = 0 \tag{7.19.2}$$

mit einem Polynom $F(X,Y) \in \mathbb{F}_q[X,Y]$ vom Grad m definiert wird, so entsprechen die geometrischen Punkte mit Werten in $\mathbb{F}_{q^n}$ den Lösungen von (7.19.2) im Körper $\mathbb{F}_{q^n}$, genauer den Nullstellen $(x:y:z) \in \mathbb{P}^2(\mathbb{F}_{q^n})$ des homogenisierten Polynoms

$$F_1(X,Y,Z) := Z^m F\left(\frac{X}{Z}, \frac{Y}{Z}\right).$$

Dies entspricht im einfachsten Fall, daß $q^n = p$ eine Primzahl ist, der Betrachtung von Kongruenzen für ganze Zahlen modulo p. Der folgende Satz zeigt, daß $\zeta_K(s)$ wichtige Informationen über K codiert.

Satz 7.19.1 *Sei N_l die Anzahl der geometrischen Punkte von K mit Werten in $\mathbb{F}_{q^l}$. Damit gilt*

$$\zeta_K(s) = \exp\left(\sum_{l=1}^{\infty} N_l \cdot \frac{q^{-sl}}{l}\right). \tag{7.19.3}$$

B e w e i s : Sei n_k die Anzahl der Stellen von K vom Absolutgrad k. Wir setzen $t := q^{-s}$. Von dem unendlichen Produkt (7.19.1) können wir für Re $s > 1$ den Logarithmus nehmen. Dann erhalten wir

$$\log \zeta_K(s) = -\sum_{\mathfrak{p}} \log(1 - N(\mathfrak{p})^{-s}) = -\sum_{\mathfrak{p}} \log(1 - t^{\deg \mathfrak{p}}).$$

Mit

$$-\log(1 - t^{\deg \mathfrak{p}}) = \sum_{n=1}^{\infty} \frac{1}{n} t^{n \deg \mathfrak{p}}$$

erhält man nach dem Weierstraßschen Umordnungssatz

$$\log \zeta_K(s) = \sum_{\mathfrak{p}} \sum_{n=1}^{\infty} \frac{1}{n} t^{n \deg \mathfrak{p}} = \sum_{k=1}^{\infty} n_k \sum_{n=1}^{\infty} \frac{1}{n} t^{kn} = \sum_{l=1}^{\infty} \left(\sum_{k|l} n_k k \right) \frac{1}{l} t^l.$$

(7.19.3) folgt daher aus Satz 5.5.4. $\square$

Die Natur der Funktion $\zeta_K(s)$ ist für Funktionenkörper sehr viel einfacher als für Zahlkörper. Dies geht aus dem folgenden Satz von F.K. Schmidt [Sc1931] hervor.

Satz 7.19.2 *Sei K ein algebraischer Funktionenkörper über dem Konstantenkörper $\mathbb{F}_q$ mit Geschlecht g und Klassenzahl h. Dann gilt*

$$\zeta_K(s) = \frac{1}{q-1} \left(\frac{q}{1 - q^{1-s}} - \frac{1}{1 - q^{-s}} \right) \quad falls \ g = 0$$

und

$$\zeta_K(s) = \frac{h}{q-1} \left(\frac{q^{1-g} q^{(1-s)(2g-1)}}{1 - q^{1-s}} - \frac{1}{1 - q^{-s}} \right) + \varphi(s) \quad falls \ g > 0$$

mit

$$\varphi(s) = \frac{1}{q-1} \sum q^{\dim[C] - s \deg[C]},$$

wobei die Summe über alle Divisorenklassen $[C]$ von K mit $0 \leq \deg[C] \leq 2g - 2$ läuft.

Insbesondere ist $\zeta_K(s)$ eine rationale Funktion von $t := q^{-s}$, mit einfachen Polen in $t = 0$ und $t = 1$ und keinen weiteren Polen. Damit ist die Fortsetzung von $\zeta_K(s)$ als meromorphe Funktion auf die ganze komplexe Ebene gegeben.

Der Beweis von Satz 7.19.2 beruht auf dem Satz von Riemann-Roch (5.6) und dem folgenden Satz, den wir am Schluß von Abschnitt 5.6 bereits erwähnt haben.

Satz 7.19.3 *Der Exponent f von K ist gleich 1.*

Wir beweisen zunächst, daß $\zeta_K(s)$ eine rationale Funktion in $t := q^{-s}$ ist. Sei a_n die Anzahl der effektiven Divisoren von K vom Grad n. Dann ist

$$\zeta_K(s) = \sum_{n=0}^{\infty} a_n t^n.$$

Wir benutzen die folgenden Formeln, die sich unmittelbar aus Satz 5.6.2 ergeben, dabei bezeichnet f den Exponenten von K, von dem wir vorläufig noch nicht wissen, daß er gleich 1 ist:

a) Für $f \nmid n$ gilt

$$a_n = 0. \tag{7.19.4}$$

b) Die Anzahl b_C der effektiven Divisoren in einer fixierten Divisorenklasse C ist

$$b_C = \frac{1}{q-1}(q^{\dim C} - 1). \tag{7.19.5}$$

c) Für alle $n > 2g - 2$ mit $f \mid n$ gilt

$$a_n = \frac{h}{q-1}(q^{n+1-g} - 1). \tag{7.19.6}$$

Sei zunächst $g = 0$ und daher $h = 1$ (Satz 5.7.1). Dann gilt

$$\sum_{n=0}^{\infty} a_n t^n = \sum_{n=0}^{\infty} a_{fn} t^{fn} = \sum_{n=0}^{\infty} \frac{1}{q-1}(q^{fn+1} - 1)t^{fn} = \frac{1}{q-1}\left(\frac{q}{1-(qt)^f} - \frac{1}{1-t^f}\right)$$

für $|qt| < 1$.

Für $g > 0$ erhält man

$$\sum_{n=0}^{\infty} a_n t^n = \sum_{0 \leq \deg C \leq 2g-2} \frac{q^{\dim C} - 1}{q-1} t^{\deg C} + \sum_{n>2g-2}^{\infty} a_n t^n$$

$$= \varphi(t) - \sum_{0 \leq \deg C} \frac{1}{q-1} t^{\deg C} + \frac{h}{q-1} \sum_{nf>2g-2} q^{nf+1-g} t^{nf}.$$

Da die kanonische Klasse den Grad $2g - 2$ hat, gilt $f \mid 2g - 2$. Daher hat die in der letzten Zeile rechtsstehende Summe die Form

$$q^{1-g} \cdot (qt)^{2g-2+f} \sum_{n=0}^{\infty} (qt)^{nf} = q^{1-g}(qt)^{2g-2+f} \cdot \frac{1}{1-(qt)^f}.$$

Hieraus und aus

$$\sum_{0 \leq \deg C} t^{\deg C} = \frac{h}{1-t^f}$$

folgt die Behauptung von Satz 7.19.2 im Falle $g > 0$, vorausgesetzt wir wüßten, daß $f = 1$ ist, was wir jetzt beweisen wollen.

Wir betrachten zunächst eine Erweiterung $\mathbb{F}_{q^r}$ des Konstantenkörpers $\mathbb{F}_q$. Nach 5.5 ist $\mathbb{F}_{q^r}$ der Konstantenkörper von $K_r := K\mathbb{F}_{q^r}$ und wir haben $[K_r : K] = r$. Sei $\mathfrak{P}_1$ eine Stelle von K_r, die über der Stelle $\mathfrak{p}$ von K liegt. Dann ist der Restklassenkörper von $\mathfrak{P}_1$ gleich dem Kompositum des Restklassenkörpers von $\mathfrak{p}$ mit $\mathbb{F}_{q^r}$. Weiter gilt der folgende

Satz 7.19.4 *Sei $\mathfrak{p}$ eine Stelle von K vom Absolutgrad m. Dann zerfällt $\mathfrak{p}$ als Divisor von K_r in die Summe von d paarweise verschiedenen Stellen $\mathfrak{P}_1, \ldots, \mathfrak{P}_d$ von K_r, wobei d gleich dem größten gemeinsamen Teiler von m und r ist. Der Absolutgrad von $\mathfrak{P}_i$ ist gleich m/d für $i = 1, \ldots, d$.*

B e w e i s: Nach 5.5 ist $\mathfrak{p}$ in K_r/K unverzweigt. Nach dem oben gesagten ist der Restklassenkörper von $\mathfrak{P}_i$ gleich $\mathbb{F}_{q^m}\mathbb{F}_{q^r} = \mathbb{F}_{q^{mr/d}}$ mit $d = g.g.T.(m,r)$. Daher ist der Absolutgrad von $\mathfrak{P}_i$ gleich $[\mathbb{F}_{q^{mr/d}} : \mathbb{F}_{q^r}] = m/d$. Aus Satz 5.5.2 folgt weiter, daß die Anzahl der Teiler von $\mathfrak{p}$ in K_r gleich d ist. $\square$

Sei

$$\phi_K(t) := \sum_{n=0}^{\infty} a_n t^n,$$

also

$$\zeta_K(s) = \phi_K(q^{-s}).$$

Als Folgerung aus Satz 7.19.4 erhält man

$$\phi_{K_r}(t^r) = \prod_{\nu=0}^{r-1} \phi_K(\zeta^\nu t), \tag{7.19.7}$$

wobei ζ eine primitive r-te Einheitswurzel bezeichnet. Zum Beweis von (7.19.7) geht man von der Produktdarstellung (7.19.1) aus:

$$\phi_K(t) = \prod_{\mathfrak{p}} (1 - t^{\deg \mathfrak{p}})^{-1}.$$

Nach Satz 7.19.4 ist

$$\prod_{i=1}^{d} (1 - t^{r \deg \mathfrak{P}_i}) = (1 - t^{r \deg \mathfrak{p}/d})^d = \prod_{\nu=0}^{r-1} (1 - (\zeta^\nu t)^{\deg \mathfrak{p}}),$$

woraus (7.19.7) folgt.

Mit Hilfe von (7.19.7) beweisen wir jetzt Satz 7.19.3. Für $r = f$ haben wir

$$\phi_K(\zeta^\nu t) = \phi_K(t)$$

und daher

$$\phi_{K_f}(t^f) = \phi_K(t)^f.$$

$\phi_{K_f}(t^f)$ hat nach der obigen Rechnung einen einfachen Pol für $t = 1$ und $\phi_K(t)^f$ hat einen f-fachen Pol für $t = 1$. Es folgt $f = 1$. $\square$

Wir erhalten nun die Funktionalgleichung von $\zeta_K(s)$ in höchst einfacher Weise.

Satz 7.19.5

$$\zeta_K(s) = q^{g-1-s(2g-2)} \zeta_K(1-s).$$

B e w e i s: Dies ist nach Satz 7.19.2 offensichtlich für $g = 0$. Sei daher $g > 0$. Wie im Beweis von Satz 7.19.2 benutzen wir die Funktion $\phi_K(t)$ und ihre Darstellung $\phi_K(t) = \phi_1(t) + \phi_2(t)$ mit

$$\phi_1(t) = \frac{h}{q-1}\left(\frac{q^{1-g}(qt)^{2g-1}}{1-qt} - \frac{1}{1-t}\right),$$

$$\phi_2(t) = \frac{1}{q-1}\sum_C q^{\dim C}t^{\deg C},$$

wobei C alle Divisorenklassen von K mit $0 \le \deg C \le 2g-2$ durchläuft. Für $\phi_1(t)$ gilt

$$q^{g-1}t^{2g-2}\phi_1\left(\frac{1}{qt}\right) = \frac{h}{q-1}q^{g-1}t^{2g-2}\left(\frac{q^g(qt)^{1-2g}}{1-t^{-1}} - \frac{1}{1-(qt)^{-1}}\right) =$$

$$= \frac{h}{q-1}\left(\frac{1}{t-1} - \frac{q^g t^{2g-1}}{qt-1}\right) = \phi_1(t).$$

Für $\phi_2(t)$ findet man mit Benutzung des Riemann-Rochschen Satzes (Satz 5.6.1), wobei W die kanonische Klasse bezeichnet,

$$(q-1)\phi_2(t) = \sum_C q^{\dim C}t^{\deg C} =$$

$$= \sum_C q^{\deg C+1-g+\dim(W-C)}t^{\deg C} =$$

$$= q^{g-1}t^{2g-2}\sum_C q^{\deg C-(2g-2)+\dim(W-C)}t^{\deg C-(2g-2)} =$$

$$= q^{g-1}t^{2g-2}\sum_C q^{\dim(W-C)}(qt)^{-\deg(W-C)} =$$

$$= q^{g-1}t^{2g-2}(q-1)\phi_2\left(\frac{1}{qt}\right).$$

Dabei haben wir benutzt, daß $\deg W = 2g - 2$ ist, und daß $W - C$ mit C alle Divisorenklassen mit $0 \le \deg C \le 2g-2$ durchläuft. $\qquad\square$

Aufgaben

1. Sei $K = \mathbb{Q}(\sqrt{-1})$ und p eine Primzahl. Man bestimme die Ordnung der Strahlklassengruppe (mod p).

2. Sei $K = \mathbb{Q}(\sqrt{2})$ und p eine Primzahl. Weiter bezeichnen wir mit ∞_1 und ∞_2 die reellen Bewertungen von $\mathbb{Q}(\sqrt{2})$. Man bestimme die Ordnungen der Strahlklassengruppen $\mathrm{mod}(p)$, $\mathrm{mod}(p)\infty_1$ und $\mathrm{mod}(p)\infty_1\infty_2$.

3. Sei p eine Primzahl. Man bestimme die Anzahl der Charaktere der Ordnungen 2, 3 und 4 für die Gruppen $\mathbb{Q}_p^\times$.

4. Sei $\mathfrak{p}$ ein Primideal im Körper $K = \mathbb{Q}(\sqrt{-1})$. Man bestimme die Anzahl der Charaktere der Ordnung 2 für die Gruppe $K_{\mathfrak{p}}^{\times}$.

5. Sei K ein $\mathfrak{p}$-adischer Zahlkörper und χ ein Charakter von $K^{\times}$ von endlicher Ordnung mit dem Führer $\mathfrak{f}$. Weiter sei $\mathfrak{a}$ ein Ideal von O_K mit $\mathfrak{a}^2|\mathfrak{f}$. Man zeige, daß es ein $\gamma \in K$ mit $\gamma O_K = \mathfrak{f} \cdot \mathfrak{f}_{\psi}^{-1}$ und

$$\chi(1 - \xi) = \psi(\gamma^{-1}\xi) \ \text{ für } \ \xi \in \mathfrak{f}\mathfrak{a}^{-1}$$

gibt, wobei ψ ein nichttrivialer Charakter von K^{+} ist.

6. Mit den Bezeichnungen von 5. zeige man

$$W(\chi) = \frac{N(\mathfrak{a})}{\sqrt{N(\mathfrak{f})}} \sum_{\xi} \overline{\chi}(\gamma^{-1}(1 + \xi))\psi(\gamma^{-1}(1 + \xi)),$$

wobei ξ ein Vertretersystem von $\mathfrak{a}$ mod $\mathfrak{f}\mathfrak{a}^{-1}$ durchläuft.

7. Mit den Bezeichnungen von 5. sei $\mathfrak{f} = \mathfrak{a}^2$. Man zeige

$$W(\chi) = \chi(\gamma)\psi(\gamma^{-1}).$$

8. Man zeige, daß jeder Quasicharakter von $\mathcal{I}_{\mathbb{Q}}/\mathbb{Q}^{\times}$ die Form $\omega^{\alpha}\chi$ hat, wobei $\alpha \in \mathbb{C}$ ist und χ endliche Ordnung hat.

9. Man berechne $\zeta_K(0)$ mit Hilfe der Funktionalgleichung (Satz 7.17.2).

8 Anwendungen der Heckeschen L-Reihen

Nachdem wir in dem langen Kapitel 7 die Theorie der Heckeschen L-Reihen entwickelt haben, wollen wir jetzt zeigen, daß diese in der algebraischen Zahlentheorie einen Nutzen haben.

8.1 Die Zerlegung von Primzahlen in algebraischen Zahlkörpern

Als erste Anwendung betrachten wir die Zerlegung von Primzahlen in algebraischen Zahlkörpern. Etwas allgemeiner betrachten wir einen algebraischen Zahlkörper K und eine endliche Erweiterung L vom Grade n über K. Wir sagen, daß ein Primideal $\mathfrak{p}$ von K in L vollständig zerfällt, wenn die Anzahl der verschiedenen Primteiler von $\mathfrak{p}$ in L gleich dem Grad n von L/K ist.

Satz 8.1.1 *Es gibt unendlich viele Primideale $\mathfrak{p}$ von K, die in L vollständig zerfallen.*

B e w e i s: Wir führen zunächst den Begriff der Dirichlet-Dichte für eine Menge A von Primidealen von K ein: A hat *Dirichlet-Dichte* $d(A)$, wenn der Limes

$$\lim_{\sigma \to 1} \frac{\log \prod_{\mathfrak{p} \in A} (1 - N(\mathfrak{p})^{-\sigma})^{-1}}{\log \zeta_K(\sigma)} \tag{8.1.1}$$

für reelle $\sigma > 1$ existiert und gleich $d(A)$ ist.

Wir formen (8.1.1) in der folgenden Weise um, wobei wir für zwei Funktionen $f(\sigma)$ und $g(\sigma)$, die für $\sigma > 1$ erklärt und stetig sind, $f(\sigma) \sim g(\sigma)$ schreiben, wenn

$$\lim_{\sigma \to 1} (f(\sigma) - g(\sigma))$$

existiert und endlich ist.

Wegen der absoluten und gleichmäßigen Konvergenz von

$$\prod_{\mathfrak{p} \in A} (1 - N(\mathfrak{p})^{-\sigma})^{-1}$$

für $\sigma \geq \sigma_0 > 1$ gilt

$$\log\Big(\prod_{\mathfrak{p} \in A} (1 - N(\mathfrak{p})^{-\sigma})^{-1}\Big) = \sum_{\mathfrak{p} \in A} N(\mathfrak{p})^{-\sigma} + \sum_{\mathfrak{p} \in A} \sum_{i \geq 2} \frac{1}{i} N(\mathfrak{p})^{-i\sigma}.$$

Die Doppelsumme

$$\sum_{\mathfrak{p}\in V_f(K)} \sum_{i\geq 2} \frac{1}{i} N(\mathfrak{p})^{-i\sigma}$$

wird durch

$$[K:\mathbb{Q}] \sum_p \sum_{i\geq 2} \frac{1}{i} p^{-i} \tag{8.1.2}$$

majorisiert. (8.1.2) konvergiert, wie wir im Beweis von Satz 1.7.1 gesehen haben, gegen eine endliche Zahl. Daher ist

$$\log(\prod_{\mathfrak{p}\in A} (1 - N(\mathfrak{p})^{-\sigma})^{-1}) \sim \sum_{\mathfrak{p}\in A} N(\mathfrak{p})^{-\sigma}$$

und nach (7.17.1) ist

$$\log \zeta_K(\sigma) \sim \sum_{\mathfrak{p}\in V_f(K)} N(\mathfrak{p})^{-\sigma}.$$

Daher gilt

$$d(A) = \lim_{\sigma\to 1} \frac{\sum\limits_{\mathfrak{p}\in A} N(\mathfrak{p})^{-\sigma}}{\sum\limits_{\mathfrak{p}\in V_f(K)} N(\mathfrak{p})^{-\sigma}} \tag{8.1.3}$$

genau dann, wenn $d(A)$ existiert.

Entsprechend zeigt man, daß die Dirichlet-Dichte von A gleich der Dirichlet-Dichte der Menge der $\mathfrak{p}\in A$ von Absolutgrad 1 ist.

Wegen (8.1.2) hat die Menge aller Primideale von K die Dirichlet-Dichte 1. Daher ist $d(A)$ eine Zahl mit $0 \leq d(A) \leq 1$. Zum Beweis von Satz 8.1.1 genügt es zu zeigen, daß die Dirichlet-Dichte der Menge $P(L/K)$ der in L vollständig zerfallenden Primideale von K existiert und größer als 0 ist. Wir beweisen den folgenden stärkeren Satz.

Satz 8.1.2 *Sei N die normale Hülle von L/K. Dann gilt*

$$d(P(L/K)) = 1/[N:K].$$

B e w e i s: Nach Satz 6.3.2 ist ein Primideal von K gleichzeitig in L und N voll zerlegt. Wir können daher annehmen, daß N gleich L ist.

Da $\zeta_L(s)$ einen einfachen Pol bei $s = 1$ hat, gilt

$$\lim_{\sigma\to 1} \frac{\log \zeta_L(\sigma)}{-\log(\sigma - 1)} = \lim_{\sigma\to 1} \frac{\log \zeta_L(\sigma)}{\log \zeta(\sigma)} = 1.$$

Andererseits ist

$$\log \zeta_L(\sigma) = \log \prod_{\mathfrak{P}} (1 - N(\mathfrak{P})^{-\sigma})^{-1} \sim \log \prod_{\mathfrak{p}\in U} (1 - N(\mathfrak{p})^{-\sigma f_{\mathfrak{p}}})^{-g_{\mathfrak{p}}},$$

wobei U die Menge der in L/K unverzweigten Primideale, $g_{\mathfrak{p}}$ die Anzahl der Primteiler $\mathfrak{P}$ von $\mathfrak{p}$ in L und $f_{\mathfrak{p}}$ deren gemeinsamen Trägheitsgrad bezeichnet. Für $\mathfrak{p} \in P(L/K)$ ist

$$\prod_{\mathfrak{P}|\mathfrak{p}} (1 - N(\mathfrak{P})^{-\sigma})^{-1} = (1 - N(\mathfrak{p})^{-\sigma})^{-n}$$

mit $n := [L : K]$, und daher gilt

$$\log \zeta_L(\sigma) \sim n \log \prod_{\mathfrak{p} \in P(L/K)} (1 - N(\mathfrak{p})^{-\sigma})^{-1} + \log \prod_{\mathfrak{p} \in U - P(L/K)} (1 - N(\mathfrak{p})^{-\sigma f_{\mathfrak{p}}})^{-g_{\mathfrak{p}}}.$$

Nach den Abschätzungen im Anschluß an Satz 8.1.1 konvergiert

$$\log \prod_{\mathfrak{p} \in U - P(L/K)} (1 - N(\mathfrak{p})^{-\sigma f_{\mathfrak{p}}})^{-g_{\mathfrak{p}}}$$

für $\sigma \to 1$. Es folgt

$$\lim_{\sigma \to 1} \frac{\log \zeta_L(\sigma)}{\log \zeta(\sigma)} = n \lim_{\sigma \to 1} (\log \zeta(\sigma))^{-1} \log \prod_{\mathfrak{p} \in P(L/K)} (1 - N(\mathfrak{p})^{-\sigma})^{-1} = 1.$$

Daher ist $d(P(L/K)) = \frac{1}{n}$. $\qquad\qquad\qquad\qquad\qquad\qquad\qquad\qquad\qquad\qquad\qquad\square$

Aus Satz 8.1.2 kann man eine interessante Folgerung ziehen:

Satz 8.1.3 (Satz von Bauer) *Seien L und M normale endliche Erweiterungen von K und sei $P(L/K) = P(M/K)$. Dann gilt $L = M$.*

B e w e i s: Nach Satz 4.9.1 gilt

$$P(LM/K) = P(L/K) = P(M/K)$$

Wegen Satz 8.1.2 ist daher

$$d(P(LM/K)) = \frac{1}{[LM : K]} = d(P(L/K)) = \frac{1}{[L : K]} = d(P(M/K)) = \frac{1}{[M : K]}$$

und folglich $LM = L = M$. $\qquad\qquad\qquad\qquad\qquad\qquad\qquad\qquad\qquad\qquad\qquad\square$

Bemerkung 1. Für eine umfassendere Form des Satzes von Bauer, die auch nichtnormale Erweiterungen einbezieht siehe z.B. [Ne1992], S.572. $\qquad\qquad\qquad\square$

Bemerkung 2. Satz 8.1.3 zeigt, daß normale Erweiterungen L eines Zahlkörpers K durch Mengen von Primidealen von K charakterisiert werden können. Leider hat man bisher im allgemeinen keine Einsicht, wie diese Mengen $P(L/K)$ beschaffen sind. Eine Ausnahme bilden die abelschen Erweiterungen, d.h. die normalen Erweiterungen mit abelscher Galoisscher Gruppe. Hier liefert die Klassenkörpertheorie eine ideale Antwort (siehe Kapitel 10). In einigen anderen Fällen mit $K = \mathbb{Q}$ kann man die Mengen $P(L/K)$ durch die Koeffizienten der Fourierentwicklung gewisser Modulformen beschreiben (siehe hierzu [Se1977]). Dies ist ein Spezialfall der Langlandsschen Vermutungen (siehe z.B. [BoCa1979]). $\qquad\qquad\qquad\square$

8.2   Das Nichtverschwinden der L-Reihen an der Stelle 1

Im Beweis des Dirichletschen Satzes über die Existenz von Primzahlen in arithmetischen Progressionen hat man zu zeigen, daß $L(1,\chi) \neq 0$ gilt für Charaktere $\chi : (\mathbb{Z}/m\mathbb{Z})^\times \to \mathbb{C}$, die vom Einscharakter $\chi = \chi_0$ verschieden sind. Für $\chi = \chi_0$ hat

$$L(s,\chi_0) = \zeta(s) \prod_{p|m} (1 - p^{-s})$$

einen einfachen Pol in $s = 1$. Seit der Entwicklung der Theorie der Kreisteilungskörper durch Kummer (6.4) beweist man $L(1,\chi) \neq 0$ am natürlichsten mit Hilfe des folgenden Satzes.

Satz 8.2.1 *Sei $K = \mathbb{Q}(\zeta_m)$ der m-te Kreisteilungskörper. Dann gilt*

$$\zeta_K(s) = \prod_{\mathfrak{p}|m} \left(1 - \frac{1}{N(\mathfrak{p})^s}\right)^{-1} \prod_\chi L(s,\chi), \tag{8.2.1}$$

wobei das rechte Produkt über alle Charaktere von $(\mathbb{Z}/m\mathbb{Z})^\times$ zu erstrecken ist.

B e w e i s: Es genügt (8.2.1) für alle Primfaktoren zu beweisen, d.h. wir zeigen für alle zu m teilerfremden Primzahlen p

$$\prod_{\mathfrak{p}|p} (1 - N(\mathfrak{p})^{-s}) = \prod_\chi (1 - \chi(p)p^{-s}). \tag{8.2.2}$$

Wegen der absoluten Konvergenz der Reihe in (8.2.1) für Re $s > 1$ folgt daraus die Behauptung. (8.2.2) folgt aus dem Zerlegungsgesetz der Primideale im Kreisteilungskörper (Satz 6.4.8). Danach ist der Trägheitsgrad f_p von $\mathfrak{p}$ gleich der Ordnung von $\bar{p}$ in der Gruppe $(\mathbb{Z}/m\mathbb{Z})^\times$. Mit $\xi := p^{-s}$ geht (8.2.2) in

$$(1 - \xi^{f_p})^{\frac{\varphi(m)}{f_p}} = \prod_\chi (1 - \chi(p)\xi)$$

über. Wir betrachten die Beschränkung eines Charakters χ auf die von $\bar{p}$ erzeugte Untergruppe von $(\mathbb{Z}/m\mathbb{Z})^\times$. $\zeta = \chi(\bar{p})$ ist eine f_p-te Einheitswurzel. Hat man $\chi(\bar{p})$ festgelegt, so gibt es $\varphi(m)/f_p$ Möglichkeiten $\chi(\bar{p})$ zu einem Charakter von $(\mathbb{Z}/m\mathbb{Z})^\times$ fortzusetzen. Es gilt also

$$\prod_\chi (1 - \chi(p)\xi) = \prod_\zeta (1 - \zeta\xi)^{\varphi(m)/f_p}, \tag{8.2.3}$$

dabei durchläuft das Produkt auf der rechten Seite alle f_p-ten Einheitswurzeln ζ. Andererseits gilt

$$\prod_\zeta (1 - \zeta\xi) = 1 - \xi^{f_p}. \tag{8.2.4}$$

Aus (8.2.3) und (8.2.4) folgt (8.2.2), womit Satz 8.2.1 bewiesen ist. $\square$
   Aus Satz 8.2.1 folgt nun

Satz 8.2.2 *Es gilt $L(1, \chi) \neq 0$ für Charaktere $\chi \neq \chi_0$ von $(\mathbb{Z}/m\mathbb{Z})^{\times}$.*

B e w e i s: Nach 7.16 und 7.17 hat $\zeta_K(s)$ und $L(s, \chi_0)$ jeweils einen einfachen Pol bei $s = 1$. Dagegen sind die Funktionen $L(s, \chi)$ mit $\chi \neq \chi_0$ für $s = 1$ holomorph. Daraus folgt wegen (8.2.1) $L(1, \chi) \neq 0$. $\qquad\qquad\square$

Eine entsprechende Überlegung läßt sich für die Charaktere der Strahlklassengruppen $I_{\mathfrak{m}}/S_{\mathfrak{m}}$ durchführen (7.5), wenn man die Klassenkörpertheorie zur Verfügung hat (Kapitel 10). Wir wollen hier aber $L(1, \chi) \neq 0$ unabhängig von der in Kapitel 10 formulierten Klassenkörpertheorie und für beliebige Größencharaktere χ beweisen und müssen uns daher mit einem weniger eleganten Beweis zufrieden geben.

Satz 8.2.3 *Sei χ ein verzweigter Größencharakter. Dann ist $L(1, \chi) \neq 0$.*

B e w e i s: Angenommen es gilt $L(1, \chi) = 0$. Für reelle $s > 1$ haben wir

$$L(s, \chi) = \prod_{\mathfrak{p}} (1 - \chi(\mathfrak{p})N(\mathfrak{p})^{-s})^{-1}.$$

Weiter stellt die Reihe $\sum_{n=1}^{\infty} \dfrac{z^n}{n}$ für $|z| < 1$ den Zweig der Funktion $-\log(1 - z)$ dar, der durch

$$-\frac{\pi}{2} < \mathrm{Im}\,(-\log(1 - z)) < \frac{\pi}{2}$$

bestimmt ist. In diesem Sinne haben wir

$$-\log(1 - \chi(\mathfrak{p})N(\mathfrak{p})^{-s}) = \sum_{n=1}^{\infty} \frac{\chi(\mathfrak{p})^n N(\mathfrak{p})^{-sn}}{n}$$

und damit

$$L(s, \chi) = \prod_{\mathfrak{p}} \exp\left(\sum_{n=1}^{\infty} \frac{\chi(\mathfrak{p})^n}{nN(\mathfrak{p})^{sn}}\right) = \exp\left(\sum_{\mathfrak{p},n} \frac{\chi(\mathfrak{p})^n}{nN(\mathfrak{p})^{sn}}\right),$$

wobei wegen der absoluten Konvergenz die Summe über $\mathfrak{p}$ und n in beliebiger Reihenfolge genommen werden kann.

Wir betrachten jetzt die Funktion

$$f(s) := L^3(s, \chi_0) L^4(s, \chi) L(s, \chi^2).$$

Sie ist nach 7.16 und 7.17 für alle $s \in \mathbb{C}$ holomorph und für reelle $s > 1$ gilt

$$f(s) = \exp\left(\sum_{\mathfrak{p},n} \frac{3 + 4\chi(\mathfrak{p}^n) + \chi^2(\mathfrak{p}^n)}{nN(\mathfrak{p})^{ns}}\right).$$

Dann wird

$$|f(s)| = \exp\left(\sum_{\mathfrak{p},n} \frac{3 + 4\mathrm{Re}\,(\chi(\mathfrak{p})^n) + \mathrm{Re}\,(\chi(\mathfrak{p})^{2n})}{nN(\mathfrak{p})^{ns}}\right)$$

Mit $\cos\theta := \mathrm{Re}\,\chi(\mathfrak{p})$ wird

$$|f(s)| = \exp\left(\sum_{\mathfrak{p},n} \frac{3 + 4\cos n\theta + \cos 2n\theta}{nN(\mathfrak{p})^{ns}}\right).$$

Nun ist

$$3 + 4\cos n\theta + \cos 2n\theta = 2 + 4\cos n\theta + 2\cos^2 n\theta \geq 0$$

und daher $|f(s)| \geq 1$ für $s > 1$.

Angenommen $\chi^2 \neq \chi_0$. Dann gilt $f(1) = 0$ wegen $L(1,\chi) = 0$ im Widerspruch zu $|f(s)| \geq 1$ für $s > 1$. Es bleibt der schwierigere Fall $\chi^2 = \chi_0$ übrig.

Wir betrachten die Funktion

$$L(s,\chi_0)L(s,\chi) = \exp\left(\sum_{\mathfrak{p},n} \frac{1 + \chi(\mathfrak{p}^n)}{nN(\mathfrak{p})^{ns}}\right).$$

Die Reihe

$$\sum_{\mathfrak{p},n} \frac{1 + \chi(\mathfrak{p}^n)}{nN(\mathfrak{p})^{ns}} \tag{8.2.5}$$

ist eine Reihe der Form $\sum_{n=1}^{\infty} a_n n^{-s}$ mit Koeffizienten $a_n \geq 0$. Für solche Reihen hat man den folgenden Satz von Landau.

Satz 8.2.4 *Sei $g(s) := \sum_{n=1}^{\infty} a_n n^{-s}$ eine Reihe mit $a_n \in \mathbb{R}$, $a_n \geq 0$, die für* $\mathrm{Re}\,s > \sigma_0$ *konvergiert. Weiter habe $g(s)$ eine analytische Fortsetzung in eine Umgebung von $s = \sigma_0$. Dann konvergiert die Reihe $g(s)$ für* $\mathrm{Re}\,s > \sigma_0 - \varepsilon$ *für ein gewisses $\varepsilon > 0$.*

Bemerkung: Nach unseren Voraussetzungen folgt aus der Konvergenz der Reihe $g(s)$ für $\mathrm{Re}\,s \geq \sigma_0 - \varepsilon$ die absolute und gleichmäßige Konvergenz. $g(s)$ stellt also für $\mathrm{Re}\,s \geq \sigma_0 - \varepsilon$ eine holomorphe Funktion dar. $\square$

Wir zeigen zunächst, daß $L(1,\chi) \neq 0$ aus Satz 8.2.4 folgt: Es gilt für reelle $s > 1$

$$\sum_{\mathfrak{p},n} \frac{1 + \chi(\mathfrak{p}^n)}{nN(\mathfrak{p})^{ns}} \geq \sum_{\mathfrak{p},n} \frac{2}{2nN(\mathfrak{p})^{2ns}} = \log\zeta_K(2s). \tag{8.2.6}$$

Es folgt, daß mit der rechten Seite auch die linke Seite von (8.2.6) für $s = \frac{1}{2}$ divergiert.

Angenommen $L(1,\chi) = 0$. Dann ist $L(s,\chi_0)L(s,\chi)$ eine holomorphe Funktion für alle $s \in \mathbb{C}$. Nach Satz 8.2.4 kann es daher kein kleinstes δ geben, so daß (8.2.5) für alle $s > \delta$ konvergiert. $\square$

Es bleibt, Satz 8.2.4 zu beweisen. Mit Hilfe einer Verschiebung $s \to s - \sigma_0$ kommen wir zu einer Reihe, die reelle nichtnegative Koeffizienten hat und für Re $s > 0$ konvergent ist. Wir können also annehmen, daß $g(s)$ diese Eigenschaft hat. Sei $\varepsilon > 0$ eine reelle Zahl. Dann gilt für $0 < \sigma < \varepsilon$

$$g(\sigma) = \sum_{n=1}^{\infty} a_n \exp((\varepsilon - \sigma) \log n) \exp(-\varepsilon \log n).$$

Mit

$$\exp((\varepsilon - \sigma) \log n) = \sum_{\nu=0}^{\infty} (\varepsilon - \sigma)^{\nu} \log^{\nu} n / \nu!$$

erhält man für $g(s)$ eine konvergente Doppelreihe mit nichtnegativen Summanden. Wir können daher umordnen und erhalten:

$$g(\sigma) = \sum_{\nu=0}^{\infty} \left(\sum_{n=1}^{\infty} a_n \exp(-\varepsilon \log n) \log^{\nu} n / \nu! \right) (\varepsilon - \sigma)^{\nu} \qquad (8.2.7)$$

Wir wählen jetzt ε so klein, daß $g(\sigma)$ für $|\varepsilon - \sigma| < 2\varepsilon$ holomorph ist. Dann konvergiert die Reihe (8.2.7) für $|\varepsilon - \sigma| < 2\varepsilon$.

Es folgt, daß auch die ursprüngliche Reihe $\sum_{n=1}^{\infty} a_n n^{-\sigma}$ für $|\varepsilon - \sigma| < 2\varepsilon$, also insbesondere für $\sigma > -\varepsilon$, konvergiert. $\qquad \square$

8.3 Die Verteilung von Primidealen in algebraischen Zahlkörpern

In diesem Abschnitt beweisen wir den in 7.2 angekündigten Satz über Primzahlen in arithmetischen Progressionen von Dirichlet und seine Verallgemeinerungen. Wir betrachten zunächst die Strahlgruppe S_{m} für den Erklärungsmodul m.

Satz 8.3.1 *Sei C eine Nebenklasse von S_{m} in I_{m}. Dann gibt es in C unendlich viele Primideale. Die Dirichlet-Dichte von C ist gleich $1/[I_{\mathrm{m}} : S_{\mathrm{m}}]$.*

B e w e i s: Sei χ ein Charakter von $I_{\mathrm{m}}/S_{\mathrm{m}}$, den wir als Funktion auf I_{m} betrachten und auf I_K multiplikativ fortsetzen durch $\chi(\mathfrak{p}) = 0$ für $\mathfrak{p}|\mathrm{m}$. Wenn χ von dem Einscharakter χ_0 verschieden ist, ist χ verzweigt. Mit den Bezeichnungen von 8.1 und 8.2 haben wir

$$\log L(\sigma, \chi) \sim \sum_{\mathfrak{p}} \chi(\mathfrak{p}) N(\mathfrak{p})^{-\sigma}.$$

Wir betrachten nun

$$\sum_{\chi} \chi(C)^{-1} \log L(\sigma, \chi),$$

wobei die Summe über alle Charaktere χ von $I_\mathfrak{m}/S_\mathfrak{m}$ zu erstrecken ist. Es gilt

$$\sum_\chi \chi(C)^{-1} L(\sigma,\chi) \sim \sum_\chi \sum_\mathfrak{p} \chi(\bar{\mathfrak{p}}C^{-1}) N(\mathfrak{p})^{-\sigma}.$$

Für $\sigma > 1$ gilt wegen der absoluten Konvergenz

$$\sum_\chi \sum_\mathfrak{p} \chi(\bar{\mathfrak{p}}C^{-1}) N(\mathfrak{p})^{-\sigma} = \sum_\mathfrak{p} \sum_\chi \chi(\bar{\mathfrak{p}}C^{-1}) N(\mathfrak{p})^{-\sigma} = [I_\mathfrak{m} : S_\mathfrak{m}] \sum_{\mathfrak{p} \in C} N(\mathfrak{p})^{-\sigma}.$$

Dabei haben wir benutzt, daß

$$\sum_\chi \chi(\bar{\mathfrak{p}}C^{-1}) = 0 \tag{8.3.1}$$

für $\bar{\mathfrak{p}} \neq C$ gilt. Sei nämlich χ_1 ein Charakter mit $\chi_1(\bar{\mathfrak{p}}C^{-1}) \neq 1$. Dann gilt (8.3.1) wegen

$$\sum_\chi \chi(\bar{\mathfrak{p}}C^{-1}) = \chi_1(\bar{\mathfrak{p}}C^{-1}) \sum_\chi \chi(\bar{\mathfrak{p}}C^{-1}).$$

Andererseits ist $L(\sigma,\chi)$ für $\chi \neq \chi_0$ in $\sigma = 1$ holomorph und daher stetig. Wegen $L(1,\chi) \neq 0$ nach Satz 8.2.3 gilt

$$\lim_{\sigma \to 1} \frac{\log L(\sigma,\chi)}{\log L(\sigma,\chi_0)} = 0 \quad \text{für} \quad \chi \neq \chi_0.$$

Es folgt

$$\lim_{\sigma \to 1} \frac{\sum_\chi \chi(C^{-1}) \log L(\sigma,\chi)}{\log L(\sigma,\chi_0)} = 1$$

und damit

$$\lim_{\sigma \to 1} \frac{\sum_{\mathfrak{p} \in C} N(\mathfrak{p})^{-\sigma}}{\log \zeta_K(\sigma)} = \frac{1}{[I_\mathfrak{m} : S_\mathfrak{m}]}.$$

$\square$

Der Beweis von Satz 8.3.1 folgt genau dem Gedankengang von Dirichlet, der den Fall $K = \mathbb{Q}$ betrachtete.

Wir kommen jetzt zur Verallgemeinerung von Satz 8.3.1 unter Heranziehung von Hecke-Charakteren unendlicher Ordnung. Dabei beschränken wir uns auf *normalisierte* Charaktere χ, d.h. auf Charaktere χ von $\mathcal{I}_K$ mit $\chi(J_K) = \chi(K^\times) = \{1\}$ (vergl. 7.15). Solche Charaktere kann man als Funktionen auf der kompakten Gruppe $\mathcal{I}_K/J_K K^\times$ auffassen. (Satz 7.4.2).

Sei $\mathfrak{m}$ ein Erklärungsmodul von χ (7.6). Weiter sei χ' der χ zugeordnete Größencharakter mod $\mathfrak{m}$: $\chi'(\mathfrak{a}) = \chi(\varphi_\mathfrak{m}(\mathfrak{a}))$ für $\mathfrak{a} \in I_\mathfrak{m}$. Wir setzen wieder $\chi'(\mathfrak{p}) = 0$ für $\mathfrak{p} \mid \mathfrak{m}$. Dann gilt mit der oben durchgeführten Überlegung

$$\log L(\sigma,\chi) \sim \sum_\mathfrak{p} \chi'(\mathfrak{p}) N(\mathfrak{p})^{-\sigma}$$

und wegen Satz 7.2.3 für normalisierte Charaktere $\chi \neq \chi_0$

$$\lim_{\sigma \to 1} \frac{\sum_{\mathfrak{p}} \chi'(\mathfrak{p}) N(\mathfrak{p})^{-\sigma}}{\sum_{\mathfrak{p}} N(\mathfrak{p})^{-\sigma}} = 0. \tag{8.3.2}$$

Wir führen noch folgende Bezeichnungen ein: S sei die Stellenmenge von K, die aus allen unendlichen Stellen und allen Stellen $\mathfrak{p}$, die $\mathfrak{m}$ teilen, besteht. Wir setzen

$$\mathcal{I}^{\mathfrak{m}} = \prod_{\mathfrak{p} \in S} \{1\} \prod_{\mathfrak{p} \notin S} O_{\mathfrak{p}}^{\times}.$$

Weiter betrachten wir χ als Charakter auf $G_{\mathfrak{m}} := \mathcal{I}_K / J_K K^{\times} \mathcal{I}^{\mathfrak{m}}$. Analog zu $\varphi_{\mathfrak{m}}$ haben wir einen natürlichen Homomorphismus $\psi_{\mathfrak{m}}$ von $I_{\mathfrak{m}}$ in $G_{\mathfrak{m}}$, der durch

$$\psi_{\mathfrak{m}}(\mathfrak{p}) = \pi_{\mathfrak{p}} J_K K^{\times} \mathcal{I}^{\mathfrak{m}}$$

für Primideale $\mathfrak{p}$ mit $\mathfrak{p} \nmid \mathfrak{m}$ gegeben ist. Dann gilt für das mit $\mu(G_{\mathfrak{m}}) = 1$ normierte Haarsche Maß $d_{\mu}\xi$

$$\int_{G_{\mathfrak{m}}} \chi(\xi) d_{\mu}\xi = 0 \quad \text{für} \, \chi \neq \chi_0.$$

Wir haben daher nach (8.3.2) für alle Charaktere χ von $G_{\mathfrak{m}}$

$$\lim_{\sigma \to 1} \frac{\sum_{\mathfrak{p}} \chi'(\mathfrak{p}) N(\mathfrak{p})^{-\sigma}}{\sum_{\mathfrak{p}} N(\mathfrak{p})^{-\sigma}} = \int_{G_{\mathfrak{m}}} \chi(\xi) d_{\mu}\xi. \tag{8.3.3}$$

Jetzt benutzen wir den Satz von Peter-Weyl, wonach auf einer kompakten Hausdorffschen Gruppe jede stetige Funktion gleichmäßig durch endliche Linearkombinationen von Charakteren approximiert werden kann (siehe z.B. [Lo1953], S.155). Daher gilt für jede stetige Funktion f auf $G_{\mathfrak{m}}$

$$\lim_{\sigma \to 1} \frac{\sum_{\mathfrak{p}} f'(\mathfrak{p}) N(\mathfrak{p})^{-\sigma}}{\sum_{\mathfrak{p}} N(\mathfrak{p})^{-\sigma}} = \int_{G_{\mathfrak{m}}} f(\xi) d_{\mu}\xi,$$

wobei

$$f'(\mathfrak{p}) := f(\psi_{\mathfrak{m}}(\mathfrak{p})) \quad \text{für} \, \mathfrak{p} \nmid \mathfrak{m},$$

$$f'(\mathfrak{p}) := 0 \quad \text{für} \, \mathfrak{p} \mid \mathfrak{m}$$

gesetzt ist.

Jetzt können wir die gesuchte Verallgemeinerung von Satz 8.3.1 beweisen.

Satz 8.3.2 *Sei M eine nicht leere offene Menge in $G_{\mathfrak{m}}$. Dann gibt es unendlich viele Primideale $\mathfrak{p}$ in $I_{\mathfrak{m}}$ mit $\psi_{\mathfrak{m}}(\mathfrak{p}) \in M$ und Trägheitsgrad 1.*

B e w e i s: Sei α ein innerer Punkt von M. Dann betrachten wir die disjunkten abgeschlossenen Mengen $\{\alpha\}$ und $G_{\mathfrak{m}} - M$. Da $G_{\mathfrak{m}}$ Hausdorffsch und kompakt ist, ist $G_{\mathfrak{m}}$ normal und es gibt nach dem Lemma von Urysohn (siehe z.B. [Os1992] §54) eine reell wertige stetige Funktion f_M auf $G_{\mathfrak{m}}$ mit $f_M(\alpha) = 1$, $f_M(G_{\mathfrak{m}} - M) = \{0\}$ und $0 \le f_M(\beta) \le 1$ für $\beta \in G_{\mathfrak{m}}$. Dann gilt wegen Satz 8.3.1

$$\lim_{\sigma \to 1} \frac{\sum_{\mathfrak{p} \in M} N(\mathfrak{p})^{-\sigma}}{\sum_{\mathfrak{p}} N(\mathfrak{p})^{-\sigma}} \ge \lim_{\sigma \to 1} \frac{\sum_{\mathfrak{p}} f_M'(\mathfrak{p}) N(\mathfrak{p})^{-\sigma}}{\sum_{\mathfrak{p}} N(\mathfrak{p})^{-\sigma}} = \int_{G_{\mathfrak{m}}} f_M(\xi) d_\mu \xi > 0.$$

Hieraus folgt die Behauptung, da Primideale mit Trägheitsgrad größer als 1 keinen Betrag zur Dirichlet-Dichte liefern. $\square$

Wir betrachten jetzt noch einen interessanten Spezialfall von Satz 8.3.2:

Unter einem offenen Kegel in $\prod_{\mathfrak{p}|\infty} K_{\mathfrak{p}}$ mit Spitze im Nullpunkt verstehen wir eine offene Teilmenge W von $\prod_{\mathfrak{p}|\infty} K_{\mathfrak{p}}$ mit der Eigenschaft, daß für alle $t \in \mathbb{R}_+^\times$ mit $\prod \alpha_{\mathfrak{p}}$ auch $t \prod \alpha_{\mathfrak{p}}$ in W liegt.

Satz 8.3.3 *Sei* $\mathfrak{m}$ *ein ganzes Ideal,* $\mathfrak{a}$ *ein gebrochenes Ideal von* K *und* $\beta \in K^\times$ *mit*

$$\nu_{\mathfrak{p}}(\mathfrak{a}(\beta)) = 0 \quad \text{für } \mathfrak{p} \mid \mathfrak{m}. \tag{8.3.4}$$

Weiter sei W *ein offener Kegel in* $\prod_{\mathfrak{p}|\infty} K_{\mathfrak{p}}$ *mit Spitze im Nullpunkt. Dann gibt es unendlich viele Primideale* $\mathfrak{p}$ *mit Trägheitsgrad 1 von der Form* $\mathfrak{p} = \mathfrak{a}(\gamma)$ *mit einem* $\gamma \in K^\times$, *das den Bedingungen* $\iota_\infty(\gamma) \in W$ *und* $\nu_{\mathfrak{p}}(\gamma - \beta) \ge \nu_{\mathfrak{p}}(\mathfrak{m})$ *für* $\mathfrak{p} \mid \mathfrak{m}$ *genügt.*

B e w e i s: Sei die natürliche Zahl k so groß gewählt, daß

$$\nu_{\mathfrak{p}}(\beta^{-1} \mathfrak{m}^k) > 0 \quad \text{für } \mathfrak{p} \mid \mathfrak{m}$$

gilt. Dann definieren wir eine Menge M', als die Gesamtheit der Idele $\xi = \prod \xi_{\mathfrak{p}}$ aus $\mathcal{I}_K$, die den Bedingungen

$$\iota_\infty(\beta \xi^{-1}) \in W, \ \nu_{\mathfrak{p}}(\xi_{\mathfrak{p}}) = 0 \quad \text{für } \mathfrak{p} \notin S$$

und

$$\nu_{\mathfrak{p}}(\xi^{-1} - 1) \ge \nu_{\mathfrak{p}}(\beta^{-1} \mathfrak{m}^k) \quad \text{für } \mathfrak{p} \mid \mathfrak{m}$$

genügen. Nach dieser Definition ist klar, daß M' in $\mathcal{I}_K$ offen ist und $J_K \mathcal{I}^{\mathfrak{m}} M' = M'$ gilt. Sei M'' das Bild von M' bei der Projektion $\mathcal{I}_K \mapsto G_{\mathfrak{m}}$ und $M := \psi_{\mathfrak{m}}((\beta)\mathfrak{a})M''$. Dann ist M eine offene Menge in $G_{\mathfrak{m}}$. Es gibt also nach Satz 8.3.2 unendlich viele Primideale $\mathfrak{p} \in I_{\mathfrak{m}}$ mit Trägheitsgrad 1 und $\psi_{\mathfrak{m}}(\mathfrak{p}) \in M$. Wir schreiben $\mathfrak{p}$ in der Form $\mathfrak{p} = (\beta)\mathfrak{a}\mathfrak{c}$. Dann ist $\mathfrak{c} \in I_{\mathfrak{m}}$ wegen (8.3.4), also $\psi_{\mathfrak{m}}(\mathfrak{c}) \in M''$. Weiter sei $\eta = \prod \eta_{\mathfrak{p}}$ ein Idele mit $(\eta) = \mathfrak{c}$ und $\eta_{\mathfrak{p}} = 1$ für $\mathfrak{p} \in S$. Dann gibt es ein $\delta \in K^\times$ mit $\eta \delta^{-1} \in M'$. Nach Definition von M' ist dann $\iota_\infty(\beta\delta) \in W$ und

$$\nu_{\mathfrak{p}}(\delta - 1) \ge \nu_{\mathfrak{p}}(\beta^{-1} \mathfrak{m}^k) > 0 \quad \text{für } \mathfrak{p} \mid \mathfrak{m},$$

$$\nu_{\mathfrak{p}}(\eta_{\mathfrak{p}} \delta^{-1}) = 0 \quad \text{für } \mathfrak{p} \notin S.$$

Es folgt $\nu_{\mathfrak{p}}(\delta) = 0$ für $\mathfrak{p} \mid \mathfrak{m}$ und damit $\mathfrak{c} = (\delta)$.

Wir setzen jetzt $\gamma := \beta\delta$ und erhalten, daß es unendlich viele Primideale $\mathfrak{p} = \mathfrak{a}(\gamma)$ mit $\iota_{\infty}(\gamma) \in W$ und $\nu_{\mathfrak{p}}(\gamma - \beta) \geq \nu_{\mathfrak{p}}(\mathfrak{m}^k) \geq \nu_{\mathfrak{p}}(\mathfrak{m})$ für $\mathfrak{p} \mid \mathfrak{m}$ gibt. $\qquad\square$

Wir betrachten zwei Beispiele für Satz 8.3.3:

Beispiel 1.

$$K = \mathbb{Q}(\sqrt{-1}),\ \mathfrak{m} = \mathfrak{a} = (1),\ \beta = 1,$$

$$W(\alpha_1, \alpha_2) = \{z \in \mathbb{C} \mid \alpha_1 < \arg z < \alpha_2\}.$$

Dann besagt Satz 8.3.3, daß es für alle Winkelräume $W(\alpha_1, \alpha_2)$ mit $0 \leq \alpha_1 < \alpha_2 \leq 2\pi$ unendlich viele Primzahlen $a + bi$ ersten Grades in $\mathbb{Z}[\sqrt{-1}]$ mit

$$\alpha_1 < \arg(a + bi) < \alpha_2$$

gibt. Dies kann auch wie folgt ausgedrückt werden: Seien γ_1 und γ_2 reelle Zahlen mit $0 \leq \gamma_1 < \gamma_2 \leq 1$. Es gibt unendlich viele Primzahlen der Form $p = a^2 + b^2$ mit $\gamma_1 < \dfrac{a}{b} < \gamma_2$. $\qquad\square$

Beispiel 2.

$$K = \mathbb{Q}(\sqrt{2}),\ \mathfrak{m} = \mathfrak{a} = (1),\ \beta = 1.$$

Satz 8.3.3 besagt, daß es unendlich viele Primzahlen $a + b\sqrt{2}$ ersten Grades in $\mathbb{Z}[\sqrt{2}]$ gibt, wobei $(a + b\sqrt{2}, a - b\sqrt{2})$ in einem vorgegebenen Winkelraum in $\mathbb{R}^2$ liegt. Letztere Bedingung ist gleichbedeutend damit, daß $\dfrac{a}{b}$ im Intervall zwischen zwei vorgegebenen reellen Zahlen enthalten ist. Man kann dies auch wie folgt formulieren: Es gibt unendlich viele Primzahlen p mit $\pm p = a^2 - 2b^2$, wobei $\dfrac{a}{b}$ im Intervall zwischen zwei vorgegebenen reellen Zahlen enthalten ist. $\qquad\square$

8.4 Die verallgemeinerte Riemannsche Vermutung

In Abschnitt 1.7 haben wir die Riemannsche Vermutung erwähnt, die besagt, daß die Riemannsche Zetafunktion $\zeta(s)$ für $0 \leq \mathrm{Re}\, s \leq 1$ nur Nullstellen s_0 mit $\mathrm{Re}\, s_0 = \frac{1}{2}$ hat. Wir vergleichen zunächst diese bis heute unbewiesene und vielleicht bedeutendste Vermutung der Mathematik mit der in Satz 7.17.2 bewiesenen Funktionalgleichung, die für $\zeta(s)$ besagt, daß

$$\pi^{\frac{s-1}{2}}\Gamma\left(\frac{1-s}{2}\right)\zeta(1-s) = \pi^{-\frac{s}{2}}\Gamma\left(\frac{s}{2}\right)\zeta(s) \qquad (8.4.1)$$

für alle $s \in \mathbb{C}$ gilt. Wegen der Produktdarstellung (1.7.3) von $\zeta(s)$ für Re $s > 1$ hat $\zeta(s)$ keine Nullstellen für Re $s > 1$. Mit Hilfe der Funktionalgleichung (8.4.1) können wir daraus auf die Nullstellen von $\zeta(s)$ für Re $s < 0$ schließen, wobei zu berücksichtigen ist, daß wir Nullstellen und Pole von $\Gamma(s)$ kennen. $\Gamma(s)$ hat keine Nullstellen und an Polen nur einfache Pole für $s = 0, -1, \cdots$. Es folgt, daß die Funktion $\Gamma\left(\frac{s}{2}\right)\zeta(s)$ für Re $s > 1$ holomorph ist und keine Nullstellen hat. Das gleiche gilt wegen (8.4.1) für Re $s < 0$. Die einfachen Pole von $\Gamma\left(\frac{s}{2}\right)$ werden durch einfache Nullstellen von $\zeta(s)$ kompensiert. Weiter hat $\Gamma\left(\frac{s}{2}\right)\zeta(s)$ an der Stelle $s = 1$ einen einfachen Pol. Das gleiche gilt also für die Stelle $s = 0$. Daher ist $\zeta(s)$ in $s = 0$ holomorph mit einem Wert $\zeta(0) \neq 0$. Wir wissen nach Satz 1.8.3, daß $\zeta(s)$ keine Nullstellen s_0 mit Re $s_0 = 1$ hat. Das gleiche gilt daher für Re $s_0 = 0$.

Wir fassen unsere Ergebnisse in dem folgenden Satz zusammen:

Satz 8.4.1 *Die Riemannsche Zetafunktion $\zeta(s)$ ist holomorph für alle $s \in \mathbb{C}$ mit $s \neq 1$. Außerhalb des Streifens $0 < \mathrm{Re}\, s < 1$ hat $\zeta(s)$ keine Nullstellen außer einfachen Nullstellen für $s = -2, -4, \cdots$.* $\square$

In Abschnitt 1.8 haben wir den Primzahlssatz bewiesen, der besagt, daß

$$\lim_{x \to \infty} \pi(x) \cdot \log x / x = 1$$

ist. Unter Voraussetzung der Riemannschen Vermutung kann man ein wesentlich schärferes Ergebnis erhalten: *Zu jedem $\varepsilon > 0$ gibt es eine Konstante c mit*

$$\left| \pi(x) - \int_2^x \frac{dt}{\log t} \right| < cx^{\frac{1}{2}+\varepsilon}$$

für alle $x > 0$ (siehe z.B. [Ko1986], Kap. 27).

Gehen wir von $\mathbb{Q}$ zu einem beliebigen algebraischen Zahlkörper K über, so erhält man Verallgemeinerungen aller oben gemachten Aussagen.

An die Stelle der Riemannschen Vermutung tritt die *verallgemeinerte Riemannsche Vermutung*, die besagt, daß die Dedekindsche Zetafunktion $\zeta_K(s)$ in Streifen $0 \leq \mathrm{Re}\, s \leq 1$ nur Nullstellen s_0 mit Re $s_0 = \frac{1}{2}$ hat. Für das Verhalten von $\zeta_K(s)$ außerhalb dieses *kritischen Streifens* gilt eine Satz 8.4.1 entsprechende Aussage.

An die Stelle des Primzahlsatzes tritt der zuerst von Landau [La1903] bewiesene *Primidealsatz*, der folgendes besagt:

Sei $\pi_K(x)$ die Anzahl der Primideale $\mathfrak{p}$ von K mit $N(\mathfrak{p}) \leq x$. Dann ist $\pi_K(x)$ asymptotisch äquivalent zu $\dfrac{x}{\log x}$, d.h.

$$\lim_{x \to \infty} \pi_K(x) \cdot \frac{\log x}{x} = 1.$$

Für den Beweis dieses Satzes und seiner Verallgemeinerungen siehe z.B. [Na1990], Kap.7.

Sei jetzt K ein Funktionenkörper in einer Unbestimmten mit endlichem Konstantenkörper $\mathbb{F}_q$.

Nach Satz 7.19.2 können wir $\zeta_K(s)$ in der Form

$$\zeta_K(s) = \frac{H(q^{-s})}{(1 - q^{-s})(1 - q^{-s+1})}$$

mit einem Polynom $H(t)$ vom Grade $2g$ schreiben. Die Funktionalgleichung für $\zeta_K(s)$ liefert für $H(t)$ die Funktionalgleichung

$$H(t) = q^g t^{2g}\ H((qt)^{-1}). \tag{8.4.2}$$

Es gilt $H(0) = 1$. Schreiben wir daher $H(t)$ in der Form

$$H(t) = \prod_{i=1}^{2g}(1 - \alpha_i t),$$

so sind die α_i komplexe Zahlen, die wegen (8.4.2) so angeordnet werden können, daß $\alpha_i \alpha_{g+i} = q$ für $i = 1, \ldots, g$ gilt.

Eine Nullstelle s_0 von $\zeta(s)$ liegt genau dann vor, wenn $H(q^{-s_0}) = 0$, d.h. $\alpha_i = q^{s_0}$ für ein $i = 1, \ldots, 2g$ ist. Eine Nullstelle s_0 hat den Realteil $\frac{1}{2}$, wenn $|\alpha_i| = \sqrt{q}$ ist. Die Riemannsche Vermutung kann daher in der Form

$$|\alpha_i| = \sqrt{q} \ \text{ für } \ i = 1, \ldots, 2g \tag{8.4.3}$$

formuliert werden. Dies wurde zunächst von H.Hasse für $g = 1$ [Ha1934] und später von A.Weil [We1941] allgemein bewiesen.

Diese Ergebnisse von Hasse und Weil waren Meilensteine auf dem Weg zur *arithmetischen Geometrie*, deren Grundlagen von A. Grothendieck u.a. geschaffen wurden, um die von A. Weil konzipierte Verallgemeinerung von (8.4.3) auf Mannigfaltigkeiten beliebiger Dimension mit endlichem Konstantenkörper zu beweisen (der Fall einer Kurve entspricht einem Funktionenkörper in einer Unbestimmten). Diese Verallgemeinerung wurde schließlich von P. Deligne [De1974] bewiesen.

Heutzutage kann man die Behauptung (8.4.3) nach Vereinfachungen von A. Stepanov und E. Bombieri relativ leicht beweisen (siehe hierzu [St1993], V.2). Wir begnügen uns hier damit, eine Folgerung aus (8.4.3) zu ziehen, welche die Bedeutung dieser Gleichung zeigt.

Satz 8.4.2 *Seit $H(t) = 1 + b_1 t + \cdots + b_{2g} t^{2g}$ und sei N die Anzahl der Stellen von K vom Grad 1. Dann gilt $N - q - 1 = b_1$.*

B e w e i s: Nach Definition von $H(t)$ ist

$$\phi_K(t) = \frac{H(t)}{(1 - t)(1 - q^t)} \tag{8.4.4}$$

mit

$$\phi_K(t) = 1 + a_1 t + \cdots,$$

wobei a_n die Anzahl der effektiven Divisoren vom Grad n ist. Insbesondere ist $a_1 = N$. Die Behauptung liest man aus (8.4.4) ab. $\square$

Wegen

$$b_1 = \sum_{i=1}^{2g} \alpha_i$$

folgt aus (8.4.3) und Satz 8.4.2

$$|N - q - 1| \leq 2g\sqrt{q}. \tag{8.4.5}$$

Nach 5.5. hat $K\mathbb{F}_{q^r}$ den Konstantenkörper $\mathbb{F}_{q^r}$ und das Geschlecht g. Daher gilt für die Anzahl N_r der geometrischen Punkte mit Werten in $\mathbb{F}_{q^r}$

$$|N_r - q^r - 1| \leq 2gq^{r/2}. \tag{8.4.6}$$

Aufgaben

1. Sei A eine Menge von Primidealen in einem algebraischen Zahlkörper K mit der Dirichlet-Dichte $d(A)$. Man zeige, daß die Teilmenge der $\mathfrak{p} \in A$ mit Absolutgrad 1 ebenfalls die Dirichlet-Dichte $d(A)$ hat.

2. Man beweise mit Hilfe von Satz 8.3.1, daß es für natürliche teilerfremde Zahlen k, l unendlich viele Primzahlen p der Form $p = l + mk$ mit $m \in \mathbb{N}$ gibt (Dirichletscher Satz über Primzahlen in arithmetischen Progressionen).

3. Man beweise (8.4.3) unter Voraussetzung von (8.4.6).

9   Quadratische Zahlkörper

In diesem Kapitel wollen wir Methoden und Ergebnisse früherer Kapitel auf den Fall quadratischer Zahlkörper anwenden. Dedekind [De1871] zeigte, daß die berühmten Untersuchungen von Gauß über die Komposition der Klassen von quadratischen Formen wesentlich einfacher und durchsichtiger werden, wenn man sie in die Sprache der Ordnungen in quadratischen Zahlkörpern (2.5) übersetzt. Wir beginnen dieses Kapitel mit dieser Übersetzung.

9.1   Quadratische Formen und Ordnungen in quadratischen Zahlkörpern

Sei die binäre quadratische Form durch

$$F(X, Y) = aX^2 + bXY + cY^2 \tag{9.1.1}$$

gegeben. Für die Behandlung der in 2.1 gestellten Aufgaben ist ein gemeinsamer Faktor der Koeffizienten von (9.1.1) unwesentlich. Wir setzen daher im folgenden voraus, daß

$$\text{g.g.T.}(a, b, c) = 1 \tag{9.1.2}$$

ist. Eine quadratische Form mit (9.1.2) heißt primitiv. Es gilt

$$F(X, Y) = aX^2 + bXY + cY^2 = (X, Y) \begin{pmatrix} a & b/2 \\ b/2 & c \end{pmatrix} \begin{pmatrix} X \\ Y \end{pmatrix}.$$

$$\mathbf{A} := \begin{pmatrix} a & b/2 \\ b/2 & c \end{pmatrix}$$

heißt die zu F *gehörige Matrix* und $-4\det\mathbf{A}$ die *Diskriminante von F*. Weiter heißen zwei quadratische Formen F und F' *äquivalent*, wenn es eine Matrix

$$\mathbf{B} = \begin{pmatrix} u & u' \\ v & v' \end{pmatrix}$$

mit $u, v, u', v' \in \mathbb{Z}$ und $\det\mathbf{B} \in \{1, -1\}$ gibt, so daß für die zugehörigen Matrizen $\mathbf{A}$ und $\mathbf{A}' = \begin{pmatrix} a' & b'/2 \\ b'/2 & c' \end{pmatrix}$ die Gleichung

$$\mathbf{A}' = \mathbf{B}^{\mathbf{T}} \mathbf{A} \, \mathbf{B} \tag{9.1.3}$$

gilt, wobei $\mathbf{B^T}$ die transponierte Matrix bedeutet. Wie man leicht sieht, stellen äquivalente Formen die gleichen Zahlen dar (2.1) und haben die gleiche Diskriminante.

Aus (9.1.3) folgt

$$\mathbf{A} = \mathbf{B^{-1}}^{\mathbf{T}}\mathbf{A'}\,\mathbf{B^{-1}}.$$

Da $\mathbf{B^{-1}}$ mit $\mathbf{B}$ ganzzahlige Koeffizienten hat, folgt, daß ein gemeinsamer Teiler von a, b, c auch a', b', c' teilt. Insbesondere sind äquivalente Formen gleichzeitig primitiv oder imprimitiv.

F und F' heißen *eigentlich äquivalent*, wenn es eine Matrix $\mathbf{B}$ mit (9.1.3) und $\det \mathbf{B} = 1$ gibt, d.h. $\mathbf{B} \in SL_2(\mathbb{Z})$. Dieser von Gauß eingeführte Begriff ist wichtig für die Komposition der Formklassen.

Im weiteren untersuchen wir den Zusammenhang von (binären) quadratischen Formen und quadratischen Zahlkörpern.

Satz 9.1.1 *Die quadratische Form (9.1.1) zerfällt genau dann in das Produkt einer rationalen Zahl und zweier Linearformen in X und Y mit ganzen Koeffizienten, wenn die Diskriminante D der Form ein Quadrat ist.*

B e w e i s: Sei zunächst $a = 0$. Dann ist $D = b^2$ und die Behauptung ist offensichtlich richtig. Wenn $a \neq 0$ ist, folgt die Behauptung aus der Identität

$$aX^2 + bXY + cY^2 = \frac{1}{4a}(2aX + (b + \sqrt{D})Y)(2aX + (b - \sqrt{D})Y). \qquad (9.1.4)$$

$\square$

Eine Form heißt irreduzibel, wenn ihre Diskriminante kein Quadrat ist (2.2). Wir beschränken uns im weiteren auf irreduzible Formen. Für diese gilt $a \neq 0$ und $b \neq 0$.

Die Identität (9.1.4) kann auch in der Form

$$aX^2 + bXY + cY^2 = \frac{1}{4a}((2aX + bY)^2 - DY^2) \qquad (9.1.5)$$

geschrieben werden.

Wir ersehen daraus, daß $aX^2 + bXY + cY^2$ für $D < 0$ positiv oder negativ definiert ist, d.h. nur Werte ≥ 0 oder ≤ 0 annimmt, je nach dem ob $a > 0$ oder $a < 0$ ist. Es ist daher keine wesentliche Einschränkung unserer Betrachtungen, wenn wir uns auf Formen mit $a > 0$ beschränken.

Für $D > 0$ ersehen wir aus (9.1.5), daß für passende Werte für X, Y die Form sowohl positive als auch negative Werte annimmt.

Da a bei einer Transformation mit der Matrix $\begin{pmatrix} u & u' \\ v & v' \end{pmatrix}$ in $au^2 + buv + cv^2$ übergeht, liegen in einer Klasse bezüglich eigentlicher Äquivalenz sowohl Formen mit $a > 0$ als auch mit $a < 0$.

Im Gegensatz zum Fall von Zahlkörpern vom Grade $n > 2$ läßt sich in quadratischen Zahlkörpern eine einfache Arithmetik in beliebigen Ordnungen durchführen:

Sei $K = \mathbb{Q}(\sqrt{d})$ ein quadratischer Zahlkörper. Unter einem *Modul* in K verstehen wir im folgenden eine Untergruppe von K^+, die von einer Basis von K über $\mathbb{Q}$ erzeugt wird. Für $\alpha \in K$ bezeichnet α' das Konjugierte von α.

Satz 9.1.2 *Sei* $\mathfrak{m}$ *ein Modul in* K. *Dann gibt es eine positive rationale Zahl* m, *so daß* $\mathfrak{m}$ *die Form* $\mathfrak{m} = (m, m\gamma)$ *mit* $\gamma \in K$ *hat.* m *ist durch* $\mathfrak{m}$ *eindeutig bestimmt.*

B e w e i s : Sei $\mathfrak{m} = (\alpha, \beta)$ und $x, y \in \mathbb{Q}$ mit

$$1 = x\alpha + y\beta.$$

Es gibt eine positive rationale Zahl m, so daß mx, my ganz und teilerfremd sind.

Wir setzen $mx =: u$ und $my =: v$. Seien r, s ganze rationale Zahlen mit $us - vr = 1$ und sei $\gamma := \dfrac{r\alpha + s\beta}{m}$. Dann ist $m, m\gamma \in \mathfrak{m}$:

$$m = m(x\alpha + y\beta) = u\alpha + v\beta, \quad m\gamma = r\alpha + s\beta. \tag{9.1.6}$$

Weiter sind α und β ganzzahlige Linearkombinationen von m und $m\gamma$, denn (9.1.6) ist ein lineares Gleichungssystem in α und β mit der Determinante 1.

Die in $\mathfrak{m}$ enthaltenen rationalen Zahlen sind die ganzen Vielfachen von m. Daher ist m durch $\mathfrak{m}$ eindeutig bestimmt. $\square$

Die Zahl γ ist Nullstelle eines irreduziblen quadratischen Polynoms mit ganzen Koeffizienten:

$$a\gamma^2 + b\gamma + c = 0. \tag{9.1.7}$$

Die Koeffizienten sind eindeutig bestimmt, wenn wir annehmen, daß sie teilerfremd sind und daß a positiv ist.

$a\gamma$ ist eine ganze algebraische Zahl und daher nach 2.5 von der Form

$$a\gamma = h + k\omega; \quad h, k \in \mathbb{Z}.$$

Durch eventuellen Übergang von γ zu $-\gamma$ erreicht man $k > 0$. Ein erzeugendes Element γ von K mit $k > 0$ heißt *zulässig*.

In 2.3 haben wir die Ordnung $O(\mathfrak{m})$ als Ring aller Zahlen $\delta \in K$ mit $\delta\mathfrak{m} \subseteq \mathfrak{m}$ definiert. Es gilt

Satz 9.1.3 *Die Ordnung von* $\mathfrak{m}$ *ist* $(1, a\gamma) = (1, k\omega)$.

B e w e i s : Für $\alpha \in K$, $\alpha \neq 0$ haben die Moduln $\mathfrak{m}$ und $\alpha\mathfrak{m}$ die gleiche Ordnung. Es genügt daher $\mathfrak{m} = (1, \gamma)$ zu betrachten. $\delta \in O(\mathfrak{m})$ bedeutet

$$\delta, \quad \delta\gamma \in \mathfrak{m} \tag{9.1.8}$$

Setzen wir $\delta = x + y\gamma$, so ist (9.1.8) genau dann erfüllt, wenn $x, y \in \mathbb{Z}$ und $y\gamma^2 \in \mathfrak{m}$ ist. Wegen (9.1.7) gilt

$$y\gamma^2 = -ya^{-1}(b\gamma + c),$$

daher ist yb und yc durch a teilbar; da a, b, c teilerfremd sind, bedeutet das $a \mid y$, d.h. δ ist in $(1, a\gamma)$. Umgekehrt gilt offensichtlich $a\gamma \in O(\mathfrak{m})$ und daher $O(\mathfrak{m}) = (1, a\gamma)$. $\square$

In diesem Kapitel bezeichnen wir die Zahl $D(\gamma) := b^2 - 4ac$ als Diskriminante der Zahl γ. Die Diskriminante der Ordnung $O(\mathfrak{m})$ ist gleich der Diskriminante von $a\gamma$ im Sinne von Anh.B und daher gleich $D(\gamma)$.

Satz 9.1.4 *Die Diskriminante von γ ist gleich der Diskriminante der zu $(1, \gamma)$ gehörigen Ordnung.* $\qquad\square$

Nach Satz 9.1.3 ist der Führer von $O(\mathfrak{m})$ gleich k.

Wir übertragen den Begriff der Norm eines Ideals (3.5) auf einen beliebigen Modul $\mathfrak{m} = (\alpha, \beta)$: Sei $O(\mathfrak{m}) = (\alpha_1, \beta_1)$ und $\mathbf{A}$ die Übergangsmatrix von α_1, β_1 zu α, β. Dann ist $|\det \mathbf{A}|$ unabhängig von der Wahl der Basen α, β in $\mathfrak{m}$ und α_1, β_1 in $O(\mathfrak{m})$. Wir setzen

$$N(\mathfrak{m}) := |\det \mathbf{A}|.$$

Nach Satz 9.1.2-3 gilt

$$N(\mathfrak{m}) = \frac{m^2}{a}. \qquad (9.1.9)$$

Weiter setzen wir

$$\mathfrak{m}' := \{\alpha' \mid \alpha \in \mathfrak{m}\}.$$

$\mathfrak{m}'$ hat die gleiche Ordnung und die gleiche Norm wie $\mathfrak{m}$.

Wir betrachten jetzt die Multiplikation der Moduln (2.3). Sei O eine Ordnung in K und $\mathfrak{m}$ ein Modul mit $O(\mathfrak{m}) = O$.

Satz 9.1.5 $\mathfrak{m}\mathfrak{m}' = N(\mathfrak{m})O$.

B e w e i s: Nach Satz 9.1.2-3 und (9.1.7) ist

$$\mathfrak{m}\mathfrak{m}' = (m, m\gamma)(m, m\gamma') = m^2(1, \gamma, \gamma', \gamma\gamma') =$$

$$= \frac{m^2}{a}(a, a\gamma, b, c) = \frac{m^2}{a}(1, a\gamma) = \frac{m^2}{a}O.$$

$\qquad\square$

Seien jetzt $\mathfrak{m}$ und $\mathfrak{m}_1$ Moduln mit der gleichen Ordnung O. Offensichtlich ist

$$(\mathfrak{m}\mathfrak{m}_1)' = \mathfrak{m}'\mathfrak{m}_1'$$

und daher

$$\mathfrak{m}\mathfrak{m}_1(\mathfrak{m}\mathfrak{m}_1)' = N(\mathfrak{m}\mathfrak{m}_1)O(\mathfrak{m}\mathfrak{m}_1) = \mathfrak{m}\mathfrak{m}'\mathfrak{m}_1\mathfrak{m}_1' = N(\mathfrak{m})N(\mathfrak{m}_1)O.$$

Hieraus folgt

$$O(\mathfrak{m}\mathfrak{m}_1) = O \qquad (9.1.10)$$

und

$$N(\mathfrak{m}\mathfrak{m}_1) = N(\mathfrak{m})N(\mathfrak{m}_1). \qquad (9.1.11)$$

Satz 9.1.6 *Die Gesamtheit $\mathfrak{M}(O)$ der Moduln mit gegebener Ordnung O bildet bezüglich der Multiplikation eine Gruppe.*

B e w e i s: (9.1.10) besagt, daß $\mathfrak{M}(O)$ bezüglich der Modulmultiplikation abgeschlossen ist. Nach Satz 9.1.5 ist $\dfrac{1}{N(\mathfrak{m})}\mathfrak{m}'$ das Inverse von $\mathfrak{m}$. $\qquad\square$

Zwei Moduln $\mathfrak{m}_1$ und $\mathfrak{m}_2$ aus $\mathfrak{M}(O)$ heißen *ähnlich im engeren Sinne*, wenn es ein $\alpha \in K$ mit $\mathfrak{m}_2 = \alpha\mathfrak{m}_1$ und $N(\alpha) > 0$ gibt.

Wir bezeichnen die Gruppe aller $\alpha \in K^\times$ mit $N(\alpha) > 0$ mit A. Für $d_K < 0$ ist $A = K^\times$, für $d_K > 0$ ist A eine Untergruppe vom Index 2 in $K^\times$. Die Einheitengruppe $O^\times$ von O hat einen endlichen Index in $O_K^\times$ (Satz 2.8.1), den wir mit $e(O)$ bezeichnen. Sei $n(O)$ der Index von $AO^\times$ in $K^\times$. Wie man leicht sieht, ist

$$n(O) = 1 \text{ für } d_K < 0,$$

$$n(O) = 1 \text{ für } d_K > 0 \quad \text{und es gibt ein } \varepsilon \in O^\times \text{ mit } N(\varepsilon) = -1,$$

$$n(O) = 2 \text{ für } d_K > 0 \text{ und } N(\varepsilon) = 1 \text{ für alle } \varepsilon \in O^\times.$$

Weiter sei

$$Cl(O) := \mathfrak{M}(O)/\{\alpha O \mid \alpha \in K^\times\}$$

die *Klassengruppe* von O und

$$Cl_0(O) := \mathfrak{M}(O)/\{\alpha O \mid \alpha \in A\}$$

die *Klassengruppe im engeren Sinne*. $Cl_0(O)$ ist die Gruppe, die für die Theorie der quadratischen Formen interessant ist.

Wie man leicht sieht, ist die natürliche Abbildung

$$\alpha AO^\times \to \alpha O\{\beta O \mid \beta \in A\}$$

ein Isomorphismus von $K^\times/AO^\times$ auf $\{\alpha O \mid \alpha \in K^\times\}/\{\alpha O \mid \alpha \in A\}$. Daher gilt

Satz 9.1.7 *Der Kern des natürlichen Homomorphismus von $Cl_0(O)$ auf $Cl(O)$ ist eine Gruppe der Ordnung $n(O)$.* $\qquad\square$

Beim Vergleich von Modulklassen und Formenklassen spielt der folgende Satz eine Hauptrolle:

Satz 9.1.8 *Seien γ_1 und γ_2 zulässige Zahlen aus K. Die Moduln $(1, \gamma_1)$ und $(1, \gamma_2)$ sind genau dann ähnlich im engeren Sinne, wenn es eine Matrix $\mathbf{A} \in SL_2(\mathbb{Z})$,*
$$\mathbf{A} = \begin{pmatrix} k & l \\ m & n \end{pmatrix} \text{ mit}$$

$$\gamma_2 = \frac{k\gamma_1 + l}{m\gamma_1 + n} \tag{9.1.12}$$

gibt.

B e w e i s: Seien $(1, \gamma_1)$ und $(1, \gamma_2)$ ähnlich im engeren Sinne. Dann gibt es ein $\alpha \in K^\times$ mit $N(\alpha) > 0$ und eine Matrix, $\mathbf{A} = \begin{pmatrix} k & l \\ m & n \end{pmatrix}$ mit $\det \mathbf{A} = \pm 1$, so daß

$$\begin{pmatrix} \gamma_2 \\ 1 \end{pmatrix} = \mathbf{A} \begin{pmatrix} \alpha\gamma_1 \\ \alpha \end{pmatrix} \tag{9.1.13}$$

gilt. Hieraus folgt

$$\begin{pmatrix} \gamma_2 & \gamma_2' \\ 1 & 1 \end{pmatrix} = \mathbf{A} \begin{pmatrix} \alpha\gamma_1 & \alpha'\gamma_1' \\ \alpha & \alpha' \end{pmatrix}$$

und

$$\gamma_2 - \gamma_2' = \det\mathbf{A} \cdot N(\alpha)(\gamma_1 - \gamma_1'). \tag{9.1.14}$$

Da γ_1 und γ_2 zulässig sind, folgt $\det \mathbf{A} = 1$.

Weiter folgt aus (9.1.13) die gesuchte Beziehung (9.1.12).

Sei umgekehrt (9.1.12) erfüllt. Dann gilt (9.1.13) mit $\alpha = \dfrac{1}{m\gamma_1 + n}$. Aus (9.1.14) folgt, daß $N(\alpha) > 0$ ist. $\qquad\square$

Wir kommen jetzt zum Angelpunkt dieses Abschnittes, dem Zusammenhang zwischen quadratischen Formen und Moduln.

Sei γ eine zulässige Zahl des quadratischen Körpers K. Wir ordnen γ einerseits die Klasse des Moduls $\mathfrak{m} := (1, \gamma)$ in $Cl_0(O)$ zu, wobei O die Ordnung von $(1, \gamma)$ ist, und ordnen γ andererseits die Klasse eigentlich äquivalenter Formen zu, in der die Form

$$F_\gamma(X, Y) := \frac{1}{N(\mathfrak{m})}(X - \gamma Y)(X - \gamma' Y)$$

liegt. $F_\gamma(X, Y)$ hat ganzzahlige Koeffizienten und ist primitiv, denn aus (9.1.7) und (9.1.9) folgt

$$F_\gamma(X, Y) = aX^2 + bXY + cY^2$$

mit $\mathrm{g.g.T}(a, b, c) = 1$.

Wir nennen die so bestimmte Zuordnung *die kanonische Korrespondenz*.

Satz 9.1.9 *Sei O eine Ordnung in dem quadratischen Zahlkörper K. Die kanonische Korrespondenz stellt eine eineindeutige Beziehung zwischen den Klassen von Moduln mit Ordnung O, die ähnlich im engeren Sinne sind, und den Klassen bezüglich eigentlicher Äquivalenz von quadratischen Formen mit Diskriminante D_O. Im Falle $D_O < 0$ werden dabei nur positiv-definite Formen berücksichtigt.*

B e w e i s: Nach Satz 9.1.8 besteht zwischen zwei zulässigen Zahlen γ_1, γ_2 von K für welche die Moduln $(1, \gamma_1)$ und $(1, \gamma_2)$ im engeren Sinne ähnlich sind, die Beziehung

$$\gamma_2 = \frac{k\gamma_1 + l}{m\gamma_1 + n}$$

mit $\mathbf{A} := \begin{pmatrix} k & l \\ m & n \end{pmatrix} \in SL_2(\mathbb{Z})$.

Die entsprechenden quadratischen Formen $F_{\gamma_1}(X, Y)$ und $F_{\gamma_2}(X, Y)$ sind äquivalent im engeren Sinne. Denn es gilt

$$F_{\gamma_2}(X, Y) = \frac{((m\gamma_1 + n)X - (k\gamma_1 + l)Y)((m\gamma_1' + n)X - (k\gamma_1' + l)Y)}{N(\mathfrak{m}_2)N(m\gamma_1 + n)} =$$

$$= \frac{(X_2 - \gamma_1 Y_2)(X_2 - \gamma_1' Y_2)}{N(\mathfrak{m}_1)},$$

wobei $\mathfrak{m}_1 := (1, \gamma_1)$, $\mathfrak{m}_2 := (1, \gamma_2)$ und

$$\begin{pmatrix} X_2 \\ Y_2 \end{pmatrix} := \mathbf{A}^{-1} \begin{pmatrix} X \\ Y \end{pmatrix}$$

gesetzt ist. Dabei hat man zu beachten, daß $N(m\gamma_1 + n) > 0$ ist (siehe Beweis von Satz 9.1.8). Bei der Zuordnung F_γ werden nach Satz 9.1.2 alle Modulklassen erfaßt.

Ist umgekehrt eine Klasse von Formen gegeben, die im Falle $d_K < 0$ positiv definit sind, so gibt es darin eine Form

$$F(X, Y) = aX^2 + bXY + cY^2$$

mit $a > 0$. Sei dann γ die zulässige Nullstelle des Polynoms $aX^2 + bX + c$ und daher

$$F(X, Y) = a(X - \gamma Y)(X - \gamma' Y).$$

Dann ist $F(X, Y) = F_\gamma(X, Y)$. $\qquad\qquad\qquad\qquad\qquad\qquad\qquad\qquad$ $\square$

Mit Hilfe der kanonischen Korrespondenz können wir die Gruppenstruktur der Modulklassen auf die Formklassen übertragen. In dieser Weise erhält man die Gaußsche Komposition der Formen.

9.2 Berechnung der Klassenzahl imaginär-quadratischer Zahlkörper

Sei jetzt $K = \mathbb{Q}(\sqrt{d})$ ein imaginär-quadratischer Zahlkörper, d.h. $d < 0$, und O eine Ordnung in K. Wir wollen die Klassenzahl von O berechnen.

Wir beginnen mit einem Satz über komplexe Zahlen. Eine Zahl $\lambda \in \mathbb{C}$ heißt reduziert, wenn die folgenden Bedingungen erfüllt sind:

$$\mathrm{Im}\,\lambda > 0, \quad -\frac{1}{2} < \mathrm{Re}\,\lambda \le \frac{1}{2},$$

$$\left. \begin{array}{l} |\lambda| > 1, \\ |\lambda| \ge 1, \end{array} \right\} \text{ wenn } \left\{ \begin{array}{l} -\frac{1}{2} < \mathrm{Re}\,\lambda < 0, \\ 0 \le \mathrm{Re}\,\lambda \le \frac{1}{2}. \end{array} \right.$$

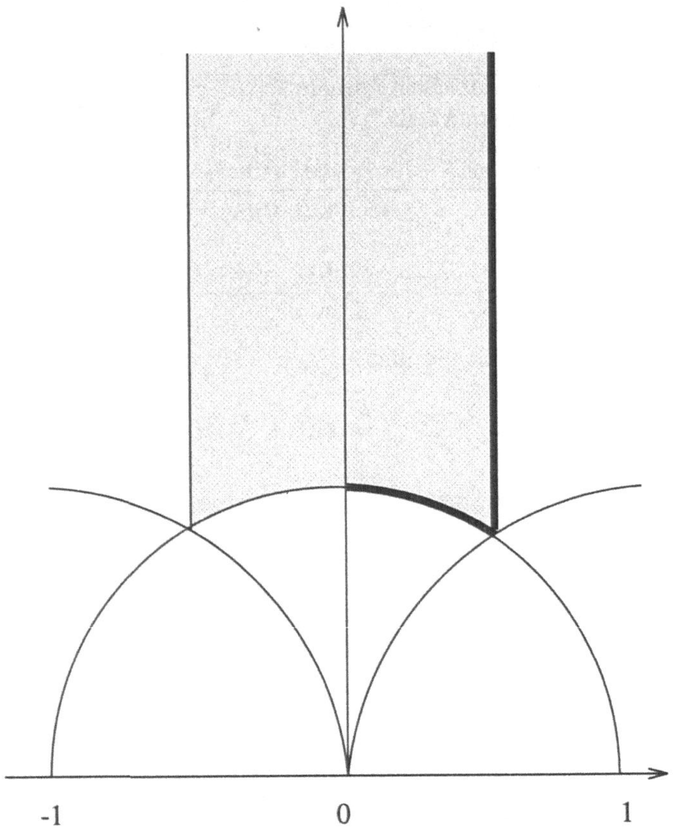

Bild 9.2.1 Die Abbildung zeigt die Menge der reduzierten Zahlen in der komplexen Ebene

Eine reduzierte Zahl liegt also in dem Gebiet der komplexen Ebene, das im Bild 9.2.1 eingetragen ist.

Die Gruppe $SL_2(\mathbb{Z})$ operiert auf der oberen Halbebene

$$H := \{z \in \mathbb{C} \mid \operatorname{Im} z > 0\}$$

durch gebrochene lineare Transformationen:

$$f_A(z) = \frac{kz + l}{mz + n} \quad \text{für} \quad A = \begin{pmatrix} k & l \\ m & n \end{pmatrix} \in SL_2(\mathbb{Z}).$$

Satz 9.2.1 *Sei $z \in H$. Dann gibt es unter den Zahlen der Form $f_A(z)$, $A \in SL_2(\mathbb{Z})$, genau eine, die reduziert ist.*

B e w e i s: Wir zeigen zunächst, daß es für jedes $z \in H$ ein f_A gibt, so daß $f_A(z)$ reduziert ist. Wie man leicht sieht, gilt

$$\mathrm{Im}\, f_A(z) = \frac{\mathrm{Im}\, z}{|mz+n|^2}. \tag{9.2.1}$$

Da es zu gegebenem z nur endlich viele Paare m, n gibt, sodaß $|mz+n|$ kleiner als eine gegebene Zahl ist, gibt es ein f_A, für das $\dfrac{\mathrm{Im}\, z}{|mz+n|^2}$ maximal ist. Durch Addition einer passenden ganzen Zahl zu $f_A(z)$ erhält man ein z' mit

$$-\frac{1}{2} < \mathrm{Re}\, z' \leq \frac{1}{2}, \quad \mathrm{Im}\, z' = \mathrm{Im}\, f_A(z).$$

Weiter gilt $|z'| \geq 1$. Denn wäre $|z'| < 1$, so hätte man

$$\mathrm{Im}\left(-\frac{1}{z'}\right) = \frac{\mathrm{Im}\, z'}{|z'|^2} > \mathrm{Im}\, z'$$

im Widerspruch zur Maximalität von $\mathrm{Im}\, z'$. Daher ist z' reduziert außer im Falle $|z'| = 1$, $\mathrm{Re}\, z' < 0$. Dann ist $-\frac{1}{z'} = -\mathrm{Re}\, z' + i\mathrm{Im}\, z'$ reduziert.

Wir zeigen jetzt, daß es kein $f_A(z) \neq z$ gibt, sodaß $f_A(z)$ und z reduziert sind. Angenommen $f_A(z)$ und z sind reduziert. O.B.d.A. können wir $\mathrm{Im}\, f_A(z) \geq \mathrm{Im}\, z$ annehmen. Dann gilt wegen (9.2.1)

$$|m|\mathrm{Im}\, z \leq |mz+n| \leq 1. \tag{9.2.2}$$

Aus $m = 0$ folgt $n = \pm 1$ und daher $f_A(z) = z + l$, was unmöglich ist. Also gilt $|m| \geq 1$. Da $\mathrm{Im}\, z \geq \frac{\sqrt{3}}{2}$ für eine reduzierte Zahl z gilt, folgt aus (9.2.2) $|m| = 1$ und $|z \pm n| \leq 1$, was nur für $n = 0$ möglich ist. Wir haben also $|z| = 1$ und $\mathrm{Im}\, f_A(z) = \mathrm{Im}\, z$, woraus $f_A(z) = z$ folgt. $\qquad\square$

Wir wenden Satz 9.2.1 auf die Berechnung der Klassenzahl von O an:

Satz 9.2.2 *Sei O eine Ordnung in einem imaginär-quadratischen Zahlkörper K und sei D die Diskriminante von O. Dann ist die Klassenzahl von O gleich der Anzahl der zulässigen reduzierten Zahlen $\gamma \in K$ mit der Diskriminante D.*

B e w e i s: Nach Satz 9.1.2 gibt es in jeder Klasse ähnlicher Moduln von K einen Modul der Form $(1, \gamma_1)$, wobei $\gamma_1 \in K$ zulässig ist. Nach Satz 9.1.8 und Satz 9.2.1 gibt es in der Menge der zu $(1, \gamma_1)$ im engeren Sinne ähnlichen Moduln genau einen Modul $(1, \gamma)$ mit γ reduziert. Nach Satz 9.1.4 ist die Diskriminante der Ordnung von $(1, \gamma)$ gleich der Diskriminante von γ. $\qquad\square$

Mit Hilfe von Satz 9.2.2 kann man die Klassenzahl und die Klassengruppe sehr viel schneller berechnen, als mit der Methode von 2.7. Dazu hat man alle $\gamma = \dfrac{-b + i\sqrt{4ac - b^2}}{2a}$ zu bestimmen mit

$$-a \leq b < a,$$

$$c \geq a \quad \text{für} \quad b \leq 0,$$

$$c > a \quad \text{für} \quad b > 0,$$

$|D| = 4ac - b^2$, $\quad (a, b, c) = 1$, $\quad a > 0$. Hieraus folgt $|D| \geq 3a^2$ und daher $a \leq \sqrt{\frac{|D|}{3}}$. Man beginnt also mit den möglichen a und bestimmt die zugehörigen b mit $-a \leq b < a$ und stellt dann fest, ob es ein c mit $4ac = |D| + b^2$ und $c \geq a$ für $b \leq 0$, $c > a$ für $b > 0$ gibt.

Für $D = -47$ wird zum Beispiel $4 > \sqrt{\frac{|D|}{3}} > 3$ also $a = 1, 2,$ oder 3. Für $a = 1$ ist $b = -1, 0$ möglich. Wegen $4ac = |D| + b^2$ bleibt nur $b = -1, c = 12$ übrig. Für $a = 2$ findet man die Möglichkeiten $b = \pm 1, c = 6$, und $b = \pm 1, c = 4$ für $a = 3$, d.h. die Klassenzahl von $\mathbb{Q}(\sqrt{-47})$ ist gleich 5.

Für $D = -163$ wird $8 > \sqrt{\frac{|D|}{3}} > 7$. Aus $|D| = 4ac - b^2$ folgt, daß b und a ungerade sein müssen. Weiter können a und b keinen gemeinsamen Teiler haben. Nun sieht man leicht durch probieren, daß es eine einzige Lösung $a = 1, b = -1$, $c = 41$ gibt, d.h. die Klassenzahl von $\mathbb{Q}(\sqrt{-163})$ ist gleich 1.

Eine berühmte Vermutung von Gauß besagt, daß für alle imaginär-quadratischen Zahlkörper mit Diskriminanten $D < -163$ die Klassenzahl größer als 1 ist. Dies wurde zuerst von H. Stark [Sk1967] bewiesen. Jedoch stellte sich später heraus, daß sich ein unvollständiger viel früherer Beweis von K. Heegner [Hg1952] relativ einfach vervollständigen läßt [Dg1968].

9.3 Kettenbrüche

In diesem und dem folgenden Abschnitt betrachten wir die Darstellung reeller Zahlen durch Kettenbrüche. Im Abschnitt 9.5 benutzen wir den Kettenbruchalgorithmus zur Berechnung der Grundeinheit reell-quadratischer Zahlkörper.

Sei $\alpha > 1$ eine reelle Zahl. Wir ordnen α induktiv eine Folge $\alpha_1, \alpha_2, \ldots$ von reellen Zahlen und eine Folge $a_1, a_2, \ldots$ von ganzen Zahlen zu: Wir setzen $\alpha_1 := \alpha$ und $a_1 = [\alpha]$, wobei $[\alpha]$ die größte ganze Zahl bezeichnet, die kleiner oder gleich α ist. Wenn α ganz ist, bricht die *Kettenbruchentwicklung* nach dem ersten Schritt ab. Anderenfalls setzt man

$$\alpha_2 := \frac{1}{\alpha_1 - a_1}$$

und

$$a_2 := [\alpha_2].$$

Man setzt diesen Prozeß induktiv fort mit

$$\alpha_{n+1} := \frac{1}{\alpha_n - a_n}$$

und

$$a_{n+1} := [\alpha_{n+1}].$$

Findet man für ein n eine ganze Zahl α_{n+1}, so bricht die Kettenbruchentwicklung mit $\alpha_{n+1} = a_{n+1}$ ab. Anderenfalls erhält man eine unendliche Folge $a_1, a_2, \ldots$.

Wir führen folgende Bezeichnungen ein: Die a_n heißen *Teilnenner* von α, die α_n heißen *Restzahlen*. Wir schreiben

$$\alpha = [a_1, a_2, \ldots, a_n, \alpha_{n+1}]$$

für

$$\alpha = a_1 + \cfrac{1}{a_2 + \ldots + \cfrac{1}{a_n + \cfrac{1}{\alpha_{n+1}}}}.$$

Die Zahl $[a_1, \ldots, a_n]$ heißt der *n-te Näherungsbruch von* α, das ganze Verfahren *Kettenbruchalgorithmus*.

Satz 9.3.1 *Die Kettenbruchentwicklung von* α *bricht genau dann ab, wenn* α *rational ist.*

B e w e i s: Sei α rational, $\alpha = \dfrac{a}{b} > 1$ mit $(a, b) = 1$. Entsprechend dem Euklidischen Algorithmus wird

$$a = x_1 b + y_1 \quad (0 < y_1 < b),$$

$$b = x_2 y_1 + y_2 \quad (0 < y_2 < y_1),$$

$$\ldots$$

$$y_{n-1} = x_{n+1} y_n.$$

Durch Vergleich mit dem Kettenbruchalgorithmus ergibt sich

$$a_1 = x_1, \quad \alpha_2 = \frac{b}{y_1},$$

$$a_2 = x_2, \quad \alpha_3 = \frac{y_1}{y_2},$$

$$\ldots$$

$$a_{n+1} = x_{n+1} = \alpha_{n+2}.$$

Umgekehrt ist klar, daß ein abbrechender Kettenbruchalgorithmus eine rationale Zahl darstellt.　　　　□

Der Beweis zeigt die enge Verwandtschaft des Kettenbruchalgorithmus mit dem Euklidischen Algorithmus.

Der Kettenbruchalgorithmus wird übersichtlicher durch Einführung der (zweidimensionalen) Vektor- und Matrixschreibweise: Die Spaltenvektoren

$$\begin{pmatrix} \alpha \\ \beta \end{pmatrix} \quad \text{und} \quad \begin{pmatrix} \gamma \\ \delta \end{pmatrix}$$

heißen *äquivalent*,

$$\begin{pmatrix} \alpha \\ \beta \end{pmatrix} \sim \begin{pmatrix} \gamma \\ \delta \end{pmatrix},$$

wenn $\alpha\delta = \gamma\beta$ gilt.

Die Gleichung

$$\alpha_n = a_n + \frac{1}{\alpha_{n+1}}$$

können wir als Äquivalenz

$$\begin{pmatrix} \alpha_n \\ 1 \end{pmatrix} \sim A_n \begin{pmatrix} \alpha_{n+1} \\ 1 \end{pmatrix}$$

mit $A_n = \begin{pmatrix} a_n & 1 \\ 1 & 0 \end{pmatrix}$ schreiben. Es folgt

$$\begin{pmatrix} \alpha \\ 1 \end{pmatrix} \sim A_1 A_2 \ldots A_n \begin{pmatrix} \alpha_{n+1} \\ 1 \end{pmatrix}.$$

Wir setzen

$$P_0 := \begin{pmatrix} 1 & 0 \\ 0 & 1 \end{pmatrix}, \; P_n = \begin{pmatrix} p_n & p_{n-1} \\ q_n & q_{n-1} \end{pmatrix} := A_1 A_2 \ldots A_n. \qquad (9.3.1)$$

Wegen $\det A_n = -1$ gilt

$$\det P_n = (-1)^n. \qquad (9.3.2)$$

Wegen $P_{n+1} = P_n A_{n+1}$ gelten für $n = 1, 2, \ldots$ die Rekursionsformeln

$$p_{n+1} = a_{n+1} p_n + p_{n-1}, \; q_{n+1} = a_{n+1} q_n + q_{n-1}. \qquad (9.3.3)$$

Weiter ist wegen (9.3.2) g.g.T$(p_n, q_n) = 1$ und es gilt

$$0 < p_1 < p_2 < \ldots, \, 0 < q_1 < q_2 < \ldots. \qquad (9.3.4)$$

Satz 9.3.2 *Für irrationale α ist*

$$\alpha = \lim_{n \to \infty} \frac{p_n}{q_n}$$

und genauer

$$\left| \alpha - \frac{p_n}{q_n} \right| < \frac{1}{q_n^2}.$$

B e w e i s: Aus

$$\begin{pmatrix} \alpha \\ 1 \end{pmatrix} \sim P_n \begin{pmatrix} \alpha_{n+1} \\ 1 \end{pmatrix}$$

d.h.

$$\alpha = \frac{p_n \alpha_{n+1} + p_{n-1}}{q_n \alpha_{n+1} + q_{n-1}}$$

folgt wegen (9.3.2)

$$\alpha - \frac{p_n}{q_n} = \frac{p_n \alpha_{n+1} + p_{n-1}}{q_n \alpha_{n+1} + q_{n-1}} - \frac{p_n}{q_n} =$$

$$= \frac{(-1)^{n+1}}{q_n(q_n \alpha_{n+1} + q_{n-1})},$$

also

$$\left| \alpha - \frac{p_n}{q_n} \right| = \frac{1}{q_n(q_n \alpha_{n+1} + q_{n-1})} < \frac{1}{q_n^2}.$$

$\square$

Bisher haben wir, ausgehend von einer reellen Zahl $\alpha > 1$, deren Kettenbruchentwicklung $[a_1, \ldots, a_n, \ldots]$ betrachtet. Jetzt gehen wir umgekehrt von einer beliebigen Folge natürlicher Zahlen $a_1, \ldots, a_n, \ldots$ aus und betrachten deren Verhalten beim Kettenbruchalgorithmus. Die zugeordneten Zahlen $p_n, q_n, n = 0, 1, \ldots$ werden durch (9.3.1) definiert.

Wir bilden die rationale Zahl

$$\beta_n = [a_1, \ldots, a_n] = a_1 + \cfrac{1}{a_2 + \ldots + \cfrac{1}{a_n}}.$$

Satz 9.3.3 *Sei $\beta_n = [a_1, \ldots, a_n]$ mit $n \geq 2$. Dann ist $\beta_n > 1$, und die Kettenbruchentwicklung von β_n ist gleich $[a_1, \ldots, a_n]$ falls $a_n > 1$ oder $[a_1, \ldots, a_{n-2}, a_{n-1} + 1]$ falls $a_n = 1$.*

B e w e i s: Für $n = 2$ ist das klar. Für $n > 2$ beweist man die Behauptung induktiv mit Hilfe von

$$\beta_n = a_1 + \frac{1}{[a_2, \ldots, a_n]}.$$

$\square$

Der folgende Satz rechtfertigt die Bezeichnung *Näherungsbruch* für $[a_1, \ldots, a_n]$.

Satz 9.3.4 *Die Zahl $\alpha > 1$ habe die Näherungsbrüche $[a_1, \ldots, a_n]$ für $n = 1, 2, \ldots$. Dann gilt*

$$[a_1, \ldots, a_n] = \frac{p_n}{q_n}.$$

B e w e i s: Für $n = 1$ ist das klar. Sei daher $n \geq 2$.

Sei zunächst $a_n > 1$. Nach Satz 9.3.3 hat $\beta_n := [a_1, \ldots, a_n]$ die Kettenbruch-entwicklung $\beta_n = [a_1, \ldots, a_n]$. Daher gilt

$$\begin{pmatrix} \beta_n \\ 1 \end{pmatrix} \sim P_{n-1} \begin{pmatrix} a_n \\ 1 \end{pmatrix},$$

d.h.

$$\beta_n = \frac{p_{n-1}a_n + p_{n-2}}{q_{n-1}a_n + q_{n-2}} = \frac{p_n}{q_n}.$$

Sei jetzt $a_n = 1$. Die Zahl $\beta_n = [a_1, \ldots, a_n]$ hat die Kettenbruchentwicklung

$$\beta_n = [a_1, \ldots, a_{n-1} + 1].$$

Daher gilt

$$\begin{pmatrix} \beta_n \\ 1 \end{pmatrix} \sim P_{n-2} \begin{pmatrix} a_{n-1} + 1 \\ 1 \end{pmatrix}$$

d.h.

$$\beta_n = \frac{p_{n-2}(a_{n-1} + 1) + p_{n-3}}{q_{n-2}(a_{n-1} + 1) + q_{n-3}} =$$

$$= \frac{p_{n-1} + p_{n-2}}{q_{n-1} + q_{n-2}} = \frac{p_n}{q_n}.$$

□

Satz 9.3.2 und Satz 9.3.3 ergeben zusammen

$$\alpha = \lim_{n \to \infty} \frac{p_n}{q_n} = \lim_{n \to \infty} [a_1, \ldots, a_n].$$

Jetzt untersuchen wir das Konvergenzverhalten der Näherungsbrüche. Wegen (9.3.2), (9.3.3) gilt

$$p_n q_{n-2} - q_n p_{n-2} = a_n \det P_{n-1} = a_n (-1)^{n-1},$$

also

$$\frac{p_n}{q_n} - \frac{p_{n-2}}{q_{n-2}} = \frac{a_n (-1)^{n-1}}{q_n q_{n-2}}.$$

Hieraus folgt

$$\frac{p_2}{q_2} > \frac{p_4}{q_4} > \ldots,$$

$$\frac{p_1}{q_1} < \frac{p_3}{q_3} < \ldots < \frac{p_4}{q_4} < \frac{p_2}{q_2}.$$

Wegen

$$\frac{p_n}{q_n} - \frac{p_{n-1}}{q_{n-1}} = \frac{(-1)^n}{q_n q_{n-1}} \tag{9.3.5}$$

konvergiert also die Folge $\dfrac{p_n}{q_n}$ oszillierend gegen α.

Satz 9.3.5 *Seien a_1, a_2,... beliebige natürliche Zahlen. Dann existiert*

$$\alpha := \lim_{n \to \infty} [a_1, \ldots, a_n]$$

und die Kettenbruchentwicklung von α ist $[a_1, \ldots, a_n, \ldots]$.

B e w e i s: Es gilt $\dfrac{p_n}{q_n} = [a_1, \ldots, a_n]$ und

$$\frac{p_1}{q_1} < \frac{p_3}{q_3} < \ldots < \frac{p_4}{q_4} < \frac{p_2}{q_2}.$$

Hieraus folgt zunächst, daß die Folgen $\dfrac{p_1}{q_1}, \dfrac{p_3}{q_3}, \ldots$ und $\dfrac{p_2}{q_2}, \dfrac{p_4}{q_4}, \ldots$ gegen Zahlen α_1 und α_2 konvergieren. Wegen (9.3.4) ist $\alpha = \alpha_1 = \alpha_2$. Nach Satz 9.3.2 ist $[a_1, \ldots, a_n, \ldots]$ die Kettenbruchentwicklung von α. $\qquad\qquad\square$

9.4 Periodische Kettenbrüche

Ein Kettenbruch $\alpha = [a_1, \ldots, a_n, \ldots]$ heißt *periodisch*, wenn die Folge der Elemente a_1, a_2,... periodisch ist. Es gibt dann also natürliche Zahlen k und n_0 so, daß

$$a_{n+k} = a_n \quad \text{für alle} \, n \geq n_0$$

gilt. Dafür schreiben wir

$$\alpha = [a_1, \ldots, a_{n_0-1}, \overline{a_{n_0}, \ldots, a_{n_0+k-1}}].$$

Für $n_0 = 1$ heißt der Kettenbruch *rein periodisch.*

Sei α ein periodischer Kettenbruch. Dann gilt für die Restzahlen

$$\alpha_{n_0} = \alpha_{n_0+k},$$

denn

$$\alpha_{n_0} = [a_{n_0}, a_{n_0+1}, \ldots] = [a_{n_0+k}, a_{n_0+1+k}, \ldots].$$

Umgekehrt folgt für ein beliebiges irrationales $\alpha > 1$, daß die Kettenbruchentwicklung von α periodisch ist, wenn $\alpha_{n_0} = \alpha_{n_0+k}$ für gewisse Zahlen n_0 und k.

Sei $K = \mathbb{Q}(\sqrt{d})$ mit $d > 0$, quadratfrei, also K ein reell-quadratischer Zahlkörper.

Im folgenden wollen wir zeigen, daß eine irrationale Zahl $\alpha > 1$ genau dann eine periodische Kettenbruchentwicklung hat, wenn α in einem reell-quadratischen Zahlkörper liegt. Ein solches α heißt *quadratische Irrationalzahl*.

Eine quadratische Irrationalzahl ϑ genügt einer eindeutig bestimmten irreduziblen quadratischen Gleichung

$$a\vartheta^2 - b\vartheta - c = 0$$

mit a, b, $c \in \mathbb{Z}$, g.g.T.$(a, b, c) = 1$, $a > 0$.

$$D := b^2 + 4ac$$

heißt *Diskriminante* von ϑ. Wegen

$$\vartheta = \frac{b}{2a} \pm \frac{\sqrt{D}}{2a}$$

ist $D > 0$. Weiter ist $D = f^2 d$ für ein eindeutig bestimmtes quadratfreies $d > 0$. Die natürliche Zahl f heißt der *Führer* von ϑ. Die zu ϑ konjugierte Zahl wird im folgenden mit ϑ' bezeichnet.

Satz 9.4.1 (Euler) *Jeder periodische Kettenbruch stellt eine quadratische Irrationalzahl dar.*

B e w e i s: Sei $\alpha = [a_1, \ldots, a_l, \alpha_{l+1}]$ mit

$$\alpha_{l+1} = [\overline{a_{l+1}, \ldots, a_{l+k}}].$$

Wegen $\begin{pmatrix} \alpha \\ 1 \end{pmatrix} \sim P_l \begin{pmatrix} \alpha_{l+1} \\ 1 \end{pmatrix}$ läßt sich α rational durch α_{l+1} ausdrücken. Es genügt daher zu zeigen, daß jeder rein periodische Kettenbruch $\alpha' = [\overline{b_1, \ldots, b_k}]$ eine quadratische Irrationalzahl darstellt.

Aus $\alpha' = [b_1, \ldots, b_k, \alpha']$ folgt

$$\begin{pmatrix} \alpha' \\ 1 \end{pmatrix} = P_k \begin{pmatrix} \alpha' \\ 1 \end{pmatrix},$$

d.h. $\alpha' = \frac{p_k \alpha' + p_{k-1}}{q_k \alpha' + q_{k-1}}$ und folglich

$$q_k \alpha'^2 - (p_k - q_{k-1})\alpha' - p_{k-1} = 0.$$

Nach Satz 9.3.1 ist α' nicht rational. Daher ist α' quadratische Irrationalzahl. □.

Satz 9.4.2 (Lagrange) *Sei $\vartheta > 1$ eine quadratische Irrationalzahl. Dann hat ϑ eine periodische Kettenbruchentwicklung.*

Zum Beweis benötigen wir einige Hilfsbetrachtungen.

Satz 9.4.3 *Die quadratische Irrationalzahl ϑ habe die Diskriminante D. Dann haben auch alle Restzahlen ϑ_{n+1} von ϑ die Diskriminante D.*

B e w e i s: Wir zeigen, daß mit ϑ_n auch ϑ_{n+1} die Diskriminante D hat:

$$\vartheta_n = a_n + \frac{1}{\vartheta_{n+1}}.$$

Sei $a\vartheta_n^2 - b\vartheta_n - c = 0$ und $b^2 + 4ac = D$. Dann gilt

$$a\left(a_n + \frac{1}{\vartheta_{n+1}}\right)^2 - b\left(a_n + \frac{1}{\vartheta_{n+1}}\right) - c = 0$$

und daher

$$(aa_n^2 - ba_n - c)\vartheta_{n+1}^2 - (b - 2aa_n)\vartheta_{n+1} + a = 0.$$

Die Koeffizienten dieser Gleichung sind teilerfremd. Die zugehörige Diskriminante ist daher

$$(b - 2aa_n)^2 + 4a(c + ba_n - aa_n^2) = b^2 + 4ac = D.$$

$\square$

Eine quadratische Irrationalzahl $\vartheta > 1$ heißt reduziert, wenn $-\dfrac{1}{\vartheta'} > 1$ gilt, wobei wie in 9.1 mit ϑ' das Konjugierte von ϑ bezeichnet wird. Es folgt

$$-1 < \vartheta' < 0.$$

Satz 9.4.4 *Zu einer festen Diskriminante gibt es nur endlich viele reduzierte Zahlen.*

B e w e i s: Sei ϑ reduziert. Wegen $a > 0$ ist $\vartheta = \dfrac{b + \sqrt{D}}{2a}$ und $\vartheta' = \dfrac{b - \sqrt{D}}{2a}$. Nach Voraussetzung gilt

$$\vartheta + \vartheta' = \frac{b}{a} > 0,$$

also $b > 0$. Weiter gilt $b - \sqrt{D} < 0$. Daher liegt b im offenen Intervall $(0, \sqrt{D})$. Entsprechend sieht man, daß a im offenen Intervall $\left(-\dfrac{b}{2} + \dfrac{1}{2}\sqrt{D}, \dfrac{b}{2} + \dfrac{1}{2}\sqrt{D}\right)$ liegt. Schließlich ist c durch a, b, D eindeutig bestimmt. $\square$

Satz 9.4.5 *Die Restzahlen ϑ_n der Kettenbruchentwicklung von ϑ sind von einer Stelle $n = n_0$ an reduziert.*

B e w e i s: Sei

$$\vartheta = [a_1, a_2, \ldots], \quad \begin{pmatrix} \vartheta \\ 1 \end{pmatrix} \sim P_n \begin{pmatrix} \vartheta_{n+1} \\ 1 \end{pmatrix}, \quad P_n = \begin{pmatrix} p_n & p_{n-1} \\ q_n & q_{n-1} \end{pmatrix}.$$

Hieraus folgt

$$\begin{pmatrix} \vartheta_{n+1} \\ 1 \end{pmatrix} \sim P_n^{-1} \begin{pmatrix} \vartheta \\ 1 \end{pmatrix}, \quad P_n^{-1} = (-1)^n \begin{pmatrix} q_{n-1} & -p_{n-1} \\ -q_n & p_n \end{pmatrix},$$

also

$$\begin{pmatrix} \vartheta'_{n+1} \\ 1 \end{pmatrix} \sim P_n^{-1} \begin{pmatrix} \vartheta' \\ 1 \end{pmatrix}.$$

Das ergibt

$$\vartheta'_{n+1} = \frac{q_{n-1}\vartheta' - p_{n-1}}{-q_n\vartheta' + p_n},$$

$$-\frac{1}{\vartheta'_{n+1}} = \frac{(q_n\vartheta' - p_n)q_{n-1}}{(q_{n-1}\vartheta' - p_{n-1})q_{n-1}} = \frac{q_n}{q_{n-1}} - \frac{(-1)^n}{(q_{n-1}\vartheta' - p_{n-1})q_{n-1}}$$

und daher

$$-\frac{1}{\vartheta'_{n+1}} - 1 = \frac{1}{q_{n-1}}\left(q_n - q_{n-1} - \frac{(-1)^n}{q_{n-1}(\vartheta' - \frac{p_{n-1}}{q_{n-1}})}\right).$$

Wegen

$$\lim_{n\to\infty}\left(\vartheta' - \frac{p_{n-1}}{q_{n-1}}\right) = \vartheta' - \vartheta \neq 0,$$

$$\lim_{n\to\infty}\frac{1}{q_{n-1}} = 0,$$

$$q_n - q_{n-1} \geq 1 \text{ für } n > 2$$

gilt für genügend großes n

$$-\frac{1}{\vartheta'_{n+1}} - 1 > 0.$$

$\square$

Jetzt sind wir in der Lage, Satz 9.4.2 zu beweisen. Sei $\vartheta > 1$ eine quadratische Irrationalzahl. Nach Satz 9.4.5 sind die Restzahlen ϑ_n von ϑ für genügend großes n reduziert. Nach Satz 9.4.3 haben alle Restzahlen von ϑ die gleiche Diskriminante wie ϑ und nach Satz 9.4.4 gibt es nur endlich viele reduzierte Zahlen mit fixierter Diskriminante. Es gibt also Zahlen n_0 und k mit $\vartheta_{n_0} = \vartheta_{n_0+k}$. Daraus folgt, daß die Kettenbruchentwicklung von ϑ periodisch ist. $\square$

Schließlich wollen wir untersuchen, für welche Irrationalzahlen die Kettenbruchentwicklung rein periodisch ist. Es gilt folgendes.

Satz 9.4.6 (Galois) *Eine quadratische Irrationalzahl ϑ hat eine rein periodische Kettenbruchentwicklung genau dann, wenn ϑ reduziert ist.*

B e w e i s: Sei ϑ rein periodisch, $\vartheta = [\overline{a_1,\ldots,a_k}]$. Dann gilt $\vartheta = \vartheta_{k+1} = \vartheta_{2k+1} = \ldots$. Da nach Satz 9.4.5 die Restzahlen für genügend großes n reduziert sind, ist ϑ selbst reduziert.

Sei andererseits ϑ reduziert. Da ϑ eine periodische Kettenbruchentwicklung hat, gilt $\vartheta_l = \vartheta_{l+k}$ für gewisse natürliche Zahlen l und k. Sei l minimal gewählt. Wir haben zu zeigen, daß $l = 1$ ist.

Mit $\vartheta = \vartheta_1$ ist auch ϑ_2 reduziert: Denn es gilt $\vartheta_2 > 1$ und aus

$$\vartheta = a_1 + \frac{1}{\vartheta_2}$$

folgt

$$\vartheta' = a_1 + \frac{1}{\vartheta'_2},$$

also

$$\frac{1}{\vartheta_2'} = -a_1 + \vartheta' < -a_1 \le -1.$$

Daher sind auch die weiteren Restzahlen reduziert.

Um zu beweisen, daß ϑ eine rein periodische Kettenbruchentwicklung hat, genügt es zu zeigen, daß mit $\vartheta_n = \vartheta_{n+k}$ für ein $n > 1$ auch $\vartheta_{n-1} = \vartheta_{n-1+k}$ gilt. Dazu gehen wir von den Gleichungen

$$\vartheta_{n-1} = a_{n-1} + \frac{1}{\vartheta_n}, \quad \vartheta_{n-1+k} = a_{n-1+k} + \frac{1}{\vartheta_n}$$

aus. Durch Konjugation erhält man daraus

$$\vartheta_{n-1}' = a_{n-1} + \frac{1}{\vartheta_n'}, \quad \vartheta_{n-1+k}' = a_{n-1+k} + \frac{1}{\vartheta_n'}.$$

Weiter wird

$$-\frac{1}{\vartheta_n'} = a_{n-1} - \vartheta_{n-1}', \quad -\frac{1}{\vartheta_n'} = a_{n-1+k} - \vartheta_{n-1+k}'.$$

Da ϑ_{n-1} und ϑ_{n-1+k} reduziert sind, gilt

$$0 < -\vartheta_{n-1}' < 1, \, 0 < -\vartheta_{l-1+k}' < 1$$

und daher

$$a_{n-1} = \left[-\frac{1}{\vartheta_n'}\right], \, a_{n-1+k} = \left[-\frac{1}{\vartheta_n'}\right].$$

Mit $a_{n-1} = a_{n-1+k}$ gilt auch $\vartheta_{n-1} = \vartheta_{n-1+k}$. $\square$

9.5   Berechnung der Grundeinheit in Ordnungen von reell-quadratischen Zahlkörpern

Sei $K = \mathbb{Q}(\sqrt{d})$ mit $d > 0$, d quadratfrei, ein reell-quadratischer Zahlkörper. Der Ring O_K der ganzen Zahlen von K wird als $\mathbb{Z}$-Modul durch 1 und ω erzeugt mit

$$\omega = \begin{cases} \dfrac{1}{2} + \dfrac{\sqrt{d}}{2} & \text{für } d \equiv 1 \,(\mathrm{mod}\,4) \\ \sqrt{d} & \text{für } d \equiv 2, 3 \,(\mathrm{mod}\,4). \end{cases}$$

Sei jetzt O eine beliebige Ordnung in K. Dann wird O durch 1 und ein Vielfaches $f\omega$ von ω erzeugt. f heißt der *Führer* von O.

Nach Satz 2.8.1 hat jede Einheit ε von O die Form

$$\varepsilon = (-1)^\nu \varepsilon_0^\mu \text{ mit } \nu \in \{0,1\}, \mu \in \mathbb{Z}.$$

ε_0 ist dabei eine spezielle Einheit, die als *Grundeinheit* bezeichnet wird. ε_0 ist durch die Forderung $\varepsilon_0 > 1$ eindeutig bestimmt. In diesem Abschnitt berechnen wir ε_0 mit Hilfe des Kettenbruchalgorithmus'. Ausgangspunkt ist dabei die Zahl $f\omega$. Wie man leicht sieht, gilt $f\omega > 1$. Wir betrachten die Kettenbruchentwicklung von $f\omega$.

Satz 9.5.1 *Die erste Restzahl*

$$\vartheta := \frac{1}{f\omega - [f\omega]}$$

von $f\omega$ ist reduziert, d.h. es gilt $\vartheta > 1$, $-\frac{1}{\vartheta'} > 1$.

B e w e i s: Da ϑ Restzahl ist, gilt $\vartheta > 1$. Weiter ist

$$-\frac{1}{\vartheta'} = [f\omega] - f\omega' \geq f([\omega] - \omega') > f[\omega] \geq 1.$$

$\square$

Nach Satz 9.4.3 hat ϑ als Restzahl von $f\omega$ die Diskriminante Df^2. Der folgende Satz gibt den gewünschten Algorithmus zur Berechnung der Grundeinheit.

Satz 9.5.2 *Sei ϑ eine reduzierte Zahl aus K mit der Diskriminante Df^2, und sei $[\overline{a_1, \ldots, a_k}]$ die Kettenbruchentwicklung von ϑ mit kleinstmöglicher Periode k. Dann ist $\varepsilon_0 = q_k \vartheta + q_{k-1} > 1$ die Grundeinheit von O_f.*

Wir beweisen zunächst einige Hilfssätze.

Hilfssatz 9.5.3 *Sei $\varepsilon = \dfrac{u + vf\sqrt{D}}{2} > 1$ eine Einheit von O_f. Dann ist $u \geq 1$, $v \geq 1$.*

B e w e i s: Wir betrachten die vier Zahlen $\pm\varepsilon$, $\pm\dfrac{1}{\varepsilon}$. Sie haben wegen

$N(\varepsilon) = \varepsilon\varepsilon' = \pm 1$, also $\varepsilon' = \pm\frac{1}{\varepsilon}$, die Form $\dfrac{\pm u \pm vf\sqrt{D}}{2}$. Da ε die größte dieser Zahlen ist, gilt $u > 0$, $v > 0$. $\square$

Hilfssatz 9.5.4 $\varepsilon_0 = q_k \vartheta + q_{k-1} > 1$ *ist eine Einheit in O_f.*

B e w e i s: Wegen $\vartheta_{k+1} = \vartheta$ ist

$$\begin{pmatrix} \vartheta \\ 1 \end{pmatrix} \sim P_k \begin{pmatrix} \vartheta_{k+1} \\ 1 \end{pmatrix} = P_k \begin{pmatrix} \vartheta \\ 1 \end{pmatrix}.$$

Das bedeutet nach Definition der Äquivalenz

$$\varepsilon_0 \begin{pmatrix} \vartheta \\ 1 \end{pmatrix} = P_k \begin{pmatrix} \vartheta \\ 1 \end{pmatrix}$$

mit $\varepsilon_0 = q_k \vartheta + q_{k-1}$. Daher gilt

$$(P_k - \varepsilon_0 E) \begin{pmatrix} \vartheta \\ 1 \end{pmatrix} = \begin{pmatrix} 0 \\ 0 \end{pmatrix}, \tag{9.5.1}$$

wobei E die Einheitsmatrix bezeichnet. Aus (9.5.1) folgt

$$\det(P_k - \varepsilon_0 E) = \varepsilon_0^2 - (p_k + q_{k-1})\varepsilon_0 + \det P_k = 0$$

und wegen $\det P_k = (-1)^k$ ist ε_0 eine Einheit.

Wir haben noch zu zeigen, daß ε_0 in O_f liegt. Wegen

$$\begin{pmatrix} \vartheta \\ 1 \end{pmatrix} \sim \begin{pmatrix} p_k & p_{k-1} \\ q_k & q_{k-1} \end{pmatrix} \begin{pmatrix} \vartheta \\ 1 \end{pmatrix}$$

gilt

$$\vartheta = \frac{p_k \vartheta + p_{k-1}}{q_k \vartheta + q_{k-1}},$$

also

$$\frac{q_k}{t}\vartheta^2 + \frac{(q_{k-1} - p_k)}{t}\vartheta - \frac{p_{k-1}}{t} = 0,$$

wobei t den größten gemeinsamen Teiler von q_k, $q_{k-1} - p_k$ und p_{k-1} bezeichnet. Nach Voraussetzung hat ϑ die Diskriminante Df^2. Daher gilt weiter

$$\vartheta = \frac{p_k - q_{k-1}}{2q_k} + \frac{t}{2q_k}\sqrt{Df^2}.$$

$\varepsilon_0 = q_k\vartheta + q_{k-1} = \dfrac{p_k + q_{k-1}}{2} + \dfrac{tf}{2}\sqrt{D}$ ist ganz und daher

$$p_k + q_{k-1} \equiv tf \,(\mathrm{mod}\,2),$$

also $\varepsilon_0 \in O_f$. $\square$

Hilfssatz 9.5.5 *Sei $\varepsilon \in O_f$ eine Einheit mit $\varepsilon > 1$. Dann gibt es eine natürliche Zahl h mit $\varepsilon = \varepsilon_0^h$.*

B e w e i s : Wegen $\varepsilon \in O_f$ hat ε die Form

$$\varepsilon = \frac{u + vf\sqrt{D}}{2}$$

mit $u \equiv vfD \,(\mathrm{mod}\,2)$, $u \geq 1$, $v \geq 1$. Wir bestimmen zunächst eine Matrix P mit

$$\varepsilon \begin{pmatrix} \vartheta \\ 1 \end{pmatrix} = P \begin{pmatrix} \vartheta \\ 1 \end{pmatrix}.$$

Sei ϑ Nullstelle des Polynoms $aX^2 - bX - c$ mit g.g.T.$(a, b, c) = 1$. Dann gilt

$$a\vartheta = \frac{b}{2} + \frac{f}{2}\sqrt{D}, \quad Df^2 = b^2 + 4ac.$$

Da $a\vartheta$ ganz ist, gilt $fD \equiv b \,(\mathrm{mod}\,2)$ und daher

$$vfD \equiv vb \equiv u \,(\mathrm{mod}\,2).$$

Wir rechnen nun nach, daß die ganzzahlige Matrix

$$P := \begin{pmatrix} p & p^* \\ q & q^* \end{pmatrix} := \begin{pmatrix} \frac{u+bv}{2} & cv \\ av & \frac{u-bv}{2} \end{pmatrix}$$

das verlangte leistet.

Wir zeigen gleich, daß P die Form

$$P = \prod_{i=1}^{s} \begin{pmatrix} a_i' & 1 \\ 1 & 0 \end{pmatrix} \tag{9.5.2}$$

mit $a_i' \in \mathbb{N}$ hat.

Aus (9.5.2) folgt die Behauptung von Hilfssatz 9.5.5: Denn mit

$$\vartheta' := [a_1', \ldots, a_s', \vartheta]$$

gilt

$$\begin{pmatrix} \vartheta' \\ 1 \end{pmatrix} \sim P \begin{pmatrix} \vartheta \\ 1 \end{pmatrix} = \varepsilon \begin{pmatrix} \vartheta \\ 1 \end{pmatrix} \sim \begin{pmatrix} \vartheta \\ 1 \end{pmatrix},$$

also $\vartheta' = \vartheta$ und daher

$$\vartheta = [\overline{a_1', \ldots, a_t'}].$$

Andererseits ist $\vartheta = [\overline{a_1, \ldots, a_k}]$. Folglich ist t ein Vielfaches von k und die Folge $a_1', \ldots, a_t'$ eine t/k-fache Wiederholung der Folge $a_1, \ldots, a_k$. Mit $h := t/k$ wird daher

$$P = P_k^h$$

und daher $\varepsilon = \varepsilon_0^h$.

Es bleibt (9.5.2) zu zeigen: Da ϑ reduziert ist, gilt

$$0 < b < f\sqrt{D}, \quad \frac{-b + f\sqrt{D}}{2} < a < \frac{b + f\sqrt{D}}{2}.$$

(vergleiche den Beweis von Hilfssatz 9.4.4), also

$$-b > -f\sqrt{D}, \quad b + 2a > f\sqrt{D}, \quad -2a + b > -f\sqrt{D}.$$

Hieraus und aus $\varepsilon > 1$ folgt

$$q^* = \frac{u - vb}{2} > \frac{u - vf\sqrt{D}}{2} = \varepsilon' = \frac{N(\varepsilon)}{\varepsilon} > \begin{cases} 0 & \text{für } N(\varepsilon) = 1 \\ -1 & \text{für } N(\varepsilon) = -1, \end{cases}$$

$$q - q^* = \frac{-u + (2a + b)v}{2} > \frac{-u + vf\sqrt{D}}{2} = -\varepsilon' = -\frac{N(\varepsilon)}{\varepsilon} >$$

$$> \begin{cases} -1 & \text{für } N(\varepsilon) = 1 \\ 0 & \text{für } N(\varepsilon) = -1, \end{cases}$$

$$p - q = \frac{u - (2a - b)v}{2} > \frac{u - vf\sqrt{D}}{2} = \varepsilon' = \frac{N(\varepsilon)}{\varepsilon} > \begin{cases} 0 & \text{für } N(\varepsilon) = 1 \\ -1 & \text{für } N(\varepsilon) = -1. \end{cases}$$

Daher gilt

$$0 < q^* \le q, \ \frac{p}{q} > 1 \ \text{für } N(\varepsilon) = 1,$$

$$0 \le q^* < q, \ \frac{p}{q} \le 1 \ \text{für } N(\varepsilon) = -1.$$

Jetzt definieren wir $a_1', \ldots, a_s'$:

a) $\frac{p}{q} = 1$ ist nur möglich falls $N(\varepsilon) = -1$. Wir setzen in diesem Fall $a_1' = 1, s = 1$. Wegen $\det P = N(\varepsilon) = -1$ ist g.g.T.$(p, q) = 1$, also $p = q = 1$, $q^* = 0$ und folglich $p^* = -\det P = 1$.

b) Sei jetzt $\frac{p}{q} > 1$ und $\frac{p}{q}$ habe die Kettenbruchentwicklung

$$\frac{p}{q} = [b_1, \ldots, b_t] = [b_1, \ldots, b_{t-1}, b_t - 1, 1].$$

Ist $N(\varepsilon) = (-1)^t$, so setzen wir $s = t$ und $a_\nu' = b_\nu$, $\nu = 1, \ldots, t$. Ist $N(\varepsilon) = (-1)^{t+1}$, so setzen wir $s = t+1$, $a_\nu' = b_\nu$ für $\nu = 1, \ldots, t-1$, $a_t' = b_t - 1$, $a_{t+1}' = a_s' = 1$. Auf diese Weise erhalten wir

$$\det P = pq^* - qp^* = (-1)^s. \tag{9.5.3}$$

Sei

$$P_s' = \begin{pmatrix} p_s' & p_{s-1}' \\ q_s' & q_{s-1}' \end{pmatrix} := \prod_{\nu=1}^{s} \begin{pmatrix} a_\nu' & 1 \\ 1 & 0 \end{pmatrix}.$$

Dann gilt

$$p_s' q_{s-1}' - q_s' p_{s-1}' = (-1)^s. \tag{9.5.4}$$

Nach Definition von $a_1', \ldots, a_s'$ ist

$$\frac{p_s'}{q_s'} = \frac{p}{q},$$

und wegen g.g.T.$(p, q) = 1$, g.g.T.$(p_s', q_s') = 1$, $p > 0$, $q > 0$ gilt $p = p_s'$, $q = q_s'$. Aus (9.5.4), folgt daher

$$pq_{s-1}' - qp_{s-1}' = (-1)^s. \tag{9.5.5}$$

Es bleibt $q^* = q_{s-1}'$, $p^* = p_{s-1}'$ zu zeigen.

Die allgemeine Lösung von (9.5.5) hat wegen (9.5.3) und g.g.T.$(p, q) = 1$ die Form

$$q_{s-1}' = q^* + aq, \ p_{s-1}' = p^* + ap$$

mit $a \in \mathbb{Z}$. Weiter ist $0 \le q'_{s-1} \le q'_s = q$. Für $0 < q^* < q$ muß daher $a = 0$ sein und wir sind fertig. Im Falle $q^* = q$ zeigt man die Behauptung wie folgt. Wegen $q > 0$ und (9.5.3) ist dann $q^* = q = 1$, was nur im Falle $N(\varepsilon) = 1$ möglich ist. Daher hat $\dfrac{p}{q}$ die Kettenbruchentwicklung $\dfrac{p}{q} = p = [p]$. Es folgt $s = 2$, $q'_1 = 1 = q^*$ und wegen (9.5.5) schließlich $p^* = p'_{s-1}$. Im verbleibenden Fall $q^* = 0$, der nur für $N(\varepsilon) = -1$ möglich ist, gilt wegen (9.5.3) $q = 1$. Weiter folgt ähnlich wie im ersten Fall $s = 1$, $q'_{s-1} = q_0 = 0$, $p^* = q'_{s-1}$. $\qquad\square$

Wir kommen jetzt zum Beweis von Satz 9.5.2. Wir haben zu zeigen, daß jede Einheit von O_f die Form

$$\varepsilon = \pm\varepsilon_0^h$$

mit $h \in \mathbb{Z}$ hat. Unter den vier Zahlen $\pm\varepsilon$, $\pm\dfrac{1}{\varepsilon}$ gibt es genau eine, die größer als 1 ist. Auf diese wenden wir den Hilfssatz 9.5.5 an und erhalten die Behauptung von Satz 9.5.2. $\qquad\square$

Beispiel 9.5.6 Wir bestimmen die Grundeinheit des Körpers $\mathbb{Q}\left(\sqrt{19}\right)$. Wegen $19 \equiv 3\,(\mathrm{mod}\,4)$ ist $\omega = \sqrt{19}$. Wir haben daher die Kettenbruchentwicklung von $\dfrac{1}{\sqrt{19}-4}$ zu bestimmen:

$$\frac{1}{\sqrt{19}-4} = \frac{\sqrt{19}+4}{3} = 2 + \frac{\sqrt{19}-2}{3},$$

$$\frac{3}{\sqrt{19}-2} = \frac{\sqrt{19}+2}{5} = 1 + \frac{\sqrt{19}-3}{5},$$

$$\frac{5}{\sqrt{19}-3} = \frac{\sqrt{19}+3}{2} = 3 + \frac{\sqrt{19}-3}{2},$$

$$\frac{2}{\sqrt{19}-3} = \frac{\sqrt{19}+3}{5} = 1 + \frac{\sqrt{19}-2}{5},$$

$$\frac{5}{\sqrt{19}-2} = \frac{\sqrt{19}+2}{3} = 2 + \frac{\sqrt{19}-4}{3},$$

$$\frac{3}{\sqrt{19}-4} = \frac{\sqrt{19}+4}{1} = 8 + \sqrt{19} - 4.$$

Daher ist

$$\frac{1}{\sqrt{19}-4} = [\overline{2,\, 1,\, 3,\, 1,\, 2,\, 8}].$$

Mit $q_{r+1} = a_{r+1}q_r + q_{r-1}$ gilt $q_1 = 1$, $q_2 = 1$, $q_3 = 4$, $q_4 = 5$, $q_5 = 14$, $q_6 = 117$. Daher ist

$$\varepsilon_0 = q_6\vartheta + q_5 = 117 \cdot \frac{1}{\sqrt{19} - 4} + 14 = 170 + 39\sqrt{19}.$$

Wegen $N(\varepsilon_0) = 1$ ist $(x_1, y_1) = (170, 39)$ die Grundlösung der Pellschen Gleichung

$$x^2 - 19y^2 = 1.$$

Die übrigen Lösungen (x_n, y_n) dieser Gleichung mit $x_n > 0$, $y_n > 0$ erhält man in der Form

$$x_n + y_n\sqrt{19} = (170 + 39\sqrt{19})^n, \; n = 2, 3, \dots.$$

$\square$

9.6 Der Charakter eines quadratischen Zahlkörpers

In diesem Abschnitt ordnen wir jedem quadratischen Zahlkörper K mit der Diskriminante d_K einen Dirichlet-Charakter χ mod d_K zu. Wir definieren χ zunächst als Funktion auf $\mathbb{Z}$ mit Werten in $\{\pm 1, 0\}$ und zeigen anschließend, daß der Wert $\chi(a)$ nur von der Klasse von a mod d_K abhängt.

Im nächsten Abschnitt benutzen wir die Ergebnisse dieses Abschnitts um die *arithmetische Klassenzahlformel* für quadratische Zahlkörper zu beweisen.

Sei d die zu K gehörige quadratfreie Zahl mit $K = \mathbb{Q}(\sqrt{d})$. Dann ist $d = d_K$ für $d \equiv 1 \pmod 4$ und $4d = d_K$ für $d \equiv 2, 3 \pmod 4$ (siehe 2.5). Im Falle $d \equiv 2 \pmod 4$ setzen wir $d = 2d'$.

Wir kommen nun zur Definition von χ. Für $a \in \mathbb{Z}$ mit $(a, d_K) \neq 1$ setzen wir $\chi(a) = 0$. Weiter benutzen wir das Jacobi-Symbol (1.6). Für $a \in \mathbb{Z}$ mit $(a, d_K) = 1$ setzen wir

$$\chi(a) = \left(\frac{a}{|d|}\right) \text{ für } d \equiv 1 \pmod 4,$$

$$\chi(a) = (-1)^{\frac{a-1}{2}} \left(\frac{a}{|d|}\right) \text{ für } d \equiv 3 \pmod 4,$$

$$\chi(a) = (-1)^{\frac{a^2-1}{8} + \frac{(a-1)(d'-1)}{4}} \left(\frac{a}{|d'|}\right) \text{ für } d \equiv 2 \pmod 4,$$

Satz 9.6.1 χ *ist ein Dirichlet-Charakter, d.h. es gilt* $\chi(ab) = \chi(a)\chi(b)$ *für* $a, b \in \mathbb{Z}$.

B e w e i s: Die Behauptung folgt aus Satz 1.6.8 b) und aus der Multiplikativität der Funktionen $\chi_1(a) = (-1)^{\frac{a-1}{2}}$, $\chi_2(a) = (-1)^{\frac{a^2-1}{8}}$ für ungerade a. $\square$

Satz 9.6.2 χ *ist ein Charakter* $\mathrm{mod}\, d_K$, *d.h.* $\chi(a) = \chi(b)$ *für* $a \equiv b \pmod{d_K}$.

B e w e i s: Dies folgt aus der Definition, wenn man bedenkt, daß d_K im Falle $d \equiv 3 \pmod 4$ durch 4 und im Falle $d \equiv 2 \pmod 4$ durch 8 teilbar ist. $\square$

Satz 9.6.3 *Sei p eine ungerade Primzahl, die kein Teiler der Diskriminante d_K ist. Dann gilt*

$$\chi(p) = \left(\frac{d_K}{p}\right).$$

B e w e i s: Das folgt aus dem quadratischen Reziprozitätsgesetz und den Ergänzungssätzen (1.6). $\qquad\square$

Satz 9.6.4 $\chi(-1) = 1$ *für $d_K > 0$ und $\chi(-1) = -1$ für $d_K < 0$.*

B e w e i s: Das folgt aus dem ersten Ergänzungssatz. $\qquad\square$

Sei m eine ganze Zahl, $m \neq 0$, und sei χ ein Charakter mod m. Dann heißt χ *primitiver Charakter* mod m, wenn es keinen echten Teiler m' von m gibt, so daß $\chi(a)$ für $(a, m') = 1$ nur von der Restklasse von a mod m' abhängt. Um zu zeigen, daß ein Charakter χ mod m primitiv ist, genügt es, für alle Primteiler p von m, ein $a \equiv 1 \,(\mathrm{mod}\, m/p)$ mit $\chi(a) \neq 1$ zu finden.

Satz 9.6.5 *Sei χ der zum quadratischen Zahlkörper K mit der Diskriminante d_K gehörige Charakter. Dann ist χ ein primitiver Charakter mod d_K.*

B e w e i s: Sei zunächst p eine ungerade Primzahl mit $p|d_K$. Weiter sei a ein quadratischer Nichtrest mod p und $a \equiv 1 \,(\mathrm{mod}\, 8d_K/p)$. Die Existenz eines solchen a folgt aus dem Chinesischen Restklassensatz (Satz A.2.2). Dann gilt für $d \equiv 1, 3 \,(\mathrm{mod}\, 4)$

$$\chi(a) = \left(\frac{a}{|d|}\right) = \left(\frac{a}{p}\right)\left(\frac{a}{|d|/p}\right) = \left(\frac{a}{p}\right) = -1$$

und für $d \equiv 2 \,(\mathrm{mod}\, 4)$

$$\chi(a) = \left(\frac{a}{|d'|}\right) = \left(\frac{a}{p}\right)\left(\frac{a}{|d'|/p}\right) = \left(\frac{a}{p}\right) = -1.$$

Für $p = 2$ und $d \equiv 3 \,(\mathrm{mod}\, 4)$, $d_K = 4d$, sei a eine Zahl mit $a \equiv 3 \,(\mathrm{mod}\, 4)$, $a \equiv 3 \,(\mathrm{mod}\, 2d)$. Dann gilt

$$\chi(a) = (-1)^{\frac{a-1}{2}} = -1.$$

Für $p = 2$ und $d \equiv 2 \,(\mathrm{mod}\, 4)$, $d = 2d'$, sei a eine Zahl mit $a \equiv 5 \,(\mathrm{mod}\, 8)$, $a \equiv 1 \,(\mathrm{mod}\, 4d')$. Dann gilt

$$\chi(a) = (-1)^{\frac{a^2-1}{2}} = -1.$$

$\qquad\square$

Zum Schluß dieses Abschnittes merken wir an, daß χ das Zerlegungsverhalten der Primzahlen in K beschreibt.

Satz 9.6.6 *Sei K ein quadratischer Zahlkörper und p eine Primzahl. Dann ist p in K verzweigt, zerlegt oder träge je nach dem ob $\chi(p) = 0, 1$ oder -1 ist.*

B e w e i s: Dies folgt aus Satz 9.6.3 und der Beschreibung des Zerlegungsverhaltens von p in 3.8. $\qquad\square$

9.7   Die arithmetische Klassenzahlformel

In diesem Abschnitt wollen wir mit Hilfe der Dedekindschen Zetafunktion einen rein algebraischen Ausdruck für die Klassenzahl quadratischer Zahlkörper herleiten. Die Grundlage hierfür bildet die *analytische Klassenzahlformel*.

Wir verwenden in diesem Abschnitt die Bezeichnungen von 9.6: $K = \mathbb{Q}(\sqrt{d_K})$ ist der quadratische Zahlkörper mit der Diskriminante d_K und dem Charakter χ. Weiter bezeichnet ε im Falle eines reell quadratischen Zahlkörpers K die Grundeinheit mit $\varepsilon > 1$. Dann ist $\log \varepsilon$ der Regulator von K. Die Anzahl der Einheitswurzeln in K bezeichnen wir mit w. Es gilt $w = 2$ außer im Falle $K = \mathbb{Q}(\sqrt{-1})$, wo $w = 4$, und $K = \mathbb{Q}(\sqrt{-3})$, wo $w = 6$ ist.

Satz 9.7.1 (Analytische Klassenzahlformel) *Sei K ein quadratischer Zahlkörper mit der Diskriminante d_K. Dann ist die Idealklassenzahl h von K durch*

$$h = \frac{L(1,\chi)\sqrt{d_K}}{2\log\varepsilon} \ \text{ für } \ d_K > 0$$

und

$$h = \frac{L(1,\chi)w\sqrt{|d_K|}}{2\pi} \ \text{ für } \ d_K < 0$$

gegeben.

B e w e i s: Wir bemerken zunächst, daß für alle Primzahlen p nach Satz 9.6.6 die Gleichung

$$\prod_{\mathfrak{p}|p}\left(1 - \frac{1}{N(\mathfrak{p})^s}\right) = \left(1 - \frac{1}{p^s}\right)\left(1 - \frac{\chi(p)}{p^s}\right)$$

gilt, wobei $\mathfrak{p}$ einen Primteiler von p in K bezeichnet. Daher gilt nach Satz 7.17.1 (iii)

$$\zeta_K(s) = \zeta(s)L(s,\chi). \tag{9.7.1}$$

Vergleicht man die Residuen an der Stelle $s = 1$, so erhält man Satz 9.7.1 als Spezialfall von Satz 7.17.2. $\qquad\qquad\qquad\qquad\qquad\qquad\qquad\qquad\qquad\qquad\Box$

Satz 9.7.1 kann in verschiedener Weise gelesen werden. Einerseits stellt er eine Summierung der Reihe $L(1,\chi)$ dar, die im Spezialfall $K = \mathbb{Q}(\sqrt{-1})$ die Formel

$$\frac{\pi}{4} = 1 - \frac{1}{3} + \frac{1}{5} - \cdots$$

ergibt, die schon von Leibniz entdeckt wurde und ihn zu dem Ausspruch „Gott freut sich über die ungeraden Zahlen" begeisterte. Andererseits kann man den transzendenten Ausdruck von h weiter verarbeiten zu einer rein algebraischen Formel, der *arithmetischen Klassenzahlformel*. Dies soll im folgenden durchgeführt werden.

Wir wollen zunächst die Reihe $L(1,\chi)$ in eine endliche Summe umformen.

Allgemeiner betrachten wir die Reihe $L(s,\chi)$ für einen beliebigen Charakter χ mod m, wobei m eine beliebige natürliche Zahl ist. Wir fixieren die primitive m-te Einheitswurzel

$$\zeta = e^{2\pi i/m}$$

und setzen

$$\tau_a(\chi) := \sum_{x \bmod m} \chi(x)\zeta^{ax},$$

wobei a eine natürliche Zahl ist; $\tau_a(\chi)$ wird als *Gaußsche Summe* bezeichnet.

Für den folgenden Satz wollen wir einen Wert von $\log(1 - \zeta^{-k})$ fixieren. Wegen

$$
\begin{aligned}
1 - \zeta^{-k} &= 1 - \exp\left(-\frac{2\pi ki}{m}\right) = \\
&= \exp\left(\frac{\pi}{2}i - \frac{\pi k}{m}i\right)\left(\exp\left(\frac{\pi k}{m}i - \frac{\pi}{2}i\right) - \exp\left(-\frac{\pi k}{m}i - \frac{\pi}{2}i\right)\right) = \\
&= \exp\left(\frac{\pi}{2}i - \frac{\pi k}{m}i\right) 2\sin\frac{\pi k}{m}
\end{aligned}
$$

können wir

$$\log(1 - \zeta^{-k}) = \log|1 - \zeta^{-k}| + \left(\frac{\pi}{2} - \frac{\pi k}{m}\right)i \tag{9.7.2}$$

setzen.

Satz 9.7.2 *Sei χ ein vom Einheitscharakter verschiedener Charakter* mod m. *Dann gilt*

$$L(1,\chi) = -\frac{1}{m}\sum_{k=1}^{m-1} \tau_k(\chi)\log(1 - \zeta^{-k}). \tag{9.7.3}$$

B e w e i s: Wir betrachten zunächst $L(s,\chi)$ für reelle $s > 1$. Da die Reihe $L(s,\chi)$ in diesem Falle absolut konvergiert, können wir sie umordnen und erhalten

$$L(s,\chi) = \sum_{n=1}^{\infty} \chi(n)n^{-s} = \sum_{x=1}^{m-1} \chi(x) \sum_{n\equiv x(\bmod m)} n^{-s}.$$

Wegen der bekannten Formeln

$$\sum_{k=0}^{m-1} \zeta^{ak} = \begin{cases} m & \text{für } a \equiv 0\,(\bmod m) \\ 0 & \text{für } a \not\equiv 0\,(\bmod m) \end{cases}$$

können wir die innere Summe in der Form

$$\sum_{n\equiv x(\bmod m)} n^{-s} = \frac{1}{m}\sum_{n=1}^{\infty} n^{-s}\sum_{k=0}^{m-1}\zeta^{(x-n)k}$$

schreiben. Damit erhalten wir

$$L(s,\chi) = \sum_{x=1}^{m-1}\chi(x)\sum_{n=1}^{\infty}\frac{1}{m}\sum_{k=0}^{m-1}\zeta^{(x-n)k}n^{-s} =$$

$$= \frac{1}{m}\sum_{k=0}^{m-1}\left(\sum_{x=1}^{m-1}\chi(x)\zeta^{xk}\right)\sum_{n=1}^{\infty}\zeta^{-nk}n^{-s} =$$

$$= \frac{1}{m}\sum_{k=0}^{m-1}\tau_k(\chi)\sum_{n=1}^{\infty}\zeta^{-nk}n^{-s}.$$

Da χ nach Voraussetzung vom Einheitscharakter verschieden ist, gilt $\tau_0(\chi) = 0$.

Wir beweisen jetzt, daß die Reihe $\sum_{n=1}^{\infty}\zeta^{-nk}n^{-s}$ für $0 < k < m$ gleichmäßig für alle $s \geq \delta > 0$ konvergiert. Dazu benutzen wir einen Trick von Abel. Nach dem Cauchyschen Konvergenzkriterium genügt es, zu jedem $\varepsilon > 0$ ein von s unabhängiges N zu finden, sodaß $\left|\sum_{n=\nu}^{\mu}\zeta^{-nk}n^{-s}\right| < \varepsilon$ für alle ν, μ mit $\nu < \mu$, $\nu, \mu \geq N$, gilt. Wir setzen

$$a_\mu = \sum_{n=\nu}^{\mu}\zeta^{-nk}, \ a_{\nu-1} = 0.$$

Dann wird

$$\sum_{n=\nu}^{\mu}\zeta^{-nk}n^{-s} = \sum_{n=\nu}^{\mu}(a_n - a_{n-1})n^{-s} = \sum_{n=\nu}^{\mu}a_n n^{-s} - \sum_{n=\nu}^{\mu-1}a_n(n+1)^{-s} =$$

$$= \sum_{n=\nu}^{\mu-1}a_n\left(n^{-s} - (n+1)^{-s}\right) + a_\mu\mu^{-s}.$$

Wegen $\sum_{n=h}^{h+m}\zeta^{-nk} = 0$ gilt $|a_\mu| \leq m$ und daher

$$\left|\sum_{n=\nu}^{\mu}\zeta^{-nk}n^{-s}\right| \leq \sum_{n=\nu}^{\mu-1}m\left(n^{-s} - (n+1)^{-s}\right) + m\mu^{-s} =$$

$$= m\nu^{-s} \leq m\nu^{-\delta}.$$

Wir haben also N so zu wählen, daß $mN^{-\delta} < \varepsilon$ wird.

Aus der gleichmäßigen Konvergenz von $\sum\limits_{n=1}^{\infty} \zeta^{-nk} n^{-s}$ folgt, daß diese Reihe für $s > 0$ eine stetige Funktion darstellt. Insbesondere gilt

$$L(1,\chi) = \frac{1}{m} \sum_{k=1}^{m-1} \tau_k(\chi) \sum_{n=1}^{\infty} \zeta^{-nk} n^{-1}.$$

Zur Berechnung von

$$\sum_{n=1}^{\infty} \frac{\zeta^{-nk}}{n}$$

betrachten wir die Reihe

$$\sum_{n=1}^{\infty} \frac{z^n}{n}.$$

Diese ist bekanntlich für $|z| < 1$ gleich dem Zweig der Funktion $-\log(1-z)$ mit

$$-\frac{\pi}{2} < \operatorname{Im}\,(-\log(1-z)) < \frac{\pi}{2}.$$

Für $|z| = 1$ gilt immer noch

$$\sum_{n=1}^{\infty} \frac{z^n}{n} = -\log(1-z),$$

wenn die linksstehende Reihe konvergiert. Da dies für $z = \zeta^{-k}$ der Fall ist, gilt also

$$\sum_{n=1}^{\infty} \frac{\zeta^{-kn}}{n} = -\log(1 - \zeta^{-k})$$

mit (9.7.2). $\qquad\qquad\qquad\qquad\qquad\qquad\qquad\qquad\qquad\qquad\qquad\qquad\qquad\qquad\square$

Die Formel (9.7.3) läßt sich noch vereinfachen. Dabei nehmen wir an, daß χ primitiv ist.

Satz 9.7.3 *Sei χ ein primitiver Charakter $\bmod\, m$ und sei a eine natürliche Zahl, die nicht zu m teilerfremd ist. Dann gilt $\tau_a(\chi) = 0$.*

B e w e i s : Sei $b = (a, m)$ und $m = bc$. Dann ist ζ^a eine primitive Einheitswurzel der Ordnung c. Sei u eine ganze Zahl mit $(u, m) = 1$, $u \equiv 1 \pmod c$. Da χ primitiv ist, kann u so bestimmt werden, daß $\chi(u) \neq 1$ ist, da man sonst $\chi \bmod c$ erklären könnte. Mit x durchläuft auch ux ein volles Restsystem $\bmod\, m$. Daher gilt

$$\tau_a(\chi) = \sum_{x \bmod m} \chi(ux)\zeta^{aux} = \chi(u) \sum_{x \bmod m} \chi(x)\zeta^{ax} =$$

$$= \chi(u)\tau_a(\chi).$$

Wegen $\chi(u) \neq 1$ gilt $\tau_a(\chi) = 0$. $\qquad\qquad\qquad\qquad\qquad\qquad\qquad\qquad\qquad\qquad\square$

Satz 9.7.4 *Sei a eine natürliche Zahl mit $(a, m) = 1$. Dann gilt*

$$\tau_a(\chi) = \chi(a)^{-1}\tau_1(\chi).$$

B e w e i s: Wir haben

$$\chi(a)\tau_a(\chi) = \sum_{x \bmod m} \chi(ax)\zeta^{ax} = \tau_1(\chi).$$

$\square$

Wir setzen

$$\tau(\chi) := \tau_1(\chi).$$

Jetzt können wir (9.7.3) in der Form

$$L(1, \chi) = -\frac{\tau(\chi)}{m} \sum_{(k,m)=1} \overline{\chi(k)} \log(1 - \zeta^{-k}) \tag{9.7.4}$$

schreiben, wobei k ein primes Restsystem mod m durchläuft.

Wir untersuchen die Summe

$$S_\chi := \sum_{0 < k < m} \overline{\chi(k)} \log(1 - \zeta^{-k}).$$

Dabei haben wir die Fälle $\chi(-1) = 1$ und $\chi(-1) = -1$ zu unterscheiden. Im ersten Fall spricht man von einem geraden, im zweiten Fall von einem ungeraden Charakter.

Satz 9.7.5

$$S_\chi = \sum_{0 < k < m} \overline{\chi(k)} \log\left|1 - \zeta^k\right| \quad \textit{für } \chi(-1) = 1,$$

$$S_\chi = \sum_{0 < k < m} \overline{\chi(k)}\pi i \left(\frac{1}{2} - \frac{k}{m}\right) \quad \textit{für } \chi(-1) = -1.$$

B e w e i s: Mit k durchläuft auch $-k$ ein volles Restsystem mod m. Daher gilt

$$2S_\chi = \sum_{(k,m)=1} \overline{\chi(k)} \left(\log(1 - \zeta^{-k}) + \chi(-1)\log(1 - \zeta^k)\right).$$

Daraus folgt nach 9.7.2 die Behauptung, wobei

$$\log(1 - \zeta^k) = \overline{\log(1 - \zeta^{-k})} =$$

$$= \log\left|1 - \zeta^k\right| - \left(\frac{\pi}{2} - \frac{k\pi}{m}\right)i$$

zu berücksichtigen ist.

$\square$

Im folgenden Abschnitt werden wir beweisen, daß

$$\tau(\chi) = \sqrt{d_K} \tag{9.7.5}$$

gilt, wobei $\sqrt{d_K}$ für $d_K < 0$ die Zahl $i\sqrt{|d_K|}$ bezeichnet. Nach 3.8 ist χ ein primitiver Charakter mit $\chi(-1) = 1$, für $d_K > 0$ und $\chi(-1) = -1$, für $d_K < 0$. So erhalten wir folgendes Ergebnis für die Berechnung der Klassenzahl h von K.

Satz 9.7.6 *Sei $d_K > 0$. Dann gilt*

$$h = -\frac{1}{\log \varepsilon} \sum_{0 < x < d_K/2} \chi(x) \log \left| 1 - \zeta^{-x} \right|. \tag{9.7.6}$$

Sei $d_K < -4$. Dann gilt

$$h = -\frac{1}{|d_K|} \sum_{0 < x < d_K} \chi(x) x. \tag{9.7.7}$$

Bei der Berechnung von (9.7.6) haben wir berücksichtigt, daß $\chi(d_K - x) = \chi(x)$ gilt. Um dieser Formel ein rein algebraisches Aussehen zu geben, setzen wir

$$\eta = \prod_{0 < x < d_K/2} \left| 1 - \zeta^{-x} \right|^{-\chi(x)}.$$

Dann erhalten wir

$$\varepsilon^h = \eta. \tag{9.7.8}$$

Hieraus ist ersichtlich, daß η eine Einheit von K mit $\eta > 1$ ist.

Die Gleichung (9.7.7) kann man noch vereinfachen:

Satz 9.7.7 *Sei $d_K < -4$. Dann gilt*

$$h = \frac{1}{2 - \chi(2)} \sum_{0 < x < |d_K|/2} \chi(x).$$

B e w e i s: Wir setzen $m := |d_K|$. Sei m zunächst gerade. Nach Definition von χ ist $\chi\left(x + \frac{m}{2}\right) = -\chi(x)$. Wir können daher (9.7.7) in

$$hm = - \sum_{0 < x < m/2} \chi(x) x - \sum_{0 < x < m/2} \chi\left(x + \frac{m}{2}\right)\left(x + \frac{m}{2}\right) =$$

$$= - \sum_{0 < x < m/2} \chi(x) x + \sum_{0 < x < m/2} \chi(x)\left(x + \frac{m}{2}\right) = \frac{m}{2} \sum_{0 < x < m/2} \chi(x)$$

umschreiben. Wegen $\chi(2) = 0$ folgt die Behauptung.

Sei jetzt m ungerade. Dann ergibt sich aus (9.7.7)

$$hm = - \sum_{0 < x < m/2} \chi(x) x - \sum_{0 < x < m/2} \chi(m - x)(m - x) =$$

$$= -2 \sum_{0 < x < m/2} \chi(x) x + m \sum_{0 < x < m/2} \chi(x). \tag{9.7.9}$$

Andererseits gilt

$$hm = - \sum_{0<x<m,\, x\text{ gerade}} \chi(x)x - \sum_{0<x<m,\, x\text{ gerade}} \chi(m-x)(m-x) =$$

$$= -4 \sum_{0<x<m/2} \chi(2x)x + m \sum_{0<x<m/2} \chi(2x)$$

und damit

$$hm\chi(2) = -4 \sum_{0<x<m/2} \chi(x)x + m \sum_{0<x<m/2} \chi(x). \qquad (9.7.10)$$

Wir eliminieren $\sum_{0<x<m/2}\chi(x)x$ aus (9.7.9) und (9.7.10) und erhalten die Behauptung. $\qquad\square$

Für den Fall, daß $d_K = (-1)^p p$ für eine Primzahl p ist, gilt $\chi(x) = \left(\frac{x}{p}\right)$ für $x \not\equiv 0\,(\mathrm{mod}\,p)$. Dann bedeuten die Sätze 9.7.6 und 9.7.7 unmittelbare Aussagen über die Verteilung der quadratischen Reste. Für weitere Kommentare hierzu siehe [BoSh1966], Kap.5, §4.

Wir betrachten zwei Beispiele.

a) Für $d_K = 5$ ist $h = 1$ und $\varepsilon = \frac{1+\sqrt{5}}{2}$. Daher ist $\eta = \varepsilon = \frac{|1-\zeta^2|}{|1-\zeta|} =$

$$= |1 + \zeta| = \left|\zeta^2 + \zeta^3\right|. \text{ In der Tat ist } \zeta + \zeta^4 + \zeta^2 + \zeta^3 = -1,\ \left(\zeta^2 + \zeta^3\right)^2 =$$

$$= \zeta + \zeta^4 + 2 \text{ und daher } \zeta^2 + \zeta^3 = -\tfrac{1}{2} - \tfrac{1}{2}\sqrt{5}.$$

b) Für $d_K = -23$ ist $\chi(x) = \left(\frac{x}{23}\right)$ und daher

$$\chi(1) = \chi(2) = \chi(3) = \chi(4) = \chi(6) = \chi(8) = \chi(9) = 1,$$

$$\chi(5) = \chi(7) = \chi(10) = \chi(11) = -1,$$

$$h = 7 - 4 = 3$$

(vergleiche 3.9). $\qquad\square$

9.8 Die Berechnung der Gaußschen Summe

In diesem Abschnitt wollen wir beweisen, daß die Gaußsche Summe $\tau(\chi)$ für den zu K gehörigen Charakter χ im Falle $d_K > 0$ gleich $\sqrt{d_K}$ und im Falle $d_K < 0$ gleich $i\sqrt{|d_K|}$ ist.

Wir beginnen mit der Reduktion auf den Fall einer Primdiskriminante. Unter einer *Primdiskriminante* p^* verstehen wir eine Diskriminante eines quadratischen Zahlkörpers K in dem nur die Primzahl p aufgeht. Die Primdiskriminanten haben die folgende Gestalt: $2^* = -4, 8, -8$, $p^* = (-1)^{\frac{p-1}{2}}p$ für ungerade Primzahlen p. p^* ist die Diskriminante von $\mathbb{Q}\left(\sqrt{p^*}\right)$. Die Diskriminante d_K eines quadratischen Zahlkörpers ist in eindeutiger Weise als Produkt von Primdiskriminanten darstellbar.

Satz 9.8.1 *Sei χ der Charakter des quadratischen Zahlkörpers K und sei χ_p der Charakter von $\mathbb{Q}(\sqrt{p^*})$ für die Primdiskriminanten p^*, die in d_K aufgehen. Dann gilt*

$$\chi(a) = \prod_{p \mid d_K} \chi_p(a) \quad \text{für} \quad (a, d_K) = 1.$$

B e w e i s: Das folgt unmittelbar aus der Definition von χ. $\qquad\qquad\square$

Satz 9.8.2 *Sei m eine natürliche Zahl mit $m = m_1 \cdot m_2$, $(m_1, m_2) = 1$, und seien χ_1 bzw. χ_2 Dirichlet-Charaktere mod m_1 bzw. mod m_2. Weiter sei χ der Dirichlet-Charakter mod $m_1 m_2$ mit*

$$\chi(a) = \chi_1(a)\chi_2(a) \quad \text{für} \quad (a, m_1 m_2) = 1.$$

Dann gilt

$$\tau(\chi) = \tau(\chi_1)\tau(\chi_2)\chi_1(m_2)\chi_2(m_1).$$

B e w e i s: Sei $\zeta = \exp(2\pi i / m_1 m_2)$. Dann gilt

$$\tau(\chi_1)\tau(\chi_2)\chi_1(m_2)\chi_2(m_1) =$$

$$= \left(\sum_{x_1} \chi_1(x_1)\zeta^{m_2 x_1} \right) \left(\sum_{x_2} \chi_2(x_2)\zeta^{m_1 x_2} \right) \cdot \chi_1(m_2)\chi_2(m_1),$$

wobei x_1 ein primes Restsystem mod m_1 und x_2 ein primes Restsystem mod m_2 durchläuft. Dann durchläuft $x = x_1 m_2 + x_2 m_1$ ein primes Restsystem mod $m_1 m_2$. Daher gilt

$$\begin{aligned} \tau(\chi_1)\tau(\chi_2)\chi_1(m_2)\chi_2(m_1) &= \sum_{x_1, x_2} \chi_1(x_1 m_2)\chi_2(x_2 m_1)\zeta^{x_1 m_2 + x_2 m_1} \\ &= \sum_{x} \chi_1(x)\chi_2(x)\zeta^x = \tau(\chi). \end{aligned}$$

$$\square$$

Nach Satz 9.8.1 genügt es, (9.7.5) für Primdiskriminanten zu beweisen. Seien nämlich d_1 und d_2 Diskriminanten quadratischer Zahlkörper mit $(d_1, d_2) = 1$, $(d_2, 2) = 1$ und seien χ_1 und χ_2 die zugehörigen Charaktere. Angenommen (9.7.5) sei schon für $\tau(\chi_1)$ und $\tau(\chi_2)$ bewiesen. Dann gilt

$$\tau(\chi) = \tau(\chi_1)\tau(\chi_2)\chi_1(|d_2|)\chi_2(|d_1|) = \sqrt{d_1}\sqrt{d_2}\chi_1(|d_2|)\chi_2(|d_1|).$$

Es bleibt

$$\sqrt{d_1} \cdot \sqrt{d_2}\chi_1(|d_2|)\chi_2(|d_1|) = \sqrt{d_1 d_2}$$

zu beweisen. Wenn d_1 ungerade ist, folgt das aus dem Reziprozitätsgesetz für das Jacobi-Symbol (Satz 1.6.10). Wenn d_1 gerade ist, können wir der Einfachheit halber annehmen, daß $d_1 = 2, -4, 8$ oder -8 ist. Die Behauptung folgt dann aus der Definition von χ_1 und χ_2 und den Ergänzungssätzen.

Um die Funktionalgleichung für $L(s, \chi)$ für die Berechnung von $\tau(\chi)$ zu benutzen, haben wir χ zunächst entsprechend Abschnitt 7.6 in einen Charakter der Ideleklassengruppe umzurechnen.

Sei χ allgemeiner ein beliebiger Charakter mod m. Wie im zweiten Beispiel in 7.5 setzen wir $m' = m\infty$. Dann ist $(\mathbb{Z}/m\mathbb{Z})^\times$ kanonisch isomorph zur Strahlklassengruppe $I_m/S_{m'}$, wobei I_m die Gruppe der zu m primen gebrochenen Ideale von $\mathbb{Q}$ und $S_{m'}$ die Untergruppe der Ideale (a) mit

$$a \equiv 1(\mathrm{mod}\, m), a > 0 \tag{9.8.1}$$

bezeichnet. Der Isomorphismus φ_m von $I_m/S_{m'}$ auf $(\mathbb{Z}/m\mathbb{Z})^\times$ ordnet dann einer Idealklasse $(b)S_{m'}$ mit $(b) \in I_m, b \in \mathbb{N}$, die Kongruenzklasse $b + m\mathbb{Z}$ zu.

Weiter erhalten wir nach 7.5 einen Isomorphismus ψ_m von $\mathcal{I}_\mathbb{Q}/\mathcal{I}_{m'}\mathbb{Q}^\times$ auf $I_m/S_{m'}$, indem wir eine Klasse $\alpha\mathcal{I}_{m'}\mathbb{Q}^\times$ durch einen Vertreter α' in $\mathcal{I}'_{m'}$ repräsentieren und diesem die Klasse $(\alpha')S_{m'}$ zuordnen. Dem Charakter χ entspricht dann der Charakter χ' von $\mathcal{I}_\mathbb{Q}$, der durch

$$\chi'(\alpha) = \chi(\varphi_m\psi_m(\overline{\alpha})) \ \text{ für } \ \alpha \in \mathcal{I}_\mathbb{Q}$$

gegeben ist.

Wir betrachten nun die für unsere Berechnung der Gaußschen Summe benötigte spezielle Situation, daß χ der quadratische Charakter einer Primdiskriminante $m = p^*$ für die Primzahl p ist. Wir benötigen den zugehörigen Charakter χ' von $\mathcal{I}_\mathbb{Q}$ für $\alpha \in \mathbb{Q}_q^\times$, wobei $\mathbb{Q}_q^\times$ in $\mathcal{I}_\mathbb{Q}$ wie in 7.4 eingelagert ist. Wir bezeichnen diesen Charakter als Funktion von $\mathbb{Q}_q^\times$ mit χ'_q.

Sei zunächst $q = p$. Die zu $p \in \mathbb{Q}_p$ gehörige Ideleklasse hat den Vertreter $\prod_q \alpha_q$ in $\mathcal{I}'_{p'}$ mit

$$\alpha_p = 1, \alpha_q = \frac{1}{p} \ \text{ für } \ q \neq p.$$

Daher wird

$$\chi'_p(p) = \chi(\varphi_p(\prod_q \alpha_q)) = 1.$$

Für $a \in \mathbb{Z}, (a, p) = 1, a > 0$ erhält man entsprechend

$$\chi'_p(a) = \chi(a).$$

Für χ'_∞ ist nur der Wert $\chi_\infty(-1)$ von Bedeutung. $-1 \in \mathbb{Q}_\infty$ wird in $\mathcal{I}'_{p'}$ repräsentiert durch das Idele $\prod_q \alpha_q$ mit

$$\alpha_\infty = -(1 - |m|), \ \alpha_q = 1 - |m| \ \text{ für } \ q \neq \infty.$$

Der Klasse von $\prod_q \alpha_q$ ist in $I_p/S_{p'}$ die Idealklasse $(1-|m|)S_{p'}$ zugeordnet, der bei φ_p die Klasse $-(1-|m|)+m\mathbb{Z} = -1+m\mathbb{Z}$ entspricht. Wir erhalten also

$$\chi'_\infty(-1) = \chi(-1).$$

Schließlich sieht man entsprechend, daß die Charaktere χ'_q für $q \neq p, \infty$ trivial sind. Die entsprechenden lokalen Wurzelzahlen sind nach 7.11, 7.13

$$W(\chi'_p) = \frac{\tau(\chi)}{\sqrt{|m|}}, \quad W(\chi'_\infty) = i^{(\chi(-1)-1)/2}, \quad W(\chi'_q) = 1. \qquad (9.8.2)$$

Nach diesen Vorbereitungen betrachten wir die Funktionalgleichungen von $\zeta(s)$, $L(s,\chi) = L(s,\chi')$ und $\zeta_K(s)$. Zunächst gehen wir zu den erweiterten L-Reihen über:

$$Z(s) = \pi^{-\frac{s}{2}} \Gamma\left(\frac{s}{2}\right) \zeta(s),$$

sowie

$$Z_K(s) = \pi^{-s} \Gamma\left(\frac{s}{2}\right)^2 \zeta_K(s),$$

$$Z(s,\chi') = \pi^{-\frac{s}{2}} \Gamma\left(\frac{s}{2}\right) L(s,\chi')$$

falls $\chi(-1) = 1$, d.h. $d_K > 0$, und

$$Z_K(s) = (2\pi)^{1-s} \Gamma(s)$$

$$Z(s,\chi') = \pi^{-\frac{s+1}{2}} \Gamma\left(\frac{s+1}{2}\right) L(s,\chi')$$

falls $\chi(-1) = -1$, d.h. $d_K < 0$.

Im ersten Fall erhält man aus 9.7.1

$$Z_K(s) = Z(s)Z(s,\chi').$$

Im zweiten Fall benutzen wir die folgende Identität für die Γ-Funktion:

$$\Gamma\left(\frac{s}{2}\right)\Gamma\left(\frac{s+1}{2}\right) = 2^{1-s}\pi^{\frac{1}{2}}\Gamma(s)$$

und erhalten

$$Z_K(s) = \pi \cdot Z(s)Z(s,\chi').$$

Durch Vergleich der Funktionalgleichungen erhält man nun

$$|d_K|^{s-\frac{1}{2}} = W(\chi')|d_K|^{s-\frac{1}{2}}$$

und daher

$$W(\chi') = 1.$$

Mit

$$W(\chi') = \prod_q W_q(\chi'_q),$$

wobei das Produkt über alle Stellen q von $\mathbb{Q}$ zu erstrecken ist, erhält man (9.7.5) für Primdiskriminanten und nach Satz 9.8.2 für beliebige Diskriminanten. □

Aufgaben

1. Sei K ein quadratischer Zahlkörper, $O_K = (1, \omega)$ die Hauptordnung und $O = (1, f\omega)$ eine beliebige Ordnung von K. Weiter sei I_f die Gruppe der Moduln in K mit Ordnung O. Man zeige, daß die Abbildung $\mathfrak{m} \to \mathfrak{m}O_K$ einen Homomorphismus φ von I_f auf $I_1 = I_K$ definiert.

2. Mit den Bezeichnungen von 1 zeige man, daß der Kern von φ aus allen Moduln $\mathfrak{m}$ der Form $\mathfrak{m} = (f, f\omega, \xi)$ besteht, wobei ξ ein beliebiges zu f teilerfremdes Element von O_K ist.

3. Mit den Bezeichnungen der vorhergehenden Aufgaben zeige man, daß die folgende Sequenz exakt ist

$$\{1\} \to (\mathbb{Z}/f\mathbb{Z})^\times \xrightarrow{\psi_1} (O_K/fO_K)^\times \xrightarrow{\psi_2} I_f \xrightarrow{\varphi} I_1 \to \{1\}.$$

Dabei ist ψ_1 durch die Einlagerung $\mathbb{Z} \to O_K$ und ψ_2 ist durch die Zuordnung

$$\overline{\xi} \to (f, fw, \xi) \quad \text{für } \overline{\xi} \in (O_K/fO_K)^\times$$

gegeben.

4. Man zeige unter Benutzung der Aufgaben 1. bis 3.

$$|Cl(O)| = \frac{\phi(f)}{e_f \varphi(f)} |Cl(O_K)|.$$

Dabei ist $e_f := [O_K^\times : O^\times]$, $\phi(f) := |(O_K/fO_K)^\times|$ und $\varphi(f) := |(\mathbb{Z}/f\mathbb{Z})^\times|$.

5. Man bestimme mit der Methode von Abschnitt 9.2 die Struktur der Gruppen $Cl(\mathbb{Q}(\sqrt{-d}))$ für $d = 17, 30, 41, 43, 62, 67, 89, 146, 503, 759$.

6. Man bestimme die Klassenzahl der Körper $\mathbb{Q}(\sqrt{-d})$ für $d = 15$ und $d = 43$ nach Satz 9.7.7.

7. Man berechne die Grundeinheit und Klassenzahl der Körper $\mathbb{Q}(\sqrt{d})$ für $d = 17, 29, 30, 31$.

10 Ausblick

Bereits Dedekind und Kronecker erkannten, daß die adäquate Behandlung von Eigenschaften algebraischer Zahlen und Funktionen dadurch ermöglicht wird, daß man diese Objekte zu algebraischen Zahlkörpern und Funktionenkörpern zusammenfaßt. Diese standen daher im Mittelpunkt der Betrachtungen dieses Buches.

Fragt man nun nach den Hauptproblemen der Theorie der algebraischen Zahl- und Funktionenköper, so kann man kurz und vage sagen, daß es einerseits um die Beschreibung der arithmetischen Eigenschaften gegebener Körper und andererseits um die Beschreibung der Körper mit vorgegebenen arithmetischen Eigenschaften geht.

Die Theorie der komplexen Funktionen in einer Unbestimmten gibt ein Beispiel für die Lösung des zweiten Problems: Die endlichen Erweiterungen L von $\mathbb{C}(z)$, die außerhalb einer gegebenen endlichen Menge S von Stellen unverzweigt sind, entsprechen den Untergruppen von endlichem Index der Fundamentalgruppen des topologischen Raumes $\mathfrak{F} - S$, wobei $\mathfrak{F}$ den Raum der Stellen von $\mathbb{C}(z)$ bezeichnet, der gleich der projektiven komplexen Geraden $\mathbb{C} \cup \{\infty\}$ ist. Diese *Fundamentalgruppe* ist isomorph zur freien Gruppe mit $|S| - 1$ Erzeugenden. Etwas entsprechendes gilt, wenn man statt von $\mathbb{C}(z)$ von einem beliebigen algebraischen Funktionenkörper in einer Unbestimmten mit Konstantenkörper $\mathbb{C}$ ausgeht (siehe z.B. [Ma1987]).

Eine ähnlich umfassende Antwort für die zweite Problemstellung gibt es bisher nicht, wenn der Grundkörper K ein algebraischer Zahlkörper oder ein Funktionenkörper über nicht algebraisch abgeschlossenem Konstantenkörper ist. Jedoch gibt es eine überaus reiche Theorie, wenn man sich auf abelsche Erweiterungen von K beschränkt, d.h. auf Galoissche Erweiterungen L von K, deren Galoissche Gruppe abelsch ist. Im Funktionenkörperfall hat man sich dabei auf endliche Konstantenkörper zu beschränken. In diesem Kapitel geben wir einen Ausblick auf diese Theorie, die als *Klassenkörpertheorie* bezeichnet wird. Für Beweise der angeführten Sätze verweisen wir auf die Lehrbücher [CaFr1967], [La1970], [Ne1992].

10.1 Absolut-abelsche Erweiterungen

Sei m eine natürliche Zahl und ζ_m eine primitive m-te Einheitswurzel. In Abschnitt 6.4 haben wir gezeigt, daß der Kreisteilungskörper $\mathbb{Q}(\zeta_m)$ eine normale Erweiterung von $\mathbb{Q}$ ist, wobei die Galoissche Gruppe $G_m := G(\mathbb{Q}(\zeta_m)/\mathbb{Q})$ kanonisch isomorph zur Gruppe $(\mathbb{Z}/m\mathbb{Z})^\times$ ist. Dieser Isomorphismus ϕ_m von $(\mathbb{Z}/m\mathbb{Z})^\times$ auf G_m ist gegeben durch

$$(\phi_m(\bar{a}))(\zeta_m) = \zeta_m^a, \quad \bar{a} \in (\mathbb{Z}/m\mathbb{Z})^\times.$$

Für das weitere setzen wir voraus, daß $m \not\equiv 2(\mathrm{mod}4)$ ist. Dies ist keine echte Einschränkung, weil aus $m \equiv 2(\mathrm{mod}4)$

$$\mathbb{Q}(\zeta_m) = \mathbb{Q}(\zeta_{m/2})$$

folgt.

Für das Zerlegungsverhalten der Primzahl p in $\mathbb{Q}\,(\zeta_m)$ hat man die folgende Beschreibung: p ist genau dann verzweigt, wenn p ein Teiler von m ist. Für zu m teilerfremde p ist der Frobenius-Automorphismus $\left(\dfrac{p}{\mathbb{Q}(\zeta_m)/K}\right)$ definiert. Es gilt

$$\left(\frac{p}{\mathbb{Q}(\zeta_m)/K}\right)(\zeta_m) = \zeta_m^p.$$

Hieraus ersieht man, daß das Zerlegungsverhalten von p nur von der Restklasse von p mod m abhängt. Der Trägheitsexponent von p in $\mathbb{Q}\,(\zeta_m)/K$ ist gleich der Ordnung von $\bar{p}$ in $(\mathbb{Z}/m\mathbb{Z})^\times$.

Nach dieser ideal einfachen und schönen Beschreibung der Arithmetik der Kreisteilungskörper ist es klar, daß man für jeden Teilkörper M von $\mathbb{Q}\,(\zeta_m)$ eine entsprechende Beschreibung geben kann. Zu M gehört eine Untergruppe $U(M)$ von $(\mathbb{Z}/m\mathbb{Z})^\times$, so daß die Galoissche Gruppe von $M/\mathbb{Q}$ isomorph zu $(\mathbb{Z}/m\mathbb{Z})^\times/U(M)$ ist.

In 6.4 haben wir gesehen, daß ein quadratischer Zahlkörper mit Diskriminante d_K im d_K-ten Kreisteilungskörper enthalten ist. Allgemeiner gilt der Satz von Kronecker-Weber:

Satz 10.1.1 *Sei M ein absolut-abelscher Körper, d.h. eine endliche normale Erweiterung von $\mathbb{Q}$ mit abelscher Galoisscher Gruppe. Dann gibt es eine natürliche Zahl m mit $M \subseteq \mathbb{Q}(\zeta_m)$.*

Zum Beweis siehe die Übungsaufgaben 6.-10., Kap.6.

Tatsächlich wurde der Satz von Kronecker-Weber zuerst von Hilbert bewiesen (siehe [Nm1981]). Dieser Beweis stützt sich wesentlich auf den Minkowskischen Diskriminantensatz . Die in neueren Lehrbüchern zu findenden Beweise stellen Varianten des Hilbertschen Beweises dar, oder der Satz wird als Korollar aus der *Klassenkörpertheorie* erhalten, von der wir in den folgenden Abschnitten einige Andeutungen machen.

10.2 Der Klassenkörper zur Strahlklassengruppe

Wir fragen jetzt, in welcher Weise man die Theorie der absolut-abelschen Erweiterungen auf andere algebraische Zahlkörper K als Grundkörper verallgemeinern kann. Es stellt sich heraus, daß dabei an Stelle der Kongruenzklassengruppe $(\mathbb{Z}/m\mathbb{Z})^\times$ die Strahlklassengruppe $I_\mathfrak{m}/S_\mathfrak{m}$ für den Erklärungsmodul $\mathfrak{m}$ tritt (7.5). Der *Strahlklassenkörper* mod $\mathfrak{m}$ wird definiert als die nach Satz 8.1.3 eindeutig bestimmte normale Erweiterung $K_\mathfrak{m}$ von K, in der ein Primideal $\mathfrak{p}$ von K genau dann voll zerlegt ist, wenn $\mathfrak{p}$ in $S_\mathfrak{m}$ liegt.

Die *Klassenkörpertheorie* ist zunächst die Theorie, die sich mit diesen Strahlklassenkörpern beschäftigt. Ihr erster fundamentaler Satz ist der folgende:

Satz 10.2.1 *Zu jedem algebraischen Zahlkörper K als Grundkörper und jedem Erklärungsmodul $\mathfrak{m}$ gibt es den Strahlklassenkörper $K_\mathfrak{m}$. Die Erweiterung $K_\mathfrak{m}/K$ ist abelsch und ihre Galoissche Gruppe ist kanonisch isomorph zu $I_\mathfrak{m}/S_\mathfrak{m}$. Ein zu $\mathfrak{m}$ teilerfremdes Primideal von K ist in $K_\mathfrak{m}/K$ unverzweigt.*

Der entsprechende Isomorphismus $\phi_\mathfrak{m}$ von $I_\mathfrak{m}/S_\mathfrak{m}$ auf $G(K_\mathfrak{m}/K)$ ist durch die Zuordnung

$$\phi_\mathfrak{m}(\mathfrak{p}S_\mathfrak{m}) = \left(\frac{\mathfrak{p}}{K_m/K}\right) \tag{10.2.1}$$

für Primideale $\mathfrak{p}$ aus $I_\mathfrak{m}$ gegeben. Dabei bezeichnet $\left(\dfrac{\mathfrak{p}}{K_m/K}\right)$ den Frobenius-Automorphismus $\left(\dfrac{\mathfrak{P}}{K_\mathfrak{m}/K}\right)$ für einen Primteiler $\mathfrak{P}$ von $\mathfrak{p}$ in $K_\mathfrak{m}$ (6.1). Wegen

$$\left(\frac{g\mathfrak{P}}{K_\mathfrak{m}/K}\right) = g\left(\frac{\mathfrak{P}}{K_\mathfrak{m}/K}\right)g^{-1} = \left(\frac{\mathfrak{P}}{K_\mathfrak{m}/K}\right)$$

für $g \in G(K_\mathfrak{m}/K)$ ist $\left(\dfrac{\mathfrak{p}}{K_\mathfrak{m}/K}\right)$ unabhängig von der Wahl von $\mathfrak{P}$. Der Isomorphismus $\phi_\mathfrak{m}$ heißt die *Artin-Abbildung*. Der erste Teil von Satz 10.2.1 wurde von T. Takagi [Ta1920], der zweite von E. Artin [Ar1927] bewiesen.

Aus 10.2.1 ist unmittelbar ersichtlich, daß ein Primideal $\mathfrak{p} \in I_\mathfrak{m}$ genau dann in $K_\mathfrak{m}$ voll zerlegt ist, wenn $\mathfrak{p}$ zu $S_\mathfrak{m}$ gehört. Analog zur Situation in $\mathbb{Q}(\zeta_m)/\mathbb{Q}$ ist der Trägheitsexponent von $\mathfrak{p} \in I_\mathfrak{m}$ in der Erweiterung $K_\mathfrak{m}/K$ gleich der Ordnung von $\mathfrak{p}S_\mathfrak{m}$ in $I_\mathfrak{m}/S_\mathfrak{m}$.

Im allgemeinen kann bei festem Grundkörper K zu verschiedenen Moduln $\mathfrak{m}_1$ und $\mathfrak{m}_2$ der gleiche Strahlklassenkörper gehören. Dies ist für den Grundkörper $K = \mathbb{Q}$ der Fall, wenn $m \equiv 2 \pmod 4$ ist. Dann liefern $m' = m\infty$ und $(m/2)'$ den gleichen Strahlklassenkörper $\mathbb{Q}(\zeta_m) = \mathbb{Q}(\zeta_{m/2})$.

Der größte gemeinsame Teiler aller Moduln $\mathfrak{m}$ mit dem gleichen Strahlklassenkörper $K_\mathfrak{m}$ heißt der *Führer* $\mathfrak{f}$ von $K_\mathfrak{m}$. Es gilt $K_\mathfrak{f} = K_\mathfrak{m}$. Jetzt können wir etwas über verzweigte Stellen $\mathfrak{p}$ von K in der Erweiterung $K_\mathfrak{f}/K$ sagen. Dabei heißt eine reelle Stelle $\mathfrak{p}$ von K in der Erweiterung L/K verzweigt, wenn für eine über $\mathfrak{p}$ liegende Stelle $\mathfrak{P}$ von L die Vervollständigung $L_\mathfrak{P}$ gleich dem Körper der komplexen Zahlen ist. Eine komplexe Stelle $\mathfrak{p}$ von K ist immer unverzweigt.

Satz 10.2.2 *Sei $K_\mathfrak{f}$ der Strahlklassenkörper mit dem Führer $\mathfrak{f}$. Dann ist eine Primstelle $\mathfrak{p}$ von K in $K_\mathfrak{f}$ genau dann verzweigt, wenn $\mathfrak{p}$ ein Teiler von $\mathfrak{f}$ ist.*

Als Verallgemeinerung von Satz 10.1.1 gilt der folgende

Satz 10.2.3 *Sei L/K eine endliche abelsche Erweiterung. Dann gibt es einen Modul $\mathfrak{m}$, in dem nur Stellen aufgehen, die in L/K verzweigt sind, so daß L in dem Strahlklassenkörper $K_\mathfrak{m}$ enthalten ist.*

Damit haben wir die vollständige Verallgemeinerung der Beschreibung der abelschen Erweiterungen von $\mathbb{Q}$ als Teilkörper von Kreisteilungskörpern auf Grundkörper, die beliebige algebraische Zahlkörper sind, erhalten.

Während die Strahlklassenkörper über $\mathbb{Q}$ als Kreisteilungskörper explizit angegeben werden können, ist dies für andere Grundkörper K nicht der Fall. Lediglich für imaginär-quadratische Zahlkörper K liefert die Theorie der komplexen Multiplikation [CaFr1967], Chap.XIII etwas ähnliches, wenn auch sehr viel komplizierteres.

Im folgenden geben wir einige Beispiele für Strahlklassenkörper und beginnen mit dem Fall, daß $\mathfrak{m} = (1)$ ist. In diesem Fall ist $I_\mathfrak{m}/S_\mathfrak{m}$ die Idealklassengruppe $CL(K)$ und $K_\mathfrak{m}/K$ ist die maximale abelsche unverzweigte Erweiterung von K. Solche Erweiterungen wurden zuerst von Hilbert studiert. Sie heißen daher Hilbertsche Klassenkörper und werden mit $H(K)$ bezeichnet.

Sei zunächst $K = \mathbb{Q}(\sqrt{d_K})$ ein reell-quadratischer Zahlkörper mit der Diskriminante d_K. Die kleinste Diskriminante für die $h_K := |CL(K)|$ von 1 verschieden ist, ist $d_K = 40$. In diesem Fall ist $K = \mathbb{Q}(\sqrt{10})$, $K_{(1)} = \mathbb{Q}(\sqrt{2}, \sqrt{5})$. In der Tat ist in $K_{(1)} = K(\sqrt{2})$ nach dem Verschiebungssatz (Satz 4.6.4) höchstens der Primteiler von 2 in $\mathbb{Q}(\sqrt{10})$ in $K_{(1)}$ verzweigt, weil nur die 2 in $\mathbb{Q}(\sqrt{2})/\mathbb{Q}$ verzweigt ist, und das entsprechende gilt wegen $K_{(1)} = K(\sqrt{5})$ auch für die Primzahl 5. Daher ist $\mathbb{Q}(\sqrt{2}, \sqrt{5})/\mathbb{Q}(\sqrt{10})$ für alle endlichen Primideale und für die beiden unendlichen Stellen von $\mathbb{Q}(\sqrt{10})$ unverzweigt, d.h. $\mathbb{Q}(\sqrt{2}, \sqrt{5})$ ist der Hilbertsche Klassenkörper von $\mathbb{Q}(\sqrt{10})$.

Sei jetzt $K = \mathbb{Q}(\sqrt{d_K})$ mit $d_K < 0$. Die absolut kleinste Diskriminante mit $h_K > 1$ ist $d_K = -15$. Mit der eben durchgeführten Überlegung sieht man, daß $K_{(1)} = \mathbb{Q}(\sqrt{-3}, \sqrt{5})$ ist. Wir betrachten den Fall $d_K = -23$ mit $h_K = 3$. Dann ist d_K gleich der Diskriminante des Polynoms $x^3 + x - 1$. Wir bezeichnen mit Θ eine Nullstelle dieses Polynoms. Nach dem Dedekindschen Diskriminantensatz (Satz 3.12.12) ist $\mathbb{Q}(\Theta)/\mathbb{Q}$ höchstens für die Primzahl 23 verzweigt. Nach dem Verschiebungssatz folgt, daß $K(\Theta)/K$ höchstens für den Primteiler von 23 in K verzweigt ist. Wäre dies der Fall, so wäre 23 in $K(\Theta)/\mathbb{Q}$ voll verzweigt. Nach der Theorie der Verzweigungsgruppen (Satz 6.1.3) müßte dann die Gruppe $G(K(\Theta)/\mathbb{Q})$ zyklisch sein, was aber nicht der Fall ist. Daher ist $K(\Theta)/K$ für alle Primideale von K unverzweigt, und ist damit der Hilbertsche Klassenkörper von K. In der gleichen Weise läßt sich der Fall $d_K = -31$ behandeln. Ein zugehöriges Polynom ist $x^3 + x + 1$.

Wir betrachten jetzt die Klassengruppe im engeren Sinne. In diesem Fall ist $\mathfrak{m} = \infty$ die Menge der reellen Stellen von K. Wir setzen

$$CL_0(K) := I_K/S_\infty$$

Der zugehörige Strahlklassenkörper $H_0(K)$ ist die maximale abelsche Erweiterung, die an allen endlichen Stellen unverzweigt ist.

Für einen imaginär-quadratischen Zahlkörper K ist $CL(K) = CL_0(K)$, für einen reell-quadratischen Zahlkörper ist $|CL_0(K)|/|CL(K)|$ gleich 1 oder 2 je nachdem, ob die Norm der Grundeinheit ε gleich 1 oder -1 ist.

Zum Beispiel sei $K = \mathbb{Q}(\sqrt{6})$. Dann ist $\varepsilon = 5 + 2\sqrt{6}$ und der Klassenkörper ist $H_0(K) = \mathbb{Q}(\sqrt{-2}, \sqrt{-3})$. Allgemein gilt folgendes:

Satz 10.2.4 *Sei K eine quadratische Erweiterung von $\mathbb{Q}$ mit t verzweigten Primzahlen. Dann gilt*

$$[CL_0(K) : CL_0(K)^2] = 2^{t-1}$$

B e w e i s: Sei d_K die Diskriminante von K und sei $d_K = p_1^* \cdots p_t^*$ die Zerlegung von d_K in Primdiskriminanten (6.4). Entsprechend der oben am Beispiel $\mathbb{Q}(\sqrt{10})$ durchgeführten Überlegung enthält $H_0(K)$ den Körper $E := \mathbb{Q}(\sqrt{p_1^*}, \cdots, \sqrt{p_t^*})$. Sei andererseits E'/K die maximale 2-elementare Teilerweiterung von $H_0(K)/K$. Dann liegt $G(E'/K)$ im Zentrum von $G(E'/\mathbb{Q})$. In der Tat ist für $g \in G(E'/\mathbb{Q})$ und ein Primideal $\mathfrak{p}$ von K

$$g \left(\frac{\mathfrak{p}}{E'/K} \right) g^{-1} = \left(\frac{g\mathfrak{p}}{E'/K} \right).$$

Weiter gilt wegen $\overline{g\mathfrak{p}} \cdot \overline{\mathfrak{p}} \in CL_0(K)$ nach (10.2.1)

$$\left(\frac{g\mathfrak{p}}{E'/K} \right) \left(\frac{\mathfrak{p}}{E'/K} \right) = 1$$

und daher

$$\left(\frac{g\mathfrak{p}}{E'/K} \right) = \left(\frac{\mathfrak{p}}{E'/K} \right).$$

Jetzt betrachten wir die Verzweigungsgruppe eines Primteilers von p_1 in E' bezüglich $\mathbb{Q}$. Diese Gruppe hat die Ordnung 2 und liegt nicht in $G(E'/K)$. Es folgt, daß $G(E'/\mathbb{Q})$ kein Element der Ordnung 4 hat und daher abelsch und 2-elementar ist. Andererseits ist $E/\mathbb{Q}$ die maximale Teilerweiterung von $H_0(K)/\mathbb{Q}$, deren Galoissche Gruppe 2-elementar ist. Daher gilt $E = E'$. $\qquad\square$

E ist im Kreisteilungskörper $\mathbb{Q}(\zeta_{d_K})$ enthalten. Sei U die Untergruppe von $(\mathbb{Z}/d_K\mathbb{Z})^\times$, die E bei dem kanonischen Isomorphismus von $G(\mathbb{Q}(\zeta_{d_K})/\mathbb{Q})$ auf $(\mathbb{Z}/d_K\mathbb{Z})^\times$ entspricht. Dann haben wir einen zusammengesetzten Homomorphismus

$$Cl_0(K)/Cl_0(K)^2 \to G(E/K) \to (\mathbb{Z}/d_K\mathbb{Z})^\times/U,$$

bei dem nach Definition der Artin-Abbildung die Klasse $\overline{\mathfrak{p}}$ eines zu d_K teilerfremden Primideals $\mathfrak{p}$ von K in $Cl_0(K)/Cl_0(K)^2$ auf die Klasse $\overline{N(\mathfrak{p})}U$ abgebildet wird.

Satz 10.2.4 wurde in der Sprache der binären quadratischen Formen (9.1) schon von Gauß bewiesen. Die Nebenklassen von $CL_0(K)$ nach $CL_0(K)^2$ heißen *Geschlechter* und $Cl_0(K)^2$ heißt das *Hauptgeschlecht*.

Seien p_1 und p_2 zwei Primzahlen, die in K zerlegt sind: $(p_1) = \mathfrak{p}_1 \mathfrak{p}'_1$, $(p_2) = \mathfrak{p}_2 \mathfrak{p}'_2$. Dann liegen $\mathfrak{p}_1$ und $\mathfrak{p}_2$ genau dann im gleichen Geschlecht, wenn p_1 und p_2 in den gleichen Restklassen von $(\mathbb{Z}/d_K\mathbb{Z})^\times/U$ liegen. Insbesondere liegt $\mathfrak{p}_1$ genau dann im Hauptgeschlecht, wenn $\overline{p}_1 \in U$ ist.

Sei zum Beispiel $K = \mathbb{Q}(\sqrt{-5})$. Dann ist $CL_0(K) = CL(K)$ von der Ordnung 2 und das Hauptgeschlecht ist gleich 1. Die Diskriminante d_K von K ist gleich -20. Es folgt, daß die Primzahl p in K genau dann zerlegt ist, wenn $p \equiv 1, 3, 7, 9 \pmod{20}$ gilt, und die Primteiler $\mathfrak{p}, \mathfrak{p}'$ von p in K sind genau dann Hauptideale, wenn $p \equiv 1, 9 \pmod{20}$ gilt, d.h. die Gleichung $x^2 + 5y^2 = p$ ist genau dann in ganzen rationalen Zahlen x, y lösbar, wenn $p \equiv 1 \pmod{20}$ oder $p \equiv 9 \pmod{20}$ gilt.

Eine weitere Folgerung für die Struktur der Klassengruppe $CL(K)$ ist der folgende

Satz 10.2.5 *Sei L/K eine Erweiterung von Zahlkörpern, die keine Teilerweiterung F/K mit $F \neq K$ enthält, die an allen Stellen unverzweigt ist. Dann ist $|CL(K)|$ ein Teiler von $|CL(L)|$.*

B e w e i s: $H(L)$ enthält $H(K)L$. Nach Voraussetzung ist $H(K) \cap L = K$. Daher ist

$$[H(K) : K] = [H(K)L : L]$$

und daraus folgt die Behauptung. $\qquad\qquad\square$

10.3   Lokale Klassenkörpertheorie

Die in Abschnitt 10.2 dargestellte *Klassenkörpertheorie* gibt den Stand der Wissenschaft im Jahre 1927 wieder. In der Folgezeit wurde die Theorie umformuliert. Zunächst wurde von H. Hasse [Ha1930] eine Klassenkörpertheorie für lokale Körper geschaffen. Weiter führte C. Chevalley den Begriff des Ideles ein, den wir schon in Kapitel 7 untersucht haben, und formulierte die Klassenkörpertheorie auf der Grundlage dieses Begriffs. Dadurch wird es möglich, in einfacher Weise die Zusammenhänge zwischen den abelschen Erweiterungen eines globalen Körpers K, d.h. eines Zahlkörpers oder eines Funktionenkörpers in einer Unbestimmten über endlichem Konstantenkörper, und der abelschen Erweiterungen der zugehörigen lokalen Körper, d.h. der Vervollständigung von K, zu beschreiben.

In diesem und dem nächsten Abschnitt formulieren wir die Hauptsätze der lokalen und globalen Klassenkörpertheorie.

In diesem Abschnitt bezeichnet K einen diskret bewerteten lokalen Körper, d.h. K ist vollständig bezüglich einer nicht-archimedischen Bewertung und hat einen endlichen Restklassenkörper (4.4). Zur Formulierung der Ergebnisse von Hasse führen wir das *Normensymbol* $(\alpha, L/K)$ ein. Dabei ist $\alpha \in K^{\times}$ und L/K eine endliche abelsche Erweiterung. Dieses "Symbol" vermittelt einen Homomorphismus $\alpha \to (\alpha, L/K)$ von $K^{\times}$ auf $G(L/K)$. Er wird charakterisiert durch die folgenden Eigenschaften.

Sei L/K eine beliebige abelsche Erweiterung und sei M ein Zwischenkörper von L/K. Dann gilt:

a) $(\alpha, M/K) = \varphi(\alpha, L/K)$, wobei φ die natürliche Projektion

$$G(L/K) \to G(M/K)$$

   ist.

b) $(\beta, L/M) = (N_{M/K}\beta, L/K)$ für $\beta \in M^{\times}$.

c) Wenn L/M unverzweigt und π_M ein Primelement von M ist, so ist $(\pi_M, L/M)$ der Frobenius-Automorphismus von L/M.

Der Name Normensymbol wird durch den folgenden Satz gerechtfertigt.

Satz 10.3.1 (Hauptsatz der lokalen Klassenkörpertheorie) *Es gibt eine Bijektion ϕ zwischen der Menge der endlichen abelschen Erweiterungen L von K und den abgeschlossenen Untergruppen von $K^\times$ von endlichem Index.*
Diese Bijektion hat folgende Eigenschaften:

a) *$\phi(L) = N_{L/K} L^\times = \mathrm{Ker}\,(G, L/K)$.*

b) *Das Normensymbol induziert einen Isomorphismus von $K^\times/\phi(L)$ auf $G(L/K)$, der $U_n\phi(L)(\phi(L)$ auf die n-te Verzweigungsgruppe von L/K in der oberen Numerierung abbildet. Hierbei bezeichnet U_n die Einheitengruppe von K und $U_n := 1 + \mathfrak{p}^n$ für $n \geq 1$ die n-te Einseinheitengruppe.*

Satz 10.3.1 gestattet es, die Grundeigenschaften einer abelschen Erweiterung L/K aus den Eigenschaften der zugeordneten Untergruppe von $K^\times$ abzuleiten. Da wir die mulitplikative Struktur von $K^\times$ sehr gut kennen, haben wir auch ein sehr gutes Verständnis der abelschen Erweiterungen von K.

Für das weitere brauchen wir auch das Normensymbol für archimedisch bewertete vollständige Körper K. Wir setzen im Falle $L = K = \mathbb{R}$ oder $L = K = \mathbb{C}$

$$(\alpha, L/K) = 1 \ \text{für}\ \alpha \in K^\times,$$

im Falle $K = \mathbb{R}$, $L = \mathbb{C}$

$$(\alpha, L/K) = \left\{ \begin{array}{ll} 1 & \text{für} \quad \alpha > 0, \\ \iota & \text{für} \quad \alpha < 0, \end{array} \right.$$

wobei ι den nichttrivialen Automorphismus von $\mathbb{C}/\mathbb{R}$ bezeichnet. Wir haben dann wieder den Satz, daß ein $\alpha \in K$ genau dann eine Norm in L/K ist, wenn $(\alpha, L/K) = 1$ gilt.

10.4 Formulierung der Klassenkörpertheorie mit Hilfe von Idelen

Sei jetzt K ein globaler Körper und $\mathcal{I}_K$ die Idelegruppe von K (7.4). Wir definieren zunächst ein globales Normensymbol $(\alpha, L/K) \in G(L/K)$ für $\alpha \in \mathcal{I}_K$ und L/K eine endliche abelsche Erweiterung. Sei $\alpha = \prod_\mathfrak{p} \alpha_\mathfrak{p}$ und $\mathfrak{P}$ eine Stelle von L, die über $\mathfrak{p}$ liegt. Dann ist $(\alpha_\mathfrak{p}, L_\mathfrak{P}/K_\mathfrak{p})$, betrachtet als Element von $G(L/K)$ auf Grund der Einlagerung $G(L_\mathfrak{P}/K_\mathfrak{p}) \to G(L/K)$, unabhängig von der Wahl der Stelle $\mathfrak{P}$ über $\mathfrak{p}$. Außerdem ist $(\alpha_\mathfrak{p}, L_\mathfrak{P}/K_\mathfrak{p})$ für fast alle $\mathfrak{p}$ gleich 1, da fast alle $\alpha_\mathfrak{p}$ Einheiten sind und in L/K nur endlliche viele Stellen $\mathfrak{p}$ verzweigt sind. Wir können daher

$$(\alpha, L/K) = \prod_\mathfrak{p} (\alpha_\mathfrak{p}, L_\mathfrak{P}/K_\mathfrak{p})$$

setzen. Nach dieser Definition ist klar, daß $\alpha \to (\alpha, L/K)$ ein Homomorphismus von $\mathcal{I}_K$ in $G(L/K)$ ist.

Satz 10.4.1 *Es gilt $(\alpha, L/K) = 1$, wenn α ein Hauptidele ist.*

Man kann daher $(\alpha, L/K)$ auch als Funktion der Ideleklassengruppe $\mathcal{I}_K/K^\times$ betrachten, die wir im weiteren mit $\mathfrak{C}_K$ bezeichnen. Der Begriff der Norm überträgt sich leicht auf Idele und Ideleklassen. Sei L/K eine endliche separable Erweiterung und $\Pi\alpha_\mathfrak{P}$ ein Idele von $\mathcal{I}_L$. Dann setzen wir

$$N_{L/K}(\Pi\alpha_\mathfrak{P}) = \prod_\mathfrak{p}(\prod_{\mathfrak{P}/\mathfrak{p}} N_{L_\mathfrak{P}/K_\mathfrak{p}}\alpha_\mathfrak{P}).$$

Nach (4.8.3) ist

$$N_{L/K}(\alpha) = \prod_{\mathfrak{P}/\mathfrak{p}} N_{L_\mathfrak{P}/K_\mathfrak{p}}(\alpha) \ \text{ für } \ \alpha \in L^\times$$

Dies zeigt, daß Hauptidele bei $N_{L/K}$ wieder in Hauptidele abgebildet werden. $N_{L/K}$ kann daher auch als Homomorphismus der Ideleklassengruppen verstanden werden.

In Analogie zu Satz 10.3.1 gilt der folgende *Hauptsatz der globalen Klassenkörpertheorie.*

Satz 10.4.2 *Es gibt eine Bijektion ϕ zwischen der Menge der endlichen abelschen Erweiterungen L von K und den abgeschlossenen Untergruppen von $\mathfrak{C}_K$ von endlichem Index.*

Diese Bijektion hat folgende Eigenschaften:

a) $\phi(L) = N_{L/K}(\mathfrak{C}_L)$

b) Das Normensymbol $(\alpha, L/K)$ induziert einen Isomorphismus von $\mathfrak{C}_K/\phi(L)$ auf $G(L/K)$.

Der Zusammenhang mit den Vervollständigungen von K und L wird durch den folgenden Satz gegeben.

Satz 10.4.3 *Sei $\mathfrak{p}$ eine Stelle von K und $\mathfrak{P}$ eine Stelle von L, die über $\mathfrak{p}$ liegt. Dann haben wir ein kommutatives Diagramm*

$$
\begin{array}{ccc}
K_\mathfrak{p}^\times & \to & \mathfrak{C}_K \\
\downarrow & & \downarrow \\
G(L_\mathfrak{P}/K_\mathfrak{p}) & \to & G(L/K),
\end{array}
$$

wobei die senkrechten Pfeile die Abbildungen darstellen, die durch das lokale bzw. globale Normensymbol gegeben sind und die waagerechten Pfeile die natürlichen Einbettungen bezeichnen.

Der Zusammenhang zur Formulierung der Klassenkörpertheorie in 10.2 ergibt sich aus dem Isomorphismus von $\mathcal{I}_K/\mathcal{I}_\mathfrak{m}K^\times$ auf $I_\mathfrak{m}/S_\mathfrak{m}$, der in 7.5 definiert wurde. Danach ist

$$\left(\frac{\mathfrak{p}}{L/K}\right) = (\pi, L_\mathfrak{P}/K_\mathfrak{p}) = (\pi, L/K)\,,$$

wobei π ein Primelement von $K_\mathfrak{p}$, $\mathfrak{P}$ ein Primteiler von $\mathfrak{p}$ in L und π als Element von $\mathcal{I}_K$ das Idele bezeichnet, das der Einbettung von $K_\mathfrak{p}^\times$ in $\mathcal{I}_K$ entspricht, d.h. π ist das Idele $\prod \alpha_\mathfrak{q}$ mit $\alpha_\mathfrak{p} = \pi$, $\alpha_\mathfrak{q} = 1$ für $\mathfrak{q} \neq \mathfrak{p}$.

Aufgaben

1. Man zeige, daß sich eine Primzahl p genau dann in der Form $p = x^2 + 6y^2$ mit $x, y \in \mathbb{Z}$ darstellen läßt, wenn $p \equiv 1 \pmod{24}$ oder $p \equiv 7 \pmod{24}$ gilt.

2. Sei $K = \mathbb{Q}(\sqrt{-23})$. Man zeige, daß ein Primideal $\mathfrak{p}$ von K genau dann Hauptideal ist, wenn die Gleichung $x^2 + 23y^2 = N(\mathfrak{p})$ eine Lösung mit $x, y \in \mathbb{Z}$ hat. Man bestimme diese Lösungen für $N(\mathfrak{p}) = p \equiv 1 \pmod{23}$ für $p < 500$.

3. Sei K ein Teilkörper des Kreisteilungskörpers $\mathbb{Q}(\zeta_m)$, wobei m eine Primzahlpotenz ist. Man zeige, daß die Klassenzahl von $\mathbb{Q}(\zeta_m)$ durch die Klassenzahl von K teilbar ist.

4. Sei K ein lokaler, nicht-archimedisch bewerteter Körper, π ein Primelement und F eine abelsche Erweiterung von K. Unter Benutzung des Normensymbols zeige man, daß es in F eine Teilerweiterung K_π/K gibt mit der Eigenschaft, daß π eine Norm in K_π/K ist und daß jede Teilerweiterung von F/K mit dieser Eigenschaft in K_π enthalten ist.

5. Man zeige, daß K_π/K vollverzweigt ist.

6. Sei L/K eine endliche abelsche Erweiterung und Sei M/K die unverzweigte Erweiterung vom Grade $[L : K]$. Weiter sei K_π/K die maximale Teilerweiterung von LM/K in der π eine Norm ist. Dann gilt $LM = K_\pi M$ (Man beachte, daß $G(LM/K)$ den Exponenten $[L : K]$ hat.)

7. Sei $\alpha \to (\alpha, L/K)'$ ein Homomorphismus von $K^\times$ in $G(L/K)$ mit den Eigenschaften a), b) und c). Man zeige, daß $(\alpha, L/K)' = (\alpha, L/K)$ ist. Hinweis: Man benutze $LM = K_\pi M$ und zeige zunächst $(\pi, L/K)' = (\pi, L/K)$.

A   Teilbarkeitstheorie

In diesem Anhang stellen wir Grundbegriffe einer allgemeiner Arithmetik zusammen, die man auch in [Ku], §4, §6 findet, aber hier für die Bedürfnisse dieses Buches aufbereitet sind.

A.1   Teilbarkeit in Monoiden

Unter einem *Monoid* versteht man eine Menge M mit einer Operation, genannt Multiplikation, die zwei Elementen a und b von M ein Element ab von M zuordnet, wobei für alle $a, b, c \in M$ die folgenden Axiome erfüllt sind:

A1 (*Assoziativität*). $a(bc) = (ab)c$.

A2 (*Kommutativität*). $ab = ba$.

A3 (*Kürzungsregel*). Aus $ab = ac$ folgt $b = c$.

A4 (*Existenz eines Einselementes*). Es gibt ein Element $1 \in M$ mit $1a = a$.

Aus A1 folgt, daß wir Produkte beliebig klammern dürfen, ohne daß sich deren Ergebnis ändert, d.h. Klammern können weggelassen werden. Aus A3 folgt, daß es höchstens ein Einselement gibt, denn ist $1a = 1'a = a$ für alle $a \in M$, so folgt $1 = 1'$. Analog zur Konstruktion des Quotientenkörpers ([Ku], §4.V) kann jedes Monoid in eine bis auf Isomorphie eindeutig bestimmte „kleinste" abelsche Gruppe eingebettet werden.

Das Urbeispiel für ein Monoid ist die Menge $\mathbb{N}$ der natürlichen Zahlen mit der Multiplikation als Operation. Ein weiteres wichtiges Beispiel ist die Menge Λ^* der von 0 verschiedenen Elemente eines Integritätsbereiches Λ (siehe [Ku] §4.I, wo die Bezeichnung „Integritätsring" gebraucht wird).

Wir definieren jetzt die Grundbegriffe der Arithmetik in Monoiden M (vergleiche [Ku], §4).

Seien a und b Elemente von M. Dann ist a ein *Teiler* von b, kurz a teilt b, wenn ein $c \in M$ mit $ac = b$ existiert. Man schreibt in diesem Fall $a|b$. Die Teiler von 1 heißen *Einheiten von M*. Sie bilden eine Gruppe $M^\times$, die *Einheitengruppe* von M. Die Elemente a und b von M heißen *assoziiert*, $a \sim b$, wenn $a|b$ und $b|a$ gilt. Dies ist genau dann der Fall, wenn es eine Einheit e von M mit $b = ae$ gibt.

Ein Element p aus $M - M^\times$ heißt *irreduzibel*, wenn es sich nicht als Produkt von zwei Elementen aus M schreiben läßt, die beide keine Einheiten sind. $p \in M - M^\times$ heißt *Primelement*, wenn für alle $a, b \in M$ gilt: Aus $p|ab$ folgt $p|a$ oder $p|b$. Hiernach ist jedes Primelement irreduzibel.

Alle Definitionen und Sätze der Arithmetik in Monoiden, die sich allein auf die Teilbarkeit von Elementen stützen, und nur solche werden in diesem Abschnitt betrachtet, gelten für Klassen assoziierter Elemente. Zu Beispiel ist mit p jedes zu p assoziierte Element von M irreduzibel. Wir gehen daher generell zu Klassen assoziierter Elemente über. Diese bilden in Bezug auf die Multiplikation in M, übertragen auf die Klassen, wieder ein Monoid $M/M^{\times}$, in dem die Einheitengruppe nur aus den Einselement besteht. Wir nennen ein solches Monoid *reduziert*. Im folgenden bezeichne M ein reduziertes Monoid.

Eine *Teilerkette* von M ist eine Folge $a_1, a_2, \ldots$ von Elementen von M mit $a_{i+1}|a_i$ für $i = 1, 2, \ldots$. Wir sagen, *in M gilt der Teilerkettensatz*, wenn sich jede Teilerkette nach endlich vielen Schritten stabilisiert, d.h. wenn ein $n \in \mathbb{N}$ mit $a_i = a_n$ für $i \geq n$ existiert.

Satz A.1.1 *Sei M ein reduziertes Monoid, in dem der Teilerkettensatz gilt. Dann läßt sich jedes von 1 verschiedene Element a von M als Produkt von irreduziblen Elementen von M schreiben.*

B e w e i s: Sei a ein von 1 verschiedenes Element von M, das sich nicht als Produkt von irreduziblen Elementen schreiben läßt. Dann hat a die Form $a = a_2 b_2$, wobei a_2 nicht irreduzibel ist. a_2 hat wieder die Form $a_2 = a_3 b_3$, wobei a_3 nicht irreduzibel ist. Wir erhalten eine Teilerkette $a = a_1, a_2, \ldots$, die sich nicht stabilisiert im Widerspruch zur Voraussetzung. $\square$

Satz A.1.2 *Sei M ein reduziertes Monoid und a ein Element von M, das sich als Produkt von Primelementen schreiben läßt. Dann ist diese Darstellung eindeutig.*

B e w e i s: Seien

$$a = p_1 \cdots p_s$$

und

$$a = q_1 \cdots q_t$$

zwei Darstellungen von a als Produkt von Primelementen. Dann ist p_1 ein Teiler von $q_1 \cdots q_t$ und folglich ein Teiler von einem der $q_1, \ldots, q_t$. O. B. d. A. sei $p_1 | q_1$. Da Primelemente irreduzibel sind, folgt $p_1 = q_1$. Wir haben daher

$$p_2 \cdots p_s = q_2 \cdots q_t.$$

Durch Anwendung von Induktion über die Anzahl der Primteiler s ergibt sich die Behauptung. $\square$

Satz A.1.3 *Sei M ein reduziertes Monoid, in dem der Teilerkettensatz gilt und jedes irreduzible Element Primelement ist. Dann läßt sich jedes von 1 verschiedene Element von M eindeutig in ein Produkt von Primelementen zerlegen.*

B e w e i s: Das folgt unmittelbar aus Satz A.1.1 und Satz A.1.2. $\square$

Sei A eine nichtleere Teilmenge von M. Ein *größter gemeinsamer Teiler* von A ist ein Element b von M mit

G1. $b|a$ für alle $a \in A$.

G2. Aus $c|a$ für alle $a \in A$ folgt $c|b$.

Es gibt höchstens einen größten gemeinsamen Teiler (g.g.T.) von A, denn für zwei solche Teiler a, a' gilt $a|a'$ und $a'|a$, woraus $a = a'$ folgt, da M reduziert ist. Im allgemeinen existiert der größte gemeinsame Teiler nicht.

Ein *kleinstes gemeinsames Vielfaches* von A ist ein Element b von M mit

H1. $a|b$ für alle $a \in A$.

H2. Aus $a|c$ für alle $a \in A$ folgt $b|c$.

Das kleinste gemeinsame Vielfache (k.g.V.) ist eindeutig bestimmt, falls es existiert, was aber im allgemeinen nicht der Fall ist.

Satz A.1.4 *Sei M ein reduziertes Monoid, in dem sich jedes von 1 verschiedene Element in eindeutiger Weise in das Produkt von Primelementen zerlegen läßt. Dann existiert für jede nichtleere Teilmenge A von M der größte gemeinsame Teiler und für jedes endliche A das kleinste gemeinsame Vielfache. Für $A = \{a, b\}$ gilt*

$$\text{g.g.T.}(A) \cdot \text{k.g.V.}(A) = ab. \tag{1.1.1}$$

B e w e i s: Wir schreiben $x \in A$ in der Form

$$x = \prod_p p^{\nu_p(x)},$$

wobei das Produkt über alle Primelemente p von M zu erstrecken ist und die Exponenten $\nu_p(x)$ für fast alle p gleich 0 sind. Dann gilt

$$\text{g.g.T.}(A) = \prod_p p^{\min\{\nu_p(x) \,|\, x \in A\}},$$

$$\text{k.g.V.}(A) = \prod_p p^{\max\{\nu_p(x) \,|\, x \in A\}}.$$

Hieraus liest man (A.1.1) ab. $\qquad\qquad\square$

A.2 Hauptidealringe

Sei Λ ein Integritätsbereich mit Einselement 1. Dann bildet die Menge Λ^* der von Null verschiedenen Elemente von Λ bezüglich der Multiplikation in Λ ein Monoid. Die Einheitengruppe von Λ^* heißt Einheitengruppe von Λ und wird mit $\Lambda^\times$ bezeichnet. Λ heißt *Hauptidealring*, wenn jedes Ideal von Λ von einem Element erzeugt wird ([Ku], §6.1). Das von $a \in \Lambda$ erzeugte Ideal wird mit $a\Lambda$ oder (a) bezeichnet.

Das Produkt zweier Ideale $\mathfrak{A}$ und $\mathfrak{B}$ von Λ wird definiert als das Ideal $\mathfrak{A}\mathfrak{B}$, das von allen Produkten ab mit $a \in \mathfrak{A}$, $b \in \mathfrak{B}$ erzeugt wird. Das Produkt der Hauptideale (a), (b) ist gleich (ab).

Zwei Elemente a und b von Λ^* sind genau dann assoziiert, wenn die zugehörigen Hauptideale gleich sind. Die Menge der von $\{0\}$ verschiedenen Hauptideale von Λ bildet bezüglich der Idealmultiplikation ein reduziertes Monoid H_Λ. Die Zuordnung $a \mapsto (a)$ induziert einen Isomorphismus von $\Lambda^*/\Lambda^\times$ auf H_Λ. Die Teilbarkeitsrelation in dem Monoid H_Λ ist durch die mengentheoretische Umfaßtseinsrelation gegeben:

$$a \mid b \text{ genau dann, wenn } (a) \supseteq (b).$$

Daher lassen sich alle Begriffe für Λ^*, die mit Hilfe der Teilbarkeitsrelation definiert sind, in Begriffe für Hauptideale umformulieren, die mengentheoretisch definiert sind. Z.B. existiert k.g.V.$(\{a, b\})$ für Elemente a, b von Λ^* genau dann, wenn $(a) \cap (b)$ gleich einem Hauptideal (c) ist, und dann gilt $(c) = ($k.g.V.$(\{a, b\}))$.

Die Teilbarkeitsrelation $a \mid b$ wird in offensichtlicher Weise von Λ^* auf Λ ausgedehnt. Es gilt $a|0$ für alle $a \in \Lambda$ und $0|a$ nur für $a = 0$. Im Sinn der Teilbarkeit ist 0 daher das größte Element.

Die Begriffe g.g.T.(A) und k.g.V.(A) haben wir nur für reduzierte Monoide definiert. Sie werden auf beliebige Monoide M ausgedehnt, indem man von den Klassen in $M/M^\times$ zu deren Repräsentanten in M übergeht. In Λ^* ist der g.g.T. und das k.g.V. nur bis auf Assoziierte definiert. In $\mathbb{Z}^*$ bildet jedoch $\mathbb{N}$ ein ausgezeichnetes Vertretersystem für die Klassen assoziierter Elemente. Ein ausgezeichnetes Vertretersystem hat man auch in Polynomringen $P_0[x]$ über einem Körper P_0. Assoziierte Polynome unterscheiden sich durch einen Faktor aus $P_0^\times$. Als ausgezeichnete Vertreter ihrer Klassen nimmt man die *normierten Polynome*, d.h. die Polynome mit höchstem Koeffizienten 1.

Wie wir gesehen haben, ist die Betrachtung von Klassen assoziierter Elemente und der zugehörigen Hauptideale bei Teilbarkeitsfragen äquivalent. Im folgenden tritt die Betrachtung von Idealen mehr und mehr in den Vordergrund. Daher werden wir Begriffe wie größter gemeinsamer Teiler und kleinstes gemeinsames Vielfaches als Ideale auffassen.

Satz A.2.1 *Sei Λ ein Hauptidealring und A eine nichtleere Teilmenge von Λ^*. Dann existiert g.g.T.(A) und es gilt*

$$\text{g.g.T.}(A) = (A), \tag{1.2.1}$$

wobei (A) das von A erzeugte Ideal bezeichnet.

B e w e i s: Sei $(A) = (b)$ mit $b \in \Lambda$. Dann ist (b) gleich g.g.T.(A). $\square$

Wegen (A.2.1) schreibt man häufig statt g.g.T.$(\{a, b\})$ einfacher (a, b).

In einem Hauptidealring gilt der *chinesische Restklassensatz* in der folgenden Form:

Satz A.2.2 *Sei Λ ein Hauptidealring und seien $\mathfrak{A} = (a)$, $\mathfrak{B} = (b)$ teilerfremde Ideale von Λ, d.h. g.g.T.$(\{a, b\}) = \Lambda$. Dann ist die Abbildung φ von $\Lambda/\mathfrak{A}\mathfrak{B}$ in $\Lambda/\mathfrak{A} \oplus \Lambda/\mathfrak{B}$ mit*

$$\varphi(c + \mathfrak{A}\mathfrak{B}) = (c + \mathfrak{A}, c + \mathfrak{B}) \ \textit{für } c \in \Lambda$$

ein Isomorphismus der Ringe $\Lambda/\mathfrak{A}\mathfrak{B}$ *und* $\Lambda/\mathfrak{A} \oplus \Lambda/\mathfrak{B}$.

B e w e i s: Es ist klar, daß φ ein Homomorphismus ist. Weiter gilt $\mathrm{Ker}\,\varphi = (\mathfrak{A} \cap \mathfrak{B})/\mathfrak{A}\mathfrak{B}$. Wegen g.g.T.$(\{a,b\}) = \Lambda$ ist $\mathfrak{A} \cap \mathfrak{B} = \mathfrak{A}\mathfrak{B}$, d.h. $\mathrm{Ker}\,\varphi = \{0\}$. Es bleibt zu zeigen, daß φ surjektiv ist. Wegen Satz A.2.1 gibt es $u \in \mathfrak{A}$, $v \in \mathfrak{B}$ mit $u + v = 1$. Seien a, b beliebige Elemente aus Λ. Dann gilt

$$\varphi(av + bu + \mathfrak{A}\mathfrak{B}) = (a + \mathfrak{A}, b + \mathfrak{B}).$$

□

Der folgende Satz zeigt die arithmetische Bedeutung der Hauptidealringe.

Satz A.2.3 *Sei* Λ *ein Hauptidealring. Dann gilt im zugehörigen reduzierten Monoid die eindeutige Primelementzerlegung für alle von der Einsklasse* $\Lambda^\times$ *verschiedenen Klassen von* $\Lambda^*/\Lambda^\times$.

B e w e i s: Nach Satz A.1.3 haben wir zu zeigen, daß sich jede aufsteigende Kette von Idealen stabilisiert und das irreduzible Elemente in $\Lambda^*/\Lambda^\times$ Primelemente sind. Sei

$$(a_1) \subseteq (a_2) \subseteq \ldots$$

eine aufsteigende Kette von Idealen. Dann ist die Vereinigung der Ideale (a_i), $i = 1, 2, \ldots$ wieder ein Ideal. Dieses werde durch $d \in \Lambda$ erzeugt. Dann liegt d in einem der Ideale (a_i). Sei dieses (a_n). Dann folgt $(a_n) \subseteq (d)$ und daher $(a_n) = (d)$. Die Kette stabilisiert sich ab (a_n):

$$(d) = (a_n) = (a_{n+1}) = \cdots.$$

Weiter sei c ein irreduzibles Element von Λ^* und $c \,|\, ab$ für $a, b \in \Lambda^*$. Wir haben zu zeigen, daß c ein Teiler von a oder b ist. Wir nehmen an, daß c kein Teiler von a ist. Dann gilt $(a, c) = (1)$, weil (c) irreduzibel ist. Seien u, v Elemente aus Λ mit

$$ua + vc = 1.$$

Dann ist

$$uab + vcb = b$$

und wegen $c \,|\, ab$ gilt daher $c | b$. □

A.3   Euklidische Ringe

Eine Grundlage der Zahlentheorie besteht darin, daß der Ring $\mathbb{Z}$ der ganzen Zahlen und der Ring $P_0[x]$ der Polynome über einem Körper P_0 Hauptidealringe sind. Der gemeinsame Beweis hierfür wird mit Hilfe des Begriffs des *Euklidischen Ringes* erbracht. In Euklidischen Ringen gibt es den *Euklidischen Algorithmus*, der sich in den *Elementen* des Euklid findet, woher auch die Bezeichnung Euklidischer Ring stammt.

Ein Euklidischer Ring Λ ist ein Integritätsbereich, in dem eine Abbildung H von Λ^* in die Menge der nicht-negativen ganzen Zahlen definiert ist, die folgenden Eigenschaften genügt:

E1: Für $a, b \in \Lambda^*$ gilt $H(ab) \geq H(a)$.

E2: Für $a, b \in \Lambda^*$ gibt es ein $c \in \Lambda$ mit $H(a - bc) < H(b)$ oder $a = bc$.

H wird als *Höhe* bezeichnet. Für $\mathbb{Z}$ hat man die Höhe H, die durch den absoluten Betrag gegeben ist:

$$H(a) = |a| \text{ für } a \in \mathbb{Z}.$$

Im Fall $\Lambda = P_0[x]$ setzt man

$$H(a) = \deg a \text{ für } a \in P_0[x],$$

wobei $\deg a$ den Grad des Polynoms a bezeichnet.

Satz A.3.1 *Ein Euklidischer Ring ist Hauptidealring.*

B e w e i s: Sei $\mathfrak{a}$ ein beliebiges von $\{0\}$ verschiedenes Ideal von Λ. Wir wählen in $\mathfrak{a} - \{0\}$ ein Element b von minimaler Höhe. Dann ist $\mathfrak{a} = (b)$. Denn für ein beliebiges von 0 verschiedenes Element a von $\mathfrak{a}$ gibt es nach E2 ein $c \in \Lambda$ mit $H(a - bc) < H(b)$ oder $a = bc$. Wegen der Minimalität von $H(b)$ ist ersteres nicht möglich, also gilt $a = bc$. $\Box$

Der Euklidische Algorithmus ist eine Methode, um den größten gemeinsamen Teiler zweier Elemente a und b von Λ^* zu berechnen.

Sei $c = c_1$ ein Element aus Λ mit E2. Dann ist $b_1 := a - bc_1$ entweder gleich 0, in diesem Fall ist der Algorithmus beendet und es gilt g.g.T.$\{a, b\} = (b)$, oder es gilt $b_1 \neq 0$ und $H(b_1) < H(b)$. In diesem Fall wird der Algorithmus mit dem Paar b, b_1 fortgesetzt. Nach endlich vielen Schritten endet der Algorithmus mit der Bestimmung von c_{s+1} mit $b_{s-1} = b_s c_{s+1}$, und dann ist b_s der g.g.T. von $\{a, b\}$. Weiter liefert der Euklidische Algorithmus eine Darstellung von b_s als Linearkombination von a und b mit Koeffizienten aus Λ. Um diese zu erhalten, hat man in der Folge

$$\begin{aligned}
a &= bc_1 + b_1 \\
b &= b_1 c_2 + b_2 \\
&\;\;\vdots \\
b_{s-2} &= b_{s-1} c_s + b_s
\end{aligned}$$

nacheinander die Elemente $b_{s-1}, b_{s-2}, \ldots, b_1$ zu eliminieren.

Wir betrachten das Beispiel $\Lambda = \mathbb{Z}$, $a = 17$, $b = 5$. Man findet

$$\begin{aligned}
17 &= 5 \cdot 3 + 2 \\
5 &= 2 \cdot 2 + 1 \\
2 &= 1 \cdot 2.
\end{aligned}$$

Daher ist g.g.T.$\{17, 5\} = 1$. Weiter wird

$$1 = 5 - 2 \cdot 2 = 5 - (17 - 5 \cdot 3) \cdot 2 = 5 \cdot 7 - 17 \cdot 2.$$

$\Box$

A.4   Endlich erzeugte Moduln über Hauptidealringen

Sei Λ ein kommutativer Ring mit Einselement 1. Unter einem *(unitären)* Λ-*Modul* versteht man eine abelsche Gruppe M, auf der eine Operation der Elemente von Λ definiert ist, wobei folgende Axiome erfüllt sind:

M1 (Assoziativität) $(ab)\alpha = a(b\alpha)$.

M2 (Distributivität) $a(\alpha + \beta) = a\alpha + a\beta$, $(a + b)\alpha = a\alpha + b\alpha$.

M3 (Unitarität) $1a = a$.

Dabei sind a, b beliebige Elemente von Λ und α, β beliebige Elemente von M.

Im Fall, daß Λ ein Körper ist, geht der Begriff des Λ-Moduls in den Begriff des *Vektorraums über* Λ über.

Sei A eine abelsche Gruppe. Dann gibt es eine kanonische Operation von $\mathbb{Z}$ auf A, die für $n \in \mathbb{N}$, $\alpha \in A$ durch

$$\begin{aligned} n\alpha &= \alpha + \cdots + \alpha \quad (n\text{-fache Summe}), \\ (-n)\alpha &= -(n\alpha), \\ 0\alpha &= 0 \end{aligned}$$

definiert ist. Sie genügt den Axiomen M1 - M3.

Ein Λ-Modul M heißt *endlich erzeugt*, wenn es Elemente $\alpha_1, \ldots, \alpha_s$ aus M gibt, so daß sich jedes $\alpha \in M$ in der Form

$$\alpha = a_1\alpha_1 + \cdots + a_s\alpha_s$$

mit Koeffizienten $a_1, \ldots, a_s$ aus Λ darstellen läßt. Wenn diese Darstellung für alle α aus M eindeutig ist, so heißt $\alpha_1, \ldots, \alpha_s$ *Basis von* M. Ein Beispiel für einen Modul mit einer Basis ist

$$\Lambda^s := \{(a_1, \ldots, a_s) \mid a_i \in \Lambda, \; i = 1, \ldots, s\},$$

wobei Addition und Multiplikation komponentenweie definiert sind. Offensichtlich bilden die Elemente $(1, 0, \ldots, 0), (0, 1, 0, \ldots, 0), \ldots, (0, \ldots, 0, 1)$ eine Basis von Λ^s.

Eine Reihe von Begriffen und Sätzen, die sowohl bei abelschen Gruppen als auch bei Vektorräumen auftreten, übertragen sich mühelos auf Λ-Moduln. Hierzu gehören die Begriffe Homomorphismus, Faktormodul, der Homomorphiesatz, die direkte Summe $M_1 \oplus M_2$ zweier Moduln und der Begriff der *exakten Sequenz.*

Seien M_1, M_2, M_3 Λ-Moduln und φ_1 bzw. φ_2 ein Homomorphismus von M_1 in M_2 bzw. von M_2 in M_3. Dann heißt die Sequenz

$$M_1 \xrightarrow{\varphi_1} M_2 \xrightarrow{\varphi_2} M_3$$

exakt in M_2, wenn $\varphi_1(M_1) = \operatorname{Ker} \varphi_2$ ist.

Satz A.4.1 *Sei Λ ein Integritätsbereich und es sei M ein Λ-Modul mit einer Basis $\alpha_1, \ldots, \alpha_s$. Dann besteht jede Basis von M aus s Elementen.*

B e w e i s: Sei K der Quotientenkörper von Λ und $\beta_1, \ldots, \beta_m$ linear unabhängige Elemente von M, d.h. es gibt keine Elemente $b_1, \ldots, b_m$ aus Λ, die nicht alle gleich 0 sind, mit

$$b_1\beta_1 + \cdots + b_m\beta_m = 0.$$

Wir zeigen, daß $m \leq s$ gilt. Dazu betrachten wir die Abbildung φ von M in K^s, die $a = a_1\alpha_1 + \cdots + a_s\alpha_s$ auf $(a_1, \ldots, a_s)$ abbildet. Nach Definition der Basis $\alpha_1, \ldots, \alpha_s$ ist φ ein injektiver Homomorphismus von M in K^s. Angenommen, es wäre $m > s$. Dann sind die Elemente $\varphi(\beta_1), \ldots, \varphi(\beta_m)$ in K^s linear abhängig. Durch Multiplikation mit einem passenden Element aus Λ findet man, daß es auch eine lineare Abhängigkeit mit Koeffizienten in Λ gibt:

$$b_1\varphi(\beta_1) + \cdots + b_m\varphi(\beta_m) = 0.$$

Dann gilt auch

$$b_1\beta_1 + \cdots + b_m\beta_m = 0$$

im Widerspruch zur Voraussetzung, daß die $\beta_1, \ldots, \beta_m$ linear unabhängig sind. Es gilt also $m \leq s$.

Jede Basis von M hat daher höchstens s Elemente, woraus unmittelbar folgt, daß jede Basis genau s Elemente hat. $\square$

Die Zahl s ist also eine Invariante von M und wird als *Rang von M* bezeichnet, $s = \mathrm{rk}\, M$.

Im folgenden betrachten wir endlich erzeugte Moduln M über Hauptidealringen Λ. Endlich erzeugte Vektorräume und endliche Grupen treten dabei als Spezialfälle auf.

Der Begriff *Element endlicher Ordnung* in einer abelschen Gruppe verallgemeinert sich zum Begriff des *Torsionselementes* von M. Ein Element α von M heißt Torsionselement, wenn ein $h \in \Lambda^*$ mit $h\alpha = 0$ existiert. Das Ideal

$$\mathfrak{a} := \{h \in \Lambda \mid h\alpha = 0\}$$

heißt *Ordnung von α*. Im Fall $\Lambda = \mathbb{Z}$ entsprechen die von $\{0\}$ verschiedenen Ideale eineindeutig ihren Erzeugenden $n \in \mathbb{N}$. Im Spezialfall einer abelschen Gruppe M sei α ein Element von M mit der Ordnung $\mathfrak{a} = (n)$. Dann ist n die Ordnung von α im gewöhnlichen Sinn.

Ein Modul M heißt *torsionsfrei*, wenn aus $a\alpha = 0$ für $a \in \Lambda$, $\alpha \in M$ folgt, daß $a = 0$ oder $\alpha = 0$ gilt.

Wie man leicht sieht, bilden die Torsionselemente eines Moduls M einen Teilmodul, der als *Torsionsmodul TM* von M bezeichnet wird.

Satz A.4.2 *Sei Λ ein Integritätsbereich. Dann ist der Faktormodul M/TM torsionsfrei.*

B e w e i s: Sei $\bar\alpha \in M/TM$ mit $a\bar\alpha = \overline{a\alpha} = 0$ für $a \in \Lambda^*$. Dann ist $a\alpha \in TM$. Es gibt also ein $b \in \Lambda^*$ mit $ba\alpha = 0$. Da Λ Integritätsbereich ist, gilt $ba \neq 0$, also $\alpha \in TM$. $\square$

Satz A.4.3 *Sei M ein endlich erzeugter Modul über einem Hauptidealring Λ. Dann hat M genau dann eine Basis, wenn M torsionsfrei ist.*

B e w e i s: Sei $\alpha_1, \ldots, \alpha_s$ eine Basis von M und $\alpha \in M$, $h \in \Lambda$ mit $\alpha \neq 0$, $h\alpha = 0$. Weiter sei $\alpha = h_1\alpha_1 + \ldots + h_s\alpha_s$. Dann ist

$$hh_1\alpha_1 + \cdots + hh_s\alpha_s = 0$$

und daher $hh_i = 0$ für $i = 1, \ldots, s$. Da Λ als Integritätsbereich vorausgesetzt ist, folgt $h = 0$, d.h. M ist torsionsfrei.

Die Umkehrung ist schwieriger zu zeigen. Wir beweisen gleich einen schärferen Satz, der das Kernstück unserer Modultheorie darstellt.

Satz A.4.4 *Sei M ein endlich erzeugter torsionsfreier Modul über einem Hauptidealring Λ und N ein Teilmodul von M. Dann gibt es eine Basis $\alpha_1, \ldots, \alpha_m$ von M und Elemente $e_1, \ldots, e_s$, $s \leq m$ mit $e_i | e_{i+1}$ für $i = 1, \ldots, s-1$, so daß $e_1\alpha_1, \ldots, e_s\alpha_s$ eine Basis von N ist.*

B e w e i s: Sei zunächst M ein Modul mit einer Basis vom Rang m. Wir beweisen Satz A.4.4 in diesem Spezialfall durch Induktion über m. Für $m = 0$ ist nichts zu beweisen. Wir nehmen daher an, daß $m \geq 1$ ist und die Behauptung schon für Moduln mit $m - 1$ Basiselementen bewiesen ist.

O.B.d.A. sei $N \neq \{0\}$. Ein Element b aus Λ^* heißt *minimal* (bezüglich N), wenn b als Koeffizient von einem $\beta \in N$ in einer gewissen Basis $\beta_1, \ldots, \beta_m$ von M auftritt und kein $\beta' \in N$ existiert, das in einer Basis $\beta'_1, \ldots, \beta'_m$ von M einen Koeffizienten hat, der ein echter Teiler von b ist. Da Λ Hauptidealring ist, existiert ein solches b.

Hilfssatz A.4.5 *Sei b minimal bezüglich N, sei $\beta'_1, \ldots, \beta'_m$ eine beliebige Basis von M und $\beta' \in N$. Dann sind alle Koeffizienten $b'_1, \ldots, b'_m$ in*

$$\beta' = b'_1\beta'_1 + \cdots + b'_m\beta'_m$$

durch b teilbar.

B e w e i s: O.B.d.A. sei $b = b_1$ in

$$\beta = b_1\beta_1 + \cdots + b_m\beta_m.$$

Wir unterscheiden einige Fälle:

1. Angenommen, es gibt ein b_j, das nicht von b_1 geteilt wird. Sei $b' = \text{g.g.T.}\{b_1, b_j\}$ und $b' = ub_1 + vb_j$. Dann ist $\text{g.g.T.}\{u, v\} = 1$. Daher gibt es $w, z \in \Lambda$ mit

$$\det \begin{pmatrix} u & w \\ v & z \end{pmatrix} = 1.$$

Wir gehen zu der neuen Basis $\beta'_1, \ldots, \beta'_n$ über, die durch

$$\beta_1 = u\beta'_1 + w\beta'_j, \quad \beta_j = v\beta'_1 + z\beta'_j, \quad \beta'_i = \beta_i \text{ für } i \neq 1, j$$

gegeben ist. In dieser Basis hat β die Form

$$\beta = (ub_1 + vb_j)\beta_1' + \cdots = b'\beta_1' + \cdots$$

im Widerspruch zur Voraussetzung, da b' ein echter Teiler von b ist.

2. Angenommen, es gibt ein $\beta' = b_1'\beta_1 + \cdots + b_m'\beta_m$ in N, wobei der Koeffizient b_1' nicht durch b_1 teilbar ist. Dann gibt es $u, v \in \Lambda$, so daß $ub_1 + vb_1'$ ein echter Teiler von b_1 ist, der als erster Koeffizient in

$$u\beta + v\beta' = (ub_1 + vb_1')\beta_1 + \cdots$$

auftritt.

3. Sei jetzt $\beta' = b_1'\beta_1 + \cdots + b_m'\beta_m$ ein beliebiges Element in N und $j > 1$. Nach **2.** ist b_1 ein echter Teiler von b_1'. Sei $b_1' = b_1 u$. Dann ist

$$\beta'' := \beta' + (1 - u)\beta = b_1\beta_1 + \cdots + (b_j' + (1 - u)b_j)\beta_j + \cdots.$$

Nach **1.** ist $b_1 | b_j$. Ebenso können wir **1.** auf β'' anwenden und erhalten $b_1 | (b_j' + (1 - u)b_j)$. Daraus folgt $b_1 | b_j'$.

4. Sei schließlich $\gamma_1, \ldots, \gamma_m$ eine beliebige Basis von M und

$$\gamma = c_1\gamma_1 + \cdots + c_m\gamma_m = c_1'\beta_1 + \cdots + c_m'\beta_m \in N.$$

Dann sind die β_i Linearkombinationen der $\gamma_1, \ldots, \gamma_m$ mit Koeffizienten aus Λ. Ebenso erhält man die c_i als Linearkombinationen der $c_1', \ldots, c_m'$ mit Koeffizienten aus Λ. Nach **1.** bis **3.** ist b_1 ein Teiler von $c_1', \ldots, c_m'$, also auch von $c_1, \ldots, c_m$. $\square$

Jetzt können wir den Beweis von Satz A.4.4 für den Spezialfall, daß M eine Basis vom Rang m hat, leicht zu Ende führen.

Sei b_1 bezüglich N minimal und $\beta_1, \ldots, \beta_m$ eine Basis von M mit

$$\beta = b_1\beta_1 + \cdots + b_m\beta_m \in N.$$

Dann gilt nach Hilfssatz A.4.5 $b_1 | b_i$ für $i = 1, \ldots, m$. Daher ist

$$\alpha_1 := \beta_1 + \frac{b_2}{b_1}\beta_2 + \cdots + \frac{b_m}{b_1}\beta_m$$

ein Element von M. Dann ist auch $\alpha_1, \beta_2, \ldots, \beta_m$ eine Basis von M und mit $e_1 := b_1$ hat jedes Element γ von N die Form

$$\gamma = e_1(c_1\alpha_1 + c_2\beta_2 + \cdots + c_m\beta_m) \text{ mit } c_1, \ldots, c_m \in \Lambda. \tag{1.4.1}$$

Sei M' der von $\beta_2, \ldots, \beta_m$ erzeugte Teilmodul von M und $N' := N \cap M'$. Wir wenden auf M' und N' die Induktionsvoraussetzung an. Wegen (A.4.1) folgt die Behauptung.

Sei jetzt M ein beliebiger endlich erzeugter torsionsfreier Modul und $\beta_1, \ldots, \beta_m$ ein Erzeugendensystem von M. Wir definieren einen Homomorphismus φ von Λ^m auf M durch

$$\varphi(b_1, \ldots, b_m) = b_1\beta_1 + \cdots + b_m\beta_m.$$

Sei $N := \operatorname{Ker} \varphi$. Nach dem bereits bewiesenen gibt es eine Basis $\alpha_1, \ldots, \alpha_m$ von Λ^m und Elemente $e_1, \ldots, e_s \in \Lambda$, so daß $e_1\alpha_1, \ldots, e_s\alpha_s$ eine Basis von N ist. Da M torsionsfrei ist, folgt aus $e_i\varphi(\alpha_i) = 0$, daß $\varphi(\alpha_i) = 0$ ist. Daher ist $\varphi(\alpha_{s+1}), \ldots, \varphi(\alpha_m)$ ein Erzeugendensystem von M. Weiter ist
$\varphi(\alpha_{s+1}), \ldots, \varphi(\alpha_m)$ sogar eine Basis von M, denn aus

$$a_{s+1}\varphi(\alpha_{s+1}) + \cdots + a_m\varphi(\alpha_m) = 0$$

folgt $a_{s+1}\alpha_{s+1} + \cdots + a_m\alpha_m \in N$, also $a_i = 0$ für $i = s + 1, \ldots, m$. $\qquad\square$

Sei jetzt M ein beliebiger endlich erzeugter Λ-Modul und $\beta_1, \ldots, \beta_n$ ein Erzeugendensystem von M. Wie im Beweis von Satz A.4.4 haben wir einen surjektiven Homomorphismus φ von Λ^n auf M. Nach Satz 1.7.4 gibt es eine Basis $\alpha_1, \ldots, \alpha_n$ von Λ^n, so daß $\operatorname{Ker}\varphi$ die Basis $e_1\alpha_1, \ldots, e_s\alpha_s$ mit $e_i \in \Lambda^*$ und $e_i | e_{i+1}$ für $i = 1, \ldots, s-1$ hat. Für $M \cong \Lambda^n/\operatorname{Ker}\varphi$ erhält man hieraus eine direkte Summendarstellung

$$M \cong \Lambda/e_r\Lambda \oplus \cdots \oplus \Lambda/e_s\Lambda \oplus \Lambda^{n-s},$$

wobei $r \geq 1$ durch $e_1 \sim 1, \ldots, e_{r-1} \sim 1$, $e_r \not\sim 1$ bestimmt ist.

Satz A.4.6 *Sei M ein endlich erzeugter Λ-Modul. Dann gibt es Elemente $e_1, \ldots, e_t$ aus Λ^* mit $1 \not\sim e_1$, $e_i | e_{i+1}$ für $i = 1, \ldots, t-1$ und ein $u \in \mathbb{N}$ mit*

$$M \cong \Lambda/e_1\Lambda \oplus \cdots \oplus \Lambda/e_t\Lambda \oplus \Lambda^u. \tag{1.4.2}$$

Die Ideale $(e_1), \ldots, (e_t)$ sowie $u \in \mathbb{N}$ sind eindeutig bestimmt.

B e w e i s: Die Existenz von $e_1, \ldots, e_t, u$ mit (A.4.2) haben wir bereits bewiesen. Es bleibt die Eindeutigkeit zu zeigen. Zunächst ist u als Rang des torsionsfreien Moduls M/TM durch M eindeutig bestimmt und es gilt

$$TM \cong \Lambda/e_1\Lambda \oplus \cdots \oplus \Lambda/e_t\Lambda.$$

Es genügt daher, die Eindeutigkeit der $e_1, \ldots, e_t$ im Fall $u = 0$ zu beweisen.

(e_t) ist eindeutig bestimmt als Annulator von M, d.h. (e_t) ist das Ideal aller $a \in \Lambda$ mit $a\mu = 0$ für $\mu \in M$.

Wir beweisen die Eindeutigkeit der Folge $(e_1), \ldots, (e_t)$ durch Induktion über (e_t). Für $(e_t) = \Lambda$ ist $M = \{0\}$, und es gibt nichts zu beweisen. Sei daher die Behauptung für alle M mit einem Annulator bewiesen, der ein echter Teiler eines gegebenen Ideals (a) ist. Wir beweisen die Behauptung für einen Modul mit Annulator (a):
Sei

$$M \cong \Lambda/(e_1) \oplus \cdots \oplus \Lambda/(e_t)$$

mit $(e_t) = (a)$, und sei p ein Primteiler von a. Wir setzen

$$M_p = \{\mu \in M \mid p\mu = 0\}.$$

Dann ist M_p ein $\Lambda/p\Lambda$-Vektorraum. Sei m die Dimension von M_p und $s = t - m$. Dann gilt

$$M/M_p \cong \Lambda/(e_1) \oplus \cdots \oplus \Lambda/(e_s) \oplus \Lambda/(e_{s+1}/p) \oplus \cdots \oplus \Lambda/(e_t/p).$$

Nach Induktionsvoraussetzung ist die Folge $(e_1), \ldots, (e_s), (e_{s+1}/p), \ldots, (e_t/p)$ eindeutig durch M bestimmt und damit auch die Folge $e_1, \ldots, e_t$. $\qquad\square$

$e_1, \ldots, e_t$ heißen *Elementarteiler* von M.

Wir haben oben den Begriff der Ordnung eines Torsionselementes α von M als den *Annulator* $\mathfrak{a}$ von α in Λ definiert. Der von α erzeugte Teilmodul $\Lambda\alpha$ von M ist als Λ-Modul isomorph zu $\Lambda/\mathfrak{a}$. Wir definieren die *Ordnung* von $\Lambda\alpha$ daher als $\mathfrak{a}$ und die Ordnung $[M]$ eines beliebigen endlich erzeugten Torsionsmoduls M entsprechend Satz A.4.6 durch

$$[M] = (e_1 e_2 \cdots e_t).$$

Für den Fall einer endlichen abelschen Gruppe M, d.h. für $\Lambda = \mathbb{Z}$, ist $[M]$ die Anzahl der Elemente von M.

Sei jetzt M endlich erzeugt und torsionsfrei und N ein Teilmodul von gleichem Rang wie M. Weiter sei $\beta_1, \ldots, \beta_n$ eine beliebige Basis von M und $\gamma_1, \ldots, \gamma_n$ eine beliebige Basis von N. Dann ist die Determinante $\det \mathbf{A}$ der Übergangsmatrix $\mathbf{A}$ von $\beta_1, \ldots, \beta_n$ zu $\gamma_1, \ldots, \gamma_n$ bis auf assoziierte unabhängig von der Wahl der Basen $\beta_1, \ldots, \beta_n$ und $\gamma_1, \ldots, \gamma_n$. Wir definieren den *Index* $[M : N]$ durch

$$[M : N] := (\det \mathbf{A}).$$

Nach Satz A.4.4 gilt dann

$$[M/N] = [M : N]. \tag{1.4.3}$$

Satz A.4.7 *Sei*

$$\{0\} \to M_1 \to M_2 \to M_3 \to \{0\} \tag{1.4.4}$$

eine exakte Sequenz von endlich erzeugten Torsionsmoduln. Dann gilt

$$[M_2] = [M_1] \cdot [M_3].$$

B e w e i s: (A.4.4) bedeutet, daß M_3 bis auf Isomorphie der Faktormodul M_2/M_1 ist. Wir stellen M_2 als Faktormodul eines endlichen torsionfreien Moduls F dar. Sei dann $M_2 \cong F/F_2$, $M_1 \cong F_1/F_2$ und folglich $M_3 \cong F/F_1$. Wir wählen in F, F_1, F_2 Basen $\mathfrak{A}, \mathfrak{A}_1, \mathfrak{A}_2$. Sei $\mathbf{A}_1$ bzw. $\mathbf{A}_2$ die Übergangsmatrix von $\mathfrak{A}$ zu $\mathfrak{A}_1$ bzw. von $\mathfrak{A}_1$ zu $\mathfrak{A}_2$. Dann ist $\mathbf{A}_1\mathbf{A}_2$ die Übergangsmatrix von $\mathfrak{A}$ zu $\mathfrak{A}_2$ und es gilt wegen (A.4.3)

$$[M_1] = (\det \mathbf{A}_2), \quad [M_2] = (\det \mathbf{A}_1\mathbf{A}_2), \quad [M_3] = (\det \mathbf{A}_1).$$

$\qquad\square$

A.5 Moduln über Euklidischen Ringen

Sei jetzt Λ ein Euklidischer Ring. Dann kann die Bestimmung der $e_1, \ldots, e_s$ in Satz A.4.4 mit Hilfe eines Verfahrens erfolgen, das wir in diesem Abschnitt beschreiben wollen.

Genauer gehen wir davon aus, daß wir bereits eine Basis $\beta_1, \ldots, \beta_m$ von dem Modul M kennen und daß N durch ein endliches Erzeugendensystem $\gamma_1, \ldots, \gamma_t \in M$ gegeben ist. Sei

$$\gamma_i = \sum_{j=1}^{m} c_{ij}\beta_j.$$

Unser Verfahren besteht darin, die Matrix (c_{ij}) mit Hilfe von *Elementartransformationen* auf Diagonalform zu bringen. Wir beschreiben zunächst die Elementartransformationen:

1. Vertauschung zweier Spalten k, l.

   Dies erreicht man durch Vertauschung von β_k und β_l innerhalb der Basis $\beta_1, \ldots, \beta_m$.

2. Vertauschung zweier Zeilen k, l.

   Dies erreicht man durch Vertauschung von γ_k und γ_l innerhalb des Erzeugendensystems $\gamma_1, \ldots, \gamma_t$.

3. Multiplikation der k-ten Spalte mit einem Element aus Λ und Addition zur l-ten Spalte.

   Dies erreicht man durch Übergang zu der neuen Basis $\beta'_1, \ldots, \beta'_m$, die durch

   $$\beta_i = \beta'_i \text{ für } i \neq k, \quad \beta_k = \beta'_k + a\beta'_l$$

   gegeben ist.

4. Multiplikation der k-ten Zeile mit einem Element a aus Λ und Addition zur l-ten Zeile.

   Dies erreicht man durch Übergang von dem Erzeugendensystem $\gamma_1, \ldots, \gamma_t$ zu $\gamma'_1, \ldots, \gamma'_t$ mit

   $$\gamma'_i = \gamma_i \text{ für } i \neq l, \quad \gamma'_l = \gamma_l + a\gamma_k.$$

Jetzt beschreiben wir das Diagonalisierungsverfahren mit Hilfe von Elementartransformationen.

a) Durch Vertauschung von Zeilen und Spalten erreicht man, daß in der Matrix (c_{ij}) das Element c_{11} minimale Höhe $H(c_{11})$ hat.

b) Durch eine Transformation 3. erreicht man $H(c_{12}) < H(c_{11})$, wenn dabei in der neu entstandenen Matrix (c'_{ij}) ein von 0 verschiedenes Element von kleinerer Höhe als $H(c_{11})$ entsteht, bringt man dieses Element entsprechend a) an die Stelle von c_{11}. Wenn dies nicht der Fall ist, gilt $c'_{12} = 0$ und man betrachtet entsprechend c_{13} u.s.w. Nach endlich vielen Schritten erreicht man, daß in der Matrix (c_{ij}) das Element c_{11} minimale Höhe hat und $c_{1j} = 0$ für alle $j = 2, \ldots, m$ gilt.

c) Jetzt führen wir die entsprechenden Transformationen für die erste Spalte durch. Wenn dabei ein von 0 verschiedenes Element c'_{ij} mit $H(c'_{ij}) < H(c_{11})$ entsteht, so hat man c'_{ij} mit Hilfe von a) an die Stelle von c_{11} zu bringen. Die erste Zeile der so entstehenden Matrix (c''_{ij}) wird im allgemeinen von 0 verschiedene Elemente $c''_{12}, \ldots, c''_{1m}$ enthalten. Dann hat man zu den Transformationen b) zurückzukehren. Nach endlich vielen Schritten erhält man eine Matrix (c_{ij}) mit $c_{1j} = c_{i1} = 0$ für $j = 2, \ldots, m$, $i = 2, \ldots, t$.

d) Angenommen, es gibt ein Element c_{ij}, das nicht durch c_{11} teilbar ist. Dann addieren wir die j-te Spalte zur ersten und kommen mit Hilfe von c) zu einer Matrix (c'_{ij}) mit $H(c'_{11}) < H(c_{11})$. Durch Widerholung von Transformationen a) - d) kommt man zu einer Matrix

$$\begin{pmatrix} e_1 & 0 \\ 0 & \mathbf{C} \end{pmatrix}$$

mit $\mathbf{C} = (c_{ij})$, $i = 1, \ldots, t-1$, $j = 1, \ldots, m-1$ und $e_1 | c_{ij}$ für alle i, j.

e) Jetzt wendet man a) - d) auf $\mathbf{C}$ an. Nach endlich vielen Schritten erhält man die Normalform

$$\begin{pmatrix}
e_1 & 0 & \ldots & 0 & 0 & \ldots & 0 \\
0 & e_2 & \ldots & 0 & 0 & \ldots & 0 \\
\vdots & \vdots & & \vdots & \vdots & & \vdots \\
0 & 0 & \ldots & e_m & 0 & \ldots & 0 \\
0 & 0 & \ldots & 0 & 0 & \ldots & 0 \\
\vdots & \vdots & & \vdots & \vdots & & \vdots \\
0 & 0 & \ldots & 0 & 0 & \ldots & 0
\end{pmatrix}$$

Wir betrachten das einfache Beispiel der Matrix

$$\begin{pmatrix} 4 & 5 & 6 \\ 7 & 8 & 9 \end{pmatrix}.$$

$$\begin{pmatrix} 4 & 5 & 6 \\ 7 & 8 & 9 \end{pmatrix} \xrightarrow{b)} \begin{pmatrix} 4 & 1 & 6 \\ 7 & 1 & 9 \end{pmatrix} \xrightarrow{a)} \begin{pmatrix} 1 & 4 & 6 \\ 1 & 7 & 9 \end{pmatrix}$$

$$\xrightarrow{b)} \begin{pmatrix} 1 & 0 & 6 \\ 1 & 3 & 9 \end{pmatrix} \xrightarrow{b)} \begin{pmatrix} 1 & 0 & 0 \\ 1 & 3 & 3 \end{pmatrix} \xrightarrow{c)} \begin{pmatrix} 1 & 0 & 0 \\ 0 & 3 & 3 \end{pmatrix}$$

$$\xrightarrow{b)} \begin{pmatrix} 1 & 0 & 0 \\ 0 & 3 & 0 \end{pmatrix}.$$

$\square$

A.6 Arithmetik von Polynomen über Ringen

Sei zunächst Λ ein Hauptidealring und

$$\varphi(x) = a_0 x^s + a_1 x^{s-1} + \cdots + a_s \in \Lambda[x].$$

Unter dem *Inhalt* $I(\varphi)$ von $\varphi(x)$ versteht man den größten gemeinsamen Teiler der Koeffizienten $a_0, a_1, \ldots, a_s$.

Satz A.6.1 (Gauß) *Seien $\varphi_1(x)$ und $\varphi_2(x)$ Polynome aus $\Lambda[x]$. Dann gilt*

$$I(\varphi_1 \varphi_2) = I(\varphi_1) I(\varphi_2).$$

Zum Beweis vom Satz A.6.1 siehe [Ku], §5.III. $\square$

Sei jetzt allgemeiner Λ ein Integritätsbereich mit Einselement 1 und Quotientenkörper F.

Satz A.6.2 *Seien $\varphi(x)$ und $\varphi_1(x)$ Polynome aus $\Lambda[x]$ und sei $\varphi_1(x)$ normiert, d.h. der höchste Koeffizient von $\varphi_1(x)$ ist gleich 1. Weiter sei $\varphi_2(x) \in F(x)$ und $\varphi(x) = \varphi_1(x)\varphi_2(x)$. Dann gilt auch*

$$\varphi_2(x) \in \Lambda[x].$$

B e w e i s: Sei $\varphi_1(x) = x^s + a_1 x^{s-1} + \cdots + a_s$ und $\varphi_2(x) = b_0 x^t + \cdots + b_t$. Dann ist b_0 der Koeffizient von $\varphi_1(x)\varphi_2(x)$ bei x^{s+t} und daher $b_0 \in \Lambda$. Sei für ein $i \geq 0$ bereits $b_j \in \Lambda$ für $j = 0, \ldots, i$ bewiesen. Der Koeffizient von $\varphi_1(x)\varphi_2(x)$ bei $x^{s+t-i-1}$ ist $b_{i+1} + b_i a_1 + \cdots$. Es folgt $b_{i+1} \in \Lambda$. $\square$

B Spur, Norm, Differente und Diskriminante

Sei L/K eine endliche, separable Körpererweiterung vom Grad n. Wichtige Hilfsmittel der algebraischen Zahlentheorie sind die *Spur*, die *Norm* und die *Differente* eines Elementes α aus L bezüglich L/K sowie die *Diskriminante* einer Elementfolge $\omega_1, \ldots, \omega_n$ aus L bezüglich L/K.

Sei Z ein Zerfällungskörper von L/K, d.h. eine Erweiterung von L, so daß jedes irreduzible Polynom in $K[x]$ mit einer Nullstelle in L in $Z[x]$ in Linearfaktoren zerfällt [Ku], §7.III. Dann gibt es genau n Isomorphismen $g_1, \ldots, g_n$ von L in Z, die K elementweise festlassen ([Ku], Satz 8.10). Sei g_1 die Injektion von L in Z. Für $\alpha \in L$ setzen wir $\alpha_i := g_i\alpha$, $i = 1, \ldots, n$. Insbesondere ist $\alpha_1 = \alpha$.

Wir definieren Spur, Norm und Differente von α bezüglich L/K durch

$$Tr_{L/K}(\alpha) = \sum_{i=1}^{n} \alpha_i, \quad N_{L/K}(\alpha) = \prod_{i=1}^{n} \alpha_i, \quad D_{L/K}(\alpha) = \prod_{i=2}^{n} (\alpha - \alpha_i).$$

Da die Koeffizienten des Polynoms

$$f(x) := \prod_{i=1}^{n} (x - \alpha_i)$$

in K liegen ([Ku], §9) sind $Tr_{L/K}(\alpha)$ und $N_{L/K}(\alpha)$ Elemente von K und $D_{L/K}(\alpha) = f'(\alpha)$ gehört zu L. Da die Koeffizienten von $f(x)$ nicht von der Wahl von Z abhängen, gilt das gleiche für Spur, Norm und Differente. Wenn keine Unklarheiten zu befürchten sind, lassen wir den Index L/K weg.

Aus der Definition ergeben sich die folgenden Grundeigenschaften:

(i) $N(\alpha) = 0$ genau dann, wenn $\alpha = 0$.

(ii) $Tr(\alpha + \beta) = Tr\alpha + Tr\beta$, $N(\alpha\beta) = N(\alpha)N(\beta)$ für $\alpha, \beta \in L$.

(iii) $Tr(a) = na$, $N(a) = a^n$, $Tr(a\alpha) = aTr(\alpha)$ für $a \in K, \alpha \in L$.

(iv) $D(\alpha) \neq 0$ genau dann, wenn $L = K(\alpha)$.

Seien $\omega_1, \ldots, \omega_n$ beliebige Elemente aus L. Wir definieren die Diskriminante

$$\Delta_{L/K}(\omega_1, \ldots, \omega_n) = \Delta(\omega_1, \ldots, \omega_n)$$

durch

$$\Delta(\omega_1, \ldots, \omega_n) := \det(Tr(\omega_i\omega_j)_{ij}).$$

Sei $\mathbf{W} = (g_j\omega_i)_{ij}$. Dann ist

$$(Tr(\omega_i\omega_j))_{ij} = \mathbf{W}\mathbf{W}^{\mathrm{T}}$$

und daher

$$\Delta(\omega_1,\ldots,\omega_n) = (\det \mathbf{W})^2.$$

Sei $\omega_i' := \sum_{j=1}^{n} a_{ij}\omega_j$, $i = 1,\ldots,n$ mit $a_{ij} \in K$. Wir setzen $\mathbf{A} := (a_{ij})_{ij}$. Dann wird $(g_j\omega_i')_{ij} = \mathbf{A}\mathbf{W}$ und daher

$$\Delta(\omega_1',\ldots,\omega_n') = (\det \mathbf{A})^2\,\Delta(\omega_1,\ldots,\omega_n). \tag{2.0.1}$$

Satz B.0.1 $\omega_1,\ldots,\omega_n$ *ist genau dann eine Basis des Vektorraums L über K, wenn* $\Delta(\omega_1,\ldots,\omega_n) \neq 0$.

B e w e i s: Sei $L = K(\vartheta)$. Dann ist $1,\vartheta,\ldots,\vartheta^{n-1}$ eine Basis von L/K und $\det(g_i\vartheta^{i-1})_{ij}$ ist eine *Vandermondesche Determinante*, d.h., wie man leicht sieht, ist

$$\det(g_j\vartheta^{i-1})_{ij} = \prod_{i>j}(g_i\vartheta - g_j\vartheta) \neq 0$$

und daher auch

$$\Delta(\vartheta) := \Delta(1,\vartheta,\ldots,\vartheta^{n-1}) = (\det(g_j\vartheta^{i-1})_{ij})^2 \neq 0. \tag{2.0.2}$$

Seien jetzt $\omega_1,\ldots,\omega_n$ beliebige Elemente aus L und $\omega_i = \sum_{j=1}^{n} a_{ij}\vartheta^{j-1}$, $i = 1,\ldots,n$. Dann ist $\omega_1,\ldots,\omega_n$ genau dann eine Basis von L/K, wenn $\det(a_{ij})_{ij} \neq 0$. Satz B.0.1 folgt daher aus (B.0.1) und (B.0.2). $\qquad\square$

Sei jetzt $\omega_1,\ldots,\omega_n$ eine Basis von L/K und $\omega_i' := \alpha\omega_i = \sum_{j=1}^{n} a_{ij}\omega_j$ mit $\alpha \in L$ und $a_{ij} \in K$. Dann wird

$$\det(g_j\omega_i) = \det(g_j\alpha g_j\omega_i) = N(\alpha)\det(g_j\omega_i) = \det(a_{ij})\det(g_j\omega_i)$$

und daher

Satz B.0.2 $N(\alpha) = \det(a_{ij})$.

Für eine Unbestimmte X wird

$$N_{L(X)/K(X)}(X - \alpha) = \prod_{i=1}^{n}(X - g_i\alpha) = \det(X\mathbf{E} - (a_{ij})),$$

wobei $\mathbf{E}$ die n-reihige Einheitsmatrix bezeichnet. Wir erhalten ein Polynom in X vom Grade n. Vergleicht man die Koeffizienten bei X, so findet man

$$Tr(\alpha) = Tr(a_{ij}) = \sum_{i=1}^{n} a_{ii}.$$

Das Polynom

$$\chi_\alpha(X) := \det(X\mathbf{E} - (a_{ij})) = \prod_{i=1}^{n}(X - g_i\alpha)$$

wird als *charakteristisches Polynom* von α bezeichnet. Wie man leicht sieht, ist $D(\alpha) = \chi'_\alpha(\alpha)$ und $\Delta(\alpha) = (-1)^{n(n-1)/2}N(D(\alpha))$.

$Tr(\alpha\beta)$ mit $\alpha, \beta \in L$ ist nach Satz B.0.1 eine nichtausgeartete Bilinearform auf dem Vektorraum L über K. Sei $\omega_1, \dots, \omega_n$ eine Basis von L/K. Dann gibt es eindeutig bestimmte Elemente $\kappa_1, \dots, \kappa_n$ in L mit

$$Tr(\omega_i\kappa_j) = \delta_{ij} \text{ für } i, j = 1, \dots, n. \tag{2.0.3}$$

$\kappa_1, \dots, \kappa_n$ ist eine Basis von L/K und wird als *Komplementärbasis* von $\omega_1, \dots, \omega_n$ bezeichnet. Für ein erzeugendes Element ϑ von L/K kann man die Komplementärbasis von $1, \vartheta, \dots, \vartheta^{n-1}$ explizit angeben:

Satz B.0.3 *Sei $L = K(\vartheta)$. Dann ist die Komplementärbasis von* $1, \vartheta, \dots, \vartheta^{n-1}$ *gleich*

$$\beta_0/D(\vartheta), \ \beta_1/D(\vartheta), \dots, \beta_{n-1}/D(\vartheta),$$

wobei die Elemente $\beta_0, \dots, \beta_{n-1}$ durch die Gleichung

$$\chi_\vartheta(X)/(X - \vartheta) = \sum_{i=0}^{n-1} \beta_i X^i$$

gegeben sind.

B e w e i s : Die Bedingung (B.0.3) läßt sich in unserem Fall in der Form

$$Tr(\chi_\vartheta(X)\vartheta^m/(x - \vartheta)D(\vartheta)) = X^m \ m = 0, 1, \dots, n - 1, \tag{2.0.4}$$

schreiben. Wegen

$$Tr(\chi_\vartheta(X)\vartheta^m/(X - \vartheta)D(\vartheta)) = \sum_{i=1}^{n} \chi_\vartheta(X)(g_i\vartheta)^m/(X - g_i\vartheta)D(g_i\vartheta)$$

ist (B.0.4) für die n verschiedenen Werte $g_j\vartheta$, $j = 1, \dots, n$ erfüllt. Da auf beiden Seiten von (B.0.4) Polynome höchstens vom Grad $n-1$ stehen, folgt die Behauptung.
$\square$

Bemerkung. Der Angelpunkt unserer Überlegungen bezüglich der Diskriminante und Komplementärbasis ist die Tatsache, daß für eine separable Erweiterung L/K, die Form $Tr_{L/K}(\alpha\beta)$ eine nicht ausgeartete Bilinearform des K-Vektorraums L ist. Diese Bedingung ist gleichbedeutend damit, daß ein $\alpha \in L$ mit $Tr_{L/K}(\alpha) \neq 0$ existiert. Umgekehrt folgt aus dieser Bedingung, daß L/K separabel ist. $\square$

Sei M ein Zwischenkörper von L/K. Die folgenden Formeln folgen unmittelbar aus der Definition von Spur und Norm:

$$Tr_{M/K}(Tr_{L/M}(\alpha)) = Tr_{L/K}(\alpha), \tag{2.0.5}$$

$$N_{M/K}(N_{L/M}(\alpha)) = N_{L/K}(\alpha) \quad \text{für} \ \alpha \in L. \tag{2.0.6}$$

Sei $f(X) \in K[X]$ ein separables Polynom vom Grade n ([Ku], §8) und Z ein Zerfällungskörper von f ([Ku], §7), d.h.

$$f(X) = \prod_{i=1}^{n} (X - \alpha_i) \quad \text{mit} \ \alpha_i \in Z.$$

Dann ist

$$\Delta(f) := \prod_{i>j} (\alpha_i - \alpha_j)^2$$

eine symmetrische Funktion der Nullstellen von f und läßt sich daher als Funktion der Koeffizienten von f ausdrücken. $\Delta(f)$ heißt *Diskriminante von f*.

Wenn f über K irreduzibel ist, gilt wegen (B.0.2)

$$\Delta(f) = \Delta(\alpha_i) \quad \text{für} \ i = 1, \ldots, n. \tag{2.0.7}$$

Mit $f(X) = X^n + a_1 X^{n-1} + \ldots + a_n$ findet man

$$\Delta(f) = a_1^2 - 4a_2 \quad \text{für} \ n = 2,$$

$$\Delta(f) = -4a_1^3 a_3 + a_1^2 a_2^2 + 18 a_1 a_2 a_3 - 4a_2^3 - 27 a_3^2 \quad \text{für} \ n = 3.$$

C Harmonische Analyse auf lokalkompakten abelschen Gruppen

Fourier-Analyse und Fourier-Transformation der reellen Zahlen verallgemeinern sich auf lokalkompakte abelsche Gruppen. Wir führen hier einige Grundbegriffe und Hauptsätze dieser mathematischen Basistheorie an. Für Einzelheiten verweisen wir auf [Lo1953], [HeRo1963] und [Po1957].

C.1 Topologische Gruppen

Eine *topologische Gruppe* G ist eine Gruppe, in der eine mit der Gruppenoperation verträgliche hausdorffsche Topologie erklärt ist, d.h. die Multiplikation in G ist eine stetige Abbildung von $G \times G$ auf G und die Inversenbildung ist eine stetige Abbildung von G auf G.

Die Topologie in G wird am bequemsten durch eine Basis $\mathfrak{U}$ für das Umgebungssystem des Einselementes 1 von G gegeben. In allen von uns zu betrachtenden Fällen gibt es eine abzählbare Basis $\mathfrak{U}$. Unter dieser Voraussetzung ist eine Menge M in G genau dann abgeschlossen, wenn jede Folge $\{g_i \,|\, i = 1, 2, \ldots\}$ von Elementen g_i aus M, die in G konvergiert, schon in M konvergiert.

In einer topologischen Gruppe G läßt sich der Begriff der Cauchy-Folge erklären: Eine Folge $\{g_i \,|\, i = 1, 2, \ldots\}$ von Elementen g_i aus G heißt *Cauchy-Folge*, wenn es für jedes $U \in \mathfrak{U}$ eine natürliche Zahl n mit

$$g_i g_j^{-1} \in U \text{ für } i \geq n, \, j \geq n$$

gibt. Jede konvergente Folge in G ist Cauchy-Folge. G heißt *vollständig*, wenn jede Cauchy-Folge in G konvergiert.

C.2 Der Pontrjaginsche Dualitätssatz

Sei S^1 die multiplikative Gruppe der komplexen Zahlen mit Betrag 1 und der Topologie der Kreislinie. Weiter sei G eine additivgeschriebene lokalkompakte abelsche Gruppe. Ein *Charakter* χ von G ist ein stetiger Homomorphismus von G in S^1.

Die Gesamtheit $\hat{G}$ aller Charaktere von G bildet in offensichtlicher Weise eine Gruppe, die als *Charaktergruppe* von G bezeichnet wird. Wir führen in $\hat{G}$ eine Topologie ein, indem wir als Basis für das Umgebungssystem des Einscharakters χ_0 die Teilmengen von $\hat{G}$ der Form

$$U(\varepsilon, B) := \{\chi \in \hat{G} \,|\, |\chi(g) - 1| < \varepsilon \text{ für } g \in B\}$$

nehmen, wobei $\varepsilon > 0$ aus $\mathbb{R}$ und B eine kompakte Teilmenge von G ist.

Satz C.2.1 *$\hat{G}$ ist eine lokalkompakte abelsche Gruppe. Wenn G kompakt ist, ist $\hat{G}$ diskret, wenn G diskret ist, ist $\hat{G}$ kompakt.* $\qquad\square$

Beispiel C.2.2 Die Charaktergruppe einer endlichen abelschen Gruppe G ist isomorph zu G. $\qquad\square$

Beispiel C.2.3 Die Charaktergruppe von $(\mathbb{R}/\mathbb{Z})^+$ ist isomorph zu $\mathbb{Z}^+$. $\qquad\square$

Beispiel C.2.4 Die Charaktergruppe des direkten Produktes $G_1 \times G_2$ ist isomorph zu $\hat{G}_1 \times \hat{G}_2$. $\qquad\square$

Satz C.2.5 (Pontrjaginscher Dualitätssatz). *Die Zuordnung, die jedem $g \in G$ den Charakter $\chi \to \chi(g)$ von $\hat{G}$ zuordnet, ist ein Isomorphismus der topologischen Gruppen G und $\hat{\hat{G}}$.* $\qquad\square$

Im folgenden identifizieren wir G und $\hat{\hat{G}}$.

Seien G_1 und G_2 lokalkompakte abelsche Gruppen und φ ein stetiger Homomorphismus von G_1 in G_2. Dann wird durch

$$(\hat{\varphi}\chi)(g) := \chi(\varphi(g)) \text{ für } \chi \in \hat{G}_2, g \in G_1$$

ein stetiger Homomorphismus $\hat{\varphi}$ von $\hat{G}_2$ in $\hat{G}_1$ definiert. Man spricht von einem *kontravarianten Funktor* $\hat{\ }$

$$G \rightsquigarrow \hat{G}$$

der Kategorie der lokalkompakten abelschen Gruppen auf sich. Mit G ist auch jede abgeschlossene Untergruppe H von G und jede Faktorgruppe G/H lokalkompakt.

Satz C.2.6 *Der Funktor $\hat{\ }$ ist exakt. D.h. für jede abgeschlossene Untergruppe H von G ist die der Einbettung $H \to G$ entsprechende Abbildung $\hat{\varphi}_H : \hat{G} \to \hat{H}$ surjektiv, die $\psi_H : G \to G/H$ entsprechende Abbildung $\hat{\psi}_H$ ist injektiv und der Kern von $\hat{\varphi}_H$ ist gleich dem Bild von $\hat{\psi}_H$.*
Es gibt eine eineindeutige Beziehung zwischen allen abgeschlossenen Untergruppen H von G und allen abgeschlossenen Untergruppen U von $\hat{G}$. Dabei entspricht H der Kern von $\hat{\varphi}_H$. $\qquad\square$

C.3 Das Haarsche Integral

Sei G eine lokalkompakte abelsche Gruppe und $L_c(G)$ der Raum der reellwertigen stetigen Funktionen auf G mit kompaktem Träger.

Satz C.3.1 *Es gibt eine lineare Abbildung φ von $L_c(G)$ in $\mathbb{R}$ mit folgenden Eigenschaften:*

(i) *φ ist translationsinvariant, d.h.*

$$\varphi(f) = \varphi(f_g) \ \textit{für alle } f \in L_c(G),\ g \in G,$$

wobei f_g durch

$$f_g(x) := f(g + x) \ \textit{für } x \in G$$

definiert ist.

(ii) *Sei $f \in L_c(G)$ mit $f(x) \geq 0$ für alle $x \in G$ und $f(x_0) > 0$ für ein $x_0 \in G$. Dann ist $\varphi(f) > 0$. φ ist durch die Eigenschaften (i) und (ii) bis auf einen positiven konstanten Faktor eindeutig bestimmt.* $\qquad\square$

φ heißt *Haarsches Integral*. Man schreibt

$$\varphi(f) =: \int_G f(x)\, dx.$$

Für kompakte Gruppen G normiert man das Haarsche Maß durch die Festsetzung

$$\int_G dx = 1$$

und für diskrete Gruppen G durch die Festsetzung

$$\int_G \delta_0(x)\, dx = 1,$$

wobei δ_0 durch $\delta_0(0) := 1$, $\delta_0(x) := 0$ für $x \neq 0$ definiert ist.

Der Durchschnitt einer diskreten Menge mit einer kompakten Menge ist endlich. Für eine diskrete Gruppe G und $f \in L_c(G)$ gilt daher

$$\int_G f(x)\, dx = \sum_{x \in G} f(x).$$

Insbesondere ist eine endliche Gruppe G sowohl kompakt als auch diskret. Als kompakte Gruppe ergibt die obige Normierung des Haarschen Integrals

$$\frac{1}{|G|} \sum_{x \in G} f(x).$$

Seien f_n beliebige reellwertige Funktionen auf G, $n = 1, 2, \ldots$. Dann heißt die Folge f_n *monoton wachsend*, wenn

$$f_{n+1}(x) \geq f_n(x) \ \textit{für } x \in G.$$

Wenn man auch ∞ als Funktionswert zuläßt, konvergiert die Folge f_n gegen eine Funktion f. Wir schreiben $f_n \uparrow f$. Entsprechend wird der Begriff der *monoton fallenden* Folge f_n von reellwertigen Funktionen definiert. Wir lassen auch $-\infty$ als Funktionswert zu und schreiben $f_n \downarrow f$, wenn die Folge f_n gegen f konvergiert.

Wir dehnen das Haarsche Integral auf Funktionen f auf G aus, für die es eine monoton wachsende Folge $f_n \in L_c(G), n = 1, 2, \ldots$ mit $f_n \uparrow f$ gibt, indem wir

$$\underline{\int_G} f(x)\, dx := \lim_{n \to \infty} \int_G f_n(x)\, dx \tag{3.3.1}$$

setzen. (C.3.1) heißt *unteres Integral*. Dabei lassen wir auch ∞ als Wert des Integrals zu. Man zeigt, daß diese Definition unabhängig von der Wahl der Folge f_n mit $f_n \uparrow f$ ist.

Jetzt definiert man entsprechend ein *oberes Integral* $\overline{\int_G} f(x)\, dx$ für Funktionen f mit $f_n \downarrow f$.

Eine reellwertige Funktion auf G heißt *summierbar*, wenn es für alle $\varepsilon > 0$ Funktionen g_ε und h_ε mit

$$g_\varepsilon(x) \leq f(x) \leq h_\varepsilon(x),\ x \in G,$$

gibt, so daß h_ε ein unteres und g_ε ein oberes Integral haben und

$$\underline{\int_G} h_\varepsilon(x)\, dx - \overline{\int_G} g_\varepsilon(x)\, dx < \varepsilon$$

ist. Wir definieren $\int_G f(x)\, dx$ als den gemeinsamen Grenzwert

$$\lim_{\varepsilon \to 0} \underline{\int_G} h_\varepsilon(x)\, dx = \lim_{\varepsilon \to 0} \overline{\int_G} g_\varepsilon(x)\, dx.$$

Satz C.3.2 *Sei L die Menge der summierbaren Funktionen auf G. Dann ist L ein Vektorraum über $\mathbb{R}$, und es gilt für Funktionen $f, g \in L$:*

(i) $\int_G (f(x) + g(x))\, dx = \int_G f(x)\, dx + \int_G g(x)\, dx.$

(ii) $\int_G \alpha f(x)\, dx = \alpha \int_G f(x)\, dx$ *für* $\alpha \in \mathbb{R}.$

(iii) *Aus* $f(x) \geq 0$ *für* $x \in G$ *folgt* $\int_G f(x)\, dx \geq 0.$

(iv) *Sei* $f_n \in L$ *eine Folge von Funktionen mit* $f_n \downarrow 0$. *Dann gilt auch*

$$\lim_{n \to \infty} \int_G f_n(x)\, dx = 0.$$

$\square$

Schließlich heißt eine komplexwertige Funktion f auf G summierbar, wenn $\mathrm{Re}\, f$ und $\mathrm{Im}\, f$ aus L sind, und man setzt

$$\int_G f(x)\, dx := \int_G \mathrm{Re}\, f(x)\, dx + i \int_G \mathrm{Im}\, f(x)\, dx.$$

Wir sagen in diesem Fall, daß das Haarsche Integral für f existiert.

Sei f eine stetige Funktion, so daß der Absolutbetrag $|f|$ summierbar ist, dann ist die *Fourier-Transformierte*

$$\hat{f}(\chi) := \int_G f(x)\chi(-x)\,dx, \ \chi \in \hat{G},$$

definiert und stetig.

Wichtig sind im folgenden die stetigen komplexwertigen Funktionen f, für die sowohl $|f|$ als auch $|\hat{f}|$ summierbar ist. Wir bezeichnen solche Funktionen als zulässig.

Satz C.3.3 (Umkehrsatz) *Es gibt eine Konstante $c \in \mathbb{R}_+$, (die von der Wahl der Haarschen Integrale auf G und $\hat{G}$ abhängt), so daß für alle zulässigen Funktionen f auf G die Umkehrformel*

$$f(x) = c\hat{\hat{f}}(-x)$$

für $x \in G$ gilt.
Sei insbesondere G eine kompakte Gruppe und das Haarsche Integral normiert wie oben beschrieben. Dann ist $c = 1$. □

Im Falle einer endlichen Gruppe G ist auch $\hat{G}$ endlich und zu G isomorph. Man erhält den Umkehrsatz mit $c = 1$, wenn man

$$\int_G f(x)\,dx := \frac{1}{\sqrt{|G|}} \sum_{x \in G} f(x)$$

setzt.

Sei M eine Teilmenge von G. Die *charakteristische Funktion* χ_M von M ist definiert als die Abbildung von G in $\mathbb{R}$ mit

$$\chi_M(x) = 1 \ \text{für } x \in M$$

und

$$\chi_M(x) = 0 \ \text{für } x \notin M.$$

Wir sagen M ist *meßbar* und hat das Maß $\mu(M)$, wenn $\chi_M(x)$ summierbar ist und

$$\mu(M) = \int_G \mu_M(x)\,dx$$

gilt.

Das Haarsche Integral auf G ist eindeutig festgelegt durch eine meßbare Teilmenge M und ihr Maß $\mu(M)$. In abkürzender Sprechweise sagt man, dx sei ein Haarsches Maß auf G.

Für die Anwendung des Haarschen Integrals im Kapitel 7 wird nur dessen Existenz für spezielle Gruppen benötigt, so für die additive und multiplikative Gruppe eines lokalen Körpers. Dabei ist das Haarsche Integral wie im Falle $\mathbb{R}^+$ wohlbekannt, oder seine Konstruktion ergibt sich aus dem Kontext.

C.4 Das beschränkte direkte Produkt

Sei I eine Indexmenge. Wir betrachten eine Familie $\{\,G_i \mid i \in I\,\}$ von lokalkompakten Gruppen G_i mit der Eigenschaft, daß für fast alle (d.h. alle mit Ausnahme von endlich vielen) $i \in I$ offene und kompakte Untergruppen H_i von G_i gegeben sind. Dann ist H_i auch abgeschlossen, und G_i/H_i ist diskret für diese Indices.

Beispiel C.4.1 Sei K ein algebraischer Zahlkörper und $I = V_K$ die Menge der Stellen von K. Dann ist $\{K_{\mathfrak{p}}^{\times} \mid \mathfrak{p} \in V_K\}$ eine Familie lokalkompakter Gruppen und für alle endlichen Stellen $\mathfrak{p}$ sind die Einheitengruppen $O_{K_{\mathfrak{p}}}^{\times}$ offene und kompakte Untergruppen von $K_{\mathfrak{p}}^{\times}$. $\qquad\qquad\square$

Das *beschränkte direkte Produkt*

$$G = \coprod_{i \in I} G_i$$

ist definiert als die Untergruppe in $\prod_{i \in I} G_i$, die aus allen Elementen $\prod_{i \in I} g_i$ besteht, mit der Eigenschaft, daß für fast alle $i \in I$ die Komponente g_i in H_i liegt.

G_i betrachten wir als Untergruppe von G auf Grund der kanonischen Einbettung $g_i \to g_i'$, wobei g_i' das Element von G bezeichnet, dessen Komponenten für alle $j \in I - \{i\}$ gleich 1 sind und dessen i-te Komponente gleich g_i ist.

Wir wollen in G eine Topologie einführen und betrachten zu diesem Zweck eine endliche Teilmenge S von I, welche alle Indices i enthält, für die H_i nicht definiert ist. Sei $G_S = \prod_{i \notin S} H_i \cdot \prod_{i \in S} G_i$. Dann ist G_S eine Untergruppe von G. Wir betrachten G_S als topologische Gruppe mit der Produkttopologie, d.h. die Topologie von G_S ist durch das System $\mathfrak{U}_S$ von Umgebungen der 1 gegeben, das aus allen Mengen der Form $\prod_{i \in I} U_i$ besteht, wobei die U_i offene Umgebungen der 1 in G_i sind, die für $i \notin S$ in H_i enthalten und für fast alle $i \in I$ gleich H_i sind. Wählen wir insbesondere für $i \in S$ kompakte Umgebungen U_i, so gehört $\prod_{i \notin S} H_i \cdot \prod_{i \in S} U_i$ zu $\mathfrak{U}_S$ und ist nach dem Tichonowschen Produktsatz [Po1957], Kap.II.14 kompakt. Daher ist G_S lokalkompakt.

Wir definieren nun die Topologie von G, indem wir als Umgebungssystem der 1 das System $\mathfrak{U}_S$ nehmen. Die Topologie von G hängt nicht von der Wahl von S ab und G ist lokalkompakt.

Da die Gruppen H_i in G offen sind, ist G_S eine offene und dann auch abgeschlossene Untergruppe von G. Jede kompakte Teilmenge M von G ist in G_S für ein gewisses S enthalten, denn die Gruppen G_S bilden eine offene Überlagerung von G und wenn M durch die endlich vielen Gruppen $G_{S_1}, \ldots, G_{S_h}$ überdeckt wird, so ist M in $\bigcup_{i=1}^{h} G_{S_i} = G_T$ mit $T = \bigcup_{i=1}^{h} S_i$ enthalten. Darüber hinaus gilt der folgende Satz.

Satz C.4.2 *Eine Teilmenge M von G ist genau dann relativ kompakt (d.h. hat eine kompakte Abschließung $\overline{M}$), wenn sie in einer Menge der Form $\prod_{i \in I} M_i$ enthalten ist, wobei M_i für alle $i \in I$ eine kompakte Teilmenge von G_i und $M_i = H_i$ für fast alle $i \in I$ ist.*

B e w e i s: Sei M kompakt und in G_S enthalten. Wir bezeichnen die Projektion von G auf G_i mit φ_i. Dann ist $\varphi_i(M)$ eine kompakte Teilmenge von G_i. Daher können wir $M_i := \varphi_i(M)$ setzen. Andererseits ist jede Menge der Form $\prod_{i\in I} M_i$ kompakt, und damit auch die abgeschlossene Teilmenge $\overline{M}$. $\qquad\square$

Im weiteren beschränken wir uns auf abelsche Gruppen G. Zunächst betrachten wir die Charaktere von G.

Sei c ein *Quasicharakter* von G, d.h. eine stetige Abbildung von G in die multiplikative Gruppe $\mathbb{C}^\times$ der komplexen Zahlen. Wir setzen

$$c_i(g_i) = c(g_i) \text{ für } g_i \in G_i$$

und erhalten für alle i einen Quasicharakter von G_i.

Satz C.4.3 *Für fast alle $i \in I$ gilt $c_i(H_i) = \{1\}$ und für alle $g \in G$ gilt*

$$c(g) = \prod_{i\in I} c_i(\varphi_i g).$$

B e w e i s: Sei U eine Umgebung der 1 in $\mathbb{C}^\times$, die außer 1 keine Untergruppe von $\mathbb{C}^\times$ enthält. Sei $\prod_{i\in I} U_i$ eine Umgebung der 1 in G, die bei c in U abgebildet wird. Dann gilt $U_i \supseteq H_i$ für fast alle $i \in I$ und $c_i(H_i)$ ist eine Untergruppe von $\mathbb{C}^\times$ in U, d.h. $c_i(H_i) = \{1\}$. Jedes $\prod_{i\in I} g_i \in G$ ist für ein gewisses S in G_S enthalten, wobei alle $i \in I$ mit $c_i(H_i) \neq \{1\}$ zu S gehören. Dann ist

$$c(\prod_{i\in I} g_i) = c(\prod_{i\notin S} g_i)c(\prod_{i\in S} g_i) = \prod_{i\in S} c_i(g_i) = \prod_{i\in I} c_i(g_i).$$

$\qquad\square$

Von Satz C.4.3. gilt die folgende Umkehrung.

Satz C.4.4 *Für alle $i \in I$ seien Quasicharaktere c_i von G_i gegeben und für fast alle $i \in I$ sei $c_i(H_i) = \{1\}$. Dann ist*

$$c(\prod_{i\in I} g_i) := \prod_{i\in I} c_i(g_i) \text{ für } \prod_{i\in I} g_i \in G$$

ein Quasicharakter von G.

B e w e i s: c ist offensichtlich ein Homomorphismus von G in $\mathbb{C}^\times$. Es bleibt zu zeigen, daß er stetig ist. Sei U eine Umgebung der 1 in $\mathbb{C}^\times$. Wir haben zu zeigen, daß es eine Umgebung V der 1 in G mit $c(V) \subseteq U$ gibt. Sei S die endliche Teilmenge von I, die aus allen $i \in I$ besteht, für die $c_i(H_i) \neq \{1\}$ gilt oder H_i nicht definiert ist, und sei V_S eine Umgebung der 1 in $\prod_{i\in S} G_i$ mit $\prod_{i\in I} c_i(g_i) \in U$ für $g \in V_S$. Dann leistet $V := \prod_{i\notin S} H_i \cdot V_S$ das verlangte. $\qquad\square$

Wir beschränken uns jetzt auf Charaktere. Ein Quasicharakter von G ist ein Charakter, d.h. seine Werte haben Absolutbetrag 1, genau dann, wenn die entsprechenden Quasicharaktere c_i für alle $i \in I$ Charaktere sind. Für alle i, für die H_i definiert ist, bezeichnen wir mit $H_i^\perp$ die Untergruppe von $\hat{G}_i$, die aus allen Charaktere c mit $c(H_i) = \{1\}$ besteht. Dann ist $H_i^\perp$ mit $\widehat{G_i/H_i}$ zu identifizieren, und da G_i/H_i diskret ist, ist $H_i^\perp$ kompakt.

Satz C.4.5 *Das beschränkte Produkt P der Gruppen $\hat{G}_i$, $i \in I$, bezüglich der Untergruppen $H_i^\perp$ ist kanonisch isomorph zu $\hat{G}$.*

B e w e i s: Die beiden vorausgehenden Sätze zeigen, daß $\hat{G}$ als abstrakte Gruppe zu P isomorph ist, wobei $c \in \hat{G}$ das Produkt $\prod_{i \in I} c_i$ zugeordnet ist. Wir identifizieren $\hat{G}$ mit P und haben nun zu zeigen, daß die Topologien übereinstimmen. Dazu zeigen wir, daß die Umgebungssysteme der 1 gleich sind.

Sei B eine kompakte Teilmenge von G und ε eine reelle Zahl mit $0 < \varepsilon < \frac{1}{2}$. Weiter sei

$$U(\varepsilon, B) = \{\, c \in \hat{G} \mid |c(g) - 1| < \varepsilon \text{ für } g \in B \,\}.$$

Wir suchen eine Umgebung der 1 in P, die in $U(\varepsilon, B)$ enthalten ist. Nach Satz C.4.2. können wir o.B.d.A. annehmen, daß B die Form

$$B = \prod_{i \notin S} H_i \cdot \prod_{i \in S} B_i \tag{3.4.1}$$

hat, wobei die B_i kompakte Mengen in G_i sind und S eine endliche Teilmenge von I ist, die alle Indices enthält, für die H_i nicht definiert ist. Dann ist die Beschränkung von c auf H_i für $i \notin S$ eine stetige Abbildung in eine Umgebung der 1 in S^1, die keine Untergruppe von S^1 außer $\{1\}$ enthält, d.h. die Beschränkung von c auf H_i ist trivial.

Nach der Pontrjaginschen Dualitätstheorie ist die duale Gruppe von $\prod_{i \in S} G_i$ kanonisch isomorph zu $\prod_{i \in S} \hat{G}_i$. Sei U_S eine Umgebung der 1 in $\prod_{i \in S} \hat{G}_i$, die in $U(\varepsilon, \prod_{i \in S} B_i)$ enthalten ist. Dann ist

$$U := \prod_{i \notin S} H_i^\perp \cdot U_S$$

in $U(\varepsilon, B)$ enthalten.

Sei, umgekehrt, eine Umgebung U' der 1 in P vorgegeben. Wir können annehmen, daß U' die Form

$$U' = \prod_{i \notin S} H_i^\perp \cdot \prod_{i \in S} U_i$$

hat, wobei S eine endliche Teilmenge von I und U_i Umgebung der 1 in $\hat{G}_i$ ist. Wir suchen eine kompakte Menge B der Form (C.4.1) und ein $\varepsilon > 0$, so daß $U(\varepsilon, B)$ in U' enthalten ist. Wenn ε genügend klein ist, gilt $c(H_i) = \{1\}$ für $i \notin S$. Es kommt also wieder nur auf die endlich vielen $i \in S$ an. Man bestimmt nun die B_i auf Grund des oben erwähnten Produktsatzes der Pontrjaginschen Dualitätstheorie für endlich viele Faktoren. $\qquad\square$

Wir wollen jetzt das Haarsche Integral auf G aus den lokalen Haarschen Integralen zusammensetzen. Sei f eine stetige Funktion mit kompaktem Träger T auf G. Nach Satz C.4.2. können wir annehmen, daß T die Form

$$T = \prod_{i \notin S} H_i \cdot \prod_{i \in S} T_i$$

hat, wobei S eine endliche Teilmenge von I ist und die T_i für $i \in S$ kompakte Teilmengen von G_i sind.

Für alle $i \in I$, für die H_i definiert ist, wählen wir das Haarsche Maß auf H_i mit $\int_{H_i} d\xi_i = 1$. Für die übrigen $i \in I$ denken wir uns ein Haarsches Maß $d\xi_i$ fixiert.

Wir nehmen auf der kompakten Gruppe $G^S = \prod_{i \notin S} H_i$ das Haarsche Maß $d\xi_S$ mit $\int_{G^S} d\xi_S = 1$ und auf $\prod_{i \in S} G_i$ das Produktmaß $\prod_{i \in S} d\xi_i$. Dann ist durch

$$\int_G f(\xi)\, d\xi := \int_{G^S} f(\xi_S)\, d\xi_S \cdot \prod_{i \in S} \int_{G_i} f(\xi_i)\, d\xi_i,$$

wobei ξ_S bzw. ξ_i die Projektion von G auf G^S bzw. G_i bezeichnet, das Haarsche Maß auf G in eindeutiger Weise und unabhängig von der Wahl von S festgelegt. Wir bezeichnen es mit $\prod_{i \in I} d\xi_i$.

Wir betrachten jetzt spezielle Funktionen f auf G, die sich multiplikativ aus lokalen stetigen und summierbaren Funktionen f_i von G_i zusammensetzen, wobei $f_i(H_i) = \{1\}$ für fast alle $i \in I$ ist. Für solche Funktionen $f(\xi) = \prod_{i \in I} f_i(\xi_i)$ für $\xi = \prod_{i \in I} \xi_i \in G$ gilt der folgende Satz.

Satz C.4.6 *f ist eine stetige Funktion auf G und für eine endliche Teilmenge S von I, die alle i mit $f_i(H_i) \neq \{1\}$ und alle i, für die H_i nicht definiert ist, enthält, gilt*

$$\int_{G_S} f(\xi)\, d\xi = \prod_{i \in S} \int_{G_i} f_i(\xi_i)\, d\xi_i. \tag{3.4.2}$$

B e w e i s: f ist offensichtlich stetig auf G_S für alle zulässigen S und daher auch auf G. Weiter gilt

$$\int_{G_S} f(\xi)\, d\xi = \int_{G_S} \prod_{i \in S} f_i(\xi_i)\, d\xi_S \prod_{i \in S} d\xi_i = \int_{G^S} d\xi_S \prod_{i \in S} \int_{G_i} f_i(\xi_i)\, d\xi_i.$$

$\square$

Wir wollen jetzt von (C.4.2) zu einem Integral über ganz G übergehen. Dazu führen wir folgende Definition ein: Sei $\varphi(S)$ eine komplexwertige Funktion, die für endliche Teilmengen S von I definiert ist, die eine fixierte Teilmenge S_0 von I enthalten. Dann konvergiert $\{\varphi(S)|S \supseteq S_0\}$ gegen die Zahl a, wenn für jede Umgebung U von a in $\mathbb{C}$ eine endliche Menge $S(a) \subseteq I$ existiert, sodaß $\varphi(S) \in U$ für alle endlichen Teilmengen S von I mit $I \supseteq S \supseteq S(a)$. Wir schreiben in diesem Fall $a = \lim_S \varphi(S)$. Es ist klar, daß $\varphi(S)$ gegen höchstens eine komplexe Zahl konvergieren kann.

Satz C.4.7 *Sei f eine summierbare Funktion auf G. Dann gilt*

$$\int_G f(\xi)\, d\xi = \lim_S \int_{G_S} f(\xi)\, d\xi.$$

B e w e i s: $\int_G f(\xi)\,d\xi$ ist gleich dem Grenzwert von $\int_B f(\xi)\,d\xi$ für wachsende kompakte Teilmengen B. Da jede kompakte Teilmenge von G in einer Menge G_S enthalten ist, folgt die Behauptung. $\qquad\square$

Aus den letzten beiden Sätzen folgt der folgende Satz, in dem f und f_i wie im Satz C.4.6. definiert sind.

Satz C.4.8 *Das System*

$$\varphi(S) := \prod_{i \in S} \int_{G_i} |f_i(\xi_i)|\,d\xi_i$$

sei konvergent. Dann ist f absolut summierbar und

$$\int_G f(\xi)\,d\xi = \lim_S \prod_{i \in S} \int_{G_i} f_i(\xi_i)\,d\xi_i. \tag{3.4.3}$$

B e w e i s: Aus den vorhergehenden Sätzen angewandt auf $|f(\xi)| = \prod_{i \in I} |f_i(\xi_i)|$ folgt, daß $|f(\xi)|$ summierbar ist. (C.4.3) folgt aus bekannten Sätzen über die Konvergenz unendlicher Produkte. $\qquad\square$

Wir schreiben

$$\prod_{i \in I} \int_{G_i} f_i(\xi_i)\,d\xi_i := \lim_S \prod_{i \in S} \int_{G_i} f_i(\xi_i)\,d\xi_i.$$

Schließlich betrachten wir noch die Fourier-Transformation für beschränkte direkte Produkte.

Nach Satz C.4.5. ist die Charaktergruppe $\hat{G}$ von G gleich dem beschränkten direkten Produkt der Gruppen $\hat{G}_i$ bezüglich der kompakten Untergruppen $H_i^\perp$, $i \in I$. Wir betrachten jetzt c bzw. c_i als Variable für die Elemente von $\hat{G}$ bzw. $\hat{G}_i$. Sei dc_i das zu $d\xi_i$ duale Haarsche Maß auf $\hat{G}_i$. Wir wollen $\int_{H_i^\perp} dc_i$ berechnen. Sei dazu χ_{H_i} die charakteristische Funktion von H_i. Dann gilt

$$\hat{\chi}_{H_i}(c_i) = \int_{H_i} \overline{c_i(\xi_i)}\,d\xi_i = \chi_{H_i^\perp}(c_i) \int_{H_i} d\xi_i = \chi_{H_i^\perp}(c_i).$$

und

$$\hat{\chi}_{H_i^\perp}(\xi_i) = \int_{H_i^\perp} \overline{c_i(\xi_i)}\,dc_i = \chi_{H_i}(\xi_i) \int_{H_i^\perp} dc_i.$$

Das duale Maß ist definiert als das Maß, für das der Satz C.3.3. mit der Konstante $c = 1$ gilt. Wir erhalten daher

$$\int_{H_i^\perp} dc_i = 1. \tag{3.4.4}$$

Wir können also auf $\hat{G}$ das Maß $\prod_{i \in I} dc_i$ einführen.

Satz C.4.9 *Für alle $i \in I$ seien Funktionen f_i mit $f_i \in L_1(G_i)$, $\hat{f}_i \in L_1(\hat{G}_i)$ gegeben. Für fast alle i sei f_i die charakteristische Funktion von H_i. Dann hat die Funktion*

$$f(\xi) = \prod_{i \in I} f_i(\xi_i)$$

die Fourier-Transformierte

$$\hat{f}(c) = \prod_{i \in I} \hat{f}_i(c_i)$$

und es gilt $f \in L_1(G)$, $\hat{f} \in L_1(\hat{G})$.

B e w e i s: Dies ist eine direkte Folgerung von Satz C.4.7. und (C.4.4). $\qquad \Box$

Satz C.4.10 *Das Maß $dc = \prod_{i \in I} dc_i$ ist dual zu $d\xi = \prod_{i \in I} d\xi_i$.*

B e w e i s: Nach Satz C.4.8. erhält man

$$f(\xi) = \int_{\hat{G}} \hat{f}(c) c(\xi) \, dc.$$

$\qquad \Box$

C.5   Die Poissonsche Summenformel

Das entscheidende Moment der Anwendung der harmonischen Analyse im Beweis der Funktionalgleichung der Heckeschen L-Reihen ist die Poissonsche Summenformel, die jetzt formuliert und bewiesen wird. Wir betrachten die folgende Situation: G ist eine lokalkompakte abelsche Gruppe, H eine diskrete Untergruppe, wobei die Faktorgruppe G/H kompakt ist.

Sei f eine stetige summierbare Funktion auf G. Dann konvergiert $\sum_{h \in H} f(x + h)$ für alle $x \in G$, und bei geeigneter Wahl der Haarschen Integrale auf G und G/H gilt

$$\int_G f(x) \, dx = \int_{G/H} \Big(\sum_{h \in H} f(x + h) \Big) \, dx. \tag{3.5.1}$$

Die rechte Seite von (C.5.1) ist jedenfalls definiert für eine stetige Funktion mit kompaktem Träger T, denn dann ist $T \cap H$ kompakt und diskret, d.h. endlich. In diesem Fall ist die rechte Seite ein Haarsches Integral und (C.5.1) folgt aus der Eindeutigkeitsaussage von Satz C.3.1. Nach den Prinzipien der Integrationstheorie läßt sich (C.5.1) dann ohne weiteres auf stetige summierbare Funktionen ausdehnen.

Wir normieren das Haarsche Maß auf G/H durch die Festsetzung

$$\int_{G/H} dx = 1.$$

Dann induziert (C.5.1) ein Haarsches Maß auf G, das als Tamagawa-Maß bezeichnet wird. Nach der Pontrjaginschen Dualitätstheorie ist die Charaktergruppe der Faktorgruppe G/H von G die diskrete Untergruppe $H^\perp$ von $\hat{G}$, die aus allen Charakteren besteht, die auf H trivial sind. Das zum Maß von G/H duale Maß von $H^\perp$ ist dann die Summe.

Satz C.5.1 (Poissonsche Summenformel). *Sei f eine stetige absolut summierbare Funktion auf G mit folgenden Eigenschaften:*

(i) *Sei M eine kompakte Teilmenge von G. Dann ist die Reihe*

$$\sum_{h \in H} |f(x + h)|$$

für alle $x \in M$ gleichmäßig konvergent.

(ii) *Die Reihe*

$$\sum_{y \in H^\perp} |\hat{f}(y)|$$

ist konvergent.

Dann gilt

$$\sum_{h \in H} f(h) = \sum_{y \in H^\perp} \hat{f}(y). \tag{3.5.2}$$

B e w e i s: Wir betrachten auf G die Funktion

$$g(x) := \sum_{h \in H} f(x + h).$$

Nach unseren Annahmen ist $g(x)$ eine stetige Funktion. Da sie in der Restklasse $x + H$ konstant ist, können wir g als Funktion auf G/H betrachten, als solche ist sie absolut summierbar. Aus (C.5.1) folgt

$$\hat{g}(y) := \int_{G/H} g(x)y(-x)\,dx = \int_{G/H} \sum_{h \in H} f(x + h)y(-x)\,dx =$$

$$= \int_G f(x)y(-x)dx = \hat{f}(y) \text{ für } y \in H^\perp.$$

Jetzt benutzen wir den Umkehrsatz (Satz C.3.3.) für G/H. Die Voraussetzungen sind für die Funktion g erfüllt, insbesondere ist

$$\int_{H^\perp} |\hat{g}(y)|\, dy = \sum_{y\in H^\perp} |\hat{f}(y)|$$

nach (ii) konvergent. Es folgt

$$g(x) = \sum_{y\in H^\perp} \hat{g}(y)y(x) \text{ für } x \in G/H,$$

woraus die Behauptung von Satz C.5.1. durch Spezialisierung auf $x = 0$ folgt. $\square$

Wir führen auf $\hat{G}$ das zum Maß von G duale Maß ein. Dann gilt der folgende Satz.

Satz C.5.2 *Angenommen, es gibt eine Funktion f auf G, welche die Voraussetzungen von Satz C.5.1. erfüllt und für die $\sum_{h\in H} f(h)$ von 0 verschieden ist. Dann ist das Haarsche Maß von $\hat{G}/H^\perp$ ebenfalls gleich 1.*

B e w e i s: Wir vertauschen die Rollen von f und $\hat{f}$: Sei $c = \mu(\hat{G}/H^\perp)$ und sei $d\hat{x}$ das zu dx duale Maß von $\hat{G}$. Dann ist $c^{-1}d\hat{x}$ das Maß auf $\hat{G}$, das auf der Faktorgruppe $\hat{G}/H^\perp$ das Maß 1 induziert. (C.5.2) gilt daher für $\hat{f}$ an Stelle von f in der Form

$$\sum_{y\in H^\perp} \hat{f}(y) = c^{-1}\sum_{h\in H} f(h),$$

woraus $c = 1$ folgt. $\square$

Literaturverzeichnis

[Ar1923] Artin, E., Über eine neue Art von L-Reihen. Hamb. Abh. 1923, 89-108.

[Ar1924] Artin, E., Quadratische Körper im Gebiet der höheren Kongruenzen. Math. Zeitsch. 19(1924), 153-246.

[Ar1927] Artin, E., Beweis des allgemeinen Reziprozitätsgesetzes. Hamb. Abh. 5(1927), 353-363.

[Ar1967] Artin, E., Algebraic Numbers and Algebraic Functions. Gordon and Breach, New York 1967.

[BoCa1979] Borel, A., Casselman, W. (Herausgeber), Automorphic forms, representations and L-function. AMS, Providence 1979.

[BoSh1966] Borewicz, S.I., Šafarevič (Shafarevich), I.R., Zahlentheorie. Birkhäuser, 1966.

[CaFr1967] Algebraic Number Theory. Herausgeg. von J.W.S. Cassels und A. Fröhlich, Academic Press, London 1967.

[Ch1940] Chevalley, C., La théorie du corps de classes. Ann. Math. 41(1940), 394-418.

[De1871] Dedekind, R., Über die Theorie der ganzen algebraischen Zahlen. X. Supplement zu Dirichlets "Vorlesungen über Zahlentheorie", 2. Aufl., Vieweg, Braunschweig 1871, (4. Aufl. 1894).

[De1882] Dedekind, R., Über die Diskriminanten endlicher Körper. Abhandl. Kgl. Ges. Wiss. Göttingen 29(1882).

[DeWe1882] Dedekind, R, Weber, H., Theorie der algebraischen Funktionen einer Veränderlichen. J. reine und angew. Math. 92 (1882), 181-290.

[De1974] Deligne, P., La conjecture de Weil. I, Publ. Math. IHES 43(1974), 273-307.

[Dg1968] Deuring, M., Imaginäre quadratische Zahlkörper mit Klassenzahl Eins. Inv. Math. 5(1968), 169-179.

[Di1828] Dirichlet, P.G.L., Mémoire sur l'impossibilité de quelques équations indéterminées du cinquième degré. J. reine u.a. Math. 3(1828), 354-375.

[Di1837] Dirichlet, P.G.L., Beweis des Satzes, dass jede unbegrenzte arithmetische Progression, deren erstes Glied und Differenz ganze Zahlen ohne gemeinschaftlichen Faktor sind, unendlich viele Primzahlen enthält. Abh. Preuß. Akad. Wiss. 1837.

[Di1846] Dirichlet, P.G.L., Zur Theorie der complexen Einheiten. Monatsber. der Preuss. Akad. Wiss., März 1846.

[Ei1963] Eichler, M., Einführung in die Theorie der algebraischen Zahlen und Funktionen. Birkhäuser, Basel 1963.

[Ei1965] Eichler, M., Eine Bemerkung zur Fermatschen Vermutung. Acta Arith. 11(1965), 129-131.

[Fr1984] Frey, G., Elementare Zahlentheorie. Vieweg, Braunschweig 1984.

[Ga1801] Gauß, C.F., Disquisitiones arithmeticae. Göttingen 1801.

[Ha1923] Hasse, H., Über die Darstellbarkeit von Zahlen durch quadratische Formen im Körper der rationalen Zahlen. J. reine u.a. Math. 152(1923), 129-148.

[Ha1930] Hasse, H., Die Normenresttheorie relativ-Abelscher Zahlkörper als Klassenkörpertheorie im Kleinen. J. reine u.a. Math. 162(1930), 145-154.

[Ha1934] Hasse, H., Über die Kongruenzzetafunktionen. Sitz. Preuß. Ak. Wiss. H 17(1934), 250-263.

[Ha1949] Hasse, H., Zahlentheorie. Akademie-Verlag, Berlin 1949 (englische Übersetzung 1979).

[Hc1918] Hecke, E., Eine neue Art von Zetafunktionen und ihre Beziehungen zur Verteilung der Primzahlen. Erste Mitteilung, Math. Zeitsch. 1(1918), 357-376.

[Hc1920] Hecke, E., Eine neue Art von Zetafunktionen und Ihre Beziehungen zur Verteilung der Primzahlen. Zweite Mitteilung, Math. Zeitsch. 6(1920), 11-51.

[Hg1952] Heegner, K., Diophantische Analysis und Modulfunktionen. Math. Zeitsch. 56(1952), 227-253.

[He1897] Hensel, K., Über eine neue Begründung der Theorie der algebraischen Zahlen. Jahresber. Deutsch. Math. Verein. 6(1897), 83-88.

[HeRo1963] Hewitt, E., Ross, K.A., Abstract Harmonic Analysis. Springer, Berlin 1963 (I), 1970 (II).

[Hi1897] Hilbert, D., Die Theorie der algebraischen Zahlkörper. Jahresber. Deutsch. Math. Verein. 4(1897), 175-546.

[HuCo] Hurwitz, A., Courant, R., Funktionentheorie. 4. Aufl., Springer, Berlin 1964.

[Ko1986] Koch, H., Einführung in die klassische Mathematik I. Akademie-Verlag, Berlin 1986 und Springer, Berlin 1986.

[Ko1991] Koch, H., Introduction to classical mathematics I. Kluwer, Dordrecht 1991 (Übersetzung von [Ko1986]).

[Kü1913] Kürschak, J., Über die Limesbildung und allgemeine Körpertheorie. J. reine u.a. Math. 142(1913), 211-253.

[Ku1850] Kummer, E.E., Allgemeiner Beweis des Fermatschen Satzes, daß die Gleichung $x^\lambda + y^\lambda = z^\lambda$ durch ganze Zahlen unlösbar ist, für alle diejenigen Potenz-Exponenten λ, welche ungerade Primzahlen sind und in den Zählern der ersten $\frac{1}{2}(\lambda - 3)$ Bernoullischen Zahlen als Factoren nicht vorkommen. J. reine u.a. Math. 40(1850), 131-138.

[Ku] Kunz, E., Algebra. Vieweg, Braunschweig 1991.

[La1839] Lamé, G., Memoire sur le dernier théoréme de Fermat. C.R. Acad. Sci. Paris 9(1839), 45-46.

[La1903] Landau, E., Neuer Beweis des Primzahlsatzes und Beweis des Primidealsatzes. Math. Ann. 56 (1903), 645-670.

[La1970] Lang, S., Algebraic Number Theory. Addison-Wesley, Reading 1970.

[La1983] Lang, S., Fundamentals of Diophantic Geometry. Springer, Berlin 1983.

[Lo1953] Loomis, L.H., Introduction to Abstract Harmonic Analysis. Van Nostrand, Toronto 1953.

[Ma1987] Matzat, B.H., Konstruktive Galoistheorie. LNM 1284, Springer, Berlin 1987.

[Mi1896] Minkowski, H., Geometrie der Zahlen. Teubner, Leipzig 1896.

[Na1990] Narkiewicz, W., Elementary and analytic theory of algebraic numbers. 2. Aufl., Springer, Berlin 1990.

[Ne1992] Neukirch, J., Algebraische Zahlentheorie. Springer, Berlin 1992.

[Nm1981] Neumann, O., Two proofs of the Kronecker-Weber Theorem "according to Kronecker and Weber". J. reine u.a. Math. 323(1981), 105-126.

[No1927] Noether, E., Abstrakter Aufbau der Idealtheorie in algebraischen Zahl- oder Funktionenkörpern. Math. Ann. 96(1927), 26-61.

[Nw1980] Newman, D.J., Simple analytic proof of the prime number theorem. American Math. Monthly 87(1980), 693-696.

[Os1992] Ossa, E., Topologie. Vieweg, Braunschweig 1992.

[Ot1917] Ostrowski, A., Über sogenannte perfekte Körper. J. reine u.a. Math. 147(1917), 191-204.

[Po1957] Pontrjagin, L.S., Topologische Gruppen. Teubner, Leipzig 1957.

[Ri1851] Riemann, B., Grundlagen für eine allgemeine Theorie der Funktionen einer veränderlichen komplexen Größe. Dissertation, Göttingen 1851.

[Ri1859] Riemann, B., Über die Anzahl der Primzahlen unter einer gegebenen Größe. Monatsber. der Preuss. Akad. Wiss., November 1859.

[Ri1995] Ribenboim, P., The New Book of Prime Number Records. Springer, New York 1995.

[Sc1931] Schmidt, F.K., Analytische Zahlentheorie in Körpern der Charakteristik p. Math. Zeitsch. 33(1931), 1-32.

[Se1977] Serre, J.-P., Modular forms of weight one and Galois representations, in "Algebraic number fields". Herausgegeben von A. Fröhlich, Academic Press London e.a., 1977, 193-268.

[Se1979] Serre, J.-P., Local Fields, Springer, Berlin 1979.

[Sh1957] Shafarevich, I.R., Exponenten elliptischer Kurven. Dokl. Akad. Nauk SSSR 114, Nr. 4(1957), 714-716 (russisch, englische Übersetzung in "Collected mathematical papers", Springer, Berlin 1989, 197-199).

[Sh1972] Shafarevich, I.R., Grundzüge der algebraischen Geometrie, Vieweg, Braunschweig 1972.

[Sk1967] Stark, H.M., A complete determination of the complex quadratic fields with class number one. Michigan Math. J. 14(1967), 1-27.

[St1993] Stichtenoth, H., Algebraic function fields and codes. Springer, Berlin 1993.

[Ta1920] Takagi, T., Über eine Theorie der relativ-abelschen Zahlkörper. J. Coll. Sci. Imp. Univ. Tokyo 41, Nr. 9(1920), 1-133.

[Ta1950] Tate, J., Fourier Analysis in Number Fields and Hecke's Zeta-Functions, in "Algebraic Number Theory". Herausgeber J.W.S. Cassels, A. Fröhlich, Academic Press, London 1967, 305-347.

[TaWi1995] Taylor, R., Wiles, A., Ring-theoretic properties of certain Hecke algebras. Ann. of Math. 141(1995), 553-572.

[Wa1966] van der Waerden, B.L., Algebra I. Springer, Berlin 1966, 7. Aufl.

[Wa1967] van der Waerden, B.L., Algebra II. Springer, Berlin 1967, 5. Aufl.

[We1941] Weil, A., On the Riemann Hypothesis in Function-Fields. Proc. Nat. Acad. Sci. USA 27(1941), 345-347.

[We1967] Weil, A., Basic number theory. Springer, Berlin 1967.

[We1983] Weil, A., Number theory, an approach through history from Hammurapi to Legendre. Birkhäuser, Boston 1983.

[Wi1995] Wiles, A., Modular elliptic curves and Fermat's last theorem. Ann. of Math. 141(1995), 443-551.

[Za1981] Zagier, D., Die ersten 50 Millionen Primzahlen, Lebendige Zahlen. Birkhäuser, Basel 1981, 39-73.

[Za1997] Zagier, D., Newman's short proof of the prime number theorem. Erscheint in American Mathematical Monthly.

Sachwortverzeichnis